HyperWorks 进阶教程系列

OptiStruct 结构分析与工程应用

刘　勇　陈　斌　罗　峰　编著

机械工业出版社

本书共28章，主要介绍了OptiStruct的线性分析、非线性分析、频率响应分析、动力学分析、复合材料分析、疲劳分析、热传导分析等功能。线性分析有常用的线性静力学分析、模态分析、线性屈曲分析、惯性释放分析等；非线性分析有材料非线性分析、几何非线性分析、接触非线性分析等；疲劳分析有高周、低周、焊接、振动等。全书在简要讲解相关理论的基础上，较全面地阐述了OptiStruct各结构分析功能模块的使用方法，并包含丰富的航空航天、汽车等行业的工程应用实例。

本书可作为机械、汽车、航空航天、船舶、军工、电子及家电等相关行业工程技术人员的自学或参考用书，也可作为理工院校相关专业师生的教学用书。

图书在版编目（CIP）数据

OptiStruct结构分析与工程应用/刘勇，陈斌，罗峰编著.—北京：机械工业出版社，2021.6（2024.5重印）
（HyperWorks进阶教程系列）
ISBN 978-7-111-68667-5

Ⅰ.①O… Ⅱ.①刘… ②陈… ③罗… Ⅲ.①有限元分析—应用软件—教材 Ⅳ.①O241.82-39

中国版本图书馆CIP数据核字（2021）第132669号

机械工业出版社（北京市百万庄大街22号 邮政编码100037）
策划编辑：赵小花 责任编辑：赵小花
责任校对：徐红语 责任印制：任维东
北京中兴印刷有限公司印刷
2024年5月第1版第4次印刷
184mm×260mm · 22.5印张 · 645千字
标准书号：ISBN 978-7-111-68667-5
定价：135.00元

电话服务 网络服务
客服电话：010-88361066 机 工 官 网：www.cmpbook.com
010-88379833 机 工 官 博：weibo.com/cmp1952
010-68326294 金 书 网：www.golden-book.com
封底无防伪标均为盗版 机工教育服务网：www.cmpedu.com

序

Altair 已成立 36 年，从工程咨询服务起家，逐步开发出 HyperMesh、OptiStruct 等一系列行业领先产品。发展到现在，Altair 的解决方案横跨设计、制造、仿真、云计算与高性能计算、数据分析及物联网。Altair 一直在努力为业界提供最为全面的先进工具，并帮助用户创造更大价值。

OptiStruct 问世以来获得了全球用户的广泛认可，已经成为众多行业的首选工具。OptiStruct 源于 NASA 开发的结构求解器，线性分析功能最先在航空航天领域得到了广泛应用。OptiStruct 的 NVH 功能结合了 Altair 的 NVHD 仿真工具，逐渐成为汽车行业 NVH 分析的主流工具。OptiStruct 的非线性分析功能得到了大众等整车生产企业及零配件厂商的广泛认可。如今 OptiStruct 的分析功能更是扩展到了多物理场领域，如流固耦合、多尺度分析等。快速发展的 OptiStruct 亟需一本工程应用教程来展示其相应功能，本书应运而生。

本着高标准、严要求的原则，本书具有以下特点：

- 系统地介绍了 OptiStruct 的分析功能，包括功能背后的理论知识、具体参数的试验获取，以及典型的工程应用案例。
- 融合了多年的工程实践经验、公开培训及日常技术支持中的常见问题。
- 书中所有例子都有完整的操作视频和配套的模型文件，方便读者学习实践。
- 提供邮箱，方便后续疑难解答。

Altair 进入中国已有 20 年，过去的 20 年正是工程仿真技术在中国高速发展的 20 年，也是 Altair 在中国快速成长的 20 年。一直以来，我们脚踏实地，始终将提供一流服务、帮助客户创造更大价值作为自己的使命。在这充满不确定性的时代，唯有努力学习、不断提升自我方为正道。我们正陆续推出一系列工具书籍来回馈大家对我们的厚爱，本书也是其中之一。

本书作者团队具有十多年的资深行业经验，涉及 CAE 仿真的多个学科、多个行业，相信他们的丰富经验能够为大家带来切实的帮助。本书可作为结构设计从业人员的参考书，更是学习和使用 OptiStruct 的必备书籍。

刘 源

Altair 大中华区总经理

前　言

Altair（澳汰尔）是一家全球技术公司，在产品开发、高性能计算和数据智能领域提供软件和云解决方案。自1985年成立以来，Altair一直致力于为企业的决策者和工程技术人员开发用于仿真分析、优化、信息可视化、流程自动化和云计算的高端技术。

Altair开发的HyperWorks是较为完整的CAE建模、可视化、有限元分析、结构优化和过程自动化等领域的软件平台。HyperWorks始终站在技术的最前沿，为全球的客户提供先进的产品解决方案。其中的OptiStruct模块是面向产品设计、分析和优化的有限元分析及优化软件，并拥有全球领先的优化技术。

OptiStruct在最近几年得到了突飞猛进的发展，但是关于OptiStruct的图书的出版还停留在2013年的《Optistruct & HyperStudy理论基础与工程应用》一书。该书显然已不适用于最新的OptiStruct，为了填补这一空白，Altair又基于近期软件版本编写了《OptiStruct及HyperStudy优化与工程应用》和《OptiStruct结构分析与工程应用》，分别详细讲解OptiStruct优化和OptiStruct结构分析。本书使用的软件为2020版。

本书内容

本书共28章，主要内容如下。

第1章介绍了Altair及OptiStruct软件。

第2章介绍了OptiStruct分析基础，包括模型文件组成及基本格式、单元类型、材料类型、分析类型及OptiStruct计算提交等。

第3章介绍了结构基础分析，包括线性静力学分析、线性屈曲分析、惯性释放分析等。

第4～11章介绍了线性动力学分析，包括结构动力学基础、模态分析、瞬态响应分析、频率响应分析、随机响应分析、响应谱分析、超单元及转子动力学分析。

第12～14章介绍了NVH的相关功能，包括声固耦合分析、NVH外声场分析、NVH诊断分析与优化。

第15～20章介绍了非线性分析，包括几何非线性分析、材料非线性分析、接触非线性分析及高级非线性分析等。

第21～25章介绍了疲劳分析，包括高周疲劳、低周疲劳、焊接疲劳、振动疲劳等的分析。

第26章介绍了高性能计算，包括硬件资源、软件算法、内存管理等。

第27章介绍了结构热传导分析，包括瞬态热传导、稳态热传导、线性热传导及非线性热传导等。

第28章介绍了多物理场耦合分析，包括流固耦合、刚柔耦合、热结构耦合等。

因篇幅所限，第27章和第28章作为电子版，这两章的主要内容见附录A。

读者对象

本书内容全面翔实，实例丰富，兼具理论参考价值和实践应用价值，可作为机械、汽车、航空航天、船舶、军工、电子及家电等相关行业工程技术人员的自学或参考用书，也可作为理工院校相

关专业师生的教学用书。

如何获取更多资料

Altair 是一家非常开放的公司，以帮助客户解决实际问题为技术工作的主要目标，包括在中国无条件免费提供学习资料。

1）关注微信公众号 AltairChina（二维码如图 0-1 所示），在“技术应用” -> “培训资料”中获得网盘下载链接，从中可找到 OptiStruct 的学习资料。

2）官方技术博客 blog. altair. com. cn 提供了各种中文技术文章和视频教程，无需账号、密码即可访问，但是下载资料需要注册，二维码如图 0-2 所示。

3）nas 网盘是 Altair 对外提供文件下载服务的文件服务器，通常通过微信公众号 AltairChina 获取下载链接。

4）Altair 在 bilibili 提供了高清教学视频，二维码如图 0-3 所示。

图 0-1　微信公众号

图 0-2　官方技术博客

图 0-3　bilibili

5）www. altair. com. cn 提供了大量案例和学习文档、视频等，使用商业客户邮箱注册后方可使用。

本书是 Altair 中国技术支持部门全体技术人员共同努力的成果，尤其感谢汤凯莉、李岳春、熊春明、吴莉洁、邓锐、王维金、马越峰、李健、牛华伟（排名不分先后）提供的支持。尽管本书已准备了较长时间，但工作时断时续，加上水平有限，不妥之处在所难免，恳请读者批评指正，电子邮箱：support@ altair. com. cn。

刘勇　陈斌　罗峰

目　录

序
前　言

第 1 章　Altair 及 OptiStruct 软件介绍 …… 1
1.1　Altair 简介 …… 1
1.2　Altair HyperWorks 简介 …… 1
1.3　OptiStruct 发展历史 …… 3
1.4　OptiStruct 功能介绍及特点 …… 3
1.5　OptiStruct 主要应用行业 …… 4

第 2 章　OptiStruct 分析基础 …… 6
2.1　模型文件组成及基本格式 …… 6
2.1.1　.fem 文件组成 …… 6
2.1.2　.fem 文件基本格式 …… 7
2.2　单元类型 …… 8
2.2.1　0D 单元 …… 8
2.2.2　1D 单元 …… 8
2.2.3　2D 单元 …… 9
2.2.4　3D 单元 …… 9
2.3　材料类型 …… 9
2.4　分析类型 …… 10
2.5　OptiStruct 计算提交 …… 11
2.5.1　HyperMesh 界面提交 …… 11
2.5.2　OptiStruct 任务管理器提交 …… 11
2.5.3　通过脚本提交 …… 12
2.6　OptiStruct 结果文件 …… 12

第 3 章　结构基础分析 …… 14
3.1　线性静力学分析基本理论 …… 14
3.2　线性屈曲分析基本理论 …… 14
3.3　惯性释放分析基本理论 …… 15
3.4　线弹性材料 …… 16
3.5　常用单元类型 …… 17
3.5.1　实体单元 …… 17
3.5.2　壳单元 …… 18
3.5.3　1D 单元 …… 19
3.5.4　连接单元 …… 19
3.5.5　轴对称单元 …… 21
3.5.6　平面应变单元 …… 22
3.6　约束及载荷 …… 22
3.6.1　固定约束/强制位移 …… 22
3.6.2　集中力 …… 23
3.6.3　压强 …… 23
3.6.4　力矩 …… 23
3.6.5　重力 …… 24
3.6.6　离心力 …… 24
3.6.7　LOADADD …… 25
3.7　结构分析基础实例 …… 25
3.7.1　实例：框架模型线性静力学分析 …… 25
3.7.2　实例：飞机舱段结构屈曲分析 …… 28
3.7.3　实例：汽车转向节惯性释放分析 …… 29

第 4 章　结构动力学基础 …… 32
4.1　自由振动 …… 32
4.1.1　无阻尼系统 …… 32
4.1.2　有阻尼系统 …… 33
4.2　强迫振动 …… 34
4.2.1　简谐激励振动（时域） …… 34
4.2.2　简谐激励振动（频域） …… 35
4.2.3　一般激励振动（时域） …… 35
4.2.4　一般激励振动（频域） …… 36
4.3　多自由度系统动力学 …… 36
4.3.1　动力学方程 …… 36
4.3.2　边界条件 SPC/SPCD …… 37

第 5 章　模态分析 …… 38
5.1　实模态分析 …… 38

5.1.1 基本方程 …… 38
5.1.2 模态振型及频率 …… 39
5.1.3 比例阻尼 …… 40
5.1.4 结构阻尼 …… 41
5.1.5 SDAMPING 阻尼 …… 42
5.1.6 刚体模态 …… 42
5.1.7 模态有效质量 …… 43
5.2 特征值解法 EIGRL / EIGRA …… 44
5.2.1 兰索士（Lanczos）法 …… 44
5.2.2 AMSES 模态求解加速算法 …… 45
5.3 复模态分析 EIGC …… 46
5.3.1 基本方程 …… 46
5.3.2 复模态的基本特性 …… 46
5.4 分析实例 …… 47
5.4.1 实例：白车身的模态分析 …… 47
5.4.2 实例：制动系统的复模态分析 …… 49
5.4.3 实例：车辆声振耦合复模态分析 …… 51

第6章 瞬态响应分析 …… 53
6.1 瞬态激励的形式 …… 53
6.1.1 初始条件 …… 53
6.1.2 瞬态激励 …… 53
6.2 直接法瞬态响应分析 …… 54
6.2.1 直接法瞬态分析方法 …… 54
6.2.2 直接法阻尼类型 …… 55
6.3 模态法瞬态响应分析 …… 55
6.3.1 模态法瞬态分析方法 …… 55
6.3.2 模态截断 …… 56
6.3.3 模态法阻尼类型 …… 56
6.4 卡片说明 …… 57
6.4.1 TSTEP 卡片 …… 57
6.4.2 DLOAD 卡片 …… 57
6.4.3 TLOADi 卡片 …… 58
6.4.4 DAREA 卡片 …… 59
6.4.5 SPCD 卡片 …… 59
6.4.6 TABLEDi 卡片 …… 60
6.4.7 TABDMP1 卡片 …… 60
6.4.8 TIC 卡片 …… 61
6.5 输出控制 …… 61
6.5.1 SET 集合 …… 61
6.5.2 其他输出控制 …… 62
6.6 实例：铁塔的地震激励响应 …… 63

第7章 频率响应分析 …… 67
7.1 频域激励的形式 …… 67
7.2 直接法频率响应分析 …… 68
7.3 模态法频率响应分析 …… 68
7.4 剩余模态 …… 69
7.5 阻尼类型及频变参数 …… 69
7.6 卡片说明 …… 70
7.6.1 RLOADi 卡片 …… 70
7.6.2 FREQi 卡片 …… 71
7.6.3 PBUSHT 卡片 …… 74
7.6.4 MATFi 卡片 …… 74
7.7 输出控制 …… 75
7.8 实例：设备支架的偏心载荷响应 …… 76

第8章 随机响应分析 …… 79
8.1 随机过程及统计 …… 79
8.1.1 均值及方差 …… 79
8.1.2 线性叠加性 …… 79
8.1.3 相关函数与功率谱 …… 80
8.2 随机响应分析 …… 81
8.3 输出控制 …… 82
8.3.1 均方根、自功率谱密度 …… 82
8.3.2 互功率谱密度 …… 82
8.4 卡片说明 …… 82
8.4.1 TABRND1 卡片 …… 82
8.4.2 RANDPS 卡片 …… 83
8.5 实例：电池包的台架随机振动 …… 84

第9章 响应谱分析 …… 88
9.1 响应谱分析的表达式 …… 88
9.1.1 基础冲击激励的模态坐标 …… 88
9.1.2 峰值响应的近似表达 …… 89
9.2 响应谱曲线 …… 89
9.2.1 曲线定义 …… 89
9.2.2 曲线特征 …… 90
9.3 峰值响应的组合 …… 91
9.3.1 模态组合 …… 91
9.3.2 正交载荷组合 …… 92

9.4 卡片说明 …… 93
9.4.1 DTI，SPECSEL 卡片 …… 93
9.4.2 RSPEC 卡片 …… 93
9.5 实例：建筑物的冲击响应 …… 94

第10章 超单元 …… 98
10.1 基本概念及流程 …… 98
10.2 模态综合法超单元（CMS） …… 99
10.2.1 GUYAN 缩聚 …… 99
10.2.2 CBN 动态缩聚 …… 100
10.2.3 GM 动态缩聚 …… 101
10.3 动力分析超单元（CDS） …… 102
10.4 使用超单元 …… 103
10.4.1 超单元阻尼形式 …… 103
10.4.2 超单元输出格式 …… 104
10.4.3 超单元加载 ASSIGN/K2GG/… …… 104
10.5 卡片说明 …… 106
10.5.1 SPOINT 卡片 …… 106
10.5.2 ASET / ASET1 卡片 …… 106
10.5.3 BSET / BSET1 卡片 …… 106
10.5.4 CSET / CSET1 卡片 …… 107
10.5.5 CMSMETH 卡片 …… 107
10.5.6 CDSMETH 卡片 …… 108
10.5.7 MODEL 卡片 …… 109
10.5.8 DMIGNAME 卡片 …… 109
10.5.9 DMIGMOD 卡片 …… 110
10.6 实例：声振耦合超单元应用 …… 110

第11章 转子动力学分析 …… 116
11.1 转子动力学基本概念 …… 116
11.1.1 Jeffcott 转子 …… 116
11.1.2 偏置转子 …… 118
11.2 转子动力学有限元建模 …… 118
11.3 转子的临界转速分析 …… 120
11.4 实例：3D 实体转子分析 …… 123

第12章 声固耦合分析 …… 125
12.1 声腔建模 …… 125
12.1.1 声腔建模方法 …… 125
12.1.2 实例：汽车声腔建模 …… 126
12.2 声腔模态分析及实例 …… 129
12.3 声固耦合分析 …… 131
12.3.1 声固耦合频响分析基础理论 …… 131
12.3.2 ACMODL 卡片 …… 132
12.3.3 结构激励 …… 133
12.3.4 声腔激励 …… 134
12.4 吸声单元 …… 136
12.4.1 吸声材料基本性能指标 …… 136
12.4.2 CAABSF 单元 …… 137
12.4.3 PAABSF 卡片 …… 138
12.4.4 实例：驻波管中的吸声单元应用 …… 139
12.5 实例：整车声固耦合频响分析 …… 140

第13章 NVH 外声场分析 …… 147
13.1 Equivalent Radiate Power (ERP) …… 147
13.1.1 ERP 基础理论 …… 147
13.1.2 ERP 分析流程 …… 148
13.1.3 ERP 分析通用卡片设置 …… 148
13.1.4 实例：消声器前盖 ERP 分析 …… 149
13.2 Radiated Sound Output Analysis (RADSND) …… 152
13.2.1 RADSND 基础理论 …… 152
13.2.2 RADSND 分析流程 …… 153
13.2.3 RADSND 分析通用卡片设置 …… 154
13.2.4 实例：消声器前盖 RADSND 分析 …… 156
13.3 无限元方法 …… 158
13.3.1 无限元分析基础理论 …… 158
13.3.2 无限单元及其创建方法 …… 159
13.3.3 无限元分析指南 …… 161
13.3.4 无限元分析流程 …… 162
13.3.5 实例：发动机缸体辐射噪声计算 …… 162

第14章 NVH 诊断分析与优化 …… 164
14.1 传递路径贡献量分析（TPA） …… 165
14.1.1 传递路径贡献量理论基础 …… 165
14.1.2 PFPATH 卡片 …… 165
14.1.3 实例：整车模型 TPA 分析 …… 166

14.2 模态贡献量分析（MPA） …… 169
14.2.1 模态贡献量理论基础 …… 170
14.2.2 PFMODE 卡片 …… 171
14.2.3 实例：发动机悬置安装点动刚度分析 …… 172
14.3 节点贡献量分析（GPA） …… 174
14.3.1 节点贡献量理论基础 …… 174
14.3.2 PFGRID 卡片 …… 175
14.3.3 实例：整车模型节点贡献量分析 …… 175
14.4 面板贡献量分析（PPA） …… 177
14.4.1 面板贡献量理论基础 …… 178
14.4.2 PFPANEL 卡片 …… 178
14.4.3 实例：车身面板贡献量分析 …… 178
14.5 功率流分析 …… 180
14.5.1 功率流理论基础 …… 181
14.5.2 功率流分析卡片 …… 181
14.5.3 实例：框架结构功率流分析 …… 182
14.6 设计灵敏度分析（DSA） …… 183
14.6.1 设计灵敏度理论基础 …… 184
14.6.2 设计灵敏度分析相关卡片 …… 184
14.6.3 实例：框架结构设计灵敏度分析 …… 185
14.7 峰值自动筛选（PEAKOUT） …… 187
14.7.1 峰值自动筛选理论基础 …… 188
14.7.2 PEAKOUT 卡片 …… 188
14.7.3 PEAKOUT 卡片调用示例 …… 189
14.8 实例：整车 NVH 诊断优化 …… 191

第 15 章 结构非线性静力学分析基础 …… 193
15.1 结构非线性方程及求解方法 …… 193
15.1.1 牛顿下山法 …… 193
15.1.2 增量加载 …… 194
15.1.3 非线性方程收敛准则 …… 194
15.2 OptiStruct 非线性分析通用卡片设置 …… 195
15.2.1 NLPARM 卡片 …… 195
15.2.2 NLADAPT 卡片 …… 196
15.2.3 NLOUT 卡片 …… 197
15.2.4 PARAM，IMPLOUT，YES/NO 卡片 …… 199
15.2.5 MONITOR 卡片 …… 199
15.3 OptiStruct 非线性分析结果文件 …… 200
15.4 实例：车顶抗雪压能力分析 …… 201

第 16 章 材料非线性分析 …… 204
16.1 弹塑性材料 …… 204
16.1.1 弹塑性材料单轴试验曲线 …… 204
16.1.2 弹塑性材料本构 …… 205
16.1.3 弹塑性材料分析结果 …… 206
16.1.4 弹塑性材料卡片 …… 207
16.2 超弹性材料 …… 207
16.2.1 超弹性材料模型 …… 207
16.2.2 超弹性材料参数获取 …… 208
16.2.3 超弹性材料卡片 …… 209
16.3 黏弹性材料 …… 210
16.3.1 蠕变与松弛 …… 211
16.3.2 基本黏弹性模型 …… 211
16.3.3 蠕变柔量与松弛模量 …… 213
16.3.4 积分型本构 …… 213
16.3.5 OptiStruct 黏弹性模型 …… 213
16.3.6 黏弹性材料卡片 …… 214
16.4 黏胶材料 …… 215
16.4.1 不考虑损伤的黏胶模型 …… 215
16.4.2 考虑损伤的黏胶模型 …… 217
16.4.3 黏胶材料建模 …… 219
16.4.4 黏胶材料分析结果 …… 220
16.4.5 黏胶材料卡片 …… 220
16.5 垫圈材料 …… 221
16.6 非线性连接 …… 221
16.6.1 非线性弹簧 …… 221
16.6.2 铰连接 …… 222
16.7 材料非线性分析实例 …… 223
16.7.1 实例：车门下垂分析 …… 223
16.7.2 实例：密封圈受压自接触分析 …… 225
16.7.3 实例：管道蠕变分析 …… 227
16.7.4 实例：黏胶分析 …… 229

第 17 章　几何非线性分析 ………………… 231
17.1　非线性屈曲分析 ………………… 231
17.1.1　非线性屈曲基本理论 ………… 231
17.1.2　OptiStruct 弧长法中的时间步 … 232
17.2　初始缺陷的引入 ………………… 234
17.3　依赖于变形的载荷 ……………… 234
17.4　卡片说明 ………………………… 234
17.4.1　几何非线性的激活 …………… 234
17.4.2　跟随力的激活 ………………… 235
17.4.3　弧长法控制卡片 ……………… 235
17.4.4　初始缺陷的引入 ……………… 236
17.5　实例：拱形结构屈曲分析 ……… 237

第 18 章　接触非线性分析 ………………… 240
18.1　接触离散 ………………………… 240
18.2　接触约束的引入 ………………… 241
18.2.1　法向接触刚度 ………………… 241
18.2.2　切向接触刚度 ………………… 242
18.3　接触类型 ………………………… 243
18.4　其他接触控制参数 ……………… 243
18.4.1　法向接触力方向 ……………… 243
18.4.2　搜索间距 ……………………… 244
18.4.3　接触调整 ……………………… 244
18.4.4　接触间隙 ……………………… 245
18.4.5　接触面相对滑移 ……………… 245
18.4.6　接触厚度 ……………………… 245
18.4.7　接触稳定 ……………………… 245
18.4.8　接触友好单元 ………………… 246
18.4.9　不分离接触 …………………… 246
18.4.10　自接触 ……………………… 246
18.5　接触分析结果 …………………… 246
18.6　接触卡片 ………………………… 247
18.7　接触分析实例 …………………… 249
18.7.1　实例：卡扣的插拔 …………… 249
18.7.2　实例：橡胶圈自接触 ………… 251

第 19 章　高级结构非线性分析 …………… 254
19.1　连续工况分析 …………………… 254
19.1.1　CNTNLSUB 卡片 ……………… 254
19.1.2　实例：橡胶圈连续工况分析 …… 254
19.2　螺栓预紧分析 …………………… 256
19.2.1　螺栓预紧工作原理 …………… 256
19.2.2　螺栓预紧卡片 ………………… 256
19.2.3　实例：轴承支座螺栓预紧分析 … 257
19.3　接触及单元的激活与去除 ……… 260
19.3.1　接触及单元的激活与去除卡片 … 261
19.3.2　实例：多个螺栓的激活与去除 … 261
19.4　重启动分析 ……………………… 263
19.4.1　重启动卡片 …………………… 263
19.4.2　实例：重启动分析 …………… 264
19.5　非线性分析问题诊断及对策 …… 266
19.5.1　模型中存在刚体位移 ………… 266
19.5.2　接触稳定 ……………………… 267
19.5.3　最后一个增量步不收敛 ……… 267
19.5.4　接触没有完全收敛 …………… 268
19.5.5　塑性变形过大 ………………… 269

第 20 章　非线性隐式动力学分析 ………… 270
20.1　隐式动力学理论基础 …………… 270
20.1.1　广义 α 方法 ……………… 270
20.1.2　后退的欧拉方法 ……………… 271
20.2　非线性瞬态分析中的阻尼 ……… 271
20.3　连续工况分析 …………………… 271
20.4　隐式动力学卡片设置 …………… 272
20.5　实例：撞击车身隐式动力学分析 … 272

第 21 章　疲劳分析理论基础 ……………… 275
21.1　疲劳破坏机理 …………………… 275
21.2　疲劳分析基本术语 ……………… 275
21.3　疲劳破坏影响因素 ……………… 276
21.4　疲劳分析方法 …………………… 276
21.5　SN 疲劳曲线的获得 …………… 277
21.6　雨流计数 ………………………… 278
21.7　疲劳损伤累积 …………………… 278
21.8　比例加载与非比例加载 ………… 279

第 22 章　高周疲劳分析 …………………… 280
22.1　SN 曲线 ………………………… 280
22.2　疲劳载荷历程 …………………… 280

22.3 单轴疲劳 …… 281
22.3.1 单轴疲劳评估方法 …… 281
22.3.2 平均应力修正 …… 281
22.3.3 单轴疲劳分析流程 …… 283
22.4 多轴疲劳 …… 284
22.4.1 多轴疲劳评估方法 …… 284
22.4.2 多轴疲劳分析流程 …… 285
22.5 高周疲劳卡片 …… 285
22.6 高周疲劳分析实例 …… 288
22.6.1 实例：副车架单轴疲劳分析 …… 289
22.6.2 实例：副车架多轴疲劳分析 …… 293

第23章 低周疲劳分析 …… 295
23.1 单调载荷下的应力应变曲线 …… 295
23.2 循环载荷下的应力应变曲线 …… 295
23.3 滞回曲线 …… 296
23.4 应变疲劳EN曲线 …… 296
23.5 单轴疲劳分析 …… 297
23.5.1 Neuber应力修正 …… 297
23.5.2 平均应力修正 …… 297
23.6 多轴疲劳分析 …… 298
23.6.1 非比例硬化 …… 298
23.6.2 弹塑性应力修正 …… 299
23.6.3 多轴疲劳评估方法 …… 300
23.7 低周疲劳卡片 …… 301
23.8 低周疲劳分析实例 …… 302
23.8.1 实例：转向节单轴低周疲劳分析 …… 302
23.8.2 实例：转向节多轴低周疲劳分析 …… 306

第24章 焊接疲劳分析 …… 308
24.1 焊点疲劳分析 …… 308
24.1.1 焊点疲劳建模方法 …… 308
24.1.2 焊点疲劳评估方法 …… 308
24.1.3 焊点疲劳平均应力修正 …… 310
24.1.4 焊点疲劳厚度修正 …… 310
24.1.5 焊点疲劳卡片 …… 310
24.2 焊缝疲劳分析 …… 312
24.2.1 焊缝基本术语 …… 312
24.2.2 焊缝疲劳建模方法 …… 312
24.2.3 焊缝疲劳评估位置 …… 314
24.2.4 焊缝疲劳评估方法 …… 314
24.2.5 焊缝疲劳厚度修正 …… 316
24.2.6 焊缝疲劳平均应力修正 …… 316
24.2.7 焊缝疲劳卡片 …… 316
24.3 焊接疲劳分析实例 …… 318
24.3.1 实例：某零件焊点疲劳分析 …… 318
24.3.2 实例：车架焊接疲劳分析 …… 321

第25章 振动疲劳分析 …… 325
25.1 瞬态疲劳 …… 325
25.2 扫频疲劳 …… 325
25.2.1 线性扫频疲劳评估 …… 326
25.2.2 对数扫频疲劳评估 …… 326
25.2.3 定频疲劳评估 …… 326
25.2.4 扫频疲劳卡片 …… 326
25.3 随机振动疲劳 …… 327
25.3.1 功率谱惯性矩 …… 327
25.3.2 应力幅值概率密度函数 …… 328
25.3.3 总循环数 …… 329
25.3.4 损伤及寿命的计算 …… 330
25.3.5 随机振动疲劳卡片 …… 330
25.4 振动疲劳分析实例 …… 331
25.4.1 实例：电池包随机振动疲劳分析 …… 331
25.4.2 实例：电池包扫频疲劳分析 …… 333

第26章 高性能计算 …… 337
26.1 高性能计算相关术语 …… 337
26.2 硬件资源 …… 338
26.3 软件算法 …… 339
26.3.1 模态快速算法 …… 339
26.3.2 并行算法 …… 339
26.4 内存管理 …… 342
26.5 HPC最佳实践 …… 345

附录A 电子版资源 …… 348
A.1 第27章结构热传导分析 …… 348
A.2 第28章多物理场耦合分析 …… 348

第 1 章

Altair及OptiStruct软件介绍

1.1 Altair 简介

Altair 是一家全球技术公司，在产品开发、高性能计算和数据智能领域提供软件和云解决方案，自 1985 年成立以来一直致力于为企业的决策者和技术的执行者开发用于仿真分析、优化、信息可视化、流程自动化和云计算的高端技术。Altair 公司的总部位于美国密歇根州。2001 年 7 月，Altair 进入中国，成立了全资子公司澳汰尔工程软件（上海）有限公司，负责大中华区（包括中国大陆、香港、澳门、台湾）的业务；于 2006 年 3 月成立北京分公司；2012 年 3 月成立台北分公司；2015 年 3 月成立广州分公司；2017 年 6 月成立西安分公司。2017 年 11 月，Altair 公司在美国纳斯达克成功上市。

Altair 为客户提供全面的软件平台，包括 CAE 平台 Altair HyperWorks™、创新设计平台 Altair SolidThinking™、数据智能平台 Altair Knowledge Works™、物联网解决方案 Altair SmartWorks™和高性能计算管理平台 Altair PBS Works™。除此以外，还有 Altair 合作伙伴联盟 APA，通过该联盟可以免费使用上百个其他专业软件，且该联盟的参与者还在不断扩大中。Altair 公司的产品结构如图 1-1 所示。

图 1-1　Altair 产品结构图

1.2 Altair HyperWorks 简介

HyperWorks 是较为完整的 CAE 建模、可视化、有限元分析、结构优化和过程自动化等领域的软件平台。HyperWorks 涵盖丰富的产品模块，包括前后处理软件、物理求解器及仿真驱动设计软件，主要模块介绍如下。

（1）前后处理软件

- Altair HyperMesh™：目前较为流行的 CAE 前处理工具，可以快速建立高质量的 CAE 模型。
- Altair Hyperview™：具有高效图形驱动的仿真和试验数据后处理可视化工具。
- Altair HyperCrash™：碰撞安全性分析的 CAE 前处理工具。
- Altair HyperGraph 2D/HyperGraph 3D：海量仿真或试验数据后处理工具。
- Altair SimLab™：流程导向、基于特征的有限元建模软件，能够快速并准确地模拟复杂组件的工程行为。
- Altair MotionView™：通用机械系统仿真前后处理软件，同时也是图形可视化工具，它拥有业界领先的柔体技术。

（2）结构求解器及优化

- Altair OptiStruct™：面向产品设计、分析和优化的有限元分析及优化软件，拥有全球领先的优化技术，提供全面的优化方法。
- Altair HyperStudy™：一个开放的多学科优化平台，以其强大的优化引擎调用各类求解器，实现多参数、多学科全面优化。
- Altair RADIOSS™：快速、准确、稳健的有限元结构分析软件，能够进行多种线性和非线性分析，广泛应用于汽车、重工、电子、航空航天等各个领域。
- Altair HyperLife™：一个简单易用的疲劳仿真分析软件，可以预测高周、低周、无限寿命、焊点、焊缝、扫频、随机振动等疲劳寿命，帮助客户快速解决产品耐久性问题。
- Altair MotionSolve™：多体动力学求解器，支持运动学求解、静力求解、准静态求解、结构动力求解、线性化、特征值分析和状态矩阵输出等。

（3）流体求解器

- Altair AcuSolve™：通用的基于有限元的计算流体动力学软件。
- Altair nanoFluidX™：基于粒子法（SPH）的流体动力学仿真工具，用于预测在复杂几何体中有复杂机械运动的流动。可以用于预测有旋转轴和齿轮的传动系统润滑并分析系统每个部件的力和力矩。采用 GPU 技术能够对真实的几何形状进行高性能仿真。
- Altair ultraFluidX™：用于快速预测乘用车与商用车的空气动力特性的仿真工具，同时也可用于建筑物环境空气动力学的评估。基于格子玻尔兹曼（Boltzmann）方法的前沿技术在进行了 GPU 优化后更是具有突出的高速计算性能优势。

（4）电磁求解器

- Altair Feko™：全球领先的电磁场仿真工具，采用了多种频域和时域技术。这些真正的混合求解技术能够高效地分析天线设计、天线布局、电磁散射、雷达散射截面（RCS）和电磁兼容，包括电磁脉冲（EMP）、雷电效应、高强度辐射场（HIRF）和辐射危害等相关的宽频谱电磁问题。
- Altair WinProp™：电波传播和无线网络规划领域内相对同类产品更加完备的工具套件，包括从卫星到陆地、从郊区到市区、从室外到室内的无线链路。WinProp 创新性的电波传播模型能够在很短的计算时间内完成精确的分析。
- Altair Flux™：低频电磁场和热仿真分析软件。Flux 拥有开放、友好的交互界面，能够简单、方便地与 Altair 其他软件耦合，应用于不同系统的多物理场分析，包括 2D、3D 以及斜槽模拟。

(5) 快速设计软件

- Altair SimSolid™：无须进行几何简化和网格划分的快速结构仿真软件，可在几秒到几分钟内对未简化的原始 CAD 装配体进行结构分析，提高设计师及分析人员的工作效率。SimSolid 可在短时间内分析特别复杂的零件和特大型装配体，而使用传统结构分析工具则可能会花费数小时或数天，甚至不可能完成。
- Altair Inspire™：使设计工程师、产品设计师和建筑师快速、方便地探索和生成结构的技术。Inspire 采用先进的优化求解器 Altair OptiStruct™，根据给定的设计空间、材料属性以及受力需求生成理想的形状。该软件简单易学，并与现有的 CAD 工具协同工作，帮助用户在结构设计的第一时间就降低开发成本、时间、材料消耗和产品重量。

(6) 工艺仿真软件

- Altair Inspire Form™：金属钣金冲压成型和液压成型的仿真工具，让用户在设计之初就可以考虑其产品的冲压成型性、工艺参数、材料利用率和成本，从而缩短产品开发周期并优化产品设计。
- Altair Inspire Extrude™：三维金属挤压成型仿真软件。金属挤压产品制造商希望以更低的成本得到更小的制造偏差、更好的表面质量和更高的机械性能，Altair Inspire Extrude™是专门为满足这一日益增长的需求而开发的挤压工艺仿真平台。
- Altair Inspire Cast™：铸造仿真工具，致力于让铸造仿真过程尽可能简单。软件使用铸造从业人员熟悉的行业术语，操作简便，功能强大，计算结果准确，只需简单的几次鼠标点击即可完成一次铸造仿真，详细评估产品铸造工艺的合理性。

1.3 OptiStruct 发展历史

OptiStruct 从 1992 年发布到现在，经过了近 30 年的研发改进和各大应用领域的实践考验，已经成为功能非常强大、稳定的具备全面求解及优化功能的有限元软件。OptiStruct 初期研发的出发点是结构有限元的优化技术，而结构求解器是优化的基础。1992 年 Altair 与 Kikuchi 合作进行拓扑优化技术（最早的 SIMP 方法）的软件开发，并发布了商业版。1994 年 Altair 发布 OptiStruct V1.0，在之后的 10 年里，OptiStruct 相继发布了五个版本，结构求解器主要集中在线性求解（如线性静力学分析、模态分析、惯性释放分析）上，基于结构分析开发了拓扑优化、尺寸优化、形貌优化、形状优化等，并成功运用到了福特、通用汽车的开发中。在第二个 10 年里，OptiStruct 的开发集中在响应谱分析、复模态分析、频响分析、屈曲分析、随机振动分析、超单元及线性瞬态分析等。结构求解器的增强大大扩充了 OptiStruct 的优化功能，也一举奠定了 OptiStruct 在结构优化领域的领导地位。之后，OptiStruct 又大力发展非线性分析、转子动力学、复合材料、热传导、疲劳、多物理场、增材制造等相关领域，求解器功能涉及各个领域，功能更全面、更强大。OptiStruct 优化功能在更强劲的结构求解器的带动下如虎添翼，除了解决一些常规问题外，又成功挑战了一些前沿工程问题，比如非线性优化、格栅优化等。软件功能快速开发来源于客户需求，OptiStruct 近年来的快速发展也从侧面反映出它被工业界广泛接受，充分运用于各行各业。

1.4 OptiStruct 功能介绍及特点

OptiStruct 可用于静态和动态载荷条件下的线性和非线性结构问题，包括时域及频域范围内的求解。作为结构设计和优化技术的领导者，OptiStruct 帮助设计者和工程师分析和优化结构的强度、刚度、耐久性和 NVH（噪声、振动和舒适度）特性，并快速研发出轻量化、具有创新性、性能良好的结构。

OptiStruct 具备完整的结构分析方案，具体如下。

- 线性准静态、线性屈曲、惯性释放分析。
- 材料非线性分析，包括弹塑性、超弹性、黏弹性等。
- 几何非线性分析，包括跟随力、后屈曲分析等。
- 接触非线性分析，包括螺栓预紧、过盈配合、大滑移、小滑移等。
- 线性及非线性瞬态和稳态传热分析。
- 线性及非线性热应力分析。
- 正则模态/复模态分析（可带预应力）。
- 频率响应分析（模态法、直接法）。
- 瞬态响应分析（模态法、直接法和傅里叶变换法）。
- NVH 分析（包括流固耦合）。
- 谱分析（随机谱、响应谱）。
- 疲劳分析。
- 超单元。
- 复合材料分析。
- 转子动力学分析等。

OptiStruct 拥有自动化多级子结构特征值求解器（AMSES），可以在不到一小时内计算出百万量级自由度模型的成千上万阶模态。OptiStruct 提供了 NVH 分析中独具特色的先进功能，包括一步法传递路径（TPA）技术、模型减缩技术、设计灵敏度和等效辐射功率（ERP）响应等；提供了全面的非线性分析功能，包括非线性热传导分析，双向耦合的热接触、热应力分析，几何非线性分析，材料非线性分析，接触非线性分析，非线性动力学及静力学分析，非线性分析连续工况，非线性分析重启动功能等。

OptiStruct 具备完整的结构优化分析方案，具体如下。

- 拓扑优化。
- 形貌优化。
- 尺寸优化。
- 形状优化。
- 自由尺寸优化。
- 自由形状优化。

这些方法可以对静力、模态、屈曲、频响等分析过程进行优化，其稳健、高效的优化算法允许在模型中定义上百万个设计变量，支持常见的结构响应，包括位移、速度、加速度、应力、应变、特征值、屈曲载荷因子、结构柔度，以及各响应量的组合等。此外，OptiStruct 提供了丰富的参数设置，包括优化求解参数和制造加工工艺参数等，以方便用户对整个优化过程进行控制，确保优化结果便于加工制造，提供具有工程实用价值的结构设计。

1.5 OptiStruct 主要应用行业

OptiStruct 在工业界得到了广泛的认可，能够无缝连接 HyperMesh 前处理软件，正在为众多行业提供高效的结构分析与优化技术。OptiStruct 已广泛应用于国内外各行各业，包括汽车、消费电子、航空航天、土建、水利、核工业、船舶、国防等，部分用户如图 1-2 所示。

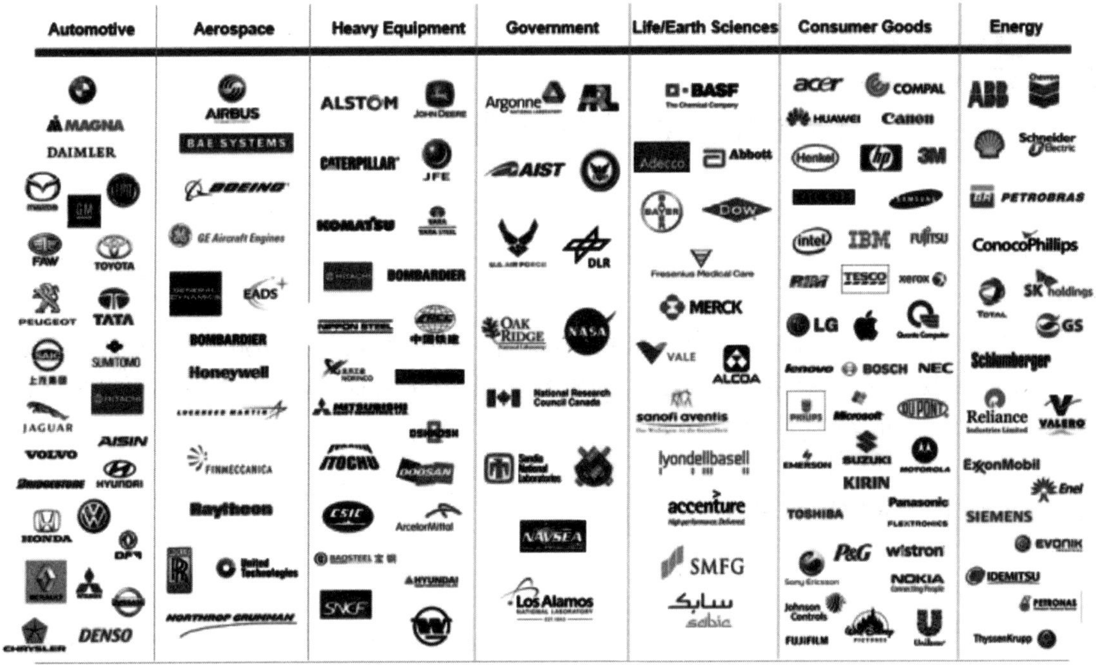

Automotive	Aerospace	Heavy Equipment	Government	Life/Earth Sciences	Consumer Goods	Energy
MAGNA, DAIMLER, mazda, GM, FAW, TOYOTA, PEUGEOT, TATA, SUMITOMO, 上汽集团, HITACHI, JAGUAR, AISIN, VOLVO, BRIDGESTONE, HYUNDAI, HONDA, DFM, RENAULT, NISSAN, CHRYSLER, DENSO	AIRBUS, BAE SYSTEMS, BOEING, GE Aircraft Engines, GENERAL DYNAMICS, EADS, BOMBARDIER, Honeywell, LOCKHEED MARTIN, FINMECCANICA, Raytheon, United Technologies, NORTHROP GRUMMAN	ALSTOM, JOHN DEERE, CATERPILLAR, JFE, KOMATSU, TATA STEEL, HITACHI, BOMBARDIER, NIPPON STEEL, 中国铁建, NORINCO, MITSUBISHI, DOOSAN, ITOCHU, CSIC, ArcelorMittal, BAOSTEEL 宝钢, HYUNDAI, SNCF	Argonne, AFRL, AIST, U.S. AIR FORCE, DLR, OAK RIDGE, NASA, National Research Council Canada, Sandia National Laboratories, NAVSEA, Los Alamos	BASF The Chemical Company, Adecco, Abbott, BAYER, DOW, Fresenius Medical Care, MERCK, VALE, ALCOA, sanofi aventis, lyondellbasell, accenture, SMFG, sabic	acer, COMPAL, HUAWEI, Canon, Henkel, hp, 3M, SAMSUNG, intel, IBM, FUJITSU, RIM, TESCO, xerox, LG, Quanta Computer, lenovo, BOSCH, NEC, PHILIPS, Microsoft, DUPONT, EMERSON, SUZUKI, MOTOROLA, KIRIN, TOSHIBA, Panasonic, Sony Ericsson, P&G, wistron, NOKIA, Johnson Controls, FUJIFILM, Disney Pictures, Unilever	ABB, Chevron, Schneider Electric, PETROBRAS, ConocoPhillips, TOTAL, SK holdings, GS, Schlumberger, Reliance Industries Limited, VALERO, ExxonMobil, Enel, SIEMENS, EVONIK, IDEMITSU, PETRONAS, ThyssenKrupp

图 1-2　全球用户

第2章 OptiStruct分析基础

本章作为学习 OptiStruct 结构有限元求解器的基础，讲解模型文件的组成、卡片格式，简要介绍OptiStruct所具备的单元类型、材料类型、分析类型，以及在 Altair HyperWorks 平台下提交 OptiStruct 模型进行计算并查看结果的方法。

2.1 模型文件组成及基本格式

2.1.1 .fem 文件组成

OptiStruct 是通用结构有限元求解器，其模型文件扩展名为 .fem，该文件为 ASCII 文件，可通过文本编辑器打开。.fem 文件中包含所有的模型信息，如果模型采用 HyperMesh 创建，则该文件中还包含 HyperMesh 中的 Component 名称信息、焊点连接相关信息等，这些信息保留在 $ 开头的相关行内。OptiStruct在读取 .fem 文件时，会跳过 $ 开头的行，而 HyperMesh 在读入 .fem 文件时，会识别 $ 开头的行。.fem 文件的内容可分为三部分：I/O 部分，Subcase 部分以及 Bulk Data 部分，如图 2-1 所示。下面分别介绍这三部分。

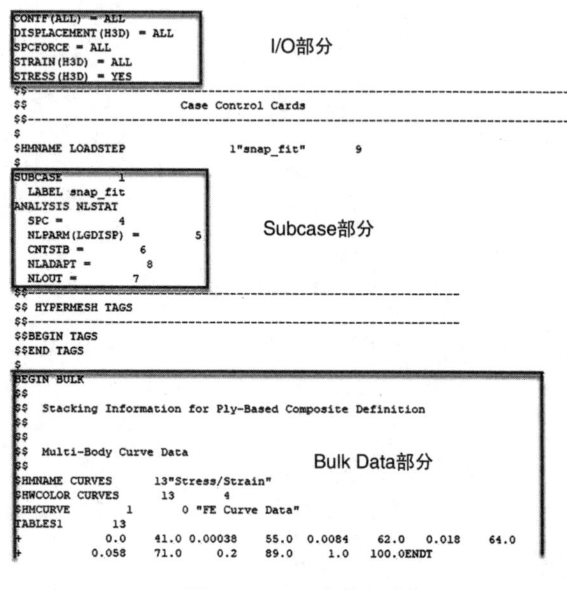

图 2-1 .fem 文件组成

1. I/O 部分

I/O 部分用于分析或优化的全局控制，包括结果输出的类型、格式、频率，运行的类型（模型检查、分析、超单元生成、优化或者重启动），输入/输出及临时文件的名称和存放位置等。以线性静力学分析为例，默认只输出位移和应力，若要输出应变，需要在 I/O 部分指定输出应变文件的格式，可选择的格式类型为 H3D、OUTPUT2 等。I/O 部分还可以指定应变类型，如 Mises 应变或主应变。以图 2-2 为例，输出了 H3D、OUTPUT2 以及 PUNCH 三种格式的所有类型的应变。

2. Subcase 部分

Subcase 部分设置工况信息（也叫载荷步）。它决定在一个 Subcase 中使用哪些载荷和边界条件，控制该工况的结果输出类型、频率、优化的目标和约束等。以图 2-3 为例，分析类型为 static，即线性静力学分析，引用的约束卡片为1号 load collector，载荷卡片为2号 load collector。

```
STRAIN(H3D,ALL) = ALL
STRAIN(OUTPUT2,ALL) = ALL
STRAIN(PUNCH,ALL) = ALL
```

图 2-2　输出控制

```
SUBCASE        1
  LABEL static
ANALYSIS STATICS
  SPC =        1
  LOAD =        2
```

图 2-3　载荷步定义

3. Bulk Data 字段

Bulk Data 部分开始于 BEGIN BULK 字段，结束于 ENDDATA 字段，包含除了 I/O 和 Subcase 部分之外所有的有限元模型信息，比如求解控制参数、节点编号及坐标、单元编号和每个单元对应的节点信息、材料参数、截面属性、坐标系定义、详细的约束及载荷定义等。所有这些信息没有先后顺序要求。相关信息的典型示例如图 2-4 所示。

```
PARAM    CHECKEL     YES            控制参数
PARAM   EXPERTNL    AUTO
GRID       33575           4301.608-249.522371.6952       节点信息
CQUAD4    491819       4  419870  419871  420038  420037  单元信息
PSHELL         4     31.0          3               3      0.0        截面属性
SPC            1  768516  123456     0.0     约束
MAT1           15600.0           0.444   1.15-9     材料
PLOAD4         2  4918190.012     载荷
```

图 2-4　Bulk Data 相关信息

2.1.2　.fem 文件基本格式

.fem 文件中，$、//、#为注释符号，以这几个符号开头的所在行为注释行，都会被 OptiStruct 的读取过程所忽略。.fem 文件可分为长格式、短格式和自由格式三种，一行的默认长度为 80 个字符。可通过 SYSSETTING，CADLENGTH 卡片修改每行的长度，但一般不建议修改。如果卡片信息中需要包含文件名信息（OUTFILE、RESTART、INCLUDE、LOADLIB、TMPDIR、EIGVNAME 和 ASSIGN），则该卡片每行最多可以有 200 个字符，或者将文件名放在引号（英文输入法下的双引号或者单引号）内分布在多行。

短格式中每个关键字占据 8 个字符，长格式中每个关键字占 16 个字符，自由格式中可用空格、逗号、左括号、右括号、等号中任意一个来

分隔关键字，两个连续逗号表示关键字为空，每行最多包含 10 个关键字。以表 2-1 中的 GRID 卡片为例，短格式中，GRID 占据第 1～8 个字符，节点编号 2 占据第 9～16 个字符，X 坐标占据第 17～24 个字符，Y 坐标占据第 25～32 个字符，Z 坐标占据第 33～40 个字符。长格式每个字段占 16 个字符；自由格式字段之间用逗号分隔。需要注意的是，.fem 文件中不支持使用〈Tab〉键输入空格。

表 2-1　GRID 卡片格式

格式类型	1	2	3	4	5	6	7	8	9	10
短格式	GRID	2		5.0	-5.0	0.0				
长格式	GRID *	2				5.0		-5.0		
	*	0.0								
自由格式	GRID, 2,, 5.0, -5.0, 0.0									

.fem 文件中，数值字段必须以数字或者“+”“-”开头。整数项不能包含小数点或指数部分，并且必须在（-2^{31}，2^{31}）范围内。要求输入实数的字段可以输入整数代替，系统会自动转换为双精度的实数。

注意：除了标题和文件名外的任何字段只要超过 8 位的字符就会被系统截除，并且没有任何警

告信息。除了用户定义的标题和文件名外的所有字符串都不区分大小写。在不会导致混淆的情况下，较长的关键字可以使用其前 4 个字符代替（缩写）。

例如，以下 3 行是等效的：

```
DISPLACEMENT (form) = option
disp FORM option
displa, form, option
```

续行可通过最后字段的“,”符号识别，下面是一个有多个续行的卡片：

```
XYPLOT, XYPEAK, VELO, PSDF/3(T2),
6(T2), 8(T2), 10(T2),
20(T2)
```

文件路径可以放在引号内，以下是一个被分割在多行的文件路径：

```
INCLUDE "path/
/split into multiple/lines
/filename.txt "
```

该卡片等价于：INCLUDE "path/split into multiple/lines/filename. txt "。

2.2 单元类型

有限元方法将复杂的几何结构离散为一个个规则的单元，从而化繁为简，将复杂的问题简单化。OptiStruct 提供了丰富的单元库，包括 0D、1D、2D 和 3D 单元，适用于不同的分析场景。

2.2.1 0D 单元

CELAS1、CELAS2、CELAS3 和 CELAS4 用于定义弹簧单元。CELAS1 和 CELAS3 的属性是 PELAS。CELAS2 和 CELAS4 自带属性。在 HyperMesh 中可通过 1D-springs 进行创建。

CDAMP1、CDAMP2、CDAMP3 和 CDAMP4 用于定义标量阻尼单元。CDAMP1 和 CDAMP3 的属性是 PDAMP。CDAMP2 和 CDAMP4 自带属性。

CMASS1、CMASS2、CMASS3 和 CMASS4 用于定义质量点。CMASS1 和 CMASS3 的属性是 PMASS。CMASS2 和 CMASS4 自带属性。

CONM1 和 CONM2 是集中质量单元。CONM1 在节点位置定义一个 6×6 质量矩阵。CONM2 在节点位置定义质量和惯性属性，若不指定惯性矩则表示分析中不考虑质量单元惯性矩的影响。

CVISC 用于定义黏性阻尼，CVISC 的属性是 PVISC。

2.2.2 1D 单元

CBEAM 为通用梁单元，能传递轴向力、横向剪切力、弯矩、扭矩等载荷，其属性卡片为 PBEAM。

CBAR 为简化版梁单元，相对 CBEAM 而言，不能考虑截面翘曲，其属性卡片为 PBAR。

CBUSH 为通用弹簧阻尼单元，对应的属性卡片为 PBUSH。CBUSH 弹簧单元有 6 个自由度，可分别指定 6 个方向的刚度和阻尼，功能更强大，若只使用 1 个方向的自由度，则相当于 CELAS1。每个方向都可以设置非线性刚度和阻尼。

CBUSH1D 为单向弹簧阻尼单元，相当于只有一个方向上有刚度的 CBUSH 单元，可以设置非线性刚度和阻尼，其属性卡片为 PBUSH1D。

CGAP 为间隙单元，支持轴向和摩擦载荷，其属性卡片为 PGAP。

CGAPG 也为间隙单元，支持轴向和摩擦载荷，可用于连接曲面片（不需要点对点连接），其属性卡片为 PGAP。

CROD 为杆单元，只能传递轴向力和扭矩，其属性卡片为 PROD。

CWELD 为简单轴向梁单元，支持力和力矩，不需要点对点连接，可用于连接曲面片，其属性卡片为 PWELD。

2.2.3 2D 单元

当结构厚度方向的尺寸远小于另外两个方向的尺寸时，可对实体结构沿厚度抽取中面，采用二维单元来模拟三维结构的力学性能。OptiStruct 支持通用的 2D 壳单元，该单元可考虑薄膜应变、面外弯曲及剪切，其单元类型有一阶的三角形单元 CTRIA3 及四边形单元 CQUAD4，二阶的三角形单元 CTRIA6 及四边形单元 CQUAD8，其相应的属性卡片为 PSHELL。

当结构形状、载荷及约束沿某个轴对称时，轴向相关参数为零，壳单元可进一步简化为轴对称单元。OptiStruct 的轴对称单元为一阶三角形单元 CTAXI、二阶三角形单元 CTRIAX6、二阶四边形单元 CQAXI，对应属性卡片为 PAXI。

当单元的法向应变为零时，通用壳单元可退化为平面应变单元，OptiStruct 提供了一阶三角形单元 CTPSTN 及四边形单元 CQPSTN，其属性卡片为 PPLANE。

2.2.4 3D 单元

3D 实体单元用于模拟厚板和实体结构。通常无法用 1D 单元和 2D 单元简化的模型都需要使用 3D 实体单元进行模拟。OptiStruct 提供的一阶及二阶 3D 实体单元包括六面体单元（CHEXA）、三棱柱单元（CPENTA）、金字塔单元（CPYRA）和四面体单元（CTETRA），属性都是 PSOLID。

2.3 材料类型

OptiStruct 提供了多种材料模型，包括各向同性材料、横观各向同性材料、各向异性材料和各种非线性材料，简要介绍如下。

- MAT1 用于定义各向同性弹性材料，可用于模拟处于线弹性阶段的钢、铝合金等材料。
- MAT2 用于定义各向异性材料，适用于壳单元，结合 PSHELL、PCOMP 和 PCOMPG 使用。
- MAT3 用于定义与温度无关的各向异性线性材料，仅适用于轴对称单元 CTAXI 和 CQAXI 及平面应变单元 CTPSTN 和 CQPSTN。
- MAT4 用于定义各向同性热传导参数，包括导热系数、比热容、密度、对流系数以及生热率等参数。
- MAT5 用于定义各向异性热传导参数，包括导热系数、比热容、密度、对流系数以及生热率等参数。
- MAT8 用于定义二维正交各向异性弹性材料，只能被 PSHELL、PCOMP 和 PCOMPG 引用。
- MAT9 用于定义三维各向异性弹性材料，可被 PSOLID 引用。
- MAT10 用于定义流固耦合（声场）中的流体，只能被带 FCTN = PFLUID 选项的 PSOLID 属性引用。
- MATHE 用于定义非线性超弹性材料，包括 MOONEY，MOOR，RPLOY，NEOH，YEOH，ABOYCE，OGDEN，FOAM 本构模型，可用于模拟橡胶等超弹性材料，只能被 PSOLID 引用。

- MATVE 为线性黏弹性材料，MATVP 为非线性黏弹性材料，只能被 PSOLID 引用。
- 温度相关的材料采用 MATT1、MATT2、MATT8 和 MATT9 定义，温度相关属性使用 TABLEM1、TABLEM2、TABLEM3 和 TABLEM4 定义，可用于模拟力学性能随温度变化的材料，比如杨氏模量随温度变化。
- MATS1 定义弹塑性材料，它是 MAT1 的扩展。弹塑性材料的弹性属性在 MAT1 中定义，塑性属性在 MATS1 中定义。

结构刚强度分析中，常见的钢、铝合金等金属材料可直接采用 MAT1，若要考虑塑性阶段，可使用 MATS1 设置塑性参数；电子、汽车以及家电等行业使用的各向同性的塑料也可以用 MAT1 和 MATS1 进行模拟；木材属于各向异性材料，可使用 MAT9 进行模拟。NVH 分析，如模态、频响和随机振动分析等，因为是线性分析，采用 MAT1 即可。

结构传热分析中，可使用各向同性的 MAT4 和各向异性的 MAT5 模拟。金属、塑料等材料的传热分析都可以用这两种材料进行模拟。

结构热应力分析，比如要计算各向同性的塑料件由室温 25℃ 升到 50℃ 稳定状态下的热应力，可直接使用 MAT1 进行模拟，但是需要在 MAT1 卡片中设置热膨胀系数。如果温度较高，则需要考虑温度对杨氏模量的影响，需要采用 MAT1 结合 MATT1 进行模拟；如果温度进一步提高，需要考虑金属的高温蠕变性能，需要采用 MATVP 进行模拟。

对于短纤注塑材料，纤维方向在每个位置都不相同，对于此类材料，首先需要进行模流分析得到纤维流向，然后将模流分析模型中的纤维流向映射到结构网格，通过多尺度分析软件，计算给定纤维方向、组分及单胞结构的材料曲线，最后结构求解器结合多尺度分析软件，完成结构的刚度、强度、碰撞等分析。Altair 提供了模流分析软件 Inspire Mold、多尺度分析软件 MultiScale Designer，OptiStruct 通过用户自定义材料 MATUSR，结合 MultiScale Designer，可对注塑材料进行结构刚度、强度、振动等分析。

2.4 分析类型

OptiStruct 是一款多学科有限元仿真软件，涉及结构分析、NVH 分析、热分析、声学分析、疲劳分析以及转子动力学分析等，可用于汽车、消费电子、家电、重工、船舶、航空航天等行业的结构有限元仿真分析。具体分析类型如图 2-5 所示。

结构分析用于计算结构在一定的载荷及约束下产生的变形及应力，以评估结构的安全性能。例如，对于不锈钢结构，当应力超过屈服强度后，结构会产生不可恢复的塑性应变；当应力超过强度极限时，结构会发生破坏。机械行业都会用到这类分析。

NVH 分析用于分析结构在动力载荷下的相关性能，如模态分析可得到结构的固有频率和振型，固有频率越高，其结构刚度越大；频响分析可得到不同频率激励下结构所产生的位移以及加速度响应等。汽车行业可对整车进行 NVH 分析，评估整车的舒适性，对于超标的振动、噪声，可通过

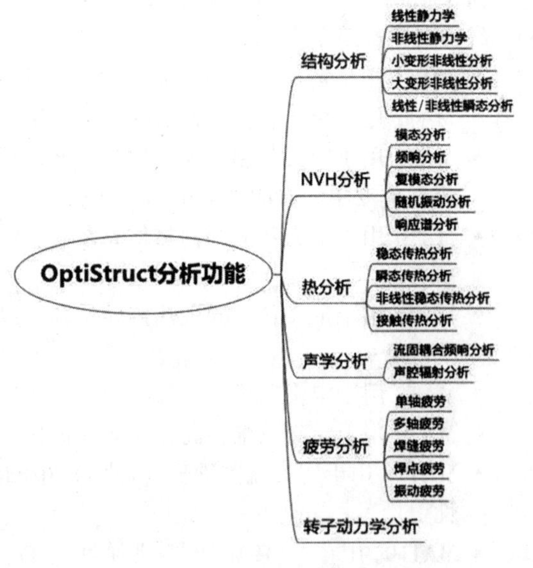

图 2-5 OptiStruct 分析类型

仿真改进结构，改善产品。

热分析可根据给定的热边界条件得到结构中的传热过程以及终止状态下的热分布情况，另外可分析因热胀冷缩产生的热应力。比如热分析可用于模拟 PCB 板温箱实验，得到 PCB 板在不同温度下的热应力，判断 PCB 板在实际使用过程中是否会因为热应力而发生破坏。

疲劳分析用于分析结构在一定周期载荷下的寿命，如根据载荷历程以及 S-N 曲线评价发动机曲轴寿命。声学分析用于分析结构的声学性能，如汽车声腔辐射分析。转子动力学可用于转动部件的模态以及频响分析等。

2.5 OptiStruct 计算提交

OptiStruct 有三种计算提交方式：HyperMesh 界面提交；OptiStruct 任务管理器提交；通过脚本提交。

2.5.1 HyperMesh 界面提交

OptiStruct 模型在 HyperMesh 中设置完成后，可直接通过 Analysis 面板中的 OptiStruct 按钮激活任务提交面板。OptiStruct 任务提交面板如图 2-6 所示，需要给定 HyperMesh 模型的保存位置，设置 . fem 文件的导出选项、任务运行选项、内存设置选项及其他更多参数，如 CPU 数目等。需要指出的是，OptiStruct 求解器读取的是 . fem 文件，在 HyperMesh 中提交计算时，首先会导出 . fem 文件，然后调用 OptiStruct 读取该文件进行计算。模型文件的导出选项可以是用户自定义部分模型、当前显示的模型或全部模型；任务运行选项可以是分析、优化、重启动、模型检查等；内存设置选项用于控制计算过程中的内存分配策略；更多设置包括 CPU 数目的设置等，在后续的高性能计算章节会有详细介绍。

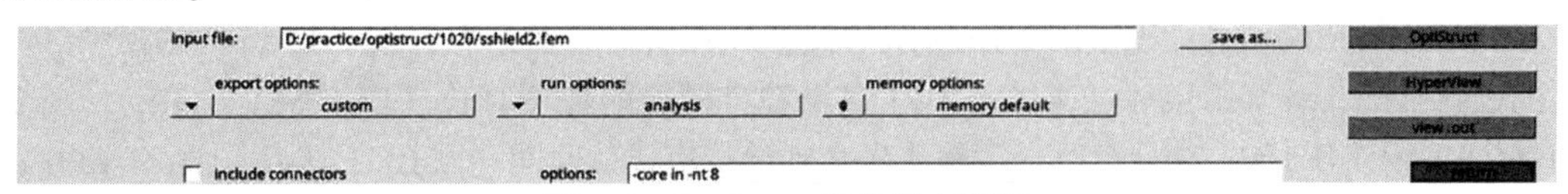

图 2-6　OptiStruct 任务提交面板

2.5.2 OptiStruct 任务管理器提交

若已经创建好用于提交计算的 . fem 文件，亦可通过图 2-7 所示的 OptiStruct 任务管理器提交计算，由“开始”菜单-> Altair 2020-> OptiStruct 2020 打开该界面。在 Input file(s)栏可同时选择多个 . fem 文件，系统会自动排队依次提交计算。

Options 栏可设置不同的求解参数，如多核并行以及延迟提交计算等，可单击“…”图标查看和设置相关选项。如 Options 栏参数设置为“-delay 5”表示 5 秒之后提交计算，即延迟提交计算。若希望在具体的某个时间点进行计算（比如当天中午 12 点），则需要勾选图 2-7 中的 Schedule delay 选项，在弹出的对话框中设置相关参数，如图 2-8 所示。

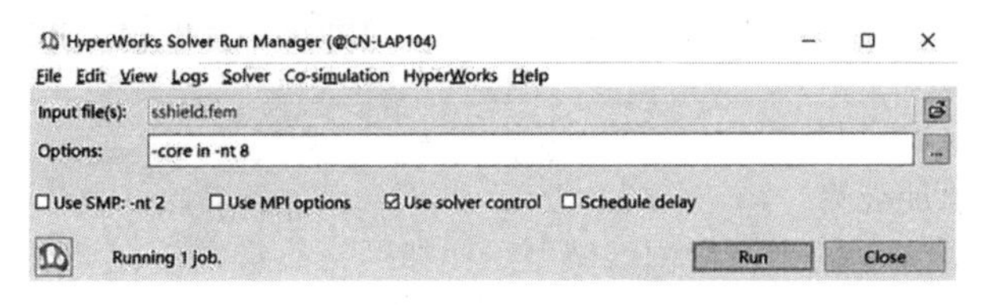

图 2-7　OptiStruct 任务管理器界面

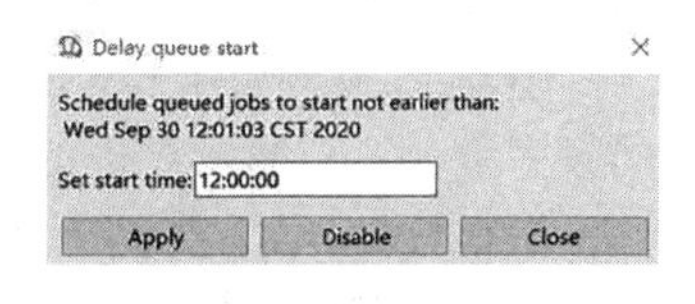

图 2-8　设置计算时间点

2.5.3 通过脚本提交

Windows 系统下可通过 DOS 命令提交计算，首先找到 OptiStruct 求解器的脚本位置，一般在 HyperWorks 安装目录的这个位置：Altair\2020\hwsolvers\scripts\OptiStruct. bat；然后在 DOS 中切换到模型文件所在位置，用下面的命令提交计算即可。

XXX\Altair\2020\hwsolvers\scripts\OptiStruct. bat "filename" -option argument

其中的 option 选项可通过-h 命令查询得到。

XXX\Altair\2020\hwsolvers\scripts\OptiStruct. bat -h

Linux 系统下一般通过脚本提交计算。Linux 系统提交命令如下，需指定 OptiStruct 安装目录和求解文件路径（filename），最后的求解参数可根据需要进行相应设置。

< install_dir >/altair/scripts/OptiStruct "filename" -option argument

2.6 OptiStruct 结果文件

OptiStruct 计算完成后，会产生一系列结果文件，默认的结果文件有 . h3d、. out、. stat 以及 . res 文件，还可以根据需要设置输出 . pch、. op2 等文件。

. h3d 文件中根据分析类型的不同，包含了结构的应力、应变、位移、加速度、能量、模态频率、振型、温度、热流等信息。线性/非线性静力学分析默认会输出应力和位移到 h3d 文件中，模态分析默认输出固有频率和振型到 . h3d 文件中，频响分析没有默认输出项，需要指定输出内容。. h3d 文件可通过 HyperView 打开查看结果。

. out 文件是文本文件，包含了模型信息以及求解过程的信息。模型信息包括图 2-9 所示的节点总数、网格总数和模型自由度，图 2-10 所示的模型计算所需要的内存，图 2-11 所示的模型计算所需要的硬盘空间，计算结束后可通过图 2-12 查看整个模型的计算时长（ELAPSED TIME）。需要指出的是，ELAPSED TIME 是计算时长，是从提交到计算完成的时间；而 CPU TIME 是所有 CPU 占用时间的总和，CPU TIME 可能大于 ELAPSED TIME，甚至是很多倍，这取决于计算中所采用的 CPU 的核数。比如作业从提交到完成用了 1000 秒，每个 CPU 运行的时间为 800 秒，用了 8 个 CPU，那么 ELAPSED TIME 就是 1000 秒，而 CPU TIME 为 800 × 8 = 6400 秒。

```
FINITE ELEMENT MODEL DATA INFORMATION :
-----------------------------------------

  Total # of Grids (Structural)          :      960
  Total # of Elements                    :      900
  Total # of Rigid Elements              :       10
  Total # of Rigid Element Constraints   :       60
  Total # of Degrees of Freedom          :     5748
  (Structural)
  Total # of Non-zero Stiffness Terms    :   150798
```

图 2-9 模型节点、网格信息

```
MEMORY ESTIMATION INFORMATION :
-------------------------------

Solver Type is:  Sparse-Matrix Solver
                 Direct Method
                 Block Lanczos Eigenvalue Extraction

Current Memory (RAM)                                    :   800 MB
  In addition a ramdisk area was allocated in memory    :    30 MB
Estimated Minimum Memory (RAM) for Out of Core Solution :    11 MB
Recommended Memory (RAM) for Out of Core Solution       :    13 MB
Recommended Memory (RAM) for In-Core Solution           :    18 MB
```

图 2-10 预估模型计算所需内存

```
DISK SPACE ESTIMATION INFORMATION :
-----------------------------------

Estimated Disk Space for Output Data Files              :    4 MB
Estimated Scratch Disk Space for In-Core Solution       :   35 MB
Estimated Scratch Disk Space for Out of Core Solution   :   45 MB
```

图 2-11 预估模型计算所需硬盘空间

```
COMPUTE TIME INFORMATION
------------------------

EXECUTION STARTED                 Wed Sep 30 16:50:15 2020
EXECUTION COMPLETED               Wed Sep 30 16:50:20 2020
ELAPSED TIME                                 00:00:05
CPU TIME                                     00:00:02
```

图 2-12 模型计算时长

. out 文件还可以用于查看模型报错信息，有助于用户调试模型。比如网格质量太差、导致无法计算时，会报告图 2-13 所示错误；若没有给 component 赋予材料属性，会报大量图 2-14 所示的错误；若频响分析中没有设置输出选项，会报告图 2-15 所示错误。

```
A fatal error has occurred during computations:

 *** PROGRAM STOPPED: ERRORS DURING ELEMENT QUALITY CHECK.
```

图 2-13　单元质量报错

```
There were 631 error messages during input processing.
 The first message is repeated below:

 *** See next message about line 1024 from file:
   D:/practice/optistruct/1020/sshield1.fem
  "CTRIA3         80         0       130       129       124"

 *** ERROR # 1000 *** in the input data:
 Incorrect data in field # 3. Field 'PID' of CTRIA3 bulk data.
```

图 2-14　缺失材料属性报错

. stat 文件会记录详细的求解迭代信息，包括每个迭代步所需要的时间信息等；. res 文件同时包含模型和计算结果信息，可用于在 HyperMesh 中查看结果，现在已基本不用；. pch 为文本文件，可将用户关注的节点、单元相关结果输出到该文件，该文件可用文本编辑器打开，也可用 HyperGraph 打开。. op2 文件包含模型信息和计算结果信息，可通过 HyperView 和 HyperGraph 查看。

```
*** ERROR # 291 ***
No output results requested for Frequency Response, Transient Analysis
or Random Response.
Note that displacements and stresses are disabled by default for such
loadcases. Also note that the amount of results for such loadcases may
be extremely large, and therefore output SETs are highly recommended.
```

图 2-15　频响分析未设置输出报错

第3章 结构基础分析

在有限元分析中，线性分析是最基本的分析类型，包括线性动力学分析及线性静力学分析。本章主要介绍线性分析中的线性静力学、线性屈曲及惯性释放这几种分析类型，及在线性分析中所用到的材料、单元类型及约束与载荷，为后续的复杂分析类型提供基础知识。

3.1 线性静力学分析基本理论

静力学分析严格来说都是非线性分析，因为平衡方程需要建立在变形后的几何上面。但是当采用线弹性材料，变形足够小以至于平衡方程可直接建立在变形前几何上时，此类分析可近似采用线性分析，即为线性静力学分析。线性静力学分析中，结构需要求解的基本有限元方程为

$$\boldsymbol{Ku} = \boldsymbol{F} \tag{3-1}$$

式中，K 为结构的刚度矩阵（各个单元刚度矩阵的组合），取决于结构的几何及材料参数，与位移无关；$\boldsymbol{u}$ 为位移向量；$\boldsymbol{F}$ 为作用在结构上的载荷向量。

该方程的本质是外力和内力在各个自由度上的平衡。该方程组只有在施加足够约束时，刚度矩阵才是非奇异阵，才有唯一解。

平衡方程可以通过直接法或迭代法求解，默认情况下会调用直接法求解。直接求解法相对稳健、准确、高效，迭代法在实体结构的求解速度方面有时候有一定的优势。线性方程的求解算法可通过 SOLVTYP 设置，在 SUBCASE 中引用生效。在求解完平衡方程后，可得到节点位移，通过几何方程由节点位移求解应变，通过材料本构关系求解应力。

3.2 线性屈曲分析基本理论

屈曲是除强度、刚度外，工程中关心的又一个重要课题。屈曲有时也叫失稳，指结构在载荷不再增加的情况下继续变形而丧失稳定性的现象。屈曲问题主要发生在细长杆件或薄壁结构中，比如汽车连杆和飞机蒙皮结构的屈曲破坏。屈曲又分为线性屈曲和非线性屈曲，本节只介绍 OptiStruct 的线性屈曲分析功能，即不考虑加载过程中几何刚度的变化，也不考虑载荷作用方向的改变，后续的几何非线性分析章节会介绍非线性屈曲。

使用有限元方法求解结构线性屈曲问题时，首先在结构上施加一个参考载荷 P_{ref}，然后通过线性静力学分析得到结构应力，该应力用于几何刚度矩阵 $\boldsymbol{K}_{\mathrm{G}}$ 的构建，接着通过求解特征值问题得到屈曲因子，计算方程式为

$$(\boldsymbol{K} - \lambda \boldsymbol{K}_{\mathrm{G}})\boldsymbol{x} = 0 \tag{3-2}$$

式中，$\boldsymbol{K}$ 是结构的刚度矩阵；λ 是参考载荷的放大系数；$\boldsymbol{x}$ 是与特征值对应的特征向量。

如果该方程有 n 个自由度，那么就有 n 个特征值及特征向量。在工程实际中，往往关注低阶的特征值，这是因为低阶特征值说明在较小载荷下结构就发生了屈曲。由于只关注前几阶的特征值，

可采用 Lanczos 方法进行求解。在求解得到特征值后，通过下式可得到发生屈曲的临界载荷。

$$P_{Cr} = \lambda_{Cr} P_{ref} \tag{3-3}$$

式中，$\boldsymbol{P}_{ref}$为参考载荷；λ_{Cr}为参考载荷放大系数；$\boldsymbol{P}_{Cr}$为屈曲载荷。

为了进行线性屈曲分析，需要在 Bulk Data 字段定义通过 EIGRL 卡片定义特征值提取阶数。EIGRL 卡片需要被 SUBCASE 字段的 METHOD 引用。另外，还需要通过 SUBCASE 字段的 STATSUB 引用静态分析工况。

屈曲分析忽略 0 维单元，如 MPC、RBE3 和 CBUSH。它们可以在线性屈曲分析中使用，但不参与几何刚度矩阵 $\boldsymbol{K}_G$的构建。默认情况下，几何刚度矩阵 $\boldsymbol{K}_G$的构建也不考虑刚性单元的影响。如果希望考虑刚性单元的影响，可以通过设置 PARAM KGRGD YES 来实现。

另外，用户可以通过 SUBCASE 字段的 EXCLUDE 指定几何刚度矩阵 $\boldsymbol{K}_G$构建时需要忽略的单元，这样可以只对部分结构进行屈曲分析。EXCLUDE 指定的部分只是在构建几何刚度矩阵时被忽略，相当于一个带弹性边界条件的分析。

如果参考的静态载荷工况使用了惯性释放，则不能使用屈曲分析。因为在这种情况下刚度矩阵是半正定的，屈曲分析会由于矩阵奇异而终止。

3.3 惯性释放分析基本理论

如果结构不受任何外在约束，或者无法清楚地确定结构所受的约束，则无法使用传统的静力学分析方法求解。惯性释放允许对无约束结构进行分析。惯性释放针对的分析类型既可以是静力学问题，也可以是频响分析等动力学问题。典型的应用是飞行中的飞机、汽车悬架和空间的卫星等，这些对象的特点是它们都处于静力平衡状态或者匀加速状态，即它们的相对位移和应力状态都是稳定的。惯性释放分析的应用范围还包括已经从多体动力学分析中得到各连接部位的载荷，但找不到合适的约束点进行约束的各种静力学分析。

惯性释放分析的外载荷由一系列平动和转动加速度平衡。这些加速度组成体载荷，分布在整个结构上。这些载荷的向量和刚好使作用在结构上的总载荷为 0，从而保证了模型能够进行静力学求解。

OptiStruct 惯性释放可用于线性静力学分析、非线性静力学分析和模态法频响分析。使用惯性释放分析的静力工况不能被线性屈曲分析引用。

OptiStruct 中有两种方法可以进行惯性释放分析：①采用 PARAM，INREL，-1 进行惯性释放分析时，需要手动设置虚拟约束 SUPPORTi；②采用 PARAM，INREL，-2 进行惯性释放分析时，系统自动施加虚拟约束。若设置 PARAM，INREL，0，则与静力学分析没有本质区别。

推荐将 INREL 参数设置为 -2。一般系统会将虚拟约束点设在结构重心附近的位置。使用 PARAM，INREL，-2 进行惯性释放分析有以下好处：①可以为无约束结构自动添加虚拟支撑去除 6 个刚体自由度；②得到的位移结果具有一致性；③对于难以确定支撑位置的结构，可以得到更精确的位移和应力结果。与 INREL = -1 不同，使用 INREL = -2 时实际上没有为结构施加任何实际支撑，所以也就没有强制位移零点。

使用惯性释放分析的注意事项如下。

1）用于惯性释放分析的模型应具有质量和惯量，这就需要对材料设置密度。对于一维单元（如 BAR 单元），在绕轴转动方向上没有惯量，这时可以使用附加的 CONM2 单元添加惯量。BEAM 单元本身可以赋予惯量，所以不存在这个问题。

2）INREL = -2 推荐用于刚好具有 6 个刚体自由度的无约束结构，这时不允许再添加任何额外的 SUPPORTi 项。

3）如果结构是部分约束的，也就是刚体自由度小于或等于6，这时推荐使用 INREL = -1，并使用 SUPPORTi 去除其余的刚体自由度。

4）对于具有6个以上刚体位移的结构不推荐使用惯性释放分析，这时如果使用 INREL = -1 将出错，因为 INREL = -1 时最多指定6个虚拟约束。使用 INREL = -2 也可能会出错或得到不可靠的结果。

5）对于具有局部无质量机构的问题，INREL = -2 可以给出有意义的结果，但是需要在计算完成后由用户检查结果是否可靠。

6）当使用 INREL = -1 进行惯性释放分析时，虚拟约束选取的点应该可以给结构以良好的支撑。如果结构上没有合适的点，可以考虑在空间上选取这样的点，然后使用 RBE3 和结构上的多个点相连。注意，由于不能直接对 RBE3 的从节点施加虚拟约束，所以需要先使用 RBE3 单元的 UM 项转移从自由度。也可以使用 RBE2 进行连接，这时可以直接在主节点上施加虚拟约束，其缺点是会对连接的局部区域增加额外的刚度。

7）如果希望自己指定一个位移的零点，应使用 INREL = -1 进行惯性释放分析。

3.4 线弹性材料

线弹性材料可分为各向同性线弹性材料和各向异性线弹性材料。各向同性材料是最基本，也是最常用的材料，金属材料在进入塑性前都是各向同性线弹性材料，OptiStruct 可通过 MAT1 定义。MAT1 卡片格式见表 3-1。

表 3-1 MAT1 卡片

(1)	(2)	(3)	(4)	(5)	(6)	(7)	(8)	(9)	(10)
MAT1	MID	E	G	NU	RHO	A	TREF	GE	
	ST	SC	SS						

其中，E 为杨氏模量；G 为剪切模量；NU 为泊松比；RHO 为密度；TREF 为参考温度；GE 为结构阻尼系数，在动力学章节将详细讲解其用途；ST、SC、SS 分别为受拉、受压、受剪时的极限应力，在复合材料的失效分析中会用到。

材料在不同方向进行强化时，不再表现出各向同性，而需要采用各向异性材料。工业应用中最典型的是航空航天行业的预浸料复合材料、汽车内饰板使用的短纤加强复合材料等。OptiStruct 通过 MAT8、MAT9、MAT9ORT 定义各向异性材料。其中，MAT8 用于 2D 单元的正交各向异性材料，可结合 PCOMP、PCOMPG、PLY 使用，其卡片格式见表 3-2。

表 3-2 MAT8 卡片

(1)	(2)	(3)	(4)	(5)	(6)	(7)	(8)	(9)	(10)
MAT8	MID	E1	E2	NU12	G12	G13	G23	RHO	
	A1	A2	TREF	XT	XC	YT	YC	S	
	GE	F12	STRN						

其中，E1、E2 为材料坐标系中 1、2 向的杨氏模量；NU12 为 1、2 向之间的泊松比；G12、G13、G23 分别为 1、2 向，1、3 向，2、3 向之间的剪切模量；RHO 为材料的密度；A1、A2 为 1、2 向的热膨胀系数；TREF 为参考温度；XT、XC 为材料 1 向抗拉、抗压强度；YT、YC 为材料 2 向抗拉、抗压强度；S 为面内抗剪强度；F12 为 Tsai-Wu 失效准则中的系数；STRN 表示 XT、XC、

YT、YC 定义的是应力还是应变。

MAT9 及 MAT9OR 适用于 3D 单元，其中，MAT9 卡片中需要直接指定材料属性矩阵，定义相对复杂。MAT9 卡片上的参数可通过其他软件得到，比如说对于复杂的复合材料，可通过 Altair 的多尺度分析软件 Multiscale Designer 生成。MAT9OR 卡片中直接指定 X、Y、Z 三个方向的杨氏模量、泊松比以及剪切模量即可，定义相对简单。MAT9 和 MAT9OR 两个卡片的参数可通过一定的公式相互转换。下面简单介绍 MAT9ORT，其卡片格式见表 3-3。

表 3-3　MAT9OR 卡片

(1)	(2)	(3)	(4)	(5)	(6)	(7)	(8)	(9)	(10)
MAT9OR	MID	E1	E2	E3	NU12	NU23	NU31	RHO	
	G12	G23	G31	A1	A2	A3	TREF	GE	

其中，E1、E2、E3 分别为材料坐标系下 1、2、3 向的杨氏模量；NU12、NU23、NU31 分别为相应两个方向的泊松比；RHO 为材料密度；G12、G23、G31 分别为相应两个方向的剪切模量；A1、A2、A3 分别为 1、2、3 方向的热膨胀系数；TREF 为参考温度。

需要指出的是，在复合材料分析中，材料坐标非常重要，在 HyperMesh 中可通过 1D-> systems-> material orientation 面板为单元指定局部坐标系，如图 3-1 所示，局部坐标系的 X、Y、Z 三个方向即各向异性材料卡片中的 1、2、3 三个方向。更多关于复合材料分析及优化的内容，可参考 Altair 技术专家方献军、徐自立、熊春明编写的《OptiStruct 及 HyperStudy 优化与工程应用》（机械工业出版社）。

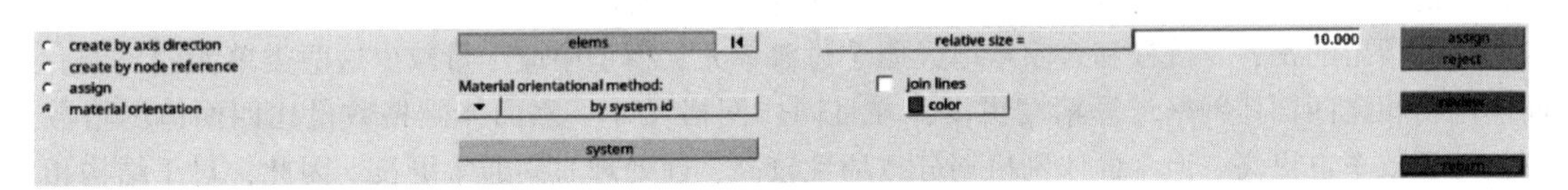

图 3-1　材料坐标系设置

3.5　常用单元类型

有限元分析中常用的单元类型有实体单元、壳单元、一维单元、轴对称单元以及连接单元等。真实世界中几乎所有的物体都是三维实体，对应仿真分析中的实体单元。其他类型的单元都是对现实物体做了一定程度的简化，而简化的目的除了帮助理解力学本质，更是在满足一定精度的前提下提高仿真计算效率。例如，将薄壳板结构简化为二维壳单元，将梁、杆以及桁架结构简化为一维单元，相比于实体单元，其网格、节点以及模型自由度数量显著降低，但计算结果并没有大的变化。

3.5.1　实体单元

实体单元用于模拟厚板以及实体结构。通常来说，三个方向的总体尺寸在同一个数量级的结构建议使用实体单元进行模拟，即任意一个方向的尺寸与另外两个方向的尺寸比值小于 10。OptiStruct 提供六面体单元（CHEXA）、三棱柱单元（CPENTA）、金字塔单元（CPYRA）以及四面体单元（CTETRA）四种实体单元，每种单元根据节点数的多少可以分为一阶、二阶单元。实体单元对应的属性卡片为 PSOLID。需要指出的是，实体单元每个节点只有 3 个移动自由度，没有旋转自由度，因此无法直接对实体单元节点施加强制转动载荷。下面以 CHEXA 单元为例，介绍单元的卡片定义，其他单元卡片相似。CHEXA 卡片格式见表 3-4。

表 3-4　CHEXA 卡片

(1)	(2)	(3)	(4)	(5)	(6)	(7)	(8)	(9)	(10)
CHEXA	EID	PID	G1	G2	G3	G4	G5	G6	
	G7	G8	G9	G10	G11	G12	G13	G14	
	G15	G16	G17	G18	G19	G20			
	CORDM	CID/THETA	PHI						

其中，PID 引用 PSOLID；Gi 为节点 ID，当只定义 G1～G8 时，该单元为一阶单元，当 G1～G20 全部定义时，该单元为二阶单元；CORDM、CID/THETA、PHI 用来定义复合材料的方向。PSOLID 卡片定义见表 3-5。

表 3-5　PSOLID 卡片

(1)	(2)	(3)	(4)	(5)	(6)	(7)	(8)	(9)	(10)
PSOLID	PID	MID	CORDM			ISOP	FCTN		
	EXPLICIT					ISOPE	HGID		

其中，MID 为材料 ID CORDM 为复合材料的材料坐标系统。对于一般分析，只需设置 MID 即可。EXPLICIT 续行为 OptiStruct 显式分析用，OptiStruct 2020 版本中已经提供了显式分析的 beta 版本，当前这本书不会涉及这方面的内容，续行在这里也就忽略了。

需要指出的是，三棱柱和金字塔单元属于过渡单元，模型中应尽量减少这两类单元的比例。六面体网格相比四面体网格计算精度更高，并且同样网格尺寸下六面体网格数量比四面体网格数量少，计算效率也更高。但六面体网格划分技巧性较高，前处理时间通常更长。因此，对于结构相对简单的部件，建议尽量划分六面体网格；对于复杂结构，建议使用二阶四面体，其精度与六面体网格近似，网格划分容易，节省前处理时间。

3.5.2　壳单元

壳单元用于模拟薄板结构，即结构长宽方向的尺寸是厚度方向尺寸 10 倍以上。OptiStruct 提供了一阶三角形 CTRIA3 和四边形 CQUAD4 单元，及二阶三角形 CTRIA6 和四边形 CQUAD8 单元。壳单元每个节点有 6 个自由度。壳单元可结合 PSHELL 进行各向同性材料分析，也可结合 PCOMP、PCOMPG 进行复合材料分析。下面以 CQUAD4 及 PSHELL 为例，简单介绍壳单元的使用。CQUAD4 的卡片定义见表 3-6。

表 3-6　CQUAD4 卡片

(1)	(2)	(3)	(4)	(5)	(6)	(7)	(8)	(9)	(10)
CQUAD4	EID	PID	G1	G2	G3	G4	Theta/MCID	ZOFFS	
			T1	T2	T3	T4			

其中，Gi 为节点编号；Theta/MCID 为材料坐标系；ZOFFS 为中面偏移量。在网格划分时，一般会提取几何中面划分网格，此时的网格几何即为弯曲平面，但是有时候也直接取几何的外表面划分网格，网格的中面需要通过 ZOFFS 来定义。T1～T4 为 4 个节点的厚度，不定义时认为该单元是等厚度，如果定义了则表明该单元为变厚度。PSHELL 的卡片定义见表 3-7。

表 3-7 PSHELL 卡片

(1)	(2)	(3)	(4)	(5)	(6)	(7)	(8)	(9)	(10)
PSHELL	PID	MID1	T	MID2	12I/T3	MID3	TS/T	NSM	
	Z1	Z2	MID4	T0	ZOFFS				

其中，MID1 用来定义面内薄膜应力材料属性；MID2 用来定义弯曲材料属性；MID3 用来定义面外剪切材料属性，即考虑厚板的面外剪切变形；T 为板厚。如果 MID1 = MID2 = MID3，则考虑面外剪切，即厚板效应；如果 MID1 = MID2，MID3 为空，则不考虑厚板效应，只计算面内的薄膜应力及弯曲应力。

壳体结构中应尽量使用四边形网格，减少三角形网格的比例。四边形网格精度相对更高，而且同样网格尺寸下，四边形网格数量明显少于三角形网格，因此使用四边形网格能减少自由度数，提高计算效率。汽车表面覆盖件、客车辐射框架结构、飞机表面覆盖件以及船舶结构部件多使用壳单元。

3.5.3 1D 单元

有限元中会把常用的杆/梁结构简化为 1D 单元，从而简化模型，提高计算效率。OptiStruct 中常用的 1D 单元有 CBEAM、CBAR、CBUSH、CBUSH1D、CROD、CWELD 以及 CONROD 等。1D 单元通常呈线状，只有两个节点，可以传递下列部分或全部载荷：①单元轴向力；②横向剪力；③弯矩；④扭矩。表 3-8 是每种单元类型能支持的载荷类型。

表 3-8 1D 单元支持的载荷类型

单元类型	支持的载荷类型
CBEAM	通用梁单元，能传递所有载荷，属性卡片为 PBEAM
CBAR	简单梁单元，能传递所有载荷，属性卡片为 PBAR
CBUSH	通用弹簧单元，支持 6 个方向的轴向力、弯矩和位移，属性卡片为 PBUSH
CBUSH1D	单向弹簧单元，属性卡片为 PBUSH1D
CROD	简单杆单元，只支持轴向力和扭矩，属性卡片为 PROD
CWELD	简单杆单元，支持轴向力、弯矩和扭矩，属性卡片为 PWELD
CONROD	简单杆单元，支持轴向力和扭矩，直接在单元上定义属性参数，不需要通过 property 卡片定义属性

其中，CBEAM、CBAR、CROD 和 CWELD 单元需要指定截面形状，OptiStruct 提供各种标准截面库，如工字梁、L 形梁、空心圆管、空心方管以及 T 形梁等，如图 3-2 所示。另外，HyperMesh 中的 HyperBeam 工具支持手动定义任意形状的截面，也支持通过 .csv 文件导入截面数据。

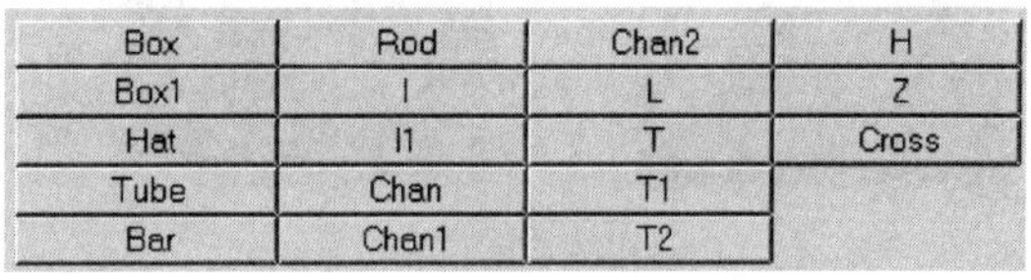

图 3-2 OptiStruct 标准梁截面

3.5.4 连接单元

OptiStruct 提供了丰富的连接单元，常用的连接单元有 RBE2、RBE3、MPC，相关介绍如下。

1. RBE2 与 RBE3 单元

RBE2 和 RBE3 常用于零件连接、载荷及约束的施加，还可以用于模拟大质量、基础驱动式连接。RBE2 用于定义一个刚性单元，单元的独立自由度由一个单独的节点指定，即主节点。而非独立自由度则可以由任意多个节点指定，即从节点。使用 RBE2 单元连接多个节点时，会增加模型的刚度，在使用较多从节点的 RBE2 单元时需谨慎。RBE2 卡片定义见表 3-9。

表 3-9 RBE2 卡片

(1)	(2)	(3)	(4)	(5)	(6)	(7)	(8)	(9)	(10)
RBE2	EID	GN	CM	GM1	GM2	GM3	GM4	GM5	
	GM6	GM7	GM8	…	ALPHA				

其中，GN 为主节点；GMi 为从节点；CM 为主、从节点间耦合的自由度。从节点的自由度由主节点的自由度决定，从节点的转动等于主节点的转动，从节点的平动等于主节点的平动加上从节点沿着主节点的转动所导致的平动。

RBE3 单元只有一个从节点，但有多个主节点，从节点的运动由主节点的运动加权平均得到。从节点上不能施加单点约束 SPC，也不能从属于其他 RBE/MPC 单元。RBE3 不是真正的刚性单元，如果使用正确，则不会使结构刚度增加。RBE3 单元常用于施加载荷。RBE3 的卡片定义见表 3-10。

表 3-10 RBE3 卡片

(1)	(2)	(3)	(4)	(5)	(6)	(7)	(8)	(9)	(10)
RBE3	EID	blank	REFGRID	REFC	WT1	C1	G1，1	G1，2	
	G1，3	WT2	C2	G2，1	G2，2	…	WT3	C3	

其中，REFGRID 为从节点；REFC 为主、从节点耦合的自由度；WTi/Ci/Gi 分别为耦合自由度 Ci 上的主节点 Gi 及其在该自由度贡献量的权重 WTi。

RBE2 与 RBE3 的区别可通过图 3-3 中的小模型予以展示。图 3-3a 中，两块板通过 RBE2 连接，在 RBE2 的主节点施加载荷；图 3-3b 中，两块板通过 RBE3 连接，在从节点上施加载荷。两个模型的计算结果如图 3-4 所示，通过 RBE2 连接时，从节点之间没有相对位移，直线还是保持直线；通过 RBE3 连接时，主节点之间明显发生了相对位移，直线变成了弧线。RBE2 模型的最大位移小于 RBE3 模型的最大位移，可见 RBE2 增加了模型的局部刚度。

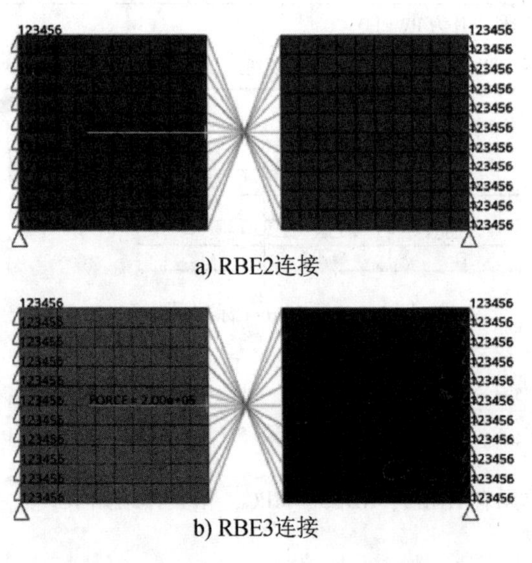

图 3-3 RBE2、RBE3 单元对比模型

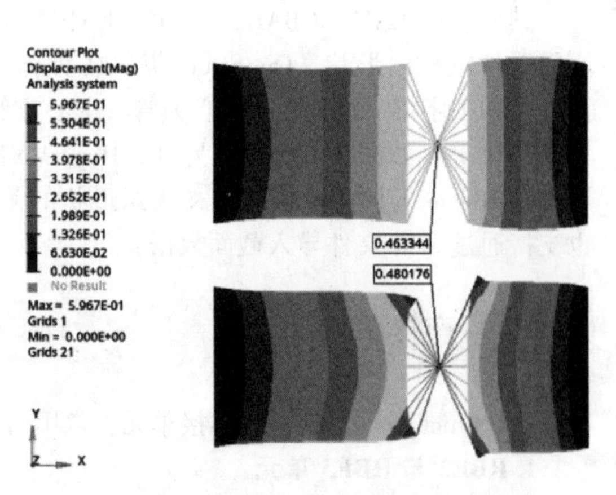

图 3-4 RBE2、RBE3 单元结果对比

2. MPC 单元

RBE2 及 RBE3 可定义主、从节点相应自由度之间的耦合关系，比如主节点 X 向运动与从节点 X 向运动之间的关系，并不能定义主节点平动自由度与从节点转动自由度之间的关系。在实际应用中存在一个节点的平动自由度和另外一个节点的转动自由度耦合的情况，比如汽车方向盘与横拉杆之间的关系：方向盘转动一定角度，横拉杆水平运动一定距离，从而调整两个轮子的转向角。MPC 用来定义任意节点任意自由度之间的耦合关系。MPC 的卡片定义见表 3-11。

表 3-11　MPC 卡片

(1)	(2)	(3)	(4)	(5)	(6)	(7)	(8)	(9)	(10)
MPC	SID	G	C	A	G	C	A		
		G	C	A	…				

其中，G、C、A 分别为多点约束涉及的节点、自由度及权重。所涉及的节点自由度 u_j 满足

$$\sum_j A_j u_j = 0 \tag{3-4}$$

MPC 连接可通过 HyperMesh-> Analysis-> equations 工具进行创建，如图 3-5 所示。

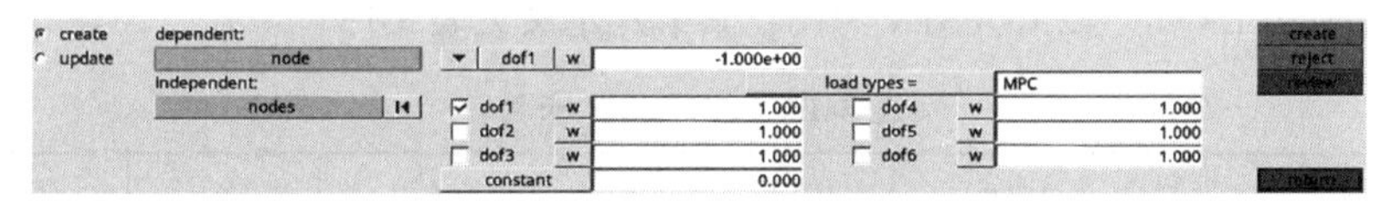

图 3-5　创建 MPC 连接

基于上述基本连接单元，在 HyperMesh 中的 1D-> connector 面板可创建贴合工程实际的连接关系，如焊点、焊缝、螺栓以及黏胶等连接方式。connector 本质上是将 RBE、杆/梁单元、弹簧单元、壳单元以及实体单元等组合起来模拟现实生活中的连接关系。

焊点、焊缝以及螺栓连接广泛用于汽车、船舶、航空航天以及重工等行业。汽车车身有上千个焊点，通常将焊点坐标信息用 . csv 等文本格式记录下来，然后使用 HyperMesh 进行批量创建；车辆排气管道以及船体多使用焊缝进行连接，HyperMesh 提供一维、二维以及三维单元模型焊缝；发动机和变速箱一般使用螺栓连接箱体、箱盖，HyperMesh 提供多种螺栓连接类型，并支持一维以及三维螺栓预紧。

消费电子和家电行业因结构紧凑而且塑料件非常多，黏胶连接使用较多。若黏胶只用于传递载荷，而不关心其受力情况，可直接使用 HyperMesh 中的简化版黏胶连接；若关心黏胶的受力情况，建议使用实体单元模拟黏胶，从而得到更准确的受力情况。

3.5.5　轴对称单元

当结构、载荷及约束沿某个轴对称时，由于周向相关应变为 0，3D 模型可以简化为 2D 模型求解，即通过轴对称单元进行求解。以图 3-6 中的轴对称结构为例，结构绕 Z 轴对称，

假使载荷及约束也绕 Z 轴对称，可取阴影部分的截面作为分析对象，采用轴对称单元进行求解，这样可以避免采用 3D 结构求解，大大提升了计算效率。

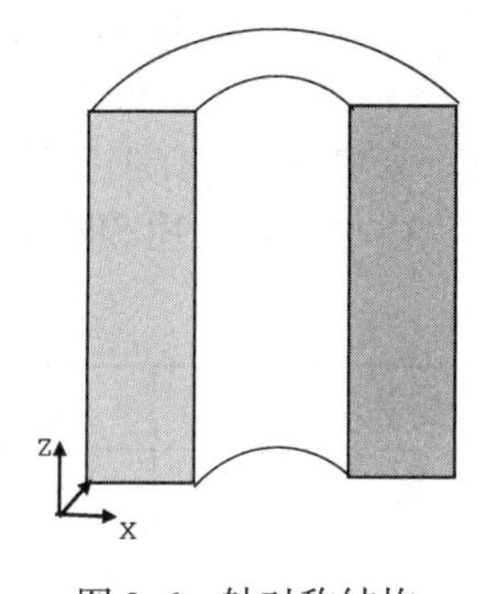

图 3-6　轴对称结构

OptiStruct 提供四边形单元 CQAXI 及三角形单元 CTAXI，根据节点数的不同，可采用一阶单元或二阶单元。轴对称单元相应的属性卡片为 PAXI。CQAXI 卡片定义见表 3-12，如果只定义了 G1 ~ G4，则为一阶单

元；如果定义了 G1 ~ G8，则为二阶单元。需要指出的是，轴对称分析中采用 FORCE 施加集中力时，其实质是线载荷，即实际载荷除以该位置的周长。

表 3-12　CQAXI 卡片

(1)	(2)	(3)	(4)	(5)	(6)	(7)	(8)	(9)	(10)
CQAXI	EID	PID	G1	G2	G3	G4	G5	G6	
		G7	G8	THETA					

3.5.6　平面应变单元

对于具有较长纵向轴（假定 Z 轴）的柱状物体，其横截面大小和形状沿轴线长度保持不变，作用力与纵向轴垂直且沿纵向轴不变，约束沿着纵向轴不变，此时结构内与 Z 向相关的应变为零，该类问题称为平面应变问题。平面应变问题可以通过采用平面应变单元将 3D 问题退化为 2D 问题，提升计算效率。OptiStruct 提供了四边形平面应变单元 CQPSTN 和三角形平面应变单元 CTPSTN，其相应的属性卡片为 PPLANE。以 CQPSTN 为例，其卡片定义见表 3-13。

表 3-13　CQPSTN 卡片

(1)	(2)	(3)	(4)	(5)	(6)	(7)	(8)	(9)	(10)
CQPSTN	EID	PID	G1	G2	G3	G4	G5	G6	
		G7	G8	THETA					

其中，PID 引用 PPLANE 属性卡片；Gi 为节点 ID。当只定义 G1 ~ G4 时，为一阶单元；当定义 G1 ~ G8 时，为二阶单元。

3.6　约束及载荷

OptiStruct 作为一款通用的有限元结构求解器，支持各种类型的约束和载荷。目前支持的约束与载荷类型有固定约束、强制位移、集中力、离心力、压强、温度、转矩以及重力等。

3.6.1　固定约束/强制位移

固定约束用于模拟结构不会发生运动的点线面上，比如房屋地基一般不会发生运动，机床安装点不会相对于地面运动，悬臂梁固定端不会发生运动。固定约束一般施加到节点上，可以约束节点完全固定不动，也可以约束节点的部分自由度。需要注意的是，实体单元节点只有 3 个平移自由度，壳单元节点有 3 个平动自由度及 3 个转动自由度。

OptiStruct 使用 SPC（单点约束）卡片来模拟固定约束，卡片格式见表 3-14。

表 3-14　SPC 卡片

(1)	(2)	(3)	(4)	(5)	(6)	(7)	(8)	(9)	(10)
SPC	SID	GID/GSETID	C	D	GID/GSETID	C	D		
	GSET								

其中，GID 为节点编号；C 为约束的自由度，1 ~3 为平移自由度，3 ~6 为转动自由度；D 为该自由度上的位移，如果为0 则为固定约束，如果不为0 则为强制位移。HyperMesh 中通过 Analysis-> constraints 工具创建约束或强制位移。

3.6.2 集中力

集中力是加载到一个节点或节点集上的力载荷，OptiStruct 可通过 FORCE、FORCE1、FORCE2 卡片施加集中力。现实生活中结构都是沿着某条线或者某个面上受力，不存在绝对的一个点上受力的情况，因此有限元中通常也是将合力施加到一系列点上来模拟结构受力情况。比如结构受力面上有 10 个点，合力为 250N，需要将合力除以 10，分别加载到各个点上，即每个点上加载 25N。也可以使用 RBE3 单元将受力点抓起来，然后将 250N 合力直接加载到 RBE3 中心点上。FORCE 卡片格式见表 3-15。

表 3-15　FORCE 卡片

(1)	(2)	(3)	(4)	(5)	(6)	(7)	(8)	(9)	(10)
FORCE	SID	GID/GSETID	CID	F	N1	N2	N3	FLLW	
	GSET								

其中，GID 为节点 ID；GSETID 为节点集 ID；F 为施加的载荷大小；N1、N2、N3 为方向向量；CID 为 N1、N2、N3 所定义的局部坐标系，如果 CID 为空，则为全局坐标系。需要注意的是，如果向量（N1，N2，N3）的幅值不为零，该幅值将会放缩载荷 F 值，即实际施加的载荷为

$$f = FN \tag{3-5}$$

3.6.3 压强

现实生活中存在作用于表面的载荷，如水坝受到的水压、飞机机翼上受到的气压。对于此类压力，OptiStruct 通过 PLOAD、PLOAD1、PLOAD2 以及 PLOAD4 卡片来施加。表 3-16 为最常用的 PLOAD4 卡片格式。

表 3-16　PLOAD4 卡片

(1)	(2)	(3)	(4)	(5)	(6)	(7)	(8)	(9)	(10)
PLOAD4	SID	EID	P1	P2	P3	P4	G1	G3/G4	
	CID	N1	N2	N3	CID				

其中，EID 为受压力作用的单元编号；P1、P2、P3 和 P4 表示面网格四个节点上的压强大小，如果不设置 P2、P3、P4，则默认情况下 P1 = P2 = P3 = P4；（N1，N2，N3）为方向向量；CID 为 N1、N2、N3 所在的局部坐标系，如果为空，则为全局坐标系。HyperMesh 中通过 Analysis-> pressures 工具来施加压强载荷。

3.6.4 力矩

在壳单元中，单元节点除了可以承受集中力外，还可以承受弯矩。前面已经介绍，力可以通过 FORCE、FORCE1、FORCE2 卡片施加，而弯矩则需要通过 MOMENT、MOMENT1、MOMENT2 卡片

施加。以 MOMENT 卡片为例，卡片格式见表 3-17，其他两个卡片的设置类似。

表 3-17 MOMENT 卡片

(1)	(2)	(3)	(4)	(5)	(6)	(7)	(8)	(9)	(10)
MOMENT	SID	GID/GSETID	CID	M	N1	N2	N3	FLLW	
	GSET								

其中，GID 为节点编号；GSETID 为节点集编号；M 为弯矩；（N1，N2，N3）组成一向量，表示力矩的方向。需要注意的是，如果（N1，N2，N3）不是单位向量，则该向量的幅值会缩放弯矩 M。CID 为 N1、N2、N3 所在的局部坐标系，如果为空，则为全局坐标系。

3.6.5 重力

OptiStruct 提供 GRAV、ACCEL、ACCEL1 和 ACCEL2 四种卡片来模拟重力。GRAV 用于对整个模型施加加速度载荷；ACCEL 用于对模型中所有节点施加加速度载荷，但不同位置可施加不同的加速度载荷；ACCEL1 用于对特定的节点施加相同的加速度载荷；ACCEL2 用于对特定节点集施加不同的加速度载荷。GRAV 卡片见表 3-18。

表 3-18 GRAV 卡片

(1)	(2)	(3)	(4)	(5)	(6)	(7)	(8)	(9)	(10)
GRAV	SID	CID	G	N1	N2	N3			

其中，G 为施加的加速度；（N1，N2，N3）构成一个向量，表示加速度的方向；CID 为 N1、N2、N3 所在的局部坐标系，如果为空则为全局坐标系。ACCEL 卡片见表 3-19，ACCEL1 及 ACCEL2 的卡片设置类似。

表 3-19 ACCEL 卡片

(1)	(2)	(3)	(4)	(5)	(6)	(7)	(8)	(9)	(10)
ACCEL	SID	CID	N1	N2	N3	DIR			
	LOC1	VAL1	LOC2	VAL2	…				

其中，（N1，N2，N3）定义了加速度的方向；CID 为 N1、N2、N3 所在的局部坐标系，如果为空，则为全局坐标系；DIR 可为 x、y、z，通过 LOCi 指定不同 DIR 方向 LOCi 处的节点，施加 VALi 的加速度值。位于 LOC（i）及 LOC（i+1）之间位置的节点，通过插值得到相应的加速度值，如图 3-7 所示。

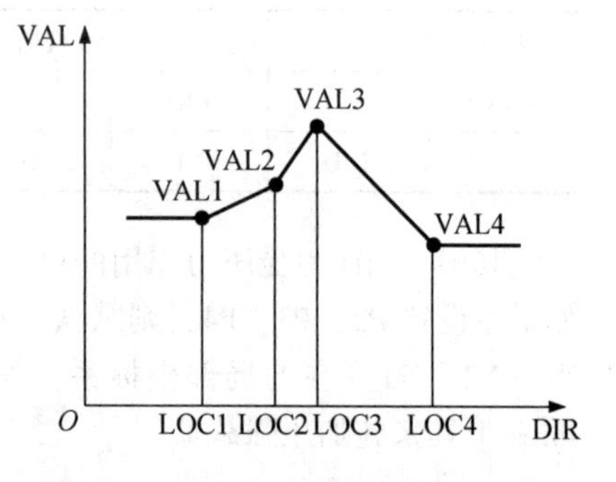

图 3-7 不同位置的加速度示意图

HyperMesh 中可直接创建 GRAV 类型的 load collector，ACCEL、ACCEL1 和 ACCEL2 卡片可通过 Analysis-> accels 工具创建。

3.6.6 离心力

电动机转子等旋转结构会受到离心力作用，OptiStruct 中提供 RFORCE 卡片来模拟离心力。在 HyperMesh 中直接创建类型为 RFORCE 的 load collector 即可创建离心力。RFORCE 卡片格式见表 3-20。

表 3-20　RFORCE 卡片格式

(1)	(2)	(3)	(4)	(5)	(6)	(7)	(8)	(9)	(10)
RFORCE	SID	G	CID	A	R1	R2	R3		
	RACC		IDRF						

其中，G 为旋转中心节点编号；（R1，R2，R3）为转动方向；CID 为 R1、R2、R3 定义的局部坐标系；A 为转速；IDRF 为单元集；RACC 为 IDRF 单元集的转速缩放系数。

3.6.7　LOADADD

在 OptiStruct 中，一个工况通常只能包含一个载荷卡片，但实际上一个工况中可能会包含数十种载荷，有两种方法可解决该问题：①把几十个载荷放在同一个 load collector 中；②将同一工况下的载荷放到一个类型为 LOADADD 的载荷集，即进行载荷叠加。若载荷数量很多，建议使用 LOADADD 卡片进行载荷叠加。

LOADADD 卡片可以关联 FORCE、MOMENT、FORCE1、MOMENT1、PLOAD、PLOAD1、PLOAD2、PLOAD4、RFORCE、DAREA、ACCEL、ACCEL1、ACCEL2、GRAV 等卡片类型。LOADADD 卡片在进行关联时，可通过缩放系数对各载荷进行比例缩放。LOADADD 卡片见表 3-21。

表 3-21　LOADADD 卡片格式

(1)	(2)	(3)	(4)	(5)	(6)	(7)	(8)	(9)	(10)
LOADADD	SID	S	S1	L1	S2	L2	S3	L3	
	S4	L4		…					

其中，Si 为一个载荷集；Li 为 Si 载荷的缩放系数；S 为载荷总的缩放系数。其关系可用式（3-6）表示。

$$S = \sum_{i} S_i L_i \tag{3-6}$$

3.7　结构分析基础实例

3.7.1　实例：框架模型线性静力学分析

本节以一个框架模型为例，展示线性静力学分析的整个过程。框架模型如图 3-8 所示，约束前后板安装点上的自由度，在右边板的连接处施加集中载荷。基础模型仅包含网格及连接，需要创建材料、属性、固定约束、集中力载荷、线性静力学分析步。

图 3-8　框架模型

模型设置

Step 01 创建线弹性材料。

- 打开 HyperMesh，将求解器模板切换到 OptiStruct。首先由 File-> Import 菜单项导入 frame_assemble_base. fem 模型。
- 在模型浏览器（Model Browser 空白处右击并选择 Create-> Material，创建名为 steel 的材料卡片，卡片类型为 MAT1，杨氏模量为 210000MPa，泊松比为 0. 3，密度为 7. 85e-09。详细设置如图 3-9 所示。

Step 02 创建 PSHELL 属性。

- 在模型浏览器空白处右击并选择 Create-> Property，创建名为 shell 的属性卡片，卡片类型为 PSHELL，关联上一步创建的 steel 材料，厚度设置为 1mm。详细设置如图 3-10 所示。
- 按住〈Ctrl〉键，同时选择 1 ~ 11 号以及 20 号 component，在属性窗口将创建的 shell 属性赋予所有被选中的 component。

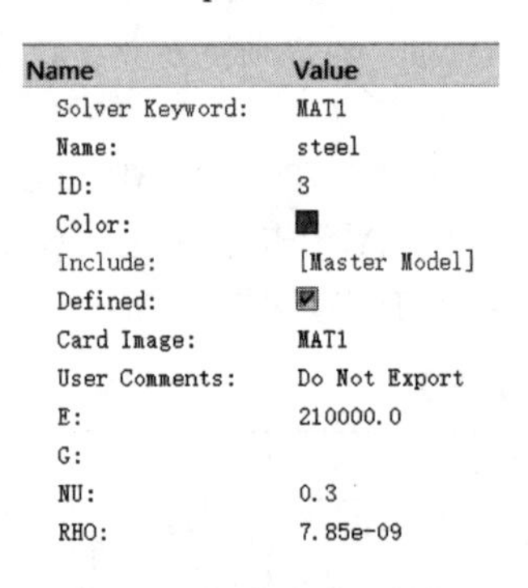

图 3-9　创建线弹性材料

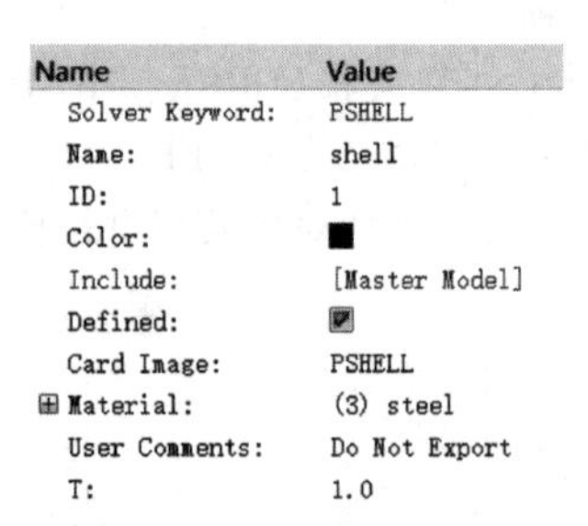

图 3-10　创建 PSHELL 属性

Step 03 创建约束。

- 在模型窗口选中 Right_Rail_2 和 Left_Rail_2 两个 component，然后单独显示。
- 在模型浏览器空白处右击并选择 Create-> Load Collector，创建名为 SPC 的空约束卡片，卡片类型为 None。
- 由 Analysis-> constraints 进入创建约束面板。选择两个 component 8 个孔上的所有节点，勾选 dof1 ~ dof6，按图 3-11 所示设置创建约束。所有约束都保存到名为 SPC 的 Load Collector 中。

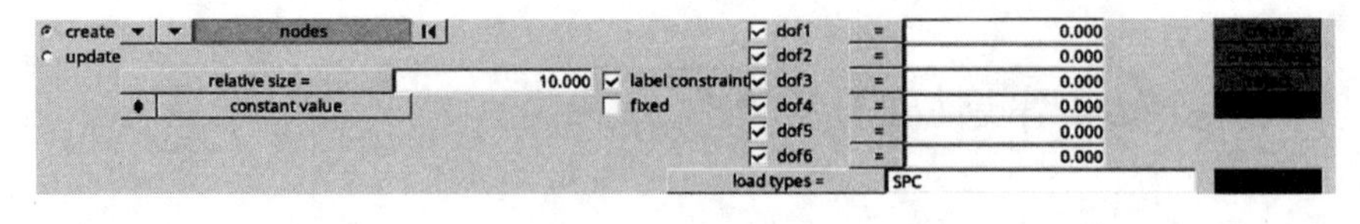

图 3-11　创建约束

Step 04 创建载荷。

- 在模型浏览器空白处右击并选择 Create-> Load Collector，创建名为 Force 的空载荷卡片，卡片类型为 None。
- 由 Analysis-> forces 进入创建集中力面板。选择 12336 号节点，施加 Y 轴正方向 500N 的集中力。另外，在 14751 和 14752 号节点上分别施加 Y 轴正方向 100N 的集中力载荷，如图 3-12 及图 3-13 所示。

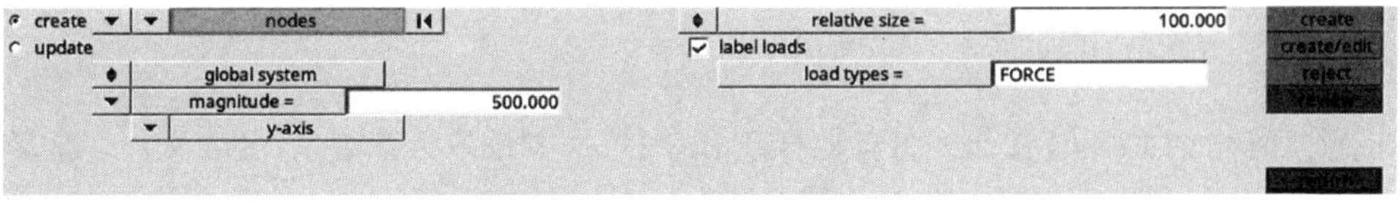

图 3-12　创建集中力载荷

Step 05 创建分析步。在模型浏览器空白处右击并选择 Create-> Load Step，创建名为 Force 的载荷步。分析类型为 Linear Static，SPC 栏选择名为 SPC 的 Load Collector，Load 栏选择名为 Force 的集中力载荷，如图 3-14 所示。

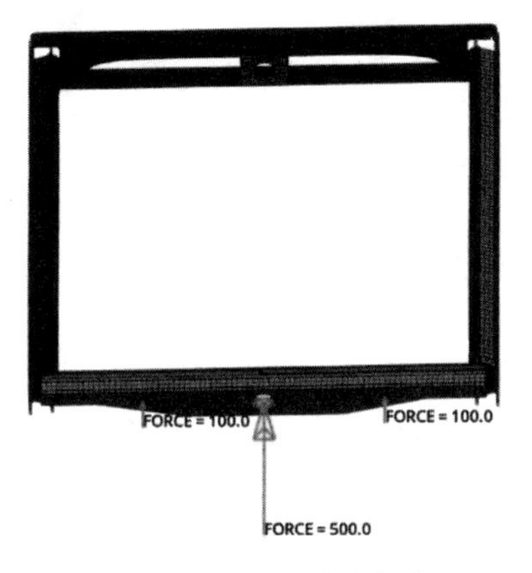

图 3-13　三个集中力载荷

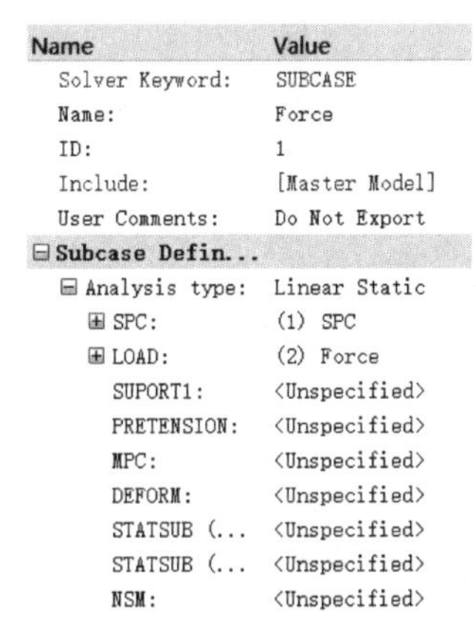

图 3-14　创建分析步

Step 06 提交计算。由 Analysis-> OptiStruct 进入提交计算界面，在 input file 栏选择模型文件保存路径，按图 3-15 所示进行设置，单击 OptiStruct 提交计算。弹出图 3-16 所示的计算界面，并显示 ANALYSIS COMPLETED，表示计算完成。

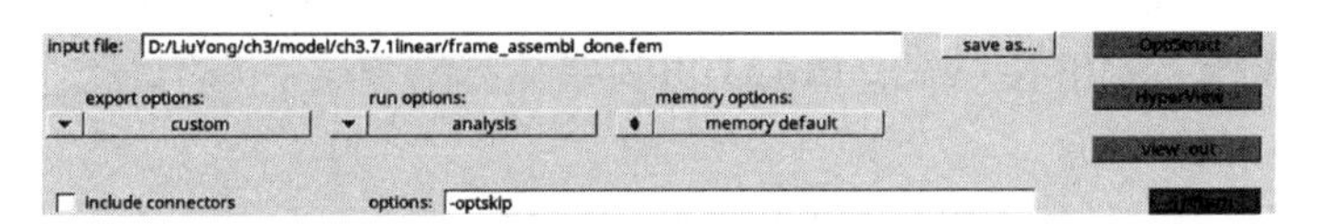

图 3-15　提交计算

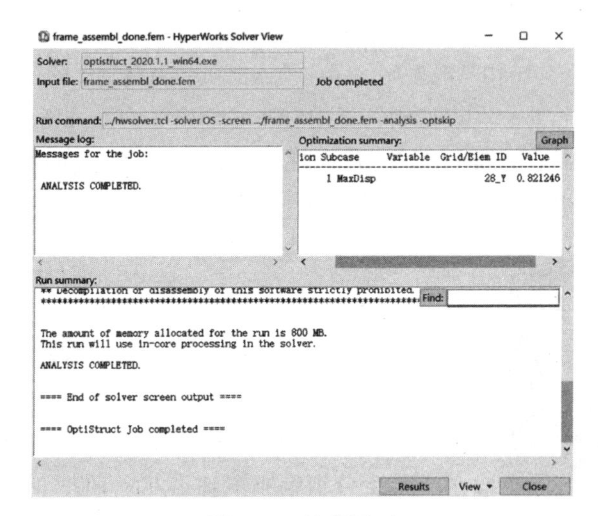

图 3-16　计算界面

结果查看

单击图 3-16 中的 Results 按钮，将自动打开 HyperView 并读取计算结果 . h3d 文件。全局最大位移为 0. 82mm，最大应力为 172. 1MPa，位移及应力云图如图 3-17 所示。

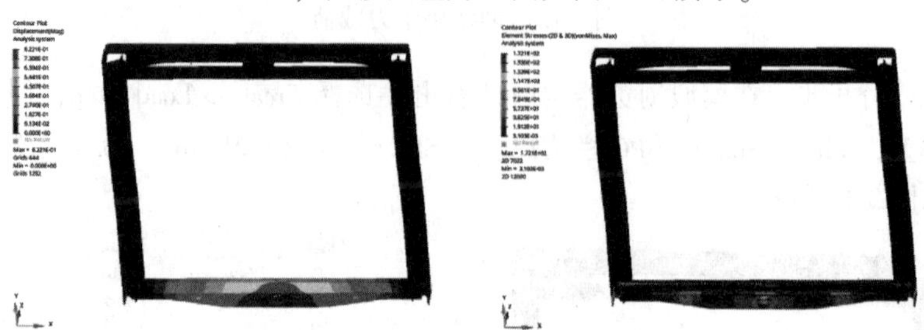

图 3-17　位移及应力云图

3. 7. 2　实例：飞机舱段结构屈曲分析

本例以飞机舱段结构为例，展示线性屈曲分析流程。模型为蒙皮加筋结构，如图 3-18 所示，该结构是机身和机翼的重要组成部分。对蒙皮而言，屈曲是其主要的设计失效模式，因而临界屈曲载荷是蒙皮结构强度的重要表征。模型中约束机身筒段一端，在另外一端施加弯矩，通过线性屈曲分析计算该弯矩的临界载荷。基础模型中已包含静力学分析工况，这里需要创建屈曲分析工况，解读屈曲分析结果。

模型设置

Step 01 导入并检查模型。打开 HyperMesh，将求解器模板切换到 OptiStruct。首先由 File-> Import 导入 fuselage_base. fem 模型，模型中已定义好线性静力学分析步，机身一端施加固定约束，另一端施加绕 Y 轴的弯矩 1×10^{10}N · mm，如图 3-18 所示。

Step 02 定义 EIGRL 卡片。

- 屈曲分析需要提取结构特征值，因此需要定义 EIGRL 卡片。
- 在模型浏览器中右击并创建名为 EIGRL 的 Load Collector，卡片类型为 EIGRL，模态频率下限为 0Hz，模态阶次为一阶，具体设置如图 3-19 所示。
- 只要发生屈曲，即认为结构已经损坏，因此不需要关注更高阶次的屈曲。

Step 03 创建屈曲分析步。在模型浏览器中右击并创建名为 buckling 的分析步，分析类型为 Linear buckling，STATSUB（BUCKLING）选择名为 static 的线性静力学分析步，METHOD（STRUCT）选择 EIGRL 卡片。具体设置如图 3-20 所示。

图 3-18　线性静力学工况

Name	Value
Solver Keyword:	EIGRL
Name:	EIGRL
ID:	3
Color:	■
Include:	[Master Model]
Card Image:	EIGRL
User Comments:	Do Not Export
V1:	0.0
V2:	
ND:	1
MSGLVL:	
MAXSET:	
SHFSCL:	
NORM:	MASS

图 3-19　EIGRL 卡片

Name	Value
Solver Keyword:	SUBCASE
Name:	buckling
ID:	2
Include:	[Master Model]
User Comments:	Do Not Export
⊟ Subcase Defin...	
⊟ Analysis type:	Linear buckling
SPC:	<Unspecified>
MPC:	<Unspecified>
⊞ STATSUB(B...	(1) static
⊞ METHOD (S...	(3) EIGRL
DEFORM:	<Unspecified>
STATSUB (...	<Unspecified>

图 3-20　线性屈曲分析工况

Step 04 提交计算。由 Analysis-> OptiStruct 面板提交计算，单击 save as 按钮可选择模型及结果文件保存路径，详细设置如图 3-21 所示。

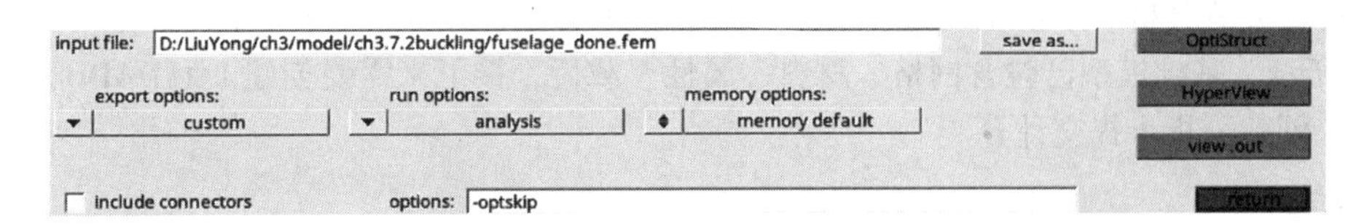

图 3-21　提交计算

结果查看

1）计算完成后，直接单击 HyperMesh 提交计算界面上的 HyperView 按钮，自动打开 HyperView 并导入结果文件。静力学工况下结构最大应力为 112.7MPa，最大位移为 6.2mm，如图 3-22 所示。

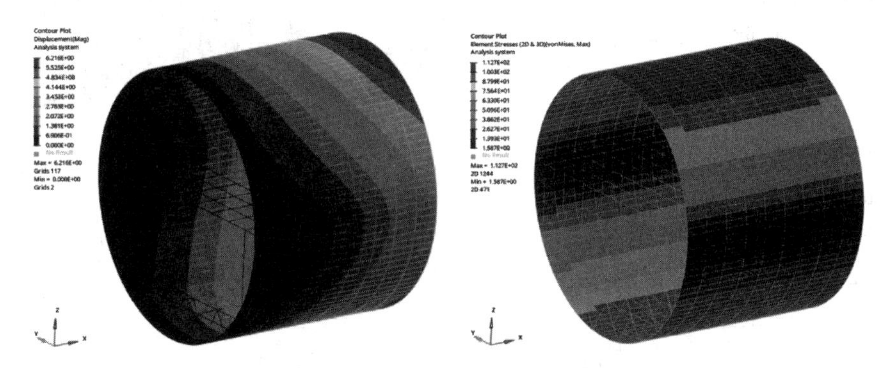

图 3-22　静力学工况位移及应力云图

2）在 Results 浏览器中，将工况切换为 buckling，如图 3-23 所示，屈曲因子为 5.85，static 工况中施加的弯矩为 1×10^{10}N · mm，因此整个模型发生一阶屈曲的临界弯矩为 5.85×10^{10}N · mm。屈曲形状云图如图 3-23 所示，屈曲发生在机身下部。

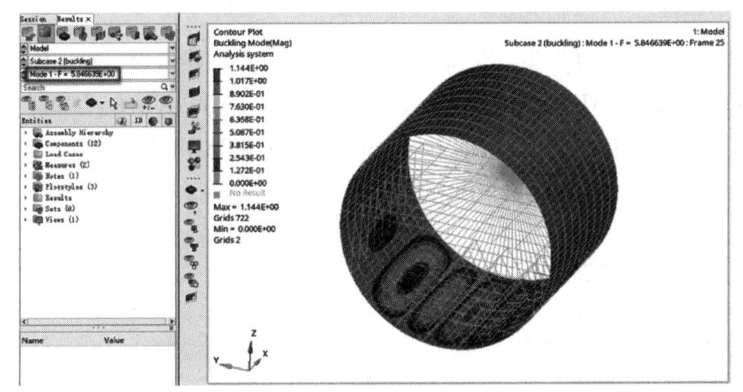

图 3-23　屈曲分析结果

3.7.3　实例：汽车转向节惯性释放分析

本例以汽车转向节为例，展示惯性释放分析流程。转向节通过各种铰链连接到底盘系统上，在进行转向节的强度校核时，可首先通过多体动力学分析得到铰接点的力，然后将这些力施加到转向

节上。转向节并没有施加任何约束，故可通过惯性释放的方式进行分析。在转向节的疲劳分析中，也会在每个连接点的每个自由度方向施加单位载荷，进行惯性释放分析，将单位载荷下的应力结合载荷历史进行疲劳分析。本模型只是一个流程展示，并没有取实际多体动力学分析中的载荷。模型如图 3-24 所示，基础模型已包含网格、材料、属性、载荷，接下来需要创建 LOADADD，设置惯性释放参数，创建分析步提交计算。

模型设置

Step 01 导入并检查模型。打开 HyperMesh，将求解器模板切换为 OptiStruct。由 File-> Import 导入 kunckle_inertia_base. fem 模型。模型已经在各拉杆球销以及耦合点创建好相应的力载荷，如图 3-24 所示。

Step 02 创建 LOADADD 卡片。

- OptiStruct 不支持单个工况添加多个载荷卡片，因此需要创建一个 LOADADD 卡片将所有（10 个）载荷放到一个载荷卡片中。
- 在模型浏览器中右击并创建 Load Collector，命名为 loadadd，将卡片类型修改为 LOADADD，具体设置如图 3-25 所示。

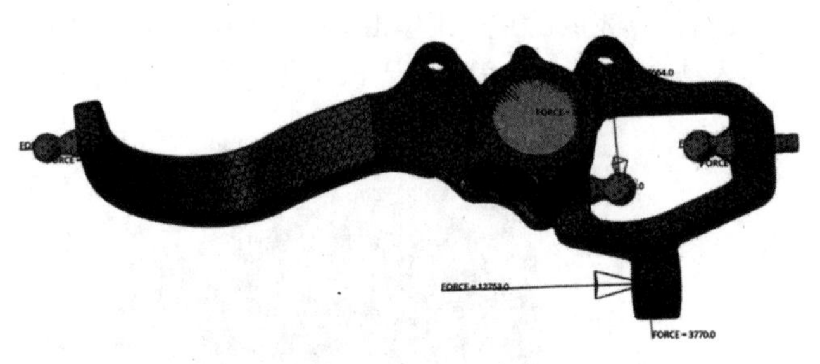

图 3-24　转向节载荷

Name	Value
Solver Keyword:	LOADADD
Name:	loadadd
ID:	12
Color:	■
Include:	[Master Model]
Card Image:	LOADADD
User Comments:	Do Not Export
S:	1.0
⊟ LOAD_Num_Set =:	10
Data: S1, ...:	

LOAD_Num_Set =

	S1	L1
1	1.0	(2) FX_900457
2	1.0	(3) FZ_900457
3	1.0	(4) FX_900501
4	1.0	(5) FZ_900501
5	1.0	(6) FX_900456
6	1.0	(7) FZ_900456
7	1.0	(8) FX_900455
8	1.0	(9) FZ_900455
9	1.0	(10) FX_900037
10	1.0	(11) FZ_900037

图 3-25　LOADADD 卡片详情

Step 03 创建线性静力学分析步。在模型浏览器中右击并创建名为 inertia 的载荷步，将分析类型切换为 Linear Static，在 LOAD 栏关联 loadadd，详细设置如图 3-26 所示。

Step 04 定义惯性释放参数。由 Analysis-> control cards-> PARAM-> INREL 激活惯性释放参数，并将 INREL_V1 设置为 -2。具体设置如图 3-27 所示。

Name	Value
Solver Keyword:	SUBCASE
Name:	inertia
ID:	1
Include:	[Master Model]
User Comments:	Do Not Export
⊟ Subcase Defin...	
⊟ Analysis type:	Linear Static
SPC:	<Unspecified>
⊞ LOAD:	(12) loadadd
SUPORT1:	<Unspecified>
PRETENSION:	<Unspecified>
MPC:	<Unspecified>
DEFORM:	<Unspecified>
STATSUB (...	<Unspecified>
STATSUB (...	<Unspecified>
NSM:	<Unspecified>

图 3-26　线性静力学分析步

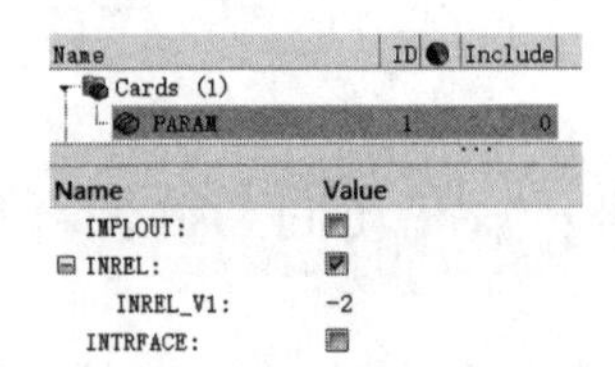

图 3-27　惯性释放参数

Step 05 提交计算。由 Analysis-> OptiStruct 面板提交计算，单击 save as 按钮可选择模型及结果文件保存路径。具体设置如图 3-28 所示。

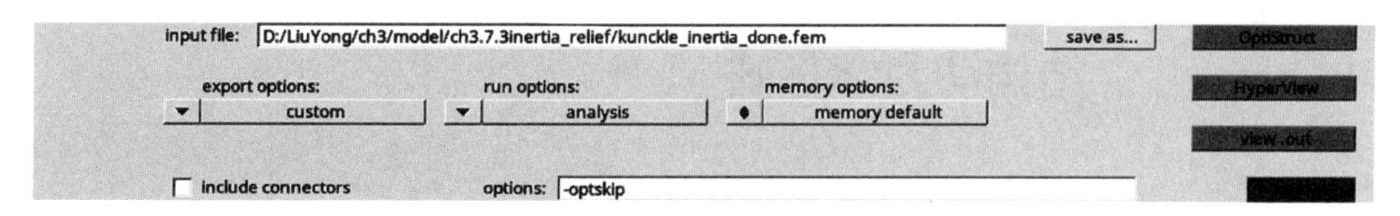

图 3-28　提交计算

结果查看

惯性释放分析结果的位移是相对位移，没有实际意义。整个模型最大应力为 251.4MPa，查看 ISO 云图可知，应力主要集中在两个球销位置。应力云图如图 3-29 所示。

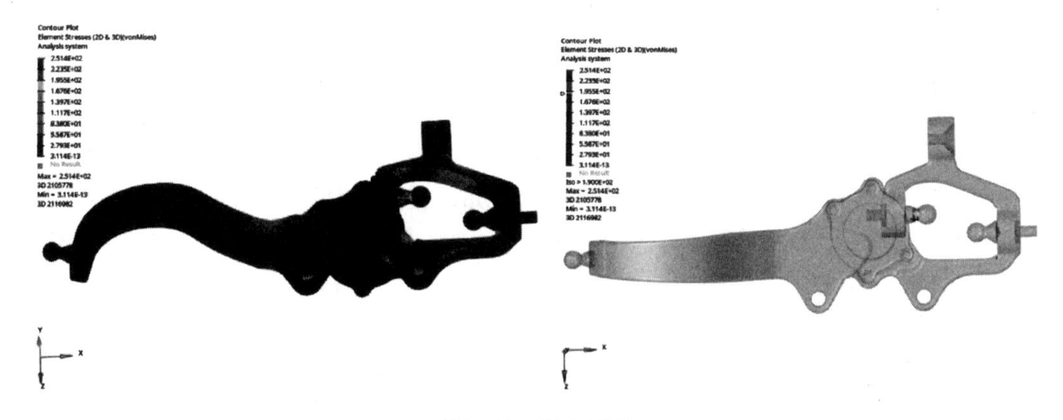

图 3-29　应力云图

第4章 结构动力学基础

结构动力学指的是研究结构在动态载荷作用下的响应。常见的动力学响应包括位移、速度、加速度、应力应变等。在工程应用中，可通过研究结构响应的模态或频率响应等特性，来确定结构的承载能力或动力学性能。结构动力学可分为线性和非线性两大类。采用线性假定的结构动力学分析，可以满足大多数工程应用需求。非线性结构动力学问题涉及的影响因素很多，本书不进行介绍。

线性结构动力学最主要的应用是结构振动，按照振动过程中是否受到外激励的作用可分为自由振动和强迫振动。按照分析对象的自由度不同，又可分为单自由度、多自由度或连续系统。工程中许多问题都可以简化为单自由度系统振动问题，研究单自由度系统的振动对解决工程问题有着实际意义。而对于多自由度系统，则可以转换至模态坐标，这样便具有与单自由度系统类似的动态特性。

本章阐述结构动力学的基础理论，并引出结构振动的一些概念和要素。具体包括：自由振动和强迫振动的概念与特性；振动的时域及频域分析方法；固有频率及共振概念；阻尼及振动幅值的关系；结构边界条件的影响等。

4.1 自由振动

振动即结构在平衡位置附近的往复运动，而自由振动指的是运动过程中不受外力作用，这种运动通常是由某些因素，如冲击激励，导致结构在初始时刻即已偏离平衡位置，而后遵循基本的动力学方程发生运动。

自由振动响应通常是一条随时间逐步衰减的曲线，对应的是 OptiStruct 中的瞬态响应分析类型，包括直接法瞬态分析 DTRAN、模态法瞬态分析 MTRAN。

4.1.1 无阻尼系统

弹簧振子模型是一个典型的无阻尼单自由度振动系统，如图 4-1 所示，质量为 m，弹簧刚度为 k，无阻尼作用。质量块 m 在平衡位置附近发生微小偏移 $u(t)$ 时，运动方程为

$$m\ddot{u}(t)+ku(t)=f(t) \tag{4-1}$$

当自由振动不受外激励作用时，$f(t)=0$，此时方程的解为

$$u(t)=\frac{\dot{u}_0}{\omega_n}\sin(\omega_n t)+u_0\cos(\omega_n t) \tag{4-2}$$

式中，u_0 与 $\dot{u}_0$ 为系统初始时刻的位移和速度；$\omega_n=\sqrt{\frac{k}{m}}$，称为系统的固有（圆）频率或自然频率，下标 n 表示“nature”，单位为 rad/s；振动位移 $u(t)$ 为两个右端项的线性组合，分别为初始速度 $\dot{u}_0$ 引起的自由响应项 $\frac{\dot{u}_0}{\omega_n}\sin(\omega_n t)$ 和初始位移 u_0 引起的自由响应项 $u_0\cos(\omega_n t)$。

无阻尼自由振动如图4-2所示，它是一条无衰减的往复运动曲线，最显著的特征是振动的频率 ω_n 不随时间发生变化，是系统的固有特性，取决于结构的刚度 k 和质量 m。单自由度系统的固有频率只有一个 ω_n，而多自由度振动系统的固有频率则为 $\{\omega_1, \omega_2, \omega_3, \cdots\}$，有若干个与自由度数相等的固有频率。

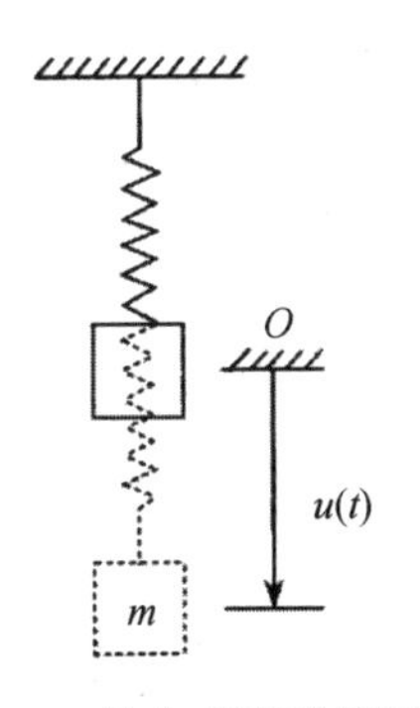

图4-1　单自由度弹簧振子

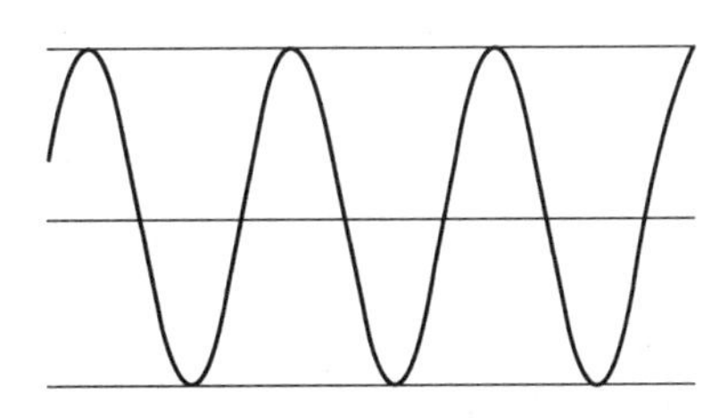

图4-2　弹簧振子无阻尼自由振动

4.1.2　有阻尼系统

实际结构的自由振动都是衰减的，这种衰减源于各种能量耗散，如材料弹性形变的耗散、接触面的摩擦、流体介质的阻力等。在结构动力学中，将导致能量损耗的因素统称为阻尼。

阻尼的表现形式非常复杂，在结构动力学计算中需要将其进行简化，其中一种简化的表达形式为黏性阻尼。黏性阻尼假定能量耗散由结构内部的“阻尼力”引起，阻尼力仅与结构振动速度成比例，且方向相反，即 $f(t) = -cu(t)$，c 为黏性阻尼系数。这样，有阻尼单自由度振动系统的动力学方程为

$$m\ddot{u}(t) + cu(t) + ku(t) = f(t) \tag{4-3}$$

对应解的形式为

$$u(t) = C_1\,\mathrm{e}^{(-\zeta+\sqrt{\zeta^2-1})\omega_n t} + C_2\,\mathrm{e}^{(-\zeta-\sqrt{\zeta^2-1})\omega_n t} \tag{4-4}$$

式中，系数 C_1、C_2 由初始条件 u_0 与 $\dot{u}_0$ 决定；$\zeta = \dfrac{c}{2\sqrt{km}}$，称为振动系统的（黏性）阻尼比。

阻尼比是结构振动的关键因素，不同的阻尼比 ζ 数值对应不同的位移解曲线形式。一般区分为图4-3所示的几类。

1）欠阻尼，$0<\zeta<1$。此时位移表达式为 $\mathrm{e}^{-\zeta\omega_n t}\sin\left(\sqrt{1-\zeta^2}\,\omega_n t\right)$ 或 $\mathrm{e}^{-\zeta\omega_n t}\cos\left(\sqrt{1-\zeta^2}\,\omega_n t\right)$，是随时间逐步衰减的振动形式。

2）临界阻尼，$\zeta=1$。此时位移表达式为 $\mathrm{e}^{-\zeta\omega_n t}$，为非振动的衰减曲线。

3）过阻尼，$\zeta>1$。此时结构运动也为非振动的衰减曲线。

4）负阻尼，$\zeta<0$。此时结构振动的幅值随时间逐步放大，称为振动“发散”。

工程应用中的绝大多数结构振动为欠阻尼形式，且 $\zeta \ll 1$。阻尼比 ξ 越高，则振动衰减越快。当 $\zeta \geqslant 1$ 时，响应为非振动形式，运动在达到某一峰值后呈指数形式衰减。负阻尼 $\zeta<0$ 只在一些特定的应用中出现，例如：转子动力学或刹车啸叫等问题中，结构的某些固有频率可能对应负阻尼，它是外界能量输入振动结构的表现。

在OptiStruct动力学分析中，支持多种形式的阻尼设置，包括黏性阻尼单元，整体结构阻尼PARAM，G，单元结构阻尼GE，SDAMPING阻尼，瑞利阻尼PARAM，ALPHA1及PARAM，ALPHA2等。

有限元中的阻尼是人为给定的，是实际结构能量耗散的近似描述，一般需要根据试验进行标定。

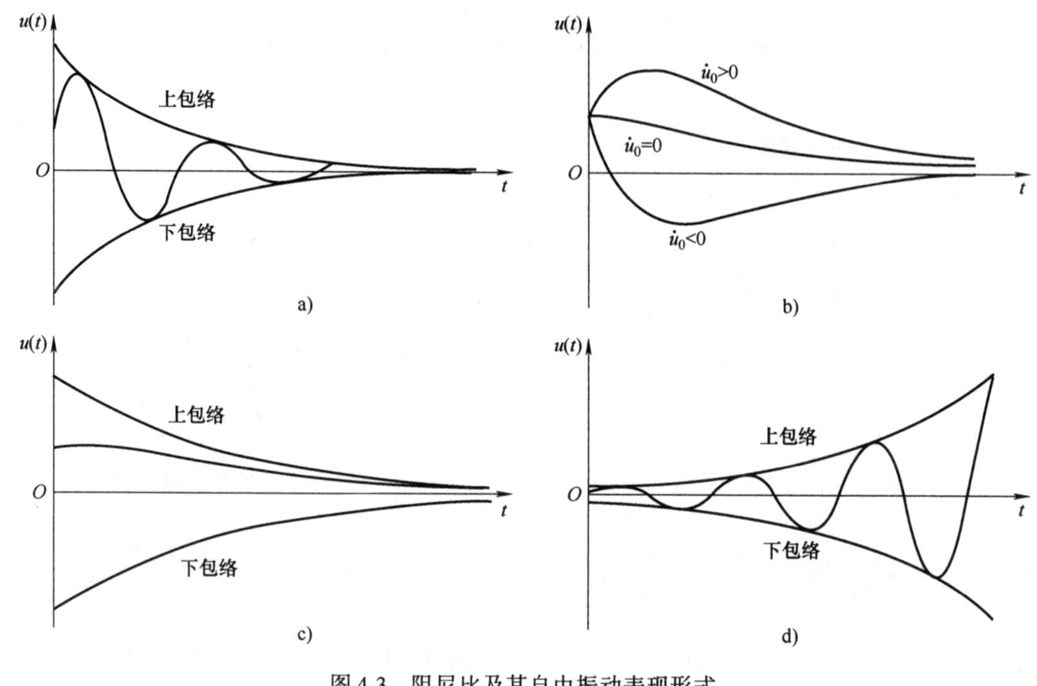

图 4-3　阻尼比及其自由振动表现形式

a）欠阻尼　b）临界阻尼　c）过阻尼　d）负阻尼

4.2　强迫振动

强迫振动指的是结构振动过程中受到外激励作用，即 $f(t)\neq 0$。强迫振动的响应不仅与结构本身有关，还与外激励的形式密切相关。强迫振动通常依据外激励的形式可进一步细化为简谐激励振动和一般激励振动。

简谐激励振动对应于 OptiStruct 的频率响应分析类型，包括直接法频率响应分析 DFREQ 和模态法频率响应分析 MFREQ。一般激励振动对应于 OptiStruct 的瞬态响应分析类型或频率响应分析类型，这取决于采用激励的时域曲线还是频谱曲线。

4.2.1　简谐激励振动（时域）

简谐激励即正弦或余弦激励，$f(t)=f_0\sin(\omega t)$。通常把简谐激励下的结构振动分析称为稳态响应分析，此时结构振动的位移解为

$$u(t)=\frac{f_0 k}{\sqrt{(1-\gamma^2)^2+(2\zeta\gamma)^2}}\sin(\omega t-\varphi),\tan\varphi=\frac{2\zeta\gamma}{1-\gamma^2} \tag{4-5}$$

式（4-5）是忽略了初始条件（衰减自由振动）的稳态响应，响应频率与激励的频率相等，均为单一频率成分，而与结构固有频率无关。

$\gamma=\frac{\omega}{\omega_n}$称为频率比，是简谐激励频率 ω 与结构固有频率ω_n的比值；f_0k 称为静力等效变形幅值；$\beta=\frac{1}{\sqrt{(1-\gamma^2)^2+(2\zeta\gamma)^2}}$，称为动力放大系数，响应 u 的幅值是在静力等效变形幅值 f_0k 的基础上

叠加一个动力放大系数β。在稳态响应分析中，频率比γ和动力放大系数β是十分重要的概念。随着频率比γ的变化，动力放大系数β会发生很大的变化，如图4-4所示。

1）当$\gamma \to 0$，即简谐激励远低于结构固有频率时，$\beta=1$，振动幅值近似为$f_0 k$。

2）当$\gamma \to \infty$，即简谐激励远高于结构固有频率时，$\beta=0$，振动幅值几乎为0。

3）当$\gamma=1$，即简谐频率ω等于结构固有频率时，称结构处于共振状态。此时，如果阻尼为零，那么共振振幅将无穷大。对于大多数实际结构，阻尼比$0<\zeta \ll 1$，此时动力放大系数$\beta=\dfrac{1}{2\zeta}$是一个有限数值。例如，阻尼比为0.01时，共振幅值是等效静力变形的50倍。

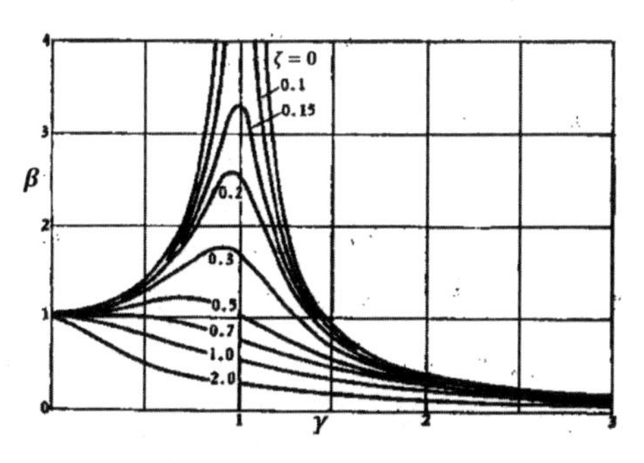

图4-4　频率比γ及动力放大系数β

4.2.2　简谐激励振动（频域）

简谐激励振动是一种稳态的振动，通常在频域内进行分析。对微分动力学方程进行拉普拉斯变换，$s=\mathrm{j}\omega$，在忽略初始条件后可以得到

$$ms^2u(s)+csu(s)+ku(s)=f(s) \tag{4-6}$$

位移解$u(s)$在频域下有极为简洁的形式：

$$u(s)=\frac{1}{ms^2+c(s)+k}f(s) \tag{4-7}$$

将$s=\mathrm{j}\omega$，$\zeta=\dfrac{c}{2\sqrt{km}}$，$\omega_{\mathrm{n}}=\sqrt{\dfrac{k}{m}}$，$\gamma=\dfrac{\omega}{\omega_{\mathrm{n}}}$代入式（4-7），写成频率比$\gamma$以及阻尼比$\zeta$的形式：

$$u(\gamma)=\frac{1}{1-\gamma^2+\mathrm{j}(2\zeta\gamma)}\frac{f(\gamma)}{k} \tag{4-8}$$

当等效静力变形$\dfrac{f(\gamma)}{k}=1$时，位移幅值$\|u(\gamma)\|$同为图4-4的形式。

可求得式（4-7）分母$ms^2+cs+k=0$时的共轭根$s_{1,2}$，它们是单自由度振动系统的特征值。

$$s_{1,2}=-\zeta\omega_{\mathrm{n}}\pm\mathrm{j}\omega_{\mathrm{d}},\omega_{\mathrm{d}}=\sqrt{1-\zeta^2}\omega_{\mathrm{n}} \tag{4-9}$$

式中，ω_{d}表示含黏性阻尼的结构振动频率，略小于ω_{n}。小阻尼情形时，$\omega_{\mathrm{d}}\approx\omega_{\mathrm{n}}$。

4.2.3　一般激励振动（时域）

一般激励指的是任意表达形式的外激励，通常为非单频成分。例如，可以是多个不同频率的简谐激励叠加，也可以是连续不间断的随机载荷。

时域动力学分析中有两种分析方法。

1）使用“Duhamel（杜阿美尔）卷积”进行响应的求解。将任意激振力$f(t)$表示为无限多个瞬时力$\delta(t-\tau)$之和，然后通过积分方法叠加每个瞬时激励的自由响应，得到整个时段的响应。

$$\begin{aligned}
u(t) &= \int_0^t f(\tau)h(t-\tau)\mathrm{d}\tau \\
h(t) &= \begin{cases}\dfrac{\mathrm{e}^{-\zeta\omega_{\mathrm{n}}t}}{m\omega_{\mathrm{n}}\sqrt{1-\zeta^2}}\sin(\sqrt{1-\zeta^2}\,\omega_{\mathrm{n}}t),t\geqslant 0\\ 0,t<0\end{cases}
\end{aligned} \tag{4-10}$$

式中，$h(t)$称为脉冲响应函数，是零时刻瞬态激励$\delta(t)$的位移响应；τ为时间滞后量。

2）直接对时域动力学方程进行等时间步长Δt的离散化，通过逐个时间步的依次求解得到动力学响应。

$$u(t+\Delta t)=F(u(t),\dot{u}(t),\ddot{u}(t)) \tag{4-11}$$

在 OptiStruct 中，时域响应分析采用的是离散时间步的数值积分方法计算，对应于瞬态分析序列 DTRAN 及 MTRAN，具体过程请查阅第 6 章瞬态响应分析。用户只需要指定积分的离散时间 TSTEP（TIME），求解器将从初始时刻开始，逐一完成所有离散时间点的响应计算。一般来说，时间间隔Δt需要足够小来保证计算精度。

4.2.4 一般激励振动（频域）

如果外激励采用频域表达式$f(\omega)$，即时域表达式$f(t)$的傅里叶变换，那么可以在频域上求解动力学响应，形式上为

$$u(\omega)=\frac{1}{-m\omega^2+\mathrm{j}c\omega+k}f(\omega) \tag{4-12}$$

特别的，外激励频谱$f(\omega)=1$时

$$h(\omega)\doteq u(\omega)=\frac{1}{-m\omega^2+\mathrm{j}c\omega+k} \tag{4-13}$$

式中，$h(\omega)$称为单位频率响应函数，常用来评价结构在频域的基础响应特性。

在 OptiStruct 中采用频率响应分析序列 DFREQ 或 MFREQ 完成计算。用户需要通过 FREQi 卡片来指定离散的频率列表，求解器将对每一个频率点计算响应曲线。

另外，OptiStruct 中还支持采用逆傅里叶变换方法来获取时域响应。采用该算法时，首先计算频域响应$u(\omega)$，而后通过逆傅里叶变换得到时域响应。求解序列为 DTRAN 或 MTRAN，需同时定义时间步 TSTEP（FOURIER）以及频率点 FREQi。

4.3 多自由度系统动力学

4.3.1 动力学方程

有限元分析中的结构均为多自由度系统，OptiStruct 预处理模型后，生成的是矩阵形式的质量矩阵$\boldsymbol{M}$、阻尼矩阵$\boldsymbol{C}$及刚度矩阵$\boldsymbol{K}$。前述的一些振动相关概念，包括固有频率、频率比、动力放大系数、各类阻尼等，在多自由度系统中具有相同的含义。

多自由度系统的时域动力学方程为

$$\boldsymbol{M}\ddot{\boldsymbol{u}}(t)+\boldsymbol{C}\dot{\boldsymbol{u}}(t)+\boldsymbol{K}\boldsymbol{u}(t)=\boldsymbol{f}(t) \tag{4-14}$$

对应的频域动力学方程为

$$s^2\boldsymbol{M}\boldsymbol{u}(s)+s\boldsymbol{C}\boldsymbol{u}(s)+\boldsymbol{K}\boldsymbol{u}(s)=\boldsymbol{f}(s) \tag{4-15}$$

式中，$\boldsymbol{u}=\{u_i|i=1,2,\cdots\}$为位移列向量，$\boldsymbol{f}=\{f_i|i=1,2,\cdots\}$为外激励列向量。

在单自由度系统的基础上，多自由度系统增加了“模态”的概念。所谓模态，可以理解为结构在发生动力学运动时出现的整体协同运动模式。它具备整体性、模式性、协同性、独立性几个特点。整体结构的所有自由度是相互关联的，且有固定的运动模式。各个运动模式之间既具备独立的运动特征，又通过相互协调作用来满足外激励及初始条件。

引入模态振型列向量$\boldsymbol{\varphi}_i$及对应的模态坐标q_i，可以将多自由度系统的位移向量$\boldsymbol{u}$变换到模态坐标q_i。

$$\boldsymbol{u}(t)=\sum_i \boldsymbol{\varphi}_i q_i(t),\quad \boldsymbol{u}(s)=\sum_i \boldsymbol{\varphi}_i q_i(s) \tag{4-16}$$

关于模态振型向量$\boldsymbol{\varphi}_i$的具体推导过程将在下一章介绍。在模态空间中，动力学方程变为

$$\tilde{m}_i \ddot{q}_i(t)+\tilde{c}_i \dot{q}_i(t)+\tilde{k}_i q_i(t)=\tilde{f}_i(t) \tag{4-17}$$

$$\tilde{m}_i s^2 q_i(s)+\tilde{c}_i s q_i(s)+\tilde{k}_i q_i(s)=\tilde{f}_i(s) \tag{4-18}$$

式中，q_i为模态坐标；$\tilde{m}_i$为模态质量；$\tilde{c}_i$为模态阻尼；$\tilde{k}_i$为模态刚度；$\tilde{f}_i$为模态外激励。

式（4-17）与式（4-18）为实模态解耦的动力学方程，与单自由度系统的动力学方程式（4-3）与式（4-6）是完全一致的。因此，每个模态坐标q_i即为一个单自由度系统，具有各自的固有频率、阻尼比、动力放大系数等动力学特性参数。

4.3.2 边界条件SPC/SPCD

动力学分析中外激励不仅有直接的外力作用，还有强迫位移、强迫速度、强迫加速度形式的激励，有时也称作基础激励，采用SPC/SPCD定义。在这些动力学边界条件/基础激励的作用下，有限元模型的整体质量矩阵$\boldsymbol{M}$、整体阻尼矩阵$\boldsymbol{C}$及整体刚度矩阵$\boldsymbol{K}$发生了改变，并产生了等效的外激励载荷。

有限元模型中包含SPC/SPCD边界条件时，动力学方程按边界自由度进行分块。时域动力学方程为

$$\begin{bmatrix}\boldsymbol{M}_{aa} & \boldsymbol{M}_{ab}\\ \boldsymbol{M}_{ba} & \boldsymbol{M}_{bb}\end{bmatrix}\begin{Bmatrix}\ddot{\boldsymbol{u}}_a(t)\\ \ddot{\boldsymbol{u}}_b(t)\end{Bmatrix}+\begin{bmatrix}\boldsymbol{C}_{aa} & \boldsymbol{C}_{ab}\\ \boldsymbol{C}_{ba} & \boldsymbol{C}_{bb}\end{bmatrix}\begin{Bmatrix}\dot{\boldsymbol{u}}_a(t)\\ \dot{\boldsymbol{u}}_b(t)\end{Bmatrix}+\begin{bmatrix}\boldsymbol{K}_{aa} & \boldsymbol{K}_{ab}\\ \boldsymbol{K}_{ba} & \boldsymbol{K}_{bb}\end{bmatrix}\begin{Bmatrix}\boldsymbol{u}_a(t)\\ \boldsymbol{u}_b(t)\end{Bmatrix}=\begin{Bmatrix}\boldsymbol{f}_a(t)\\ \boldsymbol{f}_b(t)\end{Bmatrix} \tag{4-19}$$

频域动力学方程为

$$\left(s^2\begin{bmatrix}\boldsymbol{M}_{aa} & \boldsymbol{M}_{ab}\\ \boldsymbol{M}_{ba} & \boldsymbol{M}_{bb}\end{bmatrix}+s\begin{bmatrix}\boldsymbol{C}_{aa} & \boldsymbol{C}_{ab}\\ \boldsymbol{C}_{ba} & \boldsymbol{C}_{bb}\end{bmatrix}+\begin{bmatrix}\boldsymbol{K}_{aa} & \boldsymbol{K}_{ab}\\ \boldsymbol{K}_{ba} & \boldsymbol{K}_{bb}\end{bmatrix}\right)\begin{Bmatrix}\boldsymbol{u}_a(s)\\ \boldsymbol{u}_b(s)\end{Bmatrix}=\begin{Bmatrix}\boldsymbol{f}_a(s)\\ \boldsymbol{f}_b(s)\end{Bmatrix} \tag{4-20}$$

式中，下标a表示analysis，$\boldsymbol{u}_a$为分析自由度集；b表示boundary，$\boldsymbol{u}_b$为边界自由度集；$\boldsymbol{f}_a$为非约束边界上的外载荷；$\boldsymbol{f}_b$为边界约束边界上的外载荷。$\boldsymbol{f}_b$在OptiStruct中通常被称为约束反力，用SPCF（Single Point Constraint Force）表示。

求解有限元动力学问题时，式（4-19）、式（4-20）的第2行将被消去，

$$\begin{aligned}&\boldsymbol{M}_{aa}\ddot{\boldsymbol{u}}_a(t)+\boldsymbol{C}_{aa}\dot{\boldsymbol{u}}_a(t)+\boldsymbol{K}_{aa}\boldsymbol{u}_a(t)=\boldsymbol{f}_a(t)+\boldsymbol{f}_a^b(t)\\&(s^2\boldsymbol{M}_{aa}+s\boldsymbol{C}_{aa}+\boldsymbol{K}_{aa})\boldsymbol{u}_a(s)=\boldsymbol{f}_a(s)+\boldsymbol{f}_a^b(s)\end{aligned} \tag{4-21}$$

式中，$\boldsymbol{f}_a^b$为强迫位移引发的内力载荷（边界自由度b对分析自由度a）。

$$\begin{aligned}&\boldsymbol{f}_a^b(t)=-(\boldsymbol{M}_{ab}\ddot{\boldsymbol{u}}_b(t)+\boldsymbol{C}_{ab}\dot{\boldsymbol{u}}_b(t)+\boldsymbol{K}_{ab}\boldsymbol{u}_b(t))\\&\boldsymbol{f}_a^b(s)=-(s^2\boldsymbol{M}_{ab}+s\boldsymbol{C}_{ab}+\boldsymbol{K}_{ab})\boldsymbol{u}_b(s)\end{aligned} \tag{4-22}$$

因此，SPC/SPCD的边界约束减少了运动系统的自由度，缩减后的整体质量矩阵$\boldsymbol{M}=\boldsymbol{M}_{aa}$，整体阻尼矩阵$\boldsymbol{C}=\boldsymbol{C}_{aa}$，整体刚度矩阵$\boldsymbol{K}=\boldsymbol{K}_{aa}$。同时，外载荷$\boldsymbol{f}$变为两部分，即原外力载荷$\boldsymbol{f}_a$，以及约束边界的内力载荷$\boldsymbol{f}_a^b$。

为便于说明，不论是动力学约束边界还是直接的外力作用，在后续动力学章节中将统称为外激励而不严格区分。而表达式中的质量矩阵$\boldsymbol{M}$、阻尼矩阵$\boldsymbol{C}$和刚度矩阵$\boldsymbol{K}$，一般指代预处理SPC/SPCD完毕后，有限元模型仅包含分析自由度的情况。

第5章 模态分析

模态分析是频率响应分析、瞬态响应分析、随机响应分析、响应谱分析等结构动力学分析的基础，指的是求解多自由度系统模态振型及模态频率的过程。它由结构刚度、质量及边界条件决定，与外激励无关。一般同时采用试验测试以及有限元仿真两种方式来获取模态并进行相互校核。在工程应用中，模态分析主要用于评估结构基础设计，避免固有频率和外激励耦合，避免对接结构之间的固有频率耦合。模态分析也可用于指导测试试验，辅助确定传感器的最佳安装位置，或者指导后续动力学仿真计算。例如，可用于确定瞬态响应分析的时间步长，或者确定频率响应分析的频率点分布。

通过模态分析，可以获取模态频率以及模态振型。模态频率也称为固有频率、自然频率、正则频率等。模态振型是外激励频率等于结构固有频率时，结构产生的变形模式。每一个固有频率与一阶模态振型相关联。固有频率和振型是结构本身的物理属性，由结构特性和边界条件决定。如果结构特性变化（如弹性模量变化），则频率也会发生相应变化，但是振型未必变化；如果边界条件变化，则频率和振型一般将同时发生变化。

在计算方法上，模态分析是通过求解矩阵特征值问题进行获取的。特征值与模态频率对应，特征向量与模态振型对应。如果不考虑阻尼，则得到的特征值都是实数；如果考虑阻尼，则特征值将是复数。按模态振型的数值形式，可以将模态分析分为实模态与复模态两大类。实模态分析指的是振型为实数，复模态分析指的是振型为复数。

在 OptiStruct 中，实模态分析即 Normal Modes Analysis，对应分析序列 MODES；复模态分析即 Complex Eigenvalue Analysis，对应分析序列 MCEIG 或 DCEIG。理论上仅当阻尼满足特定条件时，结构振动才表现为实模态，实模态是复模态的子集。在大多数工程问题中，结构为小阻尼情形，采用实模态与复模态的分析结果较为相近，因此，在实际应用中以计算效率更高的实模态分析为主。

5.1 实模态分析

模态分析提供了将多自由度系统的动力学方程转变到模态坐标q_i的方法。在实模态分析中，模态特征值与振型向量均为实数。同时，动力学方程需要满足一定的阻尼条件才能进行实模态解耦。下面通过一些简要公式来阐述这些问题。

5.1.1 基本方程

结构动力学响应在模态空间中的分解，可以将模态坐标q_i合并成列向量 $\boldsymbol{q}=\{q_1,q_2,q_3,\cdots\}^{\mathrm{T}}$，$\boldsymbol{q}$ 即模态坐标，也称为广义坐标。将模态振型向量 $\{\boldsymbol{\varphi}_i \mid i=1,2,3,\cdots\}$ 合并成矩阵形式，$\boldsymbol{\Phi}=[\boldsymbol{\varphi}_1,\boldsymbol{\varphi}_2,\boldsymbol{\varphi}_3,\cdots]$，模态振型矩阵 $\boldsymbol{\Phi}$ 为所有特征向量 $\boldsymbol{\varphi}_i$ 的集合。

那么位移 $\boldsymbol{u}$ 的时域及频域表达式（4-16）可写成矩阵形式：

$$u(t)=\boldsymbol{\Phi} q(t), u(s)=\boldsymbol{\Phi} q(s) \tag{5-1}$$

将式（5-1）代入频域动力学方程式（4-14），并在方程两侧同时乘以 $\boldsymbol{\Phi}^{\mathrm{T}}$，得到

$$s^2\boldsymbol{\Phi}^{\mathrm{T}}\boldsymbol{M}\boldsymbol{\Phi}\boldsymbol{q}(s)+s\,\boldsymbol{\Phi}^{\mathrm{T}}\boldsymbol{C}\boldsymbol{\Phi}\boldsymbol{q}(s)+\boldsymbol{\Phi}^{\mathrm{T}}\boldsymbol{K}\boldsymbol{\Phi}\boldsymbol{q}(s)=\boldsymbol{\Phi}^{\mathrm{T}}\boldsymbol{f}(s) \tag{5-2}$$

$$(s^2\tilde{\boldsymbol{M}}+s\tilde{\boldsymbol{C}}+\tilde{\boldsymbol{K}})\boldsymbol{q}(s)=\tilde{\boldsymbol{f}}(s) \tag{5-3}$$

这是模态空间下的频域动力学方程。其中：

1）$\tilde{\boldsymbol{M}} \doteq \boldsymbol{\Phi}^{\mathrm{T}}\boldsymbol{M}\boldsymbol{\Phi}$，称为模态/广义质量矩阵。

2）$\tilde{\boldsymbol{C}} \doteq \boldsymbol{\Phi}^{\mathrm{T}}\boldsymbol{C}\boldsymbol{\Phi}$，称为模态/广义阻尼矩阵。

3）$\tilde{\boldsymbol{K}} \doteq \boldsymbol{\Phi}^{\mathrm{T}}\boldsymbol{K}\boldsymbol{\Phi}$，称为模态/广义刚度矩阵。

4）$\tilde{\boldsymbol{f}} \doteq \boldsymbol{\Phi}^{\mathrm{T}}\boldsymbol{f}$，称为模态/广义激励力（列）向量。

在模态空间中，各个模态坐标 q_i 的运动是相互独立的。因此，式（5-3）中的矩阵$\tilde{\boldsymbol{M}}$、$\tilde{\boldsymbol{C}}$、$\tilde{\boldsymbol{K}}$必须都是对角矩阵，

$$\tilde{\boldsymbol{M}}=\boldsymbol{\Phi}^{\mathrm{T}}\boldsymbol{M}\boldsymbol{\Phi}=\begin{bmatrix}\tilde{m}_1 & & \\ & \tilde{m}_2 & \\ & & \ddots\end{bmatrix}=\mathrm{diag}(\tilde{m}_i)$$

$$\tilde{\boldsymbol{C}}=\boldsymbol{\Phi}^{\mathrm{T}}\boldsymbol{C}\boldsymbol{\Phi}=\begin{bmatrix}\tilde{c}_1 & & \\ & \tilde{c}_2 & \\ & & \ddots\end{bmatrix}=\mathrm{diag}(\tilde{c}_i)$$

$$\tilde{\boldsymbol{K}}=\boldsymbol{\Phi}^{\mathrm{T}}\boldsymbol{K}\boldsymbol{\Phi}=\begin{bmatrix}\tilde{k}_1 & & \\ & \tilde{k}_2 & \\ & & \ddots\end{bmatrix}=\mathrm{diag}(\tilde{k}_i) \tag{5-4}$$

式中，$\{i=1,2,\cdots\}$为模态阶次，最大的模态阶次与有限元中的自由度总数相等；$\tilde{m}_i$为模态质量；$\tilde{c}_i$为模态阻尼；$\tilde{k}_i$为模态刚度；diag( )表示仅矩阵主对角线元素不为零的对角矩阵。

实模态分析的核心问题是如何获取满足式（5-4）的模态矩阵 $\boldsymbol{\Phi}$。如果矩阵 $\boldsymbol{M}$、$\boldsymbol{C}$、$\boldsymbol{K}$ 是任意的，并不一定能找到满足该要求的解。事实上，只有 $\boldsymbol{M}$、$\boldsymbol{C}$、$\boldsymbol{K}$ 为对称矩阵，且阻尼 $\boldsymbol{C}$ 满足一定条件时，才满足实模态的要求。

5.1.2 模态振型及频率

实模态振型最初是从无阻尼结构中推导出来的。忽略外激励的作用，频域动力学方程简化为

$$s^2\boldsymbol{M}\boldsymbol{u}(s)+\boldsymbol{K}\boldsymbol{u}(s)=0 \quad \text{或} \quad \boldsymbol{K}\boldsymbol{u}(\omega)=\omega^2\boldsymbol{M}\boldsymbol{u}(\omega) \tag{5-5}$$

这是一个典型的广义矩阵特征值问题，可求得实特征值λ_i和实特征向量$\boldsymbol{\varphi}_i$。特征值λ_i对应于结构的固有频率ω_i，特征向量$\boldsymbol{\varphi}_i$对应于结构的模态振型。

$$\begin{gathered}\mathrm{eig}(\boldsymbol{M},\boldsymbol{K})\Rightarrow\lambda_i,\boldsymbol{\varphi}_i\\ \lambda_i=\omega_i^2=\frac{\boldsymbol{\varphi}_i^{\mathrm{T}}\boldsymbol{K}\boldsymbol{\varphi}_i}{\boldsymbol{\varphi}_i^{\mathrm{T}}\boldsymbol{M}\boldsymbol{\varphi}_i}\end{gathered} \tag{5-6}$$

由于任意特征向量 $\boldsymbol{\varphi}_i$ 在缩放任意倍数后依然满足式（5-6），因此为保证模态振型数值的唯一性需要规范化特征向量。在 OptiStruct 中默认采用“广义质量归一化”的方式决定模态振型的数值，即

$$\boldsymbol{\varphi}_i^{\mathrm{T}}\boldsymbol{M}\boldsymbol{\varphi}_i = m_i = 1 \tag{5-7}$$

采用质量归一化标准后，模态质量矩阵$\tilde{\boldsymbol{M}}$变为单位矩阵，模态刚度矩阵变为ω_i^2的对角矩阵。

$$\begin{cases} \tilde{\boldsymbol{M}} = \boldsymbol{I} \\ \tilde{\boldsymbol{K}} = \mathrm{diag}(\omega_i^2) \end{cases} \tag{5-8}$$

于是，无阻尼结构的动力学方程简化成

$$\ddot{\boldsymbol{q}}(t) + \mathrm{diag}(\omega_i^2)\boldsymbol{q}(t) = \tilde{\boldsymbol{f}}(t) \tag{5-9}$$

图 5-1 所示为典型模态分析在 . fem 文件中的工况定义。一般只需要在工况定义中设置模态分析方法卡片 METHOD，以及对应的结构边界条件 SPC。如果分析的是自由结构的模态，那么 SPC 字段也是不需要的。

```
SUBCASE        1
ANALYSIS MODES
  SPC =        1
  METHOD(STRUCTURE) =  2
```

图 5-1　模态分析的工况定义

用 OptiStruct 进行模态分析后，可在输出的 . out 文件中找到图 5-2所示的结果。其中列出了各阶模态对应的固有频率（以 Hz 为单位）、特征值、广义刚度、广义质量。

Subcase	Mode	固有频率 / Hz $\frac{\omega_i}{2\pi}$ Frequency	特征值 $\lambda_i=\omega_i^2$ Eigenvalue	广义刚度 $\tilde{k}_i=\omega_i^2$ Generalized Stiffness	广义质量 $\tilde{m}_i=1$ Generalized Mass
1	1	6.797898E+00	1.824354E+03	1.824354E+03	1.000000E+00
1	2	3.470327E+01	4.754453E+04	4.754453E+04	1.000000E+00
1	3	4.231095E+01	7.067493E+04	7.067493E+04	1.000000E+00
1	4	1.102683E+02	4.800220E+05	4.800220E+05	1.000000E+00
1	5	1.184731E+02	5.541143E+05	5.541143E+05	1.000000E+00
1	6	1.200908E+02	5.693497E+05	5.693497E+05	1.000000E+00

图 5-2　OptiStruct 模态分析 . out 文件输出（特征值部分）

5.1.3　比例阻尼

除了无阻尼结构以外，比例阻尼结构也满足实模态解耦。比例阻尼即阻尼矩阵是质量与刚度矩阵的线性组合形式，通常指的是瑞利（Rayleigh）黏性阻尼。在 OptiStruct 中，比例阻尼是通过参数 PARAM，ALPHA1 与 PARAM，ALPHA2 进行定义的。

$$\boldsymbol{C} = \alpha_1\boldsymbol{M} + \alpha_2\boldsymbol{K} \tag{5-10}$$

比例阻尼结构的模态振型矩阵 $\boldsymbol{\Phi}$ 与无阻尼情形的计算结果是完全相同的，这可由比例阻尼的定义得到。此时，模态阻尼矩阵$\tilde{\boldsymbol{C}}$依然为对角矩阵。

$$\tilde{\boldsymbol{C}} = \boldsymbol{\Phi}^{\mathrm{T}}(\alpha_1\boldsymbol{M} + \alpha_2\boldsymbol{K})\boldsymbol{\Phi} = \alpha_1\boldsymbol{I} + \boldsymbol{\alpha}_2\tilde{\boldsymbol{K}} \tag{5-11}$$

因此在模态空间的动力学方程依然是解耦的。时域方程表达为

$$\ddot{\boldsymbol{q}}(t) + (\alpha_1\boldsymbol{I} + \alpha_2\tilde{\boldsymbol{K}})\dot{\boldsymbol{q}}(t) + \tilde{\boldsymbol{K}}\boldsymbol{q}(t) = \tilde{\boldsymbol{f}}(t)$$

或

$$\ddot{q}_i(t) + (\alpha_1 + \alpha_2\omega_i^2)\dot{q}_i(t) + \omega_i^2 q_i(t) = \tilde{f}_i(t) \tag{5-12}$$

频域方程表达为

$$(s^2\boldsymbol{I} + s(\alpha_1\boldsymbol{I} + \alpha_2\tilde{\boldsymbol{K}}) + \tilde{\boldsymbol{K}})\boldsymbol{q}(s) = \tilde{\boldsymbol{f}}(t)$$

或 $$(-\omega^2+\mathrm{j}\omega(\alpha_1+\alpha_2\omega_i^2)+\omega_i^2)q_i(\omega)=\tilde{f}_i(\omega) \tag{5-13}$$

代入单自由度简谐激励振动的频域解，$\tilde{c}_i=\alpha_1+\alpha_2\omega_i^2$，$\tilde{m}_i=1$，$\tilde{k}_i=\omega_i^2$，于是各阶模态的阻尼比为

$$\zeta_i=\frac{\tilde{c}_i}{2\sqrt{\tilde{k}_i\tilde{m}_i^0}}=\frac{\alpha_1+\alpha_2\omega_i^2}{2\omega_i} \tag{5-14}$$

各阶模态的振动频率为

$$\omega_{i\_\mathrm{d}}=\sqrt{1-\zeta^2mi}\omega_i \tag{5-15}$$

这里ω_{i_d}的下标 d 表示 damping，意为含阻尼时结构的振动频率。

需要注意的是，如果在 OptiStruct 中采用比例阻尼进行仿真，那么各阶模态的阻尼比是不相同的。从式（5-14）可知，随着模态频率ω_i的数值变化，阻尼比ζ_i是变化的。在模态频率比较高时，模态阻尼比ζ_i与模态频率ω_i近似为线性增长的关系。

5.1.4 结构阻尼

采用全局结构阻尼的动力学方程也是满足实模态解耦的。所谓结构阻尼，是一种因位移产生的能量耗散，有别于因速度产生能量耗散的黏性阻尼。OptiStruct 中定义的全局结构阻尼也是一种比例阻尼：

$$\boldsymbol{C}=\mathrm{j}\cdot\frac{g}{s}\boldsymbol{K}=\frac{g}{\omega}\boldsymbol{K} \tag{5-16}$$

式中，g 是一个自定义常数。

将这种形式的阻尼矩阵代入时域及频域动力学方程，得到

$$\boldsymbol{M}\ddot{\boldsymbol{u}}(t)+\frac{g}{\omega}\boldsymbol{K}\dot{\boldsymbol{u}}(t)+\boldsymbol{K}\boldsymbol{u}(t)=\boldsymbol{f}(t) \tag{5-17}$$

$$s^2\boldsymbol{M}\boldsymbol{u}(s)+(1+\mathrm{j}\cdot g)\boldsymbol{K}\boldsymbol{u}(s)=\boldsymbol{f}(s) \tag{5-18}$$

可以看到，时域方程中是一个随激励频率 ω 变化的矩阵，而在频域方程中，阻尼合并到刚度项，成为一个复刚度矩阵$(1+\mathrm{j}\cdot g)\boldsymbol{K}$，与激励频率 ω 无关。因此，在 OptiStruct 中定义结构阻尼有些特殊。在频率响应分析类型中，只需要采用 PARAM，G 定义参数 g 即可；而在瞬态响应分析类型中，需要额外采用 PARAM，W3 定义式（5-17）中的参数 ω。

将式（5-17）与式（5-18）在实模态空间 $\boldsymbol{\Phi}$ 中进行表示。此时，时域方程为

$$\begin{aligned}&\ddot{\boldsymbol{q}}(t)+\frac{g}{\omega}\tilde{\boldsymbol{K}}\dot{\boldsymbol{q}}(t)+\tilde{\boldsymbol{K}}\boldsymbol{q}(t)=\tilde{\boldsymbol{f}}(t)\\&\ddot{q}_i(t)+\frac{g}{\omega}\omega_i^2\dot{q}_i(t)+\omega_i^2q_i(t)=\tilde{f}_i(t)\end{aligned} \tag{5-19}$$

频域方程为

$$\begin{aligned}&s^2\boldsymbol{q}(s)+(1+\mathrm{j}\cdot g)\tilde{\boldsymbol{K}}\boldsymbol{q}(s)=\tilde{\boldsymbol{f}}(s)\\&(s^2+(1+\mathrm{j}\cdot g)\omega_i^2)q_i(s)=\tilde{f}(s)\end{aligned} \tag{5-20}$$

可求解式（5-20）中每一阶模态的复数方程，得到对应的特征值：

$$s=\mp\frac{g_s}{2}\omega_{i\_\mathrm{d}}\pm\mathrm{j}\,\omega_{i\_\mathrm{d}} \tag{5-21}$$

其中

$$\omega_{i\_d}=\omega_i\left[\frac{\sqrt{(1+g^2)}+1}{2}\right]^{\frac{1}{2}}$$

$$g_s=2\left[\frac{\sqrt{1+g^2}-1}{\sqrt{1+g^2}+1}\right]^{\frac{1}{2}} \tag{5-22}$$

$$\zeta_i=\frac{g_s}{2}\omega_{i\_d}/\omega_i=\left[\frac{\sqrt{1+g^2}-1}{2}\right]^{\frac{1}{2}}$$

式中，ω_{i_d}为结构阻尼情形下的振动频率，ω_{i_d}略大于ω_i；g_s为各模态坐标的阻尼系数，该数值在OptiStruct复模态分析输出的.out文件中表示为“damping”；ζ_i为将结构阻尼等效为黏性阻尼时的阻尼比。在小阻尼情况下，$g_s\approx g$，$\zeta_i\approx g/2$。因此，如果采用PARAM，G的全局结构阻尼进行仿真，那么各阶模态阻尼或阻尼比是完全相同的。

图5-3直观地给出了比例阻尼与结构阻尼两种形式的模态阻尼比曲线。可以看到，采用Rayleigh阻尼进行计算时，在极低频和高频段有很大的振动屏蔽效应，而采用结构阻尼进行计算时，各阶模态的阻尼是相等的。

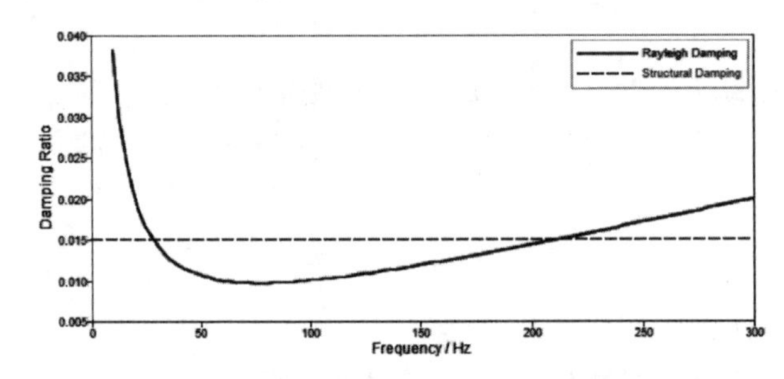

图5-3　OptiStruct模态阻尼比（比例阻尼、全局结构阻尼）

5.1.5　SDAMPING阻尼

除此之外，实模态解耦的情况还存在于SDAMPING阻尼类型，即直接定义各阶模态的阻尼比ζ_i。

在OptiStruct中，通过TABDMP1卡片定义阻尼比随频率变化的曲线$\zeta(\omega)$，由工况控制卡片SDAMPING进行选取。这样第i阶模态的阻尼比就可以依靠查表的方式被直接定义为：$\zeta_i=\zeta(\omega_i)$，于是式（4-17）与式（4-18）中的广义模态阻尼为$\tilde{c}_i=2\zeta_i\omega_i$。

采用SDAMPING阻尼方式时，模态振型矩阵$\boldsymbol{\Phi}$与无阻尼情形完全一致，而阻尼比曲线$\zeta(\omega)$可以根据试验测试进行标定。在OptiStruct仿真应用中，SDAMPING是最灵活的一种阻尼使用方式。相较于比例阻尼或结构阻尼，它可以更准确地表达阻尼效应。在具备试验测试条件的情况下，推荐采用SDAMPING方式定义有限元模型的阻尼。

5.1.6　刚体模态

有限元方法可求得的模态数目与模型自由度数相等，一般按模态频率从低到高进行求解。结构不被SPC约束时，最低阶模态的频率为0，即不发生振动，此时，结构模态振型为整体性平动或转动，称为刚体模态或零频模态。刚体模态的特征是结构不发生弹性形变，无弹性势能产生。除刚体模态以外，其余的模态频率均大于 0，此时结构发生弹性形变，有弹性势能产生，称为弹性模态。

依据上面的定义及描述，刚体模态$\boldsymbol{\varphi}_0$满足弹性势能为 0，即

$$\boldsymbol{\varphi}_0^{\mathrm{T}}\boldsymbol{K}\boldsymbol{\varphi}_0 = 0 = \tilde{k}_0 = \omega_0^2 \tag{5-23}$$

$$\boldsymbol{K}\boldsymbol{\varphi}_0 = 0 \tag{5-24}$$

即无须外力作用，结构就能产生静力位移。刚体模态频率$\omega_0 = 0$，刚度矩阵 $\boldsymbol{K}$ 非满秩。

一个结构处于无约束的自由状态时，共有 6 个独立的刚体模态振型$\boldsymbol{\varphi}_0$，分别对应 3 个平动和 3 个转动状态。有限元数值计算中，获取的刚体模态通常为平动和转动的线性组合，且由于数值精度问题，获取的刚体模态频率一般不严格为 0。如图 5-4 所示，刚体模态频率通常远低于第一阶弹性模态频率，可认为近似等于 0。

在 OptiStruct 实际应用中，常利用模态分析的刚体模态数目来检查建模错误。建模正确的情况下，对于充分约束的结构，应当确保不存在刚体模态。而对于完全自由的单个结构，应该确保刚体模态仅为 6 个。例如，如果出现固支位置遗漏 SPC、应相连的部件未进行连接、连接单元刚度为 0 等情况，那么单个结构的刚体模态数目将大于 6，应当通过补充必要的连接以及修正 SPC 等方式修复模型。

Subcase		Mode	Frequency	Eigenvalue
1	刚体模态	1	7.188027E-05	2.039760E-07
1		2	8.410886E-05	2.792822E-07
1		3	8.734324E-05	3.011746E-07
1		4	8.962453E-05	3.171126E-07
1		5	1.145222E-04	5.177726E-07
1		6	1.207135E-04	5.752700E-07
1	弹性模态	7	4.228056E+01	7.057341E+04
1		8	6.376145E+01	1.605004E+05
1		9	1.167394E+02	5.380150E+05
1		10	1.362165E+02	7.325193E+05
1		11	2.256925E+02	2.010916E+06
1		12	2.257357E+02	2.011686E+06

图 5-4　OptiStruct 模态分析：刚体模态频率

5.1.7　模态有效质量

在 OptiStruct 模态分析中，可以使用 PARAM，EFFMAS，YES，输出模态参与因子、模态有效质量以及模态有效质量百分比到 . out 文件中。模态有效质量信息可以辅助判断某一阶模态是否为局部模态，模态参与因子被用于冲击响应谱分析。

OptiStruct 中的模态参与因子（Modal Participation Factor，MPF）描述的是各阶模态 $\boldsymbol{\Phi}$ 与刚体模态$\boldsymbol{\varphi}_0$ 的近似程度。记 MPF 的符号为 $\boldsymbol{p}$，定义为

$$\boldsymbol{\varphi}_0 = \boldsymbol{\Phi}\boldsymbol{p} \tag{5-25}$$

由于$\boldsymbol{\Phi}^{\mathrm{T}}\boldsymbol{M}\boldsymbol{\Phi} = \mathbf{I}$，式（5-25）有等价定义形式

$$\boldsymbol{p} = \boldsymbol{\Phi}^{\mathrm{T}}\boldsymbol{M}\,\boldsymbol{\varphi}_0 \tag{5-26}$$

式中，$\boldsymbol{\Phi}$ 即模态振型矩阵；$\boldsymbol{p}$ 是一个列向量；$\boldsymbol{\varphi}_0$ 特指整体结构的单位刚体位移。这里单位刚体位移 $\boldsymbol{\varphi}_0$ 的含义是：不论结构是否被约束，均假定在全局坐标系中进行 6 个自由度的单位刚体位移，即整体结构沿 x、y、z 轴平动位移 1 个单位，或绕 x、y、z 轴转动 1 个单位弧度。

在这种定义下，结构的刚体质量（Rigid Body Mass）定义为

$$RBM = \boldsymbol{\varphi}_0^{\mathrm{T}}\boldsymbol{M}\boldsymbol{\varphi}_0 = \boldsymbol{p}^{\mathrm{T}}\boldsymbol{p} = \sum_i p_i^2 \tag{5-27}$$

从中可以知道，$\boldsymbol{\varphi}_0$ 取值为平动单位刚体位移时，RBM 为一般意义下的结构总质量；当$\boldsymbol{\varphi}_0$ 为转动单位刚体位移时，RBM 为 3 个绕全局坐标轴的转动惯量。在 OptiStruct 中，结构的总质量与绕轴转动惯量也可以用 PARAM，GRDPNT，0 输出。

在 . out 文件中输出的第 i 阶模态有效质量（Modal Effective Mass）的定义为

$$EFFMA\ S_i \doteq p_i^2 \tag{5-28}$$

输出的第 i 阶模态有效质量百分比（Modal Effective Mass Fraction）的定义为

$$EFFMF\ R_i \doteq \frac{p_i^2}{RBM} \tag{5-29}$$

因此，如果通过模态分析获取了充足的结构模态阶次，那么

$$\sum_{i \to \infty} EFFMF\, R_i \to 1 \tag{5-30}$$

在 OptiStruct 模态分析中使用 PARAM，EFFMAS，YES，可在 .out 文件中看到图 5-5 所示的结果，在最后一行 SUBCASE TOTAL 中记录了当前所有模态的有效质量叠加百分比。分析冲击性载荷作用时，该数值可在一定程度上反映当前的模态分析频段是否足够宽泛，能否提取充足的结构模态来逼近动力学的分析结果。

```
 MODAL EFFECTIVE MASS FRACTION FOR SUBCASE        1
RIGID BODY MODES BASED ON REFERENCE POINT AT ORIGIN OF BASIC COORDINATE SYSTEM
------------------------------------------------------------------------------
Mode Frequency   X-TRANS    Y-TRANS    Z-TRANS    X-ROTAT    Y-ROTAT    Z-ROTAT
------------------------------------------------------------------------------
   1 6.798E+00  2.620E-41  9.892E-39  6.095E-01  4.536E-01  9.693E-01  1.773E-38
   2 3.470E+01  1.029E-34  7.921E-32  1.389E-26  1.915E-01  6.050E-28  1.143E-31
   3 4.231E+01  7.680E-32  1.803E-29  1.894E-01  1.410E-01  2.591E-02  2.590E-29
   4 1.103E+02  1.955E-30  1.314E-25  1.349E-26  2.430E-02  1.343E-27  1.870E-25
   5 1.185E+02  4.926E-32  1.150E-23  6.543E-02  4.869E-02  3.314E-03  1.636E-23
   6 1.201E+02  8.596E-32  6.144E-01  1.237E-24  1.074E-24  6.217E-26  8.755E-01
   7 2.031E+02  1.782E-27  1.434E-28  1.992E-27  1.035E-02  2.329E-28  2.962E-28
   8 2.309E+02  2.697E-29  2.166E-27  3.192E-02  2.375E-02  8.307E-04  2.524E-27
   9 2.722E+02  2.890E-26  5.705E-27  1.944E-03  1.447E-03  3.754E-05  6.273E-27
  10 3.215E+02  1.254E-26  3.585E-30  7.728E-28  6.075E-03  5.935E-29  1.462E-29
  11 3.287E+02  6.239E-27  1.446E-29  3.016E-04  2.244E-04  9.227E-06  3.443E-27
  12 3.861E+02  3.241E-27  1.895E-27  1.963E-02  1.461E-02  2.993E-04  2.747E-27
SUBCASE TOTAL   5.273E-26  6.144E-01  9.182E-01  9.155E-01  9.997E-01  8.755E-01
------------------------------------------------------------------------------
```

图 5-5　OptiStruct 模态有效质量百分比

5.2　特征值解法 EIGRL/EIGRA

特征值是矩阵的重要特性，在实模态计算过程中，特征值问题表达式为

$$\boldsymbol{K}\boldsymbol{u}(\omega) = \omega^2 \boldsymbol{M}\boldsymbol{u}(\omega) \tag{5-31}$$

式中，矩阵 $\boldsymbol{K}$ 和 $\boldsymbol{M}$ 是对称正定或半正定矩阵，这是一个典型的广义特征值问题。特征值及特征向量的经典算法包括幂法与反幂法、QR 变换法、Hessenberg 变换法、Lanczos 三对角化法等。在有限元计算过程中，一般不需要计算所有的模态，而仅需少量对结构振动有贡献的低阶模态。

5.2.1　兰索士（Lanczos）法

OptiStruct 中默认采用 Lanczos 法计算稀疏矩阵的特征值问题，它是一种结合矩阵三对角化及迭代过程的经典算法。

Lanczos 法的优点是准确计算特征值和相关模态振型，对于计算频段以内模态数量较小的模型非常有效。但 Lanczos 法不太适用于使用具有数百万自由度的模型且需要计算数百或上千阶模态的问题，因为此时计算速度偏慢，运行时间很容易延长到数天。在这种情况下，推荐使用更为先进的 AMSES 方法。

在 OptiStruct 中，Lanczos 法使用卡片 EIGRL 来表示，见表 5-1 及表 5-2。

表 5-1　EIGRL 卡片定义

(1)	(2)	(3)	(4)	(5)	(6)	(7)	(8)	(9)	(10)
EIGRL	SID	V1	V2	ND	MSGLVL	MAXSET	SHFSCL	NORM	

在使用时，V1、V2、ND 三个字段可以由表 5-3 中的几种组合来进行求解频段的定义。V1、V2、ND 同时给定时，求解的特征值范围和个数为三个参数决定的最小集合。例如，V1 = 10、V2 = 100、ND = 3 时，最后得到的是 10 ~ 100Hz 内前三个模态频率及对应振型。如果模型存在刚体模态，推荐使用 V1 为空，即 V1 = -∞，这样可以防止遗漏因数值误差导致的频率为极小负值的刚体模态。

表 5-2　EIGRL 卡片说明

字　段	说　明
SID	卡片识别号（唯一）。后续卡片说明中一般不再解释类似字段
V1，V2	模态分析的频率范围（V1 < V2，实数）

（续）

字　段	说　明
ND	希望得到的模态频率/振型个数（大于0，整数或空白）
MSGLVL	诊断等级（从0到4的整数，或空白）
MAXSET	块或集合中的向量数（从1到16的整数，或空白；默认为8）
SHFSCL	第一阶弹性模态频率的估计值（实数，或空白）
NORM	模态振型规范化方法。默认：MASS质量归一化方法，可选MAX、MAXT、ALL

表5-3　EIGRL模态分析频段定义

V1	V2	ND	模态频率范围/个数
非空	非空	非空	[V1，V2]/最多ND个
非空	非空	空	[V1，V2]/所有
非空	空	非空	[V1，+∞]/最多ND个
非空	空	空	[V1，+∞]/最低频，1个
空	空	非空	[-∞，+∞]/最多ND个
空	空	空	最低频1个
空	非空	非空	[-∞，V2]/最多ND个
空	非空	空	[-∞，V2]/所有

5.2.2　AMSES模态求解加速算法

AMSES英文全称为Automatic Multi-level Sub-structuring Eigensolver Solution，即自动多层级子结构特征值求解。该方法的优点是每个层级只需要计算一部分子结构的特征值问题，而后再进行综合求解，因此磁盘空间占用大大减少，运行时间得到有效缩短。例如，对于典型的NVH分析，通常可挑选重点关注的若干（<100）个自由度响应，这样上百万网格的上千阶模态可以在几个小时内求解完成。

AMSES方法的缺点是结果精度略逊于Lanczos法，但计算低阶模态的精度依然非常高，通过提高模态分析的上限频率即可得到较完备的模态空间。对于动力学分析来说，由模态振型形成较完备的振型空间通常比每个模态振型都完全精确更重要。若仅要求解算少量模态构成的运动，可以仅使用Lanczos算法。

在OptiStruct中，AMSES法使用卡片EIGRA来表示，见表5-4和表5-5。

表5-4　EIGRA卡片定义

(1)	(2)	(3)	(4)	(5)	(6)	(7)	(8)	(9)	(10)
EIGRA	SID	V1	V2	ND	MSGLVL	AMPFFACT		NORM	

在使用上，EIGRA与EIGRL基本是一致的。考虑到模型可能存在刚体模态，推荐使用V1 = blank（为空）。不同之处在于，AMSES中V2必须指定，模态频段组合定义见表5-6。

表5-5　EIGRA卡片说明

字　段	说　明
V1，V2	模态分析的频率范围，单位为Hz（V1<V2，实数，V2必须指定）
ND	希望得到的模态频率/振型个数（大于0，整数或空白）

（续）

字　段	说　明
MSGLVL	控制输出 AMSES 模块中的奇异性（0 或 1 表示不输出或输出）
AMPFFACT	放大系数。用于定义子层级结构的最大模态频率值 AMPFFACT 值 × V2 值。放大系数越大，模态分析的结果越精确，但计算时间越长（大于 0 的实数。默认值为 5.0，推荐值为 5.0 ~ 15.0）
NORM	模态振型规范化方法。默认为 MASS 质量归一化方法，可选 MAX、ALL

表 5-6　EIGRA 模态分析频段定义

V1	V2	ND	模态频率范围/个数
非空	非空	非空	[V1，V2] /最多 ND 个
非空	非空	空	[V1，V2] /所有
空	非空	非空	[-∞，V2] /最多 ND 个
空	非空	空	[-∞，V2] /所有

总体而言，AMSES 比 Lanczos 法更适用于自由度规模超过 100 万的模型，以及求解特征值频率范围较高或模态数较大的情况。如果模态振型的精度很重要，可以先运行 AMSES，然后在一定频率范围内用 Lanczos 法验证检查 AMSES 运行的准确性。也可以调整 AMPFFACT，提高各子结构的计算频率上限，以增加求解精度。大量实际计算表明，AMSES 求解的结果与 Lanczos 法是高度匹配的。

AMSES 可用于所有动力学相关分析。特别地，对于仅需少量自由度输出结果时（典型的 NVH 分析），AMSES 的速度可能比 Lanczos 法快上 100 倍。反之，如果需要计算所有节点的自由度，或模型中存在大量 RBE3 单元并对非常多的自由度进行连接，那么 AMSES 效率将大幅降低。因此，使用 AMSES 进行动力学分析时，应避免不必要的输出，仅保留少量实际有需求的节点，并最好减少模型中不必要的 RBE3 单元。

5.3　复模态分析 EIGC

5.3.1　基本方程

复模态分析指的是动力学方程对应的模态振型矩阵 $\boldsymbol{\Phi}$ 为复数形式的情况，可见于刚度矩阵为非对称形式、阻尼矩阵不满足比例阻尼形式、刚度矩阵为复数的问题中，常用于转子动力学、摩擦接触、声振耦合等。

在有限元的复模态问题中，动力学方程一般可以表示为

$$(s^2\boldsymbol{M}+s(\boldsymbol{C}+\alpha_1\boldsymbol{M}+\alpha_2\boldsymbol{K})+\boldsymbol{K}+\mathrm{j}g\boldsymbol{K}+\boldsymbol{C}_{GE}+\alpha_{K_f}\boldsymbol{K}_f)\boldsymbol{x}(s)=0 \tag{5-32}$$

式中，$\boldsymbol{K}$ 为刚度矩阵；$\boldsymbol{M}$ 为质量矩阵；$\boldsymbol{C}$ 为黏性阻尼矩阵；$\mathrm{j}g\boldsymbol{K}$ 为全局结构阻尼矩阵，g 为全局结构阻尼系数；$\boldsymbol{C}_{GE}=\mathrm{j}\sum_i g_{e,i}k_{e,i}$ 为单元结构阻尼的叠加，$g_{e,i}$ 为各单元的结构阻尼系数，$k_{e,i}$ 为各单元的刚度矩阵；$\boldsymbol{K}_f$ 为外部输入的刚度矩阵（α_{K_f} 为外部刚度矩阵的系数），可以是一个非对称矩阵。

OptiStruct 中，外部输入矩阵通过 DMIG 卡片定义，由工况控制段的 K2PP 进行加载。

5.3.2　复模态的基本特性

直接从非对称的刚度和阻尼矩阵中提取复模态存在计算量大的问题。OptiStruct 复模态分析是

在实模态的基础上展开的，一般使用两步法来求解。首先，通过实模态分析获取后续迭代所需的特征值及特征向量，然后在实模态投影生成的子空间上通过使用 Hessenberg 缩减方法提取复模态，求解复模态特征值问题。

复模态特征值记为$s_i=\alpha_i+\mathrm{j}\beta_i$，它的虚数部分表示固有频率，实数部分描述阻尼；复特征向量为模态振型。在输出的 .out 文件中，阻尼 damping 系数定义为$\frac{-2\alpha_i}{|\beta_i|}$。

复模态分析中，特征值s_i并不是成对出现的。若特征值的实数部分为负数，则为正阻尼，是稳定的模态；若特征值的实数部分为正数，则为负阻尼，是不稳定模态。通过复模态分析得到的特征值可初步判断结构的运动稳定性。

在 OptiStruct 中进行复模态特征值分析需要同时定义实模态以及复模态分析方法卡片：EIGRL/EIGRA 卡片被 SUBCASE 段的 METHOD 引用，EIGC 卡片被 SUBCASE 段的 CMETHOD 引用，它们分别对应复特征值求解的两个步骤。OptiStruct 将依据 EIGRL 卡片定义获取实模态特征向量的子空间，而后依据 EIGC 卡片的定义提取复模态特征值。EIGC 卡片定义及说明见表 5-7 和表 5-8。

表 5-7 EIGC 卡片定义

(1)	(2)	(3)	(4)	(5)	(6)	(7)	(8)	(9)	(10)
EIGC	SID		NORM	G	C		ND0		
	ALPHAAJ	OMEGAAJ					ND1		

表 5-8 EIGC 卡片说明

字　段	说　明
NORM	标准化方法（默认 MAX：最大元素归一化或者 POINT 按照卡片中 field5/6 提供的实部、虚部进行归一化）
G	当 NORM = POINT 时，指定节点或标量点
C	当 NORM = POINT 时，指定自由度（0～6 的整数）
ND0	提取的复模态个数，如果卡片定义了第二行，ND0 需要置为空
ND1	提取的复模态个数
ALPHAAJ	实部偏置点
OMEGAAJ	虚部偏置点

OptiStruct 暂不支持通过 EIGC 卡片来定义频率范围，而只能定义投影空间待求解的特征值个数。对于小阻尼情形的复模态问题，实模态及复模态的频率变化通常不会发生很大变化，因此可以依据实模态的频率来估计需要计算的复模态特征值数目。

5.4 分析实例

5.4.1 实例：白车身的模态分析

白车身是指焊接车身的本体部分，一般指不包括通过螺栓装配在车身本体上的部分（如车门、发动机罩板、行李箱盖以及需要螺栓连接的翼子板等）。白车身模态是车身局部刚度和动态性能的

重要指标，在车型开发的过程中，白车身刚度的优劣直接影响到车辆的 NVH 性能、可靠性、安全性、动力响应特性等关键性能指标。

本例使用 OptiStruct 求解白车身模态，导入的模型中已包含白车身网格及材料参数，这里仅需要设置边界条件以及特征值求解方法。在 HyperMesh 启用 OptiStruct 类型的 User Profile ，导入 BIW. fem 文件，可看到图 5-6 所示的分析模型。

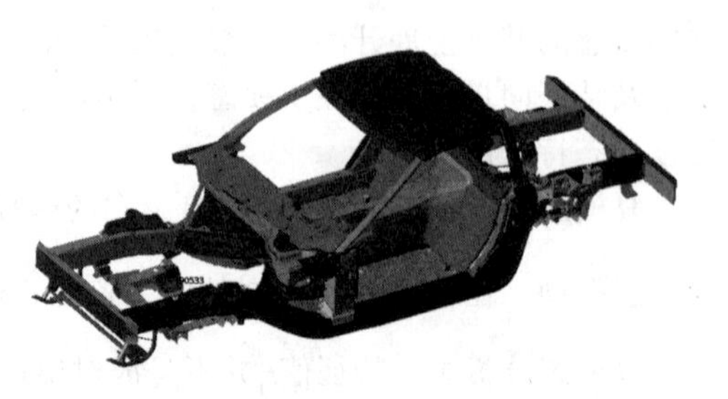

图 5-6　白车身模态分析模型

模型设置

Step 01 在 HyperMesh 的 constraints 面板设置结构的固定节点。该面板中 load types 为 SPC，全选 dof1 ~ dof6。单击 nodes 按钮，选择车身的固定连接点，本例中选择下车体的 4 个安装点：190533、180431、190524、182493，单击 create 按钮，如图 5-7 所示。

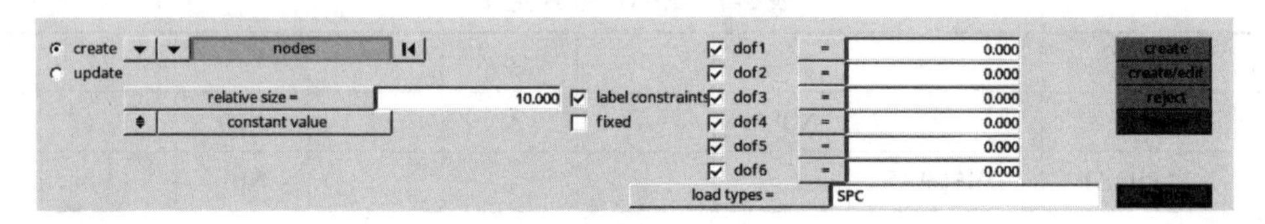

图 5-7　创建 SPC 卡片

Step 02 在 HyperMesh 的模型浏览器中右击并创建 Load Collector。在 Name 中输入 EIGRL，Card Image 选择 EIGRL，设定 ND = 20，如图 5-8 所示。该卡片表示提取最低的 20 阶结构模态，NORM 默认为 MASS，即采用广义质量归一化的模态振型。

Step 03 在 HyperMesh 的模型浏览器中右击并创建 Load Step（分析/载荷步），如图 5-9 所示。

- Analysis type 选择 Normal modes。
- SPC 选择 Step 01 创建的 SPC 类型 Load Collector。
- METHOD（STRUCTURE）选择 Step 02 创建的 EIGRL 类型 Load Collector。

Solver Keyword:	EIGRL
Name:	EIGRL
ID:	2
Color:	
Include:	[Master Model]
Card Image:	EIGRL
User Comments:	Do Not Export
V1:	
V2:	
ND:	20
MSGLVL:	
MAXSET:	
SHFSCL:	
NORM:	MASS

图 5-8　创建 EIGRL 卡片

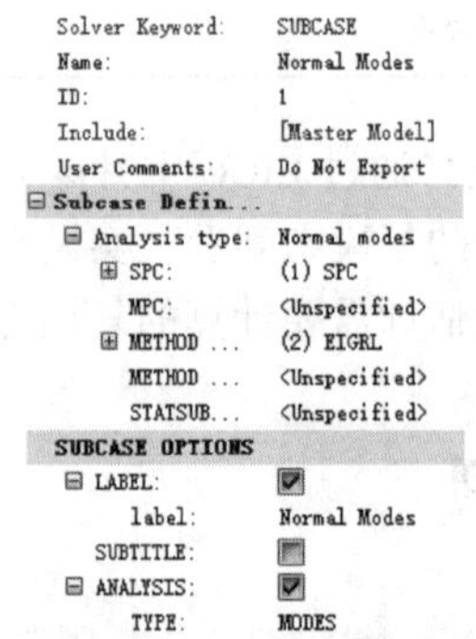

Solver Keyword:	SUBCASE
Name:	Normal Modes
ID:	1
Include:	[Master Model]
User Comments:	Do Not Export
Subcase Defin...	
Analysis type:	Normal modes
SPC:	(1) SPC
MPC:	<Unspecified>
METHOD ...	(2) EIGRL
METHOD ...	<Unspecified>
STATSUB...	<Unspecified>
SUBCASE OPTIONS	
LABEL:	☑
label:	Normal Modes
SUBTITLE:	☐
ANALYSIS:	☑
TYPE:	MODES

图 5-9　创建分析/载荷步

Step 04 提交 OptiStruct 求解。在 Analysis 面板单击 OptiStruct 按钮提交求解。也可以使用“导出”按钮生成新的 . fem 文件，使用 HyperWorks Solver Run Manager 对话框提交求解，如图 5-10 所示。

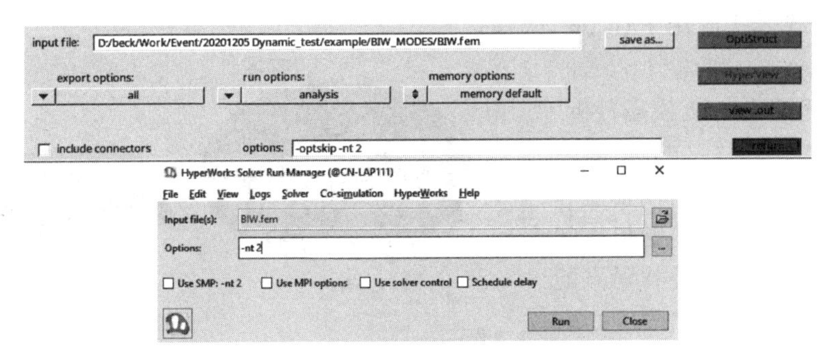

图 5-10　提交 OptiStruct 求解

结果查看

在 HyperView 中打开 . h3d 文件，可以查看白车身的模态振型结果。如图 5-11 所示，在 Contour 面板中，选择 Eigen Mode（v）类型结果，单击 Apply 按钮即可显示模态振型云图。在 HyperView 的左上角可以选择需要查看的模态阶次。

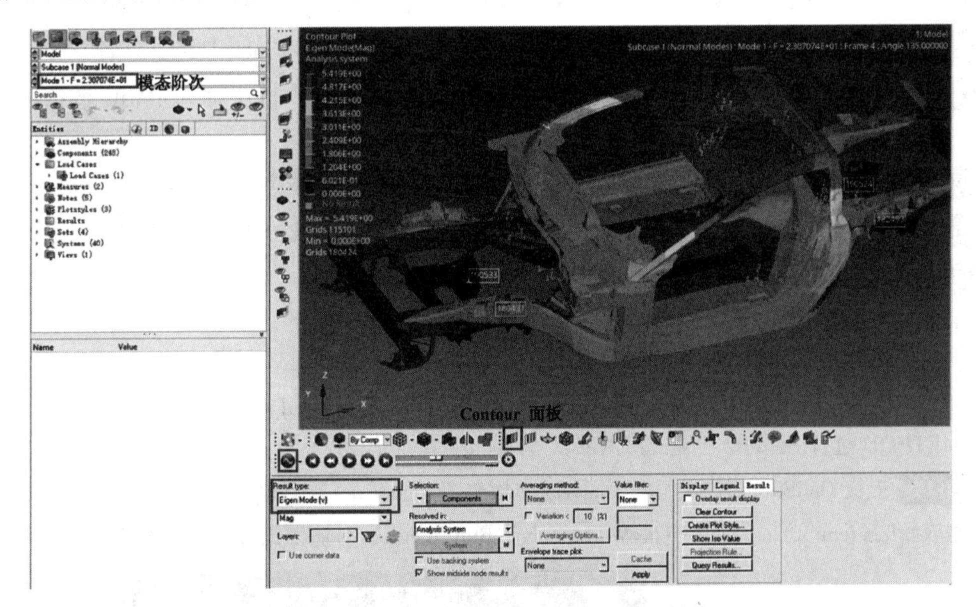

图 5-11　在 HyperView 中查看模态分析结果

5.4.2　实例：制动系统的复模态分析

汽车在制动过程中可能会产生较大的制动噪声，一般认为是制动器系统的结构因素引起了自激振动从而产生了制动噪声。

典型刹车啸叫分析流程Ⅰ：首先需设置一个非线性准静态分析（小位移）工况，并在复模态中通过 STATSUB（BRAKE）引用前一步非线性准静态工况得到的模型状态（应力、集合刚度、摩擦等），然后执行复模态分析计算刹车不稳定模态。

典型刹车啸叫分析流程Ⅱ：通过 DMIG 卡片定义摩擦导致的刚度变化矩阵，然后通过工况定义的 K2PP 进行加载，并使用 PARAM，FRIC 定义矩阵系数。

本例使用流程Ⅱ进行复模态分析。导入 brake. fem 文件后，可以看到图 5-12 所示的制动系统，由制动盘和接触板组成。在制动盘和接触板之间用弹簧单元（CELAS1）建立接触点的法向力，摩擦力导致的附加刚度矩阵保存在 DMIG. pch 文件中。

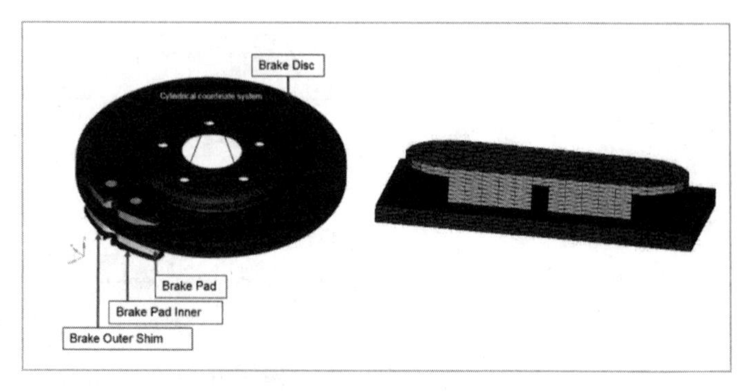

图 5-12　刹车碟有限元模型

模型设置

Step 01 进入 Load Collector ，单击 card image 按钮，选择 EIGRL，单击 create/edit 按钮编辑 EIGRL 卡片。ND 设为 20，表示使用 20 阶实模态向量构造复特征值分析所需的子空间。

Step 02 单击 card image 按钮，选择 EIGC，单击 create/edit 按钮编辑 EIGC 卡片。NORM 选择 MAX，MAX 选项用于归一化特征向量。在 ND0_OPTIONS 中，选择 User Defined，然后设置 ND0 为 12。

Step 03 单击 Analysis->control cards，选择 INCLUDE_BULK 并输入 include 的文件名 DMIG. pch。

Step 04 单击 K2PP，设置 number_of_k2pps = 1。在 K2PP 文本框中输入 DMIG 数据项的名称 KF，然后单击 return 按钮返回。

Step 05 单击 PARAM，选中 G 复选框。在 G_V1 中输入 0. 2 作为结构阻尼系数。

Step 06 选中 FRIC 复选框，在 VALUE 中输入 0. 05，作为缩放 DMIG 项的摩擦因数。

Step 07 在 HyperMesh 的模型浏览器中右击并创建 Load Step。

- Analysis type 选择 Complex eigen（modal）。
- SPC 选择创建的 SPC 类型 load collector。
- METHOD（STRUCTURE）选择 Step 01 创建的 EIGRL 类型 load collector。
- CMETHOD 选择 Step 02 创建的 EIGC 类型 load collector。

Step 08 提交 OptiStruct 求解。在 Analysis 面板单击 OptiStruct 按钮提交求解。也可以使用“导出”按钮生成新的 . fem 文件，使用 HyperWorks Solver Run Manager 对话框提交求解，如图 5-13 所示。

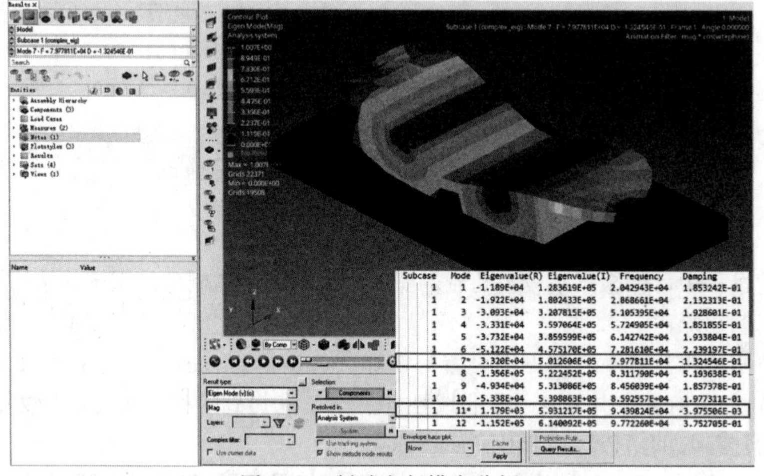

图 5-13　制动盘复模态分析

结果查看

在 HyperView 中打开 . h3d 文件查看复模态振型结果，如图 5-13 所示。在 Contour 面板中，选择 Eigen Mode（v）（c）类型结果，单击 Apply 按钮即可显示模态振型的云图。在 HyperView 的左上角或在输出的 . out 文件中，可以看到第 7 阶以及第 11 阶模态的阻尼为负值，这说明制动盘存在导致刹车啸叫的不稳定模态。

5.4.3 实例：车辆声振耦合复模态分析

车辆在行驶过程中会由于路面激励导致其结构振动，而结构振动将带动车内空气的振动引发噪声。车内噪声问题是典型的声振耦合问题，可以使用复模态分析来处理这类问题。OptiStruct 求解该问题的过程主要分为三步：结构模态计算、声腔模态计算以及声振耦合复模态计算，求解以后可以分别得到单独结构模态、单独声腔模态以及声振耦合复模态的计算结果。

本例分析车辆和车内空腔耦合振动的复模态。在 HyperMesh 中导入 Acoustic_Car. fem 文件，模型如图 5-14 所示，这是一个简化的模型。模型中已包含基本的网格以及材料信息，在此基础上，需要进一步设置固体与流体域的实特征值分析卡片、固体与流体域的阻尼特性、复模态特征值分析卡片。

图 5-14　车辆及声腔有限元模型

模型设置

Step 01 进入 Load Collector。在 loadcol name 中输入 eig_struct，单击 card image 按钮，选择 EIGRL，单击 create/edit 按钮编辑 EIGRL 卡片，V1 为 1.0，V2 为 200.0，表示提取车辆结构 1 ~ 200Hz 的振动模态。

Step 02 在 loadcol name 中输入 eig_fluid，单击 card image 按钮，选择 EIGRL，单击 create/edit 按钮编辑 EIGRL 卡片，V1 为 1.0，V2 为 200.0，表示提取车内空腔 1 ~ 200Hz 的声腔模态。

Step 03 在 loadcol name 中输入 eigc，单击 card image 按钮，选择 EIGC，单击 create/edit 按钮进行编辑。在 ND0_OPTIONS 中选择 User Defined，然后设置 ND0 为 100，表示提取声振耦合的前 100 阶模态。单击 return 按钮。

Step 04 单击 Analysis-> control cards，单击 ACMODL 按钮后返回。ACMODL 启用了结构和声腔节点耦合的自动算法，不需要额外的输入参数。

Step 05 在 control cards 中，单击 GLOBAL_OUTPUT_REQUEST 按钮，并启用 DISPLACEMENT，同时输出复模态计算时的结构位移解和声压压强。

Step 06 在 control cards 中，单击 PARAM 按钮，并启用结构阻尼系数 G 及流体阻尼系数 GFL。

如图 5-15 所示，结构阻尼系数为 0.06，流体阻尼系数为 0.16。

Step 07 在 HyperMesh 的模型浏览器中右击并创建 Load Step，如图 5-16 所示。

- Name 中输入 couple_eigc。Analysis type 选择 Generic。注意这里选择 Complex eigen（modal）可能会导致找不到 METHOD（FLUID）选项。
- METHOD（STRUCT）选项：选择名为 eig_struct 的 EIGRL 卡片。
- METHOD（FLUID）选项：选择名为 eig_fluid 的 EIGRL 卡片。
- CMETHOD 选项：选择名为 eigc 的 EIGC 卡片。

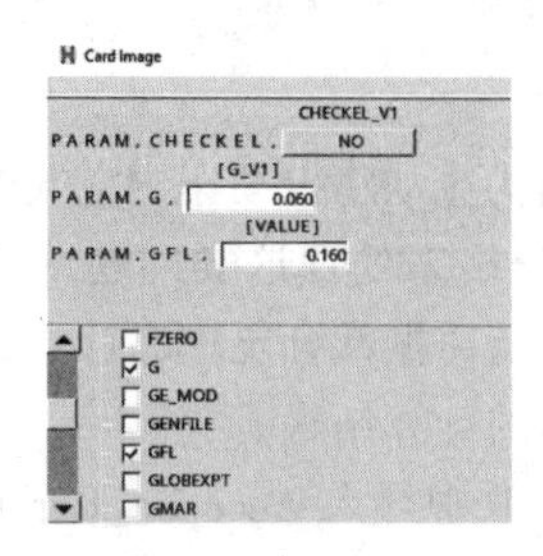

图 5-15　结构阻尼及流体阻尼系数

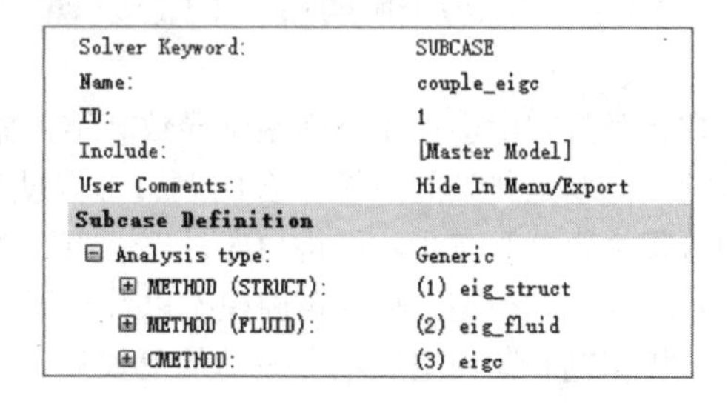

图 5-16　声振耦合模态分析工况设置

Step 08 提交 OptiStruct 求解。在 Analysis 面板单击 OptiStruct 按钮提交求解。也可以导出生成新的 . fem 文件，使用 HyperWorks Solver Run Manager 对话框提交求解。

结果查看

在 HyperView 中打开 . h3d 文件查看耦合模态振型结果。在 Contour 面板中，选择 Eigen Modes（v）（c）类型结果，单击 Apply 按钮即可显示结构模态振型的云图。

需要注意的是，声压压强保留在位移分量 X 中，声压的数量级一般远小于结构振动位移的数量级。在查看声压压强时，需要在 HyperView 中将声腔单独显示出来。图 5-17 所示为单独显示 acoustic_cavity 组件，并在 Contour 面板选择 X 分量的结果。

在 OptiStruct 输出的 . out 文件中，可以查看结构振动实模态、声腔实模态以及结构声学耦合复模态分析的各阶频率和阻尼g_s，如图 5-18 所示。

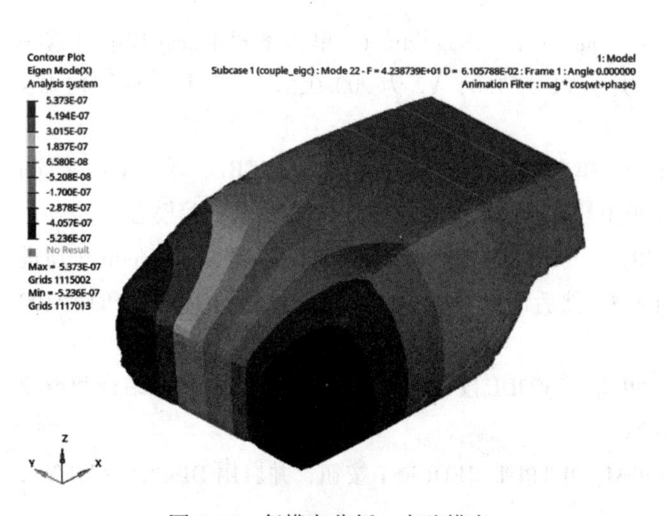

图 5-17　复模态分析：声腔模态

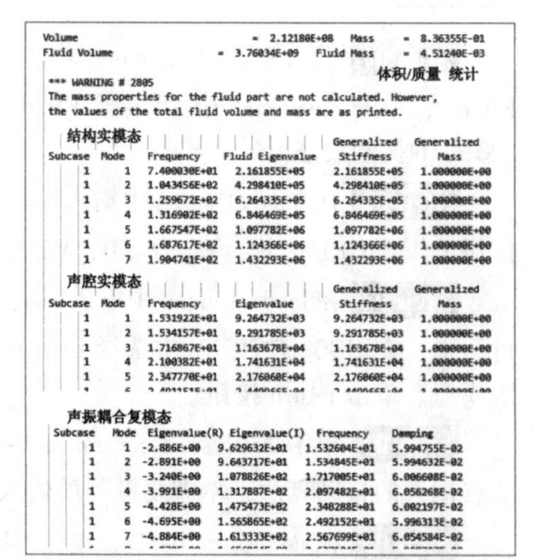

Volume = 2.12180E+08　Mass = 8.36355E-01
Fluid Volume = 3.76034E+09　Fluid Mass = 4.51240E-03

体积/质量 统计

*** WARNING # 2805
The mass properties for the fluid part are not calculated. However,
the values of the total fluid volume and mass are as printed.

结构实模态

Subcase	Mode	Frequency	Fluid Eigenvalue	Generalized Stiffness	Generalized Mass
1	1	7.400030E+01	2.161855E+05	2.161855E+05	1.000000E+00
1	2	1.043456E+02	4.298410E+05	4.298410E+05	1.000000E+00
1	3	1.259672E+02	6.264335E+05	6.264335E+05	1.000000E+00
1	4	1.316902E+02	6.846469E+05	6.846469E+05	1.000000E+00
1	5	1.667547E+02	1.097782E+06	1.097782E+06	1.000000E+00
1	6	1.687617E+02	1.124366E+06	1.124366E+06	1.000000E+00
1	7	1.904741E+02	1.432293E+06	1.432293E+06	1.000000E+00

声腔实模态

Subcase	Mode	Frequency	Eigenvalue	Generalized Stiffness	Generalized Mass
1	1	1.531922E+01	9.264732E+03	9.264732E+03	1.000000E+00
1	2	1.534157E+01	9.291785E+03	9.291785E+03	1.000000E+00
1	3	1.716867E+01	1.163678E+04	1.163678E+04	1.000000E+00
1	4	2.100382E+01	1.741631E+04	1.741631E+04	1.000000E+00
1	5	2.347770E+01	2.176060E+04	2.176060E+04	1.000000E+00

声振耦合复模态

Subcase	Mode	Eigenvalue(R)	Eigenvalue(I)	Frequency	Damping
1	1	-2.886E+00	9.629632E+01	1.532604E+01	5.994755E-02
1	2	-2.891E+00	9.643717E+01	1.534845E+01	5.994632E-02
1	3	-3.240E+00	1.078826E+02	1.717005E+01	6.006608E-02
1	4	-3.991E+00	1.317887E+02	2.097482E+01	6.056268E-02
1	5	-4.428E+00	1.475473E+02	2.348288E+01	6.002197E-02
1	6	-4.695E+00	1.565865E+02	2.492152E+01	5.996313E-02
1	7	-4.884E+00	1.613333E+02	2.567699E+01	6.054584E-02

图 5-18　声振耦合分析的 . out 文件

第6章 瞬态响应分析

瞬态响应是动力学响应分析的一个类别，是指在时域上分析结构的振动。瞬态分析常用于计算结构的非稳态载荷激励工况，如地震、风、爆炸载荷等；也用于在冲击载荷或初始条件下的结构振动，此时结构响应会在某个瞬间达到极值，而后逐步衰减。瞬态响应不具备长时间稳定的幅频特性曲线，因此通常不使用频率响应分析，而应使用瞬态分析捕捉响应特征。

从计算方法角度，瞬态分析可分为直接法（DTRAN）和模态法（MTRAN）两类，分别在物理空间和模态空间使用 Newmark-β 法进行逐步积分。在使用方法上，用户需要 TSTEP 离散时间分析序列、TLOAD 载荷历程曲线或 TIC 初始条件。对于 MTRAN 瞬态分析，还需要额外定义模态分析方法。

6.1 瞬态激励的形式

6.1.1 初始条件

有限元中计算瞬态响应的运动方程为

$$\begin{cases} \boldsymbol{M}\ddot{\boldsymbol{u}}(t)+\boldsymbol{C}\dot{\boldsymbol{u}}(t)+\boldsymbol{K}\boldsymbol{u}(t)=\boldsymbol{f}(t) \\ \boldsymbol{u}_{t=0}\doteq\boldsymbol{u}_0 \\ \dot{\boldsymbol{u}}_{t=0}\doteq\dot{\boldsymbol{u}}_0 \end{cases} \tag{6-1}$$

式中，$\boldsymbol{K}$ 是刚度矩阵；$\boldsymbol{M}$ 是质量矩阵；$\boldsymbol{C}$ 是阻尼矩阵；$\boldsymbol{f}(t)$ 为瞬态激励。

瞬态分析中的初始条件类型包括初始位移 $\boldsymbol{u}_0$ 及初始速度 $\dot{\boldsymbol{u}}_0$，在 OptiStruct 中通过 TIC 卡片进行定义，并在工况定义中通过 IC 进行引用。未定义 TIC 的情况下，结构的初始位移及速度均默认为 0。

6.1.2 瞬态激励

瞬态激励 $\boldsymbol{f}(t)$ 的定义大致分两种，如图 6-1 所示。

一种是节点力、节点力矩、单元面压力等外力载荷的形式。在 OptiStruct 中用 TLOADi 卡片（TYPE = LOAD）表示，引用静态载荷 DAREA/FORCEi/MOMENTi/PLOADi 以及随时间变化的缩放系数曲线 TABLEDi 卡片，共同完成瞬态力激励的定义。

另一种激励形式由支承运动引起，称为基础激励或强迫运动，如路面不平度引起的胎面振动或凸轮旋转引起的运动等。在 OptiStruct 中也是通过 TLOADi 卡片进行定义的，引用的是 SPCD 卡片。瞬态强迫运动可以是位移、速度或加速度三种形式，分别对应 TYPE = DISP/VELO/ACCE。需要注意的是，所有 SPCD 强迫运动的自由度，也必须使用 SPC 或 SPC1 进行定义，并在分析工况中引用。

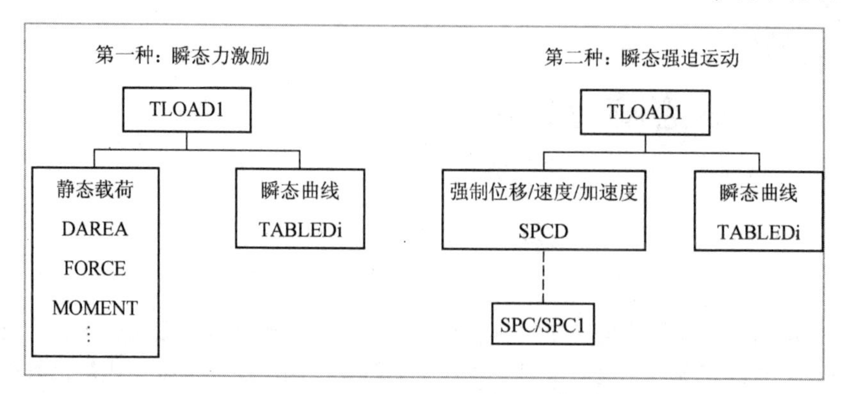

图 6-1　OptiStruct 瞬态激励定义

当结构受到多组瞬态激励时（如既受到强迫运动激励也受到外力载荷），就需要使用组合载荷的加载方式。在 OptiStruct 中通过 DLOAD 卡片定义载荷的组合形式，如图 6-2 所示。

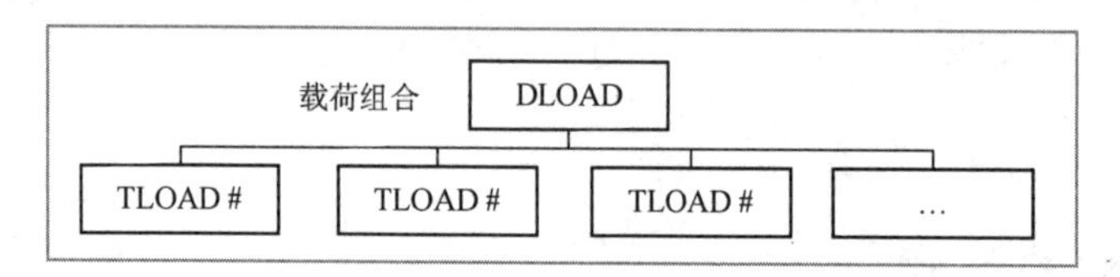

图 6-2　通过 DLOAD 组合瞬态激励 TLOAD

关于 TIC、SPCD、TLOAD1、TLOAD2、DLOAD、TABLED1 的详细信息，请查看本章的卡片说明部分。

6.2　直接法瞬态响应分析

所谓直接法，即直接在物理空间中求解瞬态动力学方程式（6-1），而不进行模态分析。直接法的优点是计算精度高，无模态截断导致的误差。但采用直接法计算时，系数 $\boldsymbol{M}$、$\boldsymbol{C}$、$\boldsymbol{K}$ 矩阵的维度为结构的总自由度数，在求解大规模有限元模型时，随着总自由度数的增加，计算复杂度将以几何级数提高。这种情况下，最好采用本章后面讲解的模态法进行。

6.2.1　直接法瞬态分析方法

OptiStruct 瞬态分析使用的是 Newmark-β 逐步积分算法，从 $n\Delta t$ 时刻的状态 $\boldsymbol{u}_n$、$\dot{\boldsymbol{u}}_n$、$\ddot{\boldsymbol{u}}_n$ 递推 $(n+1)\Delta t$ 时刻的状态 $\boldsymbol{u}_{n+1}$、$\dot{\boldsymbol{u}}_{n+1}$、$\ddot{\boldsymbol{u}}_{n+1}$。迭代表达式为

$$\begin{cases}\dot{\boldsymbol{u}}_{n+1}=\dot{\boldsymbol{u}}_n+(1-\gamma)\Delta t\ddot{\boldsymbol{u}}_n+\gamma\Delta t\ddot{\boldsymbol{u}}_{n+1}=\dot{\boldsymbol{u}}_{n+1}^*+\gamma\Delta t\ddot{\boldsymbol{u}}_{n+1}\\ \boldsymbol{u}_{n+1}=\boldsymbol{u}_n+\Delta t\dot{\boldsymbol{u}}_n+\Delta t^2\left(\dfrac{1}{2}-\beta\right)\ddot{\boldsymbol{u}}_n+\beta\Delta t^2\ddot{\boldsymbol{u}}_{n+1}=\boldsymbol{u}_{n+1}^*+\beta\Delta t^2\ddot{\boldsymbol{u}}_{n+1}\end{cases} \tag{6-2}$$

其中，变量 $\dot{\boldsymbol{u}}_{n+1}^*$ 及 $\boldsymbol{u}_{n+1}^*$ 是从前一时刻可以直接计算的部分：

$$\begin{cases}\dot{\boldsymbol{u}}_{n+1}^*=\dot{\boldsymbol{u}}_n+(1-\gamma)\Delta t\ddot{\boldsymbol{u}}_n\\ \boldsymbol{u}_{n+1}^*=\boldsymbol{u}_n+\Delta t\ \dot{\boldsymbol{u}}_n+\Delta t^2\left(\dfrac{1}{2}-\beta\right)\ddot{\boldsymbol{u}}_n\end{cases} \tag{6-3}$$

式中，常数 γ 和 β 为 Newmark-β 算法的参数，影响数值积分的稳定性及结果精度。

在 OptiStruct 的瞬态响应分析方法中，$\gamma = 12$，$\beta = 14$。这是一种无条件稳定的积分参数组合，是平均加速度类型的积分方法。而式（6-2）中的变量 $\ddot{\boldsymbol{u}}_{n+1}$ 满足表达式

$$\ddot{\boldsymbol{u}}_{n+1} = [\boldsymbol{M} + \gamma\Delta t\boldsymbol{C} + \beta\Delta t^2\boldsymbol{K}]^{-1}(\boldsymbol{f}_{n+1} - \boldsymbol{C}\,\dot{\boldsymbol{u}}^*_{n+1} - \boldsymbol{K}\boldsymbol{u}^*_{n+1}) \tag{6-4}$$

瞬态分析的计算顺序是：先计算式（6-3），再计算式（6-4），最后计算式（6-2），这样便完成了一个时间步长的迭代。

迭代过程的计算量集中于矩阵 $[\boldsymbol{M} + \gamma\Delta t\boldsymbol{C} + \beta\Delta t^2\boldsymbol{K}]$ 的分解，因此 Δt 是否保持不变会影响整个计算效率。如果在整个迭代过程中 Δt 保持不变，那么迭代过程中，该矩阵保持不变，仅需要进行一次矩阵分解；如果求解过程中 Δt 发生改变，则该矩阵必须重新进行分解。OptiStruct 瞬态分析的时间步采用 TSTEP 卡片进行设置，默认为定步长计算方式。

图 6-3 所示为典型的直接法瞬态响应在 .fem 文件中的定义，其中包含边界条件 SPC 定义、时间步 TSTEP 定义、初始条件 IC 定义以及外载荷 DLOAD 定义。如果瞬态分析中是零初始条件，可以没有 IC 项；如果没有瞬态外激励载荷，可以没有 DLOAD 项。

```
SUBCASE        1
ANALYSIS DTRAN
  SPC =      1
  TSTEP =    2
  DLOAD =    3
  IC =       4
```

图 6-3　直接法瞬态分析的工况定义

6.2.2 直接法阻尼类型

在直接法瞬态分析中可叠加使用几种类型的阻尼，包括单元黏性阻尼、单元结构阻尼、比例阻尼、全局结构阻尼，即

$$\boldsymbol{C} = \boldsymbol{C}_1 + \alpha_1\boldsymbol{M} + \alpha_2\boldsymbol{K} + \frac{G}{W_3}\boldsymbol{K} + \frac{1}{W_4}\sum g_e\boldsymbol{k}_e \tag{6-5}$$

式中，$\boldsymbol{C}$ 为总阻尼矩阵；$\boldsymbol{K}$ 为总刚度矩阵；$\boldsymbol{k}_e$为单元刚度矩阵；$\boldsymbol{C}_1$ 为结构中的黏性阻尼单元，以及 B2GG 卡片直接输入的阻尼矩阵；α_1 和α_2 定义比例阻尼矩阵，通过 PARAM，ALPHA1 及 PARAM，ALPHA2 定义；G 和W_3定义整体结构阻尼系数，通过 PARAM，G 及 PARAM，W3 定义；g_e和W_4定义单元/材料级的结构阻尼，通过 MATi 卡片中的 GE 字段和 PARAM，W4 定义。

W_3与W_4的含义较为特殊，一般可理解为外激励的等效频率或典型频率。如果未对W_3或W_4进行定义，那么在 OptiStruct 中进行瞬态分析时对应的全局结构阻尼以及单元结构阻尼项将被忽略（为零）。W_3与W_4也可以在 TSTEP 卡片中定义，在 TSTEP 中定义的数值优先级高于 PARAM 参数。

6.3 模态法瞬态响应分析

所谓模态法，指的是先对结构进行模态分析获取实模态 $\boldsymbol{\Phi}$，而后将物理坐标 $\boldsymbol{u}$ 转换到模态主坐标 $\boldsymbol{q}$ 来求解动力学响应。采用模态法可以大大缩减计算规模，计算迅速高效。模态法还可以使用 SDAMPING 类型阻尼，可将仿真阻尼与实测模态进行结合，极大提高了应用的灵活性。实际工程应用中，更推荐采用模态法进行求解。

6.3.1 模态法瞬态分析方法

模态法瞬态响应的动力学方程为

$$\tilde{\boldsymbol{M}}\ddot{\boldsymbol{q}}(t)+\tilde{\boldsymbol{C}}\dot{\boldsymbol{q}}(t)+\tilde{\boldsymbol{K}}\boldsymbol{q}(t)=\tilde{\boldsymbol{f}}(t) \tag{6-7}$$

式中，$\boldsymbol{q}$ 为模态坐标；$\tilde{\boldsymbol{M}}\doteq\boldsymbol{\Phi}^{\mathrm{T}}\boldsymbol{M}\boldsymbol{\Phi}$，为模态质量矩阵；$\tilde{\boldsymbol{C}}\doteq\boldsymbol{\Phi}^{\mathrm{T}}\boldsymbol{C}\boldsymbol{\Phi}$，为模态阻尼矩阵；$\tilde{\boldsymbol{K}}=\boldsymbol{\Phi}^{\mathrm{T}}\boldsymbol{K}\boldsymbol{\Phi}$，为模态刚度；$\tilde{\boldsymbol{f}}\doteq\boldsymbol{\Phi}^{\mathrm{T}}\boldsymbol{f}$，为模态外激励。

在解耦的模态空间中，Newmark-β 方法递推表达式如下

$$\begin{cases}\dot{\boldsymbol{q}}_{n+1}=\dot{\boldsymbol{q}}_{n+1}^{*}+\gamma\Delta t\ \ddot{\boldsymbol{q}}_{n+1}\\ \boldsymbol{q}_{n+1}=\boldsymbol{q}_{n+1}^{*}+\beta t^{2}\ \ddot{\boldsymbol{q}}_{n+1}\end{cases} \tag{6-8}$$

其中，$\dot{\boldsymbol{q}}_{n+1}^{*}$，$\boldsymbol{q}_{n+1}^{*}$，$\ddot{\boldsymbol{q}}_{n+1}$的表达式为

$$\begin{cases}\dot{\boldsymbol{q}}_{n+1}^{*}=\dot{\boldsymbol{q}}_{n}+(1-\gamma)\Delta t\ \ddot{\boldsymbol{q}}_{n}\\ \boldsymbol{q}_{n+1}^{*}=\boldsymbol{q}_{n}+\Delta t\ \dot{\boldsymbol{q}}_{n}+\Delta t^{2}\left(\dfrac{1}{2}-\beta\right)\ddot{\boldsymbol{q}}_{n}\\ \ddot{\boldsymbol{q}}_{n+1}=[\tilde{\boldsymbol{M}}+\gamma\Delta t\ \tilde{\boldsymbol{C}}+\beta\Delta t^{2}\ \tilde{\boldsymbol{K}}]^{-1}(\tilde{\boldsymbol{f}}_{n+1}-\tilde{\boldsymbol{C}}\dot{\boldsymbol{q}}_{n+1}^{*}-\tilde{\boldsymbol{K}}\boldsymbol{q}_{n+1}^{*})\end{cases} \tag{6-9}$$

最后利用模态变换关系，通过线性组合重新得到物理空间的位移。

$$\boldsymbol{u}(t)=\boldsymbol{\Phi}\boldsymbol{q}(t) \tag{6-10}$$

图 6-4 所示为典型的模态法瞬态响应在 . fem 文件中的工况定义。除了边界条件、时间步、初始条件和外载荷的定义外，还需要定义实模态分析卡片 METHOD。模态法瞬态响应支持 SDAMPING 阻尼形式，在工况定义中使用 SDAMPING 进行引用。

```
SUBCASE        1
ANALYSIS MTRAN
  SPC =        1
  TSTEP =      2
  DLOAD =      3
  IC =         4
  METHOD(STRUCTURE) = 5
  SDAMPING = 6
```

图 6-4　模态法瞬态分析的工况定义

6.3.2　模态截断

所谓模态截断，即采用模态法计算结构动力学响应时，一般不需要计算结构的所有模态，而仅需覆盖振动能量的低频段模态。只要截取的模态数量足够，就可以将误差控制在有限的范围内。最常见的模态截断表达式为

$$\boldsymbol{u}(t)=\boldsymbol{\Phi}\boldsymbol{q}(t)\approx\sum_{i=1}^{l}\boldsymbol{\varphi}_{i}q_{i}(t) \tag{6-11}$$

即仅采用前 l 阶低频模态来构造动力学响应，l 远远小于结构的总自由度数。

将模态空间 $\boldsymbol{\Phi}$ 中的高频部分去除后，式（6-7）中矩阵$\tilde{\boldsymbol{M}}$、$\tilde{\boldsymbol{C}}$、$\tilde{\boldsymbol{K}}$的维度都大大地降低了，因此模态法所需的计算时间得到了极大的缩减。

在 OptiStruct 中，模态截断频率通过模态分析卡片 EIGRL 或 EIGRA 的频段范围来定义，一般仅需定义最高的模态截断频率，取值通常为外激励频率的 2 倍或以上。而最低的截断频率一般从零频开始，表示需要保留所有的刚体模态。除此以外，OptiStruct 还支持通过 PARAM，LFREQ 或 PARAM，HFREQ，以及 I/O 选项 MODESELECT 给出模态截断的上下限频率，以进一步缩小模态法计算的频段范围。例如，通过设置 PARAM，LFREQ 可以选择性地剔除结构的刚体位移模态。

6.3.3　模态法阻尼类型

在模态法瞬态分析中可使用直接法瞬态分析的所有阻尼形式：单元黏性阻尼、单元结构阻尼、

比例阻尼、全局结构阻尼，并增加了对 SDAMPING 类型阻尼的支持。

$$\tilde{C} = \tilde{C}_1 + \alpha_1 \tilde{M} + \alpha_2 \tilde{K} + \left(\frac{G}{W_3} \tilde{K} + \sum \frac{g_e}{W_4} \tilde{k}_e \right) + \text{SDAMPING} \tag{6-12}$$

$$\text{SDAMPING} = \text{diag}(2\zeta_i \tilde{m}_i \omega_i) = \text{diag}(2\zeta_i \omega_i) \tag{6-13}$$

式中，等号右端的(~)项均为式（6-5）中对应项（　）在模态空间 $\boldsymbol{\Phi}$ 的表述，也就是说(~) = $\boldsymbol{\Phi}^{\mathrm{T}}$(　)$\boldsymbol{\Phi}$。diag($2\zeta_i\omega_i$)为阻尼项，是一个对角阵。

6.4 卡片说明

6.4.1 TSTEP 卡片

TSTEP 卡片见表 6-1 及表 6-2，用于定义瞬态分析的时间步。一个 TSTEP 卡片可以有多行，每行定义一个定步长的时间段，多行的时间段依次连续。

表 6-1　TSTEP 卡片定义

(1)	(2)	(3)	(4)	(5)	(6)	(7)	(8)	(9)	(10)
TSTEP	SID	N1	DT1	N01	W3，1	W4，1			
		N2	DT2	N02	W3，2	W4，2			
		…							

表 6-2　TSTEP 卡片说明

字　段	说　明
N#	DT#的总时间步数（整数，≥1）
DT#	计算时间增量步 Δt（实数）
N0#	跳过系数。输出瞬态响应时，每隔 N0#输出一次（整数，默认为 1）
W3，#	整体结构阻尼的转换系数，默认取值 PARAM，W3（实数）
W4，#	单元结构阻尼的转换系数，默认取值 PARAM，W4（实数）

瞬态分析应注意计算步长 DT#的设置。比较精确地描述正弦波形至少需要 8 个采样点，而 Newmark-β 积分计算的步长应相对更小一些。这取决于对分析精度的要求，在设置计算步长 DT#时，通常需要取值为 1/10 ~ 1/40 的响应最小周期（1/最高模态频率）。

N0#字段提供了减小输出文件大小的功能。在 TSTEP 中可以选取较小的 DT#，并配合 N0#设置，以实现较高精度计算并减小结果文件。例如，瞬态分析需要每隔 0.01s 输出结果，可以设置 DT#为 0.001，而 N0#为 10。

6.4.2 DLOAD 卡片

DLOAD 卡片见表 6-3 及表 6-4，用于定义时域或频域动力学的工况载荷，它是动态载荷的线性组合。在瞬态分析工况时，DLOAD 组合 TLOADi 动载荷；在频响分析工况时，DLOAD 组合 RLOADi 动载荷。卡片定义中有

$$L = S \sum_i S_i L_i$$

表 6-3　DLOAD 卡片定义

(1)	(2)	(3)	(4)	(5)	(6)	(7)	(8)	(9)	(10)
DLOAD	SID	S	S1	L1	S2	L2	S3	L3	
	S4	L4	…						

表 6-4　DLOAD 卡片说明

字　段	说　明
S	总载荷整体放大系数
S#	载荷 L#的放大系数
L#	瞬态分析：对应于 TLOAD1、TLOAD2 的 SID 频响分析：对应于 RLOAD1、RLOAD2 的 SID，声学 ACSRCE 激励

6.4.3　TLOADi 卡片

TLOAD 类型卡片用于定义瞬态分析的时域载荷（力激励或强迫位移），形式上有 TLOAD1 和 TLOAD2 两种。每张 TLOADi 卡片只能定义一个瞬态载荷，SID 不能重复，多个瞬态载荷要定义多张 TLOAD 卡片，并由 DLOAD 进行组合。TLOADi 卡片见表 6-5 ~ 表 6-7。

TLOAD1 通过 TID 引用离散点曲线定义瞬态载荷。

$$f(t) = AF(t-\tau)$$

表 6-5　TLOAD1 卡片定义

(1)	(2)	(3)	(4)	(5)	(6)	(7)	(8)	(9)	(10)
TLOAD1	SID	EXCITEID	DELAY	TYPE	TID				

表 6-6　TLOAD1 卡片说明

字　段	说　明
EXCITEID	定义 A（动态载荷的幅值），通过引用一个静态载荷的 SID 来实现。静态载荷可以是 DAREA，SPCD，FORCEi，MOMENTi，PLOADi，RFORCE，QVOL，QBDY1，ACCELi，GRAV，TEMP 或 TEMPD
DELAY	定义 τ
TYPE	定义载荷的类型 0/L/LO/LOA/LOAD，默认值，表示力载荷 1/D/DI/DIS/DISP，表示 SPC/SPCD 强制位移 2/V/VE/VEL/VELO，表示 SPC/SPCD 强制速度 3/A/AC/ACC/ACCE，表示 SPC/SPCD 强制加速度 4/T/TE/TEM/TEMP，表示 TEMP/TEMPD 强制温度
TID	定义 $F(t-\tau)$ 曲线，引用 TABLED/TABLEG 类型卡片

TLOAD2 直接采用解析表达式描述曲线。

$$f(t)=\begin{cases}0, t<(T_1+\tau) \text{或} t>(T_2+\tau)\\ A\ \tilde{t}^{B}e^{C\tilde{t}}\cos(2\pi F\tilde{t}+\varphi), (T_1+\tau)\leqslant t\leqslant(T_2+\tau)\end{cases}$$

表 6-7　TLOAD2 卡片定义

(1)	(2)	(3)	(4)	(5)	(6)	(7)	(8)	(9)	(10)
TLOAD2	SID	EXCITEID	DELAY	TYPE	T1	T2	F	P	
	C	B							

其中，EXCITEID、DELAY、TYPE 与 TLOAD1 的定义一致，参数 T1、T2、F、P、C、B 为解析表达式中的变量。

6.4.4　DAREA 卡片

DAREA 是常见的一种动态力输入方式，直接在节点自由度上定义力载荷的幅值，见表 6-8。

表 6-8　DAREA 卡片定义

(1)	(2)	(3)	(4)	(5)	(6)	(7)	(8)	(9)	(10)
DAREA	SID	P1	C1	A1	P2	C2	A2		

其中，P#定义节点编号；C#定义节点#上的自由度；A#定义力载荷幅值。

DAREA 卡片既支持施加力，也支持施加力矩：当字段 C#取值为 1/2/3 时，表示平动方向，施加的是力；当 C#取值为 4/5/6 时，表示转动方向，施加的是力矩。当 DAREA 卡片被 TLOAD 或 RLOAD 引用时，必须确保 TYPE 字段为 LOAD 或默认值。

每张 DAREA 卡片可以定义两个自由度上的载荷幅值，多张 DAREA 卡片可以共用一个 SID。当 DAREA 卡片被 TLOAD 或 RLOAD 引用时，所有 SID 相同的 DAREA 都将同时施加。

动态载荷还可用 FORCEi、MOMENTi、PLOADi 等输入，分别表示力、力矩、压力。这些卡片的用法与 DAREA 类似，也使用相同的 SID 进行同步施加。

6.4.5　SPCD 卡片

SPCD 是动态强迫运动的输入方式，直接在节点自由度上定义运动的幅值，见表 6-9。

表 6-9　SPCD 卡片定义

(1)	(2)	(3)	(4)	(5)	(6)	(7)	(8)	(9)	(10)
SPCD	SID	GID	C	D	GID	C	D		

其中，GID 定义节点位置；C 定义节点上的自由度；D 在动力学分析中定义该自由度的运动幅值。

每张 SPCD 卡片可以定义两个自由度上的运动幅值，多张 SPCD 卡片可以共用一个 SID，在使用时 SID 相同的所有 SPCD 是同时施加的。当 SPCD 卡片被 TLOAD 或 RLOAD 引用时，必须在 TLOAD 或 RLOAD 的 TYPE 字段明确表明 SPCD 属于何种（位移、速度或加速度）类型。

需要注意的是，被 TLOAD 或 RLOAD 引用的 SPCD，对应的所有自由度都必须同时在 SPC 或 SPC1 集合中，并被工况定义中的 SPC 引用。如图 6-5

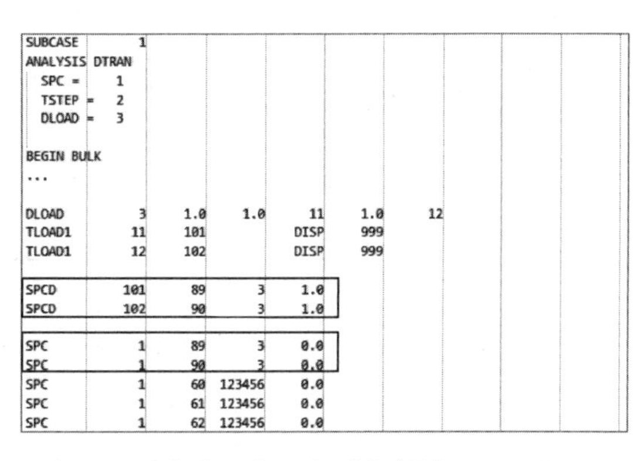

图 6-5　动力学强迫运动：同时施加 SPCD 和 SPC

所示，DLOAD 中加载了 SID = 11 及 SID = 12 的 TLOAD1 载荷，对应于 SID = 101 及 SID = 102 的 SPCD 卡片，那么 SPCD 卡片定义的强迫运动自由度（89 号及 90 号节点的 Z 向位移）也必须存在于 SPC 集合中。

6.4.6 TABLEDi 卡片

TABLED1 卡片用于定义离散点曲线。在动力学分析中，这条曲线通过被 TLOAD1 或 RLOADi 卡片引用来发挥作用，见表 6-10 和表 6-11。

表 6-10 TABLED1 卡片定义

(1)	(2)	(3)	(4)	(5)	(6)	(7)	(8)	(9)	(10)
TABLED1	TID	XAXIS	YAXIS	FLAT					
	x1	y1	x2	y2	…	…	ENDT		

表 6-11 TABLED1 卡片说明

字　段	说　明
XAXIS	设置 X 轴为线性坐标轴 LINEAR 或对数坐标轴 LOG（默认为 LINEAR）
YAXIS	设置 Y 轴为线性坐标轴 LINEAR 或对数坐标轴 LOG（默认为 LINEAR）
FLAT	曲线定义区间以外的插值方式，0 或 1。默认值为 0，表示线性外插；1 表示水平外插
x#，y#	表格数据对
ENDT	表示数据表结束，必须写在最后一个数据对之后

TABLED1 定义的是一条离散的数据点曲线，离散点之间采用线性插值方式。在瞬态分析中，常见的是 X、Y 轴均为线性坐标轴，X 轴表示时间，Y 轴表示载荷的数值；在频响分析中，X、Y 轴常见的是对数坐标轴形式，X 轴表示频率，Y 轴表示载荷的幅值。

TABLED2、TABLED3 卡片也用于定义离散点曲线，与 TABLED1 的主要差别在于是否对曲线的 X 轴进行平移或缩放；TABLED4 卡片用于指数形式的曲线输入。有兴趣的读者可以查看帮助文档，这里不进行展开说明。

6.4.7 TABDMP1 卡片

TABDMP1 卡片定义的是 SDAMPING 阻尼曲线，是一条离散的数据点曲线，离散点之间采用线性插值方式，见表 6-12 和表 6-13。

表 6-12 TABDMP1 卡片定义

(1)	(2)	(3)	(4)	(5)	(6)	(7)	(8)	(9)	(10)
TABDMP1	TID	TYPE		FLAT					
	f1	g1	f2	g2	…	…	ENDT	…	

表 6-13 TABDMP1 卡片说明

字　段	说　明
TYPE	设置模态阻尼的定义方式：G，默认设置，表示模态空间的结构阻尼；CRIT，表示模态阻尼比 $\zeta(\omega)$；Q，品质因子。三种方式可以相互转换

（续）

字　段	说　明
FLAT	曲线定义区间以外的插值方式，0或1。默认值为0，表示线性外插；1表示水平外插
f#，g#	表格数据对
ENDT	表示数据表结束，必须写在最后一个数据对之后

TABDMP1需要被工况定义中的SDAMPING引用才能发挥作用。TABDMP1定义共有三种类型，即TYPE = G/CRIT/Q，并且可以相互转换。

1）TYPE = G时，定义$g_i = g(\omega_i)$曲线，SDAMPING的值为$\mathrm{diag}(g_i\omega_i)$。

2）TYPE = CRIT时，定义$\zeta_i = \zeta(\omega_i)$曲线，SDAMPING的值为$\mathrm{diag}(2\zeta_i\omega_i)$。

3）TYPE = Q时，定义$Q_i = Q(\omega_i)$曲线，SDAMPING的值为$\mathrm{diag}(\omega_i/Q_i)$。

6.4.8　TIC卡片

TIC卡片用于定义瞬态运动的初始条件，见表6-14。

表6-14　TIC卡片定义

(1)	(2)	(3)	(4)	(5)	(6)	(7)	(8)	(9)	(10)
TIC	SID	G	C	U0	V0				

其中，G定义节点位置；C定义节点自由度；U0表示初始位移；V0表示初始速度。U0、V0均为实数。

每张TIC卡片可以定义一个自由度上的位移及速度，多张TIC卡片可以共用一个SID。当TIC卡片被工况定义中的IC引用时，所有SID相同的TIC都将同时施加。

6.5　输出控制

OptiStruct动力学（瞬态及频响）分析在默认情况下不输出任何结果，如果在动力学分析工况中没有定义输出结果，那么求解时会看到图6-6所示的错误提示。

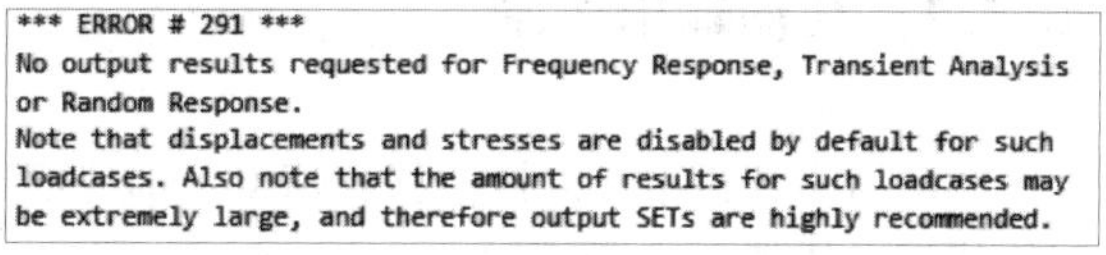

```
*** ERROR # 291 ***
No output results requested for Frequency Response, Transient Analysis
or Random Response.
Note that displacements and stresses are disabled by default for such
loadcases. Also note that the amount of results for such loadcases may
be extremely large, and therefore output SETs are highly recommended.
```

图6-6　OptiStruct动力学分析需要定义输出

动力学分析结果的磁盘占用可能很大。例如，模型为实体单元类型的有限元网格定义模型时，描述空间位置的信息占用容量为m，那么在进行瞬态动力学分析时，每个输出时刻的位移解都将占用大小同为m的容量空间。如果瞬态分析的总时间步数达到上万个，那么硬盘占用空间将是原模型文件的上万倍。为了避免占用过多的磁盘空间，建议在进行动力学（瞬态及频响）分析时，都采用输出集来减小结果输出的范围。

6.5.1　SET集合

OptiStruct提供了SET卡片来定义模型中的各种集合，这里仅介绍最为常见的节点集以及单元集。SET类型卡片最常见的定义方式见表6-15和表6-16。

表 6-15　SET 卡片定义

(1)	(2)	(3)	(4)	(5)	(6)	(7)	(8)	(9)	(10)
SET	SID	TYPE							
	ID1	ID2	ID3	ID4	ID5	ID6	ID7	ID8	
	ID9	…	…	…	…	…	…	…	

表 6-16　SET 卡片说明

字　段	说　明
TYPE	GRID 为节点类型集合；ELEM 为单元类型集合；TIME 时刻点集合；FREQ 频率点集合；其他类型。
ID#	节点/单元等的编号

定义 SET 以后，就可以在 OptiStruct 工况设置中对结果输出进行控制。位移输出使用 DISPLACEMENT（…），也可以简写为 DISP（…）。DISP = ALL 时，输出的是所有节点的位移结果；DISP = SID 时，仅输出 SET 中对象的结果。

例如，图 6-7 所示的求解文件定义了两个集合。编号为 10 的集合为节点集，定义了 5 个节点；而编号为 11 的集合为单元集，定义了 3 个单元。

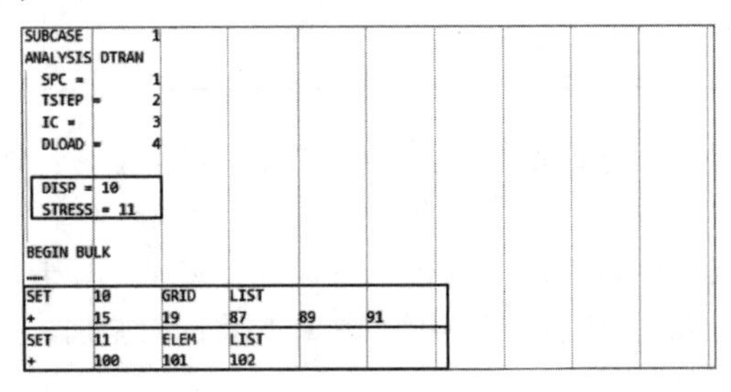

图 6-7　OptiStruct 动力学分析输出：使用 SET 集合

在工况 SUBCASE 1 中 DISP = 10，意思是仅输出编号 10 集合对应的 5 个节点位移。

在工况 SUBCASE 1 中 STRESS = 11，意思是仅输出编号 11 集合对应的 3 个单元应力。

6.5.2　其他输出控制

在动力学分析中，支持位移、速度、加速度、应变、应力等输出类型。每种输出类型的输出控制均依据具体情况有所不同，在 OptiStruct 帮助文档的 Reference Guide → Input Data → I/O Options Section 中有详细介绍，以下仅以位移输出为例做部分简要介绍。除使用 SET 来减少不必要的输出以外，还可使用一些关键字进一步控制输出。

- 使用 DISP(H3D) = SET，DISP(PUNCH) = SET，DISP(OP2) = SET 等多条组合的方式，可以同时输出多种格式的响应结果。
- DISP(ROTA) = SET，OptiStruct 在默认情况下不输出转角位移，使用 ROTA 关键字可以要求输出转角自由度的位移。
- DISP(REAL) 或 DISP(IMAG) 可以将复数形式的位移输出为实部与虚部的形式；DISP(PHASE) 可以将复数形式的位移输出为幅值与相角的形式。
- DISP(MODAL) = ALL 要求使用模态法瞬态计算时输出模态分析的各阶模态振型。

- DISP(STATIS) = SET 要求输出瞬态响应分析的统计量（最大/最小/最大绝对值/最小绝对值/均方根/方差/标准差）。

采用模态法求解动力学问题时，还可以输出模态空间主坐标的响应。

- SDISPLACEMENT(…)：输出模态主坐标的位移响应。
- SVELOCITY(…)：输出模态主坐标的速度响应。
- SACCELERATION(…)：输出模态主坐标的加速度响应。

另外，在 OptiStruct 瞬态分析中还可使用两种方式来控制输出时间点：一是 TSTEP 中的 NO#字段，具体参考 TSTEP 卡片；二是使用 OTIME = SET 的方式，只单独输出 SET 中定义的部分时间点响应，这里 SET 对应的是 TIME 类型的集合。

6.6 实例：铁塔的地震激励响应

铁塔架设完毕后，除承受自重和输电线等附件的静态荷载外，还会承受风载以及地震等动态载荷。本例将计算铁塔在地震加速度作用下的动力响应，通过强迫位移激励以及输入曲线描述可能的地震载荷，在 OptiStruct 中求解铁塔在地震冲击瞬间的动态响应。

采用 HyperMesh 导入 tower_TRAN. fem 文件，如图 6-8 所示，模型采用国际标准单位制：N、m、kg，铁塔高为 17. 75m，总质量 85. 3t（85.3×10^3kg）。导入的模型中已包含网格及所有材料属性，还包含载荷曲线定义 SPCD_TABLED1。这里需要进行的设置包括：定义 4 个支座的强制位移 SPCD；设置瞬态载荷 TLOAD 将强制位移与载荷曲线进行关联；设置瞬态分析时间步；设置 SDAMPING 阻尼；设置输出集（减小文件大小）。

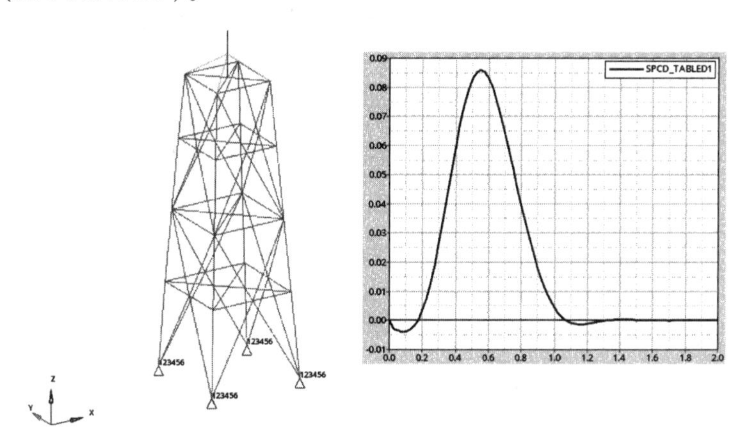

图 6-8　铁塔有限元模型

模型设置

Step 01 在模型浏览器中右击并选择 Create，选择 Load Collector。

- 将 Name 改为“eigrl”。Card Image 项选择 EIGRL。
- 在 V2 字段输入 100. 0，表示提取铁塔结构 100Hz 以下的振动模态。

Step 02 在模型浏览器中右击并选择 Create，选择 Load Collector。

- 将 Name 改为“SPCD”。单击面板的 Analysis→constraints 按钮（见图 6-9），更改 load types 为 SPCD；取消勾选 dof2 ~ dof6；在保留的 dof1 中输入 1. 0。
- 单击 nodes 按钮后选择 id 为 22、43、101、392 的 4 个支座节点；单击 Create 按钮，创建 SPCD

类型的动态强迫位移激励。

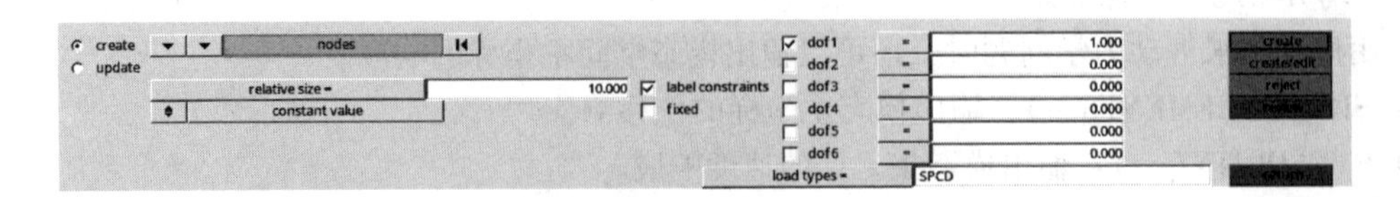

图 6-9　在 HyperMesh 中设置 X 方向 SPCD

Step 03 在模型浏览器中右击并选择 Create-> Load Collector，如图 6-10 所示。

- 将 Name 改为“TLOAD_X”。Card Image 项选择 TLOAD1。
- 在 EXCITEDID 选项中，选择上一步创建的 SPCD 载荷。
- 在 TYPE 选项中，选择 DISP 类型，表示该瞬态载荷为强迫位移形式。
- 在 TID 选项中，选择 SPCD_TALBED1，定义该瞬态载荷的输入曲线。

Step 04 在模型浏览器中右击并选择 Create-> Load Collector。

- 将 Name 改为“TSTEP”。Card Image 项选择 TSTEP。
- 在 TSTEP_NUM 选项中，设置 N 为 10000，DT 为 0.001，表示采用 0.001 的定步长计算 10000 步，总时长 10s。

Step 05 在模型浏览器中右击并选择 Create-> Load Collector（2020 版本 HyperMesh 以后，为右击并选择 Create-> Curve）。

- 设置 Name 为“SDAMP”，Card Image 项选择 TABDMP1。
- TYPE 设置为 CRIT，输入图 6-11 所示的曲线数值，表示各阶模态阻尼比均为 0.005。

Step 06 在模型浏览器中右击并选择 Create-> Set。

- 将 Name 改为“Grid Set”。Card Image 项选择 SET_GRID。
- 单击 Entity IDs 选项，选中 id 为 22、43、101、392、574 的四个支座节点以及塔顶节点。

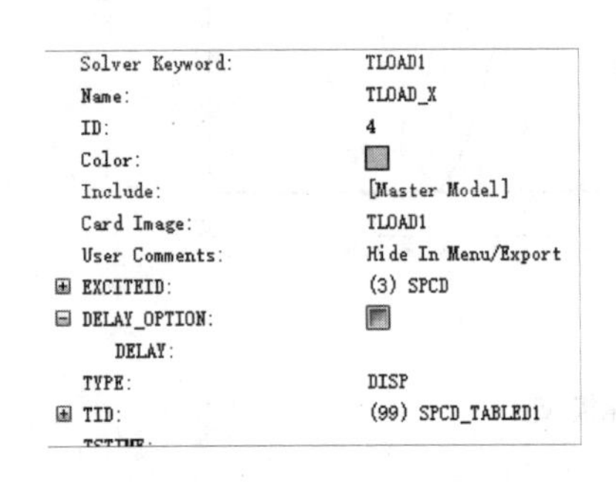

图 6-10　在 HyperMesh 中设置 TLOAD1 卡片

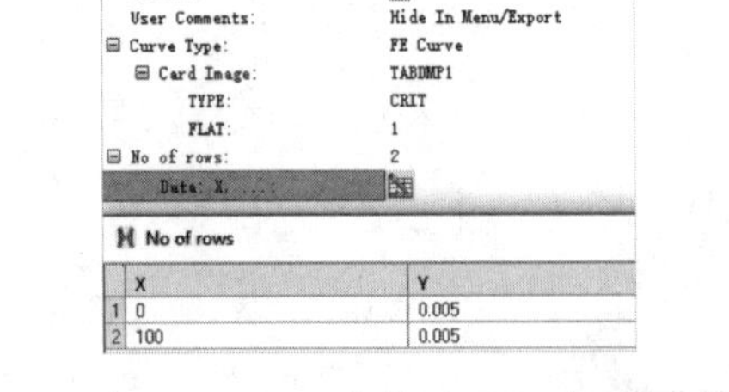

图 6-11　在 HyperMesh 中设置 SDAMPING（阻尼）

Step 07 在模型浏览器中右击并选择 Create-> Load Step，设置模态、法瞬态分析工况如图 6-12 所示。

- 将 Name 改为“mtran”；Analysis type 选择 Transient（modal）。
- SPC 选择 SPC；DLOAD 选择 TLOAD_X。
- METHOD（STRUCT）选择 eigrl；TSTEP 选择 TSTEP。
- SDAMPING（STRUCT）选择 SDAMP。

Step 08 在模型浏览器中右击并选择 Create-> Output，定义工况结果输出，如图 6-13 所示。勾选 DISPLACEMENT，在 OPTION 选项中选择 SID，并选择 Grid Set 集。

Analysis type:	Transient (modal)
⊞ SPC:	(1) SPC
SUPORT1:	<Unspecified>
MPC:	<Unspecified>
⊞ DLOAD:	(4) TLOAD_X
FREQ:	<Unspecified>
⊞ METHOD (STRUCT):	(2) eigrl
METHOD (FLUID):	<Unspecified>
⊞ TSTEP:	(5) TSTEP
TSTEP (TIME):	<Unspecified>
TSTEP (FOURIER):	<Unspecified>
⊞ SDAMPING (STRUCT):	(100) SDAMP

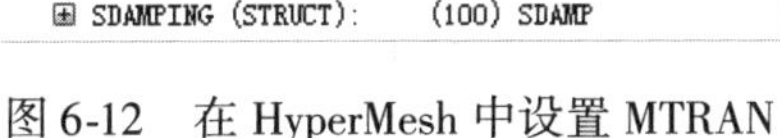

图6-12　在HyperMesh中设置MTRAN

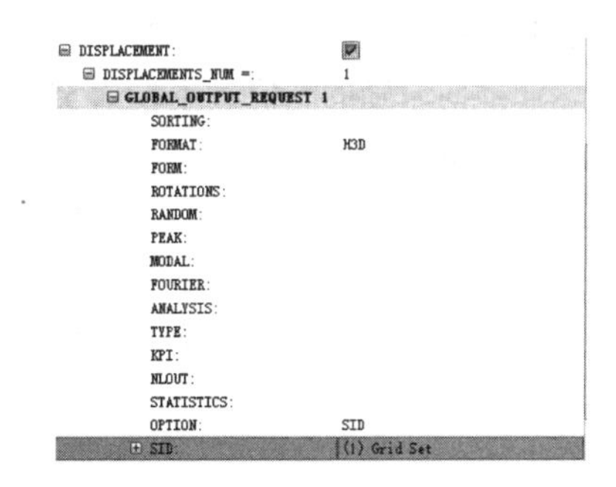

图6-13　在HyperMesh中设置输出的集合

Step 09 提交OptiStruct求解。在Analysis面板中单击OptiStruct按钮提交求解。也可以导出生成新的.fem文件，使用HyperWorks Solver Run Manager对话框提交求解。

结果查看

求解完成的.h3d输出文件容量仅为1.66M。使用HyperGraph打开.h3d文件，可以发现输出文件中仅包含所选SET对应的5个节点的位移输出曲线。绘制塔顶574号节点以及基础支撑22号节点的X方向位移曲线，如图6-14所示。可以看到，塔顶节点574在基础激励的位移上叠加了铁塔本身的振动，而基础节点22的位移曲线与输入的TABLED1保持一致。

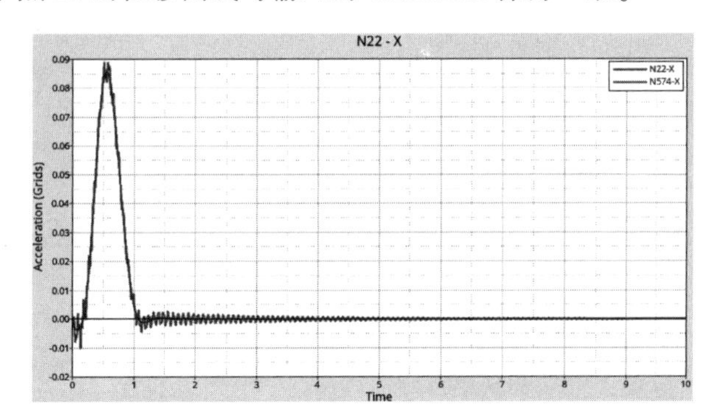

图6-14　在HyperGraph中绘制铁塔支座以及塔顶的振动曲线

为了进一步求取结构本身的振动，可以使用HyperGraph中的曲线数值计算功能得到塔顶相对基础激励的振动曲线。如图6-15所示，添加曲线/math类型，定义表达式的横坐标为p1w1c1.x，纵坐标为p1w1c1.y- p1w1c2.y。

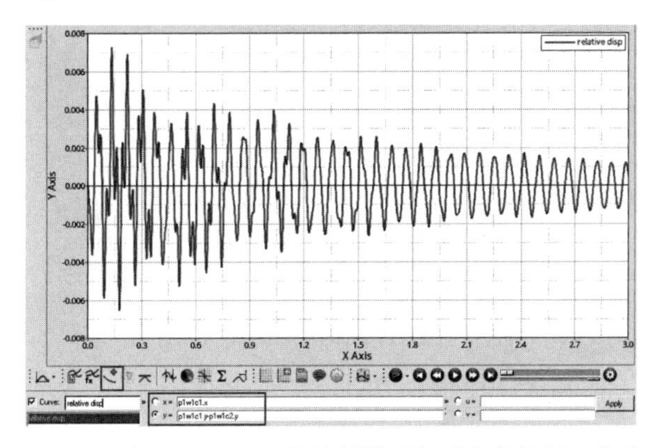

图6-15　在HyperGraph中绘制塔顶相对支座的振动曲线

可以看到，冲击激励下结构相对振动的最大相对振幅约为 7mm，发生时刻为 0. 15s，随后振动逐步衰减。而横向激励的峰值发生在 0. 55s，它们的发生时刻是不相同的。

回到 HyperMesh 中调整输出，在 Global Output 中添加 STRAIN 输出，输出集选为 ALL，然后再次提交 OptiStruct 求解，可以看到，这种情况下 . h3d 输出文件的容量增大到 300M。

在 HyperGraph 中打开新的求解结果，选择查看 ID = 530 的塔顶单元应变，如图 6-16 所示，在冲击作用下塔顶单元的最大应变也发生在 0. 15s 附近。

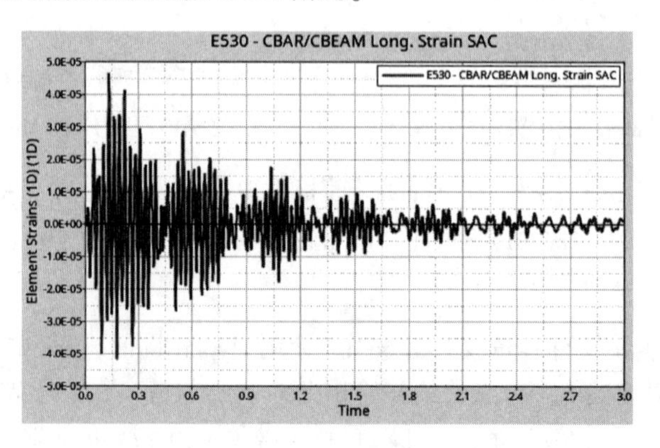

图 6-16　在 HyperGraph 中绘制塔顶单元的应变曲线

第 7 章 频率响应分析

频率响应（简称频响）分析是指在频域上分析结构的动力学响应，也称为稳态响应分析。在工程应用中任意激励与响应测点之间的传递函数都属于频响曲线，如 VTF 振动传函、NTF 噪声传函、动刚度、动柔度等。

频响分析与瞬态分析的目的是完全不同的。频响分析不能得到结构响应在瞬间的最大值，不考虑结构运动的初始条件。频响分析得到的响应是结构在各频率下稳定运动时的幅值及相位，每个频率的频响数值与该频率简谐激励的时域响应傅里叶变换数值相对应。频响分析要求外载荷具有确定的频谱特性，常假设外载荷频谱为单位输入曲线，那么响应频谱曲线就仅反映结构自身的特性。

从计算方法角度看，频响分析也可分为直接法（DFREQ）和模态法（MFREQ）两类，它们分别在物理空间和模态空间求解各个频率的稳态响应。在使用方法上，OptiStruct 进行频响分析时，用户需要定义 FREQi 离散频率点、RLOAD 类型的载荷频谱。对于模态法频响分析，还需要额外定义模态分析方法。

7.1 频域激励的形式

有限元频响分析的方程为

$$s^2\boldsymbol{Mu}(s)+s\boldsymbol{Cu}(s)+\boldsymbol{Ku}(s)=\boldsymbol{f}(s) \tag{7-1}$$

这是一个复频域表达式，$s=\mathrm{j}\omega$，$\boldsymbol{f}(s)$ 为稳态激励的频谱，$\boldsymbol{u}(s)$ 为稳态响应的频谱，$\boldsymbol{K}$ 是刚度矩阵，$\boldsymbol{M}$ 是质量矩阵，$\boldsymbol{C}$ 是阻尼矩阵。

OptiStruct 的频域激励 $\boldsymbol{f}(s)$ 用 RLOAD 类型的卡片表示，分 RLOAD1、RLOAD2 两种形式。RLOAD1 需要定义实部及虚部的系数曲线，而 RLOAD2 需要定义幅值及相角系数曲线，如图 7-1 所示，通过引用随频率变化的系数曲线 TABLEDi 完成稳态激励的定义。

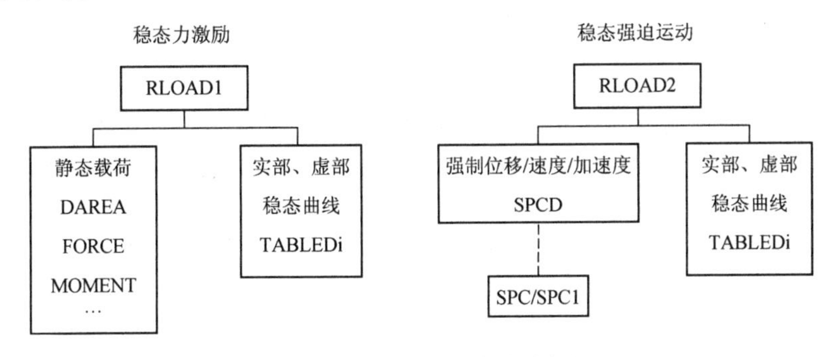

图 7-1 OptiStruct 频域激励定义

RLOAD 字段 TYPE = LOAD 时表示为力激励 $\boldsymbol{f}(s)$，可以是节点力、节点力矩、压力等形式，引用静态载荷 DAREA/FORCEi/MOMENTi/PLOADi 。

RLOAD 字段 TYPE = DISP/VELO/ACCE 时表示为强迫运动激励，引用 SPCD 卡片。同样，所有 SPCD 强迫运动的自由度必须使用 SPC/SPC1 进行定义，并在分析工况中引用。

当结构受到多组稳态激励时，使用 DLOAD 组合稳态激励进行加载，如图 7-2 所示。DLOAD 的用法与上一章相同，关于 RLOAD 的详细信息，请查看 7.6 节卡片说明。

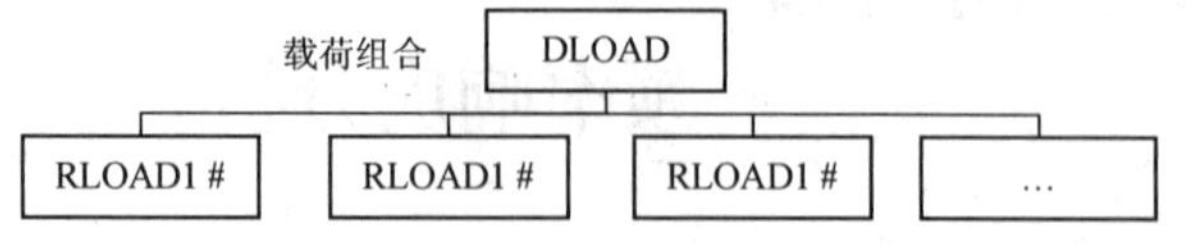

图 7-2　通过 DLOAD 组合稳态激励 RLOAD

7.2　直接法频率响应分析

直接法频响分析 DFREQ 是直接在物理空间求解式（7-1），而不进行模态分析。

$$\boldsymbol{u}(s)=(s^2\boldsymbol{M}+s\boldsymbol{C}+\boldsymbol{K})^{-1}\boldsymbol{f}(s)=\boldsymbol{H}(s)\boldsymbol{f}(s) \tag{7-2}$$

式中，频率响应 $\boldsymbol{u}(s)$ 是复值函数；$\boldsymbol{H}(s)$ 称为频域脉冲响应矩阵，是频变的复值函数矩阵，它仅由结构的固有特性决定，不受外激励影响。

在每个需要分析的频率点，$s=\mathrm{j}\omega$，都需要独立地求解一次复数矩阵方程式（7-2），得到频响位移 $\boldsymbol{u}(s)$。复数矩阵 $\boldsymbol{H}(s)$ 的维度为结构的总自由度数，随着总自由度数的增加，计算量（复杂度）将以几何级数提高。虽然直接法计算精度高，但在解算大规模有限元模型时，推荐采用模态法进行。

频响位移 $\boldsymbol{u}(s)$ 的每个自由度为一条曲线，在分析时需要指定足够的分析频率点才能形成类似图 4-4 的平滑曲线。OptiStruct 中的分析频率通过卡片 FREQi 进行定义，而后在工况定义中使用 FREQUENCY 进行引用。直接法可以使用的分析频率定义卡片包括 FREQ、FREQ1 和 FREQ2，关于 FREQ 类型卡片的定义，详见 7.6 节卡片说明。

图 7-3 所示为典型的直接法频响分析工况在 .fem 文件中的定义。其中包含了边界条件 SPC 定义、分析频率集 FREQUENCY 定义以及外载荷 DLOAD 定义。

```
SUBCASE        1
ANALYSIS DFREQ
  SPC =      1
  FREQUENCY =  3
  DLOAD =      4
```

7-3　直接法频响分析的工况定义

7.3　模态法频率响应分析

模态法频响分析 MFREQ 指的是，先对结构进行模态分析获取实模态振型 $\boldsymbol{\Phi}$，而后将物理坐标 $\boldsymbol{u}$ 转换到模态主坐标 $\boldsymbol{q}$ 进行求解。

$$(s^2\tilde{\boldsymbol{M}}+s\tilde{\boldsymbol{C}}+\tilde{\boldsymbol{K}})qs=\tilde{\boldsymbol{f}}(s) \tag{7-3}$$

式中，$\boldsymbol{q}$ 为模态坐标；$\tilde{\boldsymbol{M}}$ 为模态质量矩阵；$\tilde{\boldsymbol{C}}$ 为模态阻尼矩阵；$\tilde{\boldsymbol{K}}$ 为模态刚度；$\tilde{\boldsymbol{f}}$ 为模态外激励。

模态法需要求解的矩阵维度仅为模态截断时保留的模态数量，相比于直接法，在计算量上有大幅度的下降。

在实模态情形下，模态主坐标 q_i 的表达式类似式（4-7），曲线近似图 4-4。

$$\begin{aligned}q_i s&=\frac{\tilde{f}_i s}{s^2+2\zeta_i\omega_i s+\omega_i^2}\\q_i(\omega)&=\frac{\tilde{f}_i(\omega)}{2\mathrm{j}\zeta_i\omega_i\omega+(\omega_i^2-\omega^2)}\end{aligned} \tag{7-4}$$

当结构模态频率ω_i远大于激励频率ω时，模态主坐标的响应趋于零，即$q_i(\omega)\to 0$。在OptiStruct中，模态截断频率一般取为最高激励频率的2倍以上。

图7-4所示为典型的模态法频响分析工况在.fem文件中的定义。其中包含了边界条件SPC定义、模态分析方法METHOD定义、分析频率集FREQUENCY定义以及外载荷DLOAD定义。在模态法频响分析中可以使用更多类型的FREQ分析频率定义卡片，包括FREQ、FREQ1、FREQ2、FREQ3、FREQ4、FREQ5。其中，FREQ3～FREQ5卡片利用了模态分析得到的固有频率ω_i，可以更准确地捕捉频响曲线$\boldsymbol{u}(s)$中的峰值。

```
SUBCASE        1
ANALYSIS DFREQ
  SPC =      1
  METHOD =  2
  FREQUENCY =  3
  DLOAD =     4
```

图7-4　模态法频响分析的工况定义

7.4　剩余模态

当激励频率ω为0时，式（7-2）退化为一个静力学方程。

$$\begin{aligned}\boldsymbol{u}(0)&=\boldsymbol{K}^{-1}\boldsymbol{f}(0)\\ \boldsymbol{u}(\omega)&\approx\boldsymbol{K}^{-1}\boldsymbol{f}(0),\omega\ll\omega_1\end{aligned}\tag{7-5}$$

也就是说，如果激励频率接近零或者相比系统的最低阶固有频率ω_1小得多，那么频响的幅值近似等于静力分析的位移解。这一概念的进一步推广引出了剩余模态的概念，它指的是采用静力学等效的方法计算结构的高频响应，等效的静变形即剩余模态RESVEC。

在动力学分析中，除使用模态截断计算结构的低频模态响应以外，还进一步使用剩余模态计入高频模态响应的贡献。此时物理空间坐标$\boldsymbol{u}(s)$的模态展开式为

$$\boldsymbol{u}(s)=\boldsymbol{\Phi q}(s)\approx\sum_{i=1}^{l}\boldsymbol{\varphi}_i q_i s+\boldsymbol{RESVEC}\tag{7-6}$$

$$\boldsymbol{RESVEC}=\left(\boldsymbol{K}^{-1}-\sum_{i=1}^{l}\boldsymbol{\varphi}_i^{\mathrm{T}}\omega_i^{-2}\boldsymbol{\varphi}_i\right)\boldsymbol{f}(s)\approx\left(\boldsymbol{K}^{-1}-\sum_{i=1}^{l}\boldsymbol{\varphi}_i^{\mathrm{T}}\omega_i^{-2}\boldsymbol{\varphi}_i\right)\boldsymbol{f}(0)\tag{7-7}$$

式中，前l阶低频模态$\boldsymbol{\varphi}_i$由模态分析进行计算，*RESVEC*表示高频部分的动力学响应。

剩余模态在OptiStruct模态法动力学分析中是默认启用的。它有效地弥补了模态截断导致的数值误差。在分析工况中可设置RESVEC（type，damping，visc_inc，visc_exc）=option来进行更多的剩余模态细节选项调整：当RESVEC的类型为APPLOD时，由式（7-7）仅生成一个剩余模态向量；当RESVEC的类型为UNITLOD时，将在$\boldsymbol{f}(0)$的每一个非零自由度上独立生成一个剩余模态向量。

7.5　阻尼类型及频变参数

在支持的阻尼类型方面，频响分析与瞬态分析是相同的。

在直接法频响分析中可叠加使用的阻尼类型包括单元黏性阻尼、单元结构阻尼、比例阻尼、全局结构阻尼。

$$\boldsymbol{C}=\boldsymbol{C}_1+\alpha_1\boldsymbol{M}+\alpha_2\boldsymbol{K}+\mathrm{j}G\boldsymbol{K}+\sum\mathrm{j}\,g_e\boldsymbol{k}_e\tag{7-8}$$

在模态法频响分析中可叠加使用的阻尼类型包括单元黏性阻尼、单元结构阻尼、比例阻尼、全局结构阻尼以及SDAMPING阻尼。

$$\tilde{\boldsymbol{C}}=\tilde{\boldsymbol{C}}_1+\alpha_1\tilde{\boldsymbol{M}}+\alpha_2\tilde{\boldsymbol{K}}+\mathrm{j}G\tilde{\boldsymbol{K}}+\sum\mathrm{j}\,g_e\tilde{\boldsymbol{k}}_e+\mathrm{diag}(2\zeta_i\omega_i)\tag{7-9}$$

式（7-8）和式（7-9）中的各个参数含义如下。

- $\boldsymbol{C}$：总阻尼矩阵；$\boldsymbol{K}$：总刚度矩阵；$\boldsymbol{k}_e$：单元刚度矩阵；$\boldsymbol{C}_1$：黏性阻尼单元与B2GG输入阻

尼；~项为(　)在模态空间 $\boldsymbol{\Phi}$ 的表述；diag$(2\zeta_i\omega_i)$为 SDAMPING 阻尼，为对角矩阵。

- α_1 和α_2：定义比例阻尼矩阵，通过 PARAM、ALPHA1 及 PARAM、ALPHA2 定义。
- G：定义整体结构阻尼系数，通过 PARAM，G 定义，不需要 PARAM、W4。
- g_e：定义单元/材料级的结构阻尼，通过 MATi 卡片中的 GE 定义。

OptiStruct 频响分析中的质量 $\boldsymbol{M}$、阻尼 $\boldsymbol{C}$ 和$\boldsymbol{C}_1$、刚度矩阵 $\boldsymbol{K}$ 和$\boldsymbol{k}_e$、材料阻尼系数g_e都是允许随频率发生变化的。结构的频变特性主要通过两种方式进行：一是通过材料卡片 MATF1、MATF2、MATF3、MATF8、MATF9、MATF10 可以对各向同性或各向异性的所有材料参数赋予频变特性；二是通用的弹簧-阻尼-质量单元 CBUSH，通过 PBUSHT 属性设置频变的刚度、阻尼和质量特性。

7.6 卡片说明

7.6.1 RLOADi 卡片

RLOAD 类型卡片用于定义频响分析的载荷（力激励或是强迫位移），形式上有 RLOAD1 和 RLOAD2 两种。每张 RLOADi 卡片只能定义一个稳态频响载荷，SID 不能重复。需要施加多组频响载荷时，须定义多张 RLOAD 卡片并由 DLOAD 进行组合。

RLOAD1 以实部和虚部的方式表示频响载荷，见表 7-1 及表 7-2。

$$f(\Omega)=A(C(\Omega)+\mathrm{i}D(\Omega))\mathrm{e}^{\mathrm{i}(\theta-2\pi\Omega\tau)}$$

式中，Ω 表示单位为 Hz 的时间频率。

表 7-1　RLOAD1 卡片定义

(1)	(2)	(3)	(4)	(5)	(6)	(7)	(8)	(9)	(10)
RLOAD1	SID	EXCITEID	DELAY	DPHASE	TC	TD	TYPE		

表 7-2　RLOAD1 卡片说明

字　段	说　明
EXCITEID	定义 A（动态载荷的幅值），通过引用一个静态载荷的 SID 实现 静态载荷可以是 DAREA、SPCD、FORCEi、MOMENTi、PLOADi、RFORCE、ACCELi、GRAV
DELAY	定义时间延迟系数 τ（实数，≥0，默认为 0）
DPHASE	定义相角 θ，单位：度（°）（实数，≥0，默认为 0）
TC	定义 $C(\Omega)$ 曲线，引用 TABLED/TABLEG 类型卡片
TD	定义 $D(\Omega)$ 曲线，引用 TABLED/TABLEG 类型卡片
TYPE	定义载荷的类型。0/L/LO/LOA/LOAD，默认值，表示力载荷；1/D/DI/DIS/DISP，表示 SPCD 强制位移；2/V/VE/VEL/VELO，表示 SPCD 强制速度；3/A/AC/ACC/ACCE，表示 SPCD 强制加速度

RLOAD2 以幅值和相位的方式表示频响载荷，见表 7-3 及表 7-4。

$$f(\Omega)=A\cdot B(\Omega)\mathrm{e}^{\mathrm{i}(\varphi(\Omega)+\theta-2\pi\Omega\tau)}$$

表 7-3　RLOAD2 卡片定义

(1)	(2)	(3)	(4)	(5)	(6)	(7)	(8)	(9)	(10)
RLOAD2	SID	EXCITEID	DELAY	DPHASE	TB	TP	TYPE		

表 7-4 RLOAD2 卡片说明

字　段	说　明
EXCITEID	定义 A（动态载荷的幅值），通过引用一个静态载荷的 SID 实现 静态载荷可以是 DAREA、SPCD、FORCEi、MOMENTi、PLOADi、RFORCE、ACCELi、GRAV
DELAY	定义时间延迟系数 τ（实数，≥0，默认为 0）
DPHASE	定义相角 θ，单位：度（°），（实数，≥0，默认为 0）
TB	定义 $B(\Omega)$ 曲线，引用 TABLED/TABLEG 类型卡片
TP	定义 $\varphi(\Omega)$ 曲线，引用 TABLED/TABLEG 类型卡片
TYPE	定义载荷的类型。0/L/LO/LOA/LOAD，默认值，表示力载荷；1/D/DI/DIS/DISP，表示 SPCD 强制位移；2/V/VE/VEL/VELO，表示 SPCD 强制速度；3/A/AC/ACC/ACCE，表示 SPCD 强制加速度

7.6.2 FREQi 卡片

FREQ 类型卡片用于定义分析频率的集合，然后在频响工况中使用 FREQUENCY 进行引用。频响曲线在固有频率附近变化剧烈，而位于固有频率附近的峰值响应也是工程应用中最希望进行准确评估的，因此使用非均匀的频率间隔可以得到最优的计算效率，即在固有频率附近区域使用较小的频率间隔，在远离固有频率的区域使用较大的频率间隔。FREQi 卡片共有六种：FREQ 及 FREQ1 ~ FREQ5，在应用中推荐根据实际需求进行组合使用。

如图 7-5 所示，直接法频响分析只可使用 FREQ1、FREQ2、FREQ3 三种卡片，而 FREQ3、FREQ4、FREQ5 需要用到模态分析，只有模态法可以使用。FREQi 卡片的 SID 是可以重复的，对于 SID 相同的所有 FREQi 卡片，OptiStruct 将取它们的并集来共同定义分析频率集。

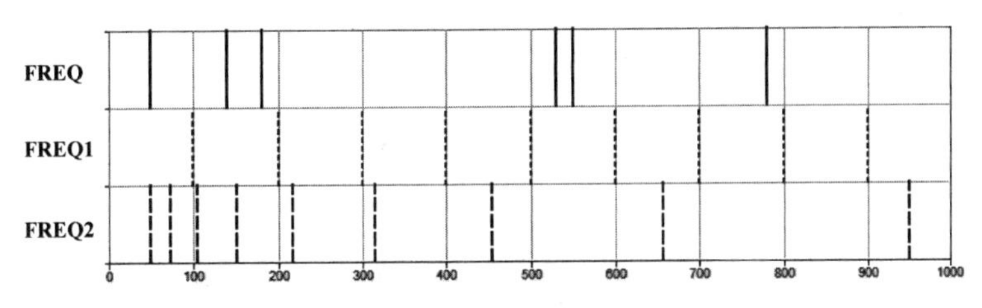

图 7-5 分析频率分布 FREQ、FREQ1、FREQ2

（1）FREQ 卡片

逐一定义每一个分析频率 F#，可以有任意数量的扩展行，FREQ 卡片定义见表 7-5。

表 7-5 FREQ 卡片定义

(1)	(2)	(3)	(4)	(5)	(6)	(7)	(8)	(9)	(10)
FREQ	SID	F1	F2	F3	F4	F5	F6	F7	
	F8	…	…	…	…	…	…	…	

FREQ1 卡片定义一个线性分布的频率序列，见表 7-6。

表 7-6 FREQ1 卡片定义

(1)	(2)	(3)	(4)	(5)	(6)	(7)	(8)	(9)	(10)
FREQ1	SID	F1	DF	NDF					

其中，F1 为起始频率（≥0）；DF 为增量频率步长（>0），线性分布的频率总点数为 NDF+1。可以使用多张 SID 相同的 FREQ1 卡片定义多段线性分布的频率区间。

（2）FREQ2 卡片

定义一个对数分布的频率序列，见表 7-7。

表 7-7 FREQ2 卡片定义

(1)	(2)	(3)	(4)	(5)	(6)	(7)	(8)	(9)	(10)
FREQ2	SID	F1	F2	NF					

其中，F1 为起始频率；F2 为终止频率（F2>F1>0）；对数分布的频率总点数为 NF+1。

（3）FREQ3 卡片

依据模态分析的固有频率自动分布频率点的一种方式。在定义的频率区间 F1～F2 内，将进一步依据固有频率划分多个子区间，并依照聚集系数进行线性或对数的均匀或非均匀分布。FREQ3 卡片定义见表 7-8。

表 7-8 FREQ3 卡片定义

(1)	(2)	(3)	(4)	(5)	(6)	(7)	(8)	(9)	(10)
FREQ3	SID	F1	F2	TYPE	NEF	CLUSTER			

其中，F1 为起始频率；F2 为终止频率；TYPE 可以指定为线性或对数分布；NEF 为每个子区间的频率等分数，CLUSTER 为聚集系数（实数，>0），区间频率Ω_i分布表达式为

$$\Omega_i = \frac{1}{2}(\hat{\Omega}_1 + \hat{\Omega}_2) + \text{sign}(\xi)|\xi|^{1/CLUSTER}\frac{1}{2}(\hat{\Omega}_2 - \hat{\Omega}_1)$$

式中，ξ 为归一化至［-1,1］区间的频率分布点；$\hat{\Omega}_1$ 和$\hat{\Omega}_2$ 为每个子区间的起始与终止频率。

如图 7-6 所示，实线代表模态分析得到的结构固有频率，虚线代表几种设置的 FREQ3 分析频率集，每个子区间 9 等分（NEF=9）。可以看到，聚集系数的取值不同，频率分布有显著差异：默

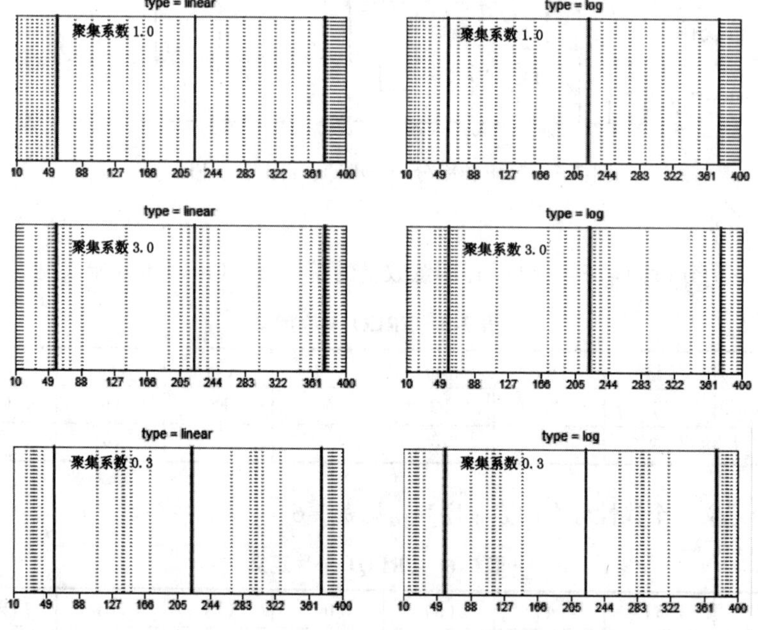

图 7-6 分析频率集分布 FREQ3

认 CLUSTER = 1.0，此时每个子区间为均匀分布；当 CLUSTER > 1.0 时，子区间频率点聚集至模态频率；当 CLUSTER < 1.0 时，子区间频率点聚集至中央频率。但不论 CLUSTER 如何取值，红线位置均存在虚线，表示分析频率集总是包含模态分析的固有频率点。

另外，TYPE 为 LINEAR 或 LOG 也影响每个区间频率点的分布。多数情况下，使用 FREQ3 可以较好地捕捉整条频响曲线的特征。

（4）FREQ4 卡片

依据模态分析的固有频率自动分布频率点的一种方式。查找在频率 F1 ~ F2 区间内的固有频率，并在每个固有频率的邻域内生成线性均匀分布的子区间。FREQ4 卡片定义见表 7-9。

表 7-9　FREQ4 卡片定义

(1)	(2)	(3)	(4)	(5)	(6)	(7)	(8)	(9)	(10)
FREQ4	SID	F1	F2	FSPF	NFM				

其中，F1 为起始频率；F2 为终止频率；FSPF 为模态频率子区间的百分比（0、1 之间的实数）；NFM 为子区间频率的均匀分布个数（奇数，>0，如果是偶数将加 1）。

如图 7-7 所示，实线代表模态分析得到的结构固有频率，虚线为 FSPF = 0.1、NFM = 7 时生成的分析频率集。子区间宽度比例为 2 × FSPF = 20%，每个子区间 7 等分。

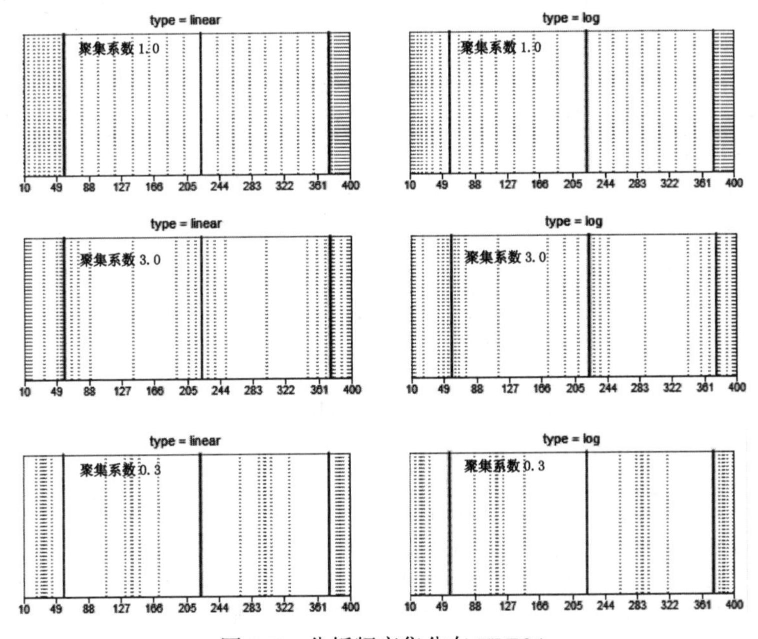

图 7-7　分析频率集分布 FREQ4

（5）FREQ5 卡片

依据模态分析的固有频率自动分布频率点的一种方式。查找在频率 F1 ~ F2 区间内的固有频率，并依据系数 FR#生成固有频率之间的频率点。FREQ5 卡片定义见表 7-10。

表 7-10　FREQ5 卡片定义

(1)	(2)	(3)	(4)	(5)	(6)	(7)	(8)	(9)	(10)
FREQ4	SID	F1	F2	FR1	FR2	FR3	FR4	FR5	
	FR6	FR7	…	…	…	…	…	…	

其中，F1 为起始频率；F2 为终止频率；FR#为相对模态频率的百分比系数（实数）。

一般为了捕捉频响曲线的峰值，FR#的取值都在 1.0 附近，如图 7-8 所示。例如，实线代表模态分析得到的结构固有频率，虚线代表 FR#取值为 0.9、0.95、0.98、1.0 以及 1.02 时生成的分析频率集。

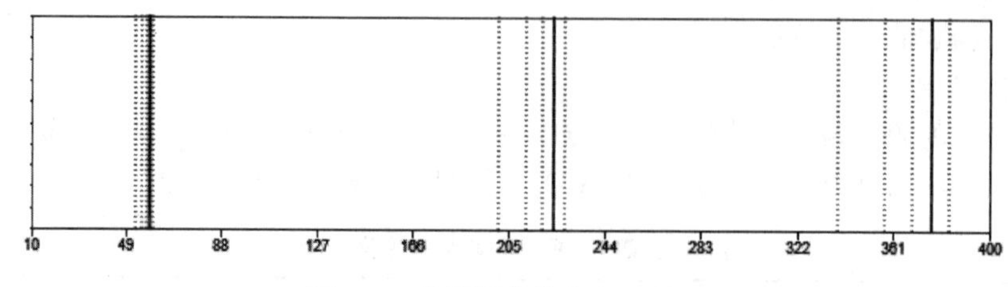

图 7-8　分析频率集分布 FREQ5

7.6.3　PBUSHT 卡片

PBUSHT 卡片是 PBUSH 卡片的更进一步定义，在频响分析中赋予 CBUSH 单元频变的参数。在 PBUSHT 中，可以将单元的刚度、质量、黏性阻尼、结构阻尼都定义为频变曲线。需要注意的是，OptiStruct 模态分析并不能使用 PBUSHT 中定义的频变曲线参数，这些参数仅在频响分析中被使用。PBUSHT 卡片定义及说明见表 7-11 和表 7-12。

表 7-11　PBUSHT 卡片定义

(1)	(2)	(3)	(4)	(5)	(6)	(7)	(8)	(9)	(10)
PBUSHT	PID	TYPE	TID1	TID2	TID3	TID4	TID5	TID6	
		TYPE	TID1	TID2	TID3	TID4	TID5	TID6	
		…	…	…	…	…	…	…	

表 7-12　PBUSHT 卡片说明

字　段	说　明
PID	Property 类型卡片识别号，必须和已存在的 PBUSH 卡片一致
TYPE	K：此行 TID# 定义频变刚度曲线 B：此行 TID# 定义频变黏性阻尼曲线 GE：此行 TID# 定义频变结构阻尼曲线 M：此行 TID# 定义频变质量曲线 KSCALE：此行 TID# 定义频变刚度曲线（百分比形式） BSCALE：此行 TID# 定义频变黏性阻尼曲线（百分比形式） GESCALE：此行 TID# 定义频变结构阻尼曲线（百分比形式） MSCALE：此行 TID# 定义频变质量曲线（百分比形式） ANGLE：此行 TID# 定义频变复刚度的相角曲线 KMAG：此行 TID# 定义频变复刚度的幅值曲线
TID#	TID1 ~ TID6 分别对应 TYPE 的 6 个自由度，引用 TABLED 类型卡片

7.6.4　MATFi 卡片

MATFi 卡片是 MATi 卡片的更进一步定义，在频响分析中赋予各种材料频变的参数。MATF 类型卡片共有 MATF1、MATF2、MATF3、MATF8、MATF9、MATF10 6 种，分别对应于非频变的材料卡片 MAT1、MAT2、MAT3、MAT8、MAT9、MAT10。MATFi 的 MID 也必须和已存在的 MATi 卡片 MID 相一致才可以被使用。同样需要注意，OptiStruct 模态分析并不使用 MATFi 的频变参数，频变参数仅在频响分析时采用。

在卡片字段方面，除参考温度 TREF 以外，MATFi 的卡片字段与 MATi 的字段是一一对应的，见表 7-13 与表 7-14。在 MATFi 卡片中，对应的材料参数不是确定的系数，而是一条频变曲线（通过 TABLEDi 类型卡片进行定义）。

表 7-13　MATF1 卡片定义

(1)	(2)	(3)	(4)	(5)	(6)	(7)	(8)	(9)	(10)
MATF1	MID	T（E）	T（G）	T（NU）	T（RHO）	T（A）		T（GE）	
	T（ST）	T（SC）	T（SS）						

表 7-14　MAT1 卡片定义

(1)	(2)	(3)	(4)	(5)	(6)	(7)	(8)	(9)	(10)
MAT1	MID	E	G	NU	RHO	A	TREF	GE	
	ST	SC	SS						

7.7　输出控制

在频响分析中，最常见的输出控制是使用 SET 定义需要输出的对象，并采用 FREQi 定义分析频率。除此以外，OptiStruct 还提供了进一步控制输出的方法。

1）工况设置中使用 OFREQUENCY = SET 来控制输出频率集。这里的 SET 为 FREQ 类型的集合。默认情况下，输出频率集与分析频率集的 FREQUENCY 是相同的，但是如果定义了 OFREQUENCY，那么将依据 OFREQUENCY 中的 SET 来重新定义频响曲线输出的频率点。

2）使用 PEAKOUT 卡片进行频响曲线峰值识别，并仅输出峰值频率对应的响应。在使用时须先定义 PEAKOUT 卡片（见表 7-15），而后在工况控制中使用类似 DISPLACEMENT（PEAKOUT） = SET，VELOCITY（PEAKOUT） = SET 的输出方式来输出峰值响应。

表 7-15　PEAKOUT 卡片定义

(1)	(2)	(3)	(4)	(5)	(6)	(7)	(8)	(9)	(10)
PEAKOUT	SID	NPEAK	NEAR	FAR	LFREQ	HFREQ	RTYPE	PSCALE	
	GRIDC	GID1	CID1	CUTOFF1	GID2	CID2	CUTOFF2		
		…	…	…	…	…	…		

PEAKOUT 是专用于频响分析的卡片。它通过设置参考自由度 GID#/CID#、参考响应类型 RTYPE（位移、速度或加速度）、参考频段 LFREQ/HFREQ、数值忽略设置 CUTOFF# 等进行响应的峰值频率识别。如图 7-9 所示，通过 PEAKOUT 的峰值识别，获取的频率点为 P1 ~ P5。

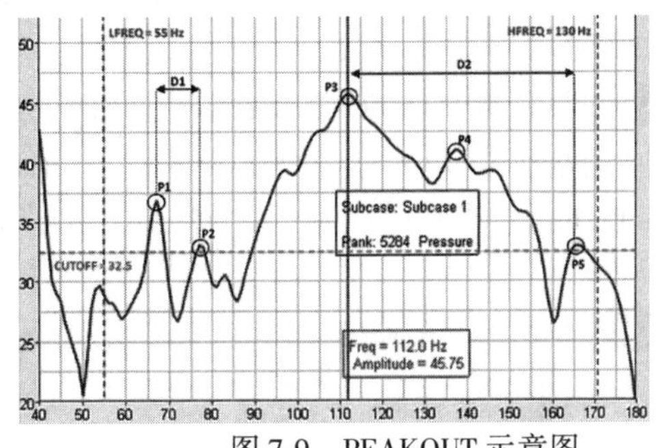

图 7-9　PEAKOUT 示意图

7.8 实例：设备支架的偏心载荷响应

设备支架泛指用于承托设备的结构，在各行业中广泛应用，可以是桁架式、薄壳式、铸造件等构造。支架设计除关注结构的静强度外，有时还需考虑减振或隔振的性能。当承托的设备为静态时，应减少从外界传递至设备的振动，即减振作用；当承托的设备为电机等动力部件时，支架需要阻断振动向外界传递，即隔振作用。

本例考察的设备支架如图 7-10 所示，在孔洞的中心位置有一集中质量单元 COMN2，代表承托的设备质量，5 个固支节点在支架的侧边缘。支架上的设备运转时对支架产生一个绕 Y 轴的偏心载荷作用。在稳定转速下，设备对支架的激励及响应可以用 OptiStruct 频响分析来描述，可以计算不同转速下的支架响应。

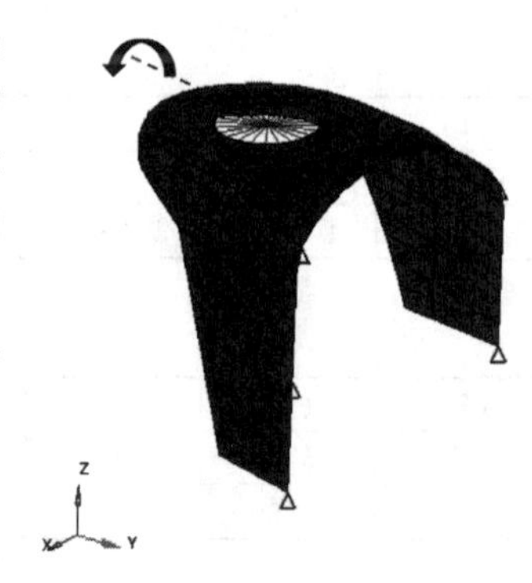

图 7-10　设备支架及载荷

使用 HyperMesh 导入 bracket_FRF. FEM 文件，采用模态法频响分析求解上述问题。还需要进行的设置包括设置模态分析算法 EIGRA、设置分析频率集 FREQi、定义稳态旋转激励载荷（使用含相位差的 RLOAD 组合 FORCE 载荷）、设置结构阻尼、定义加速度 ACCE 及反作用力 SPCF 响应输出。

模型设置

Step 01 在模型浏览器中，右击并选择 Create-> Load Collector。

将 Name 改为“EIGRA”；Card Image 项选择 EIGRA；在 V2 字段输入 1000. 0，表示提取设备支架 1000Hz 以下的振动模态。

Step 02 在模型浏览器中，右击并选择 Create-> Load Collector。

- 将 Name 改为“FREQi”；Card Image 项选择 FREQi。
- 如图 7-11 所示，勾选启用 FREQ3 选项，F1 设定为 10. 0，F2 设定为 400. 0，TYPE = LINEAR，NEF = 10，CLUSTER = 3. 0。
- 勾选启用 FREQ4 选项，F1 设定为 10. 0，F2 设定为 400. 0，FSPD = 0. 01，NFM = 9。

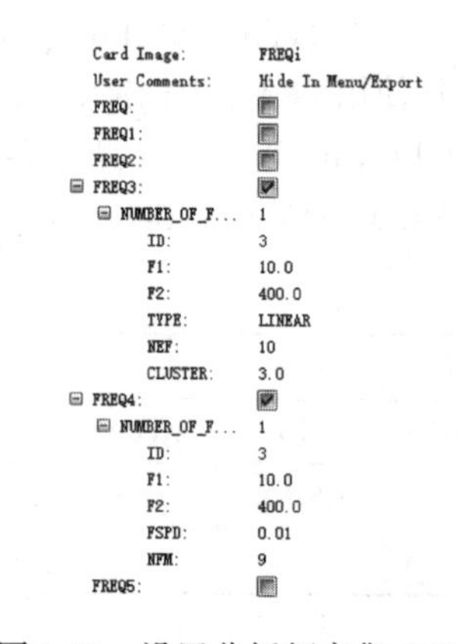

图 7-11　设置分析频率集 FREQi

Step 03 在孔洞中心 395 号节点创建横向激励。

在模型浏览器中，右击并选择 Create-> Load Collector，命名为“FORCE_X”。单击面板的 Analysis→forces 按钮，确认 load types 为 FORCE；方向选为 x-axis；magnitude = 1. 0；nodes 选择 ID = 395 的孔洞中心节点。

Step 04 在孔洞中心 395 号节点创建垂向激励。

在模型浏览器中，右击并选择 Create-> Load Collector，命名为“FORCE_Z”。单击面板的 Analysis→forces 按钮，确认 load types 为 FORCE；方向选为 z-axis；magnitude = 1. 0；nodes 选择 ID = 395 的孔洞中心节点。

Step 05 在模型浏览器中，右击并选择 Create-> Load Collector。

命名为“TABLE_force”，类型为 TABLED1，输入图 7-12 所示曲线，表示在 0 ~ 1000Hz 频段为单位载荷激励（2020 版本 HyperMesh 以后，为右击并选择 Create-> Curve）。

Step 06 在模型浏览器中，右击并选择 Create-> Load Collector，命名为“RLOAD_Fx”。

Card Image 项选择 RLOAD1；在 EXCITEDID 选项中选择 FORCE_X 载荷；在 TC 选项中选择 TABLE_force 曲线；TD 选项中留空；TYPE 选择 LOAD。

Step 07 在模型浏览器中，右击并选择 Create-> Load Collector，命名为“RLOAD_Fz”。

Card Image 项选择 RLOAD1；在 EXCITEDID 选项中选择 FORCE_Z 载荷；在 TC 选项中选择 TABLE_force 曲线；TD 选项中留空；TYPE 选择 LOAD；设置 DPHASE 为 90，表示垂向与横向激励相差 90°相角，如图 7-13 所示。

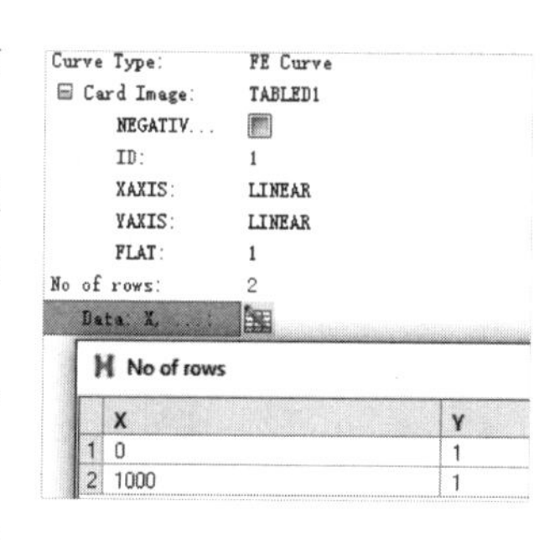

图 7-12　定义单位频响载荷曲线 TABLED1

Step 08 在模型浏览器中，右击并选择 Create-> Load Collector，命名为“DLOAD_rotary”。

Card Image 项选择 DLOAD；设置 S 为 1.0，DLOAD_NUM 为 2；在 Data 列表中组合两组 RLOAD 载荷，如图 7-14 所示。

Step 09 在模型浏览器中，右击并选择 Create-> PARAM。启用 G，G_V1 为 0.06，即设置结构阻尼系数为 0.06。

Step 10 在模型浏览器中，右击并选择 Create-> Load Step，命名为“MFRF”，Analysis type 设置为 Freq. resp（modal）；边界条件和载荷的定义如图 7-15 所示。

图 7-13　定义含相位差的频响载荷 RLOAD

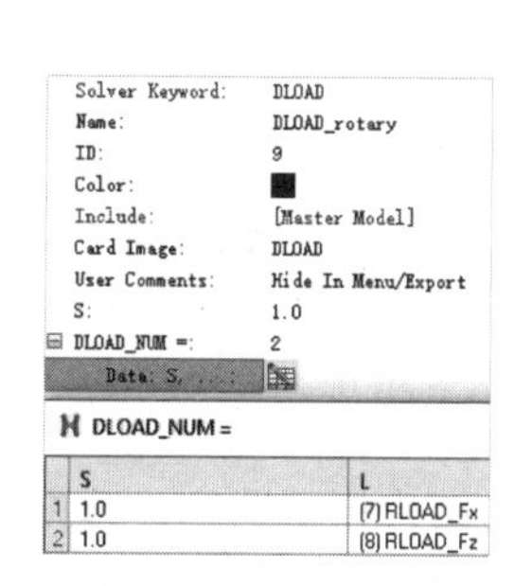

图 7-14　定义载荷组合 DLOAD

Analysis type:	Freq. resp (modal)
SPC:	(1) SPC
SUPORT1:	<Unspecified>
DLOAD:	(9) DLOAD_rotary
MPC:	<Unspecified>
METHOD (STRUCT):	(2) EIGRA
METHOD (FLUID):	<Unspecified>
FREQ:	(3) FREQi
SDAMPING (STRUCT):	<Unspecified>
SDAMPING (FLUID):	<Unspecified>
STATSUB (PRELOAD):	<Unspecified>

图 7-15　定义模态频响分析工况 MFREQ

Step 11 在模型浏览器中，右击并选择 Create-> Output，定义工况结果输出。

- 勾选 DISPLACEMENT，OPTION 选择 ALL，输出所有节点在旋转激励下的位移。
- 勾选 ACCELERATION，OPTION 选择 SID，并选择 center 节点集。
- 勾选 SPCF，OPTION 选择 SID，并选择 fix 边界节点集，表示输出约束反力。

Step 12 提交 OptiStruct 求解。在 Analysis 面板，单击 OptiStruct 按钮提交求解。也可以导出生成新的 . fem 文件，使用 HyperWorks Solver Run Manager 对话框提交求解。

结果查看

1）使用 HyperGraph 打开 . h3d 文件，查看中心节点 395 的加速度响应。进行数据点标记：在任一曲线上右击并选择 property，将 Symbol 设为圆点，如图 7-16 所示。

2）可以看到采用 FREQ3 和 FREQ4 的组合设置方法完整地捕捉了结构的响应峰值。其中，FREQ3 在较大的范围内捕获曲线的整体形态，而 FREQ4 可在固有频率的邻域局部捕捉细节得到平滑的曲线峰值。

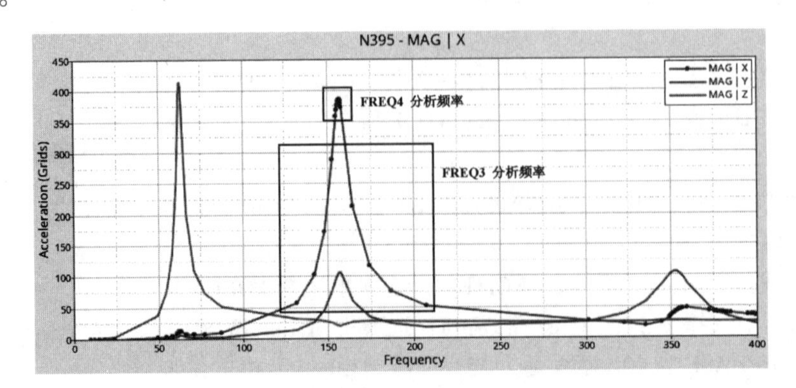

图 7-16　在 HyperGraph 中查看孔中心节点的加速度响应

3）使用 HyperGraph 查看各个 SPC 约束节点的反力，SPCF 约束反力在一定程度上反映了设备振动对周围结构的作用。图 7-17 所示为 37 号 SPC 节点的约束反力曲线。

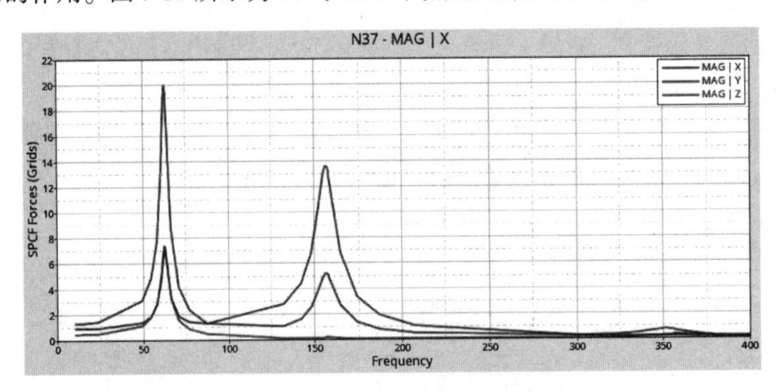

图 7-17　在 HyperGraph 中查看约束节点支反力

4）使用 HyperView 查看在旋转激励下的结构振动响应，选用 modal animation mode 按钮播放动画，使用按钮标记节点的运动轨迹，得到图 7-18 所示的运动轨迹。在偏心载荷的作用下，结构各节点的运动轨迹均为一个椭圆曲线。

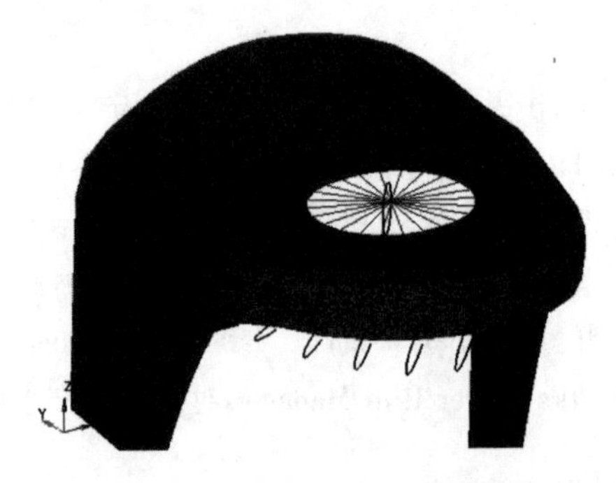

图 7-18　在 HyperView 中查看偏心载荷作用的支架频率响应

第8章 随机响应分析

按是否存在随机因素，振动现象可以分为确定性振动和随机振动两类。确定性振动是指结构运动可以用确定性函数描述，瞬态分析及频响分析描述的都是确定性振动。而随机振动指的是结构动力学响应是随机的，它可由结构本身等引起，也可由外激励引起。在 OptiStruct 随机响应分析中，不考虑结构本身的随机性，只讨论随机激励这一种情况。常见的随机激励有风载荷、路面激励等。

随机振动的仿真分为两类：一类是瞬态分析方法；另一类是统计分析方法。瞬态分析方法能获取结构响应的具体时间历程，但只能针对具体的一条随机激励输入，如果随机激励再次采集，那么响应也将发生改变。而大多数工程应用中，随机激励的统计特性可近似认为不随时间变化，采用统计分析的方法进行随机振动分析更有意义。

OptiStruct 随机响应分析就是这类统计分析方法，它的输入为随机激励的功率谱曲线，输出为响应的均方根及功率谱，具备可复现性。本章将介绍随机过程的基本概念，并介绍 OptiStruct 随机响应的计算方法和相关设置。

8.1 随机过程及统计

8.1.1 均值及方差

在随机响应分析中，激励信号、响应信号都是一个随机过程。随机过程指的是变量 $x(t)$ 在任意具体时刻都是一个随机数，在多次采样过程中获取的信号样本如图 8-1 所示。

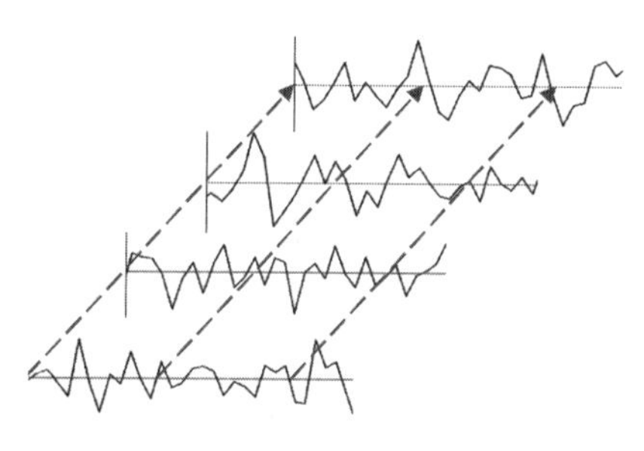

图 8-1 随机过程 $x(t)$ 的采样

在 OptiStruct 随机响应分析中，假定外激励及结构响应的随机过程都是“平稳”且“各态历经”的，即任意时刻的随机数 $x(t)$ 都具有恒定的均值 μ 和方差 σ^2。

$$E(x(t))=\mu \tag{8-1}$$

$$E((x(t)-\mu)^2)=\sigma^2 \tag{8-2}$$

且任意时刻的统计特征（μ 和 σ^2）都可等效至任意时段采样信号的均值。

$$\mu \approx \frac{1}{n}\sum_{i=1}^{n} x(t_i) \tag{8-3}$$

$$\sigma^2 \approx \frac{1}{n}\sum_{i=1}^{n} (x(t_i)-\mu)^2 \tag{8-4}$$

8.1.2 线性叠加性

在工程随机振动中，一般假定激励或响应信号近似满足高斯（正态）分布。记高斯随机过程

$x(t)$满足均值为μ、标准差为σ的高斯分布，即$x \sim N(\mu,\sigma^2)$。

其概率密度函数为

$$P(x) = \frac{1}{\sigma\sqrt{2\pi}}e^{-\frac{(x-\mu)^2}{2\sigma^2}} \tag{8-5}$$

高斯分布具有良好的线性叠加性质。例如，两组独立的随机载荷f_1及f_2各自满足高斯分布：

$$f_1 \sim N(\mu_{f_1},\sigma_{f_1}^2),\ f_2 \sim N(\mu_{f_2},\sigma_{f_2}^2) \tag{8-6}$$

那么它们的线性组合也满足高斯分布：

$$(f_1+f_2) \sim N(\mu_{f_1}+\mu_{f_2},\sigma_{f_1}^2+\sigma_{f_2}^2) \tag{8-7}$$

OptiStruct 结构动力学表达式为一个线性系统，而高斯随机过程的线性叠加性保证了在激励满足高斯随机过程时，响应也依然是高斯随机过程，因此结构的随机振动响应具有稳定的数值统计特征。

8.1.3 相关函数与功率谱

相关函数描述的是一个时间序列与另一个时间序列的相关程度。例如，正弦函数曲线沿时间轴平移一个周期以后与原函数完全相同，而平移0.5个周期后则与原函数完全相反。相关函数的数值描述的便是这一变化，它是时间延迟τ的函数。相关函数分为自相关函数与互相关函数两类。

1）自相关函数：用于描述信号$x(t)$自身在发生时延后的相关性。

$$R_{xx}(\tau) = E(x(t),x(t+\tau)) = \int_{-\infty}^{+\infty} x(t)x(t+\tau)\,dt \tag{8-8}$$

2）互相关函数：用于描述两个信号$x(t)$与$y(t)$在发生时延后的相关性。

$$R_{xy}(\tau) = E(x(t),y(t+\tau)) = \int_{-\infty}^{+\infty} x(t)y(t+\tau)\,dt \tag{8-9}$$

随机信号的一个重要统计特性是功率谱，它是信号在频域能量分布的统计曲线，与相关函数互为拉普拉斯变换对。对于时域随机信号$x(t)$，它的自功率谱函数$S_{xx}(\omega)$即傅里叶频谱$x(\omega)$幅值的平方。

$$S_{xx}(\omega) = \| x(\omega) \|^2 \tag{8-10}$$

对式（8-8）及式（8-9）进行拉普拉斯变换，可以得到自相关函数$R_{xx}(\tau)$与自功率谱$S_{xx}(\omega)$满足拉普拉斯变换对的关系，互相关函数$R_{xy}(\tau)$与互功率谱$S_{xy}(\omega)$也满足拉普拉斯变换对的关系。

$$L(R_{xx}(\tau)) = x(s)\,\overline{x(s)} = S_{xx}(\omega) \tag{8-11}$$

$$L(R_{xy}(\tau)) = x(s)\,\overline{y(s)} = S_{xy}(\omega) \tag{8-12}$$

式中，$s=j\omega$；$x(s)$与$y(s)$表示信号的频响曲线；$\overline{(\quad)}$表示取共轭复数对。

特别情况下，随机信号的自相关函数仅在τ为0时为常数σ^2，其余时刻均为0；相应的随机信号自功率谱为

$$\int_{-\infty}^{+\infty} S_{ff_i}(\omega)\,d\omega = R_{ff_i}(0) = \sigma_{f_i}^2 \tag{8-13}$$

对于一般的随机激励$f_1(t)$及$f_2(t)$，它们的互相关函数与互功率谱通常是不为零的，仅当随机激励$f_1(t)$及$f_2(t)$是相互独立（不相关）的情况下，互相关或互功率谱才为零。

$$R_{f_1f_2}(\tau) \neq 0, S_{f_1f_2}(\omega) \neq 0 \tag{8-14}$$

OptiStruct 中的随机激励功率谱采用 RANDPS 卡片进行定义。一般来说，随机激励功率谱由试验标准定义或由实测的时域激励曲线通过式（8-11）及式（8-12）生成。如果随机激励包含多个自由度（多节点或多方向），那么需要定义每个自由度上的自功率谱以及所有自由度之间的互功率

谱。另外，工程应用中的频谱及功率谱曲线一般定义在正频率范围，即采用单边谱输入方式：

$$G_{ff_i}(\omega) = \begin{cases} 2\,S_{ff_i}(\omega), \omega \geqslant 0 \\ 0, \omega < 0 \end{cases} \tag{8-15}$$

在OptiStruct随机响应分析中，要求输入的功率谱全部为单边谱$G_{ff_i}(\omega)$或全部为双边谱$S_{ff_i}(\omega)$。如果功率谱输入采用单边谱，那么输出的响应为单边谱；如果功率谱输入为双边谱，那么输出的响应为双边谱。

8.2 随机响应分析

OptiStruct随机响应分析序列RANDOM是在频响分析基础上进行的。

$$\boldsymbol{u}s = (s^2\boldsymbol{M} + s\boldsymbol{C} + \boldsymbol{K})^{-1}\boldsymbol{f}(s) = \boldsymbol{H}(s)\boldsymbol{f}(s) \tag{8-16}$$

式中，结构相关的参数（质量矩阵$\boldsymbol{M}$、阻尼矩阵$\boldsymbol{C}$以及刚度矩阵$\boldsymbol{K}$）都是确定不变的，仅外激励f是随机的。$\boldsymbol{H}$（s）称为频域脉冲响应矩阵，是频变的复值函数矩阵。

对式（8-16）进行共轭转置变换，得到

$$\boldsymbol{u}^{\mathrm{H}}s = \boldsymbol{f}^{\mathrm{H}}s\,\boldsymbol{H}^{\mathrm{H}}s \tag{8-17}$$

式中，$(\quad)^{\mathrm{H}}$表示矩阵的共轭转置运算符；$\boldsymbol{u}^{\mathrm{H}}$为行向量。

将式（8-16）与式（8-17）进行矩阵乘积，得到

$$\begin{aligned} \boldsymbol{u}(s)\boldsymbol{u}^{\mathrm{H}}s &= \boldsymbol{H}(s)\boldsymbol{f}(s)\boldsymbol{f}^{\mathrm{H}}(s)\,\boldsymbol{H}^{\mathrm{H}}(s) \\ \boldsymbol{S}_{uu^{\mathrm{H}}}(s) &= \boldsymbol{H}(s)\,\boldsymbol{S}_{ff^{\mathrm{H}}}(s)\,\boldsymbol{H}^{\mathrm{H}}(s) \end{aligned} \tag{8-18}$$

此即OptiStruct随机响应分析的计算方程。式中，$\boldsymbol{S}_{ff^{\mathrm{H}}}(s)$为随机激励的功率谱密度矩阵，由RANDPS卡片进行定义：

$$\boldsymbol{S}_{ff^{\mathrm{H}}}(s) = \boldsymbol{f}(s)\boldsymbol{f}^{\mathrm{H}}(s) \tag{8-19}$$

而$\boldsymbol{S}_{uu^{\mathrm{H}}}(s)$即随机响应的功率谱密度PSDF（Power Spectrum Density Function）矩阵。

$$\boldsymbol{S}_{uu^{\mathrm{H}}}(s) = \boldsymbol{u}(s)\boldsymbol{u}^{\mathrm{H}}(s) \tag{8-20}$$

式（8-18）中的频域脉冲响应$\boldsymbol{H}(s)$只需要计算与载荷$\boldsymbol{f}$相关的部分，在OptiStruct中使用单位幅值激励的频响分析来获取，即对$\boldsymbol{f}(s)$中每一个非零的自由度分别施加恒定幅值为1的载荷，那么通过频响分析就可以得到$\boldsymbol{H}(s)$矩阵中与该自由度对应的一列脉冲响应函数。例如，进行单点3向随机振动分析时，OptiStruct需要计算独立的3组频响工况；如果进行两个节点各3个方向的随机振动分析，那么需要独立计算6组频响工况。

图8-2所示为典型的OptiStruct随机振动分析工况在.fem文件中的定义，该文件定义了在3个自由度上进行随机激励（如单个节点，3个平动方向）的振动工况。其中定义了3个模态频响工况SUBCASE 1～SUBCASE 3，它们用于获取脉冲响应函数$\boldsymbol{H}(s)$在激励自由度上的列。在SUBCASE 4中定义了随机响应分析工况，使用RANDOM引用各随机激励自由度之间的功率谱矩阵RANDPS。RANDPS通过卡片TABRND1定义各随机激励的自/互功率谱曲线。

需要注意的是，随机响应分析要求频响工况SUBCASE 1～SUBCASE 3中DLOAD定义的随机激励频谱幅值恒定为1，否则从频响分析中计算得到的结果不再是$\boldsymbol{H}(s)$的列，会随载荷频谱曲线在各频段发生缩放。

```
SUBCASE       1
  LABEL FRF_X
ANALYSIS MFREQ
  SPC =        1
  METHOD(STRUCTURE) =  2
  FREQUENCY = 3
  DLOAD =      4

SUBCASE       2
  LABEL FRF_Y
ANALYSIS MFREQ
  SPC =        1
  METHOD(STRUCTURE) =  2
  FREQUENCY = 3
  DLOAD =      5

SUBCASE       3
  LABEL FRF_Z
ANALYSIS MFREQ
  SPC =        1
  METHOD(STRUCTURE) =  2
  FREQUENCY = 3
  DLOAD =      6

SUBCASE       4
  LABEL random
ANALYSIS RANDOM
  RANDOM =     9
```

图8-2　随机响应分析工况定义（3 DOF/模态频响）

8.3 输出控制

8.3.1 均方根、自功率谱密度

与频率响应分析类似，在随机响应分析中也支持 OFREQUENCY 及 PEAKOUT 进行输出频率集控制。另外，随机响应输出时特有的选项为 RMS、PSDF 及 PSDFC，分别表示输出响应的均方根统计、功率谱密度函数及功率谱密度累计函数。举例如下。

- DISPLACEMENT（RMS） = SET：表示仅输出 SET 的均方根统计。
- DISPLACEMENT（PSDF） = SET：表示输出 SET 的均方根及功率谱密度函数。

8.3.2 互功率谱密度

默认情况下，OptiStruct 随机响应仅输出响应的自功率谱，即 $S_{uu^H}(s)$ 的主对角元部分。如果需要输出响应的互功率谱（非主对角元）部分，可以使用 RCROSS 卡片及工况的 I/O 控制段。

如图 8-3 所示，RCROSS 卡片定义了 4 条互功率谱曲线：3 条为位移自由度之间的互功率谱曲线，1 条为位移自由度与应力自由度的互功率谱曲线。在工况 I/O 段定义 RCROSS（PSDF，randid）= option，其中的 randid 引用 RANDPS 曲线，option 引用 RCROSS 卡片。OptiStruct 进行随机分析后将在 *. pch 文件中输出这 4 条互功率谱曲线。

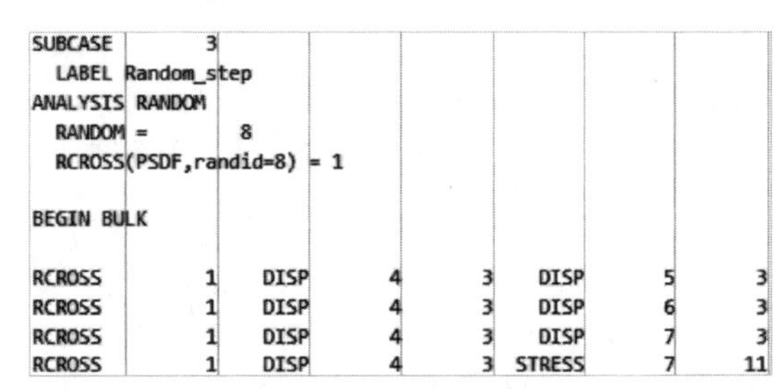

```
SUBCASE         3
  LABEL  Random_step
ANALYSIS RANDOM
  RANDOM =          8
  RCROSS(PSDF,randid=8) = 1

BEGIN BULK

RCROSS          1   DISP      4     3   DISP      5     3
RCROSS          1   DISP      4     3   DISP      6     3
RCROSS          1   DISP      4     3   DISP      7     3
RCROSS          1   DISP      4     3   STRESS    7    11
```

图 8-3　互功率谱 RCROSS 输出定义

8.4 卡片说明

8.4.1 TABRND1 卡片

TABRND1 卡片用于定义离散点曲线。在随机响应分析中，这条曲线通过被 RANDPS 卡片引用来发挥作用。TABRND1 卡片定义及说明见表 8-1 和表 8-2。

表 8-1　TABRND1 卡片定义

(1)	(2)	(3)	(4)	(5)	(6)	(7)	(8)	(9)	(10)
TABRND1	TID	XAXIS	YAXIS	FLAT					
	f1	g1	f2	g2	…	…	ENDT		

表 8-2　TABRND1 卡片说明

字　段	说　明
XAXIS	设置 X 轴为线性坐标轴 LINEAR 或对数坐标轴 LOG（默认为 LINEAR）
YAXIS	设置 Y 轴为线性坐标轴 LINEAR 或对数坐标轴 LOG（默认为 LINEAR）

（续）

字　段	说　明
FLAT	曲线定义区间以外的插值方式，0或1。默认值为0，表示线性外插；1表示水平外插
f#，g#	表格数据对，表示自/互功率谱曲线
ENDT	表示数据表结束，必须写在最后一个数据对之后

曲线X轴表示频率f#，单位为Hz，Y轴表示功率谱曲线的数值g#，离散点之间采用线性插值方式。

8.4.2 RANDPS 卡片

RANDPS卡片（见表8-3和表8-4，SID可重复）用于定义随机激励的自/互功率谱，以实部、虚部的方式进行表示。

$$S_{jk}(\Omega) = (X + iY)G(\Omega)$$

式中，用$S_{jk}(\Omega)$表示$S_{ff''}(s)$矩阵的第j行第k列元素，$s = i\Omega$，Ω为频率。

表8-3　RANDPS卡片定义

(1)	(2)	(3)	(4)	(5)	(6)	(7)	(8)	(9)	(10)
RANDPS	SID	J	K	X	Y	TID			

矩阵$S_{ff''}(s)$是共轭对称矩阵，因此在OptiStruct中只需定义矩阵的上三角元素即可。每一行RANDPS卡片定义一条自/互功率谱曲线，SID可以重复，如图8-4所示。当SID在工况定义中被RANDOM引用时，将同时施加SID相符的所有功率谱。

表8-4　RANDPS卡片说明

字　段	说　明
J	功率谱矩阵的行号，引用一个频响分析工况ID（整数，J>0）
K	功率谱矩阵的列号，引用一个频响分析工况ID（整数，K≥J）
X	实部系数（实数，≥0）
Y	虚部系数（实数，≥0）
TID	定义$G(\Omega)$，引用TABRND1类型卡片

定义自功率谱密度函数时，$S_{jk}(\Omega)$曲线为实数。此时J = K，并设置X = 1.0，Y = 0.0，引用自功率谱曲线的TID。

定义互功率谱密度函数时，$S_{jk}(\Omega)$曲线一般为复数。此时K≥J，且需要两行RANDPS设置互功率谱密度曲线：一行设置X = 1.0，Y = 0.0，引用互功率谱曲线的实部；另一行设置X = 0.0，Y = 1.0，引用互功率谱曲线的虚部。

图8-4所示为一个2×2的随机功率谱矩阵定义。

RANDPS	8	1	1	1.0	0.0	9			
RANDPS	8	2	2	1.0	0.0	10			
RANDPS	8	1	2	1.0	0.0	11			
RANDPS	8	1	2	0.0	1.0	12			

图8-4　随机功率谱矩阵定义

1）第 1 行表示在 SUBCASE 1 的频响工况中施加自功率谱随机激励。

2）第 2 行表示在 SUBCASE 2 的频响工况中施加自功率谱随机激励。

3）第 3 行和第 4 行共同定义了 SUBCASE 1 与 SUBCASE 2 的互功率谱随机激励，实部引用 TID = 11 的 TABRND1 卡片，虚部引用 TID = 12 的 TABRND1 卡片。

8.5 实例：电池包的台架随机振动

电池包是安装在电动车辆上的电能存储装置，内部由大量的电池模组构成，外部被一个壳体包裹。常见的一种电池包形态为外壳边缘有若干个安装支架，安装支架通过螺栓固定到车辆底部。电池包在使用过程中会受到偶然性外部撞击，以及持续的路面随机振动载荷。GB 38031—2020 定义了车用电池包的随机振动工况，本例将参考该标准进行电池包的随机振动分析。

使用 HyperMesh 导入 BatteryPack.fem 文件，电池包模型中已包含所有的网格及材料属性，如图 8-5 所示。内部的电池包模组采用简化的集中质量单元 COMN2 及 RBE3 单元来表示，CONM2 所在的中心节点已定义为 SET_grid 集合。台架测试中所有安装支架的螺栓部位固定在振动台上，进行同步的 Z 向、Y 向、X 向随机振动。安装支架的所有螺栓中心节点已定义为 SET_fix 集合。

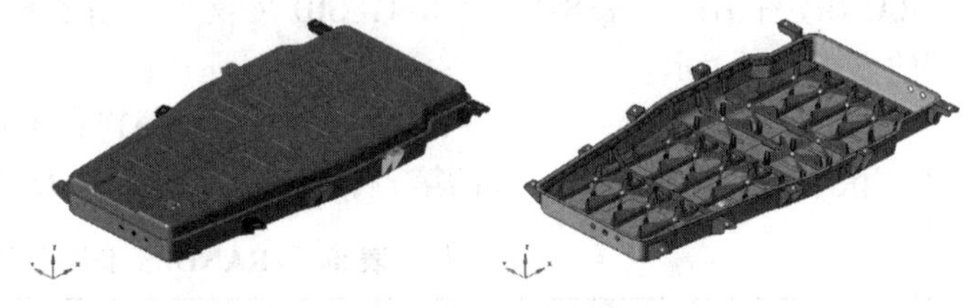

图 8-5　电池包模型

这里还需要进行的设置包括 3 个平动方向的频响分析以及 3 个方向的随机振动分析。具体涉及设置模态分析算法 EIGRA、设置分析频率集 FREQi、定义 SPC 及 SPCD 平动加速度激励、定义随机激励自功率谱、设置结构阻尼和定义响应输出。

模型设置

Step 01 在模型浏览器中右击并选择 Create-> Load Collector。

将 Name 改为“EIGRA”；Card Image 项选择 EIGRA；在 V2 字段输入 400.0，表示提取电池包 400Hz 以下的振动模态。

Step 02 设置分析频率集。在模型浏览器中右击并选择 Create-> Load Collector。

- 将 Name 改为“FREQi”；Card Image 项选择 FREQi。
- 启用 FREQ3 选项，F1 设定为 5.0，F2 设定为 200.0，TYPE = LINEAR，NEF = 5，CLUSTER = 10.0。启用 FREQ1 选项，F1 设定为 5.0，DF 设定为 5.0，NDF = 40。

Step 03 创建台架试验刚性单元 RBE2。

- 在模型浏览器中右击并选择 Create-> component，命名为“SPC_comp”。
- 单击 1D→rigids，进入 Rigids 面板。更改 dependent 类型为 multiple nodes，更改 independent 类型为 calculate node。
- 单击 dependent 的 nodes 按钮，选择 by sets，然后选中 SET_fix，单击 select；确认 dof1 ~ dof6 均已选中，确认 elem type 为 REB2；单击 Create 按钮，将生成图 8-6 所示的 RBE2 单元。

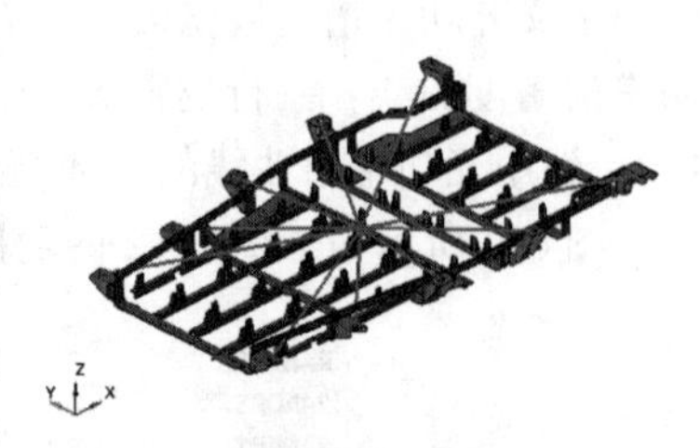

图 8-6　电池包 SPC 边界条件及 RBE2 单元

Step 04 创建台架试验边界条件 SPC。

- 在模型浏览器中右击并选择 Create-> Load Collector，命名为“SPC”。
- 单击 Analysis-> constraints，进入 constraints 面板。
- 单击 nodes，选择 by sets，然后选中 Step 03 创建的中心节点，单击 select；确认 dof1 ~ dof6 均已选中且数值为 0.0，确认 load type 为 SPC，单击 Create 按钮。

Step 05 创建台架试验边界条件 SPCD。

- 在模型浏览器中右击并选择 Create-> Load Collector，命名为“ACCE_Z”。单击面板的 Analysis →constraints 按钮，确认 load types 为 SPCD；确认仅 dof3 被选中，数值为 1.0；nodes 选择 Step 03 创建的中心节点，单击 Create 按钮。
- 在模型浏览器中右击并选择 Create-> Load Collector，命名为“ACCE_Y”。单击面板的 Analysis →constraints 按钮，确认 load types 为 SPCD；确认仅 dof2 被选中，数值为 1.0；nodes 选择 Step 03 创建的中心节点，单击 Create 按钮。
- 在模型浏览器中右击并选择 Create-> Load Collector，命名为“ACCE_X”。单击面板的 Analysis →constraints 按钮，确认 load types 为 SPCD；确认仅 dof1 被选中，数值为 1.0；nodes 选择 Step 03 创建的中心节点，单击 Create 按钮。

Step 06 创建台架试验频响载荷 RLOAD（单位激励）。

- 在模型浏览器中右击并选择 Create-> Load Collector，命名为“RLOAD_Az”。Card Image 项选择 RLOAD1；在 EXCITEDID 选项中选择 ACCE_Z 载荷；在 TC 选项中选择 TABLE1 曲线；TD 选项留空；TYPE 选择 ACCE。
- 同样，创建另外两个 Load Collector，分别命名为“RLOAD_Ay”“RLOAD_Ax”的 RLOAD1 载荷。EXCITEDID 选项分别对应 ACCE_Y 及 ACCE_X；TC 项选择 TABLE1 曲线；TYPE 选择 ACCE。

Step 07 创建台架试验频响载荷工况（单位激励）。

- 在模型浏览器中右击并选择 Create-> Load Step。名称设置为“MFRF_Az”，Analysis type 设置为 Freq. resp（modal）；边界条件和载荷的定义如图 8-7 所示。
- 同样，创建另外两个 Load Step，命名为“MFRF_Ay”及“MFRF_Ax”，只更改 DLOAD 为 RLOAD_Ay 及 RLOAD_Ax。

Subcase Definition	
⊟ Analysis type:	Freq. resp (modal)
⊞ SPC:	(3) SPC
SUPORT1:	<Unspecified>
⊞ DLOAD:	(7) RLOAD_Az
MPC:	<Unspecified>
⊞ METHOD (STRUCT):	(1) EIGRA
METHOD (FLUID):	<Unspecified>
⊞ FREQ:	(2) FREQi

图 8-7 定义 Z 向振动的单位频响分析工况

Step 08 定义随机振动功率谱 TABRND1（依据图 8-8 所示的振动测试标准）。

随机振动（每个方向测试时间为 12 h）			
频率 Hz	z 轴功率谱密度(PSD) g^2/Hz	y 轴功率谱密度(PSD) g^2/Hz	x 轴功率谱密度(PSD) g^2/Hz
5	0.008	0.005	0.002
10	0.042	0.025	0.018
15	0.042	0.025	0.018
40	0.000 5	—	—
60	—	0.000 1	—
100	0.000 5	0.000 1	—
200	0.000 01	0.000 01	0.000 01
RMS	z 轴	y 轴	x 轴
	0.73 g	0.57 g	0.52 g
正弦定频振动（每个方向测试时间为 2 h）			
频率 Hz	z 轴定频幅值	y 轴定频幅值	x 轴定频幅值
20	±1.5 g	±1.5 g	±2.0 g

图 8-8 电池包随机振动自功率谱（GB 38031—2020）

- 在模型浏览器中右击并选择 Create-> Load Collector（或 Curve），创建名为“TABRND_Az”、“TABRND_Ay”和“TABRND_Ax”的 3 个卡片。
- Card Image 项选择 TABRND1；XAXIS 及 YAXIS 都设置为 LOG，FLAT 设置为 1。
- 近似取 $g = 10\text{m/s}^2$，将图 8-8 中各点的数值乘以10^8输入 TABRND1 的表格定义，如图 8-9 所示。

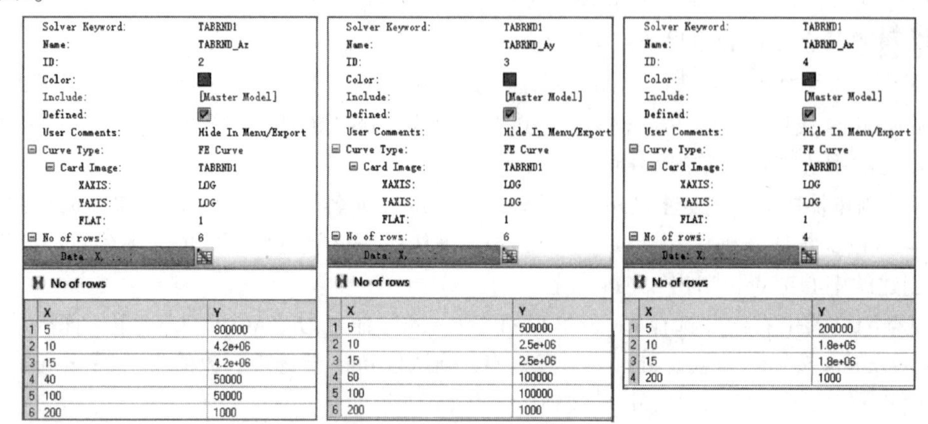

图 8-9　3 向随机激励的自功率谱 TABRND1 设置

Step 09 定义随机激励功率谱 RANDPS 矩阵。

如图 8-10 所示，在模型浏览器中右击并选择 Create-> Load Collector，创建 3 个 Card Image 项为 RANDPS、分别名为“RANDPS_Az”“RANDPS_Ay”“RANDPS_Ax”的卡片。

- RANDPS_Az 的 J 和 K 选项选为 Z 向频响工况；TID 为 TABRND_Az。
- RANDPS_Ay 的 J 和 K 选项选为 Y 向频响工况；TID 为 TABRND_Ay。
- RANDPS_Ax 的 J 和 K 选项选为 X 向频响工况；TID 为 TABRND_Ax。

这里设置的随机激励功率谱 RANDPS 共 3 个，每个矩阵都仅为 1×1 矩阵。它表示台架试验分 3 个阶段，每个阶段仅进行单一方向的强制随机激励，不存在同时进行 3 个方向强制随机振动的工况。如果希望求解 3 方向同时激励的随机振动工况，需要定义 3×3 的 RANDPS 矩阵，并定义上三角的 6 个元素。具体请参考 8.4.2 节。

Step 10 创建台架试验随机响应分析工况，如图 8-11 所示。

- 在模型浏览器中右击并选择 Create-> Load Step。名称设置为“RAND_Az”；Analysis type 设置为 Random；RANDOM 选择 RANDPS_Az。
- 同样，创建另外两个 Load Step，命名为“RAND_Ay”及“RAND_Ax”，并更改 RANDOM 为 RANDPS_Ay 及 RANDPS_Ax。

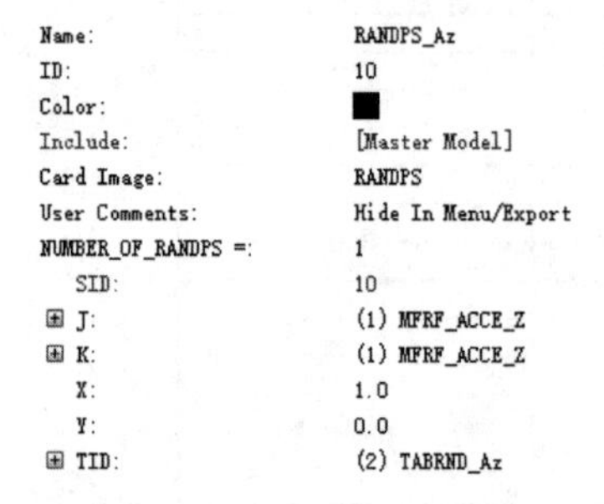

图 8-10　随机激励工况 Z 向的 RANDPS 设置

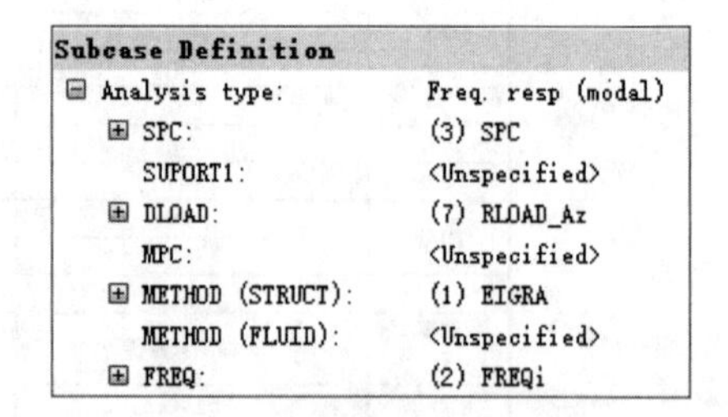

图 8-11　定义 Z 方向振动的单位频响分析工况

Step 11 在模型浏览器中右击并选择 Create-> PARAM。启用 G，G_V1 为 0.06，即设置结构阻尼系数为 0.06。勾选 CHECKEL 复选框，选择 NO。

Step 12 在模型浏览器中右击并选择 Create-> Output，勾选 ACCELERATION，OPTION 选择 SID，并选择 SET_grid。表示输出电池模组 CONM2 节点的加速度响应。

Step 13 完成设置的 HyperMesh 模型树如图 8-12 所示。

Step 14 提交 OptiStruct 求解。在 Analysis 面板单击 OptiStruct 按钮提交求解，也可以导出新的 .fem 文件，使用 HyperWorks Solver Run Manager 对话框提交求解。

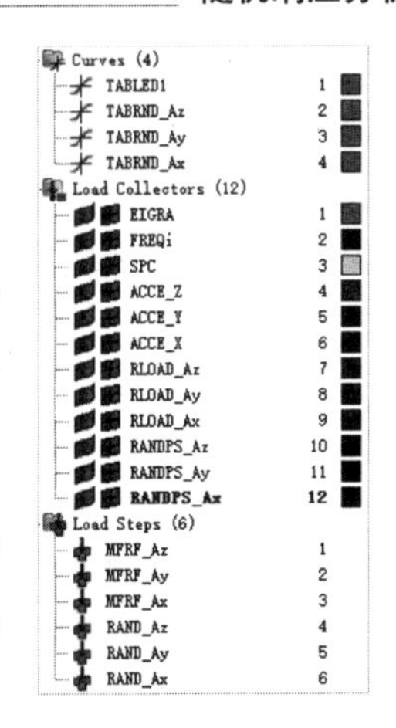

图 8-12　HyperMesh 模型树：电池包随机振动分析（3 方向）

结果查看

使用 HyperGraph 打开 .h3d 文件，查看 SUBCASE 4 ~ SUBCASE 6 随机响应分析的结果，如图 8-13 所示，可知结果中包含功率谱 PSD 以及均方根数值 RMS。

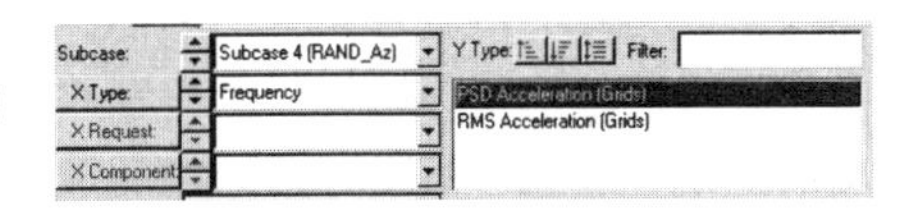

图 8-13　随机响应分析结果，包含 PSD 及 RMS

1）用 HyperGraph 绘制随机激励工况 Subcase 4（RAND_Az）节点 N4194367 的振动加速度的功率谱曲线，如图 8-14 所示，图中纵坐标设置为对数形式。

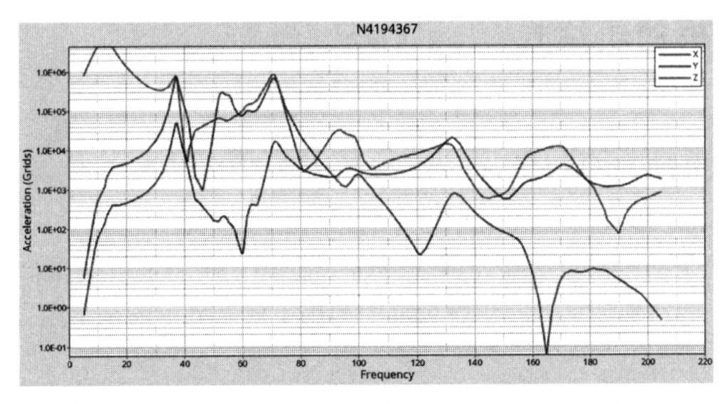

图 8-14　随机响应功率谱 PSD：N4194367 节点

2）如图 8-15 所示，可使用 HyperGraph 绘制所有输出节点在 Z 向激励下的 Z 向功率谱 PSD 曲线。这些曲线的包络代表了安装在不同位置时电池模组的最大 Z 向加速度响应。

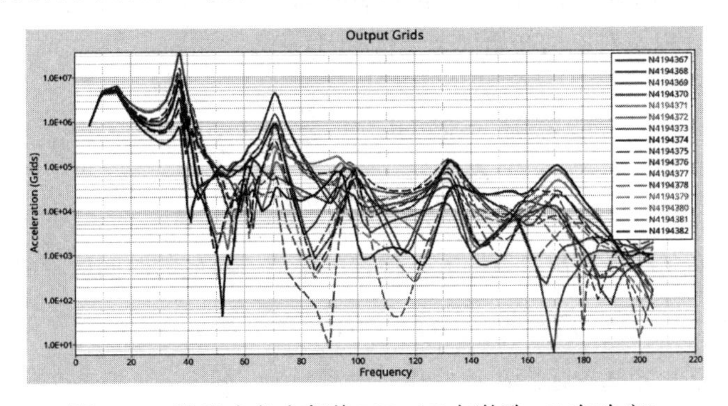

图 8-15　随机响应功率谱 PSD（Z 向激励、Z 向响应）

第9章 响应谱分析

响应谱分析（Response Spectrum Analysis，RSA）也常称为冲击响应谱分析。它是一种用于估计结构在冲击性基础激励作用下最大瞬态响应的分析技术，在建筑物抗震设计中有较广泛的应用。相对于传统的瞬态分析而言，响应谱分析计算过程只需要进行模态分析和简单叠加，极大地精简了计算，是一种代价很低的峰值响应近似评估方法。

响应谱是这样一条曲线，它描述的是单自由度系统在基础冲击载荷下的最大响应和固有频率之间的关系。它并非传统意义上的频谱，而是作为模态响应的加权系数被用于估计结构最大响应，通常由设计规范给出。当结构受到的基础冲击激励具有不确定性，但冲击能量分布又有一定规律时，采用响应谱分析能够满足评估结构的最大响应的需求。

OptiStruct 响应谱分析提供了几种组合方法来估计结构的峰值响应。用户可以自定义模态响应的组合方式以及正交冲击的组合方式。所需的输入为结构在不同阻尼情形下的响应谱曲线。

9.1 响应谱分析的表达式

9.1.1 基础冲击激励的模态坐标

响应谱分析求解的是结构相对基础（可理解为“地面”或“基础支撑结构”等）产生的响应极大值，如相对位移、相对加速度等，求解过程中利用了模态分解的基本理念。结构动力学瞬态响应位移表达式为

$$\boldsymbol{u}(t) = \boldsymbol{\Phi q}(t), u_k(t) \approx \sum_{i=1}^{n} \varphi_{ki} q_i(t) \tag{9-1}$$

式中，u_k为响应$\boldsymbol{u}$在第k自由度的响应；φ_{ki}为第i阶模态振型$\boldsymbol{\varphi}_i$在第k自由度的响应。

假定最初结构为静止状态，在零时刻受到极短时间的基础冲击，于是在$t=0$时刻产生了相对基础的初始位移$\boldsymbol{u}(0)$，以及对应的初始模态坐标$q_i(0)$。

$$\boldsymbol{u}(0) = \boldsymbol{\Phi q}(0) \approx \sum_{i=1}^{n} \boldsymbol{\varphi}_i q_i(0) \tag{9-2}$$

$$q_i(0) = \boldsymbol{\varphi}_i^{\mathrm{T}} \boldsymbol{M u}(0) \tag{9-3}$$

随后各个模态坐标$q_i(t)$将在初始条件下进行自由振动，对应的时间历程曲线为

$$q_i(t) = q_i(0)\, \mathrm{e}^{-\zeta\omega_i t} \cos(\sqrt{1-\zeta^2}\, \omega_i t) \tag{9-4}$$

注意这里的$\boldsymbol{u}(t)$是扣除基础强制运动的相对位移。在 OptiStruct 模态法瞬态分析中，使用 PARAM，ENFMOTN，REL 可输出该相对位移。

9.1.2 峰值响应的近似表达

在响应谱分析中，使用模态参与因子p_i取代了式（9-1）中的模态坐标q_i，并使用响应谱曲线$\chi(\omega)$进行峰值响应校正。结构相对基础的峰值响应记为$\widehat{u}_k$，取近似表达式为

$$\widehat{u}_k = \sum_{i=1}^{n} \varphi_{ki} p_i \chi_i \tag{9-5}$$

其中，p_i为第i阶模态的参与因子（参考5.1.6节）：

$$p_i = \boldsymbol{\varphi}_i^{\mathrm{T}} \boldsymbol{M} \boldsymbol{\varphi}_0 \tag{9-6}$$

χ_i为响应谱曲线$\chi(\omega)$在第i阶固有频率ω_i的数值：

$$\chi_i = \chi(\omega_i) \tag{9-7}$$

它是模态$\boldsymbol{\varphi}_i$在典型基础冲击激励下的峰值响应，用于矫正峰值响应$\widehat{u}_k$。

可以看到，响应谱分析式（9-5）与瞬态响应式（9-1）是高度相似的；模态参与因子表达式（9-6）与瞬态响应模态坐标表达式（9-3）也是高度相似的。OptiStruct进行响应谱分析时会预先进行模态分析，可获得各阶模态$\boldsymbol{\varphi}_i$和模态参与因子p_i，于是式（9-5）的进一步计算只需要确定响应谱曲线$\chi(\omega)$。

9.2 响应谱曲线

9.2.1 曲线定义

响应谱曲线$\chi(\omega)$是单自由度系统在典型基础冲击激励下的峰值响应，其横坐标为单自由度系统的频率，纵坐标为峰值响应。获取该曲线的计算过程如下。

1）建立一系列单自由度弹簧振子系统，如图9-1所示，包括弹簧刚度k_i、黏性阻尼c_i、振子质量m_i，所有弹簧振子连接于基础（地面）之上。

2）弹簧振子采用标准化定义。

$$\begin{cases} m_i = 1 \\ k_i = \omega_i^2 \\ c_i = 2\zeta\,\omega_i \end{cases} \tag{9-8}$$

即弹簧振子质量均为1，黏性阻尼比均为ζ，仅刚度（固有频率）不同。

3）对共同的基础施加强制运动时间历程曲线，进行瞬态响应分析。该基础激励须为结构可能受到的典型冲击激励，可以是加速度、速度或位移形式。当采用OptiStruct进行仿真时，施加SPC/SPCD形式的TLOAD载荷。

4）记录各个弹簧振子在瞬态分析中的峰值响应χ_i，画出χ_i与固有频率ω_i的关系曲线，即响应谱曲线$\chi(\omega,\zeta)$。注意，这里还包含一个阻尼比参数ζ。

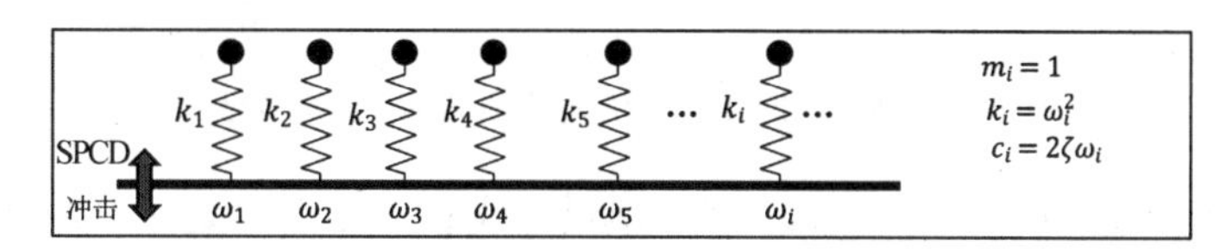

图9-1 响应谱曲线的计算模型

5）为弹簧振子系统设置不同阻尼比 $\{\zeta_A, \zeta_B, \zeta_C, \cdots\}$，即获得不同阻尼比状态下的响应谱曲线 $\chi(\omega,\zeta_A)$，$\chi(\omega,\zeta_B)$，$\chi(\omega,\zeta_C)$，…。

9.2.2 曲线特征

响应谱曲线与实际结构可能受到的典型基础冲击激励有关，因此在不同的工程应用中，响应谱曲线一般是不同的。在建筑抗震、公路桥梁等设计中，通常由标准或规范直接给出。如果没有可以直接使用的响应谱，也可以采用 OptiStruct 瞬态分析或者系统仿真工具（如 Altair Activate 或 Compose）得到参考响应谱。

图 9-2 展示了在几种基础冲击激励作用下得到的位移响应谱，可以看到瞬态冲击激励的具体形式显著地改变着响应谱。

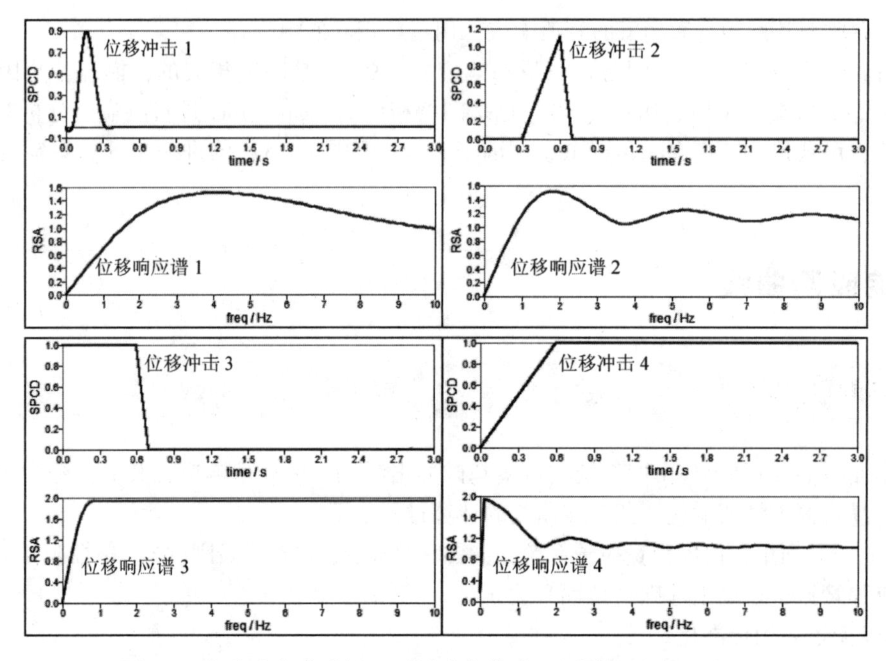

图 9-2　位移响应谱示例（不同冲击激励，相同阻尼比 $\zeta=0.02$）

图 9-3 展示了随着模态阻尼比 ζ 的改变，位移响应谱发生的变化。图中三条响应谱曲线对应的模态阻尼比为 0.004、0.02 和 0.1。一般来说随着阻尼比的升高，位移响应谱将变得愈加平坦。

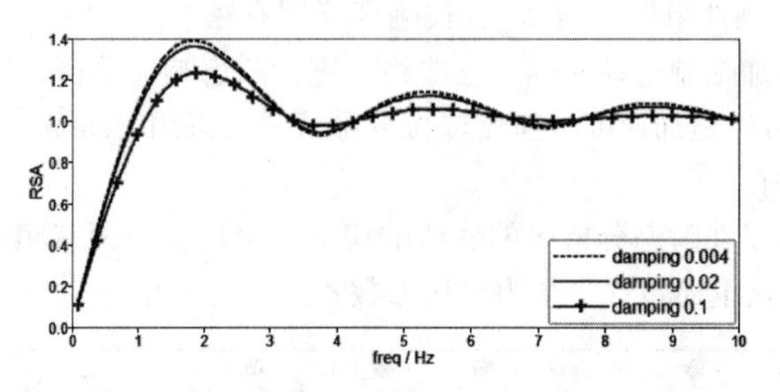

图 9-3　位移响应谱示例（相同冲击载荷，不同阻尼比）

在 OptiStruct 中采用 TABLED1 定义每一条响应谱曲线 $\chi(\omega)$，然后通过 DTI，SPECSEL 卡片将对应一系列阻尼比的响应谱曲线 $\chi(\omega,\zeta_A)$，$\chi(\omega,\zeta_B)$，$\chi(\omega,\zeta_C)$，…归为一组。每组响应谱曲线对应一

种响应类型，可以是位移响应谱、速度响应谱或加速度响应谱。

进行响应谱分析必须使用SDAMPING类型的阻尼。在式（9-5）中，χ_i的数值将依据第i阶模态的阻尼比ζ_i从DTI，SPECSEL的一组曲线中进行查找。当阻尼比不匹配时，OptiStruct将依据阻尼比数值进行曲线间的线性内插值以及水平外插值。当DTI，SPECSEL中仅有一条曲线时，所有阻尼比情形都采用该曲线。

9.3 峰值响应的组合

式（9-5）虽然可以获得近似的峰值响应，但并不能保证始终为正值。为了得到易于应用或更准确的结果，响应谱分析会对峰值响应表达式（9-5）做进一步的调整。在OptiStruct中使用卡片RSPEC定义峰值响应的模态组合方式以及多方向激励工况的响应组合方式。

9.3.1 模态组合

RSPEC卡片中的模态组合方式共有4类：ABS、SRSS、NRL以及CQC。

（1）ABS模态组合

$$\widehat{u}_k = \sum_{i=1}^{n} |\varphi_{ki} p_i \chi_i| \tag{9-9}$$

即对各阶模态的峰值响应取绝对值，然后进行求和。ABS模态组合的冲击响应数值通常会偏大，是偏保守的估计。

（2）SRSS模态组合

$$\widehat{u}_k = \left(\sum_{i=1}^{n} |\varphi_{ki} p_i \chi_i|^2\right)^{\frac{1}{2}} \tag{9-10}$$

即对各阶模态的峰值响应求取均方根。SRSS模态组合的数值小于ABS模态组合，是风险偏高的估计。

（3）NRL模态组合

$$\widehat{u}_k = |\varphi_{kj} p_j \chi_j| + \left(\sum_{i=1, i\neq j}^{n} |\varphi_{ki} p_i \chi_i|^2\right)^{\frac{1}{2}} \tag{9-11}$$

式中，$|\varphi_{kj} p_j \chi_j|$为各阶模态峰值响应绝对值中的最大值。

$$|\varphi_{kj} p_j \chi_j| = \max(|\varphi_{ki} p_i \chi_i|), i = 1, 2, \cdots n \tag{9-12}$$

NRL全称为Navy Research Laboratory's SRSS，它是叠加最大模态响应峰值和其余模态响应峰值均方根的组合类型，得到的峰值响应数值介于ABS模态组合及SRSS模态组合之间。

（4）CQC模态组合

$$\widehat{u}_k = \left(\sum_{i=1}^{n}\sum_{j=1}^{n} \rho_{ij} |\varphi_{ki} p_i \chi_i| |\varphi_{kj} p_j \chi_j|\right)^{\frac{1}{2}} \tag{9-13}$$

CQC全称为Complete Quadratic Combination，即完全二次组合。式（9-13）中，r_{ij}为各阶模态之间的频率比，ρ_{ij}是模态之间的关联系数。

$$r_{ij} = \frac{\omega_j}{\omega_i}$$

$$\rho_{ij} = \frac{8\sqrt{\zeta_i \zeta_j}(\zeta_i + r_{ij}\zeta_j) r_{ij}^{\frac{3}{2}}}{(1 - r_{ij}^2)^2 + 4\zeta_i \zeta_j r_{ij}(1 + r_{ij}^2) + 4(\zeta_i^2 + \zeta_j^2) r_{ij}^2} \tag{9-14}$$

假设各阶模态阻尼比相等，那么ρ_{ij}与r_{ij}的曲线如图 9-4 所示。其中，模态自身的关联系数恒为1；在不同模态之间，模态频率接近时关联系数趋近于1，模态频率远离时关联系数趋近于0；各阶模态阻尼比越大，模态之间的关联越显著。

使用 CQC 模态组合估计时，考虑了 SRSS 模态组合以外的模态间组合，因此峰值响应估计值略高于 SRSS。

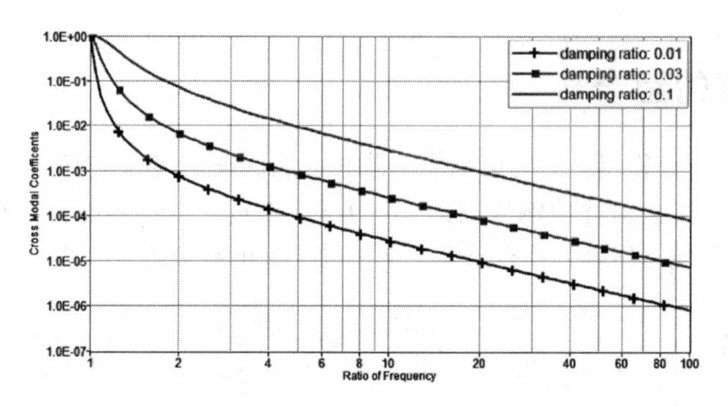

图 9-4　CQC 模态组合关联系数

9.3.2　正交载荷组合

如果结构的基础冲击载荷并非只沿单一方向，那么就需要进行正交载荷组合。例如，在地震工况中建筑物会同时受到横波及纵波的激励，且不同方向的基础冲击激励通常具有不同的响应谱。OptiStruct 响应谱分析中支持基础沿三个正交平动方向同时进行激励，然后对每个方向的峰值响应进行组合。正交冲击载荷的方向以及响应组合方式均在 RSPEC 卡片中定义，可选的载荷组合方式为 ALG 或 SRSS。

（1）ALG 载荷组合

将三个正交方向分别记为 X、Y、Z，那么每个方向的峰值响应记为

$$\begin{cases} \widehat{u_k^X} = \sum_{i=1}^{n} \varphi_{ki}(p_i^X \chi_i^X) \\ \widehat{u_k^Y} = \sum_{i=1}^{n} \varphi_{ki}(p_i^Y \chi_i^Y) \\ \widehat{u_k^Z} = \sum_{i=1}^{n} \varphi_{ki}(p_i^Z \chi_i^Z) \end{cases} \tag{9-15}$$

ALG 载荷组合对叠加系数$p\chi_i$执行代数叠加：

$$\begin{aligned} \widehat{u_k} &= \widehat{u_k^X} + \widehat{u_k^Y} + \widehat{u_k^Z} \\ &= \sum_{i=1}^{n} \varphi_{ki}(p_i^X \chi_i^X + p_i^Y \chi_i^Y + p_i^Z \chi_i^Z) \end{aligned} \tag{9-16}$$

在完成 ALG 载荷组合后，OptiStruct 再进行模态组合计算。

（2）SRSS 载荷组合

选择 SRSS 载荷组合方式时，OptiStruct 首先按照模态组合方法计算$\widehat{u_k^X}$、$\widehat{u_k^Y}$、$\widehat{u_k^Z}$，然后再进行正交载荷峰值响应的组合。载荷组合的方法为取均方根。

$$\widehat{u_k} = \sqrt{(\widehat{u_k^X})^2 + (\widehat{u_k^Y})^2 + (\widehat{u_k^Z})^2} \tag{9-17}$$

式中，$\widehat{u_k^X}$、$\widehat{u_k^Y}$、$\widehat{u_k^Z}$的计算为式（9-9）~式（9-14），而非式（9-15）。

9.4 卡片说明

图9-5所示为典型的OptiStruct响应谱分析.fem文件，工况定义须包含SPC、METHOD、SDAMPING以及RSPEC。其中，SPC定义基础固支边界；METHOD引用EIGRL或EIGRA模态分析算法；SDAMPING引用TABDMP1定义各阶模态阻尼；RSPEC定义基础冲击载荷方向、响应组合方法以及引用DTI，SPECSEL响应谱曲线组。

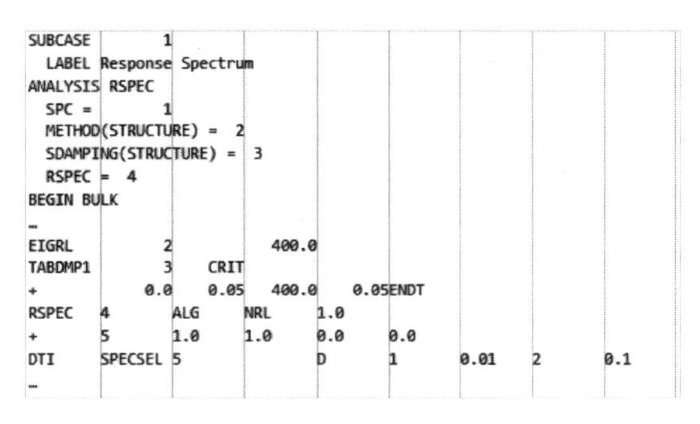

```
SUBCASE        1
  LABEL Response Spectrum
ANALYSIS RSPEC
  SPC =        1
  METHOD(STRUCTURE) = 2
  SDAMPING(STRUCTURE) = 3
  RSPEC = 4
BEGIN BULK
-
EIGRL          2          400.0
TABDMP1        3     CRIT
+            0.0   0.05   400.0   0.05ENDT
RSPEC   4       ALG     NRL     1.0
+       5       1.0     1.0     0.0     0.0
DTI     SPECSEL 5               D       1       0.01    2       0.1
-
```

图9-5　响应谱分析工况定义及关键卡片

9.4.1 DTI，SPECSEL卡片

DTI，SPECSEL卡片（见表9-1和表9-2）用于定义一组响应谱曲线$\chi(\omega,\zeta)$，通过被RSPEC卡片的DTISPEC#字段引用来发挥作用。

表9-1　DTI，SPECSEL卡片定义

(1)	(2)	(3)	(4)	(5)	(6)	(7)	(8)	(9)	(10)
DTI	SPECSEL	ID		TYPE	TID1	DAMP1	TID2	DAMP2	
	TID3	DAMP3	…	…	…	…	…	…	

表9-2　DTI，SPECSEL卡片说明

字　段	说　明
TYPE	响应谱曲线的响应类型。A：加速度响应；V：速度响应；D：位移响应
TID#	定义$\chi(\omega,\zeta)$的$\omega-\chi$曲线，引用TABLED1卡片
DAMP#	定义$\chi(\omega,\zeta)$的阻尼比ζ

DTI，SPECSEL可以定义若干条$\chi(\omega,\zeta)$曲线。当SDAMPING阻尼与DTI，SPECSEL中的DAMP#定义数值不一致时，采用线性内插以及水平外插得到对应的响应谱数值。当DTI，SPECSEL中仅有一条曲线时，任意SDAMPING阻尼比定义都采用该响应谱曲线。

9.4.2 RSPEC卡片

RSPEC卡片（见表9-3和表9-4）用于定义基础冲击载荷的方向、模态组合方法、载荷组合方法，以及冲击载荷对应的响应谱曲线。RSPEC 卡片在工况定义中被 RSPEC 引用。

表 9-3 RSPEC 卡片定义

(1)	(2)	(3)	(4)	(5)	(6)	(7)	(8)	(9)	(10)
RSPEC	RID	DCOMB	MCOMB						
	DTISPEC1	SCALE1	X11	X12	X13				
	DTISPEC2	SCALE2	X21	X22	X23				
	DTISPEC3	SCALE3	X31	X32	X33				

表 9-4 RSPEC 卡片说明

字　段	说　明
DCOMB	定义正交冲击载荷组合方式。ALG：代数和（默认）；SRSS：均方根
MCOMB	定义模态组合方式。ABS：绝对值求和；SRSS：均方根；CQC：完整二次组合；NRL：NRL 类型 SRSS
DTISPEC#	定义方向#基础冲击下的响应谱曲线，引用 DTI，SPECSEL 卡片
SCALE#	方向#基础冲击的放大系数（实数）
X#1/X#2/X#3	X#1/X#2/X#3 共同定义基础冲击的方向#。X#1：方向#的 X 分量；X#2：方向#的 Y 分量；X#3：方向#的 Z 分量

9.5 实例：建筑物的冲击响应

本例演示响应谱分析的过程，并将响应谱分析的极值与瞬态分析的精确解进行对比。本例包含两个文件：building_MTRAN. fem 及 building_RSPEC. fem，分析同一个由梁单元搭建的建筑物框架，如图 9-6 所示。模型底部四个脚点固定于地面，承受来自地面的冲击激励。

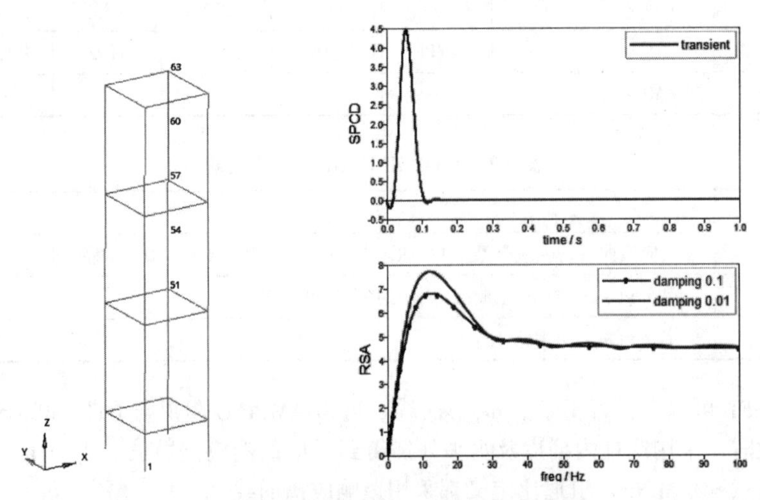

图 9-6　建筑物框架模型及输入载荷

用于对比的瞬态分析文件 building_MTRAN. fem 已设置完毕，可直接提交至 OptiStruct 进行计算。模型采用 SDAMPING 类型阻尼，模态阻尼比为 5%；激励为沿 X 方向的基础位移冲击，载荷曲线如图 9-6 右上角的 SPCD 曲线所示。模型中定义的响应输出点为集合 set1，包含 1 号基础节点，

51号、54号、57号、60号、63号上层节点。瞬态分析中采用了PARAM，ENFMOTN，REL，以输出各节点相对基础的位移。

用于响应谱分析的文件为building_RSPEC.fem，模型中已设置材料属性、边界约束SPC，模态分析算法EIGRL，以及模态阻尼比为5%的SDAMPING阻尼。分析所需的响应谱曲线已采用系统仿真软件Altair Compose计算生成，并包含于模型文件中。如图9-6右下角所示，阻尼比为0.01的响应谱曲线编号为101，阻尼比为0.1的响应谱曲线编号为102，它们是与图9-6右上角瞬态载荷相对应的位移响应谱曲线。

本例的响应谱分析还需要进行的设置包括定义响应谱曲线组DTI，SPECSEL，定义冲击方向与响应组合的RSPEC卡片，以及设置响应谱分析工况。

模型设置

Step 01 使用HyperMesh导入building_RSPEC.fem文件。

- 确认模型中包含下列信息：1条TABDMP1曲线，阻尼类型为CRIT，阻尼比为5%；两条TABLED1曲线，可在Curve Editor中看到图9-6所示的响应谱曲线。
- 在GLOBAL_OUTPUT_REQUEST中已定义位移响应输出。包含两种格式：一种为PUNCH的文本格式，输出集为set1；另一种为h3d输出格式，输出集为ALL。

Step 02 设置位移响应谱。

- 在模型浏览器中右击并选择Create-> Load Collector。
- 将Name改为“RS_disp”；Card Image项选择DTI，如图9-7所示。
- TYPE选项设置为D，表示定义的是位移响应谱；DTI_TID_NUM设置为2，表示输入的该组响应谱包含两条响应谱曲线；单击图标，添加名为“RS_D0.01”和“RS_D0.1”的两条曲线，并填写对应的阻尼比数值。

Step 03 设置激励及响应叠加方式。

- 在模型浏览器中右击并选择Create-> Load Collector。
- 将Name改为“RSPEC”；Card Image项选择RSPEC，如图9-8所示。
- 确认DCOMB字段为ALG，MCOMB字段为ABS。
- 设置RSPEC_NUM_DTISPEC的数值为1，然后在弹出的对话框中选择名为“RS_disp”的DTI卡片；设置放大系数SCALE为1.0；设置基础冲击方向X(0)=1.0，即X方向。

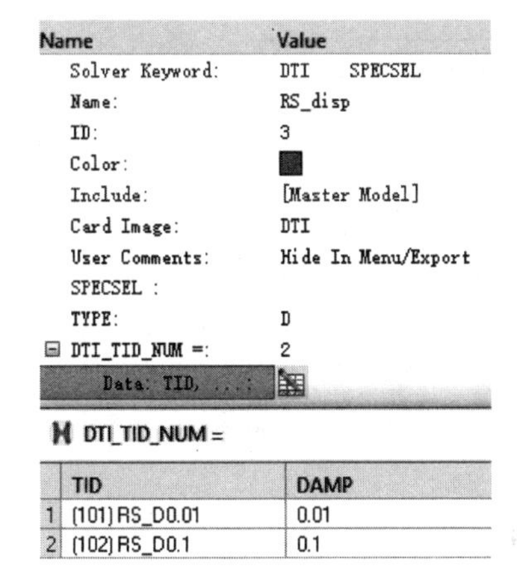

图9-7 定义一组响应谱曲线

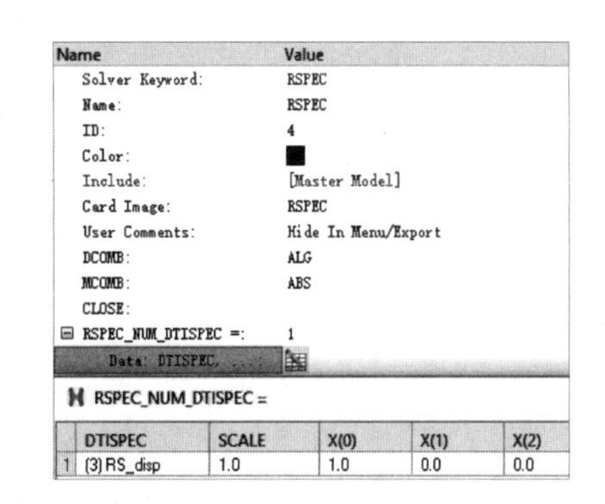

图9-8 定义响应谱分析的激励及响应叠加方式

Step 04 创建响应谱分析工况。在模型浏览器中右击并选择 Create-> Load Step。命名为“RSA”，Analysis type 设置为 Response spectrum，其他设置如图 9-9 所示。

Step 05 提交 OptiStruct 求解。在 Analysis 面板单击 OptiStruct 按钮提交求解，也可以导出新的 .fem 文件，使用 HyperWorks Solver Run Manager 对话框提交求解。

Step 06 使用 HyperWorks Solver Run Manager 对话框提交 building_MTRAN. fem 文件进行瞬态分析求解。

Name	Value
Solver Keyword:	SUBCASE
Name:	RSA
ID:	1
Include:	[Master Model]
User Comments:	Hide In Menu/Export
⊟ Subcase Definition	
⊟ Analysis type:	Response spectrum
⊞ SPC:	(1) CONSTR
MPC:	<Unspecified>
⊞ RSPEC:	(4) RSPEC
⊞ METHOD (STRUCT):	(2) EIGRL
⊞ SDAMPING (STRUCT):	(3) TABDMP1

图 9-9　响应谱分析的工况设置

结果查看

1）使用 HyperGraph 打开 building_MTRAN. h3d 文件，查看瞬态响应分析的结果。如图 9-10 所示，绘制了建筑物在 set1 集合（5 个节点）X 方向的瞬态位移响应。

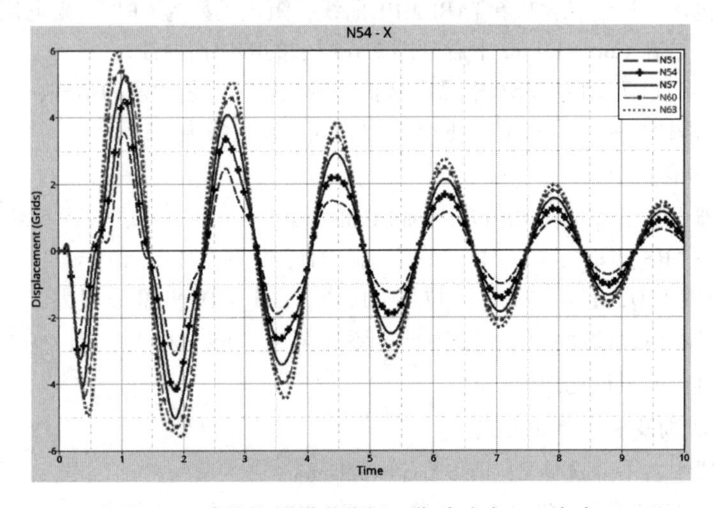

图 9-10　建筑物的瞬态分析：位移响应（X 方向）

2）使用 HyperView 打开 building_RSPEC. h3d 文件，查看响应谱分析的整体极值估计。如图 9-11 所示，绘制了建筑物在受到 X 方向基础冲击时每个节点的最大位移响应。同时可以在 PUNCH 文件中读取冲击激励下 set1 集合中节点的最大位移值。

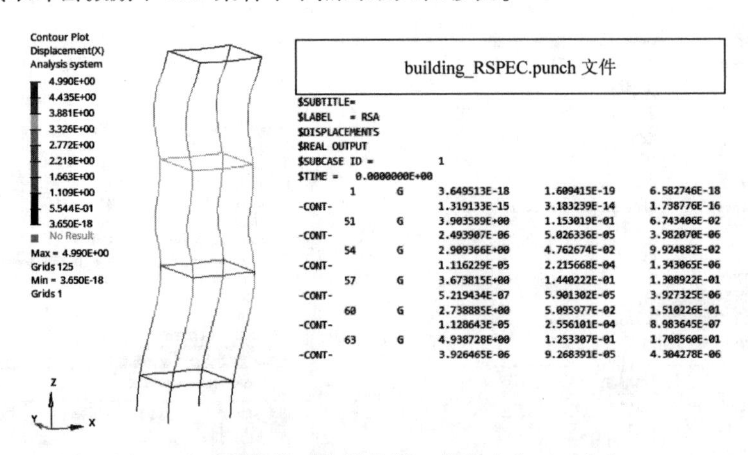

图 9-11　建筑物的响应谱分析：位移响应（X 方向）

3）将瞬态分析与响应谱分析的位移峰值进行比较，见表 9-5。

表 9-5　位移解：瞬态分析对比响应谱分析

位 移 峰 值	节　　点				
	N51	N54	N57	N60	N63
瞬态分析 位移峰值/mm	3. 54	4. 53	5. 22	5. 35	5. 97
响应谱分析 位移峰值/mm	3. 90	2. 90	3. 67	2. 74	4. 94
误差	+10%	-36%	-30%	-49%	-17%

可以看到，响应谱分析得到的仅是一个近似结果，它与瞬态分析的极值在同一个数量级，但是存在一定的误差。

第10章 超单元

有限元分析的计算复杂度一般与有限元自由度成几何级数有关，而现代工程结构庞大、系统复杂，如飞机、大型轮船、高层建筑、大型机械、航天器、车辆等，其完整结构的有限元自由度常在百万甚至千万级别，这造成了计算量的急剧增加。另外，复杂装配体的仿真需要不同部门提供各自的有限元模型，而有时出于保密等方面的因素，不能提供完整模型给外部进行分析，这就需要一种不影响装配体计算的模型交互方式。

超单元提供了解决上述问题的方法，它是有限元分析中的模型缩聚技术。使用超单元可以大幅减缩模型的自由度，保证模型的保密性，且不影响装配体的线性静力学或动力学计算精度。

OptiStruct 中超单元的使用方法分为内部超单元和外部超单元两种。外部超单元具有良好的可复用性，是超单元的主要应用形式。本章将介绍超单元的基本原理、外部超单元的几种形式以及对应的使用方法。

10.1 基本概念及流程

所谓超单元（Super Element），即将结构的一部分表示为一个“超级单元”。它类似于一般的基本单元，在使用时只需通过将超级单元的刚度、质量、阻尼矩阵进行组装，便可完成后续的有限元分析计算。

图 10-1 展示了超单元的基本使用过程，一般分为 3 个步骤。

1）部件划分。即将装配体划分为若干个区域，一般按结构的自然对接状态（如对接点、对接线或对接面）进行划分。如图 10-1 所示，将结构分为 5 个区域，其中，SE1 ~ SE4 称为“子结构”；还有 1 个区域被完整保留下来，称为“剩余结构”（Residual Model）。虚线为部件之间的对接部分，在 OptiStruct 中用 ASET（Analysis Set）表示。

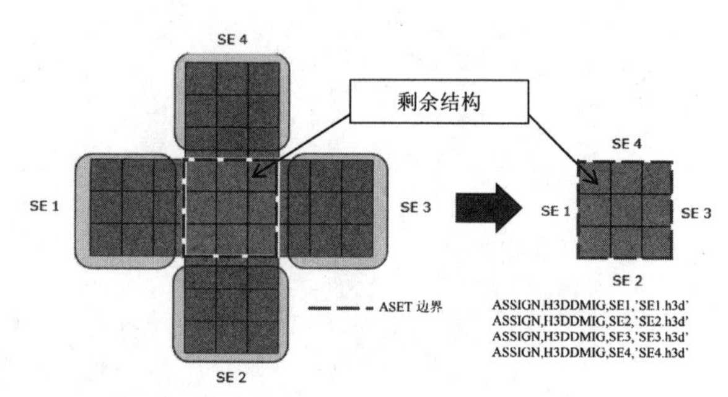

图 10-1 超单元使用过程示意图

2）超单元生成。OptiStruct 提供了两类超单元生成算法：CMS（Component Mode Synthesis，模态综合法超单元）、CDS（Component Dynamic Analysis Super-element，动力分析超单元）。使用它们对子结构 SE1 ~ SE4 进行缩聚，生成的超单元刚度、质量、阻尼矩阵等保存在 .h3d、.op4 或 punch 格式的文件中。生成的刚度被命名为“KA…”，质量被命名为“MA…”，阻尼矩阵分别被命名为“BA…”“K4…”，因此使用超单元进行分析也称为直接矩阵输入法。这里“…”为超单元的名称，在 OptiStruct 中默认为“AX”。

3）使用超单元。即将剩余结构与缩聚的超单元矩阵进行装配。OptiStruct 通过在求解文件的 I/

O段使用ASSIGN，H3DDMIG等方式导入超单元文件，这样在后续的静力学或动力学分析中将自动加载超单元进行计算。由于超单元矩阵的维度相比原模型得到了大幅的缩减，所以计算效率得到了大幅的提高，在OptiStruct优化以及动力学分析中起到了关键作用。

超单元生成过程涉及子结构的边界处理，如图10-2所示，分为固定界面的子结构、自由界面的子结构，以及混合（固定+自由）界面的子结构。OptiStruct采用ASET定义对接界面自由度，同时可以定义被分离的子结构在对接界面是否固定。固定的对接界面自由度定义于BNDFIX，BSET卡片，自由的对接界面自由度定义于BNDFRE，CSET卡片。

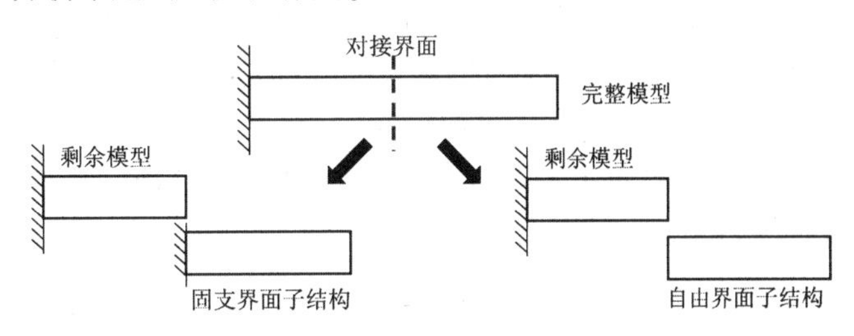

图10-2 子结构对接面的形式

需要指出的是，超单元理论基于线性系统的基本假设，因此不应将其用于处于非线性状态的子结构。如果结构中包含非线性材料、几何非线性或接触非线性，那么只有依然处于线性的部分允许处理成超单元。

10.2 模态综合法超单元（CMS）

CMS是应用最广泛的超单元形式。在CMS算法中，OptiStruct通过计算子结构的低阶模态、剩余模态等，将子结构的运动表示为这些模态的组合。这些被选取的模态称为子结构的假设模态集，也称为分支模态集或Ritz基。理论上只要选取的假设模态集足够丰富，使用CMS的分析结果就可以逼近原始的完整模型。

OptiStruct生成CMS的算法共分为五类：GUYAN、CBN、GM、CB、CC。其中，前三类用于OptiStruct结构静力学和动力学问题，后两类用于多体动力学求解所需的柔性体超单元。GUYAN超单元仅可用于静力学问题分析，CBN及GM超单元既可用于静力学也可用于动力学。

10.2.1 GUYAN缩聚

静态缩聚也称GUYAN缩聚，是模态综合法在静力学工况中的特例，以对接刚度来表示子结构。用$\boldsymbol{u}_i$表示子结构不与外部连接的内部自由度，$\boldsymbol{u}_j$表示子结构与剩余结构的对接（界面）自由度；$\boldsymbol{f}_i$表示子结构内部自由度受到的外力作用，$\boldsymbol{f}_j$表示在子结构对接自由度上受到的外力作用。

$$\begin{bmatrix} \boldsymbol{K}_{ii} & \boldsymbol{K}_{ij} \\ \boldsymbol{K}_{ji} & \boldsymbol{K}_{jj} \end{bmatrix} \begin{Bmatrix} \boldsymbol{u}_i \\ \boldsymbol{u}_j \end{Bmatrix} = \begin{Bmatrix} \boldsymbol{f}_i \\ \boldsymbol{f}_j \end{Bmatrix} \tag{10-1}$$

从式（10-1）的第一行可以得到

$$\boldsymbol{u}_i = \boldsymbol{K}_{ii}^{-1}(\boldsymbol{f}_i - \boldsymbol{K}_{ij}\boldsymbol{u}_j) \tag{10-2}$$

将式（10-2）代入式（10-1）的第二行，即可得到仅包含对接自由度$\boldsymbol{u}_j$的表达式：

$$\boldsymbol{K}_{ji}\boldsymbol{K}_{ii}^{-1}(\boldsymbol{f}_i - \boldsymbol{K}_{ij}\boldsymbol{u}_j) + \boldsymbol{K}_{jj}\boldsymbol{u}_j = \boldsymbol{f}_j \tag{10-3}$$

整理后得到

$$\check{\boldsymbol{K}}_{jj}\boldsymbol{u}_j = \check{\boldsymbol{f}}_j \tag{10-4}$$

式中，$\check{\boldsymbol{K}}_{jj}$为静态缩聚时子结构的刚度矩阵；$\check{\boldsymbol{f}}_j$为静态缩聚时子结构的外力向量。

$$\check{\boldsymbol{K}}_{jj} = \boldsymbol{K}_{jj} - \boldsymbol{K}_{ji}\boldsymbol{K}_{ii}^{-1}\boldsymbol{K}_{ij}$$
$$\check{\boldsymbol{f}}_{j} = \boldsymbol{f}_{j} - \boldsymbol{K}_{ji}\boldsymbol{K}_{ii}^{-1}\boldsymbol{f}_{i} \tag{10-5}$$

式（10-4）是静态缩聚的子结构表达式，子结构内部的静力被缩聚为 $-\boldsymbol{K}_{ji}\boldsymbol{K}_{ii}^{-1}\boldsymbol{f}_{i}$。进行静态缩聚后，超单元中仅包含对接自由度 $\boldsymbol{u}_j$ 的对应项，内部自由度 $\boldsymbol{u}_i$ 被完全减缩。一般情况下，子结构的对接自由度数是远小于其所有自由度的，因此使用超单元将大幅缩减结构的自由度。需要说明的是，静态缩聚表达式（10-4）与完整计算式（10-1）的解是完全相同的，即静态缩聚是精确的，可以得到无误差的静力学求解结果。

静态缩聚还可以采用另一种表达形式，即以 $\boldsymbol{u}_j$ 作为子结构位移的主坐标。

$$\begin{Bmatrix} \boldsymbol{u}_i \\ \boldsymbol{u}_j \end{Bmatrix} = \boldsymbol{\Psi}_s \boldsymbol{u}_j = \begin{Bmatrix} -\boldsymbol{K}_{ii}^{-1}\boldsymbol{K}_{ij} \\ \boldsymbol{I}_{jj} \end{Bmatrix} \boldsymbol{u}_j \tag{10-6}$$

式中，内部自由度 $\boldsymbol{u}_i = -\boldsymbol{K}_{ii}^{-1}\boldsymbol{K}_{ij}\boldsymbol{u}_j$，它是式（10-1）在 $f_i = 0$ 时的解。

可以证明式（10-5）等价于

$$\check{\boldsymbol{K}}_{jj} = \boldsymbol{\Psi}_s^{\mathrm{T}} \begin{bmatrix} \boldsymbol{K}_{ii} & \boldsymbol{K}_{ij} \\ \boldsymbol{K}_{ji} & \boldsymbol{K}_{jj} \end{bmatrix} \boldsymbol{\Psi}_s$$
$$\check{\boldsymbol{f}}_j = \boldsymbol{\Psi}_s^{\mathrm{T}} \begin{Bmatrix} \boldsymbol{f}_i \\ \boldsymbol{f}_j \end{Bmatrix} \tag{10-7}$$

式中，$\boldsymbol{\Psi}_s$ 为静态缩聚的基向量，也叫约束模态。它具有类似结构模态的特征：在模态法动力学分析中，结构位移用模态向量 $\boldsymbol{\Phi}$ 和模态主坐标 $\boldsymbol{q}$ 表示。而在子结构静态缩聚算法中，子结构位移则以基向量 $\boldsymbol{\Psi}_s$ 和对接自由度 $\boldsymbol{u}_j$ 来表示。

在 OptiStruct 中，静态缩聚使用 CMSMETH 卡片中的 GUYAN 算法执行，典型的静态缩聚求解文件设置如图 10-3 所示，需要设置边界点集合 ASET，CMSMETH 卡片及工况引用。CMSMETH 的方法设为 GUYAN，可附加子结构外载荷 LOADSET 进行缩聚。

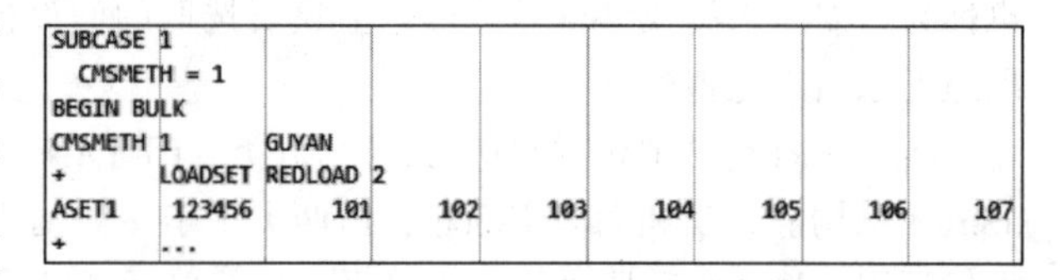

```
SUBCASE 1
  CMSMETH = 1
BEGIN BULK
CMSMETH 1               GUYAN
+       LOADSET REDLOAD 2
ASET1   123456       101     102     103     104     105     106     107
+       ...
```

图 10-3　静态缩聚超单元的生成

运行后将生成对接刚度矩阵 $\check{\boldsymbol{K}}_{jj}$ 和基向量 $\boldsymbol{\Psi}_s$。矩阵 $\check{\boldsymbol{K}}_{jj}$ 为 $j \times j$ 的方阵，基向量 $\boldsymbol{\Psi}_s$ 共有 j 个独立列向量。在生成的 .out 文本中可查看超单元的矩阵规模，可使用 HyperView 查看 .h3d 文件中的基向量 $\boldsymbol{\Psi}_s$。

10.2.2　CBN 动态缩聚

OptiStruct 的 CBN 动态缩聚即采用固定界面子结构方法生成超单元，它是由 GUYAN 缩聚进一步扩展得到的。计算过程如下：首先将子结构的对接自由度进行固定，求取固支边界下的弹性模态 $\boldsymbol{\Psi}_k$；然后合并 $\boldsymbol{\Psi}_k$ 和 $\boldsymbol{\Psi}_s$ 构成 Ritz 基向量，由基向量生成子结构的超单元。

同样以 $\boldsymbol{u}_j$ 表示子结构对接自由度，$\boldsymbol{u}_i$ 表示子结构内部自由度。

$$\left(s^2 \begin{bmatrix} \boldsymbol{M}_{ii} & \boldsymbol{M}_{ij} \\ \boldsymbol{M}_{ji} & \boldsymbol{M}_{jj} \end{bmatrix} + s \begin{bmatrix} \boldsymbol{C}_{ii} & \boldsymbol{C}_{ij} \\ \boldsymbol{C}_{ji} & \boldsymbol{C}_{jj} \end{bmatrix} + \begin{bmatrix} \boldsymbol{K}_{ii} & \boldsymbol{K}_{ij} \\ \boldsymbol{K}_{ji} & \boldsymbol{K}_{jj} \end{bmatrix} \right) \begin{Bmatrix} \boldsymbol{u}_i(s) \\ \boldsymbol{u}_j(s) \end{Bmatrix} = \begin{Bmatrix} \boldsymbol{f}_i(s) \\ \boldsymbol{f}_j(s) \end{Bmatrix} \tag{10-8}$$

在动态缩聚时，认为 $\boldsymbol{f}_i s = 0$。且当子结构对接自由度固定时，$\boldsymbol{u}_j = 0$，则动力学方程式（10-8）缩减为

$$(s^2 \boldsymbol{M}_{ii} + s\boldsymbol{C}_{ii} + \boldsymbol{K}_{ii})\boldsymbol{u}_i(s) = 0 \tag{10-9}$$

对式（10-9）进行实模态分析，能得到 $\boldsymbol{u}_i$ 的弹性模态（质量矩阵 $\boldsymbol{M}_{ii}$ 与刚度矩阵 $\boldsymbol{K}_{ii}$ 对应的广义

特征值问题)。取其中最低的 k 阶弹性模态，记为 $\overline{\boldsymbol{\Psi}}_{ik}$。那么子结构的低阶弹性主模态为

$$\boldsymbol{\Psi}_k = \begin{Bmatrix} \overline{\boldsymbol{\Psi}}_{ik} \\ \boldsymbol{0}_{kk} \end{Bmatrix} \tag{10-10}$$

式中，$\boldsymbol{0}_{kk}$ 为 $k \times k$ 的零矩阵；$\overline{\boldsymbol{\Psi}}_{ik}$ 含 k 列弹性模态向量。

CBN 动态缩聚算法的假设模态集（Ritz 基）取为 $\boldsymbol{\Psi}_s$ 与 $\boldsymbol{\Psi}_k$ 的组合，共包含 $j+k$ 个基向量。可将子结构位移用基向量 $\{\boldsymbol{\Psi}_s \quad \boldsymbol{\Psi}_k\}$ 展开。

$$\boldsymbol{\Psi}_{\mathrm{CBN}} = \{\boldsymbol{\Psi}_s \quad \boldsymbol{\Psi}_k\} = \begin{bmatrix} -\boldsymbol{K}_{ii}^{-1}\boldsymbol{K}_{ij} & \overline{\boldsymbol{\Psi}}_{ik} \\ \boldsymbol{I}_{jj} & \boldsymbol{0}_{kk} \end{bmatrix} \tag{10-11}$$

$$\begin{Bmatrix} \boldsymbol{u}_i \\ \boldsymbol{u}_j \end{Bmatrix} = \boldsymbol{\Psi}_s \boldsymbol{u}_j + \boldsymbol{\Psi}_k \boldsymbol{q} \tag{10-12}$$

CBN 动态缩聚超单元的刚度矩阵 $\check{\boldsymbol{K}}_{\mathrm{CBN}}$ 及质量矩阵 $\check{\boldsymbol{M}}_{\mathrm{CBN}}$ 为

$$\begin{aligned} \check{\boldsymbol{K}}_{\mathrm{CBN}} &= \boldsymbol{\Psi}_{\mathrm{CBN}}^{\mathrm{T}} \begin{bmatrix} \boldsymbol{K}_{ii} & \boldsymbol{K}_{ij} \\ \boldsymbol{K}_{ji} & \boldsymbol{K}_{jj} \end{bmatrix} \boldsymbol{\Psi}_{\mathrm{CBN}} \\ \check{\boldsymbol{M}}_{\mathrm{CBN}} &= \boldsymbol{\Psi}_{\mathrm{CBN}}^{\mathrm{T}} \begin{bmatrix} \boldsymbol{M}_{ii} & \boldsymbol{M}_{ij} \\ \boldsymbol{M}_{ji} & \boldsymbol{M}_{jj} \end{bmatrix} \boldsymbol{\Psi}_{\mathrm{CBN}} \end{aligned} \tag{10-13}$$

式中，矩阵 $\check{\boldsymbol{K}}_{\mathrm{CBN}}$ 与 $\check{\boldsymbol{M}}_{\mathrm{CBN}}$ 均为 $(j+k)\times(j+k)$ 的方阵。

在 CBN 动态缩聚中，约束模态 $\boldsymbol{\Psi}_s$ 对应子结构的对接自由度 $\boldsymbol{u}_j$，共 j 个物理坐标自由度；弹性模态 $\boldsymbol{\Psi}_k$ 对应模态坐标 $\boldsymbol{q}$，在 OptiStruct 中采用 SPOINT 表示，共 k 个辅助自由度。

典型的 CBN 动态缩聚求解文件设置如图 10-4 所示。将 CMSMETH 卡片的方法字段设为 CBN，并设置边界点集合 ASET、固定界面子结构的模态分析算法（LAN 或 AMSES）、模态分析的频率上限，以及模态坐标 $\boldsymbol{q}$ 的起始 SPOINT ID。同样，在生成的 .out 文本中可查看超单元的矩阵规模，在 HyperView 中可查看 .h3d 文件中的基向量 $\boldsymbol{\Psi}_d$。

子结构模态频率上限
SPOINT 起始 ID 号

```
SUBCASE 1
  CMSMETH = 1
BEGIN BULK
CMSMETH 1       CBN     1.0E3           1000000 LAN
+       LOADSET REDLOAD 2
ASET1    123456     101     102     103     104     105     106     107
+       ...
```

图 10-4　CBN 动态缩聚超单元的生成

10.2.3　GM 动态缩聚

OptiStruct 的 GM 动态缩聚可采用自由界面、固定界面或混合界面的子结构来生成超单元。采用这种方法生成超单元的算法分为两大步：第一步为在自由或混合界面的条件下生成子结构的 Ritz 基；第二步为 Ritz 基向量的正交化，以及缩聚超单元的生成。

以自由界面的子结构为例，运动方程为

$$(s^2\boldsymbol{M} + s\boldsymbol{C} + \boldsymbol{K})\begin{Bmatrix} \boldsymbol{u}_i(s) \\ \boldsymbol{u}_j(s) \end{Bmatrix} = \begin{Bmatrix} 0 \\ \boldsymbol{f}_j(s) \end{Bmatrix} \tag{10-14}$$

GM 动态缩聚的 Ritz 基包含子结构的最低 k 阶自由模态 $\boldsymbol{\Psi}_k$ 和剩余柔度 $\boldsymbol{\Psi}_r$。

$$\boldsymbol{\Psi}_d = \{\boldsymbol{\Psi}_k \quad \boldsymbol{\Psi}_r\} \tag{10-15}$$

式中，$\boldsymbol{\Psi}_d$ 为未进行正交化的 Ritz 基；低阶模态 $\boldsymbol{\Psi}_k$ 对应模态坐标 $\boldsymbol{q}$；剩余柔度 $\boldsymbol{\Psi}_r$ 对应界面力 $\boldsymbol{f}_j$。

这样子结构的位移可以展开为

$$\begin{Bmatrix} \boldsymbol{u}_i \\ \boldsymbol{u}_j \end{Bmatrix} = \boldsymbol{\Psi}_k \boldsymbol{q} + \boldsymbol{\Psi}_r \boldsymbol{f}_j \tag{10-16}$$

式中，$\boldsymbol{\Psi}_k \boldsymbol{q}$ 表示结构的低阶模态变形；$\boldsymbol{\Psi}_r \boldsymbol{f}_j$ 表示结构的剩余向量部分。

剩余柔度 $\boldsymbol{\Psi}_r$ 共包含 j 列向量，它是剩余柔度矩阵 $\boldsymbol{G}$ 的一部分。

$$\begin{cases} \boldsymbol{G} = \begin{bmatrix} \boldsymbol{G}_{ii} & \boldsymbol{G}_{ij} \\ \boldsymbol{G}_{ji} & \boldsymbol{G}_{jj} \end{bmatrix} = \boldsymbol{K}^{-1} - \boldsymbol{\Psi}_k^{\mathrm{T}} \boldsymbol{\Lambda}_k \boldsymbol{\Psi}_k \\ \boldsymbol{\Psi}_r = \begin{bmatrix} \boldsymbol{G}_{ij} \\ \boldsymbol{G}_{jj} \end{bmatrix} \end{cases} \tag{10-17}$$

式中，$\boldsymbol{\Lambda}_k = \mathrm{diag}(\omega_i^2)$，$\omega_i$是自由子结构最低 k 阶自由模态的固有频率。

采用 Ritz 基$\boldsymbol{\Psi}_d$时，超单元的刚度矩阵$\check{\boldsymbol{K}}_d$及质量矩阵$\check{\boldsymbol{M}}_d$为

$$\begin{aligned} \check{\boldsymbol{K}}_d &= \boldsymbol{\Psi}_d^{\mathrm{T}} \boldsymbol{K} \boldsymbol{\Psi}_d \\ \check{\boldsymbol{M}}_d &= \boldsymbol{\Psi}_d^{\mathrm{T}} \boldsymbol{M} \boldsymbol{\Psi}_d \end{aligned} \tag{10-18}$$

GM 算法对 Ritz 基做了进一步的正则化，即对式（10-18）的矩阵$\check{\boldsymbol{M}}_d$及$\check{\boldsymbol{K}}_d$求解广义特征值问题，得到特征值$\boldsymbol{\Lambda}_{\mathrm{GM}}$及变换矩阵$\boldsymbol{A}_{\mathrm{GM}}$。

$$\begin{aligned} (\check{\boldsymbol{K}}_d - \lambda_{\mathrm{GM}} \check{\boldsymbol{M}}_d) \boldsymbol{A}_{\mathrm{GM}} &= 0 \\ \boldsymbol{A}_{\mathrm{GM}}^{\mathrm{T}} \check{\boldsymbol{M}}_d \boldsymbol{A}_{\mathrm{GM}} &= \boldsymbol{I} \\ \boldsymbol{A}_{\mathrm{GM}}^{\mathrm{T}} \check{\boldsymbol{K}}_d \boldsymbol{A}_{\mathrm{GM}} &= \boldsymbol{\Lambda}_{\mathrm{GM}} = \mathrm{diag}(\lambda_{\mathrm{GM}}) \end{aligned} \tag{10-19}$$

那么正则化的 Ritz 基为

$$\boldsymbol{\Psi}_{\mathrm{GM}} = \boldsymbol{\Psi}_d \boldsymbol{A}_{\mathrm{GM}} \tag{10-20}$$

正则化超单元的刚度矩阵$\check{\boldsymbol{K}}_{\mathrm{GM}}$及质量矩阵$\check{\boldsymbol{M}}_{\mathrm{GM}}$为

$$\begin{aligned} \check{\boldsymbol{K}}_{\mathrm{GM}} &= \boldsymbol{\Psi}_{\mathrm{GM}}^{\mathrm{T}} \boldsymbol{K} \boldsymbol{\Psi}_{\mathrm{GM}} = \boldsymbol{\Lambda}_{\mathrm{GM}} \\ \check{\boldsymbol{M}}_{\mathrm{GM}} &= \boldsymbol{\Psi}_{\mathrm{GM}}^{\mathrm{T}} \boldsymbol{M} \boldsymbol{\Psi}_{\mathrm{GM}} = \boldsymbol{I} \end{aligned} \tag{10-21}$$

它们都是$(j+k)\times(j+k)$的对角阵。

在 GM 动态缩聚中，不论是低阶结构模态$\boldsymbol{\Psi}_k$还是剩余柔度$\boldsymbol{\Psi}_r$，Ritz 基对应的自由度都不是物理坐标自由度。自由度 $\boldsymbol{q}$ 和$\boldsymbol{f}_j$均用 SPOINT 表示，共需 $j+k$ 个辅助自由度。

如果进行 GM 缩聚的子结构边界为混合形式，那么式（10-15）选取的 Ritz 基将为$\{\boldsymbol{\Psi}_k \quad \boldsymbol{\Psi}_r \quad \boldsymbol{\Psi}_s\}$，即除低阶模态$\boldsymbol{\Psi}_k$以外，还将由自由边界自由度补充剩余柔度$\boldsymbol{\Psi}_r$，由固定边界自由度补充静力约束模态$\boldsymbol{\Psi}_s$，余下的超单元生成步骤同式（10-18）~式（10-21），最终同样生成维度为$(j+k)\times(j+k)$的超单元缩聚模型。

OptiStruct 典型的 GM 动态缩聚求解文件设置如图 10-5 所示。在边界点定义上，除使用 ASET 定义边界节点以外，还可额外使用 BSET 或 CSET 将边界节点定义为固定或自由节点。CMSMETH 卡片的方法设为 GM，并定义模态分析频率上限、算法及辅助自由度 SPOINT 的起始 ID。当模型中使用了 BSET 或 CSET 时，GM 动态缩聚须使用 AMSES 算法。在生成的 . out 文本中可查看超单元的矩阵规模，在 HyperView 中可查看 . h3d 文件中保存的正则化基向量$\boldsymbol{\Psi}_{\mathrm{GM}}$。

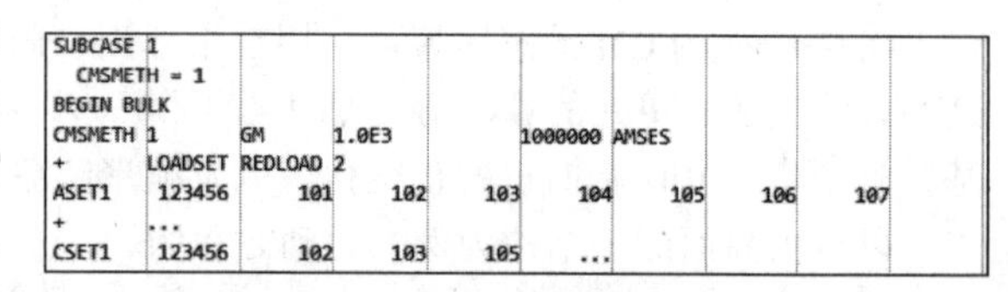

```
SUBCASE 1
  CMSMETH = 1
BEGIN BULK
CMSMETH 1       GM      1.0E3                   1000000 AMSES
+       LOADSET REDLOAD 2
ASET1    123456      101     102     103     104     105     106     107
+       ...
CSET1    123456      102     103     105     ...
```

图 10-5 动态缩聚超单元的生成

10.3 动力分析超单元（CDS）

动力分析超单元是另一种子结构超单元的生成方法。它通过计算对接自由度在每个频率下的动

刚度矩阵，将子结构表示为随频率变化的复刚度矩阵。使用 CDS 超单元时，只需要根据当前的分析频率将频变复刚度矩阵叠加到动力学方程即可。

CDS 超单元生成时，子结构的对接界面自由度须定义在 CSET 或 BNDFRE 卡片中。用 $\boldsymbol{u}_i$ 表示子结构内部自由度，$\boldsymbol{u}_j$ 表示对接自由度，子结构的动力学方程可写为

$$\begin{bmatrix} \vec{\boldsymbol{K}}_{ii}(s) & \vec{\boldsymbol{K}}_{ij}(s) \\ \vec{\boldsymbol{K}}_{ji}(s) & \vec{\boldsymbol{K}}_{jj}(s) \end{bmatrix} \begin{Bmatrix} \boldsymbol{u}_i(s) \\ \boldsymbol{u}_j(s) \end{Bmatrix} = \begin{Bmatrix} 0 \\ \boldsymbol{f}_j(s) \end{Bmatrix} \tag{10-22}$$

式（10-22）左侧的子矩阵 $\vec{\boldsymbol{K}}_{\cdot\cdot}(s)$ 表示复数的动刚度矩阵：

$$\vec{\boldsymbol{K}}_{\cdot\cdot}(s) = s^2\boldsymbol{M}_{\cdot\cdot}(s) + s\boldsymbol{C}_{\cdot\cdot}(s) + \boldsymbol{K}_{\cdot\cdot} \tag{10-23}$$

类似于 GUYAN 缩聚过程式（10-3），可以得到仅含对接自由度 $\boldsymbol{u}_j$ 的表达式

$$(\vec{\boldsymbol{K}}_{jj}(s) - \vec{\boldsymbol{K}}_{ji}(s)\vec{\boldsymbol{K}}_{ii}^{-1}(s)\vec{\boldsymbol{K}}_{ij}(s))\boldsymbol{u}_j(s) = \boldsymbol{f}_j(s) \tag{10-24}$$

即子结构运动方程可以缩聚到对接自由度 $\boldsymbol{u}_j$ 的表示形式。

$$\vec{\boldsymbol{K}}_{jj}(s)\boldsymbol{u}_j(s) = \boldsymbol{f}_j(s) \tag{10-25}$$

式中，$\vec{\boldsymbol{K}}_{jj}(s)$ 即动力分析超单元的缩聚矩阵形式。

$$\vec{\boldsymbol{K}}_{jj}(s) = \vec{\boldsymbol{K}}_{jj}(s) - \vec{\boldsymbol{K}}_{ji}(s)\vec{\boldsymbol{K}}_{ii}^{-1}(s)\vec{\boldsymbol{K}}_{ij}(s) \tag{10-26}$$

采用式（10-25）生成 CDS 超单元时，会在内部自动定义 j 个频响分析工况，每个频响工况对应 $\boldsymbol{u}_j(s)$ 的一个自由度为 1，其余均为 0，通过求取约束反力 SPCF 即可获得动力分析超单元 $\vec{\boldsymbol{K}}_{jj}(s)$。采用式（10-26）生成 CDS 超单元时，需要计算 $\vec{\boldsymbol{K}}_{ii}(s)$ 的逆矩阵。由于 $\vec{\boldsymbol{K}}_{ii}(s)$ 矩阵的维度一般很大，OptiStruct 中提供了使用 SVD 分解进行处理的选项。

典型的 CDS 超单元 . fem 文件设置如图 10-6 所示。需要设置 CDSMETH 卡片及工况引用，模态分析方法 METHOD 及分析频率 FREQUENCY。在模型中需要设置边界节点集为 CSET，并设置子结构的各类阻尼。在生成的 . out 文本中可查看 CDS 超单元自动生成过程的频响分析工况列表。

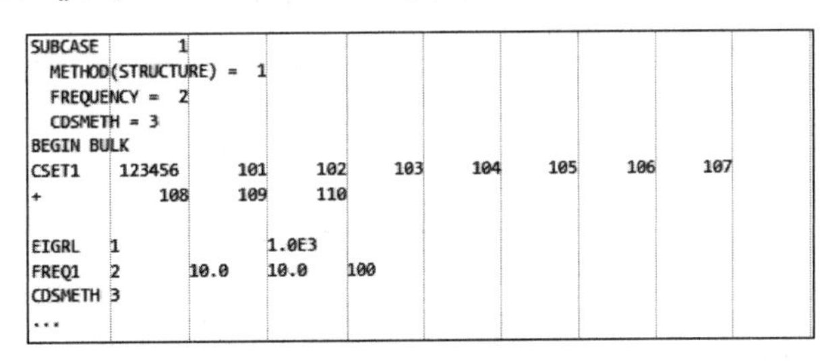

```
SUBCASE        1
  METHOD(STRUCTURE) =  1
  FREQUENCY =  2
  CDSMETH = 3
BEGIN BULK
CSET1    123456     101     102     103     104     105     106     107
+           108     109     110

EIGRL    1                 1.0E3
FREQ1    2       10.0    10.0    100
CDSMETH  3
...
```

图 10-6　CDS 超单元的生成

10.4　使用超单元

10.4.1　超单元阻尼形式

OptiStruct 中 CMS 及 CDS 超单元适用的阻尼是不同的。

CMS 超单元生成时仅支持两种阻尼形式：单元黏性阻尼（CVISC、CDAMPi、CBUSH 等）和单元结构阻尼（采用材料 MATi 卡片 GE 字段定义）。它不支持 SDAMPING 阻尼、比例阻尼和全局结构阻尼。CMS 超单元生成的阻尼矩阵也分为两类，如图 10-7 所示。超单元的黏性阻尼矩阵被命名为“BA…”，结构阻尼矩阵被命名为“K4…”。

```
OUTPUT DMIG MATRIX IN H3D FORMAT

Stiffness matrix (KA) 18 x 18

Mass matrix (MA) 18 x 18

Viscous damping matrix (BA) 18 x 18

Structural damping matrix (K4) 18 x 18
```

图 10-7　CMS 超单元生成的矩阵及维度（. out 文件）

CDS 超单元生成时，所有模态法频响分析支持的阻尼都将

计入超单元的复刚度矩阵，因此允许的阻尼包括单元黏性阻尼、单元结构阻尼、比例阻尼、全局结构阻尼以及 SDAMPING 阻尼。CDS 超单元并没有单独的刚度、质量或阻尼矩阵，而是将频变的动刚度矩阵保存于 . h3d 文件中。

10.4.2 超单元输出格式

CMS 超单元的输出文件格式共有 5 种：. h3d、. op4、. op2、. pch、. dmg，而 CDS 超单元仅支持输出 . h3d 格式的超单元，无其他输出格式，见表 10-1。默认情况下，OptiStruct 输出 . h3d 格式的超单元文件，其他输出格式需要使用 PARAM，EXTOUT 语句。

- 输出 . op4 格式：PARAM，EXTOUT，DMIGOP4。
- 输出 . op2 格式：PARAM，EXTOUT，DMIGOP2。
- 输出 . pch 格式：PARAM，EXTOUT，DMIGPCH 。
- 输出 . dmg 格式：PARAM，EXTOUT，DMIGBIN。

PARAM，EXTOUT 输出控制仅 GUYAN、CBN 算法可使用，GM 算法并不支持。在使用 PARAM，EXTOUT 输出其他格式文件时，默认会依然输出 . h3d 格式的超单元。如果需要取消 . h3d 格式的超单元文件输出，用户可以使用 OUTPUT，H3D，NONE。

表 10-1 超单元输出的文件格式

超单元生成	. h3d	. op4	. op2	. pch	. dmg
CMS（GUYAN）	√	√	√	√	√
CMS（CBN）	√	√	√	√	√
CMS（GM）	√	×	×	×	×
CDS	√	×	×	×	×

10.4.3 超单元加载 ASSIGN/K2GG/…

OptiStruct 支持 . h3d、. op4、. pch、. dmg 格式的 CMS 超单元和 CDS 超单元加载，暂不支持 op2 格式的 CMS 超单元。OptiStruct 加载超单元的方法见表 10-2。

表 10-2 超单元文件的加载

超单元文件类型	加载超单元的命令
CMS（. h3d 文件）	ASSIGN，H3DDMIG，name，'*. h3d'
CMS（. op4 文件）	ASSIGN，OP4DMIG，name，'*. op4'，'*. USET'
CMS（. pch、. dmg 文件）	K2GG = KA… M2GG = MA… B2GG = BA… K42GG = K4… INCLUDE '*. pch' 或 INCLUDE '*. dmg'
CDS（. h3d 文件）	ASSIGN，H3DCDS，name，'*. h3d'

ASSIGN（工况控制）用于导入 . h3d、. op4 格式的超单元，其中的 name 字段用于重命名导入的超单元名称。如图 10-8 所示，加载 . h3d 格式的 CMS 超单元时，只需在 . fem 文件最开始补充 AS-

SIGN, H3DDMIG, name, '＊.h3d' 命令即可；加载 .op4 格式的 CMS 超单元时，只需补充 ASSIGN, OP4DMIG, name, '＊.op4', '＊.USET' 命令即可。这里，＊.USET 文件是与 .op4 格式超单元同时生成的。

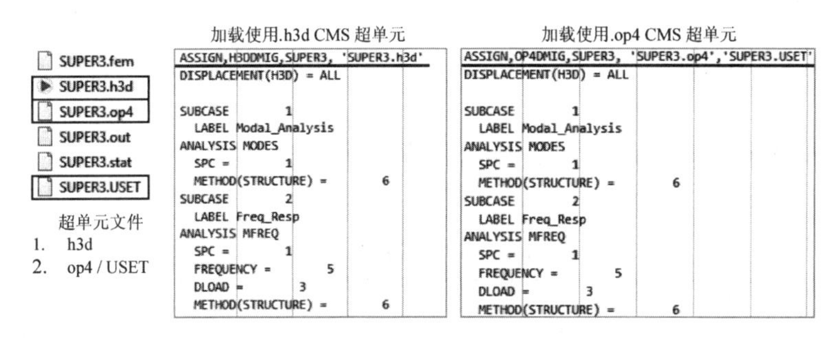

图 10-8　CMS 超单元（.h3d／.op4）的加载使用

加载 .pch、.dmg 格式 CMS 超单元文件的方法如图 10-9 所示。除了需要使用 INCLUDE 卡片加载超单元文件以外，还需要在 I/O 段使用 K2GG、M2GG、B2GG、K42GG 来导入对应的 DMIG 矩阵。

- K2GG：用于加载超单元 DMIG 刚度矩阵。
- M2GG：用于加载超单元 DMIG 质量矩阵。
- B2GG：用于加载超单元 DMIG 黏性阻尼矩阵。
- K42GG：用于加载超单元 DMIG 结构阻尼矩阵。

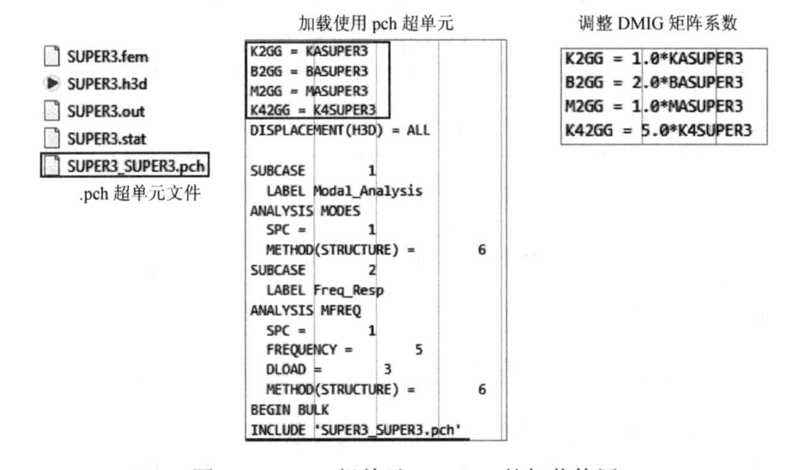

图 10-9　CMS 超单元（.pch）的加载使用

使用 K2GG 这些命令可以进一步调整超单元 DMIG 矩阵的系数。如图 10-9 所示，B2GG = 2.0＊BASUPER3 表示将 BASUPER3 的黏性阻尼矩阵放大三倍再进行加载。另外还可以同时加载多个子结构超单元矩阵，例如，K2GG = 1.0＊KASUPER1, 1.0＊KASUPER2, 1.0＊KASUPER3，表示同时加载 SUPER1、SUPER2、SUPER3 超单元的刚度矩阵。

事实上，使用 ASSIGN 命令加载 .h3d 或 .op4 格式的 CMS 超单元时，也同样支持使用 K2GG、M2GG、B2GG、K42GG 来调整被加载超单元的矩阵系数。默认情况下，所有 ASSIGN 导入的超单元矩阵以 1.0 的系数进行加载。

最后关于加载 CDS 超单元，只需在 .fem 文件最开始的 I/O 段补充 ASSIGN, H3DCDS, name, '＊.h3d'命令即可。但需要注意，CDS 超单元只能用于直接法频响分析，模态法频响分析、直接法瞬态分析、模态法瞬态分析、静力学分析等均不能使用 CDS 超单元。

10.5 卡片说明

10.5.1 SPOINT 卡片

SPOINT（Scalar Point）即标量点。它不同于节点，节点在空间具有 6 个自由度，而标量点仅表示一个自由度，不需要空间坐标定义。标量点一般作为辅助自由度存在。SPOINT 卡片定义见表 10-3。

表 10-3 SPOINT 卡片定义

(1)	(2)	(3)	(4)	(5)	(6)	(7)	(8)	(9)	(10)
SPOINT	ID1	ID2	ID3	ID4	…	…	…	…	
	…	…	…	…	…	…	…	…	

其中，ID#即定义的 SPOINT 的 ID，也可使用 THRU 批量生成一系列 SPOINT。

10.5.2 ASET/ASET1 卡片

ASET/ASET1 表示子结构的界面自由度集，用于 CMS 超单元生成。卡片定义见表 10-4 和表 10-5。

表 10-4 ASET 卡片定义

(1)	(2)	(3)	(4)	(5)	(6)	(7)	(8)	(9)	(10)
ASET	G1	C1	G2	C2	G3	C3	…	…	

其中，G#为节点 ID；C#为对应节点的自由度（1～6）。

表 10-5 ASET1 卡片定义

(1)	(2)	(3)	(4)	(5)	(6)	(7)	(8)	(9)	(10)
ASET1	C	G1	G2	G3	G4	G5	…	…	

其中，G#为节点 ID；C 为列表中所有节点的自由度（数字 1～6 的组合）。

在 CMS 超单元生成中，如果在模型中定义了 ASET/ASET1 卡片，那么默认情况下所有定义于 ASET/ASET1 的界面自由度均为固支边界。如果没有定义 ASET/ASET1 卡片，那么它是 BSET 与 CSET 的并集，即 ASET = BSET ∪ CSET。

10.5.3 BSET/BSET1 卡片

BSET/BSET1 卡片同 BNDFIX/BNDFIX1 卡片。它表示子结构固支界面的自由度集，用于 CMS 超单元生成。卡片定义见表 10-6 和表 10-7。

表 10-6 BSET 卡片定义

(1)	(2)	(3)	(4)	(5)	(6)	(7)	(8)	(9)	(10)
BSET	G1	C1	G2	C2	G3	C3	…	…	

其中，G#为节点 ID；C#为对应节点的自由度（1～6）。

表 10-7　BSET1 卡片定义

(1)	(2)	(3)	(4)	(5)	(6)	(7)	(8)	(9)	(10)
BSET1	C	G1	G2	G3	G4	G5	…	…	

其中，G#为节点 ID；C 为列表中所有节点的自由度（数字 1～6 的组合）。

在 CMS 超单元生成中，所有定义于 BSET/BSET1 的界面自由度均为固支边界。BSET 与 CSET 不能有交集，所有 BSET/BSET1 的界面自由度都在 ASET 中。如果定义了 ASET 和 CSET，那么将自动生成 BSET。

10.5.4　CSET/CSET1 卡片

CSET/CSET1 卡片同 BNDFRE/BNDFRE1 卡片。它表示子结构自由界面的自由度集，用于 CMS 或 CDS 超单元生成。卡片定义见表 10-8 和表 10-9。

表 10-8　CSET 卡片定义

(1)	(2)	(3)	(4)	(5)	(6)	(7)	(8)	(9)	(10)
CSET	G1	C1	G2	C2	G3	C3	…	…	

其中，G#为节点 ID；C#为对应节点的自由度（1～6）。

表 10-9　CSET1 卡片定义

(1)	(2)	(3)	(4)	(5)	(6)	(7)	(8)	(9)	(10)
CSET1	C	G1	G2	G3	G4	G5	…	…	

其中，G#为节点 ID；C 为列表中所有节点的自由度（数字 1～6 的组合）。

在 CMS 超单元生成中，所有定义于 CSET/CSET1 的界面自由度均为自由边界，CSET 与 BSET 不能有交集。所有 CSET/CSET1 的界面自由度都应在 ASET 中。如果定义了 ASET 和 BSET，那么将自动生成 CSET。

在 CDS 超单元生成中，所有子结构的界面自由度都必须用 CSET 进行定义，不使用 ASET 及 BSET 卡片。

10.5.5　CMSMETH 卡片

CMSMETH 卡片用于定义 CMS 超单元的计算方法，然后在子结构模型的工况设置中定义 CMS-METH 来引用该卡片生成 CMS 超单元。卡片定义见表 10-10。

表 10-10　CMSMETH 卡片定义

(1)	(2)	(3)	(4)	(5)	(6)	(7)	(8)	(9)	(10)
CMSMETH	CMSID	METHOD	UB_FREQ	NMODE	SPID	SOLVER	AMPFFACT	SHFSCL	
+			UB_FREQ_F	NMODE_F	SPID_F	GPRC			
+	PRELOAD	SPCID	PLSID						
+	LOADSET	USETYPE	LSID1	LSID2	LSID3				

CMSMETH 卡片的字段较多，按功能类别主要分为 4 行，卡片说明见表 10-11 ~ 表 10-14。

第一行定义结构的 CMS 超单元缩聚方法。使用 METHOD 字段定义超单元生成模式，其余字段用于定义模态分析算法。

第二行定义流固耦合问题的流体域 CMS 超单元缩聚方法（第一行是定义结构域的）。

第三行用于定义子结构的预应力情况。实际上，OptiStruct 也支持通过非线性继承工况，即 STATSUB（PRELOAD），来进行子结构预应力的设置。

第四行用于定义子结构的静力缩聚。

表 10-11　CMSMETH 卡片说明（超单元类型定义、结构域模态分析算法）

字　段	说　明
METHOD	定义 CMS 超单元的生成模式：CB（固定界面法，仅用于多体动力学计算的超单元）；CC（自由界面法，仅用于多体动力学计算的超单元）；CBN（固定界面法，用于结构动力学/静力学计算的超单元）；GM（混合界面法，用于结构动力学/静力学计算的超单元）；GUYAN（静态缩聚法，用于结构静力学计算的超单元）
UB_FREQ	子结构模态分析的频率上限（实数，>0）
NMODE	子结构模态分析的提取模态个数（整数）
SPID	子结构辅助自由度 SPOINT 的起始 ID（整数）
SOLVER	子结构模态分析算法（LAN 或 AMSES）
AMPFFACT	选取 AMSES 作为模态分析算法时，子层级模态频率上限的放大倍率

表 10-12　CMSMETH 卡片说明（流体域模态分析算法）

字　段	说　明
UB_FREQ_F	子结构（流体域）模态分析的频率上限（实数，>0）
NMODE_F	子结构（流体域）模态分析的提取模态个数（整数）
SPID_F	子结构（流体域）辅助自由度 SPOINT 的起始 ID（整数）
GPRC	用于流固耦合交界面的节点参与度计算，仅当采用 GM 算法时可用（YES 或 NO）

表 10-13　CMSMETH 卡片说明（子结构预应力）

字　段	说　明
PRELOAD	续行标识文本，表示本行为子结构预应力设置
SPCID	子结构预应力工况的 SPC 边界条件 ID
PLSID	子结构预应力工况的载荷 ID

表 10-14　CMSMETH 卡片说明（子结构的内部静力载荷）

字　段	说　明
LOADSET	续行标识文本，表示本行为子结构静力缩聚设置
USETYPE	定义静力载荷缩聚的缩聚方法（RESVEC/REDLOAD/BOTH）
LSID#	子结构中的静力载荷 ID

10.5.6　CDSMETH 卡片

CDSMETH 卡片用于定义 CDS 动力分析超单元的计算方法，然后在子结构模型的工况设置中定义 CDSMETH 来引用该卡片生成 CDS 超单元。卡片定义见表 10-15。

表 10-15　CDSMETH 卡片定义

(1)	(2)	(3)	(4)	(5)	(6)	(7)	(8)	(9)	(10)
CDSMETH	CDSID	GTYPE	TF	OSET	TOL	SSF	RSF		
+	CMSOUT	SPID	SPID_F	GPRC					

第一行定义 CDS 超单元的计算方法以及内部输出点的处理方法，见表 10-16。

表 10-16　CDSMETH 卡片说明（算法及内部输出点）

字　段	说　明
GTYPE	CDS 超单元的计算方法。SVDNP：利用奇异值分解计算动态刚度矩阵（默认）；BME：利用消去法计算动态刚度矩阵
TF	设置是否计算界面点与子结构内部点的传递函数。NO：OSET 未定义时，默认；YES：OSET 被定义时，默认
OSET	设置需要观测的子结构内部点的 SET 集
TOL/SSF/RSF	SVD 奇异值分解的精度设置，详见 OptiStruct 帮助文档

第二行用于在生成 CDS 超单元的同时输出 CMS 超单元，见表 10-17。

表 10-17　CDSMETH 卡片说明（同步输出 CMS 超单元）

字　段	说　明
CMSOUT	表示要求同步输出 CMS 超单元
SPID	子结构辅助自由度 SPOINT 的起始 ID（整数）
SPID_F	子结构（流体域）辅助自由度 SPOINT 的起始 ID（整数）
GPRC	用于流固耦合交界面的节点参与度计算（YES 或 NO）

10.5.7　MODEL 卡片

在 OptiStruct 生成超单元的过程中可使用 MODEL 工况控制卡片，格式为 MODEL，ELSET，GRIDSET，RIGIDSET。MODEL 卡片用于全局性控制输出的单元集、节点集、刚性单元集。

在常规 OptiStruct 分析中，如果未使用 MODEL 卡片，默认情况下等价于 MODEL，ALL，NONE，ALL，即输出所有的单元及单元相关的节点。而在 OptiStruct 的 CMS 超单元生成时，如果未使用 MODEL 卡片，默认情况下等价于 MODEL，NONE，NONE，NONE，即不输出除 ASET 节点以外的任何单元或节点。一般需要利用 MODEL 卡片来控制输出子结构内部的单元或节点。

对规模较大的装配体进行 CMS 超单元缩聚时，常见的一种处理方式是在子结构内部创建 PLOTEL 单元，然后使用 MODEL，PLOTEL，NONE，NONE，或者定义关心的单元集或节点集，然后使用 MODEL，elem_SID，grid_SID，rigid_SID 这种方式来获取子结构内部的响应。

10.5.8　DMIGNAME 卡片

在 OptiStruct 生成超单元的过程中，DMIGNAME 工况控制卡片可用于命名生成的超单元。

在默认情况下，OptiStruct 生成的超单元命名为“AX”，于是 CMS 超单元的缩聚刚度矩阵为“KAAX”，缩聚质量矩阵为“MAAX”，缩聚黏性阻尼矩阵为“BAAX”，缩聚结构阻尼矩阵为“K4AX”。如果装配体中使用多个超单元，并使用 K2GG、M2GG、B2GG、K42GG 加载及调整 DMIG 矩阵的输入，那么就需要对超单元进行重命名。

特别是使用 .pch 格式超单元时，因为必须使用 K2GG 等加载 DMIG 矩阵，所以为避免名称重复，建议使用 DMIGNAME 重命名超单元。另外，使用 .h3d、.op4 格式的超单元时，除了可以使用 DMIGNAME 对超单元进行重命名以外，也可以在 ASSIGN 语句导入超单元时进行重命名（详见表 10-2 中的 name 字段）。

10.5.9 DMIGMOD 卡片

DMIGMOD 卡片是一个功能强大的超单元调整卡片，可以调整超单元的对接节点、SPOINT、坐标系的编号偏置、混合阻尼形式、节点容差等。使用 DMIGMOD 还可以将一个超单元从一个位置移动到另一个位置，然后再与剩余结构进行连接。

表 10-18 DMIGMOD 卡片定义

(1)	(2)	(3)	(4)	(5)	(6)	(7)	(8)	(9)	(10)
DMIGMOD	MTXNAME	SHFGID	SHFSPID	SHFSPID_F	SHFCID	SHFEID	SHFRID		
+	HYBDAMP	METHOD	SDAMP	KDAMP	METHOD_F	SDAMP_F	KDAMP_F		
+	ORIGIN	A1	A2	A3					
+	GIDMAP	GID1	GID1A	GID2	GID2A	GID3	GID3A		
+	CIDMAP	CID1	CID1A	CID2	CID2A	CID3	CID3A		
+	RELOC	PA1	PA2	PA3	PB1	PB2	PB3		
+	GRDTOL	ERREXT	TOLEXT	ERRINT	TOLINT				

这里简述 DMIGMOD 卡片各行的功能，具体请查阅 OptiStruct 的帮助文档。

1）第 1 行：用于偏置 MTXNAME 超单元的 ID，防止重复。

2）第 2 行：用于定义使用 Hybrid 超单元阻尼的方式。

3）第 3～6 行：提供了多种改变超单元位置的重定位方式。

4）第 7 行：用于匹配剩余结构节点和超单元界面节点。

结合使用多个 ASSIGN 与 DMIGMOD 卡片，可以实现复制超单元并于多个位置与剩余结构对接的目的，如图 10-10 所示。

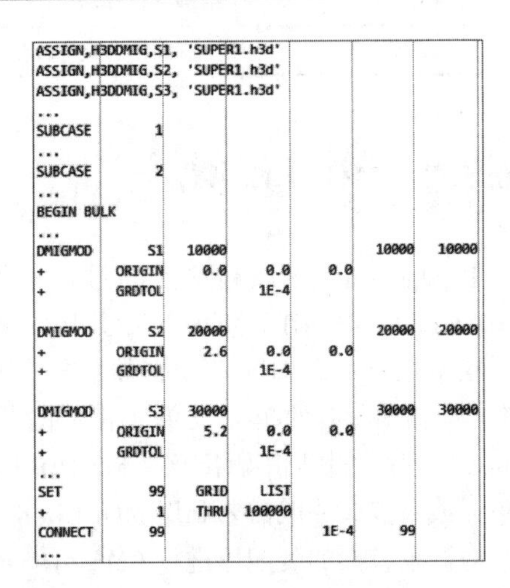

```
ASSIGN,H3DDMIG,S1, 'SUPER1.h3d'
ASSIGN,H3DDMIG,S2, 'SUPER1.h3d'
ASSIGN,H3DDMIG,S3, 'SUPER1.h3d'
...
SUBCASE        1
...
SUBCASE        2
...
BEGIN BULK
...
DMIGMOD       S1   10000                           10000   10000
+         ORIGIN     0.0     0.0     0.0
+         GRDTOL             1E-4

DMIGMOD       S2   20000                           20000   20000
+         ORIGIN     2.6     0.0     0.0
+         GRDTOL             1E-4

DMIGMOD       S3   30000                           30000   30000
+         ORIGIN     5.2     0.0     0.0
+         GRDTOL             1E-4
...
SET           99    GRID    LIST
+              1    THRU  100000
CONNECT       99                    1E-4      99
...
```

图 10-10 复制超单元（多次加载、移动和对接）

10.6 实例：声振耦合超单元应用

如图 10-11 所示，本例采用一个简化的整车模型，模型分为车身（含声腔）与底盘两部分。首先分别运用 CMS 与 CDS 方法对车身（含声腔）模型进行缩聚，生成 .h3d 格式的 CMS 超单元和

CDS 超单元，然后进行整车级别的声振耦合频响分析，计算模型如下。

1）加载 CMS 超单元的频响分析（模态法）。

2）加载 CDS 超单元的频响分析（直接法）。

3）未缩聚整车模型的频响分析（模态法/直接法）。

基础模型文件包括车身（含声腔）模型 Body. fem、底盘模型 Chassis. fem，以及设置完毕的整车频响分析模型 FEA_Modal_Freq_Resp. fem、FEA_Direct_Freq_Resp. fem。车身及底盘模型中的材料和属性均已设置完成。车身模型的超单元使用 HyperMesh 的 Process Manager 进行设置，超单元的加载用文本编辑器编辑完成。

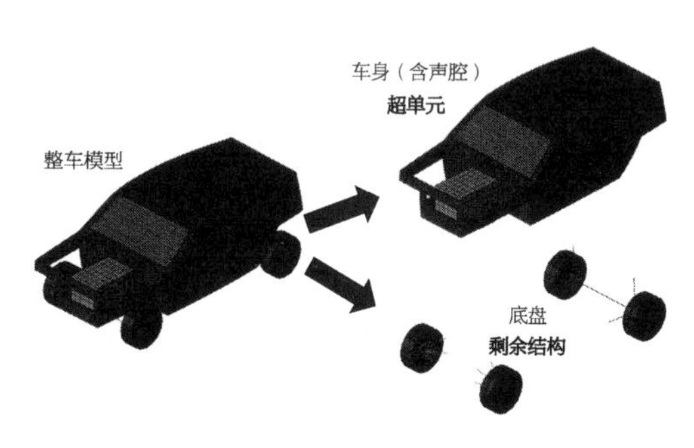

图 10-11　整车分析的超单元应用

模型设置

1. CMS 超单元生成

Step 01 在 HyperMesh 中导入 Body. fem。单击菜单栏中的 Tools→Freq Resp Process→CMS SE generation，进入 Process Manager，如图 10-12 所示。

Step 02 在 CMS Model Frequency 环节，设置 CMSMETH 卡片，如图 10-13 所示。

- CMS method 为 General Modal Method；Eigen value solution type 为 AMSES；勾选 Amplification factor 复选框，并设置为 15。
- 勾选 Coupled fluid-structure SE 复选框。结构域设置上限频率 Upper freq（Hz）为 300，SPOINT starting ID 为 500001；流体域设置上限频率 Upper freq（Hz）为 600，SPOINT starting ID 为 600001。单击 Apply 按钮进入下一环节。

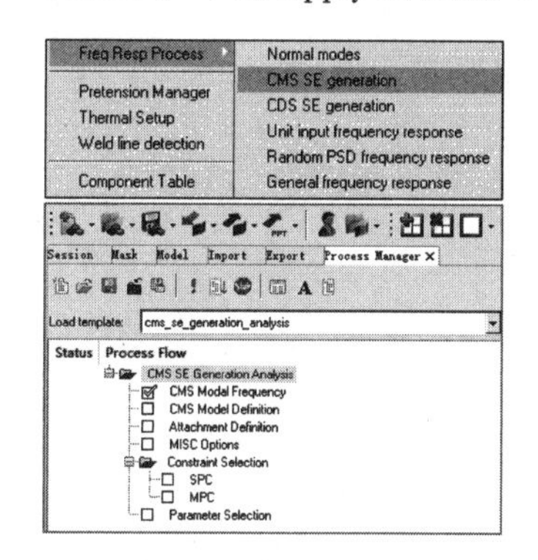

图 10-12　HyperMesh Process Manager（CMS 超单元生成）

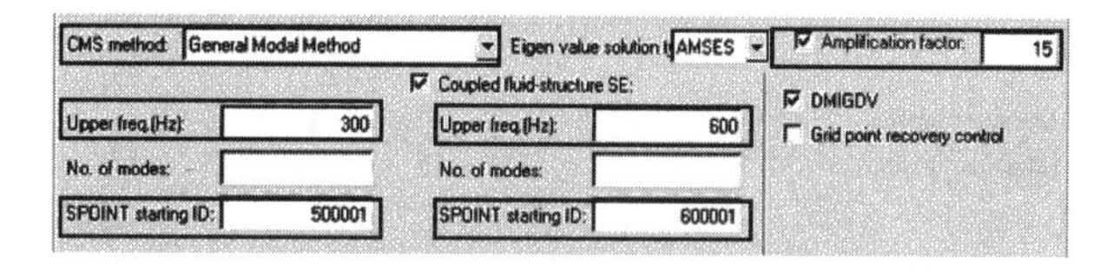

图 10-13　CMS Model Frequency 环节（设置 CMSMETH 卡片）

Step 03 在 CMS Model Definition 环节，设置工况控制卡片 MODEL，如图 10-14 所示。勾选 Element selection 复选框，将其类型设置为 Plotel，表示 CMS 超单元的显示形式为仅显示有限元模型中的 plot 单元。单击 Apply 按钮进入下一环节。

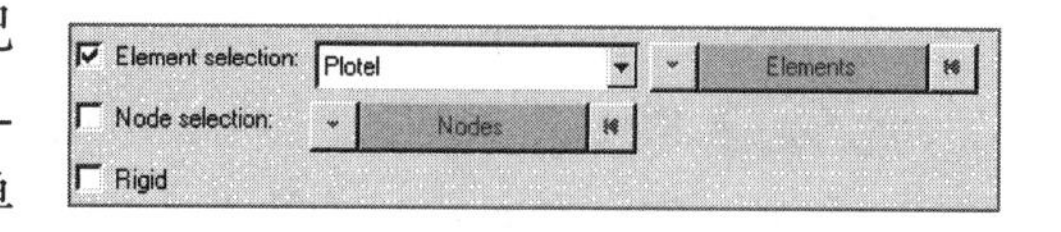

图 10-14　CMS Model Definition 环节（设置 MODEL 卡片）

Step 04 在 Attachment Definition 环节，设置子结构的边界点类型，如图 10-15 所示。

- 在 HyperMesh 中调整显示，仅保留名为"plot_body"与"plot"的 component（组件）。

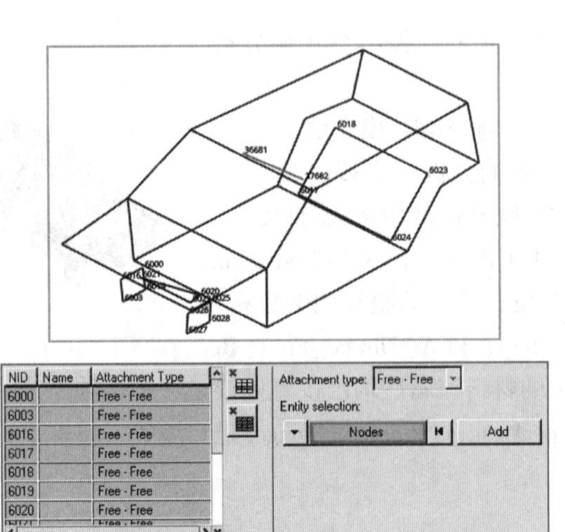

图 10-15　Attachment Definition 环节（设置边界点类型）

- 将 Attachment type 设置为 Free-Free。
- 通过 Nodes 选择器选择图中显示的所有节点 ID（6000，6003，6016 ~ 6028，36681，37682），然后单击 Add 按钮。单击 Apply 按钮进入下一环节。

Step 05 在 MISC Options 环节，设置模型的阻尼及流固耦合卡片 ACMODL，如图 10-16 所示。

- 将 Damping on struct 和 Damping on fluid 的选项均切换至 No damping。
- 勾选 Fluid-Structure coupling，选择 Solver auto-search，保持 ACMODL 卡片的默认设置。单击 Apply 按钮进入下一环节。

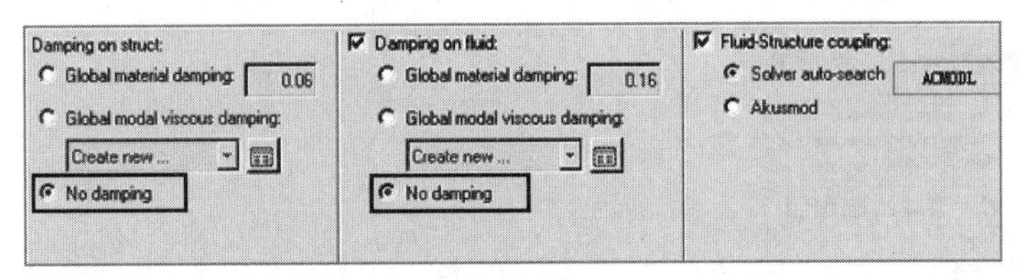

图 10-16　MISC Options 环节（设置阻尼及 ACMODL 卡片）

Step 06 在 Constraint Selection 环节，不需要对 SPC 和 MPC 进行任何设置，直接连续单击 Apply 按钮进入下一环节。

Step 07 在 Parameter Selection 环节，勾选 Disable OptiStruct element checking 复选框，然后单击 Apply 按钮完成 CMS 超单元生成的设置。

Step 08 导出生成超单元的 . fem 文件。单击 HyperMesh 菜单栏的 Export 按钮导出当前模型文件为 CMS_SE_generation. fem。

Step 09 使用 HyperWorks Solver Run Manager 提交 CMS_SE_generation. fem，生成名为“CMS_SE_generation. h3d”的 CMS 超单元文件，如图 10-17 所示。

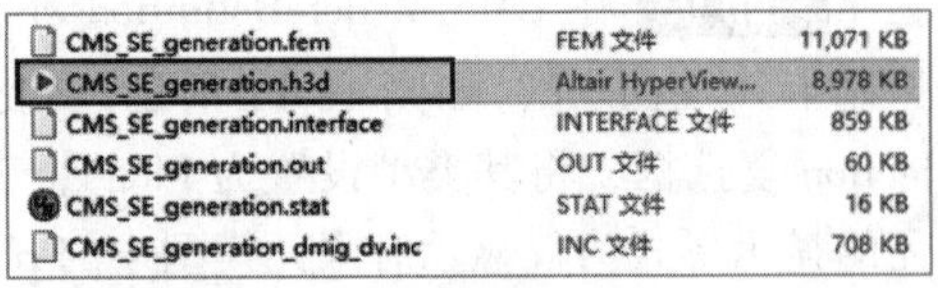

CMS_SE_generation.fem	FEM 文件	11,071 KB
CMS_SE_generation.h3d	Altair HyperView...	8,978 KB
CMS_SE_generation.interface	INTERFACE 文件	859 KB
CMS_SE_generation.out	OUT 文件	60 KB
CMS_SE_generation.stat	STAT 文件	16 KB
CMS_SE_generation_dmig_dv.inc	INC 文件	708 KB

图 10-17　生成 CMS 超单元 . h3d 文件

2. CDS 超单元生成

Step 01 在 HyperMesh 中导入 Body. fem。单击菜单栏中的 Tools→Freq Resp Process→CDS SE generation，进入 Process Manager，如图 10-18 所示。

Step 02 在 Select Analysis Frequencies 环节，设置 FREQi 频率点，如图 10-19 所示。单击 Update 按钮后，扫频列表中即出现一栏新的扫频设置，扫频范围为 1.0 ~ 200.0Hz，频率点线性分布，扫频步长为 1.0Hz。单击 Apply 按钮进入下一环节。

Step 03 在 Normal Mode Extraction 环节，设置模态分析算法，如图 10-20 所示，单击 Apply 按钮进入下一环节。

Step 04 在 CDS Method 环节中，设置 CDSMETH 卡片，如图 10-21 所示。

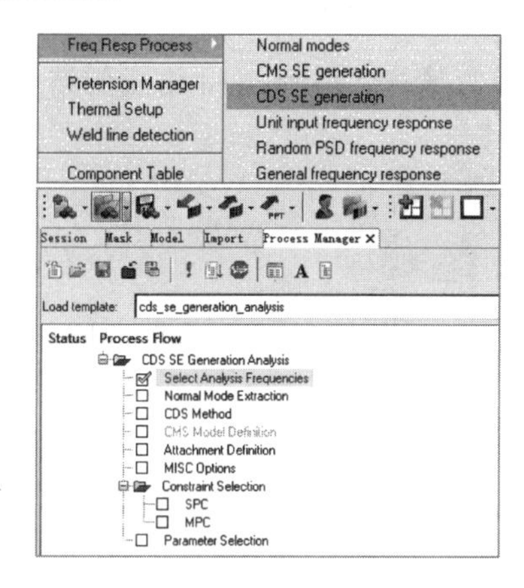

图 10-18　HyperMesh Process Manager
（CDS 超单元生成）

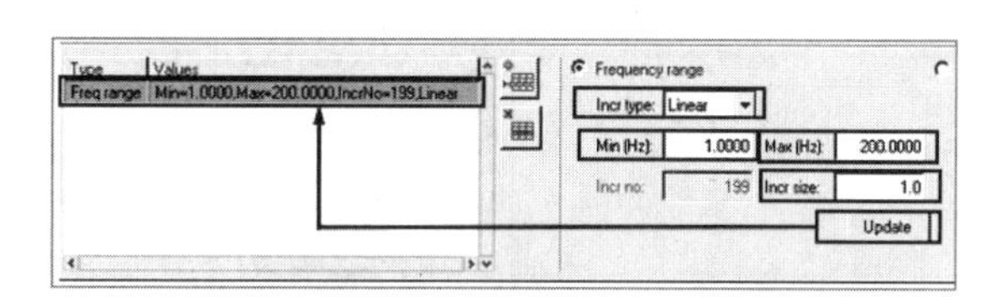

图 10-19　Select Analysis Frequencies 环节
（设置 FREQi 频率点）

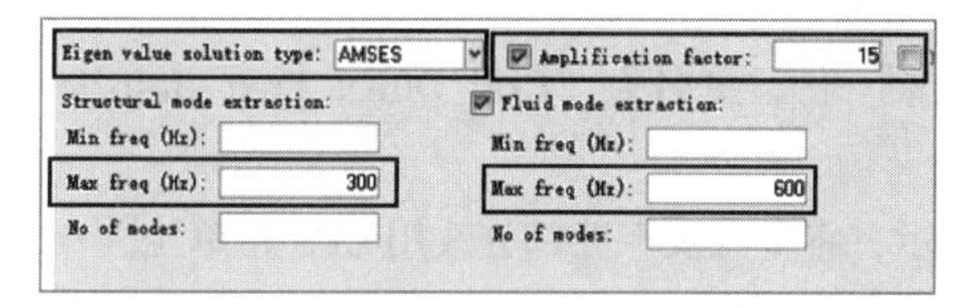

图 10-20　Normal Mode Extraction 环节

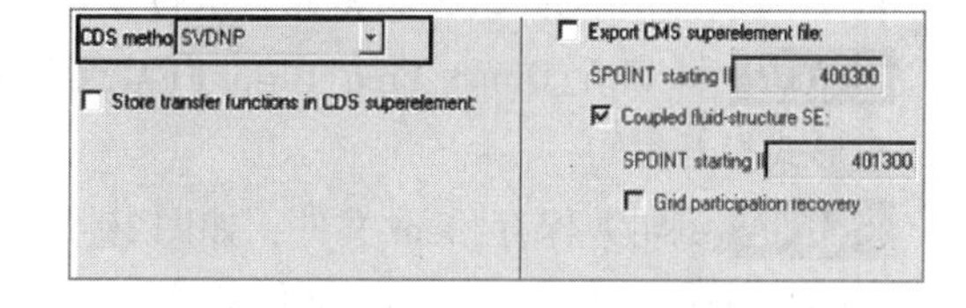

图 10-21　CDS Method 环节

Step 05 在 Attachment Definition 环节中，设置子结构的边界点类型，同图 10-15 所示设置。

Step 06 在 MISC Options 环节，设置子结构的阻尼及流固耦合，同图 10-16 所示设置。

Step 07 在 Constraint Selection 环节，直接连续单击 Apply 按钮进入下一环节。

Step 08 在 Parameter Selection 环节，勾选 Disable OptiStruct element checking 复选框，然后单击 Apply 按钮完成 CDS 超单元生成计算的设置。

Step 09 导出生成超单元的 . fem 文件。单击 HyperMesh 菜单栏的 Export 按钮导出当前模型文件为 CDS_SE_generation. fem。

Step 10 使用 HyperWorks Solver Run Manager 提交 CDS_SE_generation. fem，生成名为“CDS_SE_generation_ CDS. h3d”的 CDS 超单元文件，如图 10-22 所示。

3. 底盘模型 + 车身 CMS 超单元，进行模态频响分析

Step 01 将 FEA_Modal_Freq_Resp. fem 文件复制一份，更名为“CMS_Modal_Freq_Resp. fem”，以文本形式打开编辑。

Step 02 编辑并保存 . fem 文件，如图 10-23 所示，将车身及声腔部分改用 CMS 超单元。

- 加载 CMS 超单元：在 . fem 文件的第一行增加 ASSIGN 语句。
- 取消车身及声腔模型：可以用 $ 注释 INCLUDE 'Body. fem'语句，或直接删除。

CDS_SE_generation.fem	FEM 文件	11,071 KB
CDS_SE_generation.html	HTML 文档	28 KB
CDS_SE_generation.interface	INTERFACE 文件	859 KB
CDS_SE_generation.mvw	Altair HyperWor...	5 KB
CDS_SE_generation.out	OUT 文件	71 KB
CDS_SE_generation.res	RES 文件	1 KB
CDS_SE_generation.stat	STAT 文件	19 KB
CDS_SE_generation_CDS.h3d	Altair HyperView...	13,300 KB
CDS_SE_generation_frames.html	HTML 文档	1 KB
CDS_SE_generation_menu.html	HTML 文档	7 KB

图 10-22　生成 CDS 超单元 . h3d 文件

```
ASSIGN, H3DDMIG, AX, 'CMS_SE_generation.H3DDMIG'
...
BEGIN BULK
...
$ INCLUDE 'Body.fem'
INCLUDE 'Chassis.fem'
...
```

图 10-23　改用 CMS 超单元：车身及声腔

Step 03 提交 CMS_Modal_Freq_Resp. fem 到 OptiStruct 进行计算，得到 . pch 格式的结果文件，如图 10-24 所示。FEA_Modal_Freq_Resp. fem 可以直接提交计算。

CMS_Modal_Freq_Resp.stat	STAT 文件	183 KB
CMS_Modal_Freq_Resp.res	RES 文件	1 KB
CMS_Modal_Freq_Resp.pch	PCH 文件	58 KB
CMS_Modal_Freq_Resp.out	OUT 文件	57 KB
hwsolver.mesg	MESG 文件	1 KB
CMS_Modal_Freq_Resp.interface	INTERFACE 文件	1 KB
CMS_Modal_Freq_Resp_menu.html	HTML 文档	7 KB
CMS_Modal_Freq_Resp_frames.html	HTML 文档	1 KB
CMS_Modal_Freq_Resp.html	HTML 文档	6 KB
CMS_Modal_Freq_Resp.fem	FEM 文件	5 KB
Chassis.fem	FEM 文件	62 KB
CMS_Modal_Freq_Resp.mvw	Altair HyperWo...	4 KB
CMS_SE_generation.h3d	Altair HyperVie...	8,978 KB

图 10-24　模态法频响分析结果文件：底盘模型 + 车身 CMS 超单元

4. 底盘模型 + 车身 CDS 超单元，进行模态频响分析

Step 01 将 FEA_Direct_Freq_Resp. FEM 文件复制一份，更名为“CDS_Direct_Freq_Resp. fem”，以文本形式打开编辑。

Step 02 编辑并保存 . fem 文件，如图 10-25 所示，将车身及声腔部分改用 CDS 超单元。

- 加载 CDS 超单元：在 . fem 文件的第一行增加 ASSIGN 语句。
- 取消车身及声腔模型：可以用 $ 注释 INCLUDE 'Body. fem'语句，或直接删除。

Step 03 提交 CDS_Direct_Freq_Resp. fem 到 OptiStruct 进行计算，得到 . pch 格式的结果文件，如图 10-26 所示。FEA_Direct_Freq_Resp. fem 可以直接提交计算。

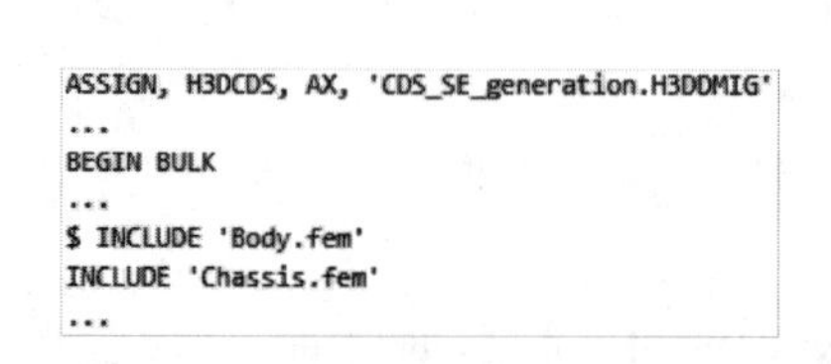

```
ASSIGN, H3DCDS, AX, 'CDS_SE_generation.H3DDMIG'
...
BEGIN BULK
...
$ INCLUDE 'Body.fem'
INCLUDE 'Chassis.fem'
...
```

图 10-25　改用 CDS 超单元：车身及声腔

CDS_Direct_Freq_Resp.fem	FEM 文件	5 KB
CDS_Direct_Freq_Resp.html	HTML 文档	6 KB
CDS_Direct_Freq_Resp.mvw	Altair HyperWor...	3 KB
CDS_Direct_Freq_Resp.out	OUT 文件	9 KB
CDS_Direct_Freq_Resp.pch	PCH 文件	58 KB
CDS_Direct_Freq_Resp.res	RES 文件	1 KB
CDS_Direct_Freq_Resp.stat	STAT 文件	106 KB
CDS_Direct_Freq_Resp_frames.html	HTML 文档	1 KB
CDS_Direct_Freq_Resp_menu.html	HTML 文档	13 KB
CDS_SE_generation_CDS.h3d	Altair HyperView...	13,300 KB
Chassis.fem	FEM 文件	62 KB
hwsolver.mesg	MESG 文件	1 KB

图 10-26　直接法频响分析结果文件：底盘模型 + 车身 CDS 超单元

结果查看

本例进行了 4 种频响分析，每种分析生成的 . pch 文件中包含一条频响曲线信息，使用 HyperGraph 可查看频响曲线，如图 10-27 所示。可以看到，采用 CMS/CDS 超单元的频响曲线与整车模型的模态法频响分析结果极为接近，而这 3 种分析工况仅与整车模型直接频响分析略有差异（仅在偏高频）。4 种频响分析的计算耗时见表 10-19。

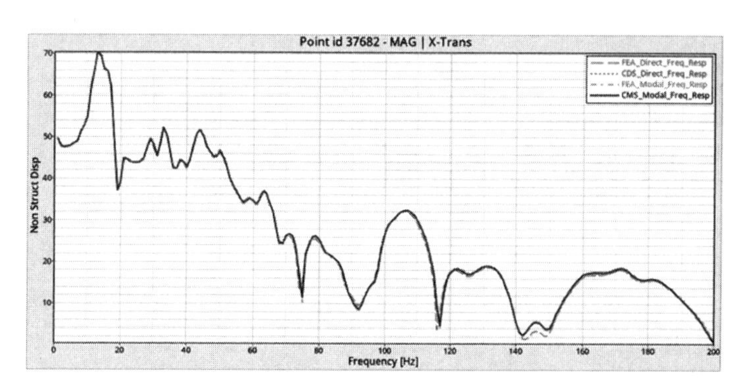

图 10-27 频响分析对比：CMS/CDS 超单元、完整模型

表 10-19 分析时间对比

分析名称	模型描述	计算耗时
FEA_Modal_Freq_Resp	模态频响法，车身+底盘	2分3秒
FEA_Direct_Freq_Resp	直接频响法，车身+底盘	45分56秒
CMS_Modal_Freq_Resp	模态频响法，CMS 超单元+底盘	11秒
CDS_Direct_Freq_Resp	直接频响法，CDS 超单元+底盘	15秒

可以看出，4种计算方法在结果精度上的差别很小，但是计算时间成本却相差甚多。无论使用CMS超单元还是使用CDS超单元，都能够大幅缩减分析的时间成本，对于需要对相同模型开展多次不同工况分析非常适用。

第 11 章 转子动力学分析

转子动力学研究包含旋转机械和部件的系统，即包含转子的系统。转子系统的动力学行为受转子的旋转加速度、类型，以及转子在系统中的位置等因素影响。除了非旋转系统常见的静力学和动力学特点，旋转系统需要考虑更多因素来确定系统的行为。影响转子-定子系统的主要因素有针对旋转轴的质量分布、不平衡质量和陀螺力的影响和系统各处阻尼的影响等。

转子的设计和转子的角频率会影响结构的动力学响应。任何设计都可能导致沿转子旋转轴的非对称质量分布。这些不平衡质量即使量级上不显著，也可能影响到转子的变形，这取决于各种因素。当转子的转速等于结构的固有频率时，转子在共振时的挠度增大，可能导致系统的灾难性故障。各种有限元分析类型被用来捕捉这些对转子动力系统的影响。

转子动力学分析建立在使用高保真工具对旋转部件进行综合设计的概念基础上，通过机器可靠性在期望转速和负载等条件下提供稳定的工作范围和低噪声。转子动力学可以用在各行各业。

- 航空和国防工业：喷气发动机、冷却系统、无人机。
- 汽车、机械和消费品：泵、压缩机、风扇。
- 能源：发电机、风力涡轮机、涡轮机械。
- 造船：船舶推进和船舶动力系统。
- 电子机械：家用电器、玩具、磁盘驱动器。

OptiStruct 转子动力学分析功能如下。

- 考虑离心力的静力学分析。
- 动态失稳时临界转速和振动频率的预测。
- 计算转子不平衡质量引起的同步涡动振动幅值。
- 外部施加的同步或异步载荷的频响分析或瞬态响应分析。

11.1 转子动力学基本概念

最简单的转子模型是单圆盘转子，通常称为 Jeffcott 转子。Jeffcott 转子虽然经过很多简化，结构较为简单，却可以揭示转子涡动的基本特性。Jeffcott 转子的转盘是对称放置在轴跨的中央的，把 Jeffcott 转子的转盘往轴的一侧移动，就成为偏置转子。这是两类最基本的转子类型，接下来分别做简单介绍。

11.1.1 Jeffcott 转子

Jeffcott 转子由以下要素组成。

- 一根无质量弹性轴。
- 轴两端的支撑。
- 一个刚性圆盘固定在轴跨的中部，圆盘不计厚度。圆盘有偏心质量。

如图 11-1 所示，由于圆盘重力的作用，水平放置时转轴要发生弯曲变形，即静变形。Jeffcott 转子在推导动力学方程时通常不计入该静变形。若对转动中的圆盘一侧施加一个横向冲击，转轴的弹性会使圆盘横向振动。

由圆盘偏心质量引起的不平衡响应产生两种运动：一是圆盘绕 o' 的自身转动；二是 o' 绕轴线的公转运动，该运动在转子动力学中称为“涡动”。涡动在转子中普遍存在。当涡动频率接近转子的自转频率或者自转频率的倍数时，振幅会被系统放大，对系统产生危害。这种转子轴系突然振幅很大的现象叫作“失稳”，这时的转子转速称为临界转速。

从以上最简单的 Jeffcott 转子的运动描述中可以看到转子动力学的常见概念。

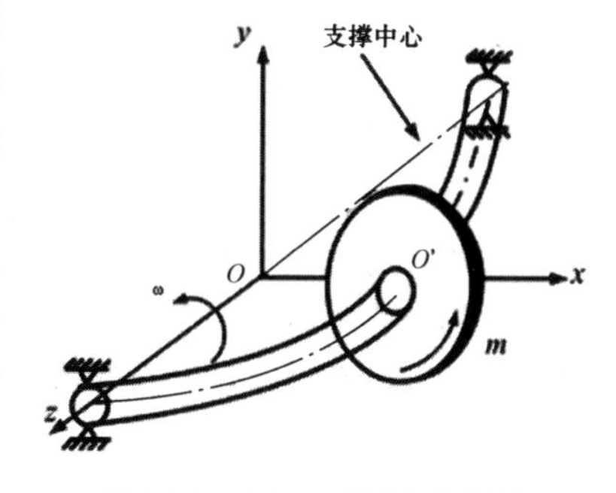

图 11-1 Jeffcott 转子示意图

(1) 自转和公转

如图 11-2 所示，转子沿着自身的几何轴线进行的旋转运动称为自转。

转子转速不断提升时，由于转子偏心质量的存在以及支撑刚度等的影响，转轴会出现弯曲等变形，转子将围绕支撑中心构成的虚拟轴进行回转运动。这种回转运动即公转，在转子动力学中称为“涡动”。涡动是旋转部件特有的一种现象，也是转子动力学最核心的分析考察对象。

转子的涡动分析类似于定子结构的自然模态分析，是避振设计最关心的话题，所不同的是，定子的模态振型没有公转的分量，而涡动频率虽然可以用定子结构共振分析的类似理念来理解，但涡动却是以公转的形式来呈现的。

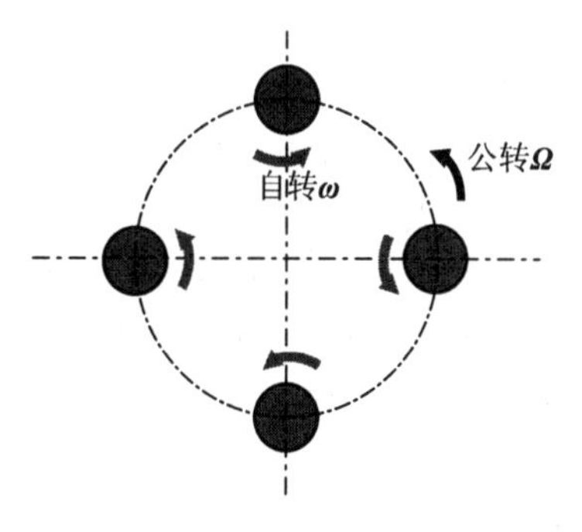

图 11-2 转子的公转和自转

(2) 正进动和反进动

正进动和反进动取决于转子自转的方向，涡动方向和转子自转方向一致时为正进动，涡动方向和转子自转方向相反时为反进动。正进动也称为“正向涡动”，反进动也称为“反向涡动”。图 11-2 所示的涡动为正向涡动。

(3) 同步涡动和异步涡动

1) 同步涡动（Synchronous）即 $\boldsymbol{\omega}=\boldsymbol{\Omega}$。

- 公转和自转同向。
- 公转和自转的转速相同。
- 这种现象在不平衡质量的转子中普遍存在。

反向同步涡动（Anti-synchronous）即 $\boldsymbol{\omega}=-\boldsymbol{\Omega}$。

- 公转和自转反向。
- 公转和自转的转速相同。

2) 异步涡动（Asynchronous）即 $\boldsymbol{\omega}\neq\boldsymbol{\Omega}$。

- 公转和自转的转速不相同。
- 反向同步涡动是异步涡动的一种特殊情况。

11.1.2 偏置转子

Jeffcott 转子是一个典型的跨中对称转子，即转盘放置于轴跨的中央。而在实际转子中，由于设计上的需要，转盘往往不一定对称安装在轴跨的中央，这种情况下的转子称为偏置转子。偏置转子在旋转时会受到更多的力的影响，比如陀螺力和离心力。

（1）陀螺效应

偏置转子由于自转轴方向上转动惯量的存在，在高速旋转时还会产生陀螺力矩。陀螺力矩是一种回转力矩，它的方向由自转和公转向量的叉积（即$\boldsymbol{\Omega}\times\boldsymbol{\omega}$）确定。正进动时，陀螺力矩使转轴变形减小，即提高转轴刚度，提高临界转速；反进动时，陀螺力矩使转轴变形增大，即降低转轴刚度，降低临界转速。图 11-3 所示为陀螺效应的示意图，其中，J_p表示转子在自转轴方向上转动惯量，$\boldsymbol{M}_g$表示陀螺力矩。

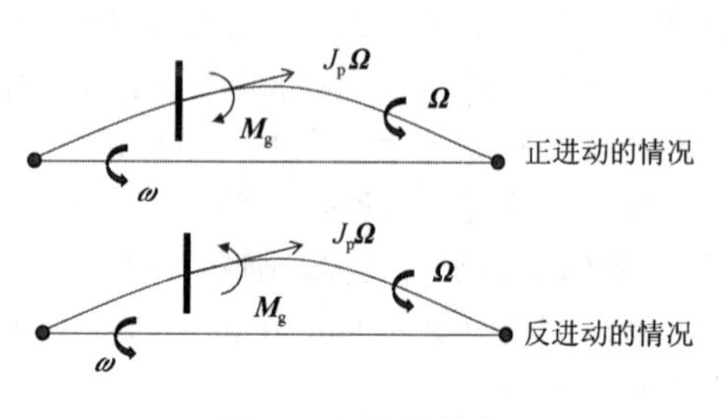

图 11-3　陀螺效应

（2）离心力效应

偏置转子的转轴受到转盘质量偏心的离心力的作用，会产生弯曲动扰度，此时转盘的运动不仅有自转和公转，还要产生偏离原来转盘平面的摆动。转盘的这种偏摆会使转盘在自转过程中构成离心惯性力矩，其效果相当于改变了转子的弯曲刚度。图 11-4 所示为离心力效应示意图，其中 $\boldsymbol{F}$ 指离心惯性力分量。

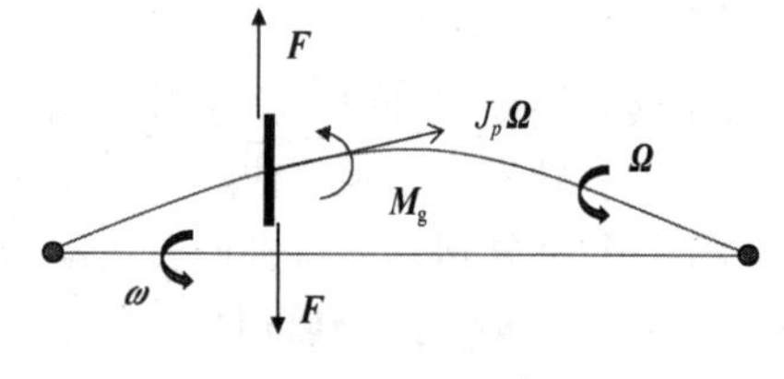

图 11-4　离心力效应

11.2 转子动力学有限元建模

OptiStruct 转子动力学采用固定参考坐标系进行求解，转子动力学建模规则如下。

规则 1 ——转子模型必须是 1D、0D 或超单元模型，即当转子是 1D 线模型时才有效。用于转子动力学系统建模的单元类型如下。

1）1D 梁单元（CBAR、CBEAM）和弹簧单元（CBUSH、CELAS）。

- 梁单元至少为转子提供刚度。
- 梁单元的质量和转动惯量也考虑在陀螺效应中。
- 可以提供结构阻尼。

2）0D 质量单元（CONM2）。

提供了陀螺效应中需要考虑的附加质量和惯性。

3）CMS 超单元。

- 由于转子动力学不能在转子上显式地包含 2D 或 3D 单元，因此它们通常由沿转子轴连接在特定节点的简化超单元所代替。
- 这些超单元将表征转子的刚度、质量、惯性和阻尼等。

规则 2 ——转子（即旋转部件）和定子（即固定部件）必须始终通过刚性单元（如 RBEi、RBAR、RROD）或 MPC 单元来连接（见 3.5.4 节连接单元）。

规则 3 ——可以增加轴承模型，通常可以使用弹簧（CELAS）和阻尼单元（CDAMP）来将轴承和定子连接起来，并在和转子旋转轴垂直的方向设置弹簧刚度。

规则4——轴对称转子。OptiStruct 中的转子动力学分析基于轴对称转子的假设，即转子模型需要关于旋转轴对称。

以下就一些建模细节做进一步说明。

（1）转子轴建模

转子旋转轴通过 RSPINR/T 卡片中的节点 A 和 B 指定，这些节点可以有用户定义的输入坐标系（可能影响旋转轴的方向）或者用户定义的输出坐标系（不影响旋转轴的方向）。其他节点通过 ROTORG 定义为转子，这些转子节点必须和 AB 共线，否则会报错，如图 11-5 和图 11-6 所示。

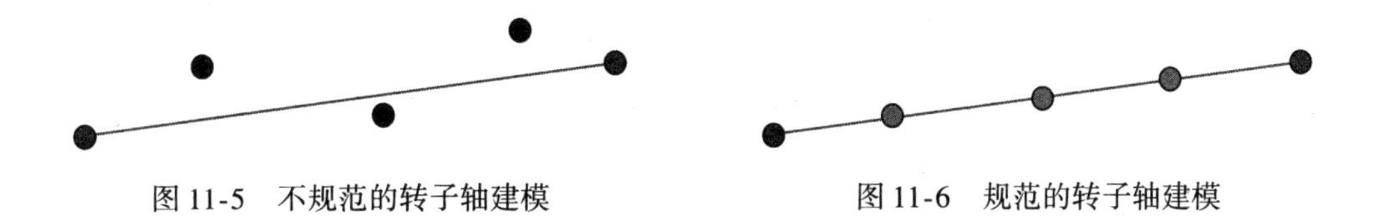

图 11-5　不规范的转子轴建模　　　　图 11-6　规范的转子轴建模

（2）多个转子模型

一个 OptiStruct 转子动力学模型可以包含多个转子，每个转子通过 ROTORG 定义，并通过 RSPINR/T 卡片定义属性。除了瞬态分析，每个转子由 RGYRO 卡片关联。

多个转子可以同轴，即共用同一条旋转轴线，也可以多轴，即有不同的旋转轴线。

（3）转子动力学中的模态跟踪

模态跟踪检查、追踪系统各个状态的模态振型，模态跟踪方法可以由 RSPEED 卡片的 MDTRK 域值来定义。模态跟踪默认前后两个状态下的振型足够接近，以保证振型的正交性，模态跟踪方法是跨转速的，可以使坎贝尔图显示更清晰。

（4）转子系统的连接件建模

在转子动力学建模中，连接件（轴承和支撑结构）的建模是最关键的部分，通常这部分的工作需要在前处理中仔细处理，有经验的工程师也可以直接手动编写 .fem 文件，这样会比使用前处理建模更方便。如图 11-7 所示，该部分的建模工作遵循几个基本原则：①使用 3 个空间位置完全重合的节点分别代表转子（G1）、轴承内圈（G2）和轴承外圈（G3，通常认为轴承外圈和支撑结构固接）；②G1 和 G2 之间使用 RBE2 单元固接；③G2 和 G3 之间使用弹簧阻尼单元连接，以模拟基本的轴承等连接件的刚度和阻尼。弹簧阻尼单元通常使用垂直于转子自转轴平面内的两个方向的刚度和阻尼。

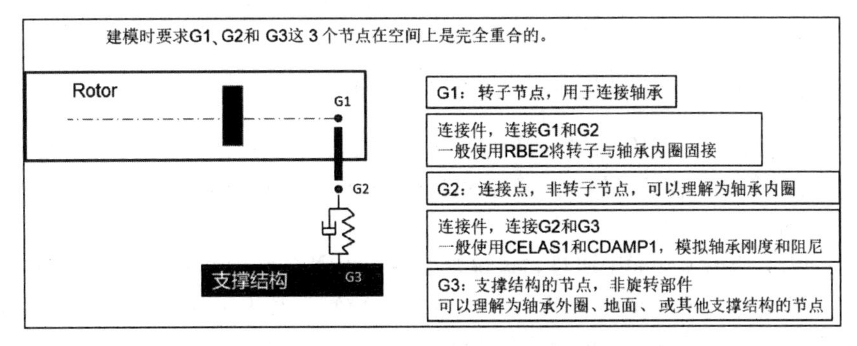

图 11-7　连接建模的示意图

图 11-8 所示为典型转子弹簧建模的局部 .fem 文件，X 方向为转子自转轴，在 Y 轴和 Z 轴分别建立 1D 弹簧单元 CELAS1。其中，1005 和 1006 单元代表转子一端的轴承刚度，1007 和 1008 单元代表转子另一端的轴承刚度。

CELAS1	1005	1000	104	2	$ grounded spring for y
CELAS1	1006	2000	104	3	$ grounded spring for z
CELAS1	1007	1000	105	2	$ grounded spring for y
CELAS1	1008	2000	105	3	$ grounded spring for z

图 11-8 连接建模的 CELAS 卡片

11.3 转子的临界转速分析

转子的临界转速实质上就是转子系统的偏心质量在转动过程中形成的激振力和系统发生共振时的转速。当激振力的频率和转子系统的弯曲振动自振频率相近的时候，转子发生共振。此时，转子的转速称为转子的临界转速。一般转子有无穷多个自振频率，故有多阶临界转速。转子在这些转速下运行时，会发生剧烈振动，从而失稳；而偏离该转速一定范围后，转子旋转又趋于平稳。转子临界转速的大小取决于转子材料、几何结构等。

复特征值分析用于计算带转子系统的特征值和转子临界转速。在复特征值计算中由于引入了和旋转速度相关的项，即转子系统的刚度和阻尼是随转子转速变化而变化的，所以系统特征值随转子转速变化而变化。

如图 11-9 所示，坎贝尔图（Campbell Diagram）是描述模态频率（即涡动频率）随转速变化的直观方法。在坎贝尔图中，横坐标表示转速，转速可以是 RPM（即转/分），也可以是频率，纵坐标表示涡动频率（即复特征值计算得到的模态频率值，通常单位是 Hz）。图中的实线代表某一阶或者某几阶模态，虚线代表激励频率，实线和虚线的相交点就代表共振点，即该转速下转子模态的频率和转子的转速频率相一致会发生共振。这些共振点对应的转速称为“临界转速”。从图中可以看到，随着转速的增加，一部分模态的频率可能会随着转子转速的增加而增加，这种模态代表着转子是正进动（Forward Whirl）的；反之，有一部分模态会随着转子转速的增加而降低，这种模态代表着转子是反进动（Forward Whirl）的。

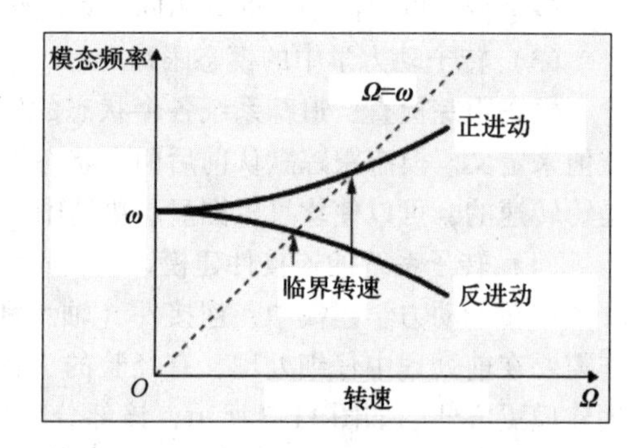

图 11-9 转子系统的坎贝尔图

图 11-9 中只有一条从原点开始的斜虚线，在这种情况下，该虚线代表 1X（1 阶激励，即 $\omega=\Omega$ 的情况）。通常而言，1X 代表着旋转机械中最重要的激励成分，是用户最关注的内容。当然，在坎贝尔图中还可以看到更高阶次激励相关的临界转速，即代表 $nX=n\dfrac{\omega}{\Omega}$ 的斜线和各阶模态的相交点对应的转速值，n 为阶次。图 11-10 展示了 HyperGraph 中生成的某一转子系统前 4 阶模态（曲线 Mode 1 ~ Mode 4）和前 4 阶激励（斜线 Engine Order-1X ~ Engine Order-4X）的结果。可以看到前 4 阶模态都是正进动模态。

坎贝尔图可以在 HyperGraph 中通过 .out 文件生成，步骤如下。

1）如图 11-11 所示，导入异步分析的 .out 文件，横轴选择 Campbell Summary 和 Rotor Speed，纵轴选择 Campbell Summary 和 Frequency。单击 Apply 按钮生成模态频率曲线。

2）如图 11-12 所示，在 HyperGraph 左侧的目录树中选择模态曲线，右击并选择 Multiple Curves Math-> Campbell Diagram 生成坎贝尔图。

通过坎贝尔图可以得到丰富的转子特性信息，通常以绘制坎贝尔图为目的进行的复特征值分析称为“异步法临界转速分析”，因为此时转子转速和模态频率是不相关的两个量，两者不同步。

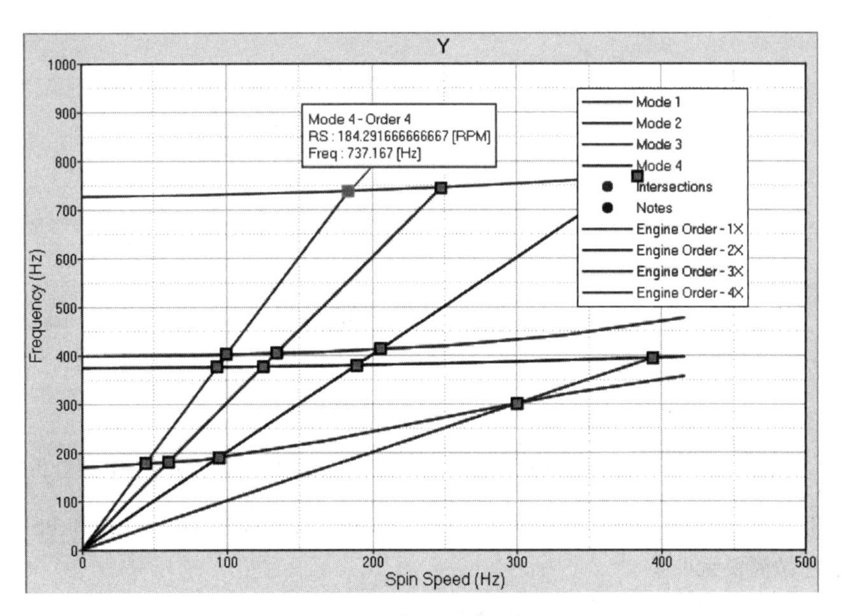

图 11-10　典型的坎贝尔图

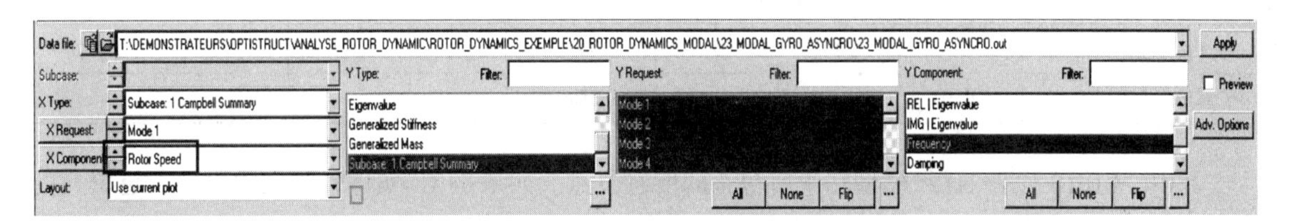

图 11-11　在 HyperGraph 中生成模态频率曲线

OptiStruct 同时也提供操作更简单的同步临界转速分析方法，即在软件后台将模态频率等同于转子转速（即 $\boldsymbol{\omega}=\boldsymbol{\Omega}$），这意味着转速和模态频率是一直同步的。这样计算得到的复特征值频率就是 1X 对应的临界转速。这个同步法复特征值得到的临界转速结果直接打印在 OptiStruct 的 . out 文件中。图 11-13 所示为某一转子模型通过同步法复特征值分析得到的 3 个 1X 激励对应的临界转速：10. 066Hz、15. 92Hz 和 22. 51Hz。

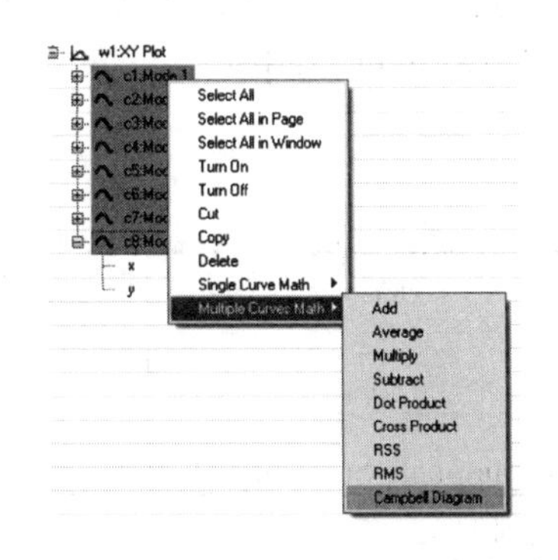

图 11-12　在 HyperGraph 中生成坎贝尔图

Subcase	Mode	Frequency	Eigenvalue	Generalized Stiffness	Generalized Mass
1	1	1.006584E+01	4.000000E+03	4.000000E+03	1.000000E+00
1	2	1.006584E+01	4.000000E+03	4.000000E+03	1.000000E+00
1	3	1.837763E+01	1.333333E+04	1.333333E+04	1.000000E+00
1	4	1.837763E+01	1.333333E+04	1.333333E+04	1.000000E+00

Note: For complex eigenvalue analysis, unstable modes are indicated by an asterisk next to the mode number. Further, in the Campbell diagram summary for rotor dynamics, the asterisk is next to the step that corresponds to the reference rotor speed.

Subcase	Mode	Eigenvalue(R)	Eigenvalue(I)	1X的临界转速 Frequency	Damping
1	1	0.000E+00	6.324555E+01	1.006584E+01	0.000000E+00
1	2	-8.507E-15	6.324555E+01	1.006584E+01	2.690286E-16
1	3	-5.063E-15	1.000000E+02	1.591549E+01	1.012505E-16
1	4	4.111E-15	1.414214E+02	2.250791E+01	-5.814068E-17

图 11-13　. out 文件中打印的同步法临界转速分析结果

异步法临界转速分析使用的头文件如图 11-14 所示。同步法临界转速分析使用的头文件如图 11-15所示。

```
SUBCASE 1
  LABEL synchronous
  RGYRO = 5
  METHOD(STRUCTURE) = 3
  CMETHOD = 4
  SPCFORCE(SORT1,REAL) = ALL
    DISPLACEMENT(SORT1,REAL)=ALL
    SPC = 1
BEGIN BULK
$Define ROTOR struct
ROTORG  2       101       THRU    103     $nodeS in rotor structure
$Modal complex eigenvalue
EIGRL          3                        20
EIGC           4              MAX                       10
$Specifies synchronous or asynchronous analysis, reference rotor,
$$and rotation speed of the reference rotor
$RGYRO  RID     SYNCFLG REFROTR SPDUNIT SPDLOW  SPDHIGH SPEED
RGYRO   5       ASYNC   2       RPM                     10
RSPEED  10      1000.   100.    40
$+      MAC
$Specifies the rotor spin direction and damping of rotor structure
$RSPINR ROTORID GRIDA   GRIDB   SPDUNIT SPTID
RSPINR  2       101     102     RPM     0.0
$       RotorDamping
        0.
```

图 11-14　异步法临界转速分析头文件

```
SUBCASE 1
  LABEL synchronous
  RGYRO = 5
  METHOD(STRUCTURE) = 3
  CMETHOD = 4
  SPCFORCE(SORT1,REAL) = ALL
    DISPLACEMENT(SORT1,REAL)=ALL
    SPC = 1
BEGIN BULK
$Define ROTOR struct
ROTORG  2       101       THRU    103     $nodeS in rotor structure
$Modal complex eigenvalue
EIGRL          3                        20
EIGC           4              MAX                       10
$Specifies synchronous or asynchronous analysis, reference rotor,
$$and rotation speed of the reference rotor
$RGYRO  RID     SYNCFLG REFROTR SPDUNIT SPDLOW  SPDHIGH SPEED
RGYRO   5       SYNC    2       RPM
$Specifies the rotor spin direction and damping of rotor structure
$RSPINR ROTORID GRIDA   GRIDB   SPDUNIT SPTID
RSPINR  2       101     102     RPM     0.0
$       RotorDamping
        0.
```

图 11-15　同步法临界转速分析头文件

以上头文件中主要涉及的转子动力学卡片有 ROTORG、RGYRO、RSPEED 和 RSPINR 等。下面分别对这些卡片做简要说明。

1）ROTORG 定义线模型转子节点，见表 11-1。

表 11-1　ROTORG 卡片定义

(1)	(2)	(3)	(4)	(5)	(6)	(7)	(8)	(9)	(10)
ROTORG	ROTORID	GRID1	GRID2	…	GRIDn				

其中，GRIDi 代表 1D 线模型转子所包含的所有节点。如果是 3D 实体转子则代表转子超单元的接口点。

2）RGYRO 引用在模态频响或者复模态中进行转子动力学分析所需的数据，见表 11-2。

表 11-2　RGYRO 卡片定义

(1)	(2)	(3)	(4)	(5)	(6)	(7)	(8)	(9)	(10)
RGYRO	RID	SYNCFLG	REFROTR	SPDUNIT	SPDLOW	SPDHIGH	SPEED		

其中，SYNCFLG 可选异步法分析（ASYNC）或者同步法分析（SYNC）；REFROTR 引用 ROTORG 卡片；SPDUNIT 代表转子转速的单位，可以是 RPM（每分钟转数）或者频率（单位时间转数）；SPD-LOW 代表开始转速；SPDHIGH 代表最高转速；SPEED 在异步分析时引用 RSPEED 卡片。

3）RSPEED 定义异步分析时的转子转速，见表 11-3。

表 11-3　RSPEED 卡片定义

(1)	(2)	(3)	(4)	(5)	(6)	(7)	(8)	(9)	(10)
RSPEED	SID	S1	DS	NDS					
	MDTRAK	CORU			PRTCOR				

其中，S1 代表起始转速；DS 代表转速增量；NDS 代表转速增量的数量；MDTRAK 代表模态跟踪的方法，可以选择 MAC、MMAC、NC20、SLCON 等；PRTCOR 控制相关矩阵是否打印，默认情况下为不打印。

4）RSPINR 定义转子的旋转方向和相对转速，见表 11-4。

表 11-4 RSPINR 卡片定义

(1)	(2)	(3)	(4)	(5)	(6)	(7)	(8)	(9)	(10)
RSPINR	ROTORID	GRIDA	GRIDB	SPDUNIT	SPTID				
	GR	ALPHAR1	ALPHAR2	WR3R	WR4R	WRHR	HYBRID		

其中，GRIDA 指向 GRIDB 为旋转轴正方向；SPDUNIT 定义转速单位，可选 RPM（每分钟转数）或者频率（单位时间转数）；SPTID 定义转子的转速；GR、ALPHAR1、ALPHAR2、WR3R、WR4R、WRHR、HYBRID 定义各类转子阻尼。

11.4 实例：3D 实体转子分析

上一节介绍了 1D 转子的临界转速分析。在 1D 转子模型中，转子是以集中质量单元的形式建模的。此种建模方法不可避免地会带来一些简化和局部特征的缺失。接下来介绍 3D 实体转子的建模及临界转速分析实例。

3D 实体转子建立详细的转子网格模型，然后将转子部分转换成超单元模型，和定子系统进行装配。在实际建模中可以只对转子转盘部分进行详细网格建模，然后转换成超单元，转子的旋转轴仍然可以使用梁单元建模。

图 11-16 所示为本例的转子-定子系统的网格模型，转子转盘将使用超单元。转子转盘网格模型为 phase1_Rotor_create_SE_base. fem，其余网格模型为 phase2_Rotor_Critical_Speed_A_base. fem。求解完成的模型见 phase1_Rotor_create_SE. fem 和 phase2_Rotor_Critical_Speed_A. fem。

图 11-16 三维转子系统模型

1. 生成超单元

在 OptiStruct 中生成超单元，头文件如图 11-17 所示，其中转盘部分共使用了 4 个界面节点，编号为 5 ~ 8。使用固定界面模态法生成超单元。为了在后处理中看到转盘的 3D 轮廓，模型中包含了 PLOTEL 单元。图 11-18 展示的是转子转盘的详细网格。

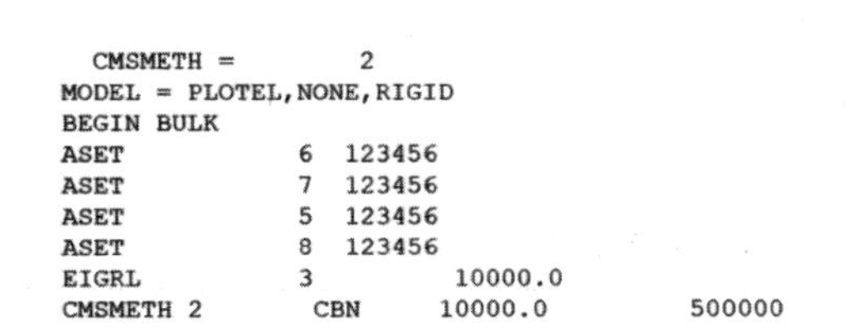

```
  CMSMETH =          2
MODEL = PLOTEL,NONE,RIGID
BEGIN BULK
ASET            6  123456
ASET            7  123456
ASET            5  123456
ASET            8  123456
EIGRL           3          10000.0
CMSMETH 2        CBN      10000.0          500000
```

图 11-17 超单元头文件

图 11-18 转子转盘的详细网格

2. 装配超单元转子和其他部件

超单元装配完成的头文件如图 11-19 所示。ASSIGN 语句引用超单元，节点 5 ~ 8 自动和超单元中相同编号的节点进行对接。图 11-20 展示的是超单元转子和定子装配完成后的系统的网格模型。

3. 后处理

使用 OptiStruct 求解完成后，在 HyperGraph 中导入 . out 文件进行后处理，使用 1X 和 2X 两个阶次，得到如图 11-21 所示的坎贝尔图。在 HyperView 中可以看到涡动振型，如图 11-22 所示。

```
ASSIGN,H3DDMIG,AX, 'phase1_Rotor_create_SE.h3d'
SUBCASE       1
  LABEL synchronous
  SPC =         2
  METHOD(STRUCTURE) = 3
  CMETHOD = 4
    DISPLACEMENT(SORT1,REAL)=ALL
  RGYRO = 1000
BEGIN BULK
$--> A Asynchronous Gyration is performed on rotor 1001 between 0 and 200Hz.
$--> In FRF, Asynchronous rotor speed is constant, and defined using RSPEED with ID 1002.
RGYRO   1000    ASYNC   1001    FREQ        0.0   200.0 1002
$--> Rotor with ID 1001 is defined based on 28 nodes.
ROTORG  1001    1       THRU    28
$--> Rotor rotation speed is defined at 200 gyration/s.
$--> In Async FRF, only the first value is used.
RSPEED  1002    0.      10.     50
$--> The positive rotation direction of rotor 1001 is defined using 2 nodes.
RSPINR  1001    1       2       FREQ    1.0
$
EIGRL           3       1000.0                                  MAX
EIGC            4           MAX                         10
GRID            1       0.0     0.0     -120.0
GRID            2       0.0     0.0     -100.0
GRID            3       0.0     0.0     -80.0
GRID            4       0.0     0.0     -60.0
GRID            5       0.0     0.0     -20.0
GRID            6       0.0     0.0     -3.82-15
GRID            7       0.0     0.0     20.0
GRID            8       0.0     0.0     40.0
GRID            9       0.0     0.0     80.0
```

图 11-19　超单元转子模型异步临界转速分析的头文件

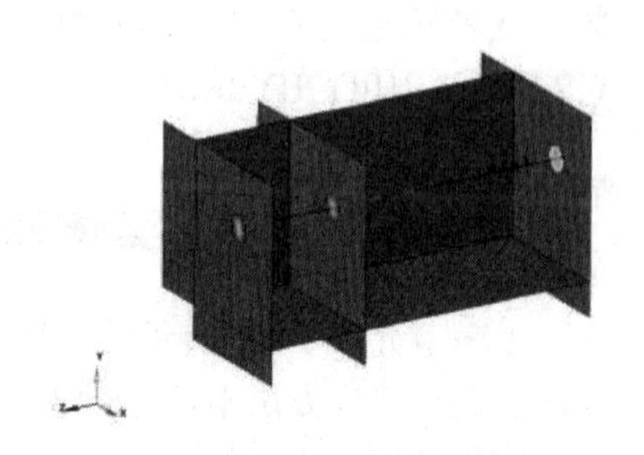

图 11-20　超单元转子和定子装配系统的模型

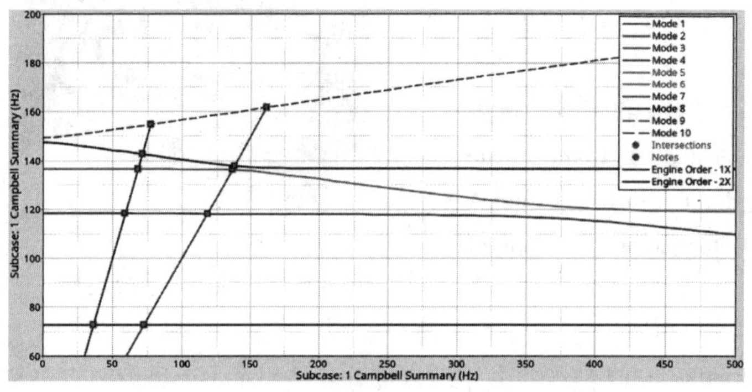

图 11-21　转子系统的坎贝尔图

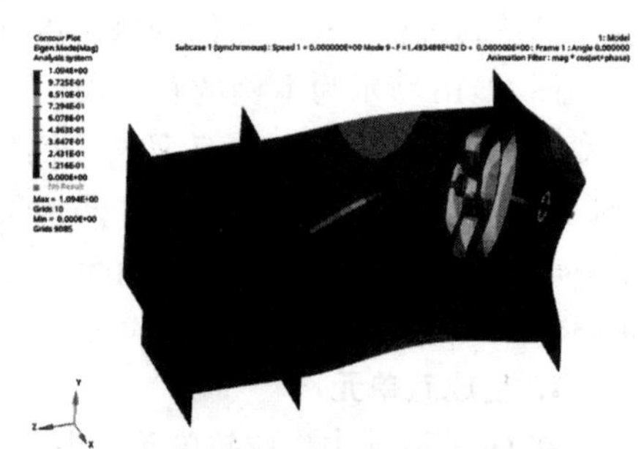

图 11-22　转子系统的第 9 阶模态

第 12 章 声固耦合分析

第 5～8 章详细阐述了几类常见的动力学仿真分析，如模态分析、频响分析、瞬态分析以及随机振动分析。上述章节均是在单一物理场下介绍的，即只有固体结构类型的单元。本章开始介绍在空气（流体）与结构两种物理场耦合作用下的动力学仿真，需要说明的是，上述的几类动力学仿真分析均适用于声固耦合模型，因此本章不再重述相同的理论及卡片说明，而是侧重于 NVH 分析中的一些实用方法介绍。具体内容有声腔建模方法、声腔模态分析、声固耦合频响仿真分析、吸声单元以及 NTF 分析实例。

12.1 声腔建模

12.1.1 声腔建模方法

声腔的建模主要包括网格划分、单元节点属性定义以及材料属性定义三个部分，其中声腔网格划分过程最为复杂。

1. 声腔网格划分

声腔网格后续将应用于声固耦合分析当中，因此为保证分析结果的精确性，声腔网格应满足下述两个基本条件。

- 声腔网格尺寸：工程上为满足分析精度要求，一般要求 $kh<1$，其中，波数 $k=2\pi/\lambda$，h 为单元尺寸，即应满足 1 个波长上至少有 6 个单元。假设关心的最大频率为 1000Hz，则对应的最小声波波长为 $\lambda=\dfrac{c}{f}=340\text{mm}$，因此单元的最小尺寸为$\dfrac{340}{6}\text{mm}=56.7\text{mm}$。
- 声腔与结构的耦合面：根据实际情况进行声腔域的包络，保证声腔与结构耦合的完整性，OptiStruct 在耦合分析时会生成 .interface 文件，用于检查声固耦合面，将在 12.3 节介绍。

HyperMesh 提供了专门的声腔网格划分工具 Acoustic Cavity Mesh，如图 12-1 所示。用户只需指定平均单元尺寸，软件自动根据“6 单元/波长”的准则计算最高分析频率；用户指定耦合的结构网格，软件自动识别边界并进行声腔包络。

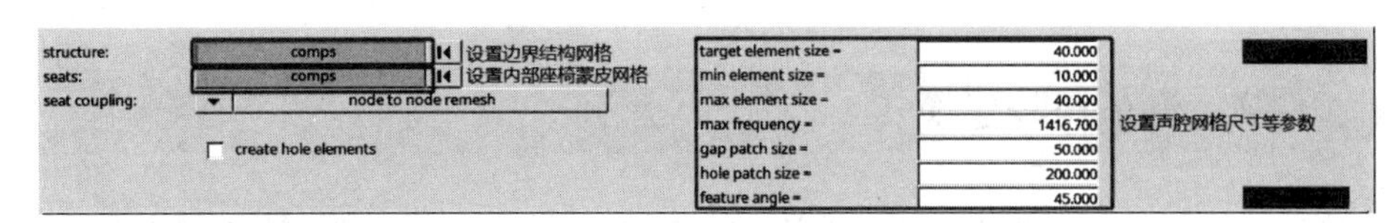

图 12-1 Acoustic Cavity Mesh 工具

2. 单元、节点属性定义

声腔实体单元所采用的网格属性卡片为 PSOLID，卡片定义及说明见表 12-1 和表 12-2。同时流体单元对应的节点也需要转换为流体节点，即将节点的 CD 值设置为 -1。GRID 卡片定义见表 12-3。

表 12-1 PSOLID 卡片定义

(1)	(2)	(3)	(4)	(5)	(6)	(7)	(8)	(9)	(10)
PSOLID	PID	MID	CORDM			ISOP	FCTN		

表 12-2 PSOLID 卡片说明

字　段	说　明
PID	独立的实体单元属性 ID
MID	材料 ID
CORDM	MID 所代表材料的坐标系 ID
ISOP	针对弹塑性隐式非线性静力分析的特殊格式/积分格式
FCTN	单元类型标识。针对声腔单元必须设置为 PFLUID，表示单元为流体单元

表 12-3 GRID 卡片定义

(1)	(2)	(3)	(4)	(5)	(6)	(7)	(8)	(9)	(10)
GRID	ID	CP	X1	X2	X3	CD	PS		

3. 材料属性

流体单元的材料采用 MAT10 卡片进行定义。卡片定义及说明见表 12-4 和表 12-5。

表 12-4 MAT10 卡片定义

(1)	(2)	(3)	(4)	(5)	(6)	(7)	(8)	(9)	(10)
MAT10	MID	BULK	RHO	C	GE	ALPHA			

表 12-5 MAT10 卡片说明

字　段	说　明
BULK	流体材料的体积模量，$BULK = C^2 \cdot RHO$
RHO	空气的密度
C	声速
GE	流体单元的结构阻尼比
ALPHA	归一化的多孔材料阻尼系数。因为位移、速度、加速度等响应是频率的函数，所以在分析的频率范围内必须指定 ALPHA 值

12.1.2 实例：汽车声腔建模

本章通过一个 Trim-Body 模型，展示利用 Acoustic Cavity Mesh 工具进行声腔网格划分的过程。

因为声腔是考虑边界的声场，所以在开展声腔建模之前，首先需要构建大致封闭的边界模型。以车内声腔建模为例，首先需要准备白车身 + 闭合件（侧门、天窗、背门）结构的有限元模型。车内声腔内部还包含座椅声腔，因此还需准备根据座椅蒙皮几何构建的面网格。

模型设置

做好前期准备之后，将网格模型导入 HyperMesh。前期准备的模型如图 12-2 所示。

1. 设置声腔模型生成参数

在菜单栏中单击 Mesh-> Create-> Acoustic Cavity Mesh，打开声腔网格创建面板。在声腔创建面板的工具栏中，单击 Options 按钮，打开 Options 对话框，在其中设置声腔模型的生成参数。

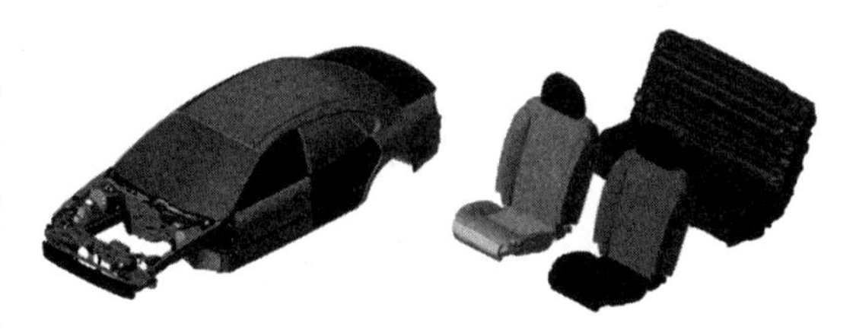

图 12-2　车身 + 闭合件模型及座椅蒙皮模型

Step 01 选择网格类型（Meshing）。目前有 Hexa-tetrahedral 与 All tetrahedral 两种可选。其中，Hexa-tetrahedral 表示生成的网格为四面体与六面体的混合型；All tetrahedral 表示生成的网格全部为四面体。此处采用默认设置。

Step 02 设置声腔 3D 网格质量下限（Solid element checks）。这里包括最小六面体网格角雅克比（Minimum hexa corner jacobian）和最小四面体网格坍塌系数（tet collapse），默认值分别为 0.2 与 0.1。这里的默认值已经能满足绝大部分工程问题对网格质量的要求，因此保持默认。

Step 03 设置声腔网格组件的最大显示数量（Display structural cavities）。因为作为声腔边界的组件之间距离不一，所以声腔网格在生成过程中可能形成若干个单元数量、规模、大小不等的组件。如果这里选择 All，则表示生成的所有网格组件均要求显示；如果选择 Largest 并设置一个数值，则表示单元数量规模最大的前若干个组件要求显示，其余的组件隐藏。此处采用默认设置，仅显示前 10 个规模最大的组件。

Step 04 设置每个波长上的单元数量（No. elements per length）。在工程上一般认为每个波长至少需要覆盖 6 个有限元网格单元才能保证波在有限元网格中的传递不产生失真，因此这里建议输入数值不要小于 6。此处采用默认值 6。

Step 05 设置介质网格属性（Properties）。此处包括针对声腔整体（Interior）和座椅声腔（Seat）两个部分的气体密度、声速两个参数。参数默认值是以空气（25℃，标准大气压下）作为介质进行设置的，可以根据工程实际进行修改。此处保持默认。下方的 Create material and property cards 勾选与否决定了声腔网格的生成过程中是否需要同时生成材料和属性卡片。此处勾选。

Step 06 设置完成之后单击 OK 按钮退出对话框。设置流程如图 12-3 所示。

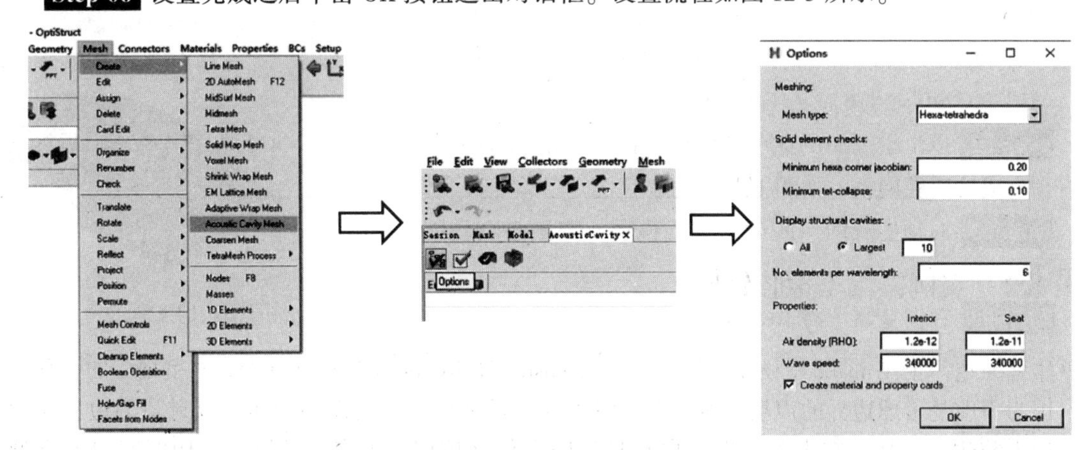

图 12-3　设置声腔模型生成参数

2. 生成声腔网格

声腔网格生成设置面板如图 12-4 所示。

Step 01 在面板中用 structure 组件选择器来选择整个声腔的边界组件，包括白车身 + 闭合件（侧门、天窗、背门）结构。用 seats 组件选择器来选择座椅声腔的边界组件，包括各个座椅蒙皮。

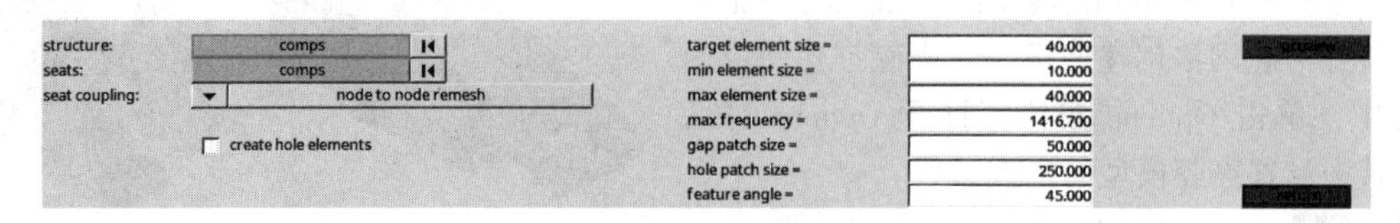

图 12-4　声腔网格生成设置面板

◆ 选项说明

在 seat coupling 项中，软件提供了 3 种模式来实现座椅声腔网格和整体声腔网格之间的节点耦合。其中默认的 node to node remesh 表示软件会对整体和座椅声腔网格进行网格重建。在保证两个组件在分界面上共节点。seats are master MPC 和 seats are slave MPC 则表示软件在整体网格与座椅网格的分界面上创建 MPC 来实现两个组件的连接，区别仅在于前者表示座椅网格节点为 MPC 的主点，后者表示座椅网格节点为 MPC 从点。

如果勾选 create hole elements，则生成声腔过程中软件填补边界组件上的孔洞结构时所生成的临时单元，会复制一份变为永久单元，以便后续观察软件对哪些孔洞结构进行了封填。此处不予勾选。各文本框含义如下。

- target element size：表示目标单元尺寸，默认为 40。
- min element size：表示最小单元尺寸，默认为 10。
- max element size：表示最大单元尺寸，默认为 40。
- max frequency：表示分析中所关注频率的上限。
- gap patch size：表示需要网格缝合的最大间隙尺寸。在边界组件中，如果两个组件的间隙小于该值则软件自动对间隙生成临时网格进行缝合。默认值为 50。
- hole patch size：表示需要网格封填的最大孔洞尺寸。在边界组件上，如果组件上的孔洞结构尺寸小于该值则软件对孔洞自动生成临时网格进行封填。默认值为 200。
- feature angle：表示用于结构特征识别的特征角上限，默认值为 45°。

max frequency 与 max element size 之间存在函数关系，两者设定任意一个，则另外一个的数值自动计算。例如，max element size 默认值为 40（mm），根据之前每个波长上至少 6 个单元的设定，波长最小为 $40\times6=240$（mm），根据之前声速为 340000（mm/s）的设定，所关注频率的上限为 $f=v/\lambda=340000/240=1416.7$（Hz）。

Step 02 以上说明中的选项均保持默认。单击 preview 按钮，即可查看预生成的声腔网格，如图 12-5 所示。

Step 03 对预生成的声腔网格进行检查，隐藏多余的细小声腔网格组件。

图 12-5　预生成的声腔网格

Step 04 在浏览器中将 Response points 切换至 Read from file。导入包含特征点（可能为响应点，也可能为激励点）坐标和标签信息的 .csv 文件。.csv 文件格式及导入效果如图 12-6 所示。

Step 05 在声腔网格创建面板的底部单击 Mesh 按钮生成声腔网格，如图 12-7 所示。软件同时也会生成声腔的材料及属性卡片，将材料和属性赋予对应的声腔模型。

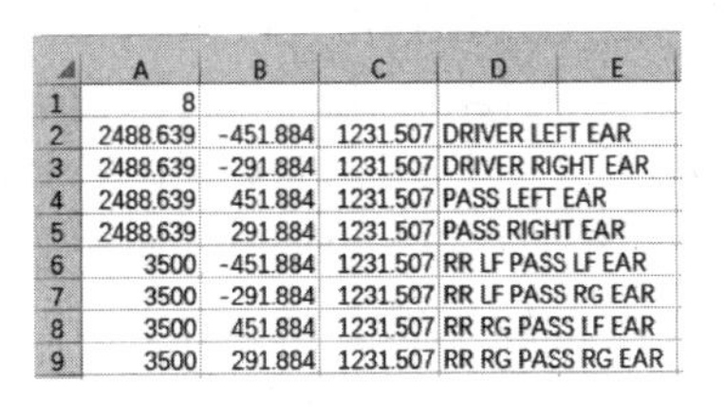

	A	B	C	D	E
1	8				
2	2488.639	-451.884	1231.507	DRIVER LEFT EAR	
3	2488.639	-291.884	1231.507	DRIVER RIGHT EAR	
4	2488.639	451.884	1231.507	PASS LEFT EAR	
5	2488.639	291.884	1231.507	PASS RIGHT EAR	
6	3500	-451.884	1231.507	RR LF PASS LF EAR	
7	3500	-291.884	1231.507	RR LF PASS RG EAR	
8	3500	451.884	1231.507	RR RG PASS LF EAR	
9	3500	291.884	1231.507	RR RG PASS RG EAR	

图 12-6　. csv 文件及导入特征点后的效果示意图

图 12-7　声腔网格

3. 耦合性能检查

声腔网格创建完成之后，仍然在声腔网格创建面板中。切换到 Interface 界面，对声腔网格与结构网格之间的耦合性进行检查，如图 12-8 所示。

Step 01 Select components 栏选择 All，表示之前生成的声腔网格均参与检查。

Step 02 ACMODL options 栏的所有数值保持默认，参数含义参见 12. 3. 2 节中 ACMODL 卡片的定义。勾选 Create ACMODL card 复选框，表示检查过程中按照上述参数创建一个 ACMODL 卡片。

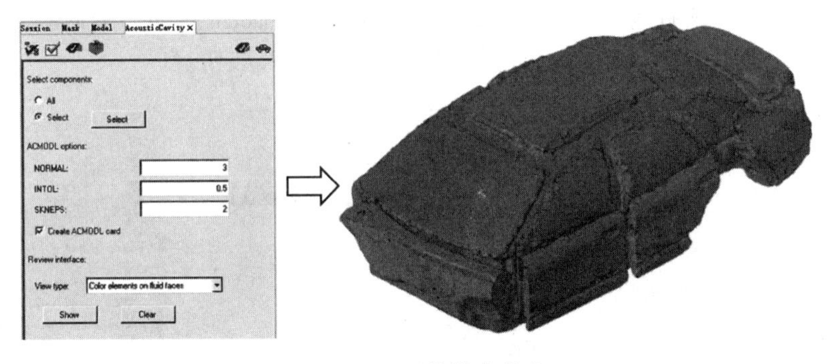

图 12-8　网格耦合检查

◆ 选项说明

Review interface 中，软件提供了 3 种视图类型，用于查看声腔网格与边界网格的耦合性。

- Color elements on fluid faces：表示在声腔网格表面生成一层面网格，面网格显示为紫色则表示该单元上的节点能够与边界网格发生耦合，青色则表示不能与边界网格发生耦合。
- Highlight uncoupled fluid grids：表示无法与边界网格发生耦合的流体网格节点将高亮显示。
- Highlight structure grids：表示无法与流体网格发生耦合的边界网格节点将高亮显示。

从结果来看，此例中声腔表面绝大部分网格节点能与边界网格发生耦合，可视为通过检查。

12. 2　声腔模态分析及实例

声腔模态分析的基础理论与第 5 章中的实模态分析基础理论基本相同，可理解为求解方程特征值和特征向量的过程。不同的是结构模态分析为结构运动方程的特征值求解问题，而声腔模态为下述波动方程的特征值求解问题。

$$\frac{\dot{p}}{\beta} - \frac{1}{\rho}\nabla^2 p = 0 \tag{12-1}$$

式中，$\beta = \rho c^2$，为体积模量。可见声腔的模态与声速以及声腔形状有关。

对于声腔特征值求解，同样支持 Lanczos 法和 AMSES 模态求解加速算法。其设置过程和卡片与结构模态分析相同。

需要注意的是，在调用声腔的 EIGRA 或 EIGRL 卡片时，需要通过 METHOD（FLUID）来引用，而非 METHOD（STRUCT）。同时，在声腔结果输出中，可直接采用 DISPLACEMENT 卡片来输出节点声压，由于声压为标量，因此只有 X 方向有结果，其他自由度结果为零。具体设置过程见以下实例。

本实例针对上一节的声腔模型进行模态分析，展示声腔模态分析的过程。模型是按照前面描述的操作得到的，网格已经划分、对应的材料和属性已经创建和赋予。对声腔开展模态分析不需要添加约束和载荷，但是需要检查并确保所有节点 Card Image 中 CD 栏的值是否已经设为 -1。

模型设置

Step 01 创建并设置 ERGRL 卡片。如图 12-9 所示，在模型浏览器空白处右击并创建 Load Collector，并将其重命名为“EIGRL”，然后在下方的实体编辑器中将 Card Image 改为 EIGRL，并在 V2 项输入 200，表示模态分析结果提取 200Hz 以内的所有模态。其余项保持默认。

Step 02 创建并设置模态分析步。如图 12-10 所示，在模型浏览器空白处右击然后创建 Load Step，并将其重命名为“NMA”，然后在下方的实体编辑器中将 Analysis type 切换为 Normal modes，并在 METHOD（FLUID）项右侧单击 <Unspecified> 以激活 Loadcol 按钮，最后单击 Loadcol 按钮，在弹出的对话框中勾选上一步中定义的载荷集 EIGRL，单击 OK 按钮。

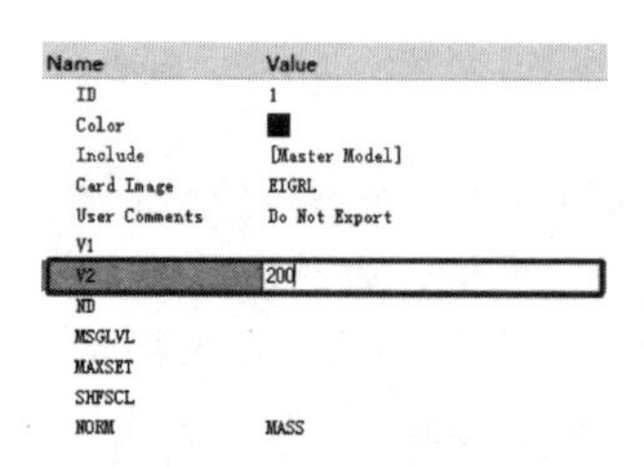

图 12-9 设置 EIGRL 卡片

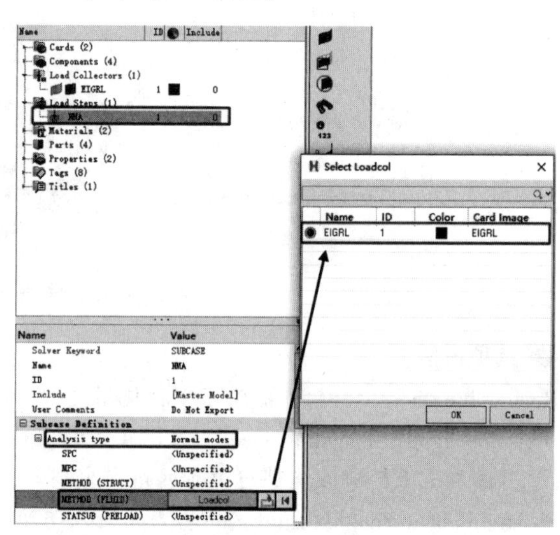

图 12-10 设置模态分析步

Step 03 设置输出控制。如图 12-11 所示，在模型浏览器空白处右击并创建 Output，即输出控制卡片，此时 Cards 节点下生成了 GLOBAL_OUTPUT_REQUEST 卡片。单击该卡片，在下方的实体编辑器中勾选 DISPLACEMENT 复选框，然后将 FORMAT 项切换为 H3D，其余项保持默认，表示输出 .h3d 格式的模态位移结果。

Step 04 提交计算。进入 Analysis->OptiStruct 面板，在该界面下提交计算。

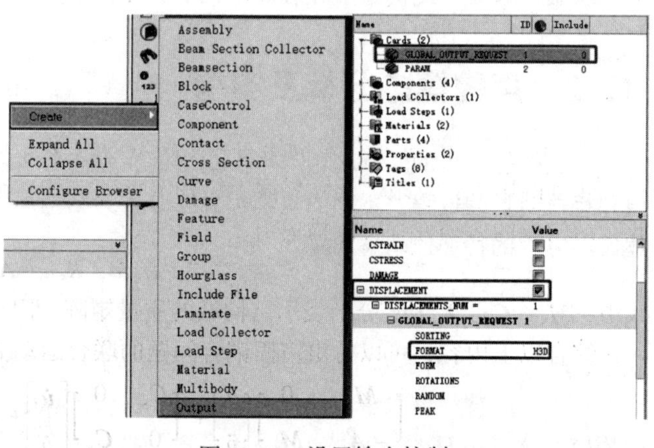

图 12-11 设置输出控制

结果查看

在 HyperView 中打开 . h3d 结果，可以查看不同频率下的模态振型云图与频率值，图 12-12 所示为声腔模态的前 4 阶模态结果。

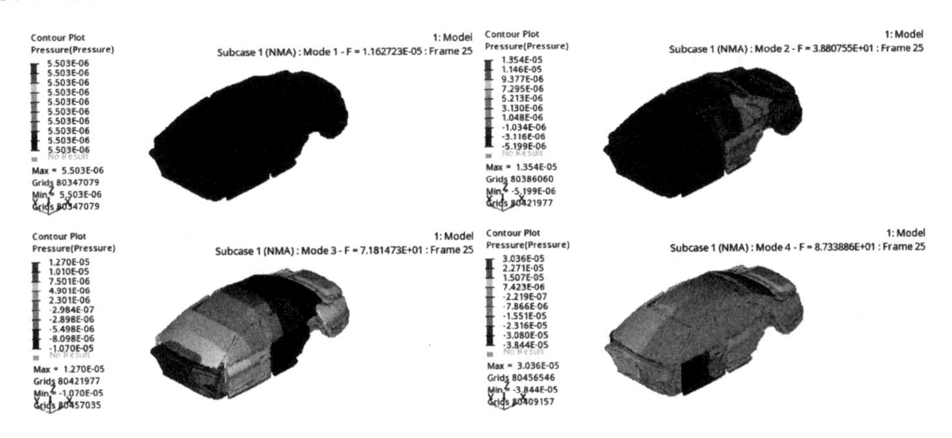

图 12-12 声腔模态分析结果

12.3 声固耦合分析

如本章开篇所述，声固耦合模型可应用于频响分析、瞬态分析以及随机振动分析等常见的动力学仿真类型，其工况定义、载荷卡片定义、输出控制等过程与单一结构的动力学仿真分析基本相同，因此本节主要选择 NVH 仿真中最常见的声固耦合频响分析来介绍其基础理论、声固耦合卡片的定义、声腔激励的创建。

12.3.1 声固耦合频响分析基础理论

经过有限元离散之后，声场的波动方程可以描述为

$$\boldsymbol{M}_{\mathrm{F}}\ddot{p}+\boldsymbol{C}_{\mathrm{F}}\dot{p}+\boldsymbol{K}_{\mathrm{F}}p-\boldsymbol{A}_{\mathrm{int}}\ddot{\boldsymbol{u}}=\boldsymbol{s}_{\mathrm{F}} \tag{12-2}$$

式中，$\boldsymbol{M}_{\mathrm{F}}$、$\boldsymbol{C}_{\mathrm{F}}$、$\boldsymbol{K}_{\mathrm{F}}$和$\boldsymbol{s}_{\mathrm{F}}$分别表示声场的质量矩阵、阻尼矩阵、刚度矩阵和激励源向量；矩阵$\boldsymbol{A}_{\mathrm{int}}^{\mathrm{T}}$表示界面交互矩阵，反映了声域与结构域在耦合面上的交互作用，由声学基础运动方程（欧拉公式）表征：

$$\frac{1}{\rho}\nabla p+\ddot{\boldsymbol{u}}=0 \tag{12-3}$$

式中，p 和 $\boldsymbol{u}$ 分别表示流体域的压力和结构域的位移，可见交互界面处的声压梯度将会受到结构节点加速度的影响；反之，交互界面上结构节点的位移、速度和加速度将会受到声腔声压的影响。因此，结构场的运动方程可以描述为

$$\boldsymbol{M}_{\mathrm{S}}\ddot{\boldsymbol{u}}+\boldsymbol{C}_{\mathrm{S}}\dot{\boldsymbol{u}}+\boldsymbol{K}_{\mathrm{S}}\boldsymbol{u}-\boldsymbol{A}_{\mathrm{int}}^{\mathrm{T}}p=\boldsymbol{s}_{\mathrm{S}} \tag{12-4}$$

式中，$\boldsymbol{M}_{\mathrm{S}}$、$\boldsymbol{C}_{\mathrm{S}}$、$\boldsymbol{K}_{\mathrm{S}}$和$\boldsymbol{s}_{\mathrm{S}}$分别表示结构域的质量矩阵、阻尼矩阵、刚度矩阵和激励源向量。

综合以上内容，可以得出声固耦合问题的联合运动方程为

$$\begin{bmatrix}\boldsymbol{M}_{\mathrm{S}} & 0\\ -\boldsymbol{A}_{\mathrm{int}} & \boldsymbol{M}_{\mathrm{F}}\end{bmatrix}\begin{bmatrix}\ddot{\boldsymbol{u}}\\ \ddot{p}\end{bmatrix}+\begin{bmatrix}\boldsymbol{C}_{\mathrm{S}} & 0\\ 0 & \boldsymbol{C}_{\mathrm{F}}\end{bmatrix}\begin{bmatrix}\dot{\boldsymbol{u}}\\ \dot{p}\end{bmatrix}+\begin{bmatrix}\boldsymbol{K}_{\mathrm{S}} & \boldsymbol{A}_{\mathrm{int}}^{\mathrm{T}}\\ 0 & \boldsymbol{K}_{\mathrm{F}}\end{bmatrix}\begin{bmatrix}\boldsymbol{u}\\ p\end{bmatrix}=\begin{bmatrix}\boldsymbol{s}_{\mathrm{S}}\\ \boldsymbol{s}_{\mathrm{F}}\end{bmatrix} \tag{12-5}$$

通过上述方程可以同时求解声固耦合问题中结构域和声域中的任意未知量，支持直接法和模态叠加法。

声固之间的交互，即$\boldsymbol{A}_{\text{int}}$矩阵的形成由声固耦合卡片 ACMDOL 定义形成。另外，由上述方程可知，声固耦合模型适用于结构载荷激励$\boldsymbol{s}_{\text{S}}$和声腔激励$\boldsymbol{s}_{\text{F}}$的仿真。下面将分别阐述这些内容。

12.3.2 ACMODL 卡片

该卡片用于定义流固耦合界面的相关控制参数。卡片定义及说明见表 12-6 和表 12-7。

表 12-6 ACMODL 卡片定义

(1)	(2)	(3)	(4)	(5)	(6)	(7)	(8)	(9)	(10)
ACMODL	INTER	INFOR	FSET	SSET	NORMAL		SKNEPS	DSKNEPS	
	INTOL	ALLSET	SRCHUNIT	MAXSGRID					

详细说明如下。

1）OptiStruct 支持点对点完全匹配和容差匹配两种耦合面。如果 ACMODL 没有被定义，则 OptiStruct 会根据 ACMODL 参数的默认值自动定义耦合界面。

2）对于 INTER = IDENT，界面采用点对点的耦合方式。因此，INFOR 必须为 GRID，并且 FSET、SSET 中定义的每个节点都必须能够找到与之匹配的接口节点。如果没有提供 FSET 或 SSET，则根据搜索算法在未提供的域（声腔或者结构）的蒙皮上寻找节点耦合。

表 12-7 ACMODL 卡片说明

字　段	说　明
INTEL	耦合界面类型。提供 DIFF 和 IDENT 两种选项，默认为 DIFF，即容差搜索
INFOR	确定使用节点集或单元集来定义耦合界面。节点集由 FSET 定义；单元集由 SSET 定义。提供 GRID 和 ELEMENT 两种选项，默认为 GRID，即节点集
FSET	用于耦合界面定义的流体单元集或者节点集的 ID
SSET	用于耦合界面定义的结构单元集或者节点集的 ID
NORMAL	流体单元法向容差。INTER = DIFF 时默认值为 1.0；INTER = IDENT 时默认值为 0.001
SKNEPS	流体表面增长容差，默认值为 0.5
DSKNEPS	二阶流体表面增长容差，默认值为 1.5 * SKNEPS
INTOL	流体单元内法向容差，默认值为 0.5
ALLSET	SSET 和 FSET 中节点耦合的控制。提供 YSE 和 NO 两种选项，默认为 NO。YES 表示 SSET 和 FSET 中定义的节点应该全部相互耦合，如果这些节点在初始的搜索边界范围内未能耦合，则增加一层搜索范围，对之前未能耦合的节点再次进行耦合配对，直至节点全部耦合为止；NO 表示耦合在初始搜索边界范围内的节点，即使有节点未耦合也不再迭代
SRCHUNIT	搜索单位，提供 ABS 和 REL 两种选项，默认为 REL。ABS 表示绝对模型单位；EL 表示基于单元尺寸的相对模型单位
MAXSGRID	单个流体网格表面所能耦合的结构网格节点的最大数目，默认为 200 个

3）INTER = DIFF 时，如果定义了 FSET 或 SSET，则各域的表面蒙皮将由此确定；如果没有定义，则将根据搜索算法找到各域的表面蒙皮，此时的搜索算法是基于到流体表面的法向距离。可

见，当 INTER = DIFF 时，不再需要点对点的匹配耦合。

4）搜索框示意图如图 12-13 所示，由以下几个参数确定。

a）搜索框的高度（外法线方向）NORMAL ∗ L，L 为流体单元表面的最小边。

b）搜索框的高度（内法线方向）INTOL ∗ L。

c）初始搜索平面（左侧平面）中心到顶点的距离 (1.0 + SKNEPS) × D，D 为流体单元表面中心到节点的距离。搜索平面二次放大后，其平面中心到顶点的距离 = (1.0 + DSKNEPS) × D。需要注意的是，DSKNEPS 定义的值必须大于 SKNEPS，如果不满足，则计算会终止并提示错误信息；如果没有指定 DSKNEPS，则默认等于 1.5 ∗ SKNEPS。

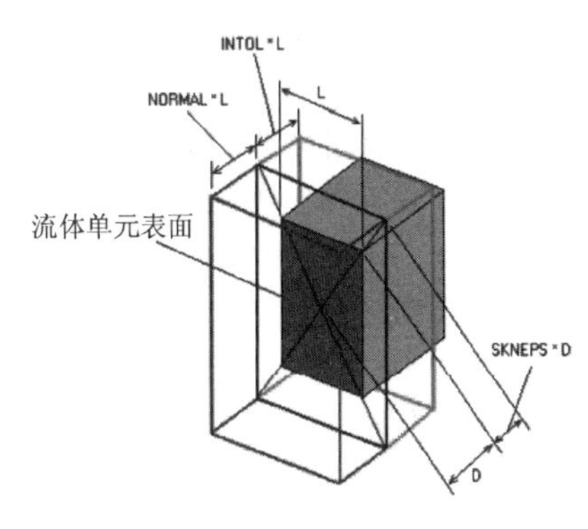

图 12-13　搜索框示意图

OptiStruct 计算声固耦合问题后，会根据 ACMODL 卡片定义的搜索框输出一个 ∗. interface 文件，其中包含有关耦合界面的信息。通过 HyperMesh 加载原始模型，并导入 ∗. interface 文件，进行耦合界面的查看。其中，Fluid Faces at Interface 组件为已经耦合的流体表面；Acoustically Rigid Fluid Faces 中为没有耦合到的流体域表面。

注：在实际工程应用中，推荐使用以下过程来改善声固耦合界面的质量，如图 12-14 所示。

1）使用 ACMODL 卡片的默认选项，在 OptiStruct 中执行检查运行（-check），进行模型检查，结果文件中将会生成 ∗. Interface 文件，导入 HyperHesh 中查看耦合情况。

2）如果对耦合界面不满意，一方面可以通过改善未耦合区域的声腔网格来实现耦合面的改善；另一方面可以创建一个节点集，该节点集包含流体域边界的流体节点，然后在 ACMODL 卡片上的 FSET 域指定该节点集。另外，不建议加大 NORMAL、INTOL 等搜索容差的值，推荐使用默认值。

3）重复执行 OptiStruct 检查运行，检查新的耦合情况。

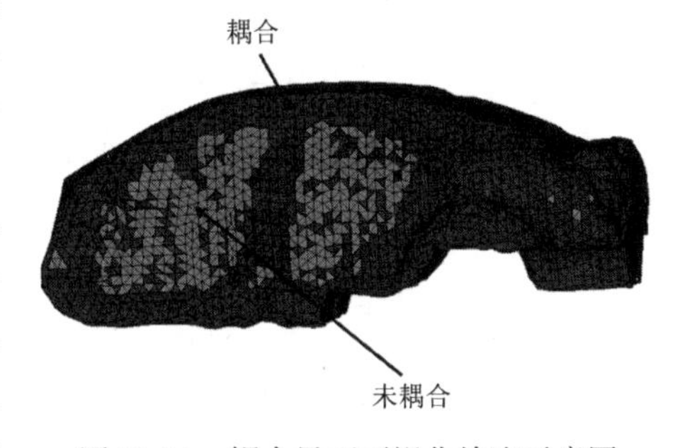

图 12-14　耦合界面可视化检查示意图

12.3.3　结构激励

结构激励是指激励点作用在结构域内，支持强迫力、力、强制位移、强制速度或强制加速度。工况及载荷激励卡片的设定与结构频响分析完全一致，参见图 12-15，此处不再做过多介绍。区别在于声固耦合问题需要设定 ACMODL 耦合卡片，详见上节；以及需要添加声腔模态提取及调用，同 12.2 节。

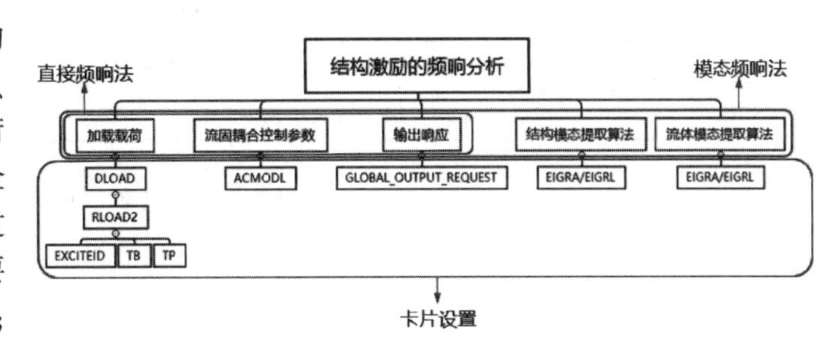

图 12-15　结构激励的声固耦合频响分析卡片示意图

12.3.4 声腔激励

OptiStruct 通过模拟在声腔节点上施加声源强度为 S 的点声源来激励声腔，计算其他声腔节点或结构上的响应。其中声源强度 S 通过定义声源辐射声功率 $P(f)$ 计算得到；声源强度和声功率的引用通过 ACSRCE 卡片实现。本节将从以下 4 个方面介绍声腔激励及其用法。

1. 点声源强度与声功率的关系

如图 12-16 所示，声源强度 S 是指简谐振动声源排开介质的体积速度的幅值，表示为投影于球面的法向速度v_n在球面上的积分，单位为mm³/s。

$$S = \oint v_n \mathrm{d}s = 4\pi a^2 v_n \tag{12-6}$$

式中，a 为圆球半径。

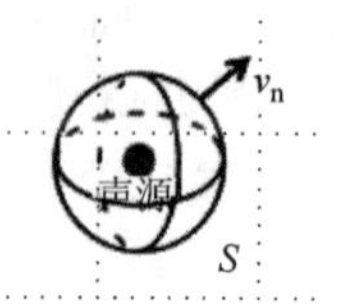

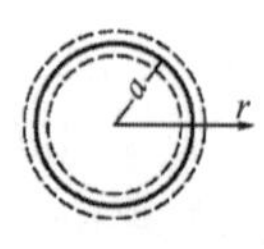

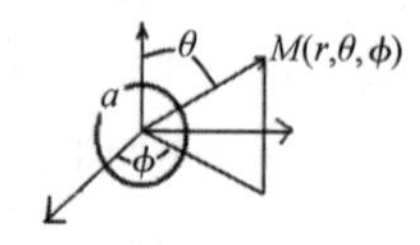

图 12-16 声源强度示意图

对于点声源，其辐射声压场可通过 Helmholtz 方程 + 边界条件确定（推导过程不再叙述），参见下式（声压 $\tilde{p}$ 与声源强度 S 的关系“～”表示该变量为复数）。

$$\tilde{p}(r,t) = \mathrm{j}\rho ck \frac{S}{4\pi r} \mathrm{e}^{\mathrm{j}(\omega t - kr)} \tag{12-7}$$

通过计算包围声源闭曲面的声强 $I(r)$ 得到点声源的辐射声功率：

$$P = \oiint I(r) \cdot \mathrm{d}s = \oiint \frac{1}{2\rho c} \left| \tilde{p}(r,t) \right|^2 \cdot \mathrm{d}s = \frac{\rho c S^2 k^2}{8\pi} \tag{12-8}$$

由此得到点声源的声源强度 S 和辐射声功率 P 的关系。

$$S = \frac{1}{2\pi f}\sqrt{\frac{8\pi c P(f)}{\rho}} \tag{12-9}$$

式（12-7）～式（12-9）中，$\tilde{p}(r,t)$ 为声压场；ρ 为介质密度；ω 为圆频率；f 为分析频率；c 为声速；r 为与点声源的距离；$k=\omega/c$ 为波数；S 为声源强度；$P(f)$ 为声功率。

OptiStruct 利用式（12-7）～式（12-9）并结合一些缩放系数，以及考虑存在多激励源激励的时差和相位差参数，来定义各种类型的声源强度的频谱激励，具体公式及使用见下文 ACSRCE 卡片。

2. ACSRCE 卡片

ACSRCE 卡片定义及说明见表 12-8 和表 12-9。ACSRCE 卡片用于定义声源强度与声功率的关系。

$$S = A\left(\frac{1}{2\pi f}\sqrt{\frac{8\pi CP(f)}{\rho}}\right)\mathrm{e}^{\mathrm{i}(\theta + 2\pi f\tau)} \tag{12-10}$$

表 12-8 ASCRCE 卡片定义

(1)	(2)	(3)	(4)	(5)	(6)	(7)	(8)	(9)	(10)
ACSRCE	SID	EXCITEID	DELAY	DPHASE	TP	RHO	B		

表 12-9 ASCRCE 卡片说明

字　段	说　明
EXCITEID	SLOAD 卡片的 ID，用来定义公式中的参数 A
DELAY	定义多激励源之间的时间延迟参数 τ。若为非零整数，则表示为一个 DELAY 卡片的 ID；若为实数，则直接表示参数 τ 的值

（续）

字　段	说　明
DPHASE	定义激励源相位参数 θ。若为非零整数，则表示为一个 DPHASE 卡片的 ID；若为实数，则直接表示参数 θ 的值
TP	TABLED1、TABLED2、TABLED3 或者 TABLED4 卡片的 ID，用于公式中 $P(f)$ 曲线的定义
RHO	流体密度
B	流体体积模量，等于 ρc^2

3. 声腔激励的卡片调用关系

与图 12-3 所示的结构激励频响分析卡片相比，声腔激励大部分是没有变化的，变化及对应部分如下。

- SLOAD：选择加载的声腔节点及加载幅值，类似于结构激励中的 DAREA 或 SPCD。
- TB：定义声源辐射声功率与频率的关系曲线，同结构激励。
- ACSRCE：定义声源强度激励频谱，类似于结构激励中的 RLOAD。

同样，其在 HyperMesh 中的定义位置和方法与结构激励相同，参见图 12-17，将在 12.5 节的应用实例中详细介绍。

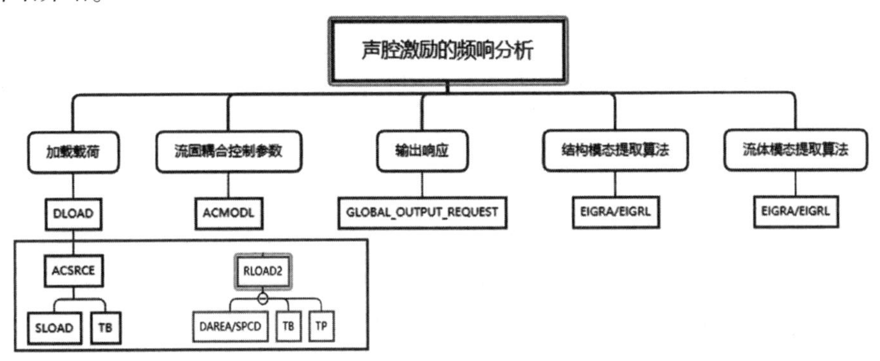

图 12-17　声腔激励的声固耦合频响分析卡片示意图

4. 典型应用场景

如图 12-18 所示，在声-声传函（ATF）测试或利用互易性原理测试结构噪声传递函数（NTF）的过程中，通常采用体积声源对声腔进行白噪声或横幅扫频类型的激励。可见，此时激励的声源强度随频率的变化为一恒定值。其中最为常见的体积声源的激励单位有两种：体积速度（mm^3/s）和体积加速度（mm^3/s^2）。下面将分别介绍如何设置恒幅（单位 1）体积速度和体积加速度激励。

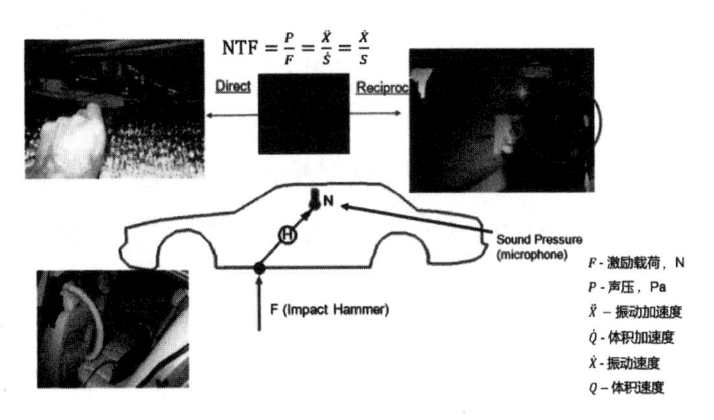

图 12-18　互易性测 NTF 示意图

（1）单位体积速度激励

单位体积速度，即 $S=1$。由式（12-9）可得

$$P(f)=\frac{\pi\rho}{2c}\cdot f^{2} \tag{12-11}$$

采用 TABLED4 按式（12-11）定义 $P(f)$ 与频率 f 的二次方关系曲线，即可得到单位体积速度扫频激励。当采用空气声腔且单位为毫米制时，系数 $\frac{\pi\rho}{2c}=5.54\text{e}-18$。在求解头文件中的设置语句如图 12-19 所示。

（2）单位体积加速度激励

单位体积加速度，即 $S=1$。由式（12-9）可得

$$P(f)=\frac{\rho}{8\pi c}f \tag{12-12}$$

采用 TABLED1 按式（12-12）定义 $P(f)$ 与频率 f 的线性关系，即可得到单位体积加速度扫频激励。当采用空气声腔且单位为毫米制时，幅值 $\frac{\rho}{8\pi c}=1.404\text{e}-19$。在求解头文件中的设置语句如图 12-20 所示。

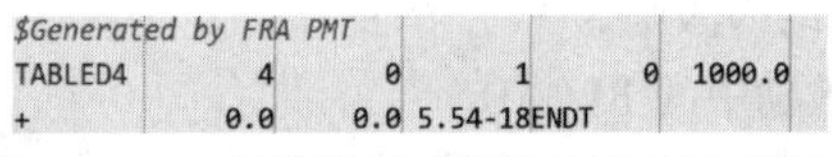

```
$Generated by FRA PMT
TABLED4        4       0       1       0  1000.0
+            0.0     0.0 5.54-18ENDT
```

图 12-19　单位体积速度激励设置示意图

```
TABLED1        4  LINEAR  LINEAR
+        20.01.404-19   200.01.404-19ENDT
```

图 12-20　单位体积加速度激励设置示意图

在第 12.5 节声固耦合频响分析应用实例中，将采用结构力激励、体积速度激励和体积加速度激励来计算 NTF，并比较其结果。

当然，除了上述应用场景外，也可根据实际声源（如扬声器、扩音器等电子设备）的辐射声功率来定义声腔激励，求其声场分布。

12.4　吸声单元

本节将详细阐述如何在 OptiStruct 中创建和应用吸声单元。具体包括吸声材料的基本性能指标、吸声单元介绍、吸声单元属性定义，最后以一个实例阐述吸声单元的设置过程和效果。

12.4.1　吸声材料基本性能指标

在工程实际中，经常会在结构表面敷设特殊的材料，以吸收入射声波的声能，减少声波的反射，从而达到减振降噪的效果。对于吸声材料有以下主要性能参数。

（1）材料法向声阻抗 $\tilde{Z}_{\mathrm{n}}$（normal acoustic impedance）

若平面声波垂直入射到吸声表面上，在表面上某点的复声压为 $\tilde{p}(s)$，该点的法向复振速为 $\tilde{u}_n(s)$，则复声压和复振速之比为法向声阻抗率，参见式（12-13）。在 MKS 制下基本单位为瑞利。

$$\tilde{Z}_{\mathrm{n}}(s)=\frac{\tilde{p}(s)}{\tilde{u}_{\mathrm{n}}(s)} \tag{12-13}$$

可见材料法向声阻抗为复数，可进一步写为实部 + 虚部的形式：

$$\tilde{Z}_{\mathrm{n}}(s)=r+\mathrm{j}x \tag{12-14}$$

式中，实部称为材料法向声阻（normal acoustic resistance），衡量材料对入射波能量的消减能力；虚部称为材料法向声抗（normal acoustic reactance），衡量材料对入射波能量的存储能力。

（2）反射系数 $\tilde{R}_{\mathrm{p}}$

当平面声波垂直入射到吸声表面上，其反射声压与入射声压的比值称为反射系数，可见反射系

数为无量纲复数。反射系数与材料法向声阻抗的关系为

$$\tilde{R}_{\mathrm{p}} = \frac{\tilde{Z}_{\mathrm{n}} - \rho_0 c_0}{\tilde{Z}_{\mathrm{n}} + \rho_0 c_0} \tag{12-15}$$

或

$$\tilde{Z}_{\mathrm{n}} = \rho_0 c_0 \frac{1 + \tilde{R}_{\mathrm{p}}}{1 - \tilde{R}_{\mathrm{p}}} \tag{12-16}$$

式中，$\rho_0 c_0$ 为介质的特性阻抗。

（3）吸声系数 α

如图 12-21 所示，当平面声波垂直入射到吸声表面上时，透过吸声材料的声波能量与入射声波能量的比值称为材料的吸声系数，可见吸声系数为无量纲实数。吸声系数与反射系数的关系为

$$\alpha = 1 - |\tilde{R}_{\mathrm{p}}|^2 \tag{12-17}$$

吸声材料的性能参数与其物理属性有关，如气流阻力、孔隙率、弹性和密度等。工程中通常采用驻波管法测量材料的上述基本性能。

从以上描述可见，材料的法向声阻抗为最关键的参数，通过它可以计算反射系数和吸声系数。OptiStruct 中对吸声单元的模拟便需要用户输入吸声材料的法向声阻抗（实部和虚部）和频率的关系曲线，这将在 12.4.3 节中有所介绍。

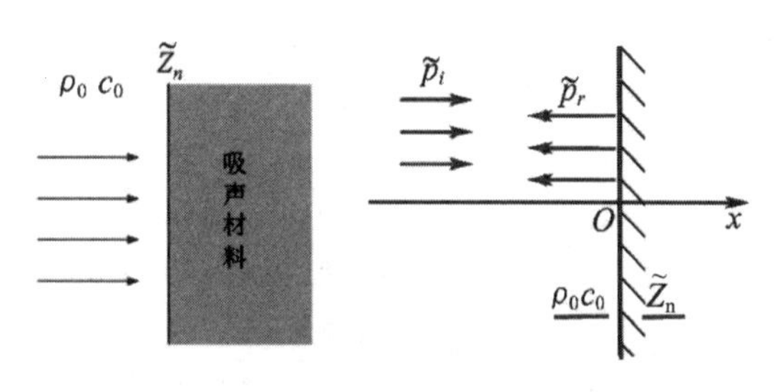

图 12-21　平面波垂直入射吸声材料示意图

12.4.2　CAABSF 单元

该单元用于定义声固耦合分析中频率相关的吸声单元，见表 12-10 和表 12-11。

表 12-10　CAABSF 单元卡片定义

(1)	(2)	(3)	(4)	(5)	(6)	(7)	(8)	(9)	(10)
CAABSF	EID	PID	G1	G2	G3	G4			

表 12-11　CAABSF 单元卡片说明

字　段	说　明
PID	单元属性，通过 PAABSF 定义
G1，G2，G3，G4	与单元关联的节点 ID

详细说明如下。

1）如果单元中只指定了 G1，则为点阻抗；如果指定了 G1 和 G2，则假定为线阻抗；如果指定了 G1、G2 和 G3，则阻抗与三角形面相关；如果指定了 G1 ~ G4，则阻抗与四边形面相关。

2）CAABSF 单元必须完全连接到流体点，即该单元节点与流体节点共节点，如图 12-22 所示。

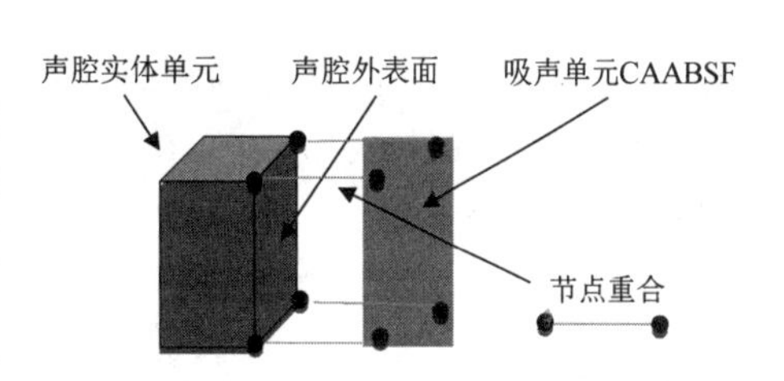

图 12-22　典型四边形吸声单元示意图

3）吸声单元的创建可以通过 Find Face&Element Type Update 的方法创建，具体可参考 13.3.2 节中无限单元的创建方法。

12.4.3 PAABSF 卡片

PAABSF 卡片定义吸声单元的单元属性，卡片定义及说明见表 12-12 和表 12-13。

表 12-12 PAABSF 卡片定义

(1)	(2)	(3)	(4)	(5)	(6)	(7)	(8)	(9)	(10)
PAABSF	PID	TZREID	TSIMID	S	A	B	K	RHOC	

表 12-13 PAABSF 卡片说明

字　段	说　明
PID	属性 ID
TZREID	TABLEDi 卡片的 ID，用于定义声阻随频率变化的曲线。表示声阻抗的实数部分
TZIMID	TABLEDi 卡片的 ID，用于定义声抗随频率变化的曲线。表示声阻抗的虚数部分
S	阻抗缩放比例。默认为 1.0
A	面积因子。当 CAABSF 单元中仅有一个或者两个节点定义的时候有效。默认为 1.0
B	等效阻尼系数。默认为 0.0
K	等效刚度系数。默认为 0.0
RHOC	计算吸声系数时在数据恢复中用到的常数。默认为 1

详细说明如下。

1）通过 TZREID 和 TZIMID 分别定义与频率相关的材料法向声阻抗的实部和虚部，$Z(f)=Z_R+iZ_i$。如果 CAABSF 为点单元（只有一个节点），则阻抗为该点的完整阻抗；如果为线单元（两个节点），则定义的是单位长度的阻抗；如果为面单元（三节点或者四节点），则定义的是单位面积的阻抗。

2）材料的最终声阻为$Z_R=TZREID(f)+B$；材料的最终声抗为$Z_i=TZIMID(f)-2\pi K/f$；B 与 K 分别为第七域、第八域中定义的等效阻尼系数与等效刚度系数，默认为 0。

3）参数中的 A 与 S 主要用于计算吸声单元的刚度 k 和阻尼 b：

$$k=\frac{A}{S}\frac{2\pi f Z_i(f)}{Z_R^2+Z_i^2}\int_{AREA}\mathrm{d}(AREA) \tag{12-18}$$

$$b=\frac{A}{S}\frac{2\pi f\, Z_R(f)}{Z_R^2+Z_i^2}\int_{AREA}\mathrm{d}(AREA) \tag{12-19}$$

4）要模拟无反射边界条件，即反射系数为零。由法向声阻抗和反射系数的关系式可知，只需令法向声阻抗 $\tilde{Z}_n=\rho_0c_0$，即实部 TZREID 字段引用的 TABLED1，其 Y 值在分析频率段内均为 ρ_0c_0，对于毫米制空气材料，$\rho_0c_0=4.08E-7$；虚部 Y 值在分析频率段内均为零。在求解头文件中的设置语句如图 12-23 所示。

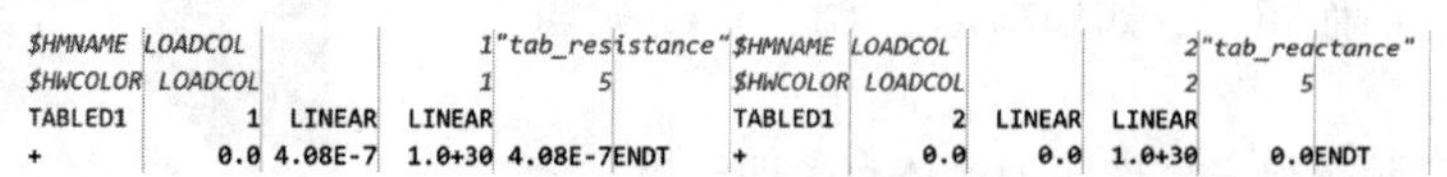

图 12-23　无反射边界条件吸声单元法向声阻抗设置示意图

12.4.4 实例：驻波管中的吸声单元应用

本章通过一个简化的驻波管声腔 + 吸声材料模型，展示了不同阻抗属性的吸声单元在阻抗管试验中对结果的影响。

如图 12-24 所示，基础模型的网格由三部分组成：六面体单元构成的圆柱体模拟阻抗管内的声腔，赋予空气的属性和材料；声腔的一端为壳单元模拟的板件结构，用以加载强迫速度激励；声腔的另一端为吸声单元模拟的吸声材料。所有网格均已赋予了对应的材料和属性。

基础模型中已经设置好载荷（加载在壳单元上的单位强迫速度，用来模拟平面波），加载在 1Hz、10Hz、100Hz、1000Hz 和 10000Hz 共计五个频率点上。

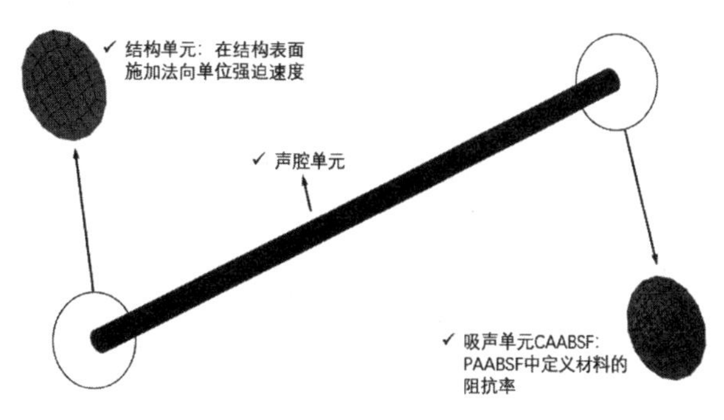

图 12-24 模型示意图

模型设置

1. 设置阻抗

模型中采用国际单位制。在吸声单元的属性中设置不同的阻抗，分别创建四个对比模型。对各个模型的描述如下。

- 无反射边界：材料阻抗实部 = 声腔的介质阻抗 = $\rho c = 1.2 \times 340 = 408$，虚部为零。
- 全反射边界（绝对软）：材料阻抗实部 = 1.0e − 12，虚部为零。
- 全反射边界（绝对硬）：材料阻抗实部 = 1.0e + 12，虚部为零。
- 吸声边界：材料阻抗实部 = 3 × 介质阻抗 = 1224，虚部为零。

如图 12-25 所示，右击 Curves 节点，在弹出的快捷菜单中选择 Edit，进入 Curve Editor 对话框，即可对吸声单元的阻抗值进行编辑。其中，名称为“tab_resistance”和“tab_reactance”的 Curve 分别为吸声单元的法向声阻和法向声抗随频率的变化曲线。

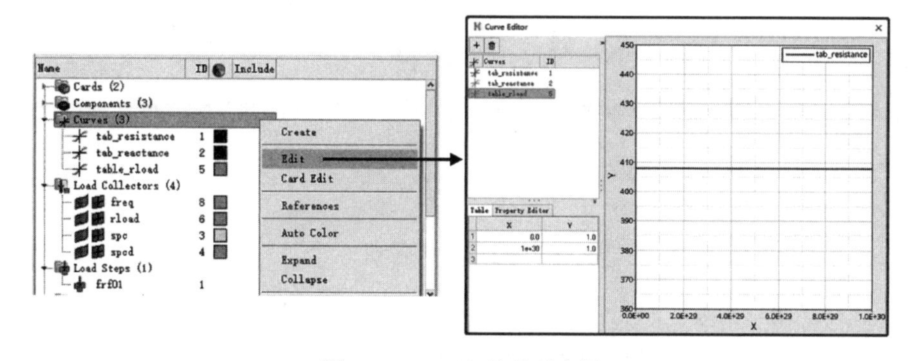

图 12-25 Curve 编辑示意图

2. 提交计算

在 Analysis-> OptiStruct 面板提交计算。根据谐和平面波场理论，采用不同阻抗的吸声材料时波场的形态应该如下。

- 无反射边界：幅值为Z_0v的行波场，即幅值为408。
- 全反射边界：波腹为$2Z_0v$的驻波场，即幅值为816。其中，绝对软边界处为波节，绝对硬边界处为波腹。
- 吸声边界：行波+驻波。

结果查看

计算完成后会输出.h3d格式的结果文件，如图12-26所示。

名称	类型	大小
tube_caabsf_No_Reflection_Boundary.fem	FEM 文件	865 KB
tube_caabsf_No_Reflection_Boundary.h3d	Altair HyperView...	44 KB
tube_caabsf_No_Reflection_Boundary.html	HTML 文档	5 KB
tube_caabsf_No_Reflection_Boundary.interface	INTERFACE 文件	3 KB
tube_caabsf_No_Reflection_Boundary.mvw	Altair HyperWor...	2 KB
tube_caabsf_No_Reflection_Boundary.out	OUT 文件	9 KB
tube_caabsf_No_Reflection_Boundary.pch	PCH 文件	0 KB
tube_caabsf_No_Reflection_Boundary.stat	STAT 文件	16 KB
tube_caabsf_No_Reflection_Boundary_frames.html	HTML 文档	1 KB
tube_caabsf_No_Reflection_Boundary_menu.html	HTML 文档	7 KB

名称	类型	大小
tube_caabsf_Reflection_Boundary.fem	FEM 文件	862 KB
tube_caabsf_Reflection_Boundary.h3d	Altair HyperView...	47 KB
tube_caabsf_Reflection_Boundary.html	HTML 文档	5 KB
tube_caabsf_Reflection_Boundary.inte...	INTERFACE 文件	3 KB
tube_caabsf_Reflection_Boundary.mvw	Altair HyperWor...	2 KB
tube_caabsf_Reflection_Boundary.out	OUT 文件	9 KB
tube_caabsf_Reflection_Boundary.pch	PCH 文件	0 KB
tube_caabsf_Reflection_Boundary.stat	STAT 文件	16 KB
tube_caabsf_Reflection_Boundary_fra...	HTML 文档	1 KB
tube_caabsf_Reflection_Boundary_me...	HTML 文档	7 KB

名称	类型	大小
tube_caabsf_Softer_Reflection_Boundary.fem	FEM 文件	862 KB
tube_caabsf_Softer_Reflection_Boundary.h3d	Altair HyperView...	44 KB
tube_caabsf_Softer_Reflection_Boundary.html	HTML 文档	5 KB
tube_caabsf_Softer_Reflection_Boundary.interface	INTERFACE 文件	3 KB
tube_caabsf_Softer_Reflection_Boundary.mvw	Altair HyperWor...	2 KB
tube_caabsf_Softer_Reflection_Boundary.out	OUT 文件	9 KB
tube_caabsf_Softer_Reflection_Boundary.pch	PCH 文件	0 KB
tube_caabsf_Softer_Reflection_Boundary.stat	STAT 文件	16 KB
tube_caabsf_Softer_Reflection_Boundary_frames.ht...	HTML 文档	1 KB
tube_caabsf_Softer_Reflection_Boundary_menu.html	HTML 文档	7 KB

名称	类型	大小
tube_caabsf_Harder_Reflection_Boundary.fem	FEM 文件	862 KB
tube_caabsf_Harder_Reflection_Boundary.h3d	Altair HyperView...	43 KB
tube_caabsf_Harder_Reflection_Boundary.html	HTML 文档	5 KB
tube_caabsf_Harder_Reflection_Boundary.interface	INTERFACE 文件	3 KB
tube_caabsf_Harder_Reflection_Boundary.mvw	Altair HyperWor...	2 KB
tube_caabsf_Harder_Reflection_Boundary.out	OUT 文件	9 KB
tube_caabsf_Harder_Reflection_Boundary.pch	PCH 文件	0 KB
tube_caabsf_Harder_Reflection_Boundary.stat	STAT 文件	16 KB
tube_caabsf_Harder_Reflection_Boundary_frames....	HTML 文档	1 KB
tube_caabsf_Harder_Reflection_Boundary_menu.ht...	HTML 文档	7 KB

图12-26 结果文件

在HyperView中打开.h3d文件，即可查看不同频率、不同吸声单元阻抗下的声场压力云图。如图12-27所示，在不同边界条件下，结果与理论结果一致。

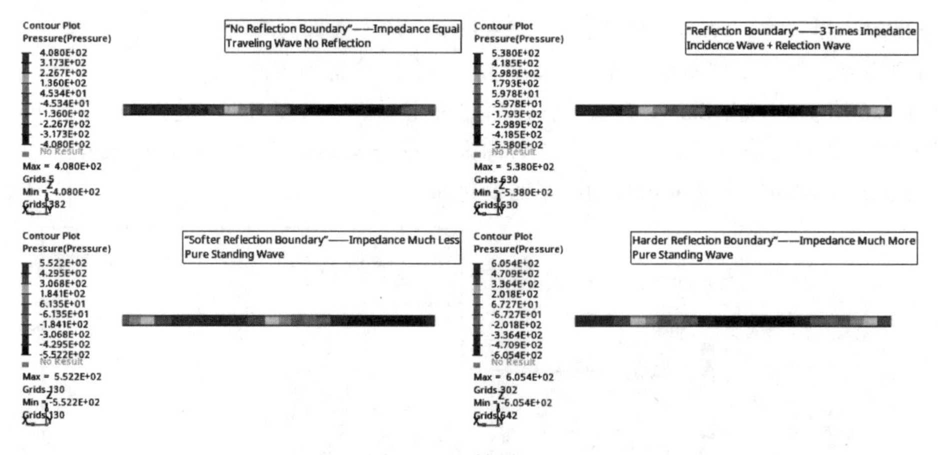

图12-27 结果云图

12.5 实例：整车声固耦合频响分析

本节采用一个简化的整车模型（含声腔），分别以整车上的结构节点和声腔内的流体节点作为激励点和响应点创建以下三个工况，借此展示OptiStruct中声固耦合频响分析的过程，并对比传递函数计算结果来验证互易性原理。

1）工况 1：以结构节点为激励，声腔内流体节点为响应。激励类型为单位力，响应类型为表征压力的流体节点位移。

2）工况 2：以声腔内流体节点为激励，结构节点为响应。激励类型为单位体积加速度，响应类型为加速度。

3）工况 3：以声腔内流体节点为激励，结构节点为响应。激励类型为单位体积速度，响应类型为速度。

基础模型包括一个简化整车模型和一个声腔模型。模型中的材料和属性均已完成设置，如图 12-28 所示。

图 12-28　模型示意图

模型设置

1. 导入模型

将整车模型与声腔模型导入同一 HyperMesh 界面中，在模型浏览器中删除 OMIT 卡片。

2. 设置激励曲线

Step 01 在模型浏览器空白处右击，选择 Curve 以创建一条新的曲线。在弹出的 Curve Editor 对话框中，将新建的曲线命名为 Struct_Force，如图 12-29 所示，然后在下方的 Table 框中输入两行数据，第一行中 X = 1，Y = 1，第二行中 X = 200，Y = 1。

Step 02 单击左上角的“+”图标，添加一条曲线，命名为 Sound_Strength_acce，然后在下方的 Table 框中输入两行数据，第一行中 X = 1，Y = 1. 404e-19，第二行中 X = 200，Y = 1. 404e-19。

Step 03 用同样的方法添加第三条曲线，命名为 Sound_Strength_velo，关闭对话框。

Step 04 将曲线 Struct_Force 与 Sound_Strength_acce 的 Card Image 均切换为 TABLED1。将曲线 Sound_Strength_velo 的 Card Image 切换为 TABLED4，并设置 X1 = 0，X2 = 1，X3 = 0，X4 = 200，在 TABLED4_NUM 中输入 3，然后单击 Data：A 中的表格图标，在弹出的 TABLED4_NUM 对话框中，保持第一、二行的值不变，在第三行输入 5. 54e-18，最后单击 Close 按钮退出，如图 12-30 所示。

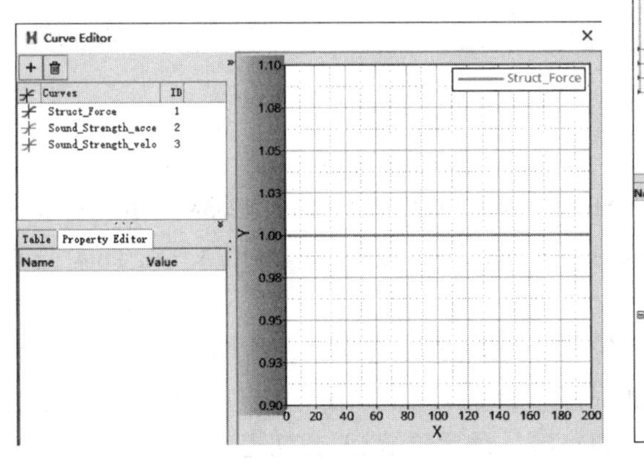

图 12-29　激励曲线创建

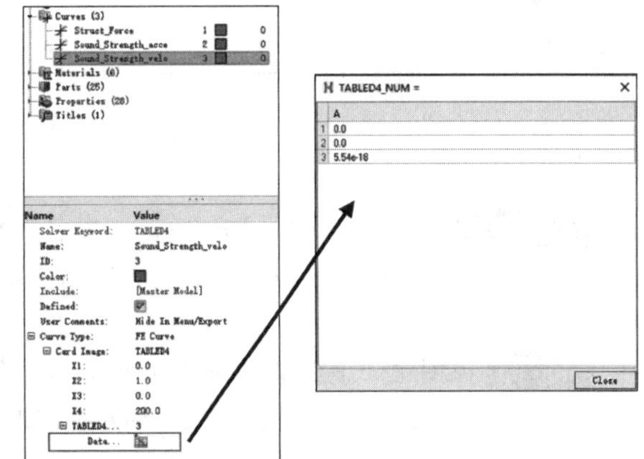

图 12-30　TABLED4 卡片设置

3. 设置扫频范围

如图 12-31 所示，在模型浏览器空白处右击，选择 Load Collector 以创建一个新的载荷集，命名为 FREQi，将 Card Image 切换为 FREQi，然后勾选 FREQ1 复选框，设置 F1 = 1，DF = 1，NDF = 199。

4. 设置模态提取算法

Step 01 如图 12-32 所示，新建一个 Load Collector，命名为 Struct_EIGRA，将 Card Image 切换为 EIGRA，设置 V1 = 0，V2 = 300，AMPFACT = 5，其余参数保持默认值。

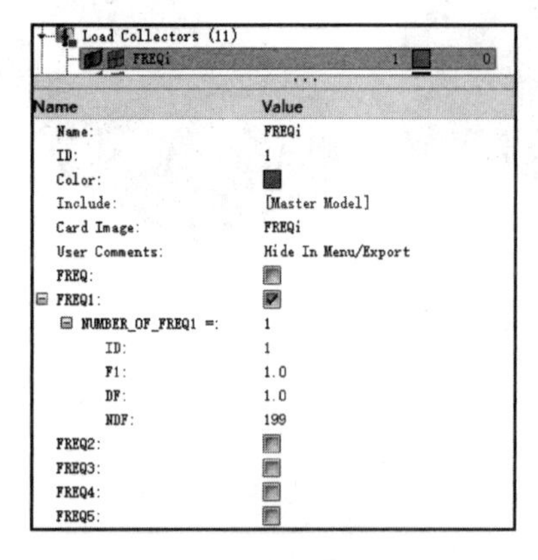

图 12-31 扫频范围设置

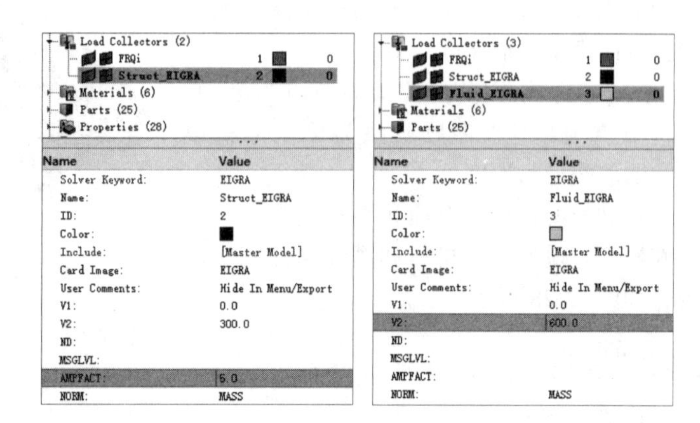

图 12-32 模态提取算法设置

Step 02 再新建一个名为 Fluid_EIGRA 的 Load Collector，Card Image 也切换为 EIGRA，然后设置 V1 = 0，V2 = 600，其余参数保持默认值。

5. 设置激励载荷

（1）设置结构激励载荷

Step 01 新建一个 Load Collector，命名为 Struct_Force_DAREA。切换至 Analysis-> constraints 面板，如图 12-33 所示，将对象选择器设置为 nodes，通过 by ID 的方式选择编号为 13000248 的节点，load types 设置为 DAREA，自由度仅保留 dof3，值设为 1。单击 create 按钮完成创建，然后单击 return 按钮返回主界面。

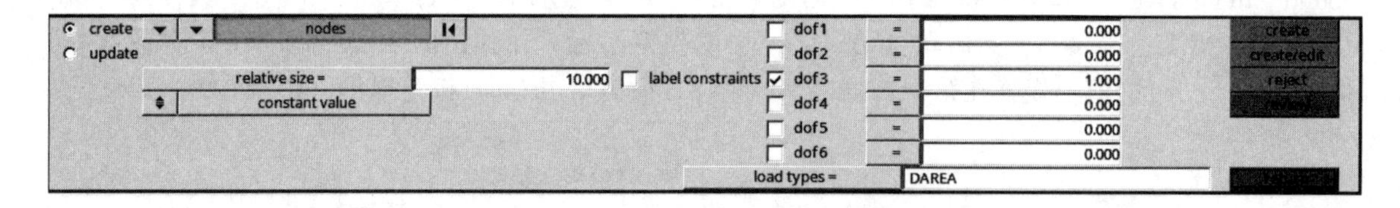

图 12-33 结构激励 DAREA 卡片设置

Step 02 创建一个新的 Load Collector，命名为 Struct_Force_RLOAD2，如图 12-34 所示。将 Card Image 切换为 RLOAD2，在 EXCITEID 栏单击 Loadcol 按钮，选择 Struct_Force_DAREA，在 TB 栏选择 Struct_Force。

Step 03 再创建一个新的 Load Collector，命名为 DLOAD_Struct_Force，如图 12-35 所示。将 Card Image 设置为 DLOAD，设置 S = 1，DLOAD_NUM = 1，然后将 DLOAD_NUM 下面的 S 值也设为 1，并单击 L 栏的 Loadcol 按钮，选择 Struct_Force_RLOAD2，最后单击 OK 按钮退出。

（2）设置声强激励载荷

Step 01 创建一个新的 Load Collector，命名为 Sound_Strength_SLOAD。切换至 Analysis-> flux 面板，如图 12-36 所示。将对象选择器设置为 nodes，选择 ID 为 19896 的节点。value 设为 1，load types 设为 SLOAD。单击 create 按钮完成创建，然后单击 return 按钮返回主界面。

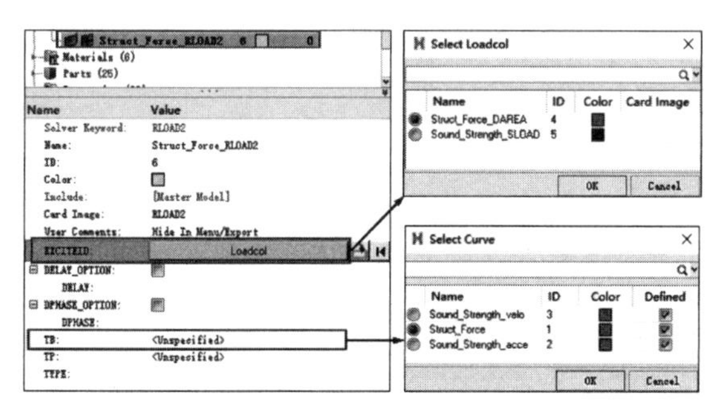

图 12-34　结构激励 RLOAD2 卡片设置

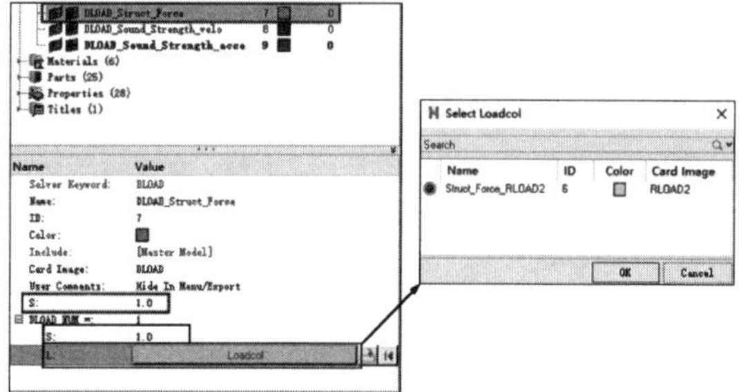

图 12-35　结构激励 DLOAD 卡片设置

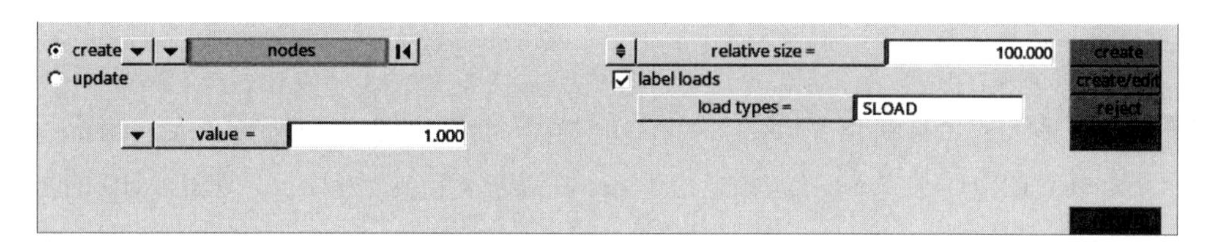

图 12-36　声强激励 SLOAD 卡片设置

Step 02 再创建两个新的 Load Collector，分别命名为 Sound_Strength_velo_ACSRCE 和 Sound_Strength_acce_ACSRCE，如图 12-37 与 12-38 所示。

- Card Image 均设置为 ACSRCE，RHO 的值均设置为 1.2e-12，B 的值均设置为 0.13872。
- 在 EXCITEID 栏，单击 Loadcol 按钮，均选择 Sound_Strength_SLOAD。
- 对于 Sound_Strength_velo_ACSRCE，TP 栏选择 Sound_Strength_velo；对于 Sound_Strength_acce_ACSRCE，TP 栏选择 Sound_Strength_acce。

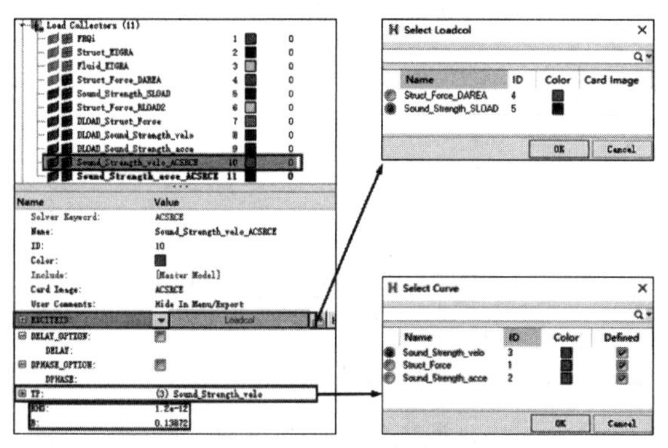

图 12-37　体积速度声强激励 ACSRCE 卡片设置

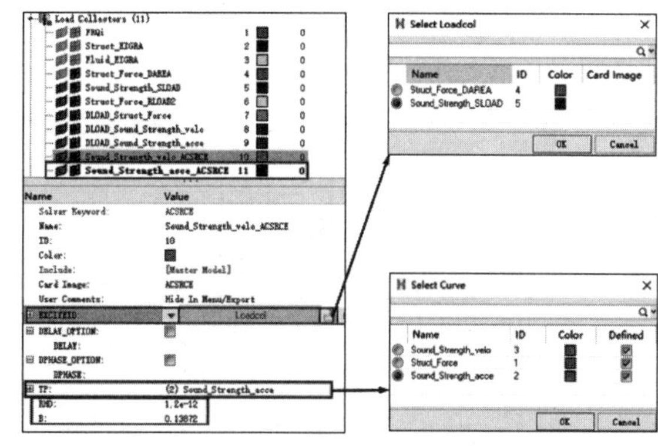

图 12-38　体积加速度声强激励 ACSRCE 卡片设置

Step 03 再创建两个新的 Load Collector，分别命名为 DLOAD_Sound_Strength_velo 和 DLOAD_Sound_Strength_acce，如图 12-39 和图 12-40 所示。

- 将两者的 Card Image 设置为 DLOAD，S = 1，DLOAD_NUM = 1，然后将 DLOAD_NUM 下面的 S 值也设置为 1。
- 单击 L 栏的 Loadcol 按钮，分别选择 Sound_Strength_velo_ACSRCE 和 Sound_Strength_acce_ACSRCE，然后单击 OK 按钮退出。

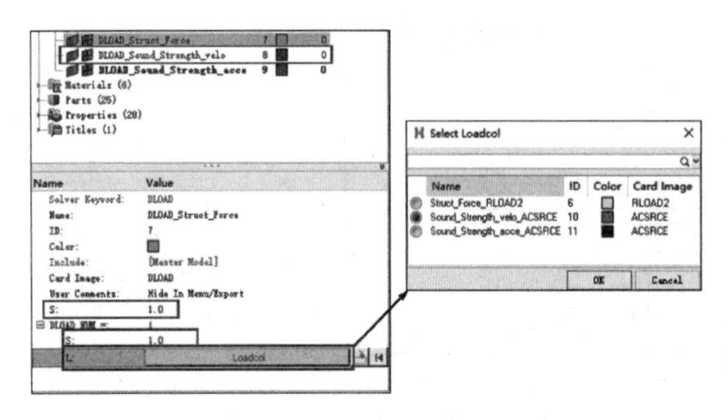

图 12-39　体积速度声强激励 DLOAD 卡片设置

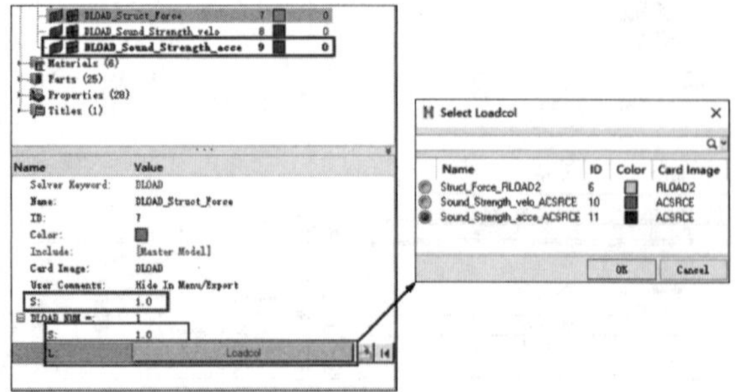

图 12-40　体积加速度声强激励 DLOAD 卡片设置

6. 设置载荷工况

（1）创建两个 Set

Step 01 在模型浏览器空白处右击，选择 Set 创建一个新的集，命名为 Struct_Point。将 Card Image 设置为 SET_GRID，在 Entity IDs 栏单击 Nodes 按钮进入节点选择面板，通过 by ID 的方式选择编号为 13000248 的节点。

Step 02 再创建一个名为 Cavity_Point 的 Set，选择节点编号为 19896，其他设置同上一步。

（2）创建载荷工况

Step 01 创建结构激励载荷工况。

- 在模型浏览器空白处右击，选择 Load Step 以创建结构激励的载荷工况，命名为 Struct_Force，如图 12-41 所示。将 Analysis type 设置为 Freq. resp（modal）。

  在 Subcase Definition 选项组中，单击 DLOAD 栏的 Loadcol 按钮，选择 DLOAD_Struct_Force；单击 METHOD（STRUCT）栏的 Loadcol 按钮，选择 Struct_EIGRA；单击 METHOD（FLUID）栏的 Loadcol 按钮，选择 Fluid_EIGRA；单击 FREQ 栏的 Loadcol 按钮，选择 FREQi。

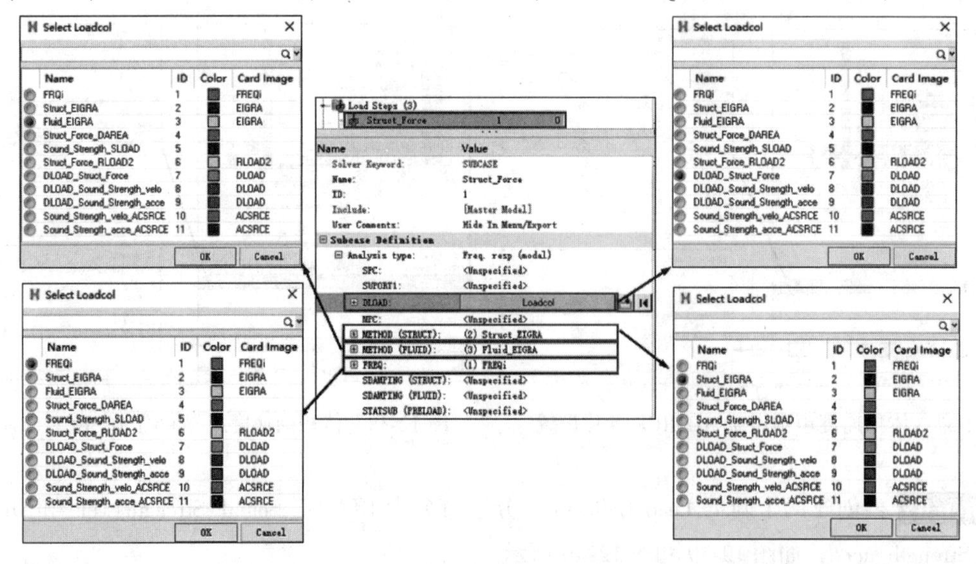

图 12-41　结构激励工况定义

- 在 SUBCASE OPTIONS 选项组中，勾选 OUTPUT 及其下方的 DISPLACEMENT 复选框，如图 12-42 所示。设置 FORMAT 为 PUNCH，FORM 为 PHASE，OPTIONS 为 SID，单击 SID 栏的 Set 按钮，选择 Cavity_Point，然后单击 OK 按钮退出。

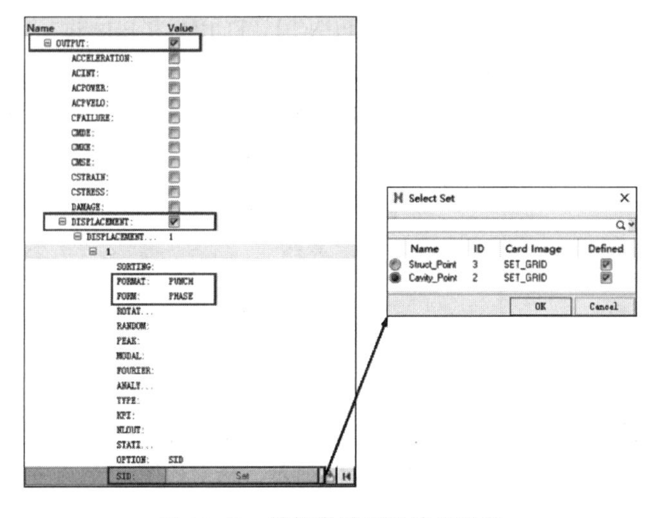

图 12-42　结构激励工况输出设置

Step 02 创建体积加速度声强激励载荷工况。

- 在模型浏览器空白处右击，选择 Load Step 创建体积加速度激励的载荷工况，命名为 Sound_Strength_acce，如图 12-43 所示。将 Analysis type 设置为 Freq. resp（modal）。

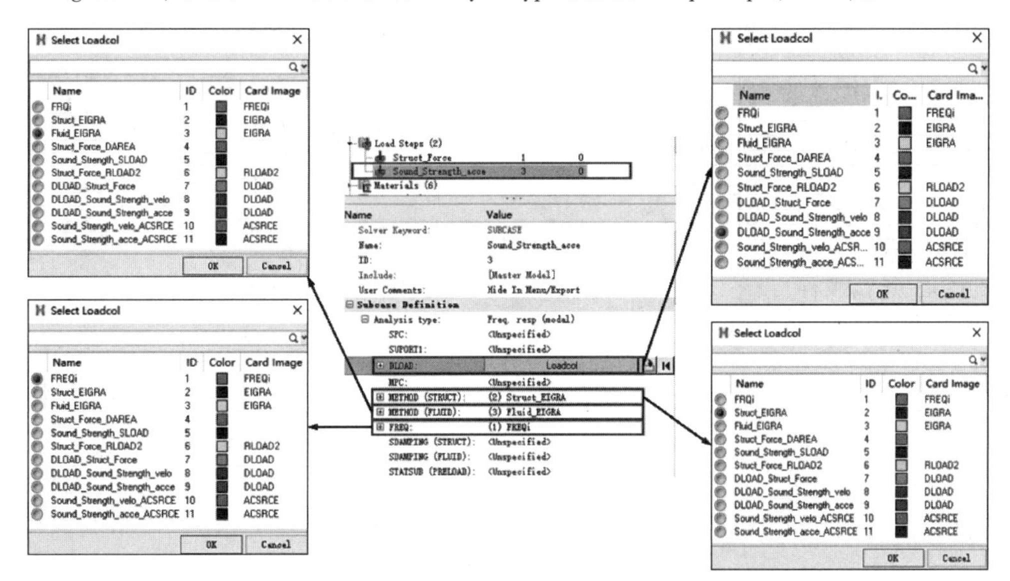

图 12-43　体积加速度声强激励工况定义

在 Subcase Definition 选项组中，单击 DLOAD 栏的 Loadcol 按钮，选择 DLOAD_Sound_Strength_acce；单击 METHOD（STRUCT）栏的 Loadcol 按钮，选择 Struct_EIGRA；单击 METHOD（FLUID）栏的 Loadcol 按钮，选择 Fluid_EIGRA；单击 FREQ 栏的 Loadcol 按钮，选择 FREQi。

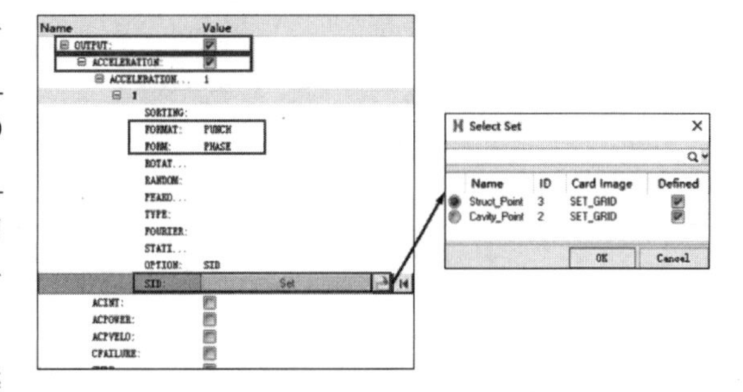

图 12-44　体积加速度声强激励工况输出设置

- 在 SUBCASE OPTIONS 选项组中，勾选 OUTPUT 及其下方的 ACCELERATION 复选

框，如图 12-44 所示。设置 FORMAT 为 PUNCH，FORM 为 PHASE，OPTIONS 为 SID，单击 SID 栏的 Set 按钮，选择 Struct_Point，然后单击 OK 按钮退出。

Step 03 采用同样的方式创建体积速度激励的载荷工况，命名为 Sound_Strength_velo。与体积加速度激励的载荷工况相比，其区别在于：Subcase Definition 选项组中的 DLOAD 选择 DLOAD_Sound_Strength_velo。

7. 提交计算

在 Analysis-> OptiStruct 面板提交计算。根据 12.3.4 节中介绍的互易性原理，本例中得出的 NTF 曲线理论上应该完全一致。

结果查看

计算完成后输出的结果文件如图 12-45 所示。在 HyperGraph 2D 中打开 .h3d 文件，即可查看三个工况下的 NTF 曲线以及三者的对比，如图 12-46 所示。从对比图上看，三条曲线完全一致，与理论相符。

名称	类型	大小
hwsolver.mesg	MESG 文件	1 KB
NTF.fem	FEM 文件	11,258 KB
NTF.html	HTML 文档	7 KB
NTF.interface	INTERFACE 文件	857 KB
NTF.mvw	Altair HyperWor...	6 KB
NTF.out	OUT 文件	59 KB
NTF.pch	PCH 文件	174 KB
NTF.res	RES 文件	1 KB
NTF.stat	STAT 文件	181 KB
NTF_001.out	OUT 文件	4 KB
NTF_001.stat	STAT 文件	1 KB
NTF_002.out	OUT 文件	8 KB
NTF_002.stat	STAT 文件	1 KB
NTF_frames.html	HTML 文档	1 KB
NTF_menu.html	HTML 文档	7 KB

图 12-45　结果文件

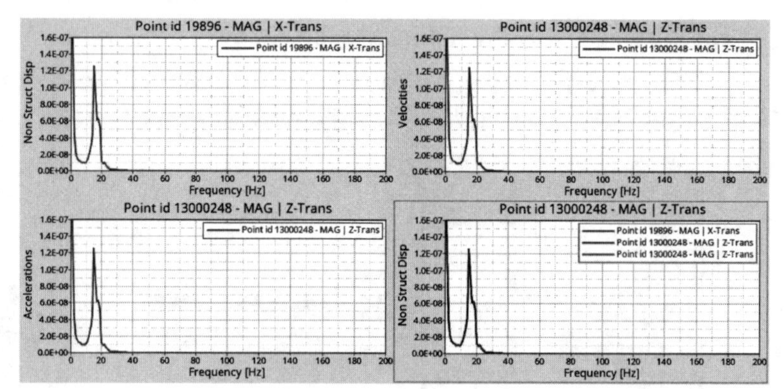

图 12-46　NTF 曲线及对比

第 13 章

NVH外声场分析

上一章介绍了如何进行封闭空间中的振动-声学耦合仿真分析，称之为“内声场仿真”。从本章开始，将阐述如何通过 OptiStruct 进行另一类常见的声学问题，即“外声场仿真”，所谓“外声场仿真”，是指感兴趣的区域在结构外部的周围环境，通过仿真分析预测周围环境处的声学响应（如声压级、声强等），如图 13-1 所示。这是非常常见的声学问题，比如现实生活中的机器辐射噪声、扬声器激励下的外部声场分布等。

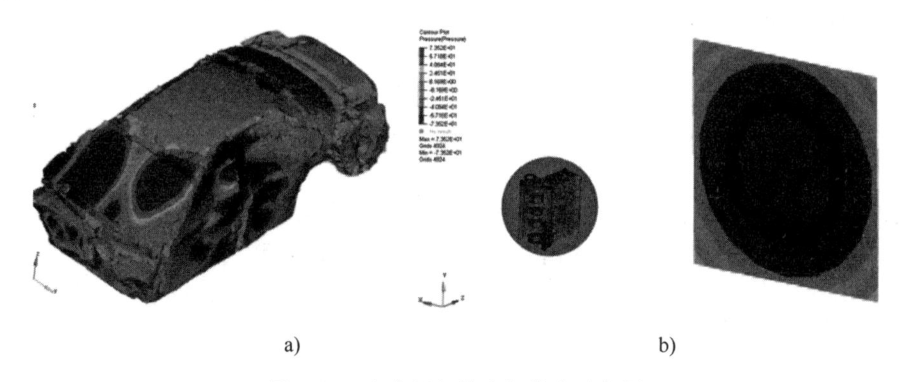

a)　　b)

图 13-1　内声场与外声场仿真示意图

a）车辆内声场声学仿真　b）发动机外声场辐射噪声仿真

OptiStruct 采用无限元方法计算外声场响应，具体内容将在 13.3 节阐述。除了无限元方法外，OptiStruct 还提供了另外两种结构振动辐射噪声分析方法：ERP 和 RADSND。

ERP 是一种等效辐射能量，用于计算结构对外辐射能量，13.1 节将具体介绍。

RADSND 是利用瑞利（Rayleigh）积分求解辐射噪声，通常用于一些简单结构的快速计算，13.2 节将具体介绍。

13.1　Equivalent Radiate Power（ERP）

等效辐射功率（Equivalent Radiate Power，ERP）是一种简化的方法，用于考察在频响分析中结构面板的振动辐射能力，通常用于评估钣金振动辐射噪声的能力，如通过白车身钣金件在典型工况下的 ERP 分析，判断布置阻尼片的最佳位置。

13.1.1　ERP 基础理论

ERP 与结构节点的振动速度及表面积相关。首先通过有限元方法计算结构节点的振动速度，然后利用数值计算完成 ERP 的求解：

$$(ERP)_i = ERPRLF \cdot \left(\frac{1}{2}ERPC \cdot ERPRHO\right) \cdot A_i v_i^2 \tag{13-1}$$

另外，可以通过各个节点ERP的线性叠加来计算整个面板的ERP：

$$ERP = ERPRLF \cdot (\frac{1}{2}ERPC \cdot ERPRHO) \sum_i^{ngrid} A_i v_i^2 \tag{13-2}$$

式中，*ERPRLF* 为辐射损耗系数；*ERPC* 为声速；*ERPRHO* 为介质密度；v_i为节点法向振动速度；A_i为ERPPNL卡片引用的单元中与该节点关联的单元面积，如图13-2所示。

同时，ERP可以采用分贝描述：

$$ERP_{dB} = 10\log_{10}\left(RHOCP * \frac{ERP}{ERPREFDB}\right) \tag{13-3}$$

式中，*RHOCP* 为缩放系数，默认为1；*ERPREFDB* 为参考值，默认为1。两个参数均需要在PARAM中设置。

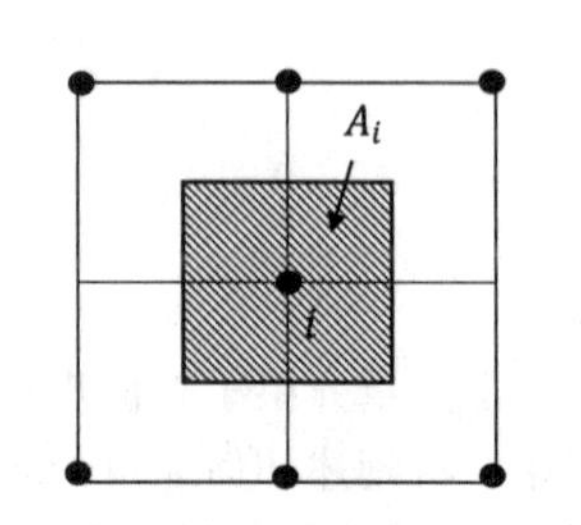

图13-2　节点关联单元A_i示意图

13.1.2　ERP分析流程

由以上描述可知，要进行ERP分析，首先需要定义一个或多个设计人员关心的频响分析工况来计算结构面板的节点振速（详见第7章）；另外需要设置相关卡片，提供ERP数值计算所必需参数。分析设置流程如下。

1）工况定义：设置频响分析工况，ERP支持直接法和模态法的频响分析。

2）源定义：通过Set定义用于参与ERP计算的结构上的单元集。

3）ERPPNL卡片定义：通过ERPPNL卡片引用步骤2）定义的“源”，创建一个ERP面板，具体卡片介绍见下一小节。

4）ERP卡片定义：通过ERP卡片调用步骤3）中定义的ERPPNL卡片，具体卡片介绍详见下一小节。

5）介质密度、声速定义：分别通过PARAM，ERPRHO和PARAM，ERPC定义介质密度和声速。

ERP分析需要的卡片设置具体如下。

- ERP卡片：进行ERP分析。
- PARAM，ERPRLF，Value：定义辐射损耗系数。
- ERPPNL卡片：被ERP卡片调用。
- PARAM，ERPRHO，Value：定义介质密度。
- PARAM，ERPC，Value：定义声速。

各卡片之间的调用关系如图13-3所示。关于Set的定义，在前面的章节和练习中都有提及，此处不再赘述。下一小节将重点介绍ERPPNL、ERP卡片的功能和用法。

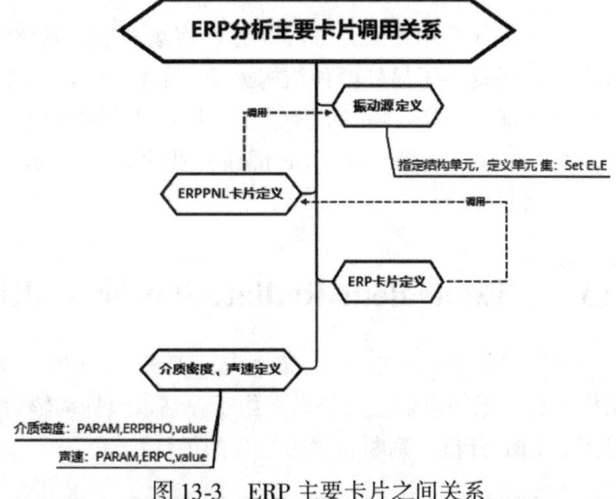

图13-3　ERP主要卡片之间关系

13.1.3　ERP分析通用卡片设置

ERP分析控制卡片适用于频响分析，包括直接法和模态叠加法。定义格式为：

```
ERP (format_list, grid, peakout) = option
```

ERP 卡片各字段说明参见表 13-1。

详细说明如下。

1）允许多种存储格式，这些格式应以逗号分隔。如果没有定义结果存储格式，将以 OUTPUT 定义的格式存储。

2）支持多个 ERP 卡片，如果存在冲突，则应用最后一个 ERP 卡片。

3）对于优化，由 OUTPUT 选项控制输出到给定格式的频率。

表 13-1　ERP 分析控制卡片说明

字　段	选　项	说　明
format （结果存储格式）	< H3D，PUNCH，blank >	H3D，结果存储在 . h3d 文件； PUNCH，结果存储在 . pch 文件； blank（默认），以被激活的结果存储格式存储
grid （节点集）	< GRID > 默认为 blank	输出结构上节点集的 ERP 结果。节点集通过 ERPPNL 或者 PANELG 卡片定义，推荐使用 ERPPNL 卡片，设置方便
peakout（峰值频率）	< PEAKOUT > 默认为 blank	如果有 Peakout，则只输出 Peakout 中过滤得到的频率处的 ERP 结果（注：Peakout 卡片的设置和调用见第 7 章），如果不设置，则 FREQi 卡片中定义的频率点
option （选项）	< YES，ALL，NO，NONE > 默认为 ALL	YES、ALL、blank：输出 ERP 结果； NO、NONE：不输出 ERP 结果

4）除了每个频率下的 ERP 值之外，以下结果也将同时输出到 . pch 文件。

- 所有频率下的 ERP 之和，即总 ERP 值。

- 每个频率下的 ERP 除以总 ERP 值，即每个频率的 ERP 在总 ERP 中所占比重。

- 采用分贝描述 ERP，即 $ERP_{dB} = 10\log_{10}(ERP)$。

定义一组或者多组单元集作为 Panel 后，ERP 分析将输出这些 Panel 上的结果。因此，ERPPNL 卡片引用 SET_ELEM 集。卡片定义及说明见表 13-2 和表 13-3。

表 13-2　ERPPNL 卡片定义

(1)	(2)	(3)	(4)	(5)	(6)	(7)	(8)	(9)	(10)
ERPPNL	NAME1	SID1	NAME2	SID2	NAME3	SID3	NAME4	SID4	
	NAME5	SID5	…						

表 13-3　ERPPNL 卡片说明

字　段	说　明
NAME#	Panel 的名称，必须指定
SID#	SET_ELEM 集的 ID，必须指定

13.1.4　实例：消声器前盖 ERP 分析

本章通过一个简化的汽车排气系统中的消声器前盖模型来展示 OptiStruct ERP 分析的通用卡片设置。

如图 13-4 所示，模型两端全约束，在模型中部施加 Z 向激励载荷进行频响分析。加载频率为 120～400Hz，每个步长 1Hz。同时，模型定义了单元集，用于 ERP 分析的 ERPPNL 定义。

基础模型已经完成了 13.1.2 节中的步骤 1）和步骤 2），下面将继续完成后续步骤。

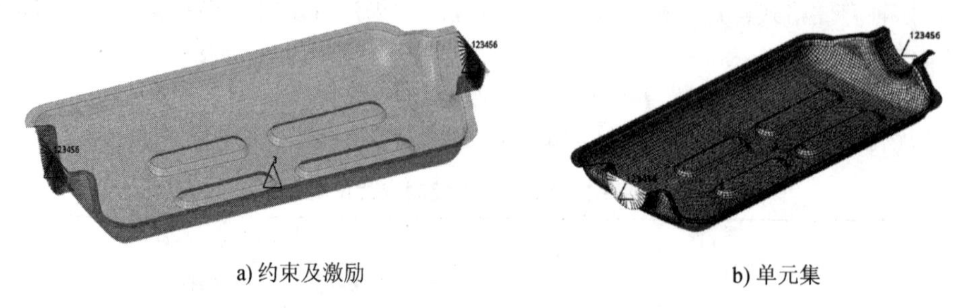

a) 约束及激励　　　　b) 单元集

图 13-4　基础模型示意图

模型设置

1. ERPPNL 卡片定义

按下〈CTRL + F〉键，在 HyperMesh 界面右上角输入 ERPPNL，创建 ERPPNL 卡片，如图 13-5 所示。

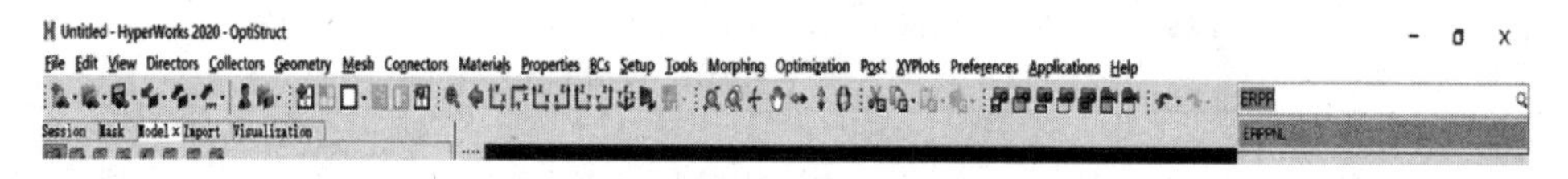

图 13-5　ERPPNL 卡片创建方法 1

如图 13-6 所示，也可通过在模型浏览器空白处右击创建 Set，并将该 Set 重命名为“ERPPNL”。在下方详细设置栏中将 Card Image 设为 ERPPNL，并在 Entity IDs 中单击 Sets 按钮，在弹出的对话框中勾选已经定义好的单元集 ERP_elem，单击 OK 按钮。

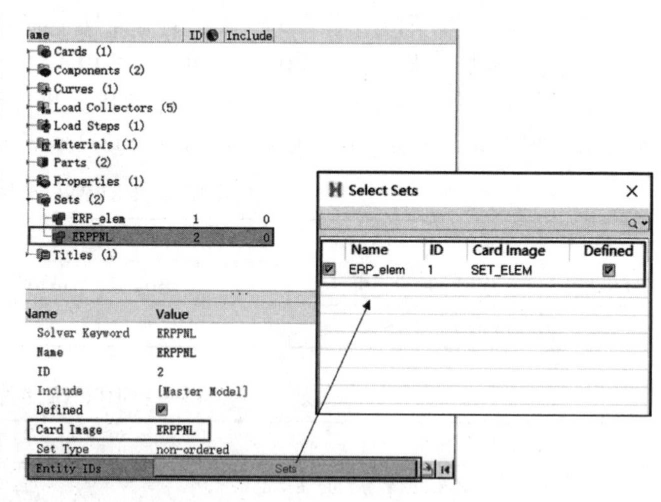

图 13-6　ERPPNL 卡片创建方法 2

2. ERP 卡片定义

Step 01 在模型浏览器空白处右击创建 Output，即输出控制卡片。

Step 02 此时在模型浏览器的 Cards 节点下生成了 GLOBAL_OUTPUT_REQUEST 卡片，单击该卡片，在下方的详细设置栏找到 ERP 并勾选，即选择了输出 ERP。

Step 03 展开 ERP 菜单，将 ERP_Num 的数值修改为 2，即创建两个 ERP 输出。

Step 04 展开 ERP_Num，将其中一个输出的 FORMAT 设置为 H3D，另一个输出的 FORMAT 设置为 PUNCH，即同时输出 . h3d 和 . pch 结果文件。

Step 05 同样将两个输出的 GRID 项均切换到 GRID，OPTION 切换到 ALL。设置界面如图 13-7

所示。

3. 介质密度、声速和辐射损耗系数卡片定义

这里按空气传播进行相应参数的设置。设置过程同 ERP 卡片，如图 13-8 所示。

Step 01 右击模型浏览器空白处创建 PARAM 参数卡片，并在下方详细设置栏中勾选 ERPC，输入声速 343000。

Step 02 勾选 ERPRHO，输入空气密度 1.21e-11；勾选 ERPRLF，采用默认值 1，即无损耗。

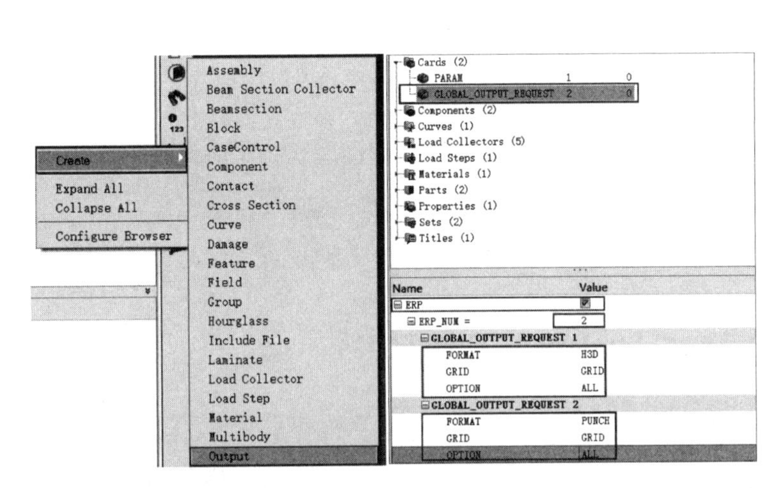

图 13-7 输出控制卡片设置

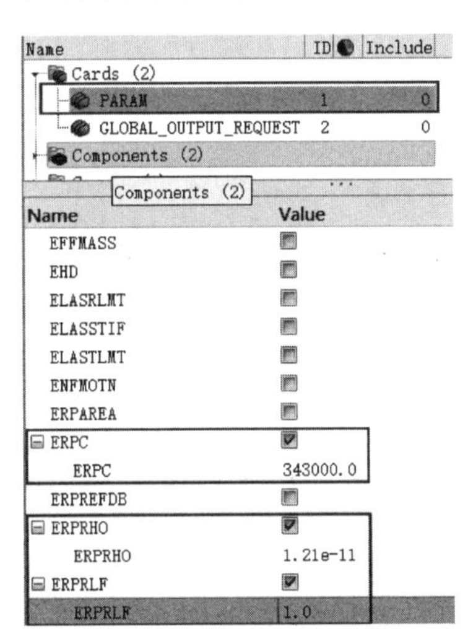

图 13-8 计算控制参数设置

4. 提交计算

在 Analysis 界面下，单击 OptiStruct 面板，在该界面下提交计算。

结果查看

1）查看生成的文件。由于设置了同时输出 .h3d 和 .pch 格式的结果文件，所以存在两种格式的结果文件，如图 13-9 所示。

2）查看 .h3d 结果文件。在 HyperView 中打开 .h3d 结果，如图 13-10 所示。可以查看不同频率下的 Panel 的 ERP 结果（下左）和节点 ERP 的结果（下右）。

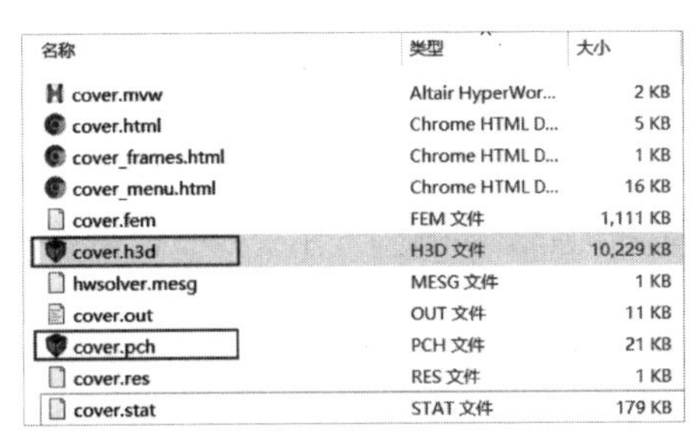

图 13-9 计算结果文件

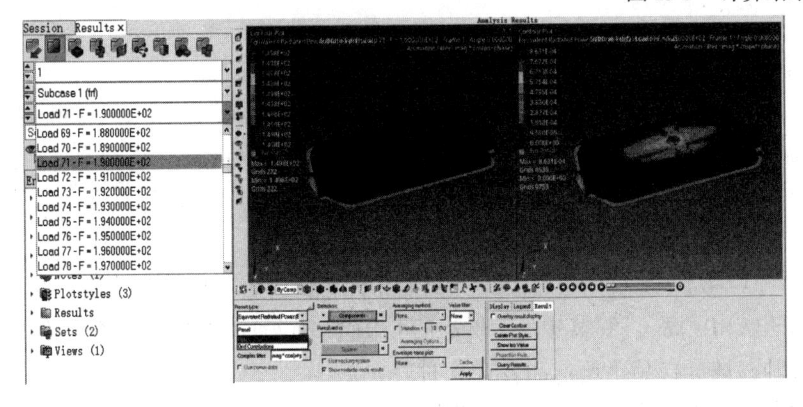

图 13-10 结果云图

3）查看 .pch 结果文件。在 HyperGraph 中打开 .pch 结果。可以绘制 Panel 的 ERP 频响曲线、ERP 分数频响曲线（各频率下 ERP 占各频率 ERP 总和的比例）及 ERP 分贝频响曲线，如图 13-11 所示。

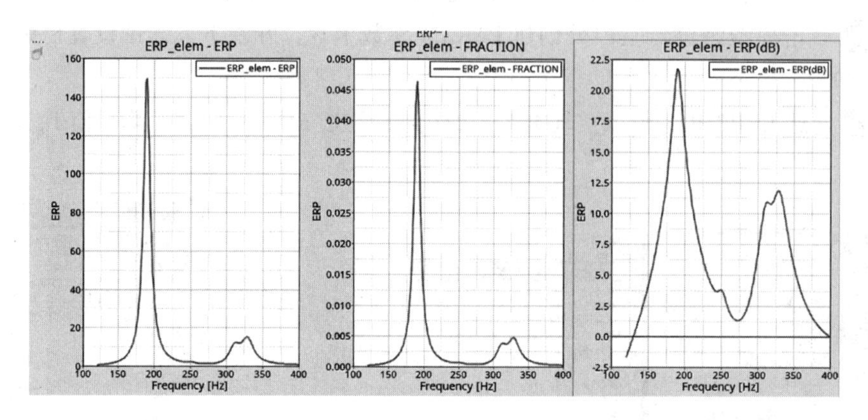

图 13-11　ERP 频响曲线、ERP 分数频响曲线及 ERP 分贝频响曲线

13.2　Radiated Sound Output Analysis（RADSND）

RADSND 方法通过瑞利积分来求解结构对外的辐射噪声。其基本思路是分为两个阶段，如图 13-12 所示。

1）第一阶段采用有限元方法，通过频响分析（模态叠加法、直接法）工况计算结构上各个节点的振动速度。

2）第二阶段采用数值计算的方法，将各个节点看作一个声源，其节点振动速度为边界条件，通过瑞利积分公式计算各个离散声源的外声场响应，并线性叠加得到整个结构的外声场响应。

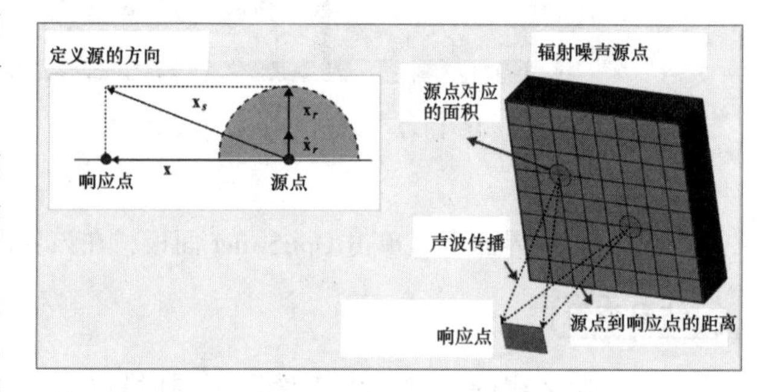

图 13-12　结构辐射噪声计算示意图

RADSND 方法可以输出的声学参数有声压、质点振速、声压级、声功率、声强。

13.2.1　RADSND 基础理论

1. 点源的速度通量

速度通量指结构节点周边无限小面积微元在介质中的振动速率，如图 13-13 所示。

各个分析频率下的速度通量计算公式为

$$\boldsymbol{v}_{\text{flux}} = \boldsymbol{v}_{\text{s}} \cdot \boldsymbol{\delta A} \tag{13-4}$$

$$\boldsymbol{\delta A} = \boldsymbol{A} \cdot \widehat{\boldsymbol{A}_{\text{s}}} \tag{13-5}$$

式中，$\boldsymbol{v}_{\text{s}}$为点源的振动速度向量；$\boldsymbol{\delta A}$ 为与点源关联的面积向量；A 为与各点源关联的结构面积；$\widehat{\boldsymbol{A}_{\text{s}}}$为点源处垂直于结构表面的单位面积向量。

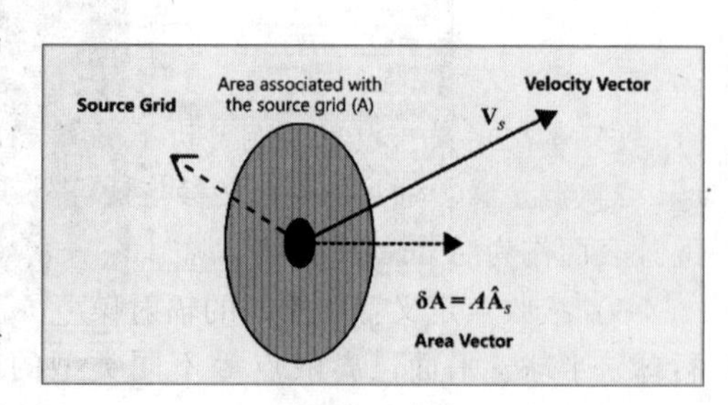

图 13-13　速度通量示意图

2. 外场复声压计算——瑞利近似

在各分析频率下，由单个节点声源j辐射的声压响应P_j为

$$P_j = \frac{f\rho q}{r_j}(\boldsymbol{V}_{\text{flux}})_j \mathrm{i}\, \mathrm{e}^{-ikr_j} \tag{13-6}$$

所有节点声源辐射叠加得到总的声压响应P为

$$P = \sum_{j=1}^{np}\left\{\frac{f\rho q}{r_j}(\boldsymbol{V}_{\text{flux}})_j \mathrm{i}\, \mathrm{e}^{-ikr_j}\right\} \tag{13-7}$$

式中，f为分析频率；ρ为传播声音的介质密度，通过PARAM，SPLRHO定义；r_j为节点声源j到外部声学观测点的距离（见图13-3）；$(\boldsymbol{V}_{\text{flux}})_j$为节点声源$j$的速度通量；$k=\frac{2\pi f}{c}$，为波数；i为虚部标识，即$-1$的平方根；$np$为节点声源的数量；$q$为自定义的比例系数，通过PARAM，SPLFAC定义。

同样可以计算外场声压级SPL_{dB}，公式为

$$SPL_{\text{dB}} = 20.0 \cdot \log_{10}\left(\frac{|P|}{SPLREFDB}\right) \tag{13-8}$$

式中，$|P|$为声压幅值；$SPLREFDB$为参考声压级，通过PARAM，SPLREFDB定义。

3. 其他声学响应参数计算

1）粒子复振速。由欧拉公式可计算外声场关注点的粒子复振速：

$$V^p_j = \int -\frac{1}{\rho}\frac{\partial P_j}{\partial r_j}\mathrm{d}t = \frac{P_j \widehat{\boldsymbol{r}}_j}{\rho c}\left(1-\frac{\mathrm{i}}{k\, r_j}\right) \tag{13-9}$$

式中，$\widehat{\boldsymbol{r}}_j$为节点声源$j$到关注点的单位向量；其他参数意义同上。

2）声功率。通过辐射声压计算声功率W：

$$W = \sum_{j=1}^{np}\text{Real}(P_j P_j^*) \tag{13-10}$$

式中，P_j^*为节点声源j辐射的在关注点的声压响应P_j的共轭，Real( )表示取实部，其他参数意义同上。

3）声强。通过辐射声压和粒子振速计算声强I：

$$I = \frac{1}{2}\sum_{j=1}^{np}\text{Real}[P_j(V^p_j)^*] \tag{13-11}$$

式中，$(V^p_j)^*$为V^p_j的共轭，其他参数意义同上。

13.2.2 RADSND分析流程

由以上描述可知，要进行RADSND分析，首先需要定义一个或多个关心的频响分析工况，以计算结构面板的节点振速（详见第7章）；另外需要设置相关卡片，提供外声场数值计算所必需的参数。分析设置流程如下。

1）工况定义：设置频响分析工况，RADSND支持直接法和模态法的频响分析。

2）源定义：通过Set定义参与计算外声场的结构上的单元或者节点集，工程上一般选择结构的外表面作为对外辐射噪声“源”。

3）接收点定义：在关注的辐射噪声位置，通过Plotel1D或Plotel2D单元创建“接收面”，可进行球、半球、平面、离散点等不同类型的声学响应点的创建，并利用Set定义接收节点集，如图13-14所示。

4）PANELG卡片定义：通过PANELG卡片引用步骤2）定义的“源”。

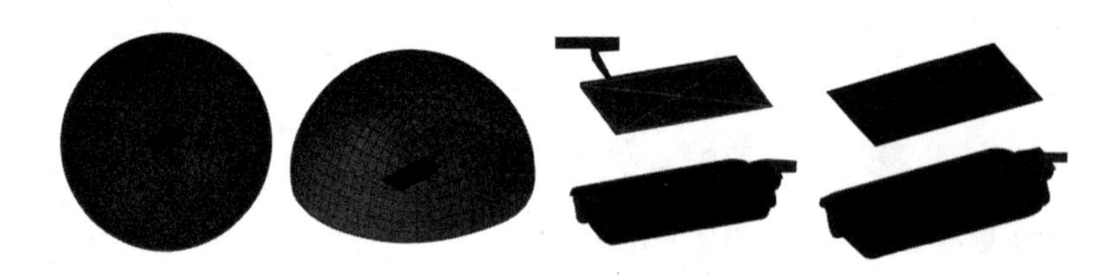

图 13-14　接收点定义

5）RADSND 卡片定义：通过 RADSND 卡片调用步骤 3）中定义的“接收点”以及步骤 4）中定义的 PANLEG 卡片，具体卡片介绍详见下一小节。

6）介质密度、声速定义：分别通过 PARAM，SPLRHO 和 PARAM，SPLC 定义介质密度和声速。这两项为求解辐射声压的必需参数。

7）RADSND 调用：在 Global Case Control 中定义 RADSND 卡片，调用步骤 5）中的 RADSND 卡片。

8）输出控制：根据需要可输出外声场声压（Displacement）、粒子振速（Velocity）、声压级（SPL）、声功率（SPOWER）、声强（SINTENS）。

RADSND 分析所需的主要卡片之间的调用关系如图 13-15 所示，关于 Set 的定义，在前面的章节和练习中都有提及，此处不再赘述。下一小节将重点介绍 PANELG、RADSND 等卡片的功能和用法。

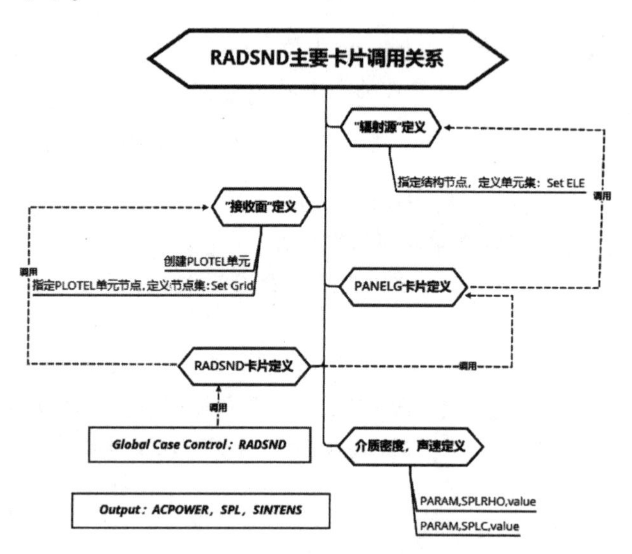

图 13-15　RADSND 主要卡片关系

13.2.3　RADSND 分析通用卡片设置

1. PANELG 卡片

PANELG 卡片用于定义一系列节点集或单元集作为向外声场辐射噪声的面板（Panel），卡片定义及说明见表 13-4 和表 13-5。

表 13-4　PANELG 卡片定义

(1)	(2)	(3)	(4)	(5)	(6)	(7)	(8)	(9)	(10)
PANELG	ID	NAME	TYPE	ESID	GSID	SURF	ERPRLF		

表 13-5　PANELG 卡片说明

字　段	说　明
NAME	Panel 的名称，必须指定
TYPE	定义 Panel 的类型，共有如下几种类型：PFP：可以定义为一组节点集或者单元集；PFP：表示定义的 Panel 可以进行面板贡献量分析（类似于 PANEL 卡片）；ERP：表示定义的 Panel 可用于 ERP 分析（类似于前节中的 ERPPNL 卡片）；SOUND：表示定义的 Panel 可用于辐射噪声分析，即 RADSND 分析；ACPOWER：表示可以输出 Panel 辐射的声功率；

（续）

字　段	说　明
ESID	需要被引用的结构单元集 ID
GSID	需要被引用的结构节点集 ID
SURF	需要输出辐射声功率的面板对应 Surface 的 ID
ERPRLF	定义 ERP 分析中的辐射损耗系数，同 PARAM，ERPRLF

详细说明如下。

1）特别说明：对于 RADSND 分析，该卡片仅仅需要将 Type 字段切换为 SOUND，并指定定义的 ESID（单元集 ID）或者 GSID（节点集 ID），其他字段不需要设置。

2）当 PANELG 类型为 ERP/SOUND，面板可以引用一组单元集 ESID，或者一组节点集 GSID，或者同时引用。

3）如果引用了一组单元集，则面板将包含与这些单元关联的所有节点；如果同时引用了单元集和节点集，则面板将由两个集合的交集组成，工程应用中，不推荐同时引用。

2. RADSND 卡片

RADSND 卡片用于指定一组需要计算声学响应的外声场节点集，同时指定一组或多组 PANELG 面板作为辐射噪声源。卡片定义及说明见表 13-6 和表 13-7。

表 13-6　RADSND 卡片定义

(1)	(2)	(3)	(4)	(5)	(6)	(7)	(8)	(9)	(10)
RADSND	RSID	MSET							
	"PANEL"	PID	PID	PID	etc.				

详细说明如下。

1）至少需要引用一个 PANELG ID。

2）允许多个 RADSND 卡片使用同一个 RSID，此情况适用于定义的 PANELG 面板超过 7 个时，即一个 RADSND 卡片无法调用全部的 PANELG 面板。

3）RADSND 卡片需要在全局信息段（Global Case Control）或者工况信息段（Subcase Information）中被 RADSND 命令调用才能生效。

表 13-7　RADSND 卡片说明

字　段	说　明
RSID	RADSND 卡片 ID
MSET	需要计算声学响应的外声场节点集（接收点）。这些节点的声学响应是由 PANELG 定义的面板振动辐射传播的
PANEL	标识符，表明后续的 PANELG ID 将作为振动辐射噪声面板（声源点）
PIDi	类型为 SOUND 的 PANELG 面板 ID

3. 常用声学结果输出控制卡片

（1）声压级

输出接收点的声压级，使用方法：SPL（format）=ALL。format 支持 .h3d 和 .pch 格式，默认为 .h3d 格式。对于声压级输出需要定义参考声压，定义方法为 PARAM，SPLREFDB，value。

（2）声功率

输出接收点和源点的声功率，使用方法：SPOWER（type）=ALL，只支持输出 .h3d 格式的结果。type 支持 PANEL 和 NOPANEL 两种类型：当 type = PANEL 时，输出接收点和源点的声功率；当 type = NOPANEL 时，只输出接收点的声功率。默认 type = PANEL。

（3）声强

输出接收点和源点的声强，使用方法：SINTENS（type） = ALL，只支持输出 .h3d 格式的结果。type 支持 PANEL 和 NOPANEL 两种类型：当 type = PANEL 时，输出接收点和源点的声强；当 type = NOPANEL 时，只输出接收点的声强。默认 type = PANEL。

13.2.4 实例：消声器前盖 RADSND 分析

本节继续采用上节中简化的汽车排气系统中的消声器前盖模型，计算以激励点为中心、半径为 1m 的球面上的消声器前盖辐射噪声，借此展示 RADSND 分析的通用卡片设置。

如图 13-16 所示，模型两端全约束，在模型中部施加 Z 向激励载荷进行频响分析。加载频率为 120～400Hz，分析步长 1Hz。模型定义了结构单元集，作为对外辐射振动源，用于 PANELG 卡片定义；生成了以激励点为中心、半径为 1m 的球面 PLOTEL2D 网格，作为接收点；定义了单元集，即基础模型已经完成了 13.2.2 节中的步骤 1）～步骤 3）。下面将继续完成后续步骤。

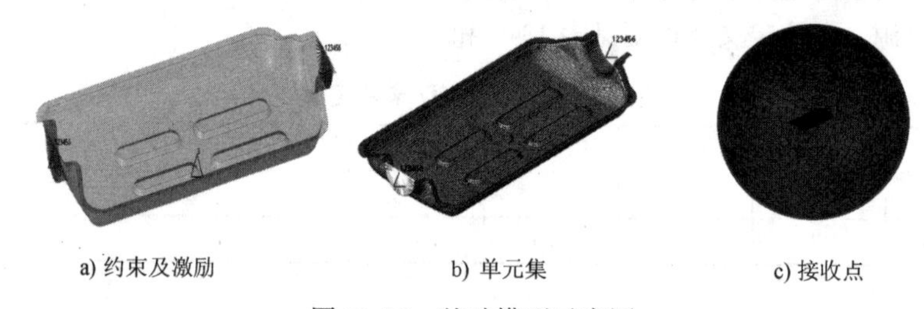

图 13-16 基础模型示意图

模型设置

1. PANELG 卡片定义

在模型浏览器空白处右击创建 Set，并将该 Set 重命名为“PANELG”；在下方详细设置栏中将 Card Image 改为 PANELG，TYPE 切换为 SOUND，并在 ESID 中单击 Set 按钮，在弹出的对话框中勾选已经定义好的单元集 Source_elem，单击 OK 按钮。设置界面如图 13-17 所示。

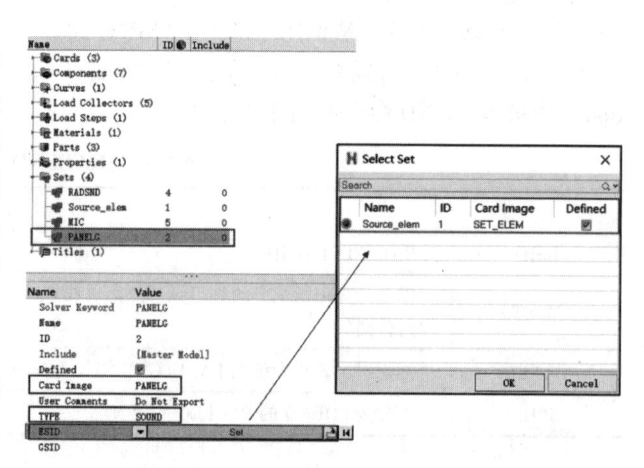

图 13-17 PANELG 卡片定义

2. RADSND 卡片定义

Step 01 在模型浏览器空白处右击创建 Set，并将该 Set 重命名为“RADSND”。

Step 02 在下方详细设置栏中将 Card Image 改为 RADSND。

Step 03 在 Entity IDs 中单击右侧 Sets 按钮，在弹出的对话框中勾选已经定义好的节点集 MIC，单击 OK 按钮。

Step 04 在 PID 中单击，在弹出的对话框中选择定义好的 PANELG 面板，单击 OK 按钮。设置界面如图 13-18 所示。

3. 介质密度、声速定义

这里按空气传播进行相应参数的设置，设置界面如图 13-19 所示。

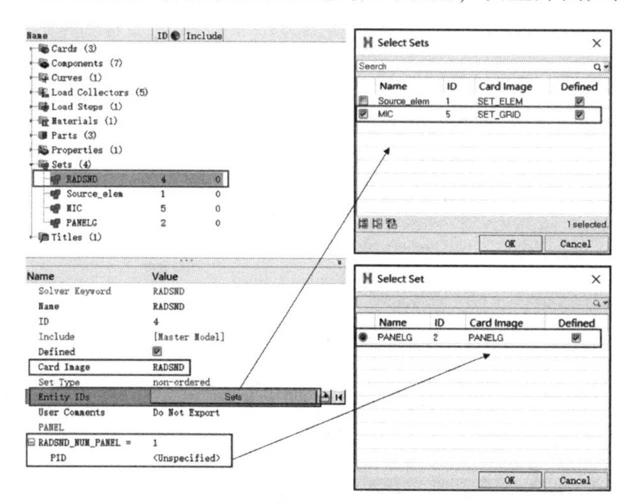

图 13-18　RADSND 卡片定义

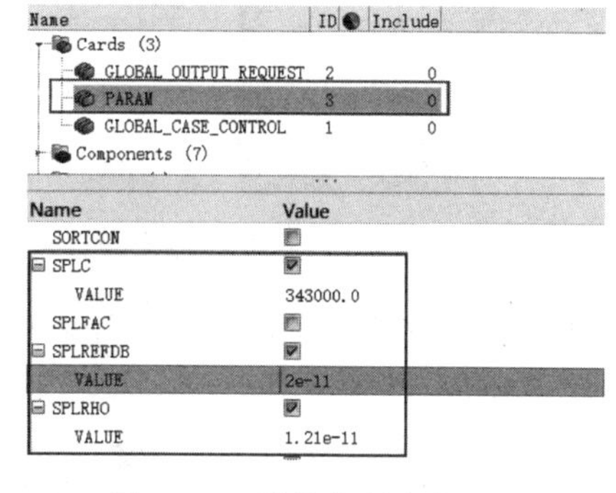

图 13-19　计算控制参数设置

Step 01 右击模型浏览器空白处创建 PARAM 参数卡片，此时会在模型浏览器的 Cards 节点下生成 PARAM 卡片。

Step 02 单击该卡片并在下方详细设置栏中勾选 SPLC 复选框，输入声速 343000；勾选 SPLRHO 复选框，输入空气密度 1.21e-11；勾选 SPLREFDB，输入参考声压 2.0e-11，用于计算声压级结果。

4. RADSND 调用

Step 01 在模型浏览器空白处右击创建 CaseControl，即控制卡片。此时会在模型浏览器的 Cards 节点下生成 GLOBAL_CASE_CONTROL 卡片。

Step 02 单击该卡片，在下方的详细设置栏找到 RADSND 并勾选。

Step 03 单击 SID 右侧的 Set 按钮，在弹出的对话框中勾选已经定义好的 RADSND 卡片，单击 OK 按钮，完成调用。设置界面如图 13-20 所示。

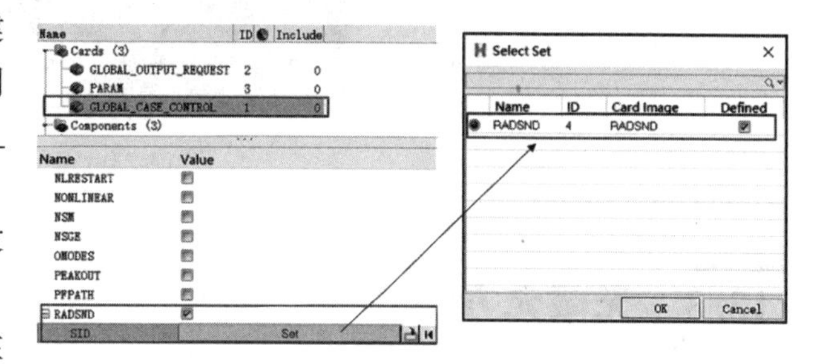

图 13-20　RADSND 卡片调用设置

5. 输出控制

Step 01 在模型浏览器空白处右击创建 Output，即输出控制卡片。此时会在模型浏览器的 Cards 节点下生成 GLOBAL_OUTPUT_REQUEST 卡片。

Step 02 单击该卡片，在下方的详细设置栏找到 SINTENS、SPL、SPOWER 并勾选，确保 OPTION 中都为 ALL。设置界面如图 13-21 所示。

6. 提交计算

在 Analysis 界面下单击 OptiStruct 面板，在该界面下提交计算。

结果查看

1）查看生成的文件。计算完成后会输出 .h3d 格式的结果文件，如图 13-22 所示。

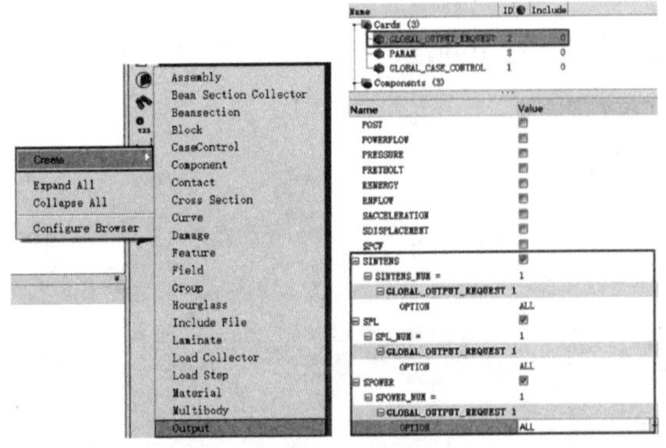

图 13-21　输出控制参数设置

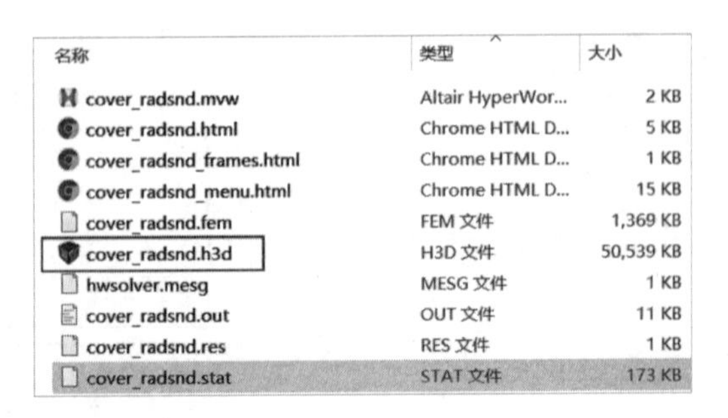

图 13-22　计算结果文件

2）查看 . h3d 结果文件。在 HyperView 中打开 . h3d 结果，可以查看不同频率下的外声场响应点的声学响应，包括声压、声压级、声功率、声强，如图 13-23 所示。

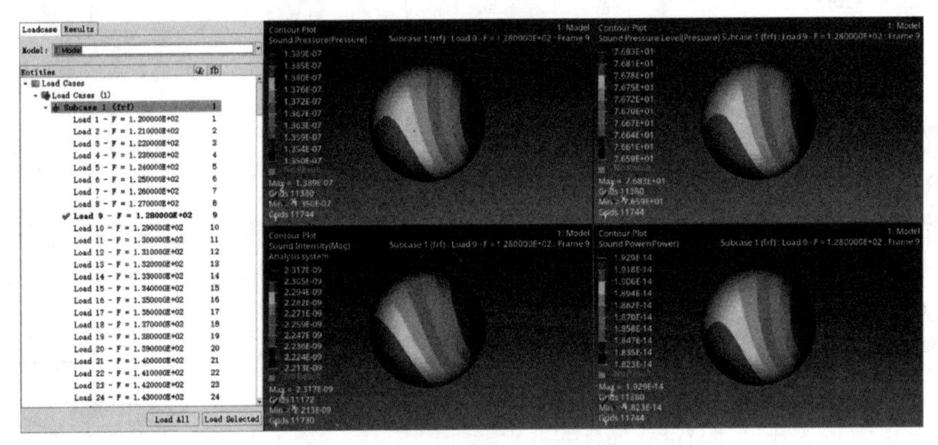

图 13-23　结果云图

13.3　无限元方法

本节将详细阐述如何利用无限元方法求解外声场分析，具体包括无限元方法基本理论，无限单元介绍、无限元分析建模指南及检查，最后以一个实例讲解整个分析设置过程。

13.3.1　无限元分析基础理论

无限元求解外声场的基本原理如图 13-24 所示。结构（阴影部分）周边的区域（有限域）采用常规流体有限元网格进行建模和求解（详见第 12 章）；外声场区域通过在有限域表面创建无限单元进行求解。

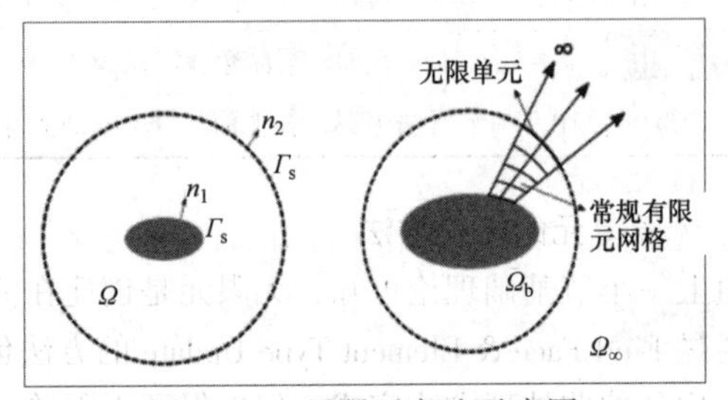

图 13-24　无限元方法示意图

无限元方法求解外声场的基本控制方程为

$$\begin{cases} \dfrac{1}{\rho}\nabla^2 p + \dfrac{k^2}{\rho} p = 0(\text{Helmholtz 方程 — 域}\,\Omega\,\text{的声压求解方程}) \\ \dfrac{1}{\rho}\nabla p \cdot \widehat{n_1} - w^2 u_n = 0 \quad (\text{运动方程 — 结构表面}\,\Gamma_s\,\text{的边界条件}) \\ \nabla p \cdot \widehat{n_2} + ikp = 0(\text{齐次和混合边界条件 — 无限边界}\,\Gamma_\infty\,\text{的边界条件}) \end{cases} \tag{13-12}$$

式中，$k=\dfrac{w}{c}$，为波数；w 为圆频率；c 为声速；u_n为结构边界上的法向振动位移；p 为声压；ρ 为介质密度。

13.3.2 无限单元及其创建方法

OptiStruct 提供两种无限单元类型：CACINF3 三角形无限单元和 CACINF4 四边形无限单元。本节以 CACINF4 为例，介绍单元节本信息。

1. CACINF4

单元基本信息与传统 2D 平面单元类似，包含单元属性和节点信息两部分，卡片定义及说明见表 13-8 和表 13-9。

表 13-8 CACINF4 单元卡片定义

(1)	(2)	(3)	(4)	(5)	(6)	(7)	(8)	(9)	(10)
CACINF4	EID	PID	G1	G2	G3	G4			

表 13-9 CACINF4 单元卡片说明

字　段	说　明
PID	单元属性，通过 PACINF 定义
G1，G2，G3，G4	与单元关联的节点 ID

2. PACINF

定义无限单元的单元属性，卡片定义及说明见表 13-10 和表 13-11。

表 13-10 PACINF 卡片定义

(1)	(2)	(3)	(4)	(5)	(6)	(7)	(8)	(9)	(10)
PACINF	PID	MID	RIO	XP	YP	ZP			

表 13-11 PACINF 卡片说明

字　段	说　明
MID	材料属性，由 MAT10 定义
RIO	径向辐射阶数，默认为 5。可输入 0 ~ 12
XP，YP，ZP	极点位置坐标，声学扰动的中心

3. 无限单元的创建方法

由上一小节基础理论可知，无限元是创建在流体域外表面用于表征无限域和有限域的界面，因此可通过 Find Face & Element Type Update 的方法创建无限单元网格。当然也不局限于此方式，用户可以采用其他前处理方式完成，但应保证无限单元满足如下要求。

1）单元类型为 CACINF3 或者 CACINF4，并指定单元属性 PACINF 和流体域的材料属性 MAT10。

2）单元的法线方向一致向外，即指向外声场。

例如，图 13-25 所示的球形流体域可通过如下步骤生成表面无限单元。

第一步：在 Tools-> Face 面板下，通过 find faces 功能找到流体域的外表面。

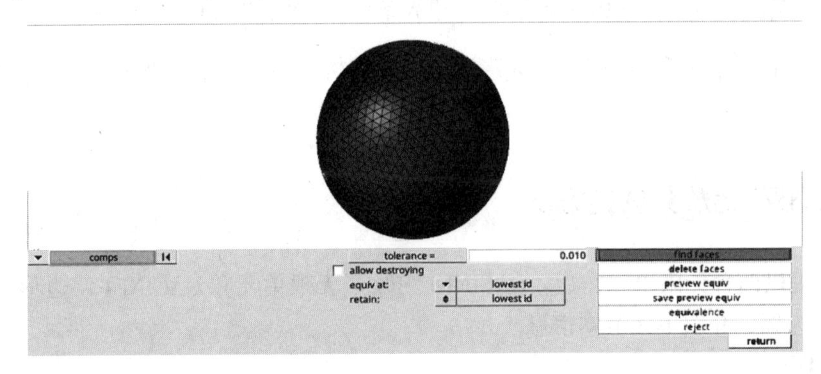

图 13-25　find faces 功能

第二步：在 2D-> elem types 面板下，将 tria3 和 quad4 的单元类型分别切换为 CACINF3 和 CACINF4；选择第一步生成的 Face，单击 update 按钮，完成单元类型的切换，如图 13-26 所示。

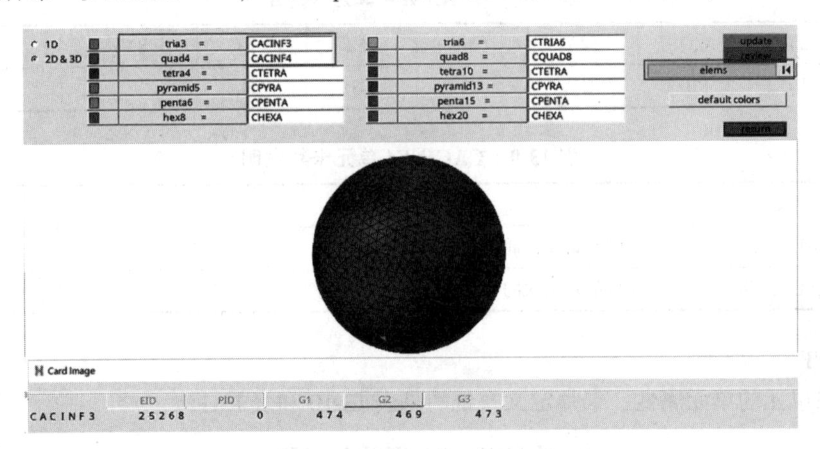

图 13-26　单元类型切换功能面板

第三步：在 Tools-> normal 面板下，选择 Face，查看其单元法向，切换并确保单元法向一致向外，如图 13-27 所示。

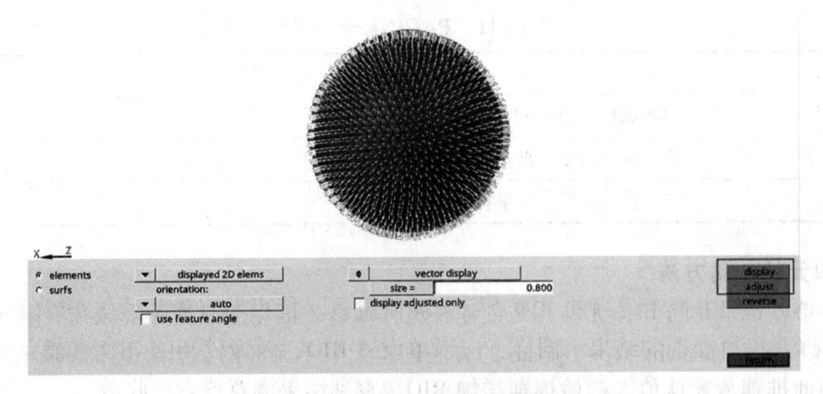

图 13-27　查看单元法向功能面板

第四步：定义材料属性 MAT10、单元属性 PACINF，并赋予无限单元。与其他单元的材料、属性赋予方式相同，此处不再赘述。关于 PACINF 中 XP、YP、ZP 和 RIO 字段的定义，下一小节详细阐述。

13.3.3 无限元分析指南

1. 适用的分析类型

1）直接法和模态叠加法的频响分析工况。

2）直接法和模态叠加法的瞬态分析工况（通过 DFOUR 和 MFOUR）。

2. 建模指南

（1）结构外周边流体域的定义

外流体域的内表面与结构体表面耦合（与第 12 章中的结构与声腔的耦合类似），通过 MAT10 卡片定义流体的材料特性（声速、密度）。流体域的建模建议如下。

1）将整个结构封闭在一个声腔网格中，声腔网格的外表面应尽可能光滑，没有任何不连续。推荐外表面椭球或球形等光滑曲面。

2）在结构和界面之间应保证至少有 1 层流体单元，保证每个分析频率的波长至少包含 4 个网格，即

$$h \leqslant \frac{Speed\ of\ Sound}{4(Max.\ Loading\ Frequency)} \tag{13-13}$$

3）建议极点和界面之间的距离大于一个声波波长，极点的位置见下式及图 13-28。需要特别注意的是，该建议重点适用于外表面为非封闭的情况；如果采用封闭的曲面将结构包围，则可不用遵循。

$$d_{\text{pole-interface}} \geqslant \frac{Speed\ of\ Sound}{Min.\ Loading\ Frequency} \tag{13-14}$$

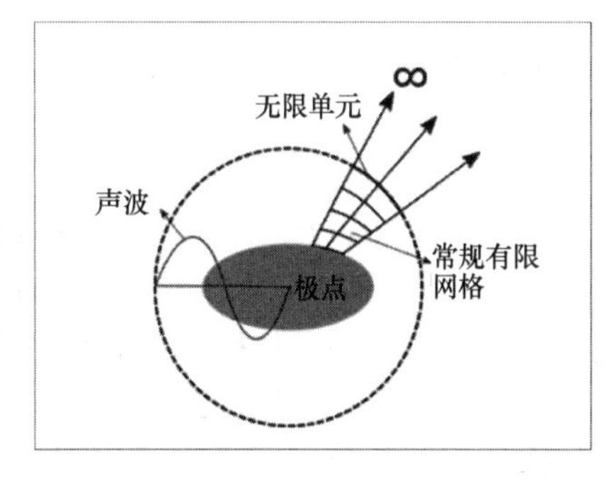

图 13-28　极点位置示意图

（2）极点位置（声干扰的起源）指定

极点是声干扰的中心，可通过 XP、YP、ZP 坐标在无限单元 CACINF3/CACINF4 的属性卡片 PACINF 中定义。极点位置坐标选择推荐如下。

1）首先选择结构体的质心位置作为极点。

2）如果想获得更为精确的极点位置，则通过将结构划分成多个面板进行 ERP 分析（见 13.1 节）来获得各个面板的 ERP，进而利用以下公式得到极点坐标。

$$X_{\mathrm{p}} = \frac{\sum_{i=1}^{n} ERP_i X_{\mathrm{c},i}}{\sum_{i=1}^{n} ERP_i};Y_{\mathrm{p}} = \frac{\sum_{i=1}^{n} ERP_i\, Y_{\mathrm{c},i}}{\sum_{i=1}^{n} ERP_i};Z_{\mathrm{p}} = \frac{\sum_{i=1}^{n} ERP_i\, Z_{\mathrm{c},i}}{\sum_{i=1}^{n} ERP_i} \tag{13-15}$$

式中，$(X_{\mathrm{c},i},Y_{\mathrm{c},i},Z_{\mathrm{c},i})$为各面板的质心坐标；$ERP_i$ 为各面板的 ERP。

（3）无限单元创建

在流体域的最外表面创建无限元单元 CACINF3/CACINF4 来模拟外部声学，确保无限单元的法向为远离极点位置的方向，即指向外声场，方法见上一小节。

（4）径向插值阶数定义

应在 PACINF 卡片中指定适当的 RIO，定义插值阶数。传声器（响应点）的位置离极点越远，RIO 应越高，以获得更准确的结果。同样，应谨慎设置 RIO，因为较高的 RIO 可能会导致系统矩阵出现病态，因此推荐从默认值 5 开始逐渐增加 RIO，直到结果满意或者已收敛。

3. 分析

1）在进行基于模态法的频响分析时，应提取足够多的模态，以便恰当地捕捉结构和声腔的力学特性。推荐 EIGRL/EIGRLA 的频率提取上限设置为最大频率的 2～2.5 倍。

2）通过加载分析生成的 .interface 文件到 HyperMesh 中，查看结构和外流体域的耦合情况，以确保结构和流体正确的交互作用。

4. 输出

1）为正确输出外声场位置的声压，应保证所关注的外声场声学响应点属于流体节点，即 GRID 中的 CD = -1，如图 13-29 所示。同样，可以采用 13.2.4 节中的方法，在外声场关注区域创建 1D 或者 2DPLOTEL 显示单元，从而输出节点上的结果。

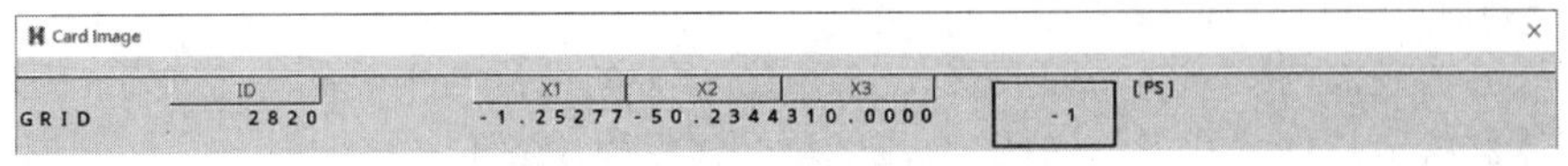

图 13-29　GRID 单元卡片设置

2）目前，采用无限元方法仅支持输出的声压值，可以通过 DISPLACEMENT 卡片进行输出设置。

13.3.4　无限元分析流程

由上节可知，对于无限元分析，为得到准确的结果，重要的是规范化的建模，而分析的设置与传统的频响分析和瞬态分析没有任何区别（详见本书相关章节）。为工程应用的便利性，下面将再次梳理采用无限元分析外声场噪声的流程。

1）工况设定：根据分析需求设定分析工况。

2）确定有限域流体耦合面：首先用户自身需要清楚分析目的，确定结构通过哪些表面对外辐射噪声，以确定有限流体域内表面如何与结构耦合。

3）确定极点坐标：根据上一小节的方法，首先采用结构体质心位置作为极点。

4）确定有限流体域外表面：根据上一小节中极点与界面距离的建议确定外表面。

5）划分有限流体域声腔网格：根据耦合面和外表面，包络划分流体域声腔网格，并赋予单元、材料属性，网格尺寸遵循上一小节的要求。

6）创建无限单元及属性定义：遵循上一小节的要求，在声腔外表面创建无限单元，并赋予属性，注意在属性 PACINF 卡片中定义的极点坐标，并指定 RIO，推荐先使用 5。

7）响应点定义：根据上一小节的要求创建外声场响应节点，并设置 DISPLACEMENT 卡片输出声压结果。

13.3.5　实例：发动机缸体辐射噪声计算

本节采用一个发动机缸体模型，计算发动机缸体向正上方 1m 处平面上的辐射噪声，借此展示 OptiStruct 无限元分析过程。

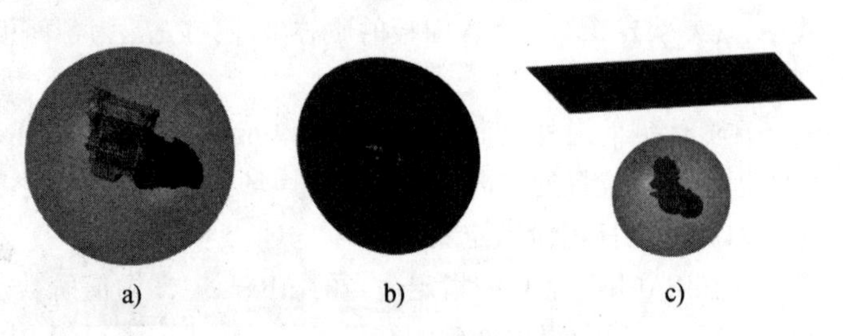

图 13-30　基础模型示意图

a）基础模型示意图　b）声腔网格示意图　c）外声场响应点示意图

如图 13-30 所示，发动机缸体模型处于自由状态，在第三轴承座处施加沿曲轴方向的扭矩，进行频响分析，分析频率为 30～400Hz，每个步长 10Hz；将发动机包围在一个有限的声腔网格中，极点取坐标位置，即（668.5，7.1，527.0）；在发动机缸体上方 1m 位置生成了平面 PLOTEL2D 单元，并将节点设置为流体节点。即基础模型已经完成了 13.3.4 节中的第 1）~5）步。

模型设置

Step 01 创建无限单元及定义属性。按 13.3.2 节中的方法，在声腔最外层创建无限单元 CACINF3，创建属性 PACINF，并指定声腔的材料属性，同时在 PACINF 卡片中设置极点坐标（668.5，7.1，527.0），RIO =5。应保证无限单元法向朝外，完成后如图 13-31 所示。

Step 02 输出卡片定义。在模型浏览器空白处右击创建 Output，即输出控制卡片。此时在模型浏览器的 Cards 节点下生成了 GLOBAL_OUTPUT_REQUEST 卡片。单击该卡片，在下方的详细设置栏找到 DISPLACEMENT 并勾选，确保 OPTION 中都为 ALL。

Step 03 提交计算。

结果查看

1）查看生成的文件。计算完成后会输出 .h3d 格式的结果文件，如图 13-32 所示。

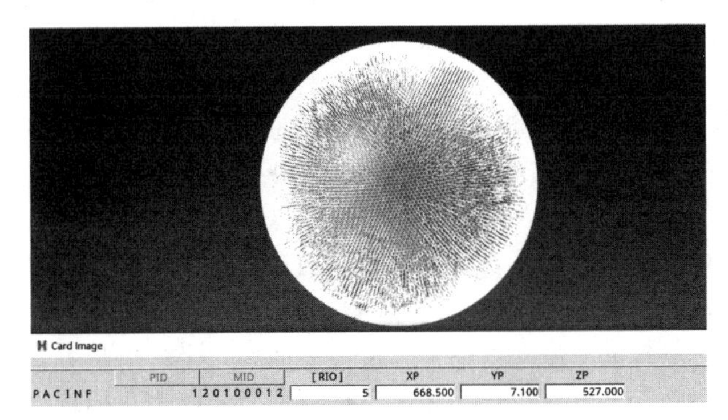

图 13-31　创建无限单元后的效果

名称	类型	大小
Engine_IE.e13434	E13434 文件	0 KB
Engine_IE.fem	FEM 文件	95,086 KB
Engine_IE.h3d	H3D 文件	240,674 KB
Engine_IE.html	Chrome HTML Document	6 KB
Engine_IE.interface	INTERFACE 文件	1,861 KB
Engine_IE.mvw	Altair HyperWorks MVW File	9 KB
Engine_IE.o13434	O13434 文件	2 KB
Engine_IE.out	OUT 文件	36 KB
Engine_IE.res	RES 文件	1 KB
Engine_IE.stat	STAT 文件	46 KB
Engine_IE_frames.html	Chrome HTML Document	1 KB
Engine_IE_menu.html	Chrome HTML Document	6 KB
hwsolver.mesg	MESG 文件	1 KB

图 13-32　计算结果文件

2）查看 .h3d 结果文件。在 HyperView 中打开 .h3d 结果，如图 13-33 所示，可以查看不同频率下外声场响应点的声压响应。

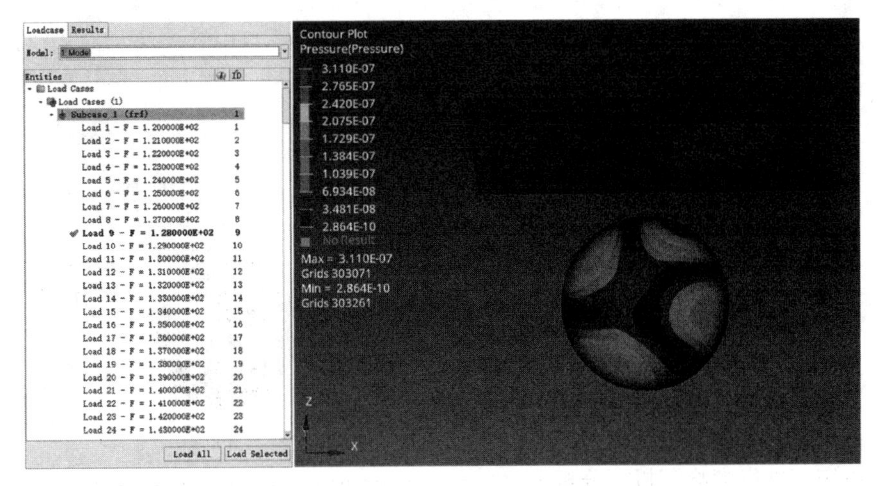

图 13-33　结果云图

第 14 章 NVH诊断分析与优化

NVH 问题的优化离不开问题诊断，本章将介绍 OptiStruct 在 NVH 分析中的诊断功能，内容包括应用背景，理论基础，以及模型示例。对于具体的 NVH 问题，大致存在两种分析思路。一种是贡献量分析，利用 OptiStruct 的诊断功能计算出特定物理量与总体响应的数量关系，然后结合结构与该物理量的关系进行结构调整，最终达到优化响应的目的。例如，在对噪声传递函数进行优化时，首先对问题频率点进行节点贡献量分析（GPA），找到对关注点噪声主要贡献的结构位置，然后计算结构的工作变形模式（ODS）和应变能（ESE），判断引起噪声响应偏高的结构问题。另一种是灵敏度分析，将可以改变的结构进行参数化，将结构质量、模态频率、频响振动、频响噪声等物理量设置为响应，利用 OptiStruct 计算响应关于这些变量的灵敏度，然后根据参数灵敏度调整设计参数以达到优化响应的目的。当然，用户也可以根据实际问题综合使用以上两种方法。例如，利用传递路径贡献量分析（TPA）将整车响应分解到具体的路径，然后使用模态贡献量来识别主动侧造成路径输入力过大的模态，用设计灵敏度分析识别敏感的隔振原件，利用尺寸优化或者拓扑优化算法来识别和优化车身结构。

OptiStruct 求解器提供了丰富的 NVH 诊断输出类型，在后处理方面，可以借助 HyperView、HyperGraph 进行诊断后处理。同时，基于这些软件模块，Altair 开发了整车 NVH 仿真平台工具——NVHD，主要功能包括整车模块化建模、标准工况管理、诊断后处理，可以帮助用户进行更加复杂的 NVH 工况分析和诊断工作。图 14-1 所示为 NVHD 支持的主要 NVH 诊断类型，本章最后将结合 NVHD 来说明如何综合利用这些诊断工具进行整车 NVH 问题优化。

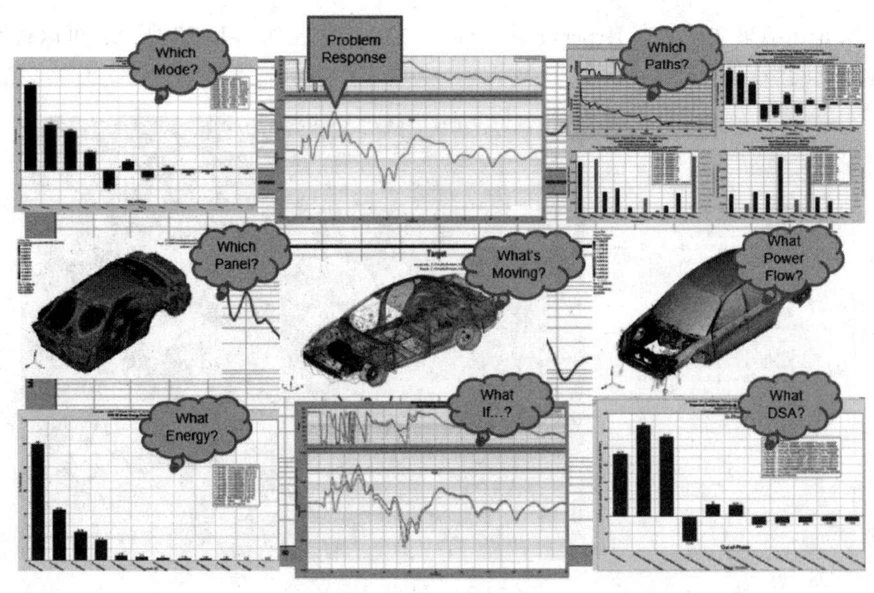

图 14-1　OptiStruct 结合 NVHD 的 NVH 诊断功能

14.1 传递路径贡献量分析（TPA）

相对于子系统级别分析，整车 NVH 仿真采用了包含所有系统的整车模型和整车工作载荷作为输入，其计算结果能够与整车 NVH 性能指标直接对比，并且当工程师发现整车分析结果存在风险时，可以利用丰富的诊断工具将问题定位到具体的设计上去，这与整车性能目标分解、由上至下、整车性能的达成依赖于子系统目标达成的设计理念是高度一致的。

本节将介绍问题定位的第一个方法：传递路径贡献量分析。

14.1.1 传递路径贡献量理论基础

在图 14-2 所示的整车系统中，用$P_t(w)$代表车内总体响应，$Ri(w)$代表整个系统（包括接受体、输入端、路径）在外力作用下各个路径上的内力，如图 14-3 所示，$TFi(w)$代表只有接受体时第 i 条路径的频响传递函数，那么有

$$P_t(w) = \sum_{i=1}^{N} TFi(w) \cdot Ri(w) \tag{14-1}$$

通过式（14-1），可以将整车响应分解到各个子路径上去，并且每个路径的贡献量为

$$P_i(w) = TFi(w) \cdot Ri(w) \tag{14-2}$$

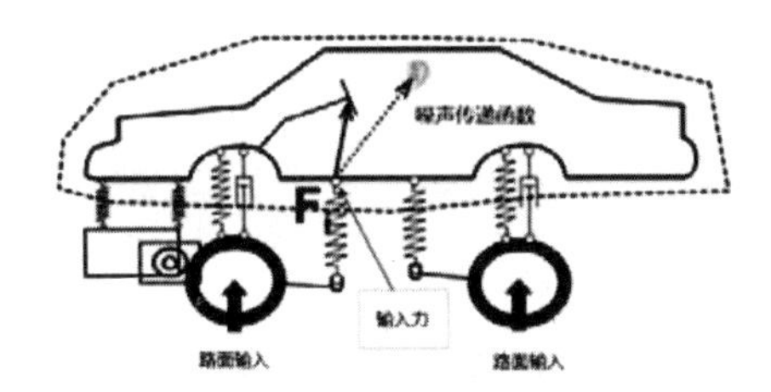

图 14-2　整车状态下的输入力 $Ri(w)$

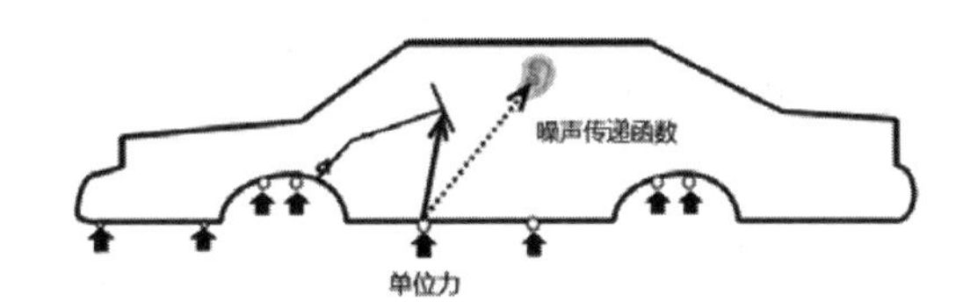

图 14-3　接受体传递函数 TFi（w）

这里需要注意输入力由整车分析获得，传递函数由接受体（通常指车身）分析获得。通过 OptiStruct 进行输入力和传递函数的计算有两种方式：两步法（传统）和一步法（自动）。其中，两步法就是要将整车分析和车身分析分两次提交；在一步法中，用户只提交一个包含 PFPATH 卡片的整车作业即可同时完成输入力和传递函数的输出，而不需要进行模型切割和过多的头文件编辑，大大降低了模型设置难度和出错概率。

PFPATH 中定义了主、被动侧界面的接附点集合，以及连接主、被动侧的连接单元，当 OptiStruct 读取到 PFPATH 卡片后，程序即可自动将模型从界面点位置拆分成主动侧和被动侧模型，然后使用被动侧模型计算出 TPA 所需的接附点传递函数。

14.1.2 PFPATH 卡片

TPA 主要卡片为 PFPATH，卡片定义、示例及说明见表 14-1 ~ 表 14-3。

表 14-1　PFPATH 卡片定义

(1)	(2)	(3)	(4)	(5)	(6)	(7)	(8)	(9)	(10)
PFPATH	SID	CONPT	RID	RTYPE	CONEL	CONREL	CONVOL		

表 14-2　PFPATH 卡片示例

(1)	(2)	(3)	(4)	(5)	(6)	(7)	(8)	(9)	(10)
PFPATH	9	4	6	DISP	5				

表 14-3　PFPATH 卡片说明

字　段	说　明
SID	卡片 ID，用于 Case Control 中的 PFPATH 卡片调用，整型
CONPT	被动侧连接点集，整型
RID	响应点集，整型
RTYPE	响应类型，可选 DISP、VELO、ACCE，默认为 DISP
CONEL	柔性连接（CBUSH）Element 单元集，整型
CONREL	刚性连接（RBE2）Rigid 单元集，整型
CONVOL	所有包含在 Control Volume 内的点集合，整型

详细说明如下。

1）在一个头文件中可以同时出现多个相同 ID 的 PFPATH 卡片。

2）CONEL 和 CONREL 需要引用所有在 Control Volume 以外的主、被动侧连接单元。

3）如果 CONVOL 没有被定义，那么 OptiStruct 将输出一个 . outsidecv 类型且包含所有 Control Volume 以外节点集合的文件，该文件可以导入到原始模型中用以显示 Control Volume 以外的节点。

14. 1. 3　实例：整车模型 TPA 分析

本小节将使用简化的整车模型基于发动机质心灵敏度工况来说明 TPA 的具体模型设置和后处理操作。该模型包含内饰车身、声腔、动力总成、底盘，并且已经设置好基础分析工况。如图 14-4 所示，约束整车模型的 4 个车轮接地弹簧，在发动机质心处加载 Z 向单位力，模态提取频率为结构 150Hz、声腔 300Hz，扫频频率为 1 ~ 100Hz。在此模型基础上进行 TPA 分析，具体操作过程如下。

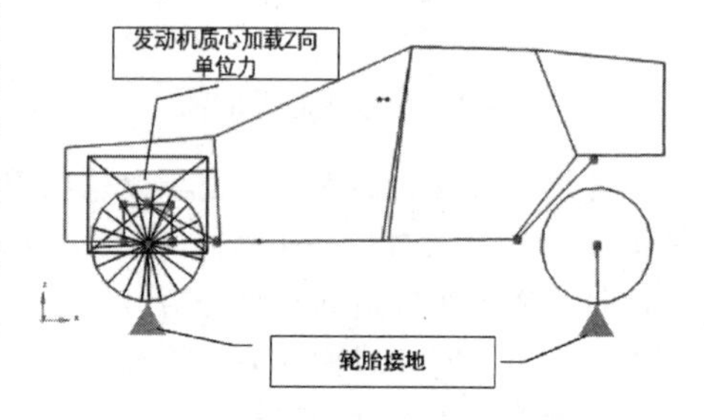

图 14-4　TPA 示例边界条件描述

模型设置

Step 01 基础模型导入，在 HyperMesh 中导入基础模型 Full_vehicle_FRF_TPA_base. fem。

Step 02 创建界面集。本例将定义车身和声腔为接受体，动力总成和悬架将作为主动侧。如图 14-5 所示，将内饰车身作为接受体，虚线框为 TPA 分析的界面。此处需要创建 3 个 SET。

- 首先是界面处的车身接附点 SET，包括 3 个发动机接附点、8 个前悬架接附点、4 个后悬架接附点，其类型为 GRID。
- 然后是车内噪声响应点 SET，包括声腔内驾驶员左耳位置响应点（ID：15045352），其类型为 GRIDC，自由度为 T1。
- 最后是主、被动侧之间连接单元的 SET，类型为 ELEM。

Step 03 创建 PFPATH 卡片。PFPATH 卡片中，CONPT 选择对应界面处被动侧的接附点 SET；RID 选择车内噪声响应点对应的 GRIDC 类型 SET；RPTYPE 选择 DISP；CONEL 选择对应主、被动侧连接单元的 ELEM 类型 SET。

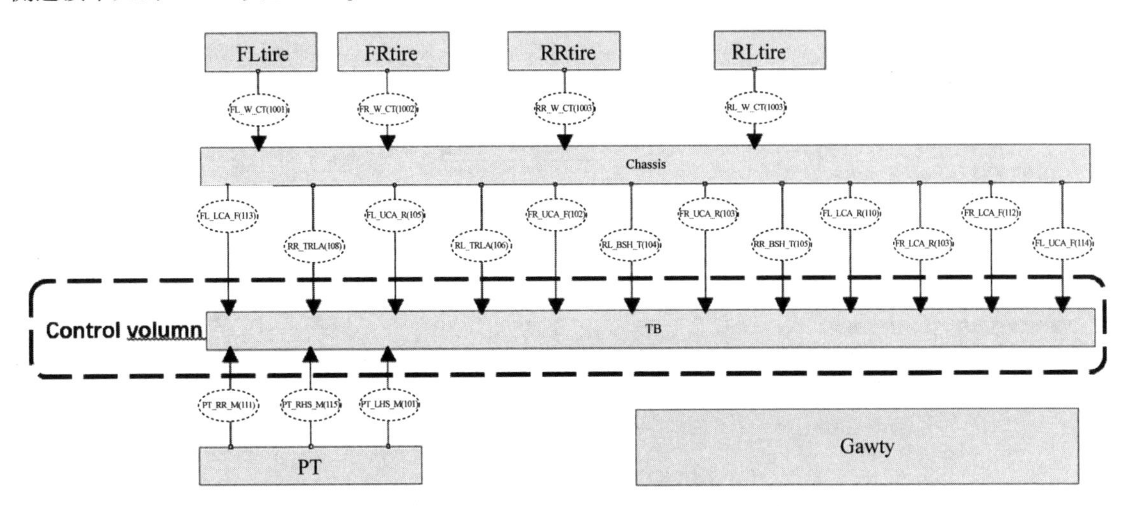

图 14-5　接受体边界

Step 04 PFPATH 卡片调用。通过 GLOBAL_CASE_CONTROL 调用 PFPATH，然后导出模型。此处截取经过处理后的模型文件中部分字段进行头文件说明（画线部分为模型设置后增加的诊断相关语句）：

```
$ $ ------------------------------------------------------------------------- $ $
  FREQ =        1
PFPATH = 7            $引用 ID 为 7 的 PFPATH 卡片,用于输出传递函数和输入力到.h3d 文件
DISPLACEMENT(PUNCH,PHASE,,,) = 1
SUBCASE       1                          $工况定义
  LABEL General Frequency Response Analysis
ANALYSIS MFREQ
  METHOD(STRUCTURE) =        2
  METHOD(FLUID) =        3
  DLOAD =        6
BEGIN BULK
SET     8       GRID    LIST    $ 定义了接受体的界面点
+       10017765 THRU   10017769
+       10017771 THRU   10017775
+       10017777 THRU   10017779
+       1001778410017787
SET     9       ELEM    LIST $ 定义了连接接受体和输入端的柔性连接单元
+       101     THRU    115
SET     11      GRIDC $ 定义了 PFPATH 卡片中的响应点
+       15045352T1
PFPATH          7       8       11      DISP        9    $ PFPATH 卡片,ID 为 7。
$ $ ------------------------------------------------------------------------- $ $
```

Step 05 使用 OptiStruct 提交计算。

结果查看

1）响应曲线导入。

- 使用 HyperView 中 NVH 后处理模块的 Transfer Path Analysis 进行 TPA 后处理，如图 14-6 所示，导入整体响应曲线。

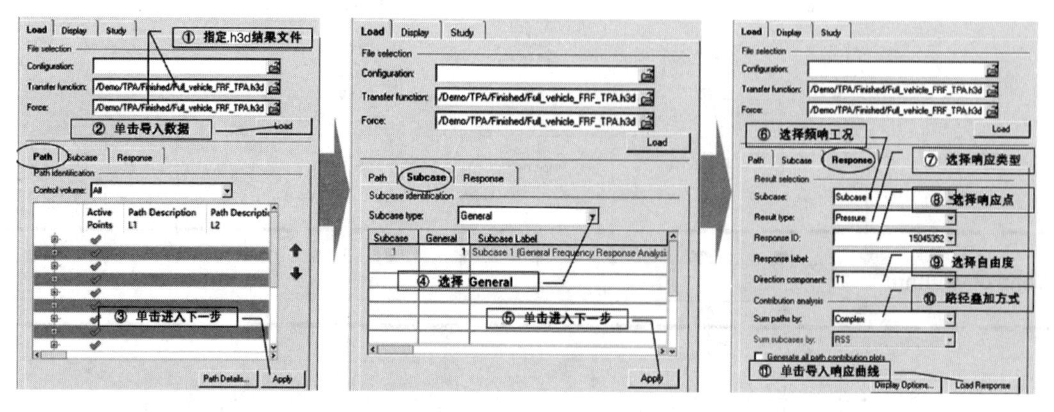

图 14-6　TPA 结果导入界面

- 图 14-7 所示为示例模型的计算结果，其中，Calculated Response 为后处理使用路径叠加得到的整车响应，Solver Response 为求解器直接计算的整车响应。
- 理论上，这两条曲线是完全重合的，也只有这两条曲线重合时，才能说明传递函数和输入力是正常的，没有能量损失，这是做 TPA 分析的前提条件。

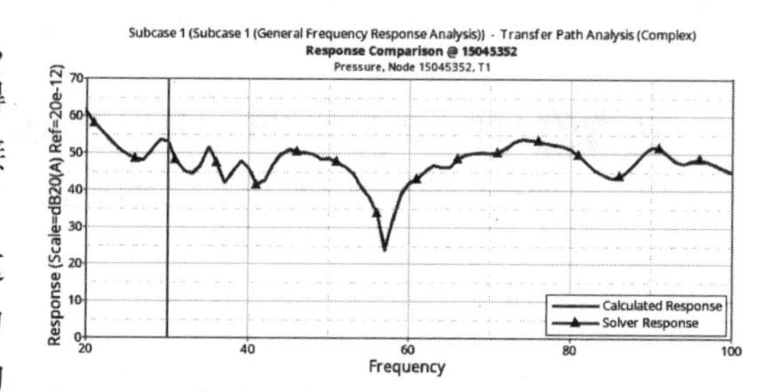

图 14-7　TPA 分析响应曲线检查示例

2）传递路径贡献量查看。HyperView 支持传递路径贡献量的柱状图（单频）、曲线（频率段）、雷达图（单点极坐标系）等显示方式。以柱状图为例，按照图 14-8 所示设置，显示 30Hz 处车内噪声的传递路径贡献路径。

- 如图 14-9 所示，A 为传递路径贡献量，表示各个路径在 30Hz 处输入力与传递函数的乘积占总响应的比例，比例越高贡献量越高，越需要关注。传递路径贡献量的分布通常存在两种情况：一种是少数路径贡献量较高，其他路径贡献量均较低，这种情况下，大多与这些高贡献路径的输入偏高相关，但是具体还需要查看传递函数、输入力及其目标值情况而定；第二种是找不到突出路径，每条路径的贡献量都很接近，且 Others 项占比明显高于其他路径，此时传递函数偏高可能性比较大，但同样需要兼顾传递函数和输入力来确定。

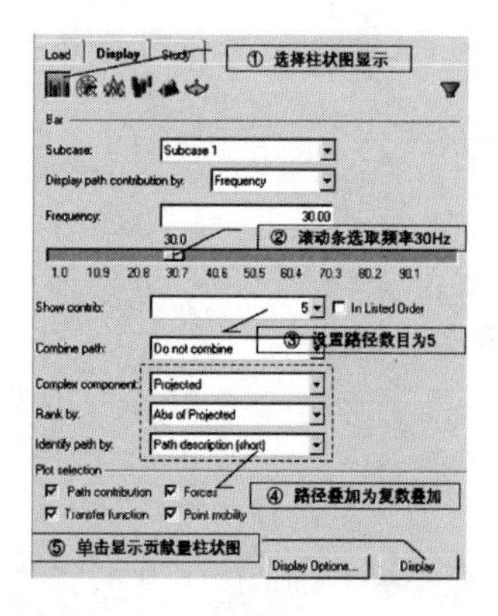

图 14-8　贡献量输出控制界面

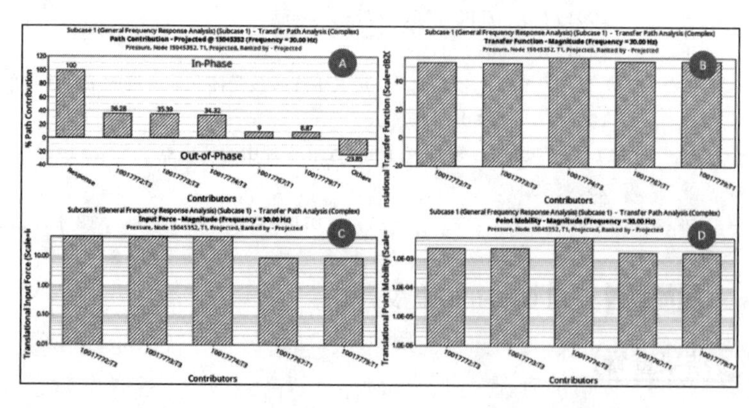

图 14-9　车内噪声 30Hz 处柱状图形式 TPA 结果

- B为贡献量排前5的路径对应的传递函数，其排序与A中的贡献量排序一致，对于传递函数就需要结合传递函数的目标值和趋势来判断。在柱状图中，主要以传递函数既定目标来判断，对于传递函数趋势，需要借助曲线形式的贡献量结果或者单独查看贡献量较高路径的传递函数来判断，比如传递函数的峰值频率是否与总响应峰值频率一致。
- C为输入力，排序同样对应贡献量排序，需要结合前期规划的输入力目标判断，在没有目标时，参考50Hz以内10N，100Hz以上1N间接判断。
- D为接附点速度导纳（动刚度相关），与传递函数和输入力均存在一定的联系。比如速度导纳偏高会造成输入力偏高，也可能造成单个路径的传递函数偏高，此时就需要结合传递函数和输入力来判断，并且曲线往往可以提供更全面的信息。

图14-10所示为曲线形式的1～100Hz范围TPA结果，本例中选择了前3条路径。区别于柱状图按照单频进行贡献量的排序，这里采用频率区间上所有频率点的贡献量平方和的根（Root of Sum Square，RSS）进行排序，因此这里的排序会受到频率区间的影响。为了兼顾曲线的趋势特征，常常需要选择合适的频率范围，而不是整个频段。在本例中，柱状图与线图所描述的前3条路径一致，从NTF曲线中可以看到，路径“10017774：T3”存在传递函数与输入力均较高的问题，其他两条路径主要为输入力偏高问题，至于输入力和传递函数为何偏高，则需要借助模态贡献量（MPA）和节点贡献量（GPA）来进行判断。

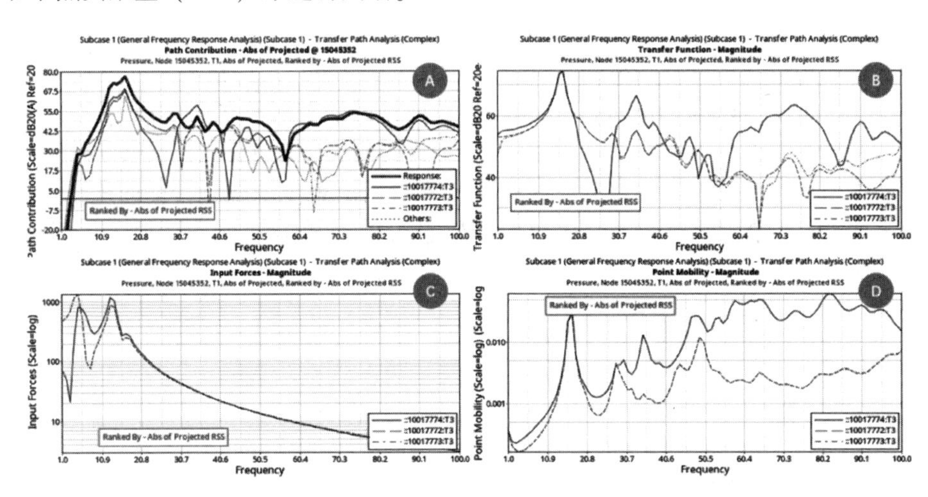

图14-10 车内噪声1～100Hz范围曲线形式TPA结果

14.2 模态贡献量分析（MPA）

在进行整车NVH仿真分析时，一般可通过TPA将整车响应分解为各个路径的力与传递函数的乘积之和，从而识别出贡献量占优的路径，然后结合项目初期制订的子路径级别的目标（如输入力目标、传递函数目标、柔度目标（动刚度相关））来判断这些贡献占优路径的力、传递函数、柔度问题。例如，项目初期定义了粗糙路面路噪目标，整车粗糙沥青路50km/h巡航，车内总声压级（结构传递部分）不超过65dBA，分解到各个路径的输入力目标为50Hz以内不超过10N、50Hz～200Hz不超过1N，另外还有柔度或者动刚度目标，在这里就不一一列举了。当TPA分析中发现贡献量占优路径的输入力超过10N或者1N指标时，就需要分析这个输入力超标的原因了。造成输入力偏高的原因可能有：第一，载荷本身偏高；第二，路径上的零部件模态被激励产生了共振，放大了输入力；第三，隔振元件刚度不合适或被动侧动刚度偏低、隔振效率不够。假设 *Fi* 为某路径的

输入力，ki 为某路径上的动刚度，di 为该条路径主、被动两侧的位移差值，那么就有

$$Fi = ki \cdot di \tag{14-3}$$

当刚度一定的时候，输入力与主、被动侧相对位移决定该路径的输入力大小。当主、被动侧在该路径对应自由度上存在模态被激励时，di 就会变大，从而造成 Fi 变大。因此，当发现某频率下输入力偏大时，就需要关注在该频率附近输入力是一直都高还是处于峰值附近，如果是峰值附近，那么就属于模态被激励的共振问题，此时就需要使用模态贡献量来识别这些关键模态。

14.2.1 模态贡献量理论基础

对于单自由度系统，可以借助放大因子（动态变形与静变形的比）来研究系统模态对响应的影响。单自由度振动系统的位移放大因子为

$$\beta(s) = \frac{1}{\sqrt{(1-s^2)^2 + (2\xi s)^2}} \tag{14-4}$$

式中，s 为载荷频率与系统固有频率之比，那么这个单自由度系统的响应实际上就由这个放大因子决定，因此可以借助放大因子来研究这个系统的振动特性。

图 14-11 所示为不同阻尼比的幅频特性曲线，在载荷频率接近系统固有频率时，系统产生共振，此时表征系统响应的放大因子由阻尼比确定。

对于连续体，假设其多阶模态在同一自由度上均存在分量，这些模态频率分别为 $f1 = 100$Hz、$f2 = 200$Hz、$f3 = 300$Hz、$f4 = 400$Hz 和 $f5 = 450$Hz。在该自由度上给予 0 ~ 500Hz 的扫频载荷，对于上面提到的每一阶模态，可以做出其放大因子与频率比的曲线，此时将频率比乘以系统对应的固有频率，即可将单自由度振动系统的幅频曲线拓展为多自由度系统的幅频特征曲线，如图 14-12 所示，曲线 Beta1 ~ Beta5 分别为频率 $f1$ ~ $f5$ 对应的模态在 0 ~ 500Hz 范围内的放大因子（与幅值正相关）。

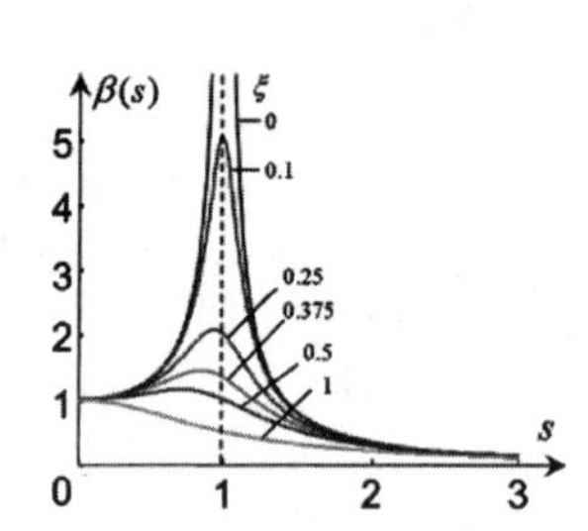

图 14-11　单自由度振动系统幅频特性曲线

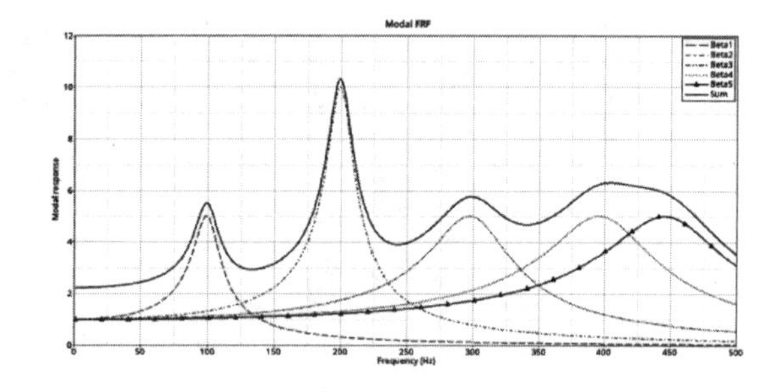

图 14-12　多自由度系统幅频特性曲线

对于某一个特定频率，其总响应为该频率上所有单自由度模态响应的向量和。

$$X(\omega) = \sum \vec{x}_j(\omega) \tag{14-5}$$

即在频率空间中，某个频率上的总体响应是若干模态的叠加效果，某阶模态对总体响应的贡献量可以写成以下形式：

$$C_j(\omega) = \frac{X_j(\omega)}{X(\omega)} \times 100\% \tag{14-6}$$

这里需要注意的是，总响应和单个模态响应均为向量，模态贡献量除了考虑幅值以外，同时还包含与总体响应的夹角。图 14-13 所示为极坐标系某频率响应的模态贡献量示例。

在 OptiStruct 的模态法频响计算中，用户可以使用 PFMODE 卡片方便地输出模态贡献量，并通

过 HyperView 的后处理工具 Modal participation 工具对模态贡献量进行解析。图 14-14 所示为 HyperView 中的模态贡献量柱状图显示及主要贡献模态。

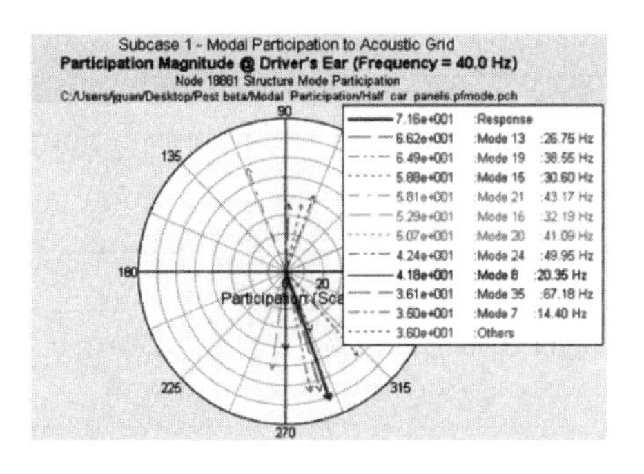

图 14-13　极坐标系下的模态贡献量

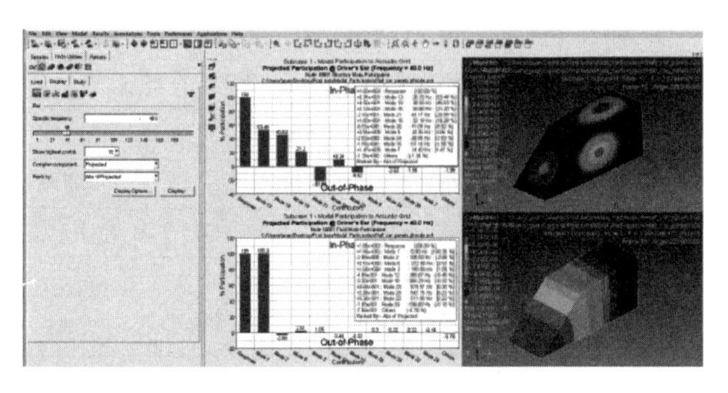

图 14-14　HyperView 中的模态贡献量及模态振型结果

14.2.2　PFMODE 卡片

PFMODE 输出卡片格式如下，其关键字说明见表 14-4。

```
PFMODE (type, FLUIDMP = fmp, STRUCTMP = smp, PANELMP = setp, FREQUENCY = setf, FILTER = fratio, NULL = ipower, RPCUTOFF = rval, RPDBACUT = rpdba, MTYPE = otype, CMSSET = seset, RTYPE = rtype, MODOUT = modoutID, modal,outfile, PEAKOUT) = setdof/PEAKOUT or option
```

详细说明如下。

1）当 PFMODE 和 PFPANEL 同时出现时，输出文件类型必须一致，比如同时为 H3D 或者同时为 PUNCH。

2）当输出文件为 PUNCH 文件时，模态贡献量将按照降序方式排列记录。

3）PFMODE（FLUID，…）和 PFMODE（STRUCTURE，…）可以存在于同一个头文件中，但是在一个 SUBCASE 中，只能出现一次。

4）只有当响应类型为 FLUID 时，FLUIDMP 和 PANELMP 才会起作用。

5）当响应类型为 STRUCTURE 时，SET 类型必须是 GRIDC，即点和自由度；当响应类型是 FLUID 时，SET 类型为 GRID。

6）FREQUENCY 关键字可以定义扫频频率的一个子集。

7）FILTER 用来过滤贡献量，当模态贡献量小于 FILTER 时，将不输出。

8）当总响应幅值低于 $10^{-ipower}$时，将不计算对应的模态贡献量。当 ipower 的值不在 1～31 之间时，将使用 30 作为 ipower 的值。

9）dB 的计算采用公式 20log10($p/p0$)，其中，$p0$ 是参考声压；p 是计算声压。参考声压取值决定于整个模型的输入单位，如对于国际单位制 m、kg、s，参考声压为 2e-5；当单位制采用 MPa，即 mm、t、s 时，参考声压为 2e-11。

表 14-4　PFMODE 关键字说明

字　段	说　明
type	贡献量响应类型，流体响应为 FLUID，默认值为 STRUCTURE
fmp	流体模态贡献量输出控制；ALL-输出全部；NONE-不输出；N-输出按贡献量排序的 n 阶
smp	结构模态贡献量输出控制：ALL-输出全部；NONE-不输出；N-输出按贡献量排序的 n 阶。默认值为 ALL

（续）

字　段	说　明
setp	输出面板模态贡献量，set 为 PANEL 类型
setf	指定响应频率，set 为 FREQ 类型
fratio	贡献量阈值，低于该值的贡献量结果将不输出，默认值为 0.001
ipower	指数型贡献量阈值，低于 $10^{-ipower}$ 的贡献量结果将不输出，默认值为 30
rval	响应阈值，只有当响应高于 rval 值时，对应的模态贡献量才会被计算，默认值为 0.0
rpdba	加权的声学响应阈值，只有当 A 计权声压级响应（dBA）高于 rpdba 时，对应的模态贡献量才会被计算，默认值为 0.0
otype	模态贡献量类型设置，值为 SYSTEM 或缺省时，将输出整个模型的模态贡献量；当值为 ALL 或者 CMS 时，将输出 Component 零部件的模态贡献量；当值为 CMS 时，只输出零部件模态贡献量（可以是对零部件内部点的贡献量），默认值为 SYSTEM
seset	零部件（H3D 超单元）模态贡献量输出定义，默认值为 ALL
rtype	响应类型
modoutID	可调用 MODOUT 卡片，输出位移、应变能、动能等，默认值为 blank
modal	模态输出控制
outfile	输出文件类型控制，建议输出 H3D 格式，默认值为 blank
setdof/PEAKOUT	按照 PEAKOUT 自动筛选峰值处的贡献量，当响应类型为结构时，需要 GRIDC 类型的集合，当响应类型为流体时，需要 GRID 类型的集合；当给定 PEAKOUT 时，响应自由度及频率控制将按照 PEAKOUT 卡片来给定
option	模态振型输出控制，可选 ALL（当 MODAL 参数被定义时），以输出模型中全部节点的振型；当设置 set 时，输出 set 指定的节点。默认值为 ALL

10）指定输出文件类型格式：PFMODE（type，OUTPUT = outfile） = setdof/PEAKOUT。

11）需要输出关于超单元内部节点的模态贡献量时（CMS），参数 SEINTPNT 需要被定义，用来将超单元中的内部节点转换为外部节点。

12）smp = NONE 只在计算流体响应点模态贡献量激活时（type = FLUID）才能工作。当计算响应为结构响应时，默认 smp = ALL。当 type = FLUID 时，smp 和 fmp 可以被设置为 NONE。

13）option 只有在 MODAL 参数被定义时才起作用。

14.2.3　实例：发动机悬置安装点动刚度分析

本小节将使用前副车架模型模拟发动机悬置安装点动刚度分析，来说明 MPA 的具体模型设置和后处理操作。该模型已经设置好基本的频响工况，图 14-15 所示前副车架模型采用无约束自由边界，发动机左悬置支架施加单位力，扫频频率为 1 ~ 500Hz，结构模态提取频率为 750Hz。在此模型基础上进行模态贡献量分析还需要进行以下操作。

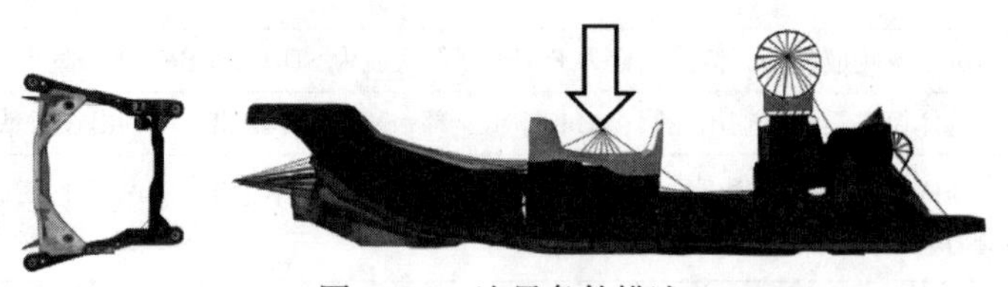

图 14-15　边界条件描述

模型设置

Step 01 模型导入。使用 HyperMesh（模板为 OptiStruct）导入基础模型 Subframe_FRF. fem。

Step 02 SET 设置。此处需要创建一个类型为 GRIDC 的 SET，响应点为左侧发动机悬置接附点（ID：16312381），自由度为 T3。

Step 03 PFMODE 卡片设置。在 HyperMesh 主界面的 Analysis-> control cards 面板中进行 PFMODE 卡片设置，如图 14-16 所示。设置结构模态贡献量、响应类型和响应点 SET，然后退出面板，导出模型。有时为了确认问题，除了基础工况外，还建议创建一个模态分析工况，从而了解主要贡献模态的模态振型。

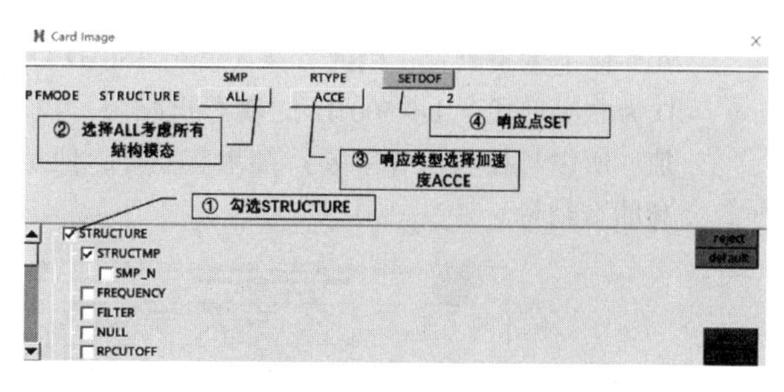

图 14-16　PFMODE 卡片设置

此处截取设置后模型中部分字段进行头文件说明（其中画线部分为基础模型基础上增加的诊断相关语句）：

```
$ $-------------------------------------------------------------------------$ $
PFMODE(STRUCTURE,STRUCTMP = ALL,RTYPE = ACCE) = 2 $ 模态贡献量输出控制,输出结构模态对 $结构响应点的模态贡献量,响应类型为加速度
ANALYSIS MFREQ
  FREQ =          1
  METHOD(STRUCTURE) =          2
SUBCASE          1
  LABEL 16312381:+Z
  DLOAD =          4
  ACCELERATION(PUNCH,PHASE) = 1
BEGIN BULK
SET      1        GRID     LIST $基本响应输出 SET
+        16312381
SET      2        GRIDC          $模态贡献量需要指定响应点 ID 及其自由度,因此采用 GRIDC 类型的 SET
+        16312381T3
....
$ $-------------------------------------------------------------------------$ $
```

Step 04 使用 OptiStruct 提交计算。

结果查看

1）结果导入。提交 OptiStruct 计算后，程序默认将模态贡献量输出到 .h3d 文件中，采用 HyperView 中的 Modal Participation 模块进行后处理。参照图 14-17 所示 Load 选项卡所示操作导入 16312381 号响应点 Z 方向的响应。

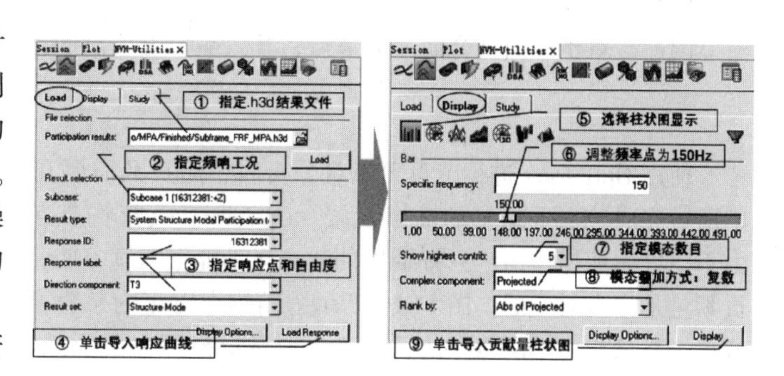

图 14-17　模态贡献量分析界面

2）模态贡献量查看。图 14-17 所示的 Dispaly 选项卡操作以柱状图方式

显示了 150Hz 处响应的前 5 阶模态贡献量。还可以选择向量图（单频）、曲线（频率段）等表达方式，如图 14-18 所示。

- A 为加速度曲线；C 为向量形式的 150Hz 处加速度响应的模态贡献量。
- B 为柱状图显示的 150Hz 处加速度响应的模态贡献量，可以看到第 9 阶模态在 150Hz 处占有 70% 以上的贡献量，因此如果想降低 150Hz 处的响应值，那么重点需要关注第 9 阶模态。
- D 为曲线形式下 1 ~ 500Hz 的模态贡献量。由于曲线形式的贡献量排序采用了频段内的 RSS 值，所以与柱状图（单频）结果有差异，但是在 150Hz 处，可以看到第 9 阶模态依然具有最高的贡献量。

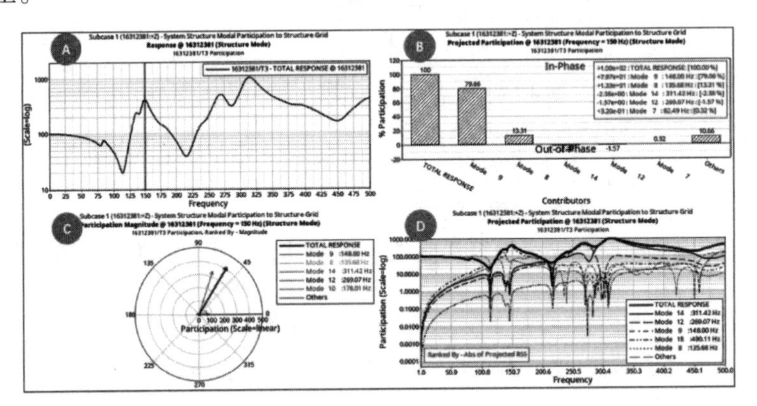

图 14-18　模态贡献量查看

14.3　节点贡献量分析（GPA）

在内饰车身噪声传递函数分析中，或者是当通过 TPA 分析将整车响应问题分解到车身传递函数时，可以使用节点贡献量来分析特定频率下对噪声的主要贡献位置。

14.3.1　节点贡献量理论基础

结构传递的车内噪声响应为

$$P = \sum \frac{p_i}{v_i} \cdot \frac{v_i}{f} \tag{14-7}$$

式中，P 为车内某噪声响应点的总响应；p_i/v_i 为流固耦合面上某节点法向振动速度到噪声响应点的传递函数（ATV）；v_i/f 为激励点到声固耦合面上某结构点的法向振动速度传递函数。

因此，对于声固耦合面上的节点，其对噪声响应点的贡献为

$$P_i = \frac{p_i}{v_i} \cdot \frac{v_i}{f} \tag{14-8}$$

使用 OptiStruct 进行节点贡献量分析时，用户只需要在原有的求解文件中添加 PFGRID 及响应集即可完成节点贡献量的输出设置。OptiStruct 支持将节点贡献量输出到结构网格和声腔网格上，由于空气无剪切作用，只有结构的法向运动能够激励空腔，所以结构点的贡献量与结构附近空腔的贡献量是完全对应的。图 14-19 所示为结构点对车内某噪声响应点的贡献量分布，图 14-20 所示为节点贡献量在声学网格上的显示，两种显示模型主要贡献位置一致，但由于耦合面存在于车体内部，声腔网格上的结果相对更加容易辨识。

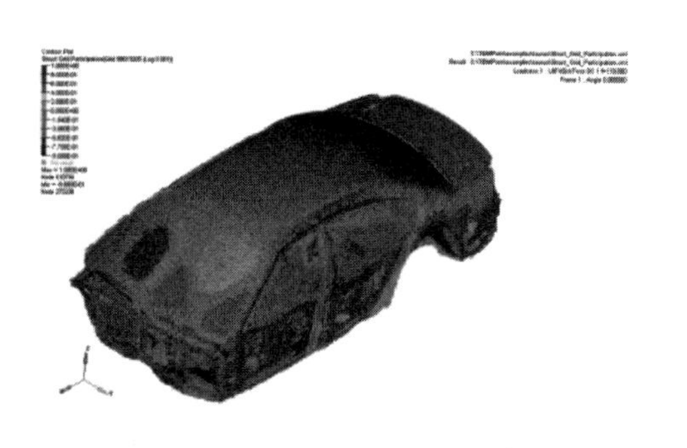

图 14-19　节点贡献量的结构网格显示

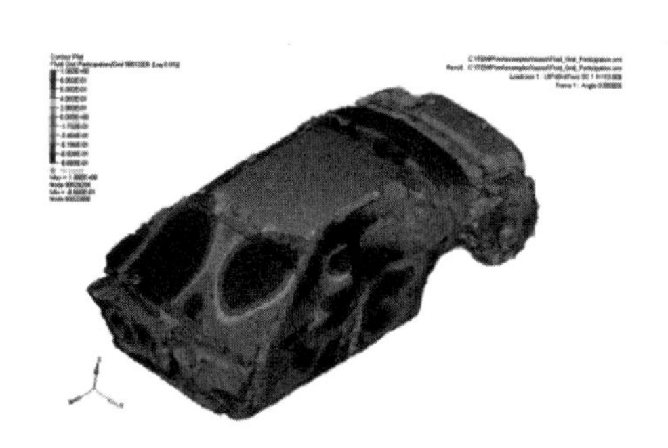

图 14-20　节点贡献量的声学网格显示

14.3.2　PFGRID 卡片

PFGRID 卡片格式如下，卡片说明见表 14-5。

```
PFGRID (GRIDS = setg, GRIDF = setfl, SOLUTION = setf, NULL = ipower, RPCUTOFF = rval, RPDBACUT = rpdba,
CONTOUR = YES/NO, PEAKOUT) = setdof/PEAKOUT
```

详细说明如下。

1）节点贡献量只能输出到 .h3d 文件中。

2）声学节点贡献量只对流固耦合频响分析（MFRF）有效。

3）dB 的计算采用公式 20log10（$p/p0$）。参考声压 $p0$ 的取值决定于整个模型的输入单位，如对于国际单位制 m、kg、s，参考声压为 2e-5；当单位制采用 MPa，即 mm、t、s 时，参考声压为 2e-11。

表 14-5　PFGRID 关键字说明

字　段	说　明
setg	结构节点贡献量输出控制：ALL-输出全部节点贡献量；NONE-不输出；SID-输出点集定义的节点贡献量
setfl	声腔表面节点贡献量输出控制：ALL-输出全部声腔表面节点贡献量；NONE-不输出；SID：输出点集定义的节点贡献量
setf	频率控制：ALL-输出所有激励频率对应的节点贡献量；SID-输出集合定义的频率点，类型为 FREQ
ipower	指数型阈值，当节点贡献量小于 $10^{-ipower}$ 时，不输出该类节点的贡献量，默认值为 30
rval	响应阈值，当响应低于 rval 时，不计算对应的节点贡献量，默认值为 0.0
rpdba	加权响应阈值，当响应低于 dB（A）阈值时，不计算对应的节点贡献量，默认值为 0.0
CONTOUR	节点贡献量数据类型：值为 YES 时，输出投影值；值为 NO 时，输出复数值
setdof/PEAKOUT	响应点设置：当为 SID 时，使用 GRID 类型集合指定声学响应点 ID；当为 PEAKOUT 时，声学响应点将按照 PEAKOUT 卡片中的 ID 给定

14.3.3　实例：整车模型节点贡献量分析

本小节将使用简化的整车模型，基于发动机质心灵敏度工况来说明节点贡献量分析（GPA）的具体模型设置和后处理操作。该模型包含动力车身、声腔、动力总成、底盘，并且已经设置好基础

分析工况。如图 14-21 所示，约束整车模型的 4 个车轮接地弹簧，在发动机质心处加载 Z 向单位力，模态提取频率为结构 150Hz、声腔 300Hz，扫频频率为 1 ~ 100Hz。在此模型基础上进行节点贡献量分析。

模型设置

Step 01 使用 HyperMesh 导入基础模型 Full_vehicle_FRF_GPA_base. fem。

Step 02 PFGRID 卡片创建及模型导出。在 HyperMesh 主界面的 Analysis-> control cards 面板中找到 PFGRID，进入 PFGRID 卡片设置界面，如图 14-22 所示，创建 PFGRID 卡片。由于节点贡献量只针对流体响应点，并且流体响应点只有一个自由度，所以可以与频响输出共用 SET，其 ID 为 15045352。最后导出模型。

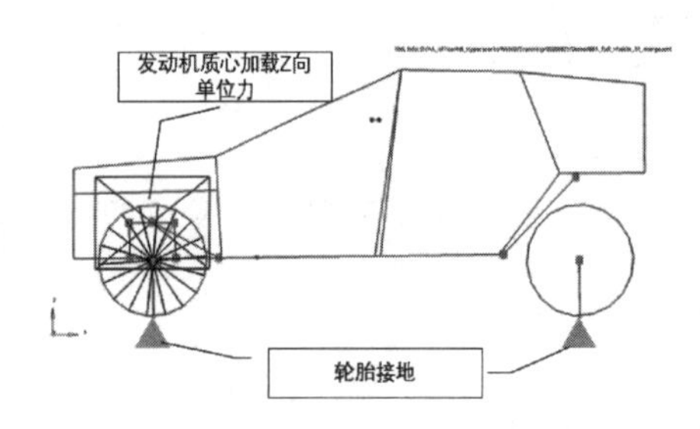

图 14-21 边界条件描述

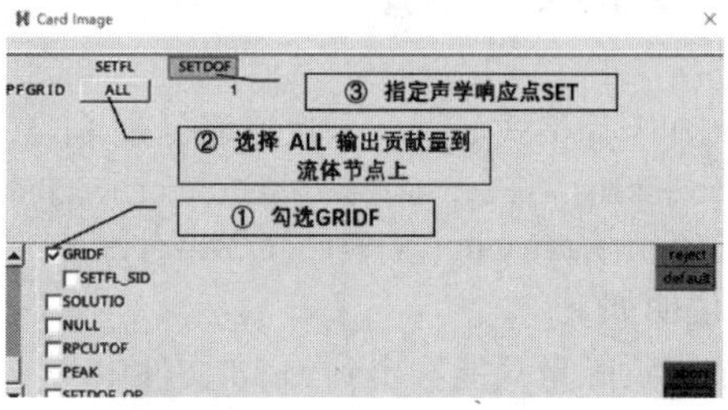

图 14-22 PFGRID 卡片设置

以下为设置后的模型部分字段说明（其中画线部分为增加的诊断相关语句）：

```
$ $------------------------------------------------------------------------------$ $
PFGRID(GRIDS = NONE,GRIDF = ALL,) =1 $用来输出 SET 1 指定的响应点节点贡献量,并且将结果投影到流体网格上
  FREQ =          1
DISPLACEMENT(PUNCH,PHASE,,,) = 1
  METHOD(STRUCTURE) =          2
  METHOD(FLUID) =          3
SUBCASE          1
  LABEL General Frequency Response Analysis
ANALYSIS MFREQ
  DLOAD =          6
DISPLACEMENT(H3D,PHASE) = ALL
BEGIN BULK
SET      1        GRID     LIST          $ SET 1 指定响应点,类型为 GRID
 +        15045352
$ $------------------------------------------------------------------------------$ $
```

Step 03 使用 OptiStruct 提交计算。

结果查看

1）结果导入。使用 HyperView NVH 模块中的 Grid Participation 功能进行节点贡献量的后处理。如图 14-23 左侧所示，通过 Load 选项卡导入响应曲线，图 14-24 左侧为基本响应曲线。

2）模态贡献量查看。如图 14-23 右侧所示，通过 Display 选项卡，选定频率（如 35Hz），显示节点贡献量。图 14-24 右侧所示为车内噪声 35Hz 处的节点贡献量结果，其中：

- 红色区域为正贡献区域，如前风挡中部和前车门下方，表示该区域的结构振动与车内噪声的

相位夹角小于 90 度，降低该区域的结构振动，可以降低车内噪声幅值。

- 蓝色区域为负贡献区域，如车顶中部和 B 柱上半段，表示该区域的结构振动与车内噪声的相位夹角大于 90 度，降低该区域的振动，车内噪声幅值将上升。

找到声学贡献量占优的位置后，需要进一步结合结构振动特点、应变能分布识别结构问题，因此在输出节点贡献量的同时，也可以输出整个模型的变形（Displacement）以及应变能（ESE），如图 14-25 和图 14-26 为 35Hz 车身变形情况。

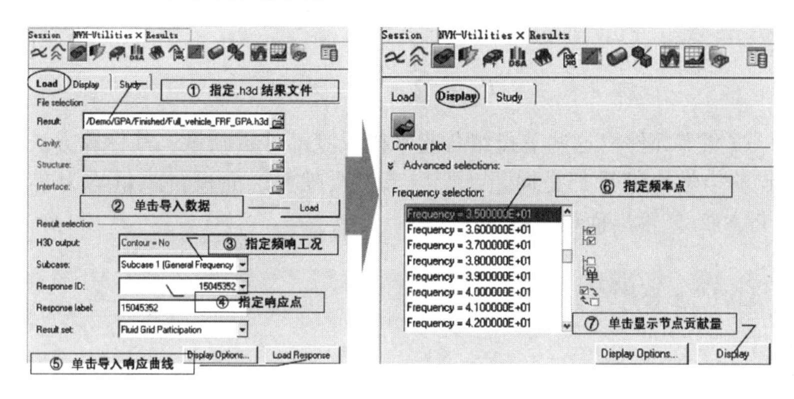

图 14-23　节点贡献量分析界面

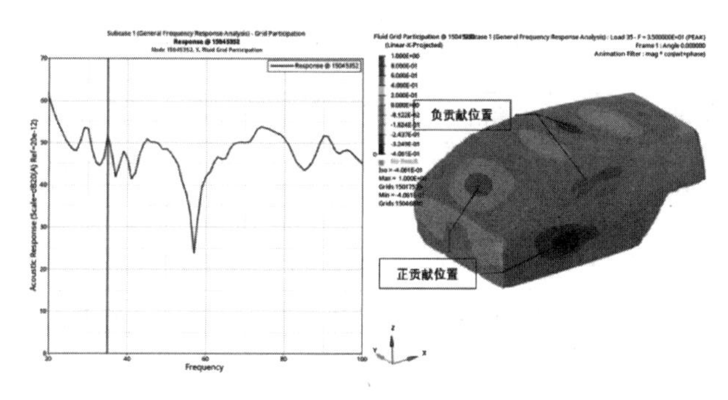

图 14-24　车内噪声 35Hz 处节点贡献量

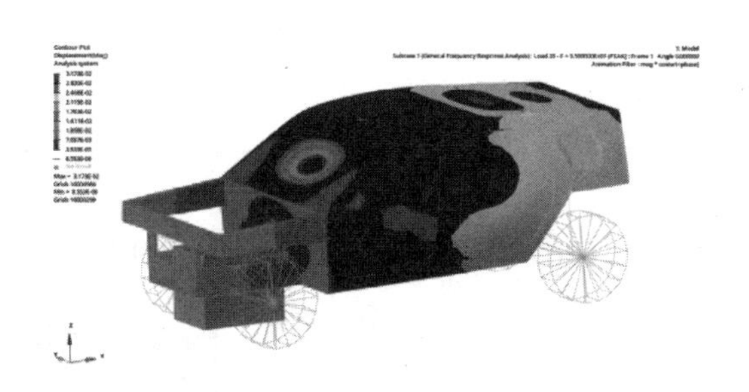

图 14-25　35Hz 处前风挡振动示意图

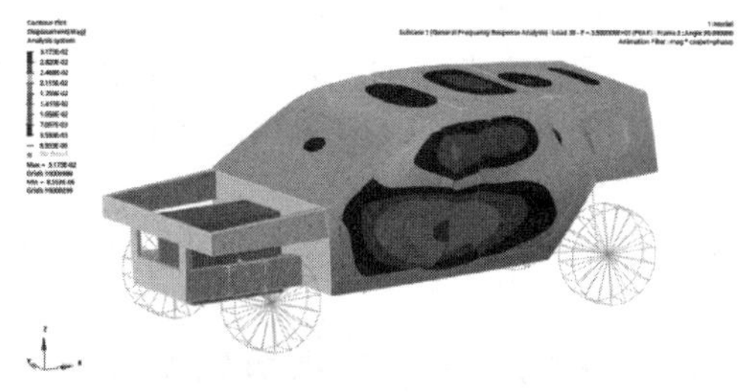

图 14-26　35Hz 处前车门振动示意图

14.4　面板贡献量分析（PPA）

节点贡献量中，最小的贡献单位是单个节点，由于结构的连续性，这些离散点自然地形成片状贡献区域，这些区域的边界往往与板件的变形情况相关。在工程上，有时候也会按照自然零部件将大的结构划分为较小的规则面板，以小面板为单位进行声学贡献量分析。

本小节介绍另一种计算声学贡献量的方法——面板贡献量。

14.4.1　面板贡献量理论基础

在式（14-7）中，将所有跟流体耦合的结构节点声学贡献量加起来，可以得到总体声学响应。类似地，如果把这些结构节点按照位置分布以面板形式组织起来，第 j 块面板的声学贡献量P_j就可以写成

$$P_j = \sum \frac{p_i}{v_i} \cdot \frac{v_i}{f} \tag{14-9}$$

另外，也可以按照零部件将这些节点组合起来构成零部件贡献量，其计算方法与面板贡献量一致。由于每个节点的声学贡献量都是向量，所以节点贡献量、面板贡献量均为向量。在 OptiStruct 中，可以使用 PFPANEL 来输出面板贡献量。

14.4.2　PFPANEL 卡片

以下为 PFPANEL 输出语句格式，表 14-6 所示为 PFPANEL 关键字说明。

```
PFPANEL (PANEL=setp, FREQUENCY=setf, outfile, peakout, form) = setdof/PEAKOUT
```

表 14-6　PFPANEL 关键字说明

字　段	说　明
setp	输出面板控制：All-输出所有面板的贡献量；None-不输出。默认值为 NONE
setf	输出频率控制：All-输出所有激励频率点；set-输出集合指定的频率。默认值为 SID
outfile	输出文件格式控制，可将面板贡献量导出到 . pch 文件和 . h3d 文件中。默认值为 H3D
form	贡献量格式控制：REAL 为实部、虚部；PHASE 为幅值、相位
setdof/PEAKOUT	响应点设置：当为 SID 时，使用 GRID 类型集合指定声学响应点 ID；当为 PEAKOUT 时，声学响应点将按照 PEAKOUT 卡片中的 ID 给定

详细说明如下。

1）当 PFMODE 和 PFPANEL 同时出现时，输出文件类型同时为 . h3d 或 . pch。

2）声学面板贡献量输出只能在基于模态法的流固耦合分析中进行。

3）可以试用 FREQUENCY 关键字来定义特定的频率输出，当指定的频率不存在时，将输出最接近的频率点贡献量。

4）指定面板贡献量输出文件格式，如 PFPANEL（OUTPUT = outfile） = setdof/PEAKOUT。

14.4.3　实例：车身面板贡献量分析

面板贡献量是以自定义面板为单位，将节点贡献量叠加起来的结果，为了方便与节点贡献量进行对比，本例使用的基础模型和工况设置与节点贡献量相近，区别在于该基础模型中设置了面板 SET。在此模型基础上进行面板贡献量分析，具体操作如下。

模型设置

Step 01 使用 HyperMesh 导入基础模型 Full_vehicle_FRF_PPA_base. fem。

Step 02 面板创建。如图 14-27 所示，本例将创建 21 个面板，基础模型中已经创建了除前风挡以外的其他 20 个面板，此处以前风挡为例，对面板创建进行说明。一个面板需要两个 SET 来定义，首先定义 GRID 类型的 SET，指定面板所包含的结构单元节点，然后定义 PANEL 类型的 SET，调用 GRID 类型的 SET。

Step 03 PFPANEL 卡片创建。在 HyperMesh 主界面的 Analysis-> control cards 面板中找到 PFPANEL，单击进入 PFPANEL 卡片设置界面，如图 14-28 所示，创建 PFPANEL 卡片，然后导出模型。

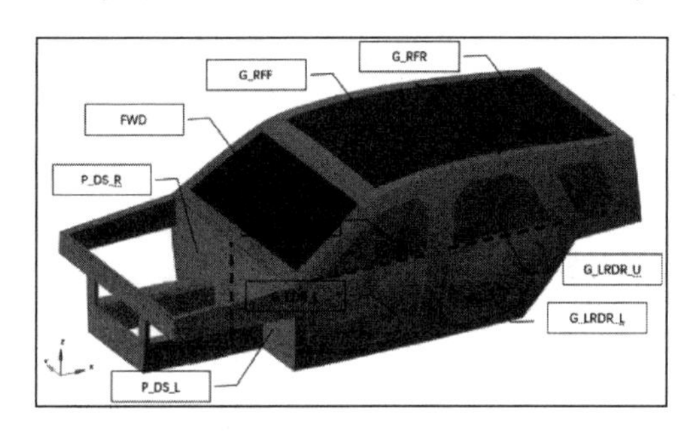

图 14-27　面板创建

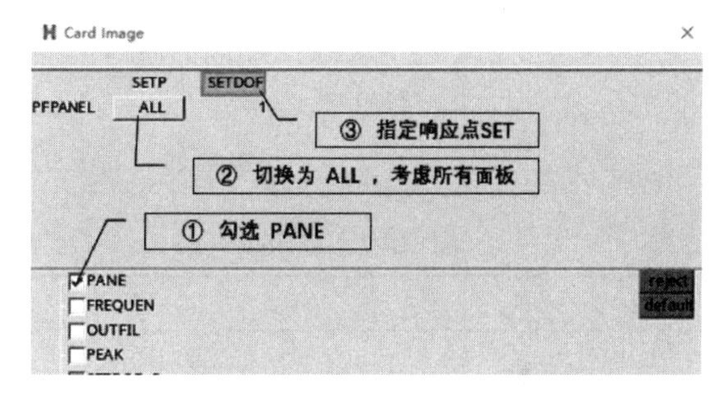

图 14-28　PFPANEL 卡片设置界面

截取设置后的模型部分字段进行说明（画线部分为模型设置后增加的诊断相关语句）：

```
$ $ ------------------------------------------------------------------------ $ $
PFPANEL(PANEL = ALL,FREQUENCY = ALL) = 1 $输出所有既定面板的面板贡献量和频率上、下限,声学响应点按照
PEAKOUT 中的设置来定
  FREQ =        1
DISPLACEMENT(PUNCH,PHASE,,,) = 1
SUBCASE        1
  LABEL General Frequency Response Analysis
ANALYSIS MFREQ
  METHOD(STRUCTURE) =        2
  METHOD(FLUID) =        3
  DLOAD =        6
SET     101     GRID     LIST        $定义 G_FWD 面板，首先用 GRID 类型的 SET 指定所有面板的内部节点
+        1000148710001488100014891000149010001491100014921000149310001494
+        1000149510001496100014971000149810001499100015001000150110001502
+        ……
PANEL       G_FWD     101          $然后使用类型为 PANEL 的 SET 调用前面 GRID 类型的 SET 完成面板定义
$ $ ------------------------------------------------------------------------ $ $
```

Step 04 使用 OptiStruct 提交计算。

结果查看

1）结果导入。使用 HyperView 中的 NVH 后处理工具 Panel Participation 进行面板贡献量分析的后处理。如图 14-29 所示，在 Load 选项卡中导入响应曲线。

2）面板贡献量结果查看。如图 14-39 左侧所示，在 Display 选项卡中，设置显示 35Hz 前 10 个面板贡献量柱状图。前面用同样的模型计算了车内噪声 35Hz 处的节点贡献量，与这里的面板贡献量对比，主要的正、负贡献位置基本一致，如图 14-31 所示，关于正、负贡献的意义，这里不再赘述。车内噪声 35Hz 处典型的正贡献和负贡献面板位置描述见表 14-7。

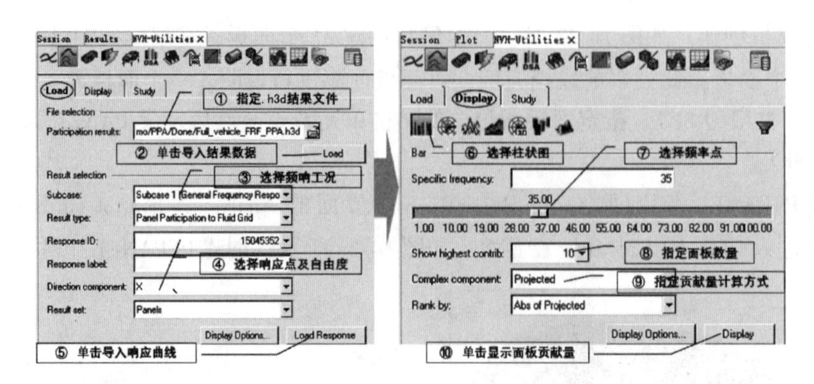

图 14-29 面板贡献量后处理设置界面

表 14-7 车内噪声 35Hz 处典型的正贡献和负贡献面板位置描述

编　　号	位　　置	贡　献　量
G_RDR_L	左侧前门下部	33%
G_LDR_L	左侧后门下部	26%
G_RFF	车顶前部	-12%

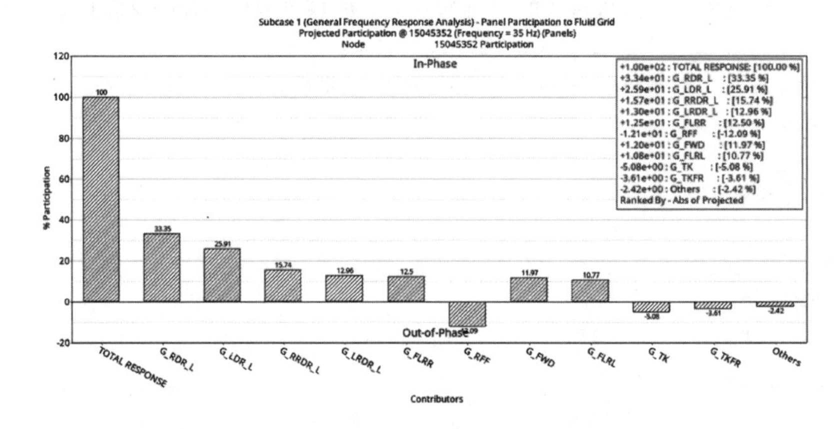

图 14-30 车内噪声 35Hz 处的主要贡献面板

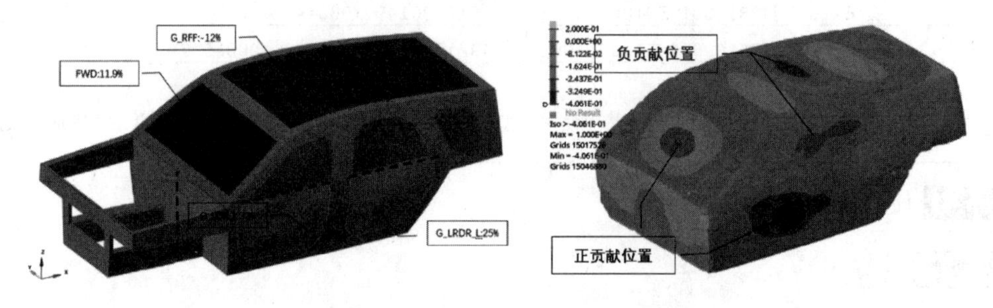

图 14-31 面板贡献量对比节点贡献量

14.5 功率流分析

前面介绍了 OptiStruct 包括应变能、动能、阻尼能在内的能量分析，这些分析可以帮助工程师判断起主导作用的零部件及系统，它们共同的特征是，所描述的力学量是结构对机械能的储存和耗散能力（阻尼能）。这一节要介绍的功率流分析描述的是能量的迁徙特征。举个例子，以发动机悬置支架为例，发动机悬置支架接收来自发动机的激励，一方面衬套橡胶和支架结构产生形变和运动，储存了势能和动能；另一方面发动机悬置支架通过螺栓和焊点将振动能量传递到周边的结构，产生了能量的迁徙。这种能量迁徙可以是从一个零部件中的某个位置到另一个位置，也可以是到另一个零部件或者系统。图 14-32 所示为一个开有两个圆孔的零部件内部功率流示例，图 14-33 所示为使用梁单元连接的两块板之间的功率流。

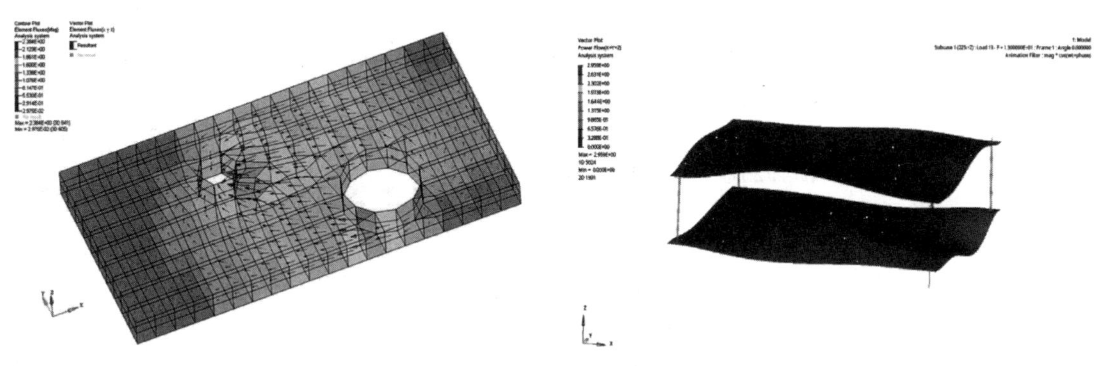

图 14-32　带孔板功率流分析结果　　　图 14-33　框架结构功率流分析结果

14.5.1　功率流理论基础

结构内部某一局部结构的功率流被定义为该区域内结构的广义速度与广义力的乘积取实部，可表达为

$$PowerFlow = \mathrm{Re}(FV) \tag{14-10}$$

式中，F 为区域内结构内力；V 为区域内结构振动速度。

OptiStruct 支持 Bar 单元、Beam 单元、Shell 单元、Solid 单元的功率流输出，用户只需要在计算文件中定义 POWERFLOW 和对应的单元 SET 卡片即可完成设置。

14.5.2　功率流分析卡片

以下为 POWERFLOW 输出卡片格式，表 14-8 为 POWERFLOW 关键字说明。

```
POWERFLOW (format,peakoutput) = option
```

表 14-8　POWERFLOW 关键字说明

字　段	说　明
format	默认值为 H3D，定义结果输出文件格式
peakoutput	当 peakoutput 被指定时，只有通过 PEAKOUT 卡片筛选的结果才会输出到结果文件
option	当值为 YES、ALL 或者空时，将输出所有单元的功率流；当值为 NO 或 NONE 时，将不输出功率流；当值为某个 SET 的 ID 时，将输出 SET 指定区域的功率流

详细说明如下。

1）功率流分析结果只能输出到 . h3d 文件中。

2）功率流表达了结构在动态载荷下振动能量的传递，通过它能够识别出能量源和路径。

3）功率流可以输出到 Solid 单元构成的截面上，该截面需要通过 SECTION 卡片定义，设置其截面类型为 FLOW。所有单元对该截面的功率流贡献均垂直于该截面，共同形成了这个截面的功率流。

4）更多功率流计算相关的参考文献请参照帮助文档。

14.5.3 实例：框架结构功率流分析

本小节使用图 14-34 所示模型进行功率流分析说明。该模型是由两块薄板（P1、P2）＋梁（A、B、C、D）构成的框架结构，已经设置好基本频响工况，无约束、使用自由边界条件。P2 上接近 C 柱位置 Z 向施加单位力，扫频频率为 1～100Hz，模态提取频率为结构 150Hz，响应点为 P2 上的中间位置（输出振动速度）。在此模型基础上进行功率流分析，具体操作过程如下。

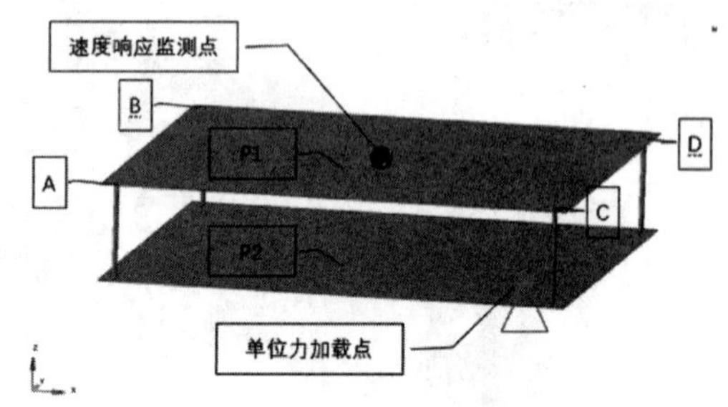

图 14-34　功率流分析模型示意图图

模型设置

Step 01 使用 HyperMesh 导入基础模型 two_shell_PowerFlow_base. fem。

Step 02 POWERFLOW 输出卡片创建及模型导出，从 HyperMesh 主界面的 Analysis-> control cards-> GLOBAL_OUTPUT_REQUEST 面板，参照图 14-35 创建 POWERFLOW 输出卡片，然后导出模型。截取设置后头文件的部分字段进行说明（画线部分为模型设置后增加的诊断相关字段）：

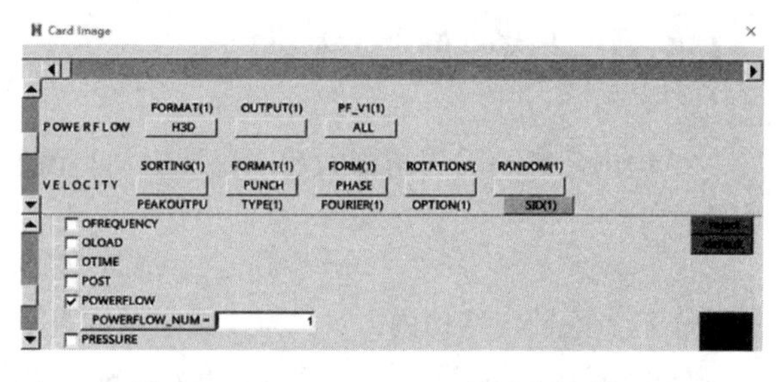

图 14-35　POWERFLOW 输出卡片设置

```
$ $-------------------------------------------------------------------------- $ $
DISPLACEMENT(H3D)  = ALL                    $ 输出所有节点位移信息到 .h3d 文件中
POWERFLOW(H3D)  = ALL                       $ 输出所有单元的功率流信息到 .h3d 文件中
VELOCITY(PUNCH,PHASE)  = 1
SUBCASE        1
  LABEL 225: + Z
  DLOAD =          5                        $ FRF 工况设置
$ $-------------------------------------------------------------------------- $ $
```

Step 03 提交 OptiStruct 进行计算。

结果查看

1）查看基本响应，使用 HyperView 和 HyperGraph 进行后处理。使用 HyperGraph 的 2DPlot 功能导入 PUNCH 结果，查看响应点的 Z 向速度，选取感兴趣的频率点，如 13Hz。图 14-37 左侧为基本响应曲线。

2）查看功率流结果。使用 HyperView 导入 .h3d 结果文件，参照图 14-36 进行设置，导入功率流云图，如图 14-37 所示。13Hz 处的功率流显示，能量主要通过 C 柱从 P2 流向 P1。

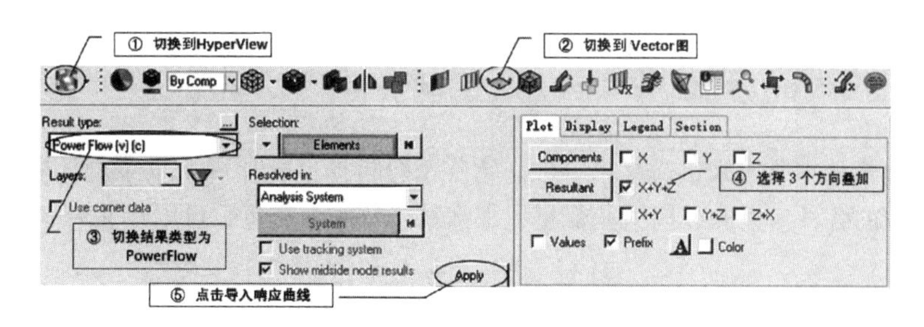

图 14-36　POWERFLOW 后处理设置

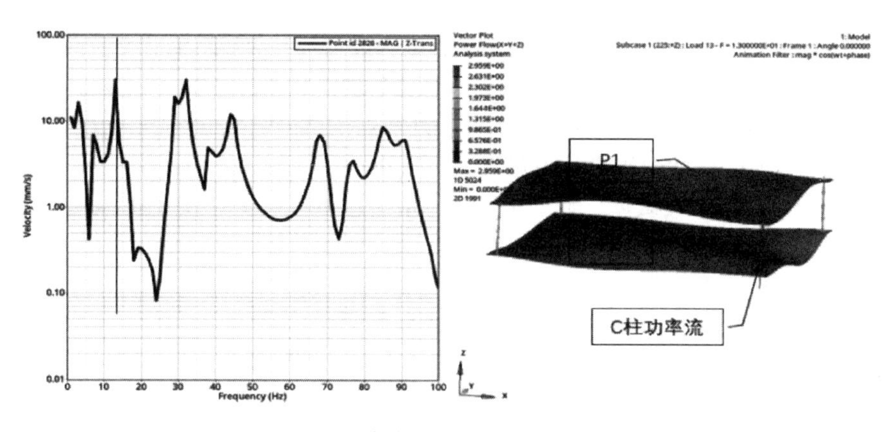

图 14-37　框架结构功率流分析结果

注： 功率流反映了能量从一个系统到另一个系统的传递，在这一点上它与传递路径贡献量有相似的功能，但是具体到一个系统，其能量分布受到具体结构特征的影响，所关注的响应点与系统能量没有直接的定量关系，因此功率流的分析结果与传递路径贡献量分析结果也没有直接的定量关系，但是在总量上呈正相关。功率流的分布由振动速度和应力两个量决定，因此，当需要抑制系统所接收的能量时，可以通过路径上的应力和振动速度来控制，同时也能使应力更加均衡地分布。例如，在进行发动机悬置支架安装点附近结构优化的时候，如果发现功率流主要通过某方向向外传递，则可以通过调整结构（改变应力分布）将能量约束到发动机悬置支架附近，或导向其他方向来降低能量向车内方向的传递。

14.6　设计灵敏度分析（DSA）

在实际 NVH 工程问题研究中，需要研究振动或者噪声响应与某些特定参数的数量关系，例如工程师想通过调整悬架衬套刚度来降低整车路噪。大多数情况下，NVH 工程师希望使用刚度较软的衬套方案——将所有的衬套变软总会对 NVH 有利，但是衬套刚度的设计是跟操控性和行驶稳定性相关的，如果把所有衬套都变软，势必会破坏既有的车辆行驶性能，因此，工程师需要了解路噪对什么衬套、哪个方向的刚度敏感，以在改变量最小的前提下大幅降低路噪响应。在测试为主的车辆调教中，工程师采用定制不同硬度的衬套以及对衬套进行临时挖孔或填补来实现刚度的调整，以验证衬套刚度对实车性能的影响。虽然这样也能找到一些优化方向，但是往往走了许多弯路。在整车路噪仿真中，所有的这些衬套刚度，以及衬套的阻尼、钣金厚度都是参数化的，因此可以方便地调整这些参数来考察整车响应对这些参数的敏感程度，那么使用求解器自动计算响应与变量之间定量关系的过程就是灵敏度分析。本节将介绍如何使用 OptiStruct 进行灵敏度分析。

14.6.1 设计灵敏度理论基础

设计灵敏度分析从本质上来讲就是求导数。将整个分析模型看作一个复杂的公式，其中，响应就是函数值，模型中的各种参数和载荷就是变量，那么对于每一个变量 x 可以定义 $f(x)$ 关于它的导数：

$$\frac{\mathrm{d}f(x)}{\mathrm{d}x} \cong \frac{f(x+\Delta x)-f(x)}{\Delta x} \tag{14-11}$$

当 x 取 x_0 时就可以得到响应在初始值附近的导数，也就是灵敏度。需要注意的是，在 NVH 分析中，响应通常为复数，因此关于 NVH 响应的灵敏度通常需要考虑相位关系，所以一般有两种灵敏度。图 14-38 所示极坐标系中，$\boldsymbol{R}$为总响应向量，$\boldsymbol{R}'$为改变某参数后新的总响应向量，那么 $\Delta\boldsymbol{R}$ 就是总响应的改变量，$\Delta\boldsymbol{R}$ 在 $\boldsymbol{R}$ 上的投影被定义为投影灵敏度（Projected Sensitivity），$|\boldsymbol{R}-\boldsymbol{R}'|$被定义为幅值灵敏度（Magnitude Sensitivity）。对于单个频率点，可以使用图 14-39 所示的柱状图来表达灵敏度，也可以使用曲线来表达一个频率段的灵敏度，如图 14-40 所示。总响应对于某一个参数的灵敏度一般在频率上是变化的，例如，在某一段频率可能具有正的灵敏度，而在另一段频率上具有负的灵敏度，因此柱状图和曲线通常都是结合起来使用的。

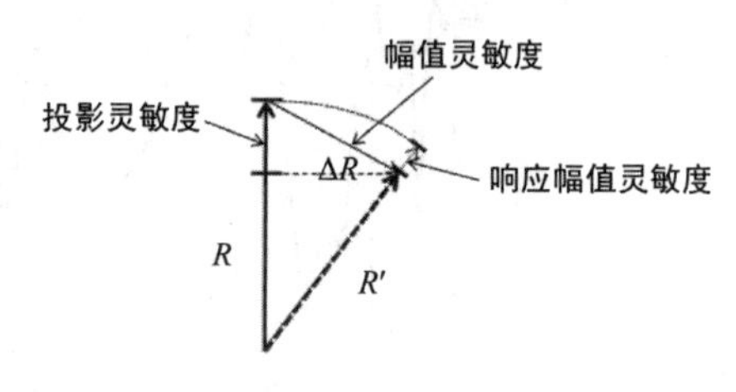

图 14-38 设计灵敏度极坐标系示意图

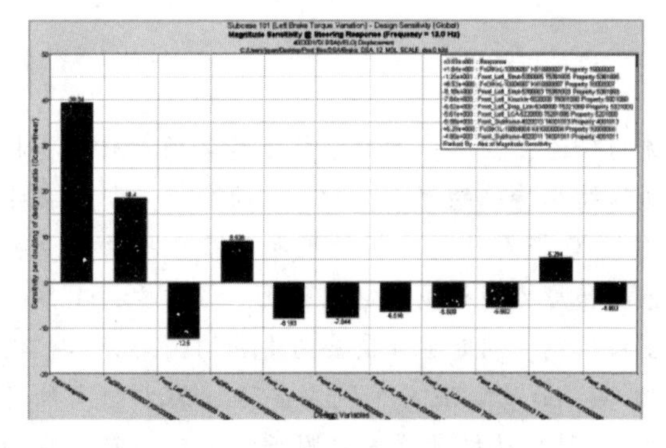

图 14-39 设计灵敏度的柱状图表达

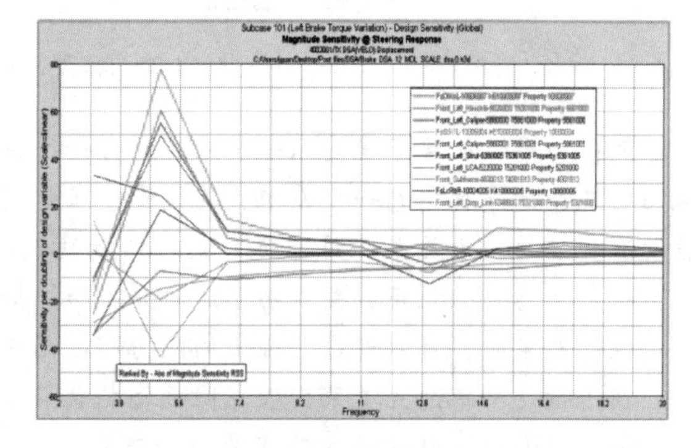

图 14-40 设计灵敏度的曲线表达

14.6.2 设计灵敏度分析相关卡片

使用 OptiStruct 进行设计灵敏度分析时，只需要在普通的分析工况中添加 DSA 卡片及相应的变量定义即可方便地实现头文件的定义。以下为灵敏度输出格式，表 14-9 为 DSA 关键字说明。

```
DSA (TYPE, PEAKOUT, PROPERTY) = SID
```

表 14-9 DSA 关键字说明

字 段	说 明
TYPE	响应类型：DISP，位移（默认值）；PRES，声压；VELO，速度（结构）；ACCE，加速度（结构）；ERP 等效声辐射功率
PEAKOUT	当语句中含有 PEAKOUT 时，将输出 PEAKOUT 卡片中指定的频率点，默认值为 blank
PROPERTY	当语句中含有 PROPERTY 时，将输出响应关于属性的灵敏度，反之输出响应关于设计变量的灵敏度，默认值为 blank
SID/ALL	SID 将输出 GRIDC 类型的 SET 指定点的灵敏度；ALL 将输出所有点的灵敏度

详细说明如下。

1）在同一个计算中可以包含多个 DSA 语句，且语句存在不同的 SET 时，将计算所有 SET 指向的响应灵敏度。

2）如果在输入文件中不包含除 DESVARs 以外定义的优化语句时，求解器将自动生成一个 MASS（质量）目标。如果输入文件中包含其他优化语句，那么优化部分和 DSA 不冲突。

3）在 . h3d 文件中，SCALE 值只在 DSA 语句括号中不包含 PROPERTY 时输出。当 PROPERTY 关键字存在时，SCALE 将不会输出到 . h3d 文件中。

4）OUTPUT，H3DSENS 可以用来添加用户定义的响应，表 14-9 列出了不同选项的输出区别。

5）使用 DSA 输出设计灵敏度时，输入文件必须包含设计变量和相应的属性。

6）在 ERP（见表 14-10）响应计算 DSA 时，只能输出所有面板对应的灵敏度，无法使用 SET 指定为某些面板。

表 14-10　OUTPUT，H3DSENS 选项说明

选　　项	使用 DSA 输出设计灵敏度（响应被自动创建）	在优化流程中输出设计灵敏度（用户通过 DRESP1、DRESP2、DRESP3 定义响应）
OUTPUT，H3DSENS，USER	Yes	Yes
OUTPUT，H3DSENS，NOUSER	Yes	No

14.6.3　实例：框架结构设计灵敏度分析

本小节使用的基础模型与前面的功率流分析实例基础模型类似，区别在于此例中 4 个梁单元的属性分别采用独立的属性卡片来定义，并且已经创建了 3 个变量来对应 A、B、C 这 3 个 Bar 单元的半径。图 14-41 所示为基础模型和变量说明，在此模型基础上进行设计灵敏度分析。

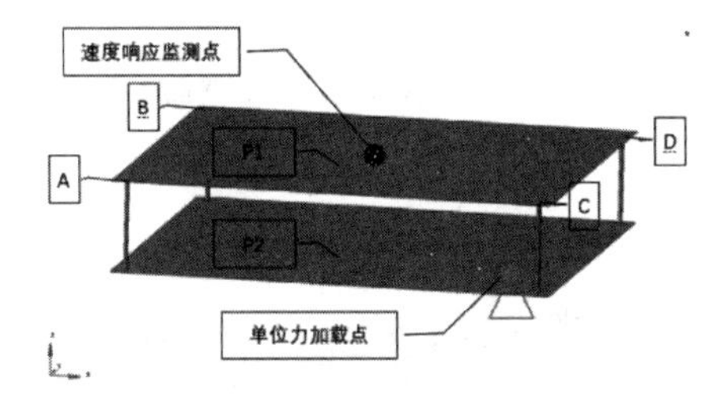

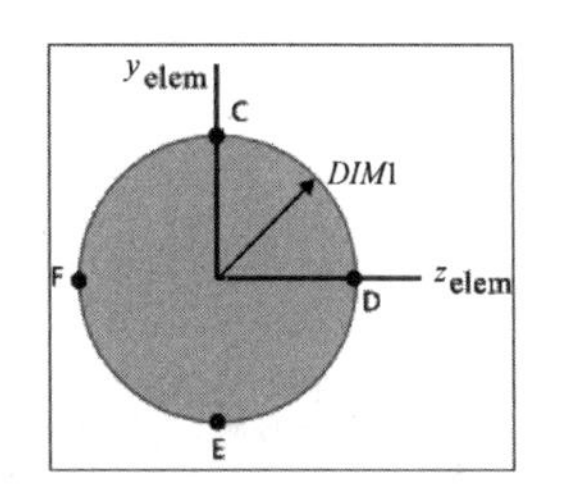

图 14-41　基础模型和变量说明

模型设置

Step 01 打开 HyperMesh，导入基础模型 two_shell_FRF_DSA_base. fem。

Step 02 变量创建。在 HyperMesh 的优化面板中，参考图 14-42 和图 14-43 使用 size（尺寸优化）模块进行 DESVAR 变量卡片和 DVPREL1 变量、属性关联卡片的定义。

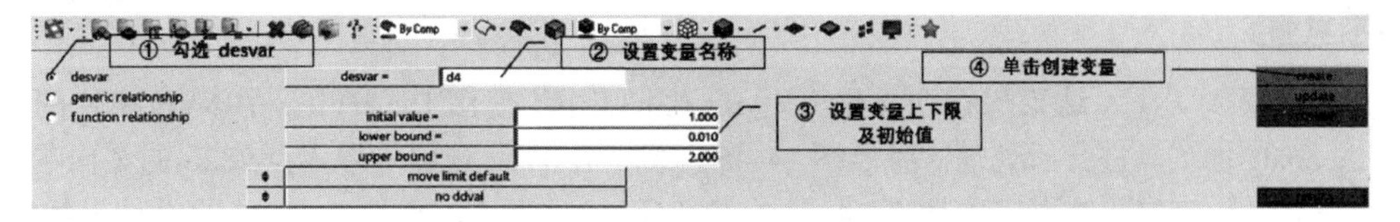

图 14-42　变量创建界面

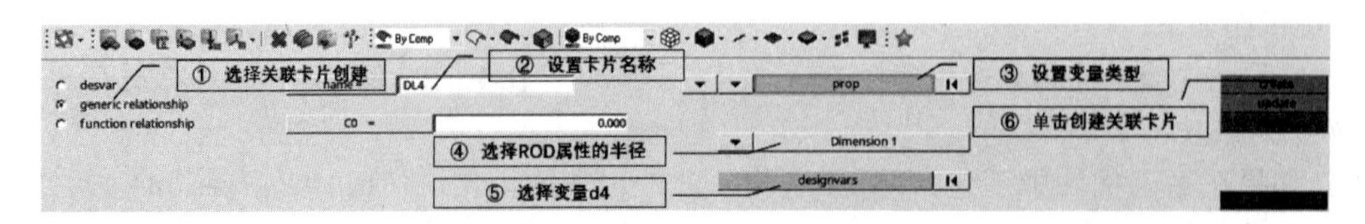

图 14-43　变量和属性关联界面

Step 03 响应 SET 创建。对响应点 2826 的 Z 向创建 GRIDC 类型 SET，自由度为 T3。

Step 04 创建 DSA 输出卡片。在 GLOBAL_OUTPUT_REQUEST 中参照图 14-44 定义 DSA 输出卡片，然后导出模型。截取设置后的模型部分字段进行说明（画线部分为模型设置后增加的诊断相关语句）：

```
$ $ ------------------------------------------------------------------------ $ $
NALYSIS MFREQ
  FREQ =          1
  METHOD(STRUCTURE) =          2
VELOCITY(PUNCH,PHASE) = 1    $ 基本响应输出
DSA(Velo,,PROPERTY) = 2     $ 输出设计灵敏度
SUBCASE        1
  LABEL 225: + Z
  DLOAD =         5             $ 设置基本工况
BEGIN BULK
SET     1        GRID     LIST $ 在基本输出中指定响应点
+        2826
SET     2        GRIDC    LIST      $ 在 DSA 中指定响应点及其自由度
+        2826     T3
DESVAR          1       d11.0     0.01     2.0                 $ 设置名为 d1 的变量
DVPREL1 1       PBARL           2DIM1                          0.0
+        1       1.0                     $ 将变量 d1 与 PBARL 属性的 DIM1 关联起来
$ $ ------------------------------------------------------------------------ $ $
```

Step 05 使用 OptiStruct 提交计算。

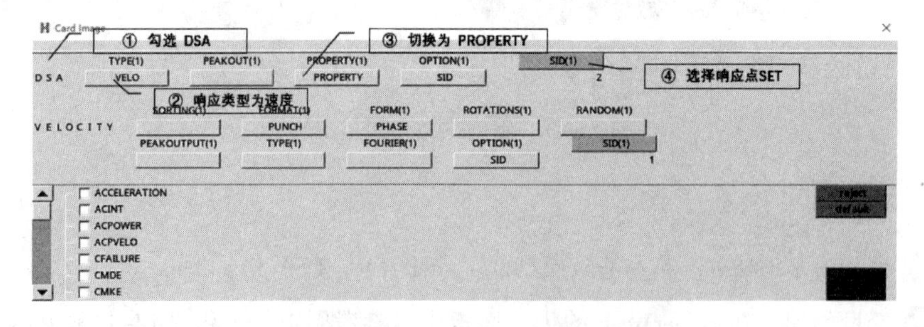

图 14-44　DSA 输出卡片设置界面

结果查看

1）结果导入。DSA 结果保存在文件 xxx_dsa. 0. h3d 中，使用 HyperView 中 NVH 模块的 Design sensitivity analysis 工具进行后处理。参照图 14-45 左侧，在 Load 选项卡导入点 2826 的 Z 向响应。

2）设计灵敏度结果查看。参照图 14-45 右侧 Display 选项卡，选取 31Hz 处的设计灵敏度柱状图，如图 14-46 所示。对其中的结果分析如下。

- 在 A 中，Total Response 为 24.83，表示响应点 2826 的 T3 自由度 31Hz 处的速度响应，后面的柱形表示保持其他变量不变，以相同比例改变各个变量后点 2826 的 T3 自由度在 31Hz 处的速度响应。
- B 对应百分比形式的灵敏度结果，即在 A 基础上把每一个柱形的值除以 24.83，然后换算成百分比后的结果。
- 无论是 A 形式还是 B 形式，变量对应的柱形越高表示响应对该变量越敏感，当灵敏度为正时，表示增大该变量后响应值升高，当灵敏度为负时，表示增大该变量后响应值降低。

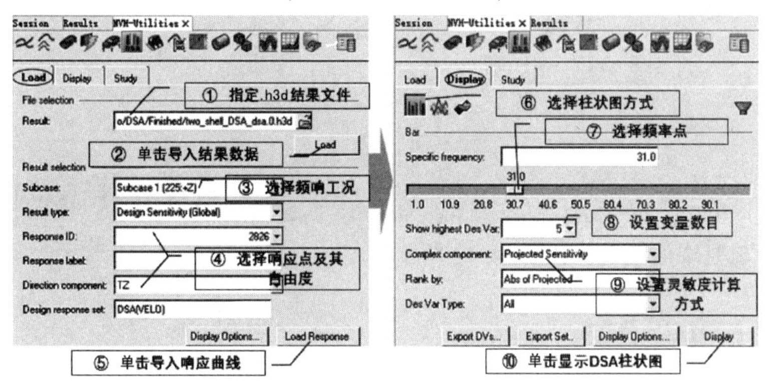

图 14-45 DSA 后处理设置

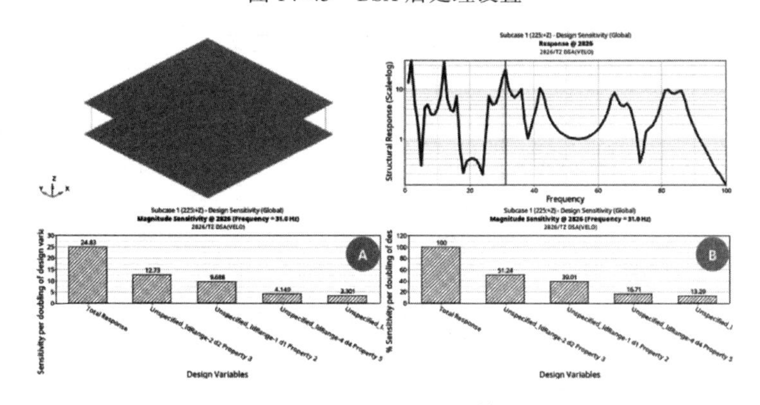

图 14-46 DSA 后处理结果

14.7 峰值自动筛选（PEAKOUT）

NVH 诊断分析的求解相对基本响应计算需要更多的时间，另外诊断信息页会增加额外的结果数据输出，而在多数情况下，分析人员只关注个别工况并且更加关心峰值处的响应。因此工程上进行诊断分析时，一般会进行两次计算：首先提交基本响应计算，然后提交针对个别问题点的诊断计算。频响分析的计算可大致分为两个阶段：第一阶段为模态计算；第二阶段为频响计算。无论第二阶段的频响计算输出多少东西，第一阶段总是计算所有指定的模态，因此上面提到的工作流程会重复计算两次模态，增加计算时间。那是否可以只计算一次呢？

标准分析工况一般都存在明确的量化目标，类似于“20 ~ 50Hz 范围 NTF 不高于 55dB”。OptiStruct 的诊断支持峰值自动筛选，该功能可以在提交一次计算的情况下，同时输出基本计算结果和特定峰值频率的诊断结果，减少了提交作业的次数，同时也降低了诊断输出文件的大小。这个功能只需要在普通的频响计算头文件中增加 PEAKOUT 卡片即可。

14.7.1 峰值自动筛选理论基础

PEAKOUT 是建立在完整结果曲线输出基础上的，在频响分析中，OptiStruct 首先计算完整的频率曲线，然后使用离散点的导数计算公式筛选出曲线上的频率峰值。在一条连续曲线上（通常频响分析中的曲线都是连续的，即处处可导），点（x,y）处的一阶和二阶导数计算公式为

$$\dot{y}_1 = \frac{f(x_1 + \Delta x) - f(x_1)}{\Delta x} \quad (14\text{-}12)$$

$$\dot{y}_2 = \frac{f(x_2 + \Delta x) - f(x_2)}{\Delta x} \quad (14\text{-}13)$$

$$\ddot{y} = \frac{\dot{y}_1 - \dot{y}_2}{\Delta x} \quad (14\text{-}14)$$

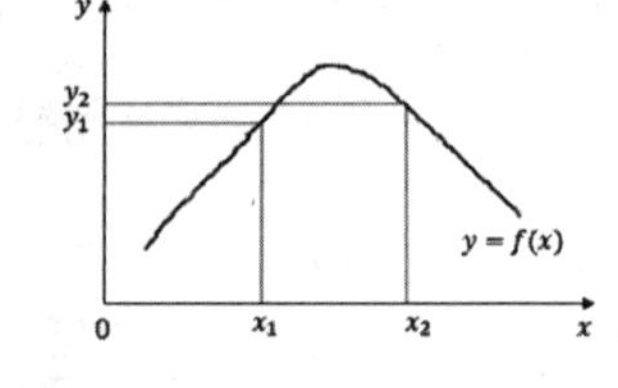

图 14-47 PEAKOUT 峰值筛选原理

当$\dot{y}_1 > 0$且$\dot{y}_2 < 0$时，必然存在一点，其二阶导数 $\ddot{y} = 0$，此时对应的 x 就是峰值频率，如图 14-47 所示。

14.7.2 PEAKOUT 卡片

PEAKOUT 卡片定义见表 14-11，卡片说明见表 14-12。

表 14-11 PEAKOUT 卡片定义

(1)	(2)	(3)	(4)	(5)	(6)	(7)	(8)	(9)	(10)
PEAKOUT	SID	NPEAK	NEAR	FAR	LFREQ	HFREQ	RTYPE	PSCALE	
	GRIDC	GID1	CID1	CUTOFF1	GID2	CID2	CUTOFF2		
		GID3	CID3	CUTOFF3	…	…	…		
		…	…						

表 14-12 PEAKOUT 卡片说明

字　段	说　明
SID	集合 ID，无默认值（整型，>0）
NPEAK	目标峰值个数，默认值 = 5（整型，>0）
NEAR	峰值最小间隔定义，如果两个峰值的间隔小于 NEAR 值，则取较高的峰值，默认值为 0.0（实数，>0）
FAR	峰值最大间隔定义，如果两个峰值的间隔大于 FAR 值，那么求解器将在两个峰值之间额外选取其他峰值，默认值 = 最大扫频（实数，>0）
LFREQ	峰值定义起点频率，默认值 = 0.0（实数，>0）
HFREQ	峰值定义终点频率，默认值 = 最大扫频（实数，>0）
RTYPE	筛选峰值的响应类型定义，结构响应支持：DISP，位移（默认值）；VELO，速度；ACCE，加速度
PSCALE	筛选声学响应峰值的缩放算法定义，求解器将对声学响应计算响应的分贝（dB）或者 A 计权分贝（dBA）处理。可选择 DB、DBA、NONE，默认值 = DBA
GRIDC	表示将使用节点 ID + 自由度来定义响应点
GID#	节点 ID，无默认值（整型，>0）
CID#	自由度，无默认值（整型，1 ~ 6）

（续）

字　段	说　明
CUTOFF#	用户可以使用实数或者整型来定义CUTOFF：如果是实数，那么求解器将不输出响应低于CUTOFF的峰值；如果是整型，那么CUTOFF将由TABLED1、TABLED2、TABLED3或者TABLED4定义的频率函数曲线来表达（在比较的时候，求解器将根据RTYPE和PSCALE定义的响应类型和缩放算法来处理）

详细说明如下。

1）输入文件中可以定义多个具有相同ID的PEAKOUT卡片。

2）下面的例子将用来说明PEAKOUT如何筛选峰值。图14-48定义了一段频率坐标系下的噪声响应曲线。通过LFREQ和HFREQ可以从整个频率段中筛选出感兴趣的频率段。搜索区间还可以通过CUTOFF进行进一步的筛选，如设置求解器不输出响应值低于CUTOFF的峰值信息。在搜索区间内，存在5个峰值（P1～P5），如果NPEAK设置为4，那么峰值P5将被筛掉。

为了避免被筛选出的峰值距离太近或者太远，用户可以使用NEAR和FAR参数来定义允许的最小和最大峰值频率间隔。在以上例子中，如果FAR值为50，那么峰值P4将被选中，因为从P3到P5的距离（约为54Hz）大于50Hz。类似地，如果NEAR值为15Hz，那么P2将被忽略，因为D1（约为11Hz）小于15Hz。

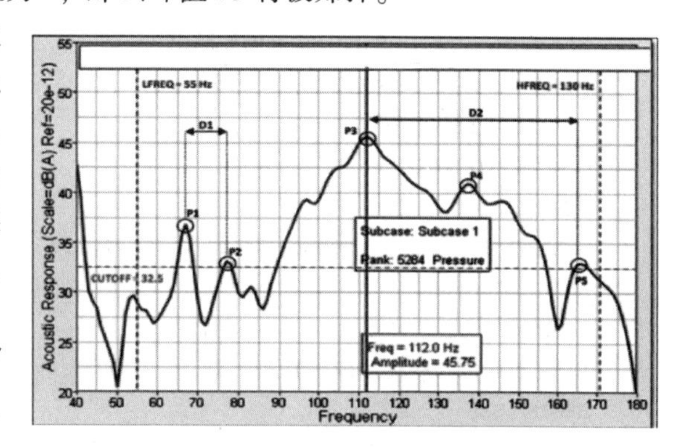

图14-48　PEAKOUT使用说明

3）分贝（dB）的计算公式为20log10（$p/p0$）。参考声压$p0$的定义与模型的单位制相关，例如，对于国际单位制（m、kg、s）$p0 = 2e-5$，对于兆帕单位制（mm、t、s）$p0 = 2e-11$。

4）由于PEAKOUT只能对外部节点进行筛选，如果用户想用PEAKOUT来筛选超单元内部节点（CMS超单元）的响应，那么可以在相应的SUBCASE中使用SEINTPNT来将超单元内部节点转换为外部节点。

14.7.3　PEAKOUT卡片调用示例

PEAKOUT卡片通常可以配合输出控制来进行结果的频率筛选、各类贡献量分析，以及位移、应力、应变等普通结果的基本输出。本小节以14.3.3节中的节点贡献量为例来说明PEAKOUT的使用，需要进行的操作如下。

模型设置

Step 01 使用HyperMesh导入基础模型Full_vehicle_GPA_PEAKOUT_base.fem。

Step 02 PEAKOUT卡片创建。创建类型为peakout的Load connector，如图14-49所示。

- 将峰值数量NPEAK设为5，最小峰值间距NEAR设为2，最大峰值间距FAR设为10。
- 筛选频率下限LFREQ设置为20Hz，上限HFREQ设置为50Hz。
- 响应类型RTYPE设为DISP，响应格式RPSCALE设为DBA，响应点GID为15045352。
- 自由度CID设为1，筛选阈值RPCUTOFF设为50.0，表示将从20.0～50.0Hz范围中筛选出5个高于50dBA的峰值。

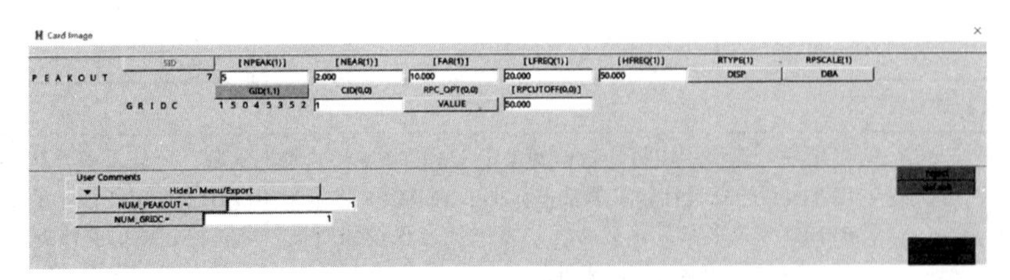

图 14-49　PEAKOUT 卡片设置

Step 03 PEAKOUT 卡片调用。使用全局输出控制 GLOBAL_CASE_CONTROL 调用上一步生成的 PEAKOUT 卡片，然后导出模型，截取设置后模型的部分字段进行说明（画线部分为模型设置后增加的诊断相关字段）：

```
$$--------------------------------------------------------------------------$$
PFGRID(GRIDS = NONE,GRIDF = ALL,PEAKOUT) = PEAKOUT $用来输出 PEAKOUT 卡片中指定响应点的节点贡献量
  FREQ =          1
PEAKOUT = 8      $ PEAKOUT 卡片调用
DISPLACEMENT(PUNCH,PHASE,,,) = 1
  METHOD(STRUCTURE) =         2
  METHOD(FLUID) =         3
SUBCASE          1
  LABEL General Frequency Response Analysis
ANALYSIS MFREQ
  DLOAD =         6
DISPLACEMENT(H3D,PHASE) = ALL
BEGIN BULK
SET      1        GRID     LIST            $ SET 1 指定响应点,类型为 GRID
+        15045352
PEAKOUT          8        5      2.0      10.0      20.0      50.0DISP      DBA
+        GRIDC   15045352          1      50.0    $ PEAKOUT 卡片定义,设置峰值筛选要求,频率范围为 20~50Hz,响应类型为 DISP,响应点为 15045352,响应高于 50dBA,峰值数量不超过 5
$$--------------------------------------------------------------------------$$
```

Step 04 使用 OptiStruct 提交计算。

结果查看

1）结果导入。操作方式同 14.3.3 节中的节点贡献量分析。

2）结果比较。如图 14-50 所示，导入结果后，在左侧的 Frequency selection 中只有 4 个频率点

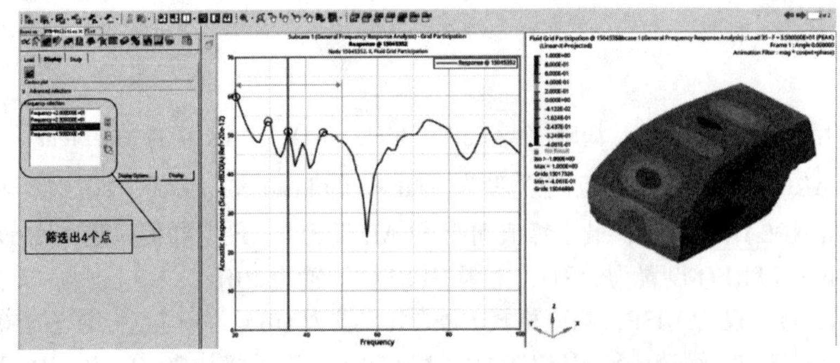

图 14-50　有 PEAKOUT 频率筛选的节点贡献量结果

（而无 PEAKOUT 的节点贡献量结果包含了 Freq 卡片指定的所有频率点，如图 14-51 所示），其位置与 PEAKOUT 卡片中的描述一致，需要注意的是，20Hz 处虽然不是峰值，但是在 20～50Hz 范围内属于高于 50dBA 的点，因此也被筛选了出来。

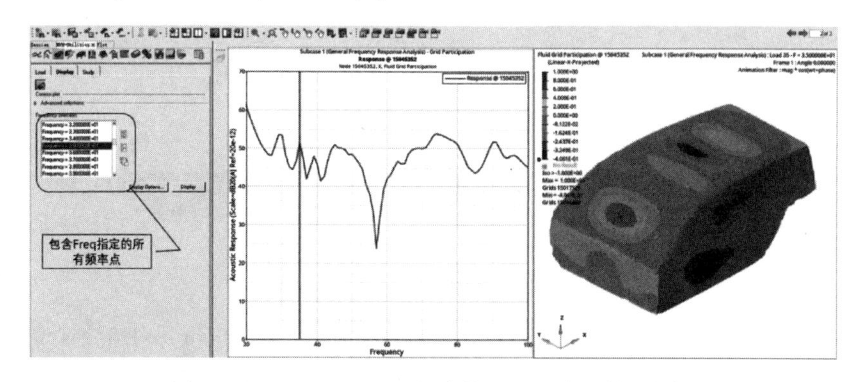

图 14-51　无 PEAKOUT 频率筛选的节点贡献量结果

14.8　实例：整车 NVH 诊断优化

本章的前面几节对 OptiStruct 的 NVH 诊断功能进行了说明，包括原理、卡片说明和实例，相信读者对这些功能已经有了大概的认识，但是关于如何灵活使用这些工具来解决整车 NVH 问题，读者还需要结合实际去尝试和练习。为了方便读者更深入地理解这些工具和 NVH 诊断思想，本节将结合 NVHD 讲解一个整车诊断实例。由于本案例接近真实复杂问题，涉及模型较多，限于篇幅此处只做简要阐述，详细教程参见本书附带视频，更多关于 NVHD 的使用方法请通过 support@ altair. com. cn 邮箱联系 Altair 技术支持。

本实例为整车发动机 WOT（Wide Open Throttle，节气门全开）分析工况，所采用的模型和边界条件如下。

1）分析模型。如图 14-52 所示，包含内饰车身、声腔、悬架模型、动力总成模型。

2）载荷。图 14-53 所示为发动机驱动中心的二阶燃烧扭矩和惯性力，加载位置为发动机三号轴承座及曲轴轴线对应三号轴承座的位置。

3）约束。四个车轮的接地点约束如图 14-54 所示。

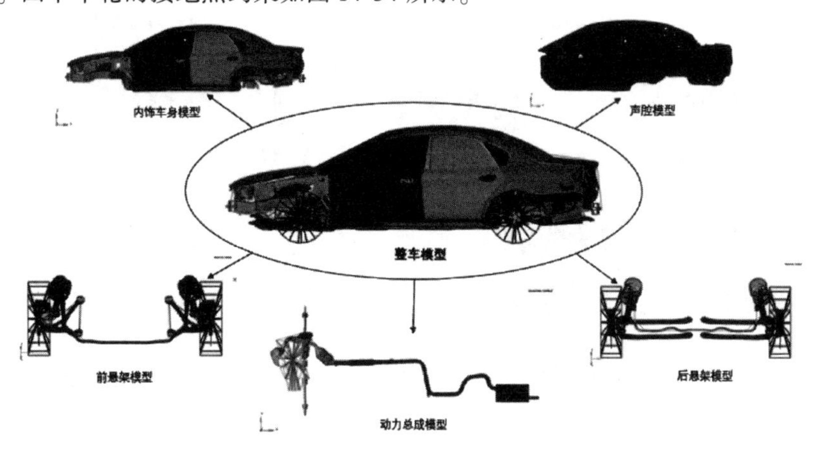

图 14-52　整车 NVH 诊断分析模型

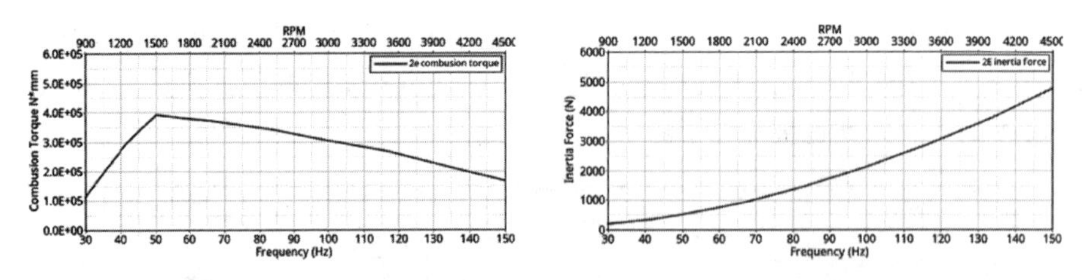

图 14-53 发动机二阶燃烧扭矩和惯性力

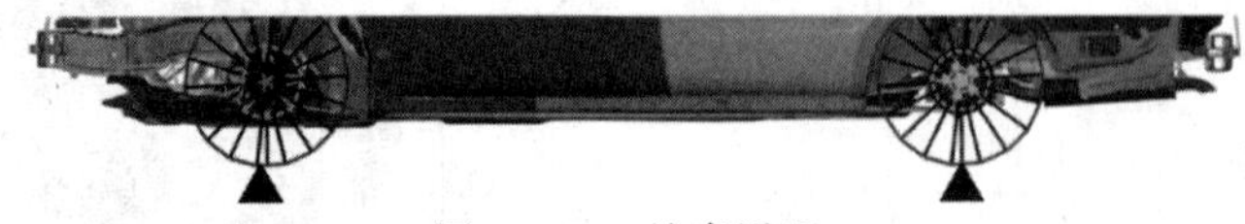

图 14-54 约束设置

计算结果如图 14-55 中实线所示，A 计权声压级在 1200 ~ 1500r/min（对应二阶频率 40 ~ 50Hz）区间和 3000 ~ 4200r/min（对应二阶频率 100 ~ 140Hz）区间存在较高的响应，且超过了参考曲线（50dBA@1200r/min，60dBA@4500r/min）。

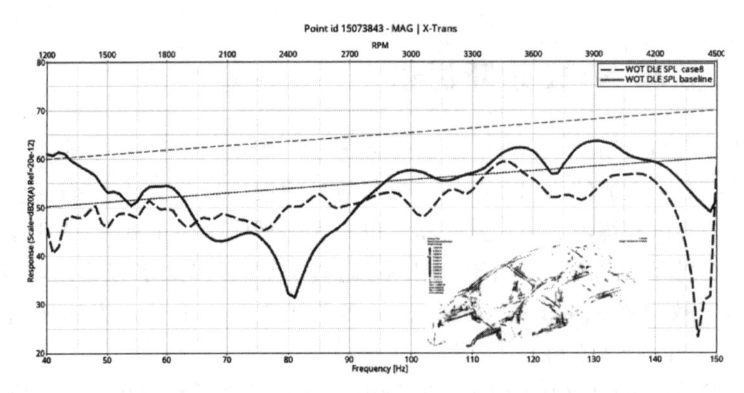

图 14-55 发动机二阶激励车内噪声分析结果

视频教程中还将展示如何综合利用图 14-56 所示基于诊断结果和灵敏度的方法对风险问题进行分析，并提出方向性建议，将整车响应优化到图 14-55 虚线所示的水平。

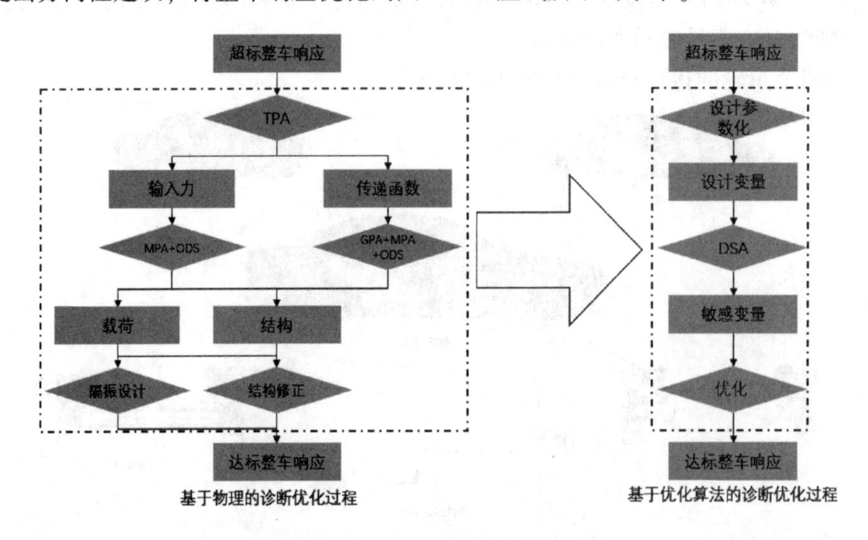

图 14-56 NVH 问题诊断方法

第 15 章 结构非线性静力学分析基础

结构非线性分析可分为材料非线性、接触非线性、几何非线性三类，其中，材料非线性是指材料本构方程中应力和应变的关系不再保持线性，例如，金属材料在进入塑性变形阶段以后，塑性应变和应力之间不再是简单的线性关系；接触非线性是指结构中接触边界的位置、范围及接触面上力的大小、分布需要通过迭代求解；几何非线性是指结构在载荷作用过程中会产生大的位移和转动，如板壳结构的大挠度、屈曲和后屈曲问题，此时材料可能仍保持为线弹性状态，但是结构的平衡方程必须建立于变形后的状态，以考虑变形对平衡的影响，同时由于实际发生的大位移、大转动，使几何方程不能简化为线性形式，即应变表达式中必须包含位移的二次项。结构非线性问题最终都归结为非线性方程的求解，求解非线性方程是结构非线性分析的基础。本章将简要介绍非线性方程求解的理论基础，详细讲解 OptiStruct 进行非线性分析的通用卡片设置，为后续章节中的材料非线性、接触非线性、几何非线性分析做准备。

15.1 结构非线性方程及求解方法

结构的平衡方程可简单地用一个向量方程表示为

$$\boldsymbol{L}(\boldsymbol{u}) = \boldsymbol{P} \tag{15-1}$$

式中，$\boldsymbol{u}$ 是位移向量；$\boldsymbol{P}$ 是全局载荷向量；$\boldsymbol{L}(\boldsymbol{u})$是系统响应。$\boldsymbol{L}(\boldsymbol{u})$可进一步表示为

$$\boldsymbol{K} \cdot \boldsymbol{u} = \boldsymbol{P} \tag{15-2}$$

式中，$\boldsymbol{K}$ 为系统刚度。

对于线性系统，$\boldsymbol{K}$ 与 $\boldsymbol{u}$ 无关，通过求解线性方程即可得到问题的解；对于非线性系统，$\boldsymbol{K}$ 是 $\boldsymbol{u}$ 的函数，需要求解非线性方程才能得到问题的解。

15.1.1 牛顿下山法

非线性方程的求解方法有很多种，如牛顿法、简化的牛顿法、修正的牛顿法、拟牛顿法等，其中最著名的方法是牛顿法，它是最基本且十分重要的方法，目前使用的很多有效的迭代法都是以牛顿法为基础发展而来的。下面以牛顿法为例介绍非线性方程的求解过程。

对于式（15-1），可采用下式求解迭代过程：

$$\boldsymbol{K}_n \cdot \Delta\boldsymbol{u}_n = \boldsymbol{R}_n \tag{15-3}$$

$$\boldsymbol{u}_{n+1} = \boldsymbol{u}_n + \Delta\boldsymbol{u}_n \tag{15-4}$$

其中

$$\boldsymbol{K}_n = \frac{\partial \boldsymbol{L}(\boldsymbol{u})}{\partial \boldsymbol{u}} \tag{15-5}$$

$$\boldsymbol{R}_n = \boldsymbol{P} - \boldsymbol{L}(\boldsymbol{u}_n) \tag{15-6}$$

式中，$\boldsymbol{K}_n$表示第 n 次迭代时的切线刚度矩阵；$\boldsymbol{R}_n$表示第 n 次迭代后的残差。

重复以上过程，直至残差满足收敛准则，得到方程的解。以上过程可用图 15-1 形象表示：首先通过求导得到起始点的切线刚度，通过线性方程求解得到试探解，检查残差，如果不满足收敛准则，则更新起始点、重新求解切线刚度矩阵，重复以上过程直至满足收敛准则，得到方程的解。

15.1.2 增量加载

求解非线性方程的迭代法几乎都是局部收敛的方法，即要求初始近似解 $\boldsymbol{u}_0$ 与精确解 $\boldsymbol{u}^*$ 充分靠近，才能使迭代序列 $\{\boldsymbol{u}\}$ 收敛于 $\boldsymbol{u}^*$。实际计算中要找到满足要求的迭代初值有时很困难，为了克服这个困难，可采用增量的方法，在载荷增量取得充分小时，可以取前一载荷增量步的解作为求解后载荷增量步的初始近似值，通过使用局部收敛的迭代法求得收敛解。

在大多数实际的非线性问题中（如弹塑性问题），问题的结果不仅与载荷大小有关，也与载荷施加的过程（加载历史）有关，这就是说必须用增量的方法求解才能得到正确的结果。增量加载的过程可通过图 15-2 形象表示：总载荷被分解为很多个增量步，在每个增量步内进行多次牛顿迭代，在当前增量步收敛后，载荷增加，进入下一个增量步求解，直至所有的载荷施加完成，得到最终位移解。

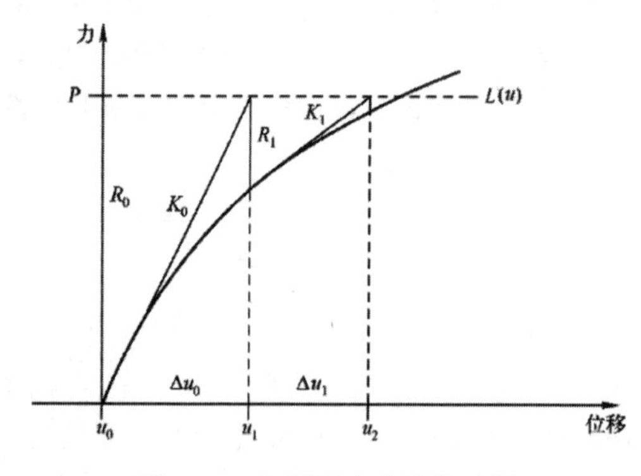

图 15-1 牛顿下山法迭代过程

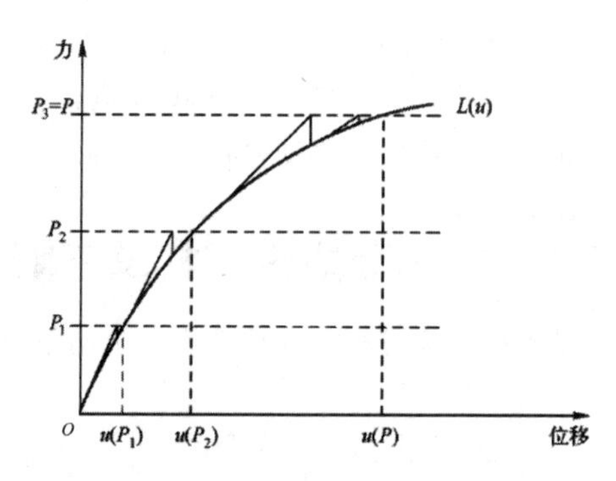

图 15-2 增量加载示意图

15.1.3 非线性方程收敛准则

为了判断非线性过程是否收敛，有很多准则可供选择。最基本的准则就是通过比较方程残差和允许误差的大小来决定。如果非线性计算残差小于允许误差就认为该非线性过程收敛。在多种收敛准则并存的情况下，必须满足所有的收敛准则结果才是收敛的。在结构分析中常常采用位移收敛准则、力收敛准则及能量收敛准则。

位移收敛准则可表示为

$$E_u = \frac{q}{1-q} \cdot \frac{\| \boldsymbol{A} \cdot \Delta \boldsymbol{u} \|}{\| \boldsymbol{A} \cdot \boldsymbol{u} \|} \tag{15-7}$$

式中，E_u 为等效位移误差；$\boldsymbol{A}$ 是一个归一化的向量，$A_i = \sqrt{\boldsymbol{K}_{ii}}$，它包含了刚度矩阵 $\boldsymbol{K}$ 对角线元素的平方根，向量的模可以由式（15-8）计算得到：

$$\| \boldsymbol{A} \cdot \boldsymbol{u} \| = \sum_i | A_i u_i | \tag{15-8}$$

另外，q 是一个收缩因子，用来校正增量 $\Delta \boldsymbol{u}_n$，从而在非线性求解中更好地计算出真实误差。

$$q = \frac{\| \Delta \boldsymbol{u}_n \|}{\Delta \boldsymbol{u}_{n-1}} \tag{15-9}$$

为了使 q 在实际计算中具有更好的稳定性，通过下式对每个迭代步进行更新：

$$q_n = \frac{2}{3} \cdot \frac{\| \Delta \boldsymbol{u}_n \|}{\Delta \boldsymbol{u}_{n-1}} + \frac{1}{3} q_{n-1} \tag{15-10}$$

该收缩因子的初始值为 $q_1 = 0.99$。

力收敛准则可表示为

$$E_{\mathrm{P}} = \frac{\| \boldsymbol{R} \cdot \boldsymbol{u} \|}{\| \boldsymbol{P} \cdot \boldsymbol{u} \|} \tag{15-11}$$

式中，E_{P}为等效力误差；载荷向量 $\boldsymbol{P}$ 为外载，当外载为强制位移时，$\boldsymbol{P}$ 为等效的节点反力。

能量收敛准则可表示为

$$E_{\mathrm{w}} = \frac{\| \boldsymbol{R} \cdot \Delta \boldsymbol{u} \|}{\| \boldsymbol{P} \cdot \boldsymbol{u} \|} \tag{15-12}$$

式中，E_{w}为等效功误差，其他参数同上。

15.2 OptiStruct 非线性分析通用卡片设置

15.2.1 NLPARM 卡片

非线性分析控制卡片 NLPARM 适用于所有的非线性分析，包括非线性静力学分析、非线性动力学分析、非线性传热分析等。NLPARM 卡片定义及说明见表 15-1 和表 15-2。

表 15-1 NLPARM 卡片定义

(1)	(2)	(3)	(4)	(5)	(6)	(7)	(8)	(9)	(10)
NLPARM	ID	NINC	DT		KSTEP	MAXITER	CONV		
	EPSU	EPSP	EPSW						
		TTERM							

表 15-2 NLPARM 卡片说明

字　段	说　明
NINC	加载增量步数，默认值为 1
DT	初始载荷增量比例
MAXITER	单个增量步内的最大迭代次数，默认值为 25
CONV	收敛准则，默认值为 UPW
EPSU	位移收敛准则容差，默认值为 1E-3
EPSP	力收敛准则容差，默认值为 1E-3
EPSW	能量收敛准则容差，默认值为 1E-7
TTERM	当前工况总的加载时间，默认值为 1.0

详细说明如下。

1）在非线性分析中，用户只能定义初始增量步，可通过 NINC 或 DT 定义，两者只需定义一个即可。DT 可直接定义初始增量步，NINC 通过 TTERM/NINC 计算初始增量步，后续的增量步由 OptiStruct 根据前一个增量步的收敛状况自动调整。

2）在非线性分析中，第一个增量步一般难于收敛，往往给一个小的初始步，有时甚至会低至 0.001。

3）如果单个增量步在 MAXITER 次迭代内没有达到收敛，当前增量步将被折减，作为新的增量步重新计算。

4）CONV 默认同时选用位移、力及能量收敛准则，一般不会修改收敛准则及其容差。增大收敛容差可能会易于收敛，但是最终结果并不是一个准确解。

5）TTERM 为当前载荷步的时长，如果存在连续时间步，则定义的是单个载荷工况的时长，而不是多个载荷步的总长。

6）准静态分析没有真实的时间概念，时间步只是载荷比例的概念，比如总加载时长为 1.0，总的载荷为 10N，加载到 0.5 时，表示当前载荷加到了 10×0.5/1.0N = 5N。总时长为 1.0、加载到 0.5 与总时长为 2.0、加载到 1.0 是等效的。

◆示例

如图 15-3 所示，NLPARM 卡片中 NINC = 10，收敛准则为 UPW，UPW 的残差门槛值分别为 1E-3、1E-3、1E-7，总加载时长为 1.0。通过从 .out 文件可以看到，第一个增量步为 0.1，等于 1.0/NINC，经过三次迭代，UPW 的残差小于 NLPARM 卡片上设置的门槛值，该增量步收敛。

```
Starting load increment 1 Current increment 1.0000E-01

 Subcase        3  Load step:  1.0000E-01
--------------------------------------------------------------------------------
              Nonlinear Err. Measures   Gap and Contact Element Status  Maximum
Iter Avg. U     EUI      EPI      EWI   Open Closed Stick Slip Frozen  Plststrn
--------------------------------------------------------------------------------
  1  2.15E-03 1.00E+00 1.86E-02 1.86E-02   0     0     0     0     0  0.00E+00
  2  2.15E-03 1.90E-03 3.19E-07 3.20E-10   0     0     0     0     0  0.00E+00
  3  2.15E-03 8.62E-06 1.96E-12 1.72E-17   0     0     0     0     0  0.00E+00
```

图 15-3 增量步收敛过程

15.2.2 NLADAPT 卡片

NLADAPT 卡片用于设置非线性分析中的最大时间增量、最小时间增量、接触收敛准则等，卡片定义见表 15-3，卡片说明见表 15-4。

表 15-3 NLADAPT 卡片定义

(1)	(2)	(3)	(4)	(5)	(6)	(7)	(8)	(9)	(10)
NLADAPT	ID	PARAM1	VALUE1	PARAM2	VALUE2	…	…		
		…	…	…	…	…	…		

详细说明如下。

1）在非线性分析中，增量步经常会变大、变小，为了得到相对稳定的计算过程、提高计算效率，往往会设置一个相对小的 DTMAX。有时为了得到光滑的载荷历史曲线，如接触力随时间变化的曲线，也会将 DTMAX 设置为一个小值。

2）在设置了 PARAM，EXPERTNL，YES 时，OptiStruct 会自动优化增量步，DTMAX 不再起作用。

3）DIRECT = YES 将导致增量步在整个过程中不变化，如果某个增量步不收敛，整个计算将终止。

表 15-4　NLADAPT 卡片说明

字段	说　明
NCUTS	一个载荷步内允许的连续折减次数，超过该次数时计算终止
DTMAX	最大增量步
DTMIN	最小增量步
NOPCL	一个增量步收敛时最后两个迭代步允许的法向接触状态改变的节点数
NSTSL	一个增量步收敛时最后两个迭代步允许的切向接触状态改变的节点数
EXTRA	上一增量步的位移作为下一增量步的试探解，默认不采用
DIRECT	采用固定增量步，默认不采用
STABILIZ	稳定能极限。Yes 或 1.0：稳定能上限设置为应变能的 1.0E-4 倍；>0.0：稳定能极限设置为应变能的 STABLIZ×1.0E-4 倍，整个计算过程中稳定能会发生变化，但不会大于极限值；<0.0：稳定能在整个计算过程中放缩因子保持恒定

◆示例 1

NCUTS 设置为 5，.out 文件显示，在连续 5 次减小时间步以后，还是不收敛，计算终止，并给出错误信息，提示时间步最大折减次数已达到，计算终止，如图 15-4 所示。

```
Adjusting load increment 43 (correction #5), Current increment 2.3838E-06

 Subcase          1  Load step:  1.7695E-01
------------------------------------------------------------------------------
     |  |   |   Nonlinear Err. Measures     Gap and Contact Element Status  Maximum
Iter Avg. U    EUI       EPI       EWI     Open Closed Stick Slip Frozen  Plststrn
------------------------------------------------------------------------------
  1  7.35E-04 8.42E-04 7.37E-04 3.73E-05   140     9     0     0      0  5.13E-01
  2  7.35E-04 2.29E-03 2.83E-03 4.51E-04   128    21     0     0      0  1.39E+00

*** ERROR # 4965 ***
Maximum number of time increment cutbacks reached,
analysis aborted.
```

图 15-4　增量步多次折减导致计算发散

◆示例 2

NOPCL 设置为 0，UPW 残差门槛值为默认值，即 1E-3、1E-3、1E-7。.out 文件显示，在第 5 个增量步的 2 个迭代步中，UPW 已经满足要求，但为法向接触状态（Gap Open and Closed）。还有 9 个节点状态仍在发生变化，继续进行迭代，在第 3 个迭代步，接触状态不再发生变化，接触收敛，进入第 6 个增量步，如图 15-5 所示。

```
Starting load increment 5 Current increment 1.6875E-02

 Subcase          2  Load step:  4.5625E-02
------------------------------------------------------------------------------
     |  |   |   Nonlinear Err. Measures     Gap and Contact Element Status  Maximum
Iter Avg. U    EUI       EPI       EWI     Open Closed Stick Slip Frozen  Plststrn
------------------------------------------------------------------------------
  1  3.00E-04 3.70E-01 2.63E-05 9.95E-06   159    17     0    17      0  0.00E+00
  2  3.00E-04 5.68E-04 1.27E-06 5.12E-08   168     8     0     8      0  0.00E+00
  3  3.00E-04 5.82E-05 2.78E-06 1.48E-08   168     8     0     8      0  0.00E+00

Starting load increment 6 Current increment 2.5313E-02
```

图 15-5　接触状态收敛过程

15.2.3　NLOUT 卡片

NLOUT 卡片用于设置结果输出频率，卡片定义见表 15-5，卡片说明见表 15-6。

表 15-5 NLOUT 卡片定义

(1)	(2)	(3)	(4)	(5)	(6)	(7)	(8)	(9)	(10)
NLOUT	ID	PARAM1	VALUE1	PARAM2	VALUE2	…	…		

表 15-6 NLOUT 卡片说明

字 段	说 明
NINT	中间结果输出次数，默认为 10 次
SVNONCNV	计算不收敛时是否输出不收敛的结果，默认为输出
FREQ	结果输出频率
TIME	通过 SET 指定在某些时间点强制输出

详细说明如下。

1）当设置了 NLOUT 卡片并在 I/O 字段引用时，默认输出第一步和最后一步结果；当设置了 FREQ 字段时，除了第一步和最后一步外，默认还输出第二步结果。这些结果只有在计算全部完成后才会输出到 . h3d 文件中。

2）NINT 和 FREQ 字段并不会影响整个计算的时间步。

3）设置 NINT 时，1/NINT 为输出时间间隔，如果前一个输出时间为 t，下一个输出时间为大于或等于 t + 1/NINT，这是因为计算时间点并不一定刚好落在 t + 1/NINT 时刻，当计算时间点大于 t + 1/NINT 时，也会有输出。

4）设置 FREQ 时，两次的输出间隔为 FREQ 次增量步。

5）TIME 字段将影响时间步，并强制在 SET 上的时间点计算，输出 SET 上时间点的结果。

6）当 NLOUT 卡片被设置并引用时，接触稳定能及应变能会输出到 HyperGraph 文件 *_nlm. mvw 及 ASCII 文件 *_e. nlm 中。

7）当 NLOUT 卡片被设置并引用，且设置 PARAM，IMPLOUT，YES 时，每个增量步计算完成后都会即时输出到 *_impl. h3d 文件中。

◆示例 1

NINT 设置为 4，结果输出间隔为 0. 25，0 时刻和 TTERM 时刻结果将默认输出，0 时刻后第一个输出时刻应该是 0. 25，但是这个时间点没有计算，故输出大于 0. 25 时刻的第一个结果，即 0. 35 时刻。之后应输出的时刻为 0. 35 + 0. 25 = 0. 6，但是 0. 6 时刻没有计算，故输出大于 0. 6 时刻的第一个结果，即 0. 75 时刻，如图 15-6 和图 15-7 所示。

```
Subcase    1  Load step:  1.0000E-01
Subcase    1  Load step:  2.0000E-01
Subcase    1  Load step:  3.5000E-01
Subcase    1  Load step:  5.5000E-01
Subcase    1  Load step:  7.5000E-01
Subcase    1  Load step:  9.5000E-01
Subcase    1  Load step:  1.0000E+00
```

图 15-6 计算过程增量步示例 1

◆示例 2

FREQ 设置为 2，默认输出 0 时刻、TTERM 时刻的结果，以及第一个增量步的结果。在第一个增量步后，每间隔两个增量步输出一个结果，以此类推，如图 15-8 和图 15-9 所示。

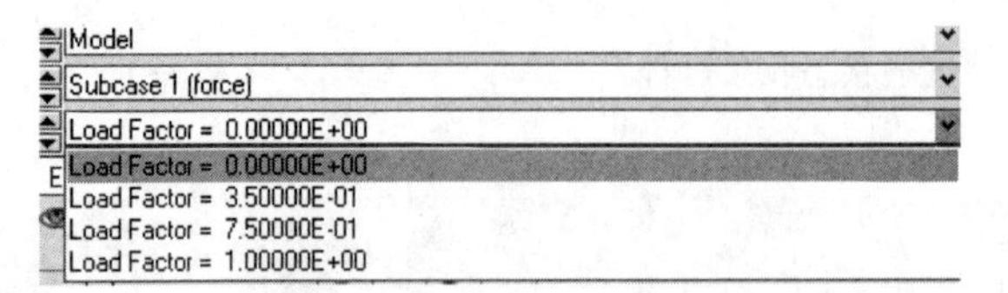

图 15-7 结果输出时间点示例 1

```
Subcase    1  Load step:  1.0000E-01
Subcase    1  Load step:  2.0000E-01
Subcase    1  Load step:  3.5000E-01
Subcase    1  Load step:  5.5000E-01
Subcase    1  Load step:  7.5000E-01
Subcase    1  Load step:  9.5000E-01
Subcase    1  Load step:  1.0000E+00
```

图 15-8 计算过程增量步示例 2

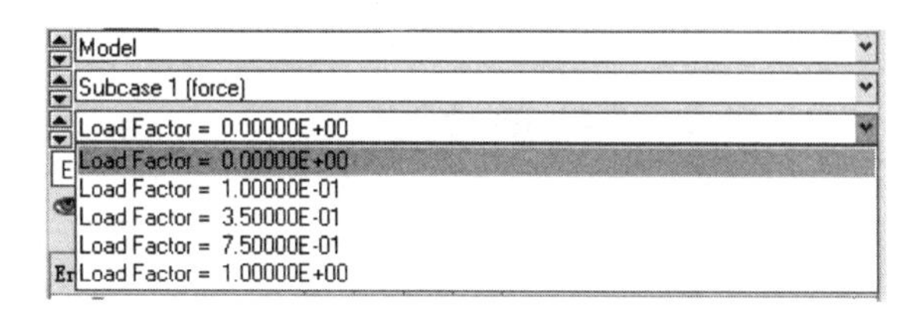

图 15-9　结果输出时间点示例 2

◆示例 3

设置 TIME 字段，在时间 SET 中设置时间点 0.312、0.538、0.975。该示例采用了和上面示例中同样的模型，可以看到时间 SET 会影响增量步，0 时刻和 TTERM 时刻的结果默认输出，时间 SET 上的时刻会强制计算并输出，如图 15-10 和图 15-11 所示。

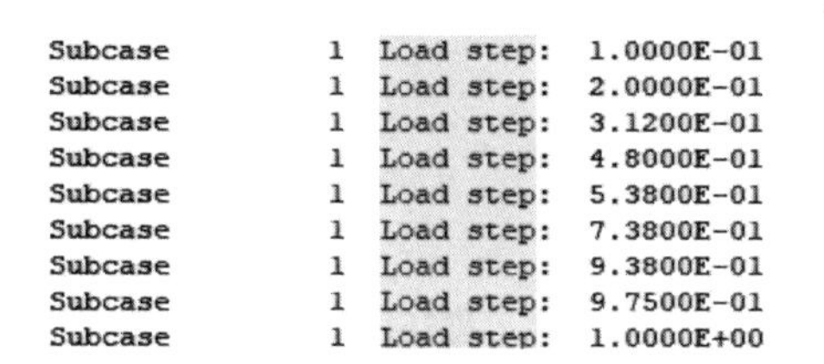

图 15-10　计算过程载荷步示例 3

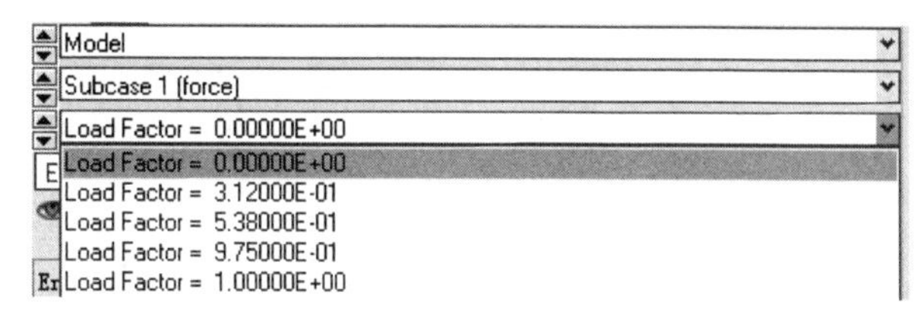

图 15-11　结果输出时间点示例 3

15.2.4　PARAM，IMPLOUT，YES/NO 卡片

计算过程中将结果输出到 *_impl.h3d 文件。

- NO：结果只在计算结束后输出到 .h3d 文件，默认值为 NO。
- YES：当 NLOUT 卡片被设置并引用时，每个增量步结果在计算过程中都会输出到 *_impl.h3d 文件，NLOUT 卡片中设置的结果在计算完成后输出到 *.h3d 文件。

15.2.5　MONITOR 卡片

MONITOR 输出指定节点的位移到 .monitor 文件中，卡片定义见表 15-7，卡片说明见表 15-8。

表 15-7　MONITOR 卡片定义

(1)	(2)	(3)	(4)	(5)	(6)	(7)	(8)	(9)	(10)
MONITOR	SID	GID	C						

表 15-8　MONITOR 卡片说明

字　段	说　明
GID	节点号
C	节点自由度

详细说明如下。

1）MONITOR 卡片需要在 SUBCASE 字段中引用。

2）指定节点的位移会输出到 .monitor 文件中。

15.3 OptiStruct 非线性分析结果文件

在非线性分析中，除了线性分析中常用的 . h3d、. out、. stat 文件外，还会产生一些特定的文件，如 . monitor、＊_impl. h3d、＊_nl. out、＊_nlm. mvw、＊_e. nlm 等文件，分别介绍如下。

1. . monitor 文件

. monitor 文件为 ASCII 格式，在非线性分析中默认产生。文件包含每个工况的增量步、迭代步、增量步折减信息等，如图 15-12 所示。设置了 MONITOR 卡片时，会提供指定节点的位移分量；没有设置 MONITOR 卡片时，会提供最大位移节点信息及位移幅值。

```
************************************************************************
Notes:
------
  INCREMENT  NUMBER    : the increment counter in one subcase
             CUTBACK   : the number of cutbacks
             CONVERGED : whether the increment has converged
       ITER  CONT      : the number of contact iterations
             EQUI      : the number of equilibrium iterations
             TOTL      : the total number of iterations
       INCR            : the time/load increment
    SUBCASE  TIME      : the subcase time that starts from zero
      TOTAL  TIME      : the accumulated total time
       LOAD  FACTOR    : the propotional load factor in one subcase

************************************************************************
```

SUBCASE SID	INCREMENT NUMBER	INCREMENT CUTBACK	INCREMENT CONVERGED	ITER CONT	ITER EQUI	ITER TOTL	INCR	SUBCASE TIME	TOTAL TIME	LOAD FACTOR	MONITOR DISP	MONITOR GRID	MONITOR DOF
1	1	-	Yes	0	2	2	0.100	0.100	0.100	0.100	0.054	3848527	-
1	2	-	Yes	0	2	2	0.100	0.200	0.200	0.200	0.108	3848527	-
1	3	-	Yes	0	2	2	0.150	0.350	0.350	0.350	0.188	3848527	-
1	4	-	Yes	0	2	2	0.200	0.550	0.550	0.550	0.296	3848527	-
1	5	-	Yes	0	2	2	0.200	0.750	0.750	0.750	0.403	3848527	-
1	6	-	Yes	0	2	2	0.200	0.950	0.950	0.950	0.510	3848527	-
1	7	-	Yes	0	2	2	0.050	1.000	1.000	1.000	0.537	3848527	-

图 15-12 . monitor 文件信息

2. ＊_ld. monitor

＊_ld. monitor 为 ASCII 文件，在非线性分析中默认产生，包含最大位移随加载时间的变化历程，如图 15-13 所示。

"Displacement"	"Loadfactor"
0.000000E+00	0.000000E+00
5.378008E-02	1.000000E-01
1.075728E-01	2.000000E-01
1.882149E-01	3.500000E-01
2.956675E-01	5.500000E-01
4.030596E-01	7.500000E-01
5.103789E-01	9.500000E-01
5.372852E-01	1.000000E+00

图 15-13 ＊_ld. monitor 文件信息

3. ＊_impl. h3d

＊_impl. h3d 为二进制结果文件，只有设置了 PARAM，IMPLOUT，YES 时才会产生，文件包含每个增量步的指定结果输出，可在计算过程中查看计算结果，而不需要等到整个计算完成。

4. ＊_nl. out

该文件为 ASCII 文件，在非线性分析中默认产生，包含每个迭代步的收敛信息，如最大残余力、最大位移增量等，为模型的调试提供有用信息，如图 15-14 所示。

```
 Subcase         1  Load step:  1.0000E-01
----------------------------------------------------------------------------
                  Nonlinear Err. Measures   Gap and Contact Element Status  Maximum
Iter Avg. U     EUI        EPI        EWI   Open Closed Stick Slip Frozen  Plststrn
----------------------------------------------------------------------------
        MAX FORCE                    -.8068036993D-02    AT NODE   3836879      DOF        3
        MAX RESIDUAL FORCE           0.4406104464D+00    AT NODE   2855294      DOF        3
        MAX DISPLACEMENT INCREMENT   -.5234500094D-01    AT NODE   3848527      DOF        3
        MAX DISPLACEMENT CORRECTION  -.5234500094D-01    AT NODE   3848527      DOF        3
        MAX RESIDUAL MOMENT          0.2116141402D+01    AT NODE   2855195      DOF        4
        MAX ROTATION INCREMENT       -.6193700200D-03    AT NODE   3823181      DOF        5
        MAX ROTATION CORRECTION      -.6193700200D-03    AT NODE   3823181      DOF        5
   1  1.64E-05 1.00E+00 2.72E-04 2.72E-04      0      0      0     0      0  0.00E+00
        MAX FORCE                    -.8068036992D-02    AT NODE   3836879      DOF        3
        MAX RESIDUAL FORCE           -.2153659313D-02    AT NODE   2610620      DOF        3
        MAX DISPLACEMENT INCREMENT   -.5233862127D-01    AT NODE   3848527      DOF        3
        MAX DISPLACEMENT CORRECTION  0.9091993647D-04    AT NODE   3843259      DOF        3
        MAX RESIDUAL MOMENT          -.6025348566D-02    AT NODE   2855410      DOF        6
        MAX ROTATION INCREMENT       -.6208217213D-03    AT NODE   3823181      DOF        5
        MAX ROTATION CORRECTION      -.2398607223D-05    AT NODE   3835062      DOF        4
   2  1.64E-05 5.26E-04 6.78E-07 3.90E-10      0      0      0     0      0  0.00E+00
```

图 15-14 ＊_nl. out 文件信息

5. ＊_e. nlm

＊_e. nlm 为 ASCII 文件，在几何非线性分析中设置了 NLOUT 卡片时会输出该文件，文件包含应变能随时间的变化历程，如果设置了接触稳定，还会输出接触稳定能随时间的变化历程，如图 15-15 所示。

```
"Time" "Strain Energy "
  0.000000E+00  0.000000E+00
  0.100000E+00  0.211873E+01
  0.200000E+00  0.848184E+01
  0.350000E+00  0.259990E+02
  0.550000E+00  0.642768E+02
  0.750000E+00  0.119671E+03
  0.950000E+00  0.192251E+03
  0.100000E+01  0.213126E+03
```

图 15-15　＊_e. nlm 文件信息

6. ＊_nlm. mvw

＊_nlm. mvw 为 HyperGraph 项目文件，当几何非线性分析中设置了 NLOUT 卡片时会产生该文件，通过 HyperGraph 打开后会自动绘制＊_e. nlm 文件中数据的曲线。

15.4　实例：车顶抗雪压能力分析

在汽车车身刚度分析中，需要分析车顶的抗雪压能力。截取车顶部分模型，在车顶施加均布载荷，约束车身的 A、B、C 柱（见图 15-16），考察车身的应力及位移。本案例通过车身雪压模型展示 OptiStruct 非线性分析的通用卡片设置。基础模型已设置好相应的载荷、边界条件、材料及截面属性，需要添加非线性分析相关参数及工况。

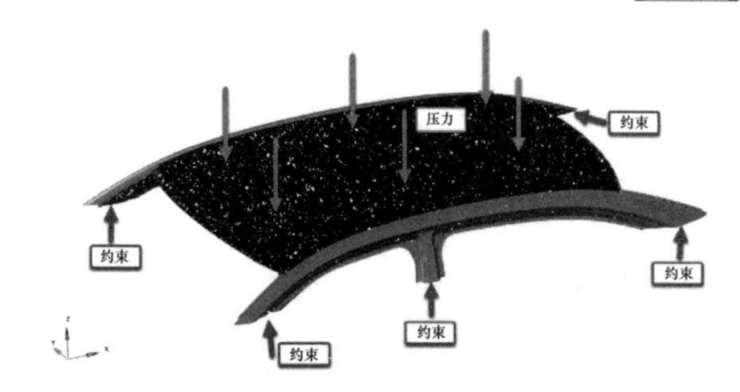

图 15-16　模型示意图

模型设置

Step 01 在 HyperMesh 中导入模型 roof_pressure_base. fem。

Step 02 创建 NLPARM 卡片，在卡片上设置初始增量步。可通过〈CTRL＋F〉键在 HyperMesh 界面右上角输入 NLPARM，创建 NLPARM 卡片，如图 15-17 所示。也可在 Load Collectors 节点上右击来创建 Load Collector，设置 Card Image 为 NLPARM，如图 15-18 所示。在 NLPARM 卡片上设置 DT＝0. 1，即初始时间步为 0. 1，如图 15-19 所示。

图 15-17　用快捷方式创建卡片

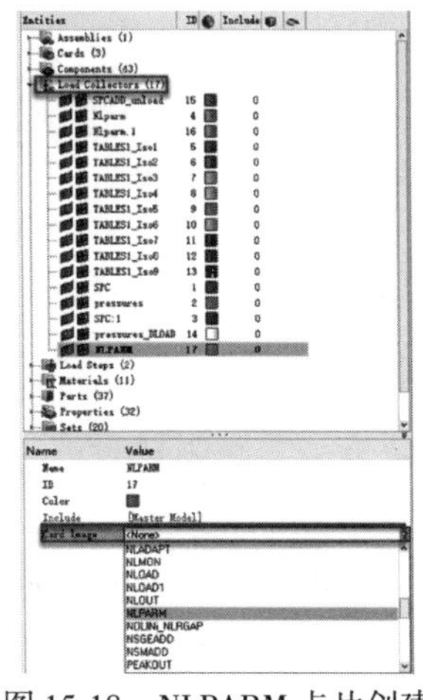

图 15-18　NLPARM 卡片创建

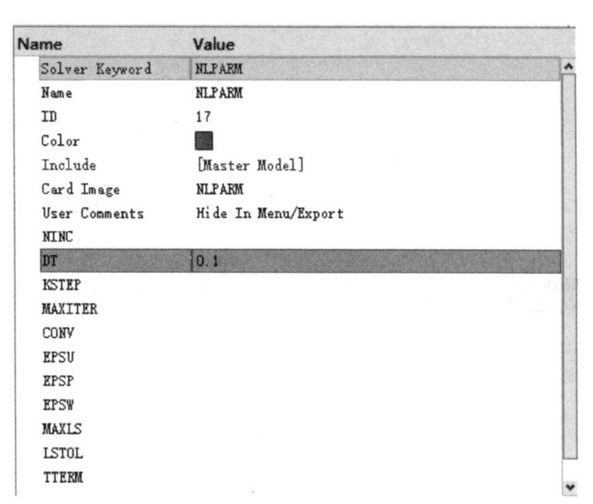

图 15-19　NLPARM 卡片设置

Step 03 创建 NLADAPT 卡片，设置最大增量步。创建方法同 NLPARM 卡片。设置 DTMAX = 0.2，即最大增量步为 0.2，如图 15-20 所示。

Step 04 创建 NLOUT 卡片，设置结果输出频率。采用与 NLPARM 相同的方法创建 NLOUT 卡片，设置 NINT = 10，在默认加载时长为 1.0 的情况下，结果输出间隔为 0.1，如图 15-21 所示。

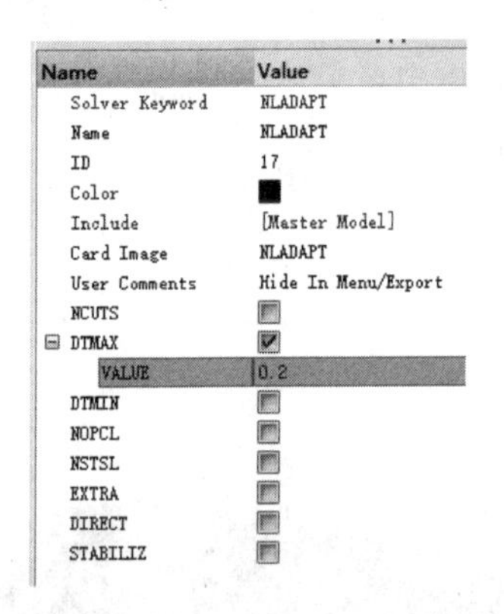

图 15-20　NLADAPT 卡片设置

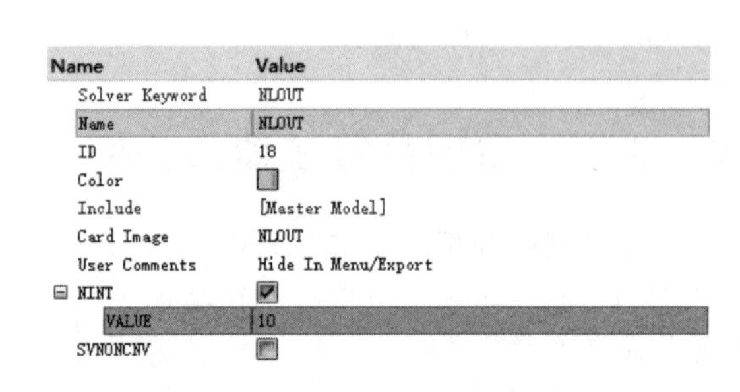

图 15-21　NLOUT 卡片设置

Step 05 在 Analysis-> control cards-> PARAM 面板设置 PARAM，IMPLOUT 为 YES，即在计算过程中输出结果，如图 15-22 所示。

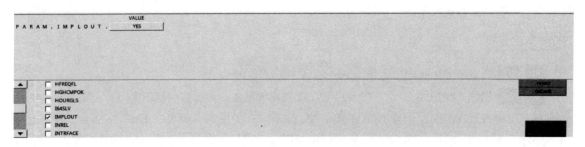

图 15-22　PARAM，IMPLOUT 设置

Step 06 在 Analysis-> loadsteps 面板创建非线性静力学分析工况，并引用相应的载荷、约束、NLPARM、NLADAPT、NLOUT 卡片，如图 15-23 所示。

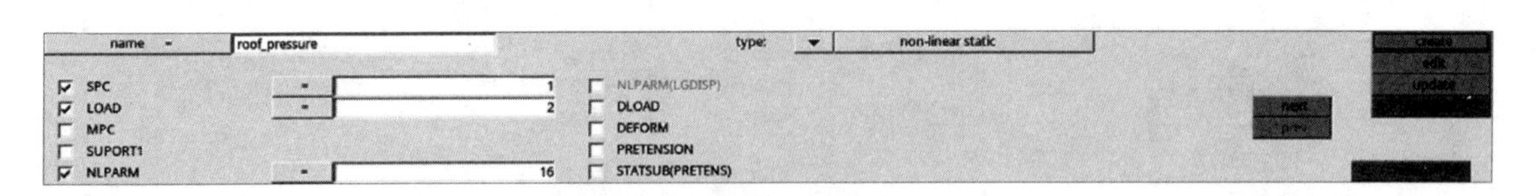

图 15-23　创建非线性静力学分析工况

Step 07 在 Analysis-> OptiStruct 面板保存模型并提交计算。

结果查看

1）查看生成的文件。由于设置了 PARAM，IMPLOUT，YES，所以产生了 * _impl. h3d 文件；对非线性分析，还默认产生了 . monitor、* _ld. monitor、* _nl. out、* _e. nlm、* _nlm. mvw 文件，如图 15-24 所示。

名称	修改日期	类型	大小
hwsolver.mesg	2020/2/24 15:34	MESG 文件	1 KB
roof_pressure.e4076	2020/2/24 15:27	E4076 文件	0 KB
roof_pressure.fem	2020/2/24 15:24	FEM 文件	27,315 KB
roof_pressure.h3d	2020/2/24 15:34	H3D 文件	414,344 KB
roof_pressure.html	2020/2/24 15:34	Chrome HTML D...	6 KB
roof_pressure.monitor	2020/2/24 15:33	MONITOR 文件	3 KB
roof_pressure.mvw	2020/2/26 15:40	Altair HyperWor...	8 KB
roof_pressure.o4076	2020/2/24 15:34	O4076 文件	3 KB
roof_pressure.out	2020/2/24 15:34	OUT 文件	16 KB
roof_pressure.res	2020/2/24 15:34	RES 文件	81,775 KB
roof_pressure.stat	2020/2/24 15:34	STAT 文件	39 KB
roof_pressure_frames.html	2020/2/24 15:34	Chrome HTML D...	1 KB
roof_pressure_impl.h3d	2020/2/24 15:33	H3D 文件	411,453 KB
roof_pressure_ld.monitor	2020/2/24 15:33	MONITOR 文件	1 KB
roof_pressure_menu.html	2020/2/24 15:34	Chrome HTML D...	7 KB
roof_pressure_nl.out	2020/2/24 15:33	OUT 文件	14 KB
roof_pressure_nlm.mvw	2020/2/24 15:34	Altair HyperWor...	2 KB
roof_pressure_s1_e.nlm	2020/2/24 15:34	NLM 文件	1 KB

图 15-24　非线性分析相关文件

2）查看 . out 文件。NLPARM 卡片设置的初始步为 0.1，从 . out 文件中可以看到第一个增量步为 0.1，如图 15-25 所示。NLADAPT 卡片最大增量步设置为 0.2，从 . out 文件中可以看到，在几次自动放大增量步以后，增量步达到 0.2，并保持 0.2 直至计算结束，如图 15-26 所示。

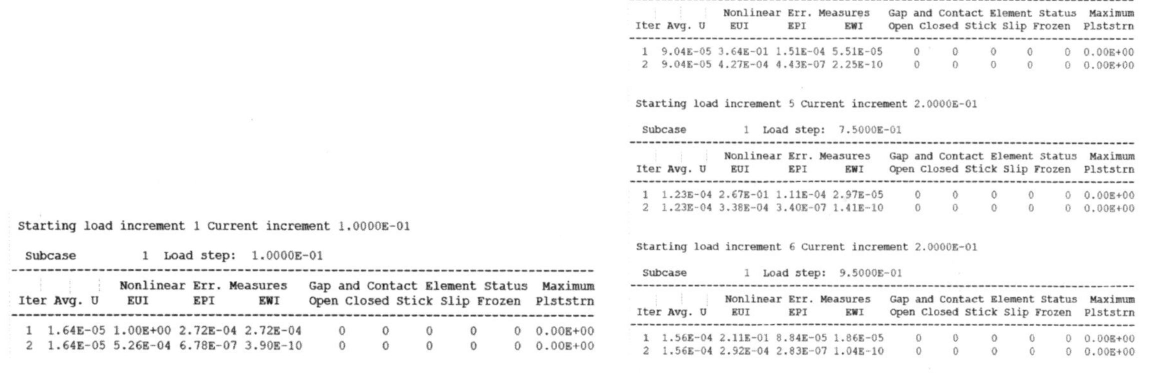

```
Starting load increment 1 Current increment 1.0000E-01

 Subcase          1  Load step:  1.0000E-01
-------------------------------------------------------------------------------
           Nonlinear Err. Measures    Gap and Contact Element Status  Maximum
Iter Avg. U   EUI      EPI      EWI   Open Closed Stick Slip Frozen  Plststrn
-------------------------------------------------------------------------------
  1  1.64E-05 1.00E+00 2.72E-04 2.72E-04   0     0     0     0     0  0.00E+00
  2  1.64E-05 5.26E-04 6.78E-07 3.90E-10   0     0     0     0     0  0.00E+00
```

图 15-25　第一个增量步

```
Starting load increment 4 Current increment 2.0000E-01

 Subcase          1  Load step:  5.5000E-01
-------------------------------------------------------------------------------
           Nonlinear Err. Measures    Gap and Contact Element Status  Maximum
Iter Avg. U   EUI      EPI      EWI   Open Closed Stick Slip Frozen  Plststrn
-------------------------------------------------------------------------------
  1  9.04E-05 3.64E-01 1.51E-04 5.51E-05   0     0     0     0     0  0.00E+00
  2  9.04E-05 4.27E-04 4.43E-07 2.25E-10   0     0     0     0     0  0.00E+00

Starting load increment 5 Current increment 2.0000E-01

 Subcase          1  Load step:  7.5000E-01
-------------------------------------------------------------------------------
           Nonlinear Err. Measures    Gap and Contact Element Status  Maximum
Iter Avg. U   EUI      EPI      EWI   Open Closed Stick Slip Frozen  Plststrn
-------------------------------------------------------------------------------
  1  1.23E-04 2.67E-01 1.11E-04 2.97E-05   0     0     0     0     0  0.00E+00
  2  1.23E-04 3.38E-04 3.40E-07 1.41E-10   0     0     0     0     0  0.00E+00

Starting load increment 6 Current increment 2.0000E-01

 Subcase          1  Load step:  9.5000E-01
-------------------------------------------------------------------------------
           Nonlinear Err. Measures    Gap and Contact Element Status  Maximum
Iter Avg. U   EUI      EPI      EWI   Open Closed Stick Slip Frozen  Plststrn
-------------------------------------------------------------------------------
  1  1.56E-04 2.11E-01 8.84E-05 1.86E-05   0     0     0     0     0  0.00E+00
  2  1.56E-04 2.92E-04 2.83E-07 1.04E-10   0     0     0     0     0  0.00E+00
```

图 15-26　最大增量步

3）查看 . h3d 文件。在 NLOUT 卡片上输出频率设置为 10，在 HyperView 中可以看到输出时间间隔都大于或等于 0.1，如图 15-27 所示。

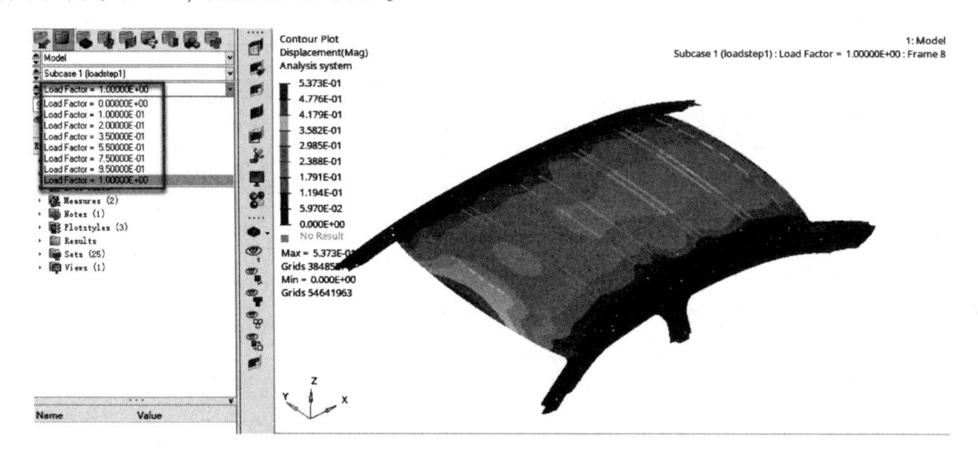

图 15-27　. h3d 文件输出频率

第 16 章

材料非线性分析

材料非线性按其是否与时间相关可分为两类：一类为不依赖于时间的弹塑性材料、超弹性材料，其特点是载荷作用以后，材料变形立即发生，并且不再随时间发生变化；另一类为依赖于时间的黏弹性、黏塑性材料，其特点是载荷作用以后，材料不仅立即发生相应的弹塑性变形，而且变形还随时间持续变化。OptiStruct 支持与时间无关的弹塑性材料、超弹性材料，支持与时间相关的线性黏弹性材料及非线性黏弹性材料。针对特定的应用场景，还开发出了特殊的材料，比如用于模拟垫圈的垫圈材料、模拟黏胶的黏胶材料，以及非线性连接等。

16.1 弹塑性材料

在一定的外部环境和载荷条件下，物体会产生不可恢复的永久变形，即塑性变形，这时，应力应变关系不再一一对应，且一般是非线性的。工程实践中许多问题与塑性变形有关，金属的压力加工成型，如拉拔、滚轧、锻造、冲压和切削就是利用塑性变形的不可逆性达到加工成型的目的。结构在极限载荷作用下产生不可恢复的变形，也是由于塑性变形导致的。

16.1.1 弹塑性材料单轴试验曲线

为了研究材料的塑性变形性质，通常要进行室温下的静载试验，单轴拉伸应力应变曲线如图 16-1 所示。该曲线有以下特点。

1）当应力小于σ_{y0}时，应力与应变之间呈线性关系，材料处于线弹性变形阶段，σ_{y0}称为初始屈服极限。

2）超过屈服极限之后，随着应力的增加，应变不断增加，这种行为称为“应变硬化”。在硬化阶段，其切线斜率不断减小，直至达到峰值应力。此后应变增加而应力减小，这种行为称为“应变软化”。应变软化通常伴随着试件局部颈缩，即应变产生局部化和不均匀分布现象。应变软化并不代表材料的真实行为，因为图中的应力、应变为名义应力、应变，没有考虑由于局部颈缩导致的面积减小。需要指出的是，在有限元分析中，输入的应力应变曲线都是真实应力应变曲线，试验得到的名义应力应变曲线需要转换为真实的应力应变曲线。

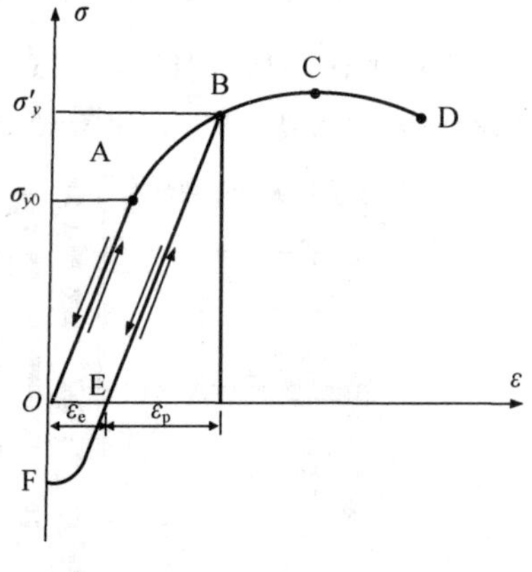

图 16-1　单轴拉伸应力应变曲线

3）无论是应变硬化阶段还是应变软化阶段，材料在产生弹性变形的同时，还会产生新的塑性变形，这个过程称为“加载”。应力进入塑性阶段后，如图中 B 点所代表的状态，当减少应力时，应力与应变将不会沿原来的路径 BAO 返回 O 点，而是沿着接近于直线的路径 BE 回到零应力，弹性变形被恢复，塑性变形被保留，这个过程称为“卸载”。卸载所遵循的是弹性变形规律，一般可假定卸载曲线为直线，且卸载时的弹性模量与初始弹性模量相同，即 BE 与 OA 平行，所以 B 点的应变可写成弹性应变和塑性应变两部分之和。

4）从 B 点将载荷完全卸除到达 E 点后，再加压应力，称为“反向加载”。材料在 F 点屈服，F 点的应力值明显低于 B 点。人们通常把这种反向屈服应力小于正向屈服应力的现象称为“Bauschinger 效应”。当沿着与上述相反的路径进行加、卸载时，卸载到零应力后再加拉应力，也可以观测到 Bauschinger 效应，即因压缩屈服应力提高而导致反向加载时拉伸屈服应力降低。Bauschinger 效应反映了材料硬化过程中的各向异性性质。若反向屈服应力的降低程度正好等于正向屈服应力提高的程度，则称为“随动硬化”。有一些材料并没有 Bauschinger 效应，相反，因拉伸提高了材料的屈服应力，在反向压缩时，屈服应力也得到同样程度的提高，这种硬化特性称为“等向硬化”。

16.1.2 弹塑性材料本构

试验曲线通过单轴试验得到，但是实际应用中都是多轴应力状态，如何将单轴试验结果应用到多轴状态，这就需要建立多轴应力弹塑性材料本构。弹塑性材料本构主要涉及三个方面，即屈服准则、硬化准则及流动准则。下面对这三个方面进行一一介绍。

（1）屈服准则

在单轴试验曲线中，很容易判断材料什么时候进入屈服状态，但是在多轴应力中不是那么直接。经过大量试验，Von Mises 提出了等效屈服准则，当多轴应力满足下面的表达式时，就认为材料开始屈服。在应力空间，该表达式表示的是一个椭球面，也称为“初始屈服面”。Mises 屈服准则在延性金属中广泛应用。

$$\sqrt{\frac{1}{2}[(\sigma_x-\sigma_y)^2+(\sigma_y-\sigma_z)^2+(\sigma_z-\sigma_x)^2+6(\tau_{xy}^2+\tau_{yz}^2+\tau_{zx}^2)]}=\sigma_y \tag{16-1}$$

（2）硬化准则

在单轴试验中，当材料进入屈服状态以后继续加载，屈服点会提高，提高后的屈服点称为“后继屈服点”。材料屈服后在一个方向上的强化可能对另一个方向有一定的弱化作用，也可能不影响。比如材料初始屈服强度为 225MPa，受拉强化后屈服点提升到 250MPa，之后卸载并反向加载，反向加载的屈服点根据不同的材料有三种可能。

1）反向屈服点同样提升到 250MPa。

2）反向屈服点为 225×2－250＝200MPa。

3）反向屈服点介于 200MPa 与 250MPa 之间。

对于多轴应力状态，材料过屈服点后的强化表现为椭球面半径的增大、椭球中心的移动。对于以上三种情况，椭球面的变化如下。

1）椭球半径变大，椭球中心位置不变。

2）椭球半径不变，椭球中心位置变化。

3）椭球半径变大，同时椭球中心也发生了移动。

第一种情况在塑性力学中称为“各向同性硬化”；第二种情况称为“随动硬化”；第三种情况称为“混合硬化”。

硬化准则可表示为

$$f(\sigma_{ij}-\alpha_{ij})=\sigma_p(\varepsilon_p) \tag{16-2}$$

式中，σ_{ij}为应力分量；α_{ij}为背应力分量；ε_p为等效塑性应变；σ_p为后继屈服应力。

当$\alpha_{ij}=0$、后继屈服点是等效塑性应变的函数时，表示各向同性硬化；当$\alpha_{ij}\neq0$、后继屈服点不变时，表示随动硬化；当α_{ij}不等于0，同时后继屈服点是等效塑性应变的函数时，表示混合硬化。

（3）流动准则

流动准则是材料屈服后塑性应变增量方向的假定。当塑性应变增量与加载面满足正交关系时，称为“塑性应变增量的正交流动法则”，其表达式为

$$d\varepsilon_{ij}^{p} = d\lambda \frac{\partial f}{\partial \sigma_{ij}} \tag{16-3}$$

式中，$d\varepsilon_{ij}^{p}$为塑性应变分量的增量；$\frac{\partial f}{\partial \sigma_{ij}}$代表加载面的外法线方向；$d\lambda$ 是一个非负的比例因子。

延性金属一般采用正交流动法则。

16.1.3 弹塑性材料分析结果

在弹塑性分析中，总应变是弹性应变和塑性应变的和，可表示为

$$\varepsilon_{ij} = \varepsilon_{ij}^{e} + \varepsilon_{ij}^{p} \tag{16-4}$$

式中，ε_{ij}为总应变分量；ε_{ij}^{e}为弹性应变分量；ε_{ij}^{p}为塑性应变分量。

类似于等效应变的定义，可定义等效塑性应变$\overline{\varepsilon^{p}}$为

$$\overline{\varepsilon^{p}} = \sqrt{\frac{2}{3}\varepsilon_{ij}^{p}\varepsilon_{ij}^{p}} \tag{16-5}$$

等效塑性应变在循环载荷作用下可能增加，也可能减小，这是因为塑性应变分量在循环载荷作用下可能增加，也可能减小。例如，试件初始受拉屈服，塑性应变分量变大，等效塑性应变也变大；然后卸载，塑性应变分量保持不变，等效塑性应变也保持不变；接着反向加载，塑性应变分量减小，等效塑性应变也就随之变小了。

弹塑性分析中还存在另外一种塑性应变的度量，即累积塑性应变，累积塑性应变$\bar{\varepsilon}^{p}$可表示为

$$\bar{\varepsilon}^{p} = \int\sqrt{\frac{2}{3}d\varepsilon_{ij}^{p}d\varepsilon_{ij}^{p}} \tag{16-6}$$

式中，$d\varepsilon_{ij}^{p}$为塑性应变分量的增量。

从这个表达式可以看到，首先求塑性应变增量的等效塑性应变，然后再对增量等效塑性应变求积分。塑性应变增量的等效塑性应变始终为正，因此累积塑性应变始终增加，不会减少。从上面的表达式中可以看到，等效塑性应变是基于塑性应变分量的全量，累积塑性应变是基于塑性应变分量的增量，一般来说两者的结果是不同的。

在 OptiStruct 中，如果存在弹塑性材料，在设置了应变输出时，默认会输出累积塑性应变。如果想要输出塑性应变分量，需要进行图16-2所示的设置。

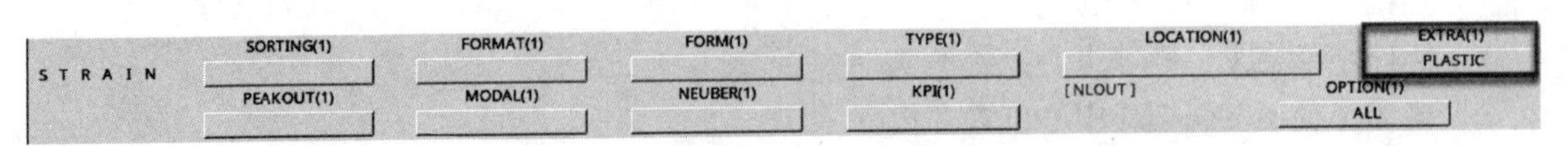

图16-2 塑性应变分量输出设置

OptiStruct 弹塑性分析结果在 HyperView 中的显示如图16-3所示，可选项如下。

- Element Strains（2D&3D）（t）：总应变分量。
- Element Strains（2D&3D）（Plast）（t）：塑性应变分量。

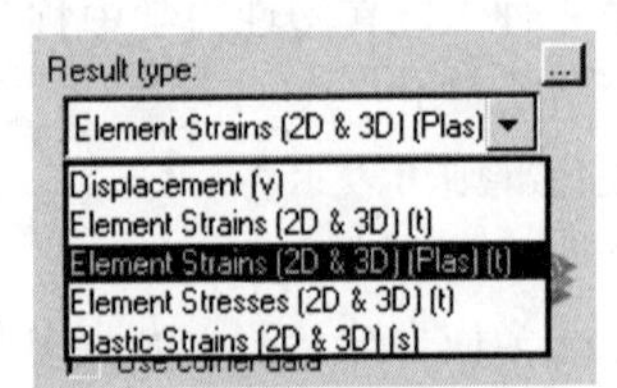

图16-3 HyperView 中弹塑性分析的相关结果

- Plastic Strains（2D&3D）（s）：累积塑性应变。

16.1.4 弹塑性材料卡片

弹塑性材料可通过 MATS1 结合 MAT1 定义，其中，MAT1 定义弹性相关属性，MATS1 定义塑性相关属性。MATS1 定义见表 16-1。

表 16-1 MATS1 卡片定义

(1)	(2)	(3)	(4)	(5)	(6)	(7)	(8)	(9)	(10)
MATS1	MID	TID	TYPE	H	YF	HR	LIMIT1		
	TYPSTRN								

由于 MATS1 是 MAT1 的扩展，MATS1 的 MID 必须与 MAT1 相同。TID 为应力应变曲线，可通过 TABLES1、TABLEST、TABLEG、TABLEMD 定义，其中 x 轴为应变，y 轴为应力。需要指出的是，该应力应变曲线必须是真实应力应变曲线，而不是名义应力应变曲线。

H 为塑性段应力应变硬化斜率，可表示为

$$H = \frac{E_{\mathrm{T}}}{1 - \frac{E_{\mathrm{T}}}{E}} \tag{16-7}$$

式中，E_{T}为塑性段模量；E 为弹性段模量。E_{T}及 E 的含义如图 16-4 所示。H 间接地定义应力应变曲线。

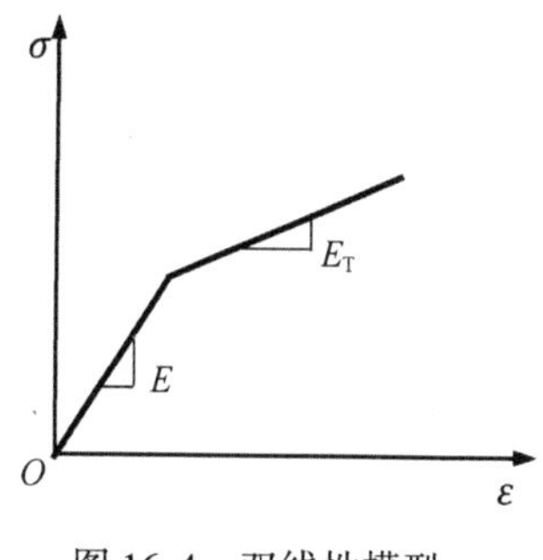

图 16-4 双线性模型

TID 和 H 只能定义其中的一个，如果两者都定义时，TID 会覆盖 H 值。TYPE = PLASTIC 表示 MATS1 定义弹塑性材料。YF 为屈服准则，默认为 Mises 屈服准则。HR 为硬化准则，HR = 1/2/3 分别表示各向同性硬化、随动硬化及混合硬化。LIMIT1 为初始屈服点，用户可以自定义这个点，如果不定义，OptiStruct 将通过 TID 指定的曲线，根据斜率的变化计算出初始屈服点，一般建议用户自定义初始屈服点。TYPSRN 指定应力应变曲线中的应变类型，TYPSRN = 0 表示 TID 指定的曲线中横轴为全应变，TYPSRN = 1 表示 TID 指定的曲线中横轴为塑性应变。一般建议用户自己处理应力应变曲线，提取初始屈服力，输入应力对应于塑性应变的曲线。

16.2 超弹性材料

对于橡胶、海绵、泡沫等材料，应变可达到 1，甚至 5，但是卸除载荷后应变可以完全恢复，应力、应变之间呈现出非线性，应变能取决于变形的最终状态，而与之前的变形历史无关，这类材料可以用超弹性材料本构描述。

16.2.1 超弹性材料模型

在应变为 ε、应力为 σ 的状态下，给应变一个微小的变化 $\mathrm{d}\varepsilon$，相应的应变能微小变化为

$$\mathrm{d}w = \sigma_{ij}\mathrm{d}\varepsilon_{ij} \tag{16-8}$$

同时应变能 w 的变化还可通过微分表示为

$$\mathrm{d}w = \frac{\partial w}{\partial \varepsilon_{ij}} \mathrm{d}\varepsilon_{ij} \tag{16-9}$$

比较上面两式就得到了用应变势能函数表示的本构方程：

$$\sigma_{ij} = \frac{\partial w}{\partial \varepsilon_{ij}} \tag{16-10}$$

如果某种材料的应变能能用一个势函数表示，就称这种材料为“超弹性材料”。应变能只和最终状态的应变有关，和变形路径没有关系。当势能函数 w 取为正定二次齐次函数时，其对应于线弹性材料。材料是各向同性时，应变能函数是应变张量不变量的函数。不同的学者提出了不同的势能函数，对应于不同的超弹性模型，下面列出了常用的超弹性模型。

1）通用多项式形式的超弹性模型，也称为 Mooney 模型。

$$W = \sum_{p+q=1}^{N_1} C_{pq}(\overline{I_1}-3)^p(\overline{I_2}-3)^q + \sum_{p=1}^{N_2}\frac{1}{D_p}(J_{\mathrm{elas}}-1)^{2p} \tag{16-11}$$

式中，N_1 为畸变能多项式阶数；N_2 为体积变形能多项式阶数；C_{pq} 为材料常数；p、q 为多项式指数；$\overline{I_1}$、$\overline{I_2}$ 分别为应变的第一、第二不变量；D_{p} 为体积变形相关的材料参数；J_{elas} 为体积应变。

2）Mooney 模型中，$N_1 = N_2 = 1$ 时，退化为 Mooney-Rivlin 模型。

$$W = C_{10}(\overline{I_1}-3) + C_{01}(\overline{I_2}-3) + \frac{1}{D_1}(J_{\mathrm{elas}}-1)^2 \tag{16-12}$$

3）Mooney 模型中，$q=0$，$N_2=1$ 时，为退化的多项式模型。

$$W = \sum_{p=1}^{N_1} C_{p0}(\overline{I_1}-3)^p + \frac{1}{D_1}(J_{\mathrm{elas}}-1)^2 \tag{16-13}$$

4）Mooney 模型中，$N_1 = N_2 = 1$，$q=0$ 时为 Neo-Hooken 模型。

$$W = C_{10}(\overline{I_1}-3) + \frac{1}{D_1}(J_{\mathrm{elas}}-1)^2 \tag{16-14}$$

5）Mooney 模型中，$N_1=3$，$N_2=1$，$q=0$ 时为 Yeoh 模型。

$$W = C_{10}(\overline{I_1}-3) + C_{20}(\overline{I_1}-3)^2 + C_{30}(\overline{I_1}-3)^3 + \frac{1}{D_1}(J_{\mathrm{elas}}-1)^2 \tag{16-15}$$

6）ABOYCE 模型表示为

$$W = C_1\sum_{i=1}^{5}\alpha_i\beta^{i-1}(\bar{I}_1^i - 3^i) + \frac{1}{D_1}(J_{\mathrm{elas}}-1)^2 \tag{16-16}$$

式中，$\alpha_1=\frac{1}{2}$，$\alpha_2=\frac{1}{20}$，$\alpha_3=\frac{11}{1050}$，$\alpha_4=\frac{19}{7000}$，$\alpha_5=\frac{519}{673750}$；$\beta=\frac{1}{\lambda_{\mathrm{m}}^2}$，$\lambda_{\mathrm{m}}$ 为最大伸长比；C_1、D_1 为材料常数。

7）Ogden 模型表示为

$$W = \sum_{i=1}^{N_1}\frac{2\mu_i}{\alpha_i^2}(\overline{\lambda_1}^{\alpha_i} + \overline{\lambda_2}^{\alpha_i} + \overline{\lambda_3}^{\alpha_i} - 3) + \frac{1}{D_1}(J_{\mathrm{elas}}-1)^2 \tag{16-17}$$

式中，$\overline{\lambda_1}$、$\overline{\lambda_2}$、$\overline{\lambda_3}$ 为三个主方向上的偏斜主伸长比；α_i、μ_i 为材料常数；N_1 为应变能偏斜项阶数。

16.2.2 超弹性材料参数获取

超弹性模型中的材料参数可以通过简单试验得到，最常用的是单轴拉伸、双轴拉伸及纯剪，如图 16-5 所示。

在单轴拉伸中，采用标准试件，一端加载，应力状态为$\sigma_2=\sigma_3=0$，考虑到材料不可压，1、2、3方向的伸长率满足$\lambda_2=\lambda_3=\sqrt{\lambda_1}$。在纯剪试验中，取宽而薄的橡胶片，固定在两块金属板上，沿1向作用拉伸载荷。两块金属板的变形可略去，而橡胶片又很宽，因而中央部分可近似地有$\lambda_2=1$，考虑材料不可压，$\sqrt{\lambda_1\lambda_3}=1$。在等双轴拉伸实验中，取一正方形试件，在1、2方向拉伸。对等双轴拉伸有$\sigma_1=\sigma_2$，$\sigma_3=0$，$\lambda_1=\lambda_2$，$\lambda_3=\dfrac{1}{\lambda_1^2}$。以上三种试验的超弹性材料应变能都可以只用$\lambda_1$来表示，以 Neo-Hooken 模型为例：

$$W=C_{10}(\overline{I_1}-3)+\frac{1}{D_1}(J_{elas}-1)^2 \tag{16-18}$$

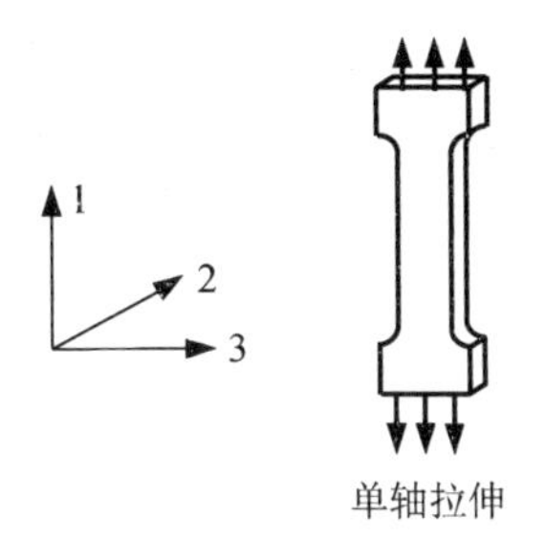

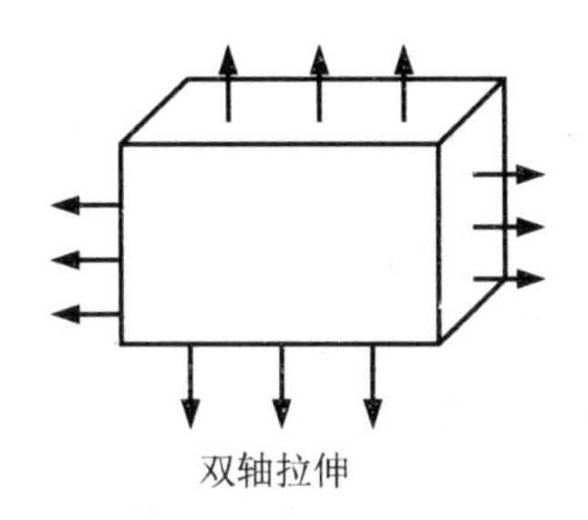

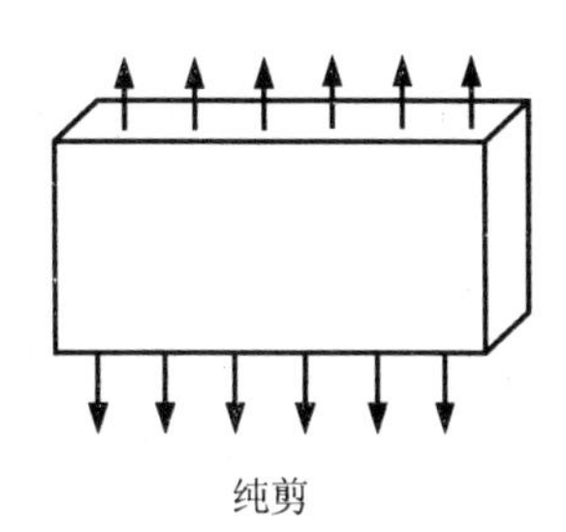

图 16-5 超弹性材料典型试验

1）在单轴拉伸中，应变第一不变量可表示为

$$\overline{I_1}=\lambda_1^2+2\lambda_1^{-1} \tag{16-19}$$

将应变能函数对主伸长求导得到名义应力 S：

$$S=\frac{\partial W}{\partial \lambda_1}=2C_{10}(\lambda_1-\lambda_1^{-2}) \tag{16-20}$$

2）在双轴拉伸中，应变第一不变量可表示为

$$\overline{I_1}=2\lambda_1^2+\lambda_1^{-4} \tag{16-21}$$

将应变能函数对主伸长求导得到名义应力 S：

$$S=\frac{\partial W}{\partial \lambda_1}=4C_{10}(\lambda_1-\lambda_1^{-5}) \tag{16-22}$$

3）在纯剪中，应变第一不变量可表示为

$$\overline{I_1}=\lambda_1^2+\lambda_1^{-2}+1 \tag{16-23}$$

将应变能函数对主伸长求导得到名义应力 S：

$$S=\frac{\partial W}{\partial \lambda_1}=2C_{10}(\lambda_1-\lambda_1^{-3}) \tag{16-24}$$

通过试验可得到三条名义应力相对于主伸长的曲线，采用以上表达式拟合三条曲线，得到最佳材料系数C_{10}。D_1 可通过静水压力试验曲线得到。至此该材料完全确定。其他超弹性模型的材料系数可采用同样的方法得到。

16.2.3 超弹性材料卡片

超弹性材料可通过 MATHE 定义。根据定义的超弹性模型的不同，采用不同的格式。Mooney-Rivlin 类型的超弹性定义见表 16-2。

表 16-2 MATHE 卡片 Mooney-Rivlin 模型定义

(1)	(2)	(3)	(4)	(5)	(6)	(7)	(8)	(9)	(10)
MATHE	MID	MODEL		NU	RHO	TEXP	TREF		
	C10	C01	D1	TAB1	TAB2		TAB4	TABD	
	C20	C11	C02	D2	NA	ND			
	C30	C21	C12	C03	D3				
	C40	C31	C22	C13	C04	D4			
	C50	C41	C32	C23	C14	C05	D5		

其中，MODEL 定义超弹性模型类型；NU 为泊松比，默认值为 0.495，需要注意的是 NU 值只能接近 0.5，但是不能设置为 0.5，否则为完全不可压，会导致计算不收敛；RHO 为材料密度；TEXP 为热膨胀系数；TREF 为参考温度；Cij 为 Mooney-Rivlin 模型中的材料参数，可通过数据拟合得到，详见 16.2.2 节；NA 为偏斜应变能多项式的项数；ND 为体积应变能多项式的项数；TAB1 为单轴拉伸试验曲线；TAB2 为双轴拉伸试验曲线；TAB4 为纯剪试验曲线。这些曲线中，x 轴为伸长比，y 轴为工程应力。卡片中如果定义了曲线，就不需要定义 Cij 了，反之亦然。

ABOYCE 类型的超弹性材料定义见表 16-3。

表 16-3 MATHE 卡片 ABOYCE 模型定义

(1)	(2)	(3)	(4)	(5)	(6)	(7)	(8)	(9)	(10)
MATHE	MID	MODEL		NU	RHO	TEXP	TREF		
	C1	λ_m	D1	TAB1	TAB2		TAB4	TABD	
	D1								

其中，MODEL、NU、RHO、TEXP、TREF 字段的定义同上；C1、λ_m、D1 的定义见式（16-16）；TAB1、TAB2、TAB4、TABD 的定义同 Mooney-Rivlin 类型。

OGDEN 类型的超弹性材料定义见表 16-4。

表 16-4 MATHE 卡片 OGDEN 模型定义

(1)	(2)	(3)	(4)	(5)	(6)	(7)	(8)	(9)	(10)
MATHE	MID	MODEL		NU	RHO	TEXP	TREF		
	MU1	ALPHA1		TAB1	TAB2		TAB4	TABD	
	MU2	ALPHA2		MU3	ALPHA3				
	MU4	ALPHA4		MU5	ALPHA5				

其中，MODEL、NU、RHO、TEXP、TREF 字段的定义同上；TAB1、TAB2、TAB4、TABD 的定义同 Mooney-Rivlin 类型；MU1 ~ MU5 定义式（16-20）中的μ_i；ALPHA1 ~ ALPHA5 定义式（16-20）中的α_i。

16.3 黏弹性材料

有两类众所周知的材料：弹性固体和黏性流体。弹性固体具有确定的构形，在静载作用下发生的变形与时间无关，卸除外力后能完全恢复原状。黏性流体没有确定的形状，或决定于容器，外力作用下形变随时间而发展，产生不可逆的流动。实际上，塑料、橡胶、油漆、树脂、沥青、石油、肌肉、骨骼、血液等，同时具有弹性和黏性两种不同机理的形变，综合地体现了黏性流体和弹性固体两者的特性，材料的这种性质称为“黏弹性”。

16.3.1 蠕变与松弛

黏弹性材料有两种应力、应变随时间变化的现象。

1）在恒定应力作用下，应变随时间而增加，这种现象称为“蠕变”。金属在高温下发生显著的蠕变现象，它可分为瞬时蠕变、稳态蠕变和加速蠕变三个阶段，如图 16-6 所示。在瞬时蠕变阶段，应变率随时间增加而减小；在稳态蠕变阶段，应变率几乎为一常值；在加速蠕变阶段，应变率随时间迅速增加。

2）当应变恒定时，应力随时间而减小的现象称为“应力松弛”。它与蠕变现象相对应。图 16-7 表示一般应力松弛过程，开始时应力很快衰减，而后逐渐降低并趋于某一恒定值。工程中有的零件不允许应力松弛过快，高温管接头的连接螺钉就是其中的一个实例。

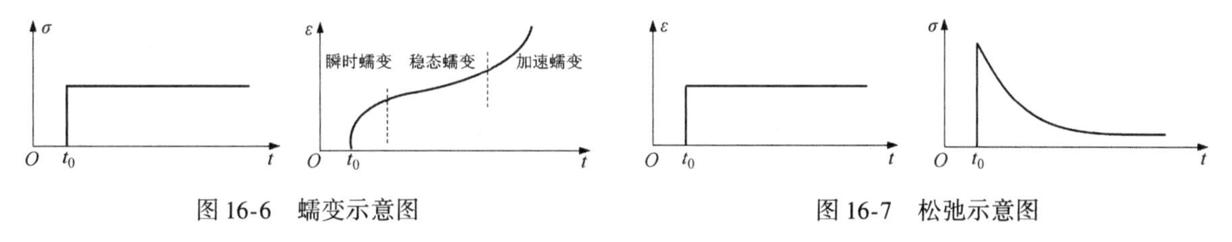

图 16-6　蠕变示意图　　　　图 16-7　松弛示意图

16.3.2 基本黏弹性模型

在线性黏弹性模型中，Maxwell 模型及 Kelvin 模型是两个基本模型，复杂模型可以由这两个基本模型串联、并联或混联得到。下面简单介绍这两种基本模型的黏弹性特性。

1. Maxwell 模型

Maxwell 模型由弹性元件和黏性元件串联而成，如图 16-8 所示。

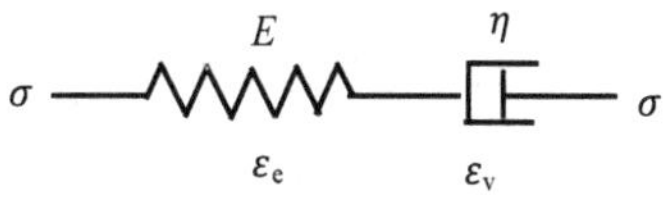

设在应力 σ 作用下，弹性模量为 E 的弹簧和黏性系数为 η 的阻尼器的应变分别为弹性应变 ε_e 和黏性应变 ε_v，串联元件中应力相等，总应变为弹簧元件与黏性元件的和，可表示为

$$\varepsilon = \varepsilon_e + \varepsilon_v,\ \sigma = E\varepsilon_e,\ \sigma = \eta\dot{\varepsilon}_v \tag{16-25}$$

图 16-8　Maxwell 模型示意图

总应变率 $\dot{\varepsilon}$ 为弹性应变率 $\dot{\varepsilon}_e$ 和黏性应变率 $\dot{\varepsilon}_v$ 的和。

$$\dot{\varepsilon} = \dot{\varepsilon}_e + \dot{\varepsilon}_v = \frac{1}{E}\dot{\sigma} + \frac{1}{\eta}\sigma \tag{16-26}$$

考虑蠕变情况，在恒定外力 σ_0 作用下，应力率为 0；考虑到瞬时弹性初始条件，可得到微分方程式（16-26）的解。

$$\varepsilon(t) = \frac{\sigma_0}{\eta}t + \frac{\sigma_0}{E} \tag{16-27}$$

式（16-27）说明 Maxwell 模型有瞬时弹性，应变随时间线性增加，材料可以逐渐地无限产生变形，这是流体的特征。若在 $t = t_1$ 时刻卸除外力，则原有 σ_0 作用下的稳态流动终止，弹性变形部分立即消失，即有瞬时弹性恢复 σ_0/E，残留在材料中的永久变形为 $(t_1 - t_0)\ \sigma_0/\eta$，如图 16-9 所示。

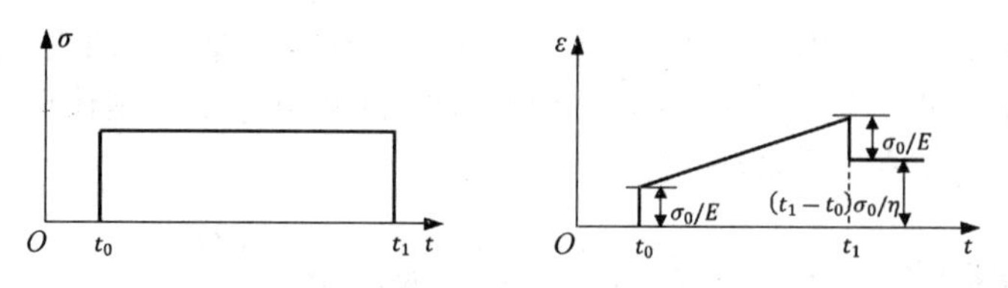

图 16-9 Maxwell 蠕变及恢复示意图

考虑应力松弛状况，施加恒定应变ε_0，则应变率为 0；考虑初始时刻产生的应力为 $E\varepsilon_0$，可得到应力解为

$$\sigma = E\varepsilon_0 e^{-tE/\eta} \tag{16-28}$$

当保持应变ε_0时，应力不断减小，随着时间无限增加，应力衰减到 0，如图 16-10 所示。式（16-28）中，$\tau = E/\eta$ 又称为延迟时间。黏度越小，松弛时间越短，即在较短的时间内衰减为 0；黏度越大，松弛时间越长，应力越不容易衰减为 0。

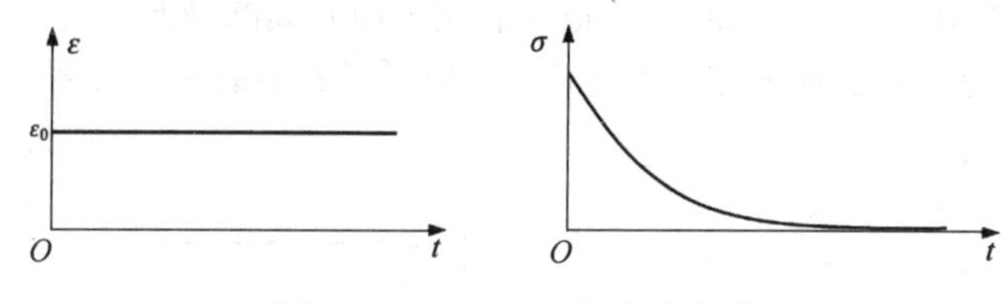

图 16-10 Maxwell 松弛示意图

2. Kelvin 模型

Kelvin 模型由弹簧和阻尼器并联而成，如图 16-11 所示。

两个元件的应变相等，即为模型的总应变，而模型的总应力为两元件应力之和：

$$\sigma = \sigma_1 + \sigma_2 = E\varepsilon + \eta\dot{\varepsilon} \tag{16-29}$$

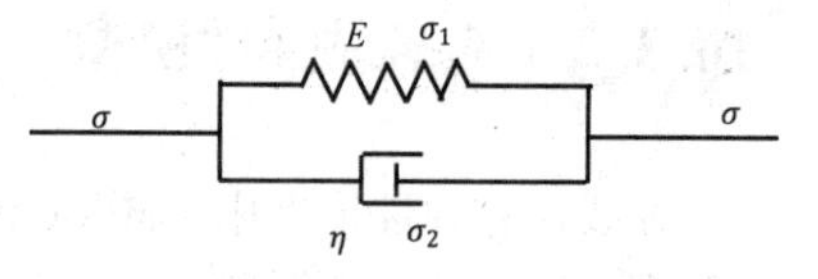

图 16-11 Kelvin 模型示意图

考虑蠕变情况，在恒定应力σ_0作用下，微分方程式（16-29）的解为

$$\varepsilon(t) = \frac{\sigma_0}{E}(1 - e^{-Et/\eta}) \tag{16-30}$$

可见应变随着时间的增加而增加，当 t 趋于无穷时，应变趋于σ_0/E，像一弹性固体。但是 Kelvin 模型没有瞬时弹性，而是按照特定的变化规律发生形变：

$$\dot{\varepsilon} = \frac{\sigma_0}{\eta} e^{-Et/\eta} \tag{16-31}$$

逐渐地趋于应变的渐近值σ_0/E。若在 $t=t_1$ 时刻除去σ_0，恢复过程的应变-时间关系为

$$\varepsilon(t) = \frac{\sigma_0}{E}(e^{-Et_1/\eta} - 1) e^{-Et/\eta} \tag{16-32}$$

当 t 趋于无穷时，应变趋于 0，体现弹性固体的特征，只不过是滞弹性恢复。Kelvin 模型的蠕变及恢复可用图 16-12 简单表示。

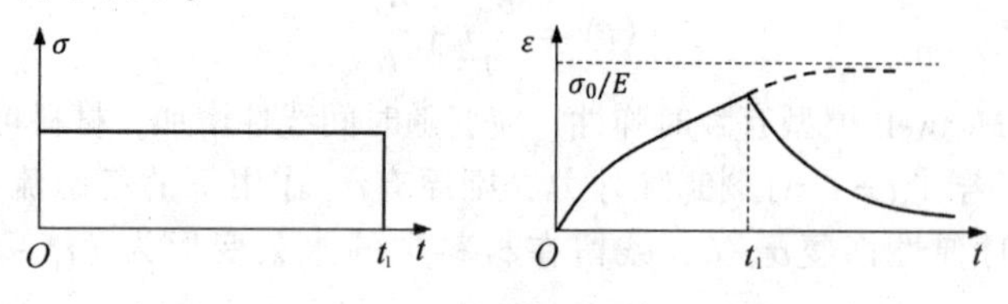

图 16-12 Kelvin 模型蠕变及恢复示意图

Kelvin 模型不表现应力松弛过程，因为阻尼器发生变形需要时间，要有应变率才有应力，所以当应变维持常量时，阻尼器不受力，全部应力由弹簧承受。

由上述可知：Maxwell 模型能体现松弛现象，但不表示蠕变，只有稳态流动；Kelvin 模型可体现蠕变过程，却不能表示应力松弛。同时它们反映的松弛或蠕变过程都只是时间的一个指数函数，而大多数聚合物等材料的流变过程均较为缓慢，因此，为了更好地描述实际材料的黏性性质，常用更多的基本元件组合成其他模型。

16.3.3 蠕变柔量与松弛模量

基本模型的蠕变或松弛过程表明，应变或应力响应都是时间函数，它反映材料受简单载荷时的黏弹性行为，因此可以定义两个重要函数——蠕变函数和松弛函数，又称为蠕变柔量和松弛模量。

线性黏弹性材料在恒应力σ_0作用下随时间而变化的应变响应可表示为

$$\varepsilon(t) = J(t)\,\sigma_0 \tag{16-33}$$

式中，$J(t)$为蠕变柔量，它表示单位应力作用下t时刻的应变值，一般是随时间单调增加的函数。

线性黏弹性材料在恒应变ε_0作用下随时间变化的应力响应可表示为

$$\sigma(t) = Y(t)\,\varepsilon_0 \tag{16-34}$$

式中，$Y(t)$称为松弛模量，它表示单位应变作用时的应力，一般是随时间增加而减小的函数。

16.3.4 积分型本构

在前面的基本模型介绍中，采用的是微分形式的本构方程。黏弹性材料本构也可以采用积分型本构，有时候积分型本构会更方便。下面简单介绍积分型黏弹性材料本构。

蠕变柔量和松弛模量表征的是恒定应力、应变作用下材料的响应，但是一般的受载过程比较复杂，可以看作许多作用力的叠加。设作用于物体的应力$\sigma(t)$为一连续可微函数，将其分解为σ_0和无数个非常小的应力增量，通过积分材料的应变响应即可得到任意应力$\sigma(t)$作用下的应变响应。下面不加推导地给出，对于任意应力$\sigma(t)$，通过蠕变柔量表示的应变为

$$\varepsilon(t) = \sigma_0 J(t) + \int_0^t J(t-\zeta)\,\dot{\sigma}(\zeta)\,\mathrm{d}\zeta \tag{16-35}$$

式（16-35）为蠕变型本构关系。

同样可给出松弛模量表示的应力为

$$\sigma(t) = \varepsilon_0 Y(t) + \int_0^t Y(t-\zeta)\,\dot{\varepsilon}(\zeta)\,\mathrm{d}\zeta \tag{16-36}$$

式（16-36）为松弛型本构关系。

需要指出的是，蠕变型本构关系与松弛型本构关系是等价的，微分型本构关系和积分型本构关系是一致的。对同一种材料，它们都表示出同样的应力应变关系，只是表达形式不同。

16.3.5 OptiStruct 黏弹性模型

OptiStruct 支持线性的广义 Maxwell 黏弹性材料，通过 MATVE 卡片定义。广义的 Maxwell 模型为 Maxwell 基础模型的并联，如图 16-13 所示，OptiStruct 最多支持五个基本模型并联。

其本构方程可采用松弛模量表示为

$$\sigma = \int_0^t g(t-s)\,\dot{\sigma}(s)\,\mathrm{d}s \tag{16-37}$$

其中

$$g(t) = \gamma_\infty + \sum_i \gamma_i \mathrm{e}^{-t/\tau_i} \tag{16-38}$$

式中，γ_i 为模量比，通过 MATVE 卡片上的 gDi、gBi 定义，gDi 定义偏斜项模量比，gBi 定义体积项模量比；τ_i 为松弛时间，通过 tDi、tBi 定义，tDi 定义偏斜项松弛时间，tBi 定义体积项松弛时间；γ_∞ 为无限长时间后的模量比。

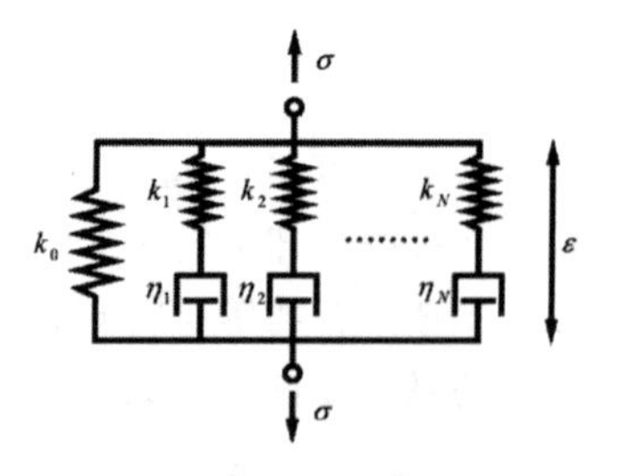

图 16-13　广义 Maxwell 模型

OptiStruct 支持非线性黏弹性模型，通过 MATVP 卡片定义，共有三种类型。

1）应变硬化模型，对应 MATVP 卡片上的 CTYPE = STRAIN，其微分本构关系为

$$\dot{\bar{\varepsilon}}^{c} = A^{1/m+1}\,\bar{\sigma}^{n/m+1}\left((m+1)\,\bar{\varepsilon}^{c}\right)^{m/m+1} \tag{16-39}$$

式中，$\dot{\bar{\varepsilon}}^{c}$ 为等效蠕变应变率；$\bar{\sigma}$ 为等效偏斜应力；$\bar{\varepsilon}^{c}$ 为等效蠕变；A、m、n 为材料常数，通过 MATVP 卡片上的 A、n、m 定义。

2）时间硬化模型，对应 CTYPE = TIMEC/TIMET，其微分本构关系为

$$\dot{\bar{\varepsilon}}^{c} = A\,\bar{\sigma}^{n}\,t^{m} \tag{16-40}$$

式中，$\dot{\bar{\varepsilon}}^{c}$ 为等效蠕变应变率；$\bar{\sigma}$ 为等效偏斜应力；t 为时间；n、m 为材料常数，通过 MATVP 卡片上的 n、m 定义。

3）双曲正弦硬化模型，对应 CTYPE = HYPERB，其微分本构关系为

$$\dot{\bar{\varepsilon}}^{c} = A\sinh^{n}(B\bar{\sigma})\exp\left(-\frac{dH}{R(\theta-\theta^{z})}\right) \tag{16-41}$$

式中，$\dot{\bar{\varepsilon}}^{c}$ 为等效蠕变应变率；$\bar{\sigma}$ 为等效偏斜应力；dH 为活化能，通过 MATVP 卡片上的 dH 定义；θ 为当前温度；θ^{z} 为绝对零度，通过 MATVP 卡片上的 thetaZ 定义；R 为气体常数，通过 MATVP 卡片上的 R 定义；A、B 为材料常数，通过 MATVP 卡片上的 A、B 字段定义。

16.3.6　黏弹性材料卡片

OptiStruct 广义 Maxwell 黏弹性材料通过 MATVE 卡片定义，见表 16-5。

表 16-5　MATVE 卡片定义

(1)	(2)	(3)	(4)	(5)	(6)	(7)	(8)	(9)	(10)
MATVE	MID	Model			gD1	tD1	gB1	tB1	
	gD2	tD2	gB2	tB2	gD3	tD3	gB3	tB3	
	gD4	tD4	gB4	tB4	gD5	tD5	gB5	tB5	

各字段的详细说明见 16.3.5 节。MATVE 可结合 MAT1、MAT9、MATHE 使用，当结合 MAT9 使用时，只能定义偏斜项相关参数。MATVE 适用于 3D 实体单元。

非线性黏弹性材料通过 MATVP 卡片定义，见表 16-6。

表 16-6　MATVP 卡片定义

(1)	(2)	(3)	(4)	(5)	(6)	(7)	(8)	(9)	(10)
MATVP	MID	CTYPE	A	n	m	B	R	dH	
	ThetaZ								

各字段的详细说明参见16.3.5节。MATVP适用于3D实体单元。如果MATVP中的材料参数同温度相关，可进一步通过MATTVP卡片扩展MATVP。MATTVP卡片定义见表16-7。

表16-7　MATTVP卡片定义

(1)	(2)	(3)	(4)	(5)	(6)	(7)	(8)	(9)	(10)
MATTVP	MID		T (A)	T (n)	T (m)				

其中，T（A）、T（n）、T（m）分别定义材料参数A、n、m随温度变化的曲线，这些曲线会覆盖MATVP卡片上的相应常数值。如果没有定义曲线，则采用MATVP卡片上的常数值。

蠕变及松弛一般分两步完成，在第一步里进行瞬时弹性分析，在第二个载荷步中进行蠕变、松弛分析。需要注意的是，在第二个载荷步中需要引用VISCO控制卡片。VISCO卡片定义见表16-8。

表16-8　VISCO卡片定义

(1)	(2)	(3)	(4)	(5)	(6)	(7)	(8)	(9)	(10)
VISCO	ID	CETOL							

其中，CETOL为时间积分容差，通过设置该值来控制积分时间步。

在黏弹性材料分析中，时间不再是一个比例因子，它具有真实的时间意义。蠕变或松弛的时间可通过NLPARM卡片上的TTERM设置。

16.4　黏胶材料

黏胶材料和黏胶单元用来模拟结构中的黏胶开裂，或结构沿着既定线路裂纹扩展的过程。黏胶材料设计的基本思想是：受压刚度非常大，几乎不发生变形；在受拉、受剪作用下，载荷较小时，黏胶材料发生弹性变形，当载荷达到临界值时，发生类似于裂纹扩展的三种破坏，即张开、滑移和撕裂。含黏胶结构如图16-14所示。

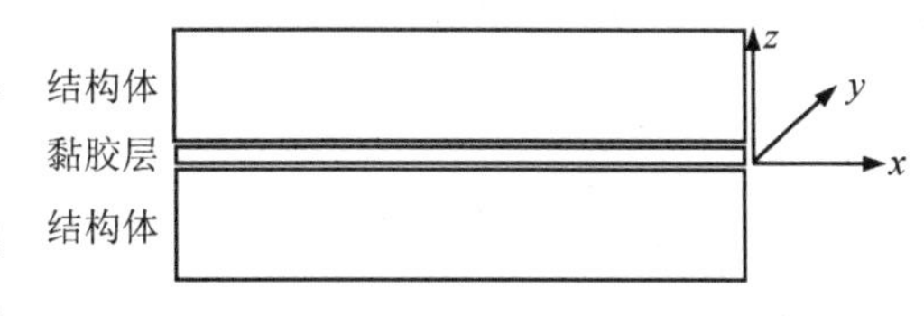

图16-14　黏接结构示意图

xy平面为黏胶层平面，z向为黏胶厚度方向。在OptiStruct中，黏胶层的厚度可以为零，也可以通过接触创建。黏胶材料描述的是黏胶层单位面积等效拉力T_e与等效开口位移d_{eff}之间的关系，等效开口位移定义为

$$d_{eff} = \sqrt{(\beta d_x)^2 + (\beta d_y)^2 + \max(0.0, d_z)^2} \qquad (16\text{-}42)$$

式中，d_x、d_y、d_z为x、y、z三个方向的开口位移，x、y、z局部坐标如图16-14所示；β表示x、y方向的位移影响系数。

拉力分量与等效拉力关系为

$$T_x = \frac{d_x}{d_{eff}} T_e \quad T_y = \frac{d_y}{d_{eff}} T_e \quad T_z = \frac{d_z}{d_{eff}} T_e \qquad (16\text{-}43)$$

式中，T_x、T_y、T_z分为x、y、z三个方向的拉力，x、y、z局部坐标如图16-14所示。

按照拉力与等效开口位移之间的关系是否涉及损伤，黏胶材料模型可分为两类，分别介绍如下。

16.4.1　不考虑损伤的黏胶模型

不考虑损伤的黏胶材料通过直接指定等效恢复力与等效开口位移的非线性关系来定义，其相应

卡片为 MCOHE。按照恢复力与开口位移的表达式形式，可分为三类。

1）双线性型黏胶模型。加载时其等效拉力与开口位移的表达式为

$$T_e = \begin{cases} \dfrac{2Gd}{d_m d_c}, 0 \leqslant d \leqslant d_c \\ \dfrac{2G}{d_m}\left(\dfrac{d_m - d}{d_m - d_c}\right), d_c \leqslant d \leqslant d_m \\ 0, d > d_m \end{cases} \tag{16-44}$$

式中，d 为当前开口位移；d_c 为临界开口位移，即最大恢复力对应的开口位移；d_m 为最大开口位移，即恢复力为零时对应的开口位移；G 为应变能释放率，即单位面积的黏胶破坏需要吸收的能量。

式（16-44）可简单示意为图 16-15。

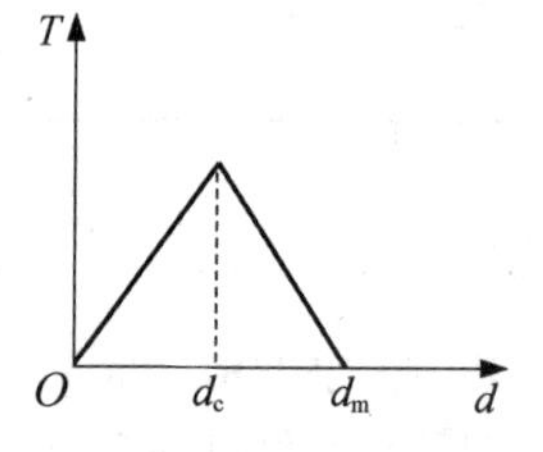

图 16-15　双线性型黏胶模型

卸载时的恢复力同开口位移的关系为

$$T_e = \begin{cases} \dfrac{2Gd}{d_m d_c}, 0 \leqslant d^* \leqslant d_c \\ \dfrac{2G}{d_m}\left(\dfrac{d_m - d^*}{d_m - d_c}\right)\dfrac{d}{d^*}, d_c \leqslant d^* \leqslant d_m \\ 0, d^* > d_m \end{cases} \tag{16-45}$$

式中，d^* 为卸载时的最大开口位移，其他参数意义同上。

该类型材料可通过设置 MCOHE 卡片上的 MODEL = 0 实现，其中，d_c 通过 CRTOD 设置，d_m 通过 MAXOD 设置，G 通过 COHE 设置。

2）指数型黏胶模型。加载时其等效拉力与开口位移的表达式为

$$T_e = G\frac{d}{d_c^2}\mathrm{e}^{-d/d_c} \tag{16-46}$$

式（16-46）可用图 16-16 简单示意，相关符号意义同上。

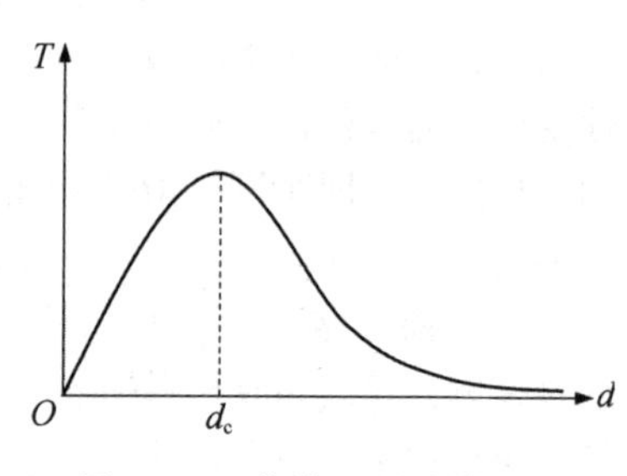

图 16-16　指数型黏胶模型

卸载时单位面积恢复力同开口位移的关系遵循

$$T_e = G\frac{d}{d_c^2}\mathrm{e}^{-d^*/d_c} \tag{16-47}$$

该类型材料可通过设置 MCOHE 卡片上的 MODEL = 1 实现，其中，d_c 通过 CRTOD 设置，G 通过 COHE 设置。

3）线性指数型黏胶模型。加载时恢复力同开口位移的关系可表示为

$$T_e = \begin{cases} \dfrac{2qG}{d_c(q+2)}\dfrac{d}{d_c}, 0 \leqslant d \leqslant d_c \\ \dfrac{2qG}{d_c(q+2)}\mathrm{e}^{q(1-d/d_c)}, d > d_c \end{cases} \tag{16-48}$$

可用图 16-17 简单示意，其中符号意义同上。

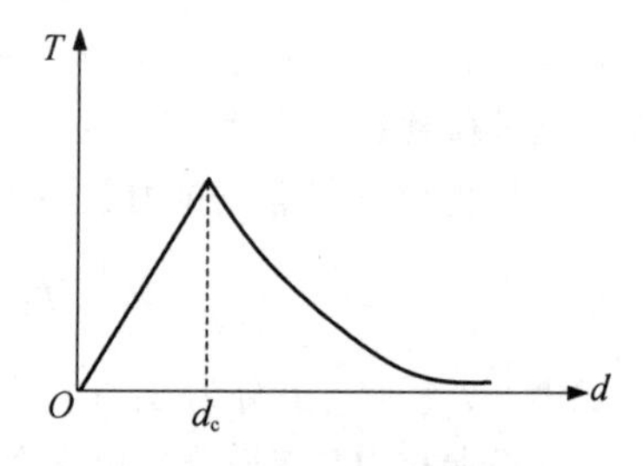

图 16-17　线性指数型黏胶模型

卸载时可表示为

$$T_e = \begin{cases} \dfrac{2qG}{d_c(q+2)}\dfrac{d}{d_c}, 0 \leqslant d^* \leqslant d_c \\ \dfrac{2qG}{d_c(q+2)}\mathrm{e}^{q(1-d^*/d_c)}\dfrac{d}{d^*}, d^* > d_c \end{cases} \tag{16-49}$$

式中，q 为衰减指数，其余参数同上。

该类型材料可通过设置 MCOHE 卡片上的 MODEL = 2 实现，其中，d_c 通过 CRTOD 设置，d_m 通过 MAXOD 设置，G 通过 COHE 设置。

16.4.2 考虑损伤的黏胶模型

在考虑损伤后，黏胶单元恢复力同开口位移的关系为

$$T_i = (1 - D)\, k_i \frac{d_i}{t_0} \tag{16-50}$$

式中，T_i 为 x、y、z 方向上的分力；k_i 为 x、y、z 方向上的初始弹性刚度；d_i 为 x、y、z 三个方向上的开口位移；t_0 为黏胶单元 z 向的初始厚度，可以通过截面属性定义，也可从几何上识别；D 为黏胶单元的损伤。

损伤分为损伤的萌生和损伤的演化两个阶段。损伤的萌生准则可通过 DMGINI 卡片定义，损伤的演化准则可通过 DMGEVO 卡片定义。最终的材料定义通过 MCOHED、DMGINI、DMGEVO 卡片组合完成。

1. 损伤的萌生

黏胶材料损伤的萌生有四种准则，分别介绍如下。

1）线性应变准则。其表达式为

$$\max\left\{\frac{\varepsilon_x}{\varepsilon_{xc}}, \frac{\varepsilon_y}{\varepsilon_{yc}}, \frac{\varepsilon_z}{\varepsilon_{zc}}\right\} = 1.0 \tag{16-50a}$$

$$\varepsilon_i = \frac{d_i}{t_0} \tag{16-50b}$$

式中，ε_i、d_i 分别为 x、y、z 方向的应变及开口位移；ε_{xc}、ε_{yc}、ε_{zc} 分别为 x、y、z 方向上的许用应变；t_0 为黏胶单元的初始厚度。

线性应变准则可通过设置 DMGINI 卡片上的 CRI = MAXE 激活，ε_{xc}、ε_{yc}、ε_{zc} 通过 v1、v2、v3 定义。

2）线性应力准则。其表达式为

$$\max\left\{\frac{\sigma_x}{\sigma_{xc}}, \frac{\sigma_y}{\sigma_{yc}}, \frac{\sigma_z}{\sigma_{zc}}\right\} = 1.0 \tag{16-51a}$$

$$\sigma_i = k_i \frac{d_i}{t_0} \tag{16-51b}$$

式中，k_i、d_i 分别为 x、y、z 方向的初始刚度及开口位移；σ_{xc}、σ_{yc}、σ_{zc} 为材料常数，表示损伤萌生时 x、y、z 三个方向的临界应力；t_0 为黏胶单元的初始厚度。

线性应力准则可通过设置 DMGINI 卡片上的 CRI = MAXS 激活，σ_{xc}、σ_{yc}、σ_{zc} 通过 v1、v2、v3 定义。

3）二阶应变准则。其表达式为

$$\left(\frac{\varepsilon_x}{\varepsilon_{xc}}\right)^2 + \left(\frac{\varepsilon_y}{\varepsilon_{yc}}\right)^2 + \left(\frac{\varepsilon_z}{\varepsilon_{zc}}\right)^2 = 1.0 \tag{16-52a}$$

$$\varepsilon_i = \frac{d_i}{t_0} \tag{16-52b}$$

式中，ε_i、d_i 分别为 x、y、z 方向的应变及开口位移；ε_{xc}、ε_{yc}、ε_{zc} 为材料常数，表示损伤萌生时 x、y、z 三个方向的临界应变；t_0 为黏胶单元初始厚度。

二阶应变准则可通过设置 DMGINI 卡片上的 CRI = QUADE 激活，ε_{xc}、ε_{yc}、ε_{zc} 通过 v1、v2、v3

定义。

4）二阶应力准则。其表达式为

$$\left(\frac{\sigma_x}{\sigma_{xc}}\right)^2 + \left(\frac{\sigma_y}{\sigma_{yc}}\right)^2 + \left(\frac{\sigma_z}{\sigma_{zc}}\right)^2 = 1.0 \tag{16-53a}$$

$$\sigma_i = k_i \frac{d_i}{t_0} \tag{16-53b}$$

式中，k_i、d_i 分别为 x、y、z 方向的初始刚度及开口位移；σ_{xc}、σ_{yc}、σ_{zc}为材料常数，表示损伤萌生时 x、y、z 三个方向的临界应力；t_0 为黏胶单元的初始厚度。

二阶应力准则可通过设置 DMGINI 卡片上的 CRI = QUADS 激活，σ_{xc}、σ_{yc}、σ_{zc}通过 v1、v2、v3 定义。

2. 损伤的演化

损伤的演化可基于开口位移定义，也可基于能量的观点定义，下面分别介绍这两种方法。

（1）基于位移的损伤演化准则

基于位移的损伤演化按照其表达式形式又可分为两种，一种是线性损伤演化，其损伤的表达式为

$$D = \frac{d_f}{d_{max}} \frac{(d_{max} - d_o)}{(d_f - d_o)} \tag{16-54}$$

一种为指数形式的损伤演化，其表达式为

$$D = 1 - \frac{d_o}{d_{max}}\left[1 - \frac{1 - \exp\left(-\alpha \dfrac{d_{max} - d_o}{d_f - d_o}\right)}{1 - \exp(-\alpha)}\right] \tag{16-55a}$$

其中

$$d = \sqrt{(d_x)^2 + (d_y)^2 + \max(0.0, d_z)^2} \tag{16-55b}$$

式中，d_{max}为加载过程中的最大开口位移；d_o为损伤萌生时的开口位移；d_f 为损伤为 1.0 时的最大开口位移；α 为指数因子；d_x、d_y、d_z为 x、y、z 方向的开口位移。

基于位移的损伤演化准则可通过 DMGEVO 卡片上的 TYPE = COHDISP 激活，SHAPE = LIN/EXP 分别对应线性损伤演化和指数形式损伤演化，ALPHA 定义指数因子 α，W1 为损伤萌生时的开口位移d_o。

（2）基于能量的损伤演化准则

基于能量的损伤演化按其表达式形式又分为线性和非线性。

1）线性损伤演化准则可表示为

$$D = \frac{d_f}{d_{max}} \frac{(d_{max} - d_o)}{(d_f - d_o)} \tag{16-56a}$$

$$d_f = \frac{2G_c}{T_c} \tag{16-56b}$$

式中，T_c 为损伤萌生时的恢复力；G_c 等效于裂纹扩展的能量释放率。

在单一模式下，G_c 为相应的单一模式能量释放率。在混合模式下，G_c 有两种等效算法，一种为幂指数型，其表达式为

$$G_c = d^2\left[\left(\frac{\max(0.0, d_z)^2}{G_{Ic}}\right)^{\alpha} + \left(\frac{d_x^{\,2}}{G_{IIc}}\right)^{\alpha} + \left(\frac{d_y^{\,2}}{G_{IIIc}}\right)^{\alpha}\right]^{-1/\alpha} \tag{16-57}$$

式中，G_{Ic}、G_{IIc}、G_{IIIc}为三类裂纹扩展的能量释放率，为材料参数；d 为等效开口位移；d_x、d_y、d_z 为三个方向的开口位移分量。

另一种为 BK 模型，表达式为

$$G_c = G_{nc} + (G_{sc} - G_{nc})\left(\frac{G_s}{G_T}\right)^{\alpha} \tag{16-58}$$

式中，G_{nc}、G_{sc}为材料参数，表示法向和切向能量释放率；G_s、G_T为当前切向和法向能量释放率。

2）非线性损伤演化准则可表示为

$$D = \int_{d_o}^{d_f} \frac{T}{G_c - G_o} \mathrm{d}d \tag{16-59}$$

式中，T 为当前等效恢复力；G_o为损伤萌生时的应变能。

非线性损伤演化按G_c 的表达式形式分为幂指数型和 BK 模型。对于幂指数型，G_c 可通过以下表达式得到

$$\left(\frac{G_{\mathrm{I}}}{G_{\mathrm{Ic}}}\right)^{\alpha} + \left(\frac{G_{\mathrm{II}}}{G_{\mathrm{IIc}}}\right)^{\alpha} + \left(\frac{G_{\mathrm{III}}}{G_{\mathrm{IIIc}}}\right)^{\alpha} = \left(\frac{G_{\mathrm{I}} + G_{\mathrm{II}} + G_{\mathrm{III}}}{G_c}\right)^{\alpha} \tag{16-60}$$

式中，G_{Ic}、G_{IIc}、G_{IIIc}为材料参数，表示三类能量释放率；G_{I}、G_{II}、G_{III}为当前能量释放率。对于 BK 模型，G_c 可采用式（16-58）得到。

基于能量的损伤演化准则可通过 DMGEVO 卡片上的 TYPE = COHENRG 激活，SHAPE = LIN/EXP 分别对应线性损伤演化和非线性损伤演化，MMXFM 为G_c 的计算模式，MMXFM = BLANK/1/2 分别对应单一模式、幂指数模式及 BK 模式。可能出现的组合如下。

- SHAPE = LIN，MMXFM = BLANK，G_c 直接由 W1 设置。
- SHAPE = LIN，MMXFM = 1，ALPHA 为幂指数，W1、W2、W3 分别为开口、滑移、撕裂裂纹能量释放率。
- SHAPE = LIN，MMXFM = 2，ALPHA 为 BK 表达式幂指数，W1、W2、W3 分别为开口、滑移、撕裂裂纹能量释放率。
- SHAPE = EXP，MMXFM = BLANK，G_c 直接由 W1 设置。
- SHAPE = EXP，MMXFM = 1，ALPHA 为幂指数，W1、W2、W3 分别为开口、滑移、撕裂裂纹能量释放率。
- SHAPE = EXP，MMXFM = 2，ALPHA 为 BK 表达式幂指数，W1、W2、W3 分别为开口、滑移、撕裂裂纹能量释放率。

16.4.3 黏胶材料建模

黏胶材料可通过三种方式建模，下面分别介绍这三种方式的注意事项。

（1）黏胶单元 CIFHEX 及 CIFPEN 结合黏胶材料 MCOHE

该方法为不带损伤的黏胶材料。在黏胶层只能设置一层单元。该类型黏胶单元的厚度始终为 1.0，不管几何尺寸是多少。黏胶单元只能连接壳与壳、壳与实体、实体与实体。黏胶单元可以和被连接的壳、实体单元共节点，也可以不共节点。当不共节点时，可通过 TIE 建立连接。黏胶单元需要设置材料坐标系，其中 z 向为厚度方向。

（2）黏胶单元 CIFHEX 及 CIFPEN 结合黏胶材料 MCOHED

该方法为带损伤的黏胶材料。在黏胶层可定义多层单元。黏胶单元只能连接壳与壳、壳与实体、实体与实体。黏胶单元可以和被连接的壳、实体单元共节点，也可以不共节点。当不共节点时，可通过 TIE 建立连接。该类型黏胶单元的厚度可从几何尺寸识别，也可直接在 PCOHE 上通过 THICKNESS 字段设置。黏胶单元需要设置材料坐标系，其中 z 向为厚度方向。

（3）接触 CONTACT 结合 MCODED

该方法不需要创建黏胶单元，只需要在被连接件间建立接触，指定主、从面，在 CONTACT 卡

片的 COHE 续行引用 MCOHED 即可。

16.4.4 黏胶材料分析结果

采用黏胶单元结合 MCOHED 材料分析得到的结果如图 16-18 所示，对齐解释如下。

- Cohesive Damage Index：损伤指数，即式（16-50）中的 D 值。
- Cohesive Energy：黏胶单元内的应变能。
- Cohesive Max. Opening in History：加载、卸载过程中的最大开口位移。
- Cohesive Opening：当前开口位移。
- Cohesive Status：黏胶单元当前所处的状态，0 为加载，1 为卸载/再加载，2 为失效。
- Cohesive Traction：单位面积恢复力，即 T_x、T_y、T_z。

当采用黏胶单元结合 MCOHE 材料分析时，损伤相关的结果就没有了。

采用接触结合 MCOHED 材料分析时，可得到的结果如图 16-19 所示。

- Contact Deformation：当前开口位移。
- Contact Traction：单位面积恢复力，受拉恢复力用负值表示。

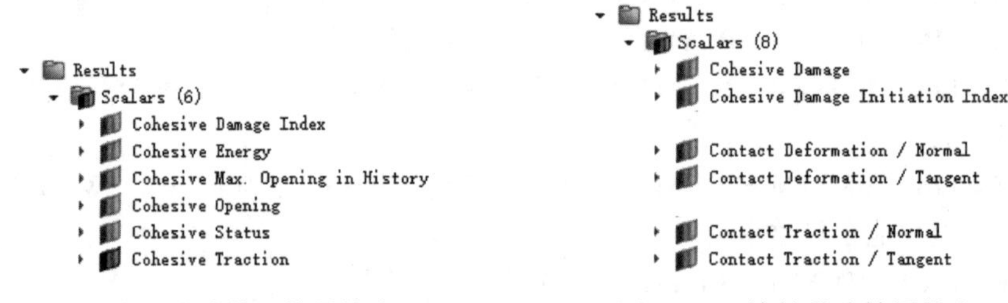

图 16-18 黏胶单元结果输出　　图 16-19 接触黏胶结果输出

16.4.5 黏胶材料卡片

不带损伤的黏胶材料采用 MCOHE 卡片，其定义见表 16-9。

表 16-9 MCOHE 卡片定义

(1)	(2)	(3)	(4)	(5)	(6)	(7)	(8)	(9)	(10)
MCOHE	MID	MODEL							
	COHE	CRTOD	MAXOD	BETA	EXP	VED		SFC	

其中，MODEL、COHE、CRTOD、MAXOD、EXP 在 16.4.1 节中有详细介绍；BETA 见式（16-42）中的 β；VED 为黏性耗散系数，在计算难收敛时，可适当调整该参数，改善收敛；SFC 为受压刚度放缩因子。

带损伤的黏胶材料采用 MCOHED 卡片，其定义见表 16-10。

表 16-10 MCOHED 卡片定义

(1)	(2)	(3)	(4)	(5)	(6)	(7)	(8)	(9)	(10)
MCOHED	MID	Kz	Kx	Ky	SFC	VED		MXDMG	
	DMGINIID	DMGEVOID							

其中，Kx、Ky、Kz 分别为 x、y、z 三个方向的初始刚度；SFC 为黏胶材料受压时的刚度放缩系数；VED 为黏性系数，可改善收敛性；MXDMG 为允许的最大损伤值，当损伤大于该值时，单元被删除；DMGINIID 为 DMGINI 卡片 ID；DMGEVOID 为 DMGEVO 卡片 ID。

黏胶单元损伤萌生采用 DMGINI 卡片，其定义见表 16-11，详细说明见 16.4.2 节。

表 16-11　DMGINI 卡片定义

(1)	(2)	(3)	(4)	(5)	(6)	(7)	(8)	(9)	(10)
DMGINI	DMGINIID	CRI							
	V1	V2	V3						

黏胶单元损伤演化采用 DMGEVO 卡片，其定义见表 16-12，详细说明见 16.4.2 节。

表 16-12　DMGEVO 卡片定义

(1)	(2)	(3)	(4)	(5)	(6)	(7)	(8)	(9)	(10)
DMGEVO	DMGEVOID	TYPE	SHAPE						
	MMXFM	ALPHA	W1	W2	W3				

黏胶材料截面属性定义采用 PCOHE 卡片，其定义见表 16-13。

表 16-13　PCOHE 卡片定义

(1)	(2)	(3)	(4)	(5)	(6)	(7)	(8)	(9)	(10)
PCOHE	PID	MID		THICKNESS			CORDM		

其中，THICKNESS 为黏胶单元厚度，只对 MCOHED 材料相关单元适用；CORDM 为材料坐标，z 向须为黏胶单元厚度方向。

16.5　垫圈材料

垫圈广泛存在于机械行业中，其一个方向的尺寸要远小于另外两个方向的尺寸。在工作状态下，垫圈主要承受沿厚度方向的压力。基于这些特点，在仿真过程中可对垫圈做一些简化处理，认为垫圈厚度方向受压为高度非线性，在较大压力作用下，垫圈可能在厚度方向产生塑性变形，即在卸除外载后，垫圈存在一定的残余变形。也可能产生损伤，即卸载后垫圈可恢复到原形，但是再次加载时，由于材料内部产生了损伤，加载路径不再为初始加载路径。在垂直于厚度的方向，受力较小，可认为变形很小，可假定为弹性。对于塑料、橡胶类垫圈，在温度发生变化时，材料属性会随温度发生变化，需要考虑温度对材料属性的影响。OptiStruct 提供了垫圈材料，通过单元卡片 CGASK、材料卡片 MGASK、属性卡片 PGASK 来仿真垫圈的力学性质，可以考虑上面提到的这些属性。由于本书篇幅有限，该材料就不在这里详细讲解。读者如果感兴趣，可参考 OptiStruct 帮助文档，也可咨询 Altair 技术支持。

16.6　非线性连接

16.6.1　非线性弹簧

OptiStruct 提供了两种非线性弹簧：一种为一维刚度弹簧，即只考虑轴向拉、压刚度，可采用

CBUSH1D 和 PBUSH1D 实现；另一种为三维刚度弹簧，可考虑三个方向的平移刚度、三个方向的转动刚度，通过 CBUSH 和 PBUSH 实现。这两种弹簧的使用比较简单，就不再详述了。

16.6.2 铰连接

铰连接在机械连接中广泛应用。铰连接的本质是约束两个节点之间的相对运动关系，每个节点有六个自由度，约束不同的自由度就构成了不同的铰，比如约束两个节点的 123 自由度，就构成了球形铰。OptiStruct 提供了常用的铰连接模型，见表 16-14。

表 16-14 铰连接类型

类　型	Motion (MOTNJG)	Load (LOADJG)	Stop/Lock (PJOINTG)	Constrained degrees of freedom	Elasticity (PJOINTG)	RIGID (PJOINTG)	CID1	CID2
AXIAL	1	1	1		1		N	N
BALL				1、2、3			N	N
RPIN				1、2、3			Y	N
CARTESIA	1、2、3		1、2、3		1、2、3	123	Y	N
INLINE	1	1		2、3			Y	N
INPLANE	2、3			1			Y	N
CARDAN	4、5、6						Y	N
ORIENT				4、5、6			Y	Y
REVOLUTE	4	4		5、6			Y	Y
UNIVERSA				5（扭转）			Y	Y
HINGE	4	4		1、2、3、5、6	4（仅 ELAS）		Y	Y
RLINK				1（轴）			N	N
RBEAM				1、2、3、4、5、6			N	N
UJOINT				1、2、3、5			Y	Y
CYLINDRI	1、4	1、4		2、3、5、6			Y	Y
TRANSLAT	1	1	1	2、3、4、5、6	1	1	Y	Y
ROTATION	4、5、6	4、5、6	4、5、6		4、5、6	4、5、6	Y	N
AXIAORIE	1	1	1	4、5、6			Y	Y
INLICARD	1、4、5、6	1		2、3			Y	Y
RLINORIE				1（轴）4、5、6			Y	Y
CARTROTA	1、2、3、4、5、6	1、2、3、4、5、6	1、2、3、4、5、6		1、2、3、4、5、6	1、2、3、4、5、6	Y	N
INPLORIE	2、3	2、3	2、3	4、5、6	2、3	2、3	Y	Y

其中，MOTION 列表示可以在某些自由度上通过 MOTNJG 卡片施加强制位移，包括平动及转动。LOAD 列表示可以在某些自由度上通过 LOADJG 卡片施加载荷，包括力及弯矩。STOP 和 LOCK 表示在某些自由度上设置运动范围，STOP 和 LOCK 的区别是，STOP 表示在给定的运动范围移动，LOCK 表示当移动到允许的上下限时，该自由度将被锁死、不再发生相对位移。Constrained degrees of freedom 列表示在给定自由度上，两者的相对位移为 0。以 ORIENT 铰为例，约束了两个节点的 4、5、6 自由度，这意味着两个节点不能发生相对转动，但是可以发生相对平移。Elasticity 列表示在非

约束自由度上，可以通过 PJOINTG 定义运动刚度。以 HINGE 铰为例，约束了 1、2、3、5、6 自由度，在转动自由度 4 上可定义转动刚度。RIGID 列类似于 Elasticity 列，在给定自由度上设置刚度，不同的是该刚度由 OptiStruct 内部自动计算，保证两个节点间不发生相对位移或发生很小的相对位移。CID 列指出可否为两个节点提供局部坐标，局部坐标定义了节点自由度的运动方向。以 RPIN 为例，如果 CID1 提供了局部坐标，且该局部坐标的 x、y 坐标方向与全局坐标的 x、y 方向互换，那么节点 1 处发生位移（u1，u2，u3）时，节点 2 发生的位移为（u2，u1，u3），这时在全局坐标系里观察，可以看到节点 1 和节点 2 之间将会发生相对位移，这一点也是 RPIN 和 BALL 铰连接的区别。

简单的铰连接可以直接通过 JOINTG 卡片定义，见表 16-15。

表 16-15　JOINTG 卡片定义

(1)	(2)	(3)	(4)	(5)	(6)	(7)	(8)	(9)	(10)
JOINTG	JID	JPID	JTYPE	GID1	CID1	GID2	CID2		

其中，JPID 为 PJOINTG 卡片 ID，如果是简单铰，可直接设置 JTYPE，而不需要引用 PJOINTG；GIDi 为组成铰的两个节点；CIDi 为相应的两个节点的局部坐标。

对于复杂属性的铰连接，可以通过 PJOINTG 卡片定义其属性。在铰上施加强制位移可通过 MOTNJG 卡片实现。在铰上施加载荷可通过 LOADJG 卡片实现。限于篇幅，此处不再展开。感兴趣的读者，可参考 OptiStruct 帮助文档，或联系 Altair 技术支持。

16.7　材料非线性分析实例

16.7.1　实例：车门下垂分析

车门下垂分析是车身结构分析的典型工况，一般车门打开一定的角度，取包含该门的 1/4 车身模型进行分析。在本例中，为了较小计算量，只取车门进行分析。模型如图 16-20 所示，约束车身铰链位置，在锁芯位置施加 Z 向集中载荷，约束 X、Y 方向的平动自由度，材料采用弹塑性模型。基础模型已设置好载荷及边界条件，DC04 材料为线弹性材料，需要将其设置为弹塑性材料，添加非线性工况。

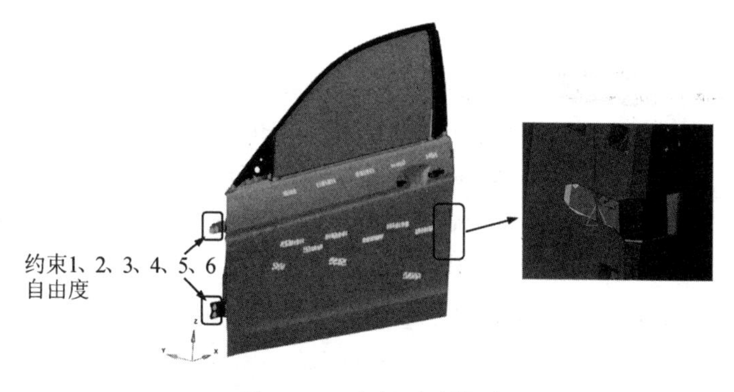

图 16-20　车门下垂模型

模型设置

Step 01 在 HyperMesh 中打开 door_sink_base. fem。

Step 02 在 Utility-> Table Create-> Import Table 中导入 stress_vs_plastic_strain. csv 文件，创建名为 stress_strain_curve 的 TABLES1 卡片。第一个数据点塑性应变为 0，应力为 140MPa，表明初始屈服点是 140Mpa，如图 16-21 所示。

Step 03 选择名为 DC04 的材料，激活 MATS1，设置 TID 为上一步创建的 TABLES1，TYPE 为 PLASTIC，LIMIT1 为 140（表示初始屈服应力为 140MPa），TYPSTRN = 1（表示 TABLES1 卡片上 X 轴为塑性应变，而不是全应变），如图 16-22 所示。

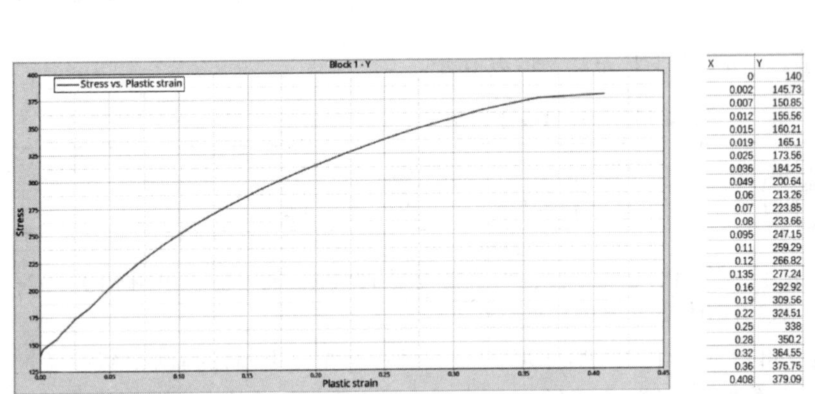

X	Y
0	140
0.002	145.73
0.007	150.85
0.012	155.56
0.015	160.21
0.019	165.1
0.025	173.56
0.036	184.25
0.049	200.64
0.06	213.26
0.07	223.85
0.08	233.66
0.095	247.15
0.11	259.29
0.12	266.82
0.135	277.24
0.16	292.92
0.19	309.56
0.22	324.51
0.25	338
0.28	350.2
0.32	364.55
0.36	375.75
0.408	379.09

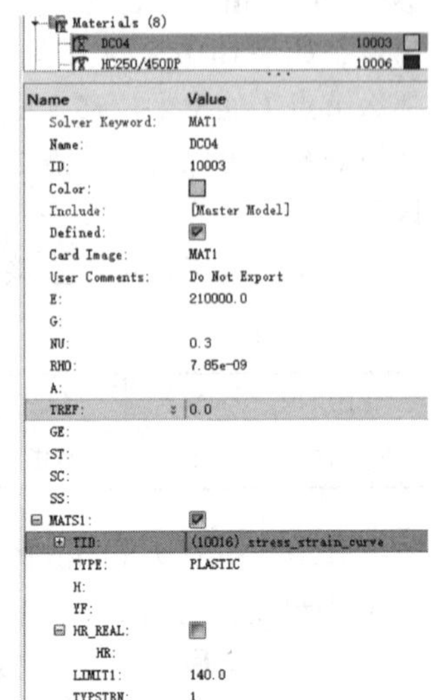

图 16-21　应力-塑性应变曲线　　　　图 16-22　弹塑性材料参数设置

Step 04 在 Analysis-> control cards-> GLOBAL_OUTPUT_REQUEST 面板添加塑性应变输出，并输出塑性应变分量，如图 16-24 所示。

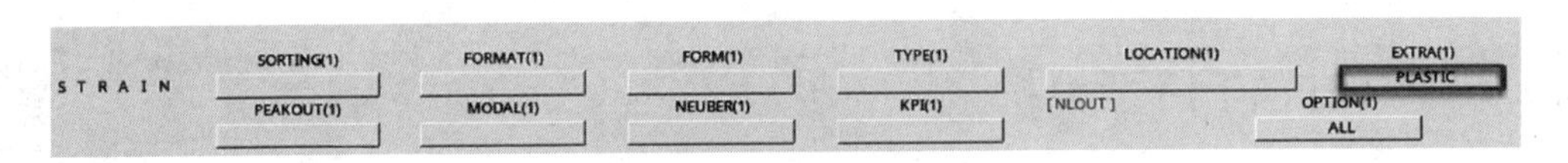

图 16-23　输出塑性应变分量

Step 05 在 Analysis-> control cards-> PARAM 面板打开几何非线性，在计算过程中输出计算结果，如图 16-24 所示。

Step 06 在 Analysis-> loadsteps 面板创建非线性工况，选择相应的 SPC、LOAD、NLPARM、NLOUT 载荷集（单击 next 按钮后会出现 NLOUT 选项），如图 16-25 所示。

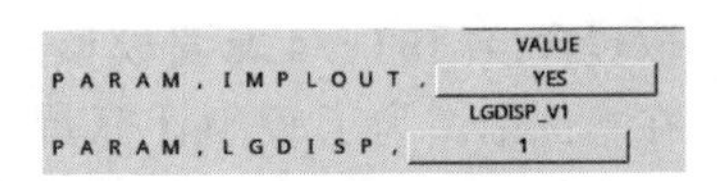

图 16-24　PARAM 参数设置

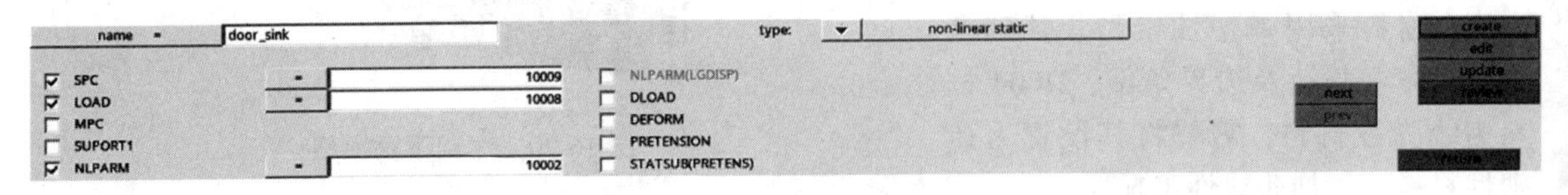

图 16-25　非线性工况创建

Step 07 在 Analysis-> OptiStruct 面板提交计算。

结果查看

在 HyperView 中打开 .h3d 文件，查看应力，如图 16-26 所示，可以看到在铰链安装点附近应力较高。查看等效塑性应变，可以看到在铰链安装点附近存在较小的塑性应变。

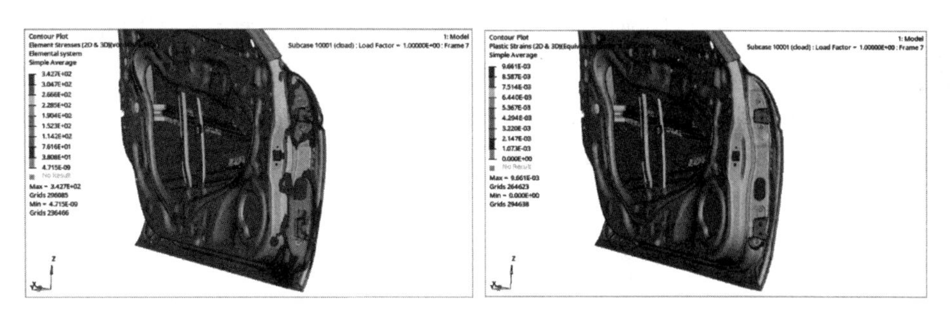

图 16-26 弹塑性应力及应变

16.7.2 实例：密封圈受压自接触分析

本例通过密封圈在压头作用下的自接触来展示超弹性材料的分析过程。模型如图 16-27 所示，取密封圈模型的 1/4 作为分析对象，在对称面施加对称载荷，密封圈底部与底板建立接触，压头与密封圈顶部建立接触，密封圈自身建立自接触。约束压头顶面的 2、3 自由度，在 1 向施加集中力。橡胶圈采用超弹性模型。基础模型已设置好边界条件、载荷、材料、属性、接触等。其中，橡胶采用的是 MAT1 材料，需要改为 MATHE 材料。还需要创建非线性分析工况。

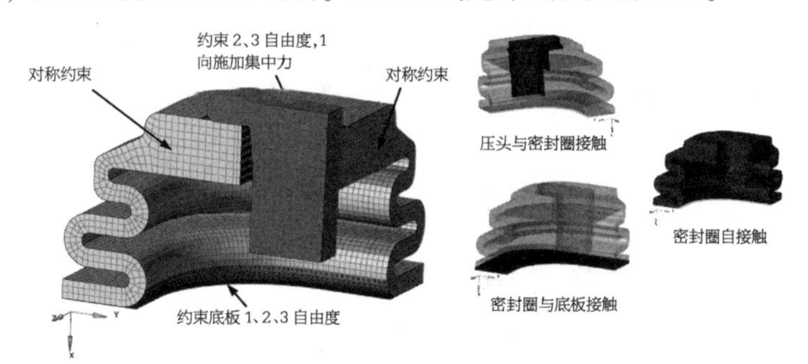

图 16-27 密封圈模型

模型设置

Step 01 在 HyperMesh 中导入 hyperelastic_base. fem 模型。

Step 02 在 Utility-> Table Create-> Import Table 中导入 uniaxial. csv 文件，创建名为 uniaxial 的 TABLES1 卡片。用同样的方法导入 biaxial. csv 及 shear. csv 文件，创建名为 biaxial 和 shear 的 TABLES1 卡

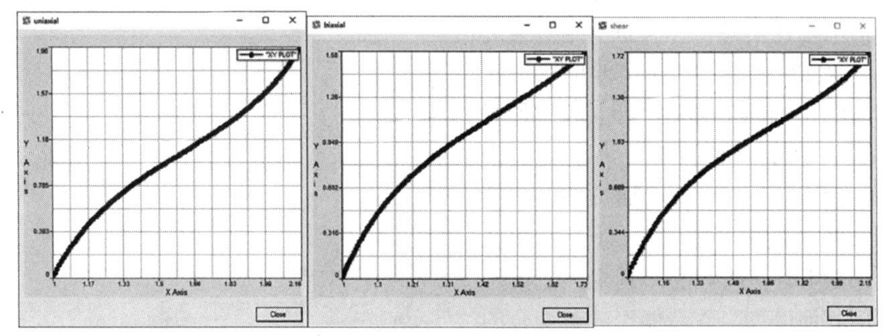

图 16-28 单轴拉伸、双轴拉伸及平面剪切试验曲线

片。这三条曲线分别为超弹性材料单轴拉伸、双轴拉伸、平面剪切试验曲线。曲线如图 16-28 所示。

Step 03 将名为 MATHE 的材料从 MAT1 改为 MATHE，选择模型类型为 ABOYCE，设置 NU 为 0.495，TAB1 为 uniaxial，TAB2 为 biaxial，TAB4 为 shear，如图 16-29 所示。

Step 04 在 Analysis-> control cards-> PARAM 面板打开几何非线性，在计算过程中输出计算结果，如图 16-30 所示。

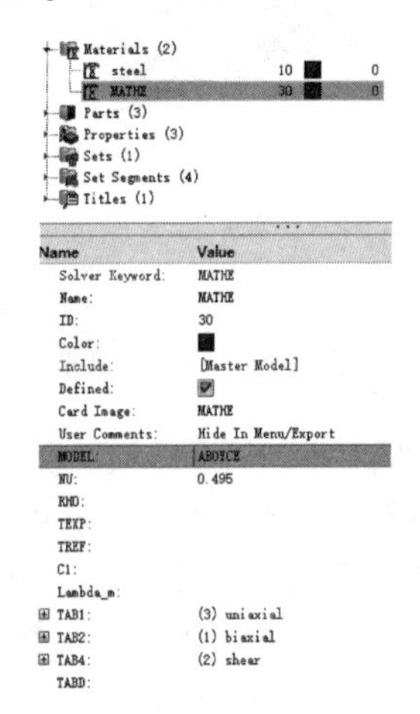

图 16-29 超弹性材料设置

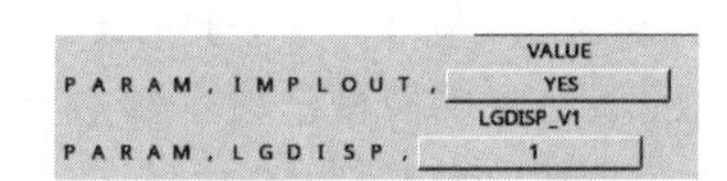

图 16-30 PARAM 参数设置

Step 05 创建非线性分析工况，选择相应的 SPC、LOAD、NLPARM、NLOUT 载荷集，如图 16-31 所示。

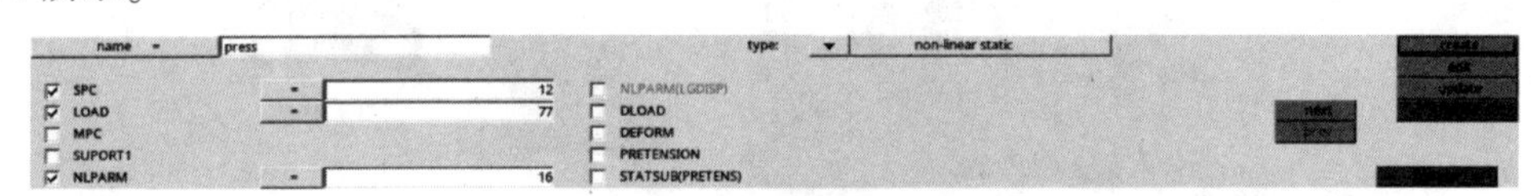

图 16-31 非线性工况创建

Step 06 在 Analysis-> OptiStruct 面板提交计算。

结果查看

打开 .out 文件，可以看到 OptiStruct 通过单轴拉伸、双轴拉伸、平面剪切试验曲线拟合出了 Miu、LambdaMax，如图 16-32 所示。由于没有定义体积应力、应变曲线，所以没有相应的体积应变参数。体积模量由泊松比及其他相关量决定。通过拟合得到的参数可以预测出单轴拉伸、双轴拉伸、平面剪切曲线。如图 16-33 所示，对比预测曲线与试验曲线，对于单轴拉伸，当应变大于 1.0 时，两者的差别变大；对于双轴拉伸，当应变大于 0.6 时，两者的差别变大；对于平面剪切，当应变大于 0.4 时，两者的差别变大。读者可以自行尝试用其他模型，看看能否改善拟合的参数精度。

图 16-32 参数拟合结果

OptiStruct 还会检查超弹性材料的 Drucker 稳

定性条件，如图 16-34 所示，. out 文件中的信息显示该材料是稳定的。

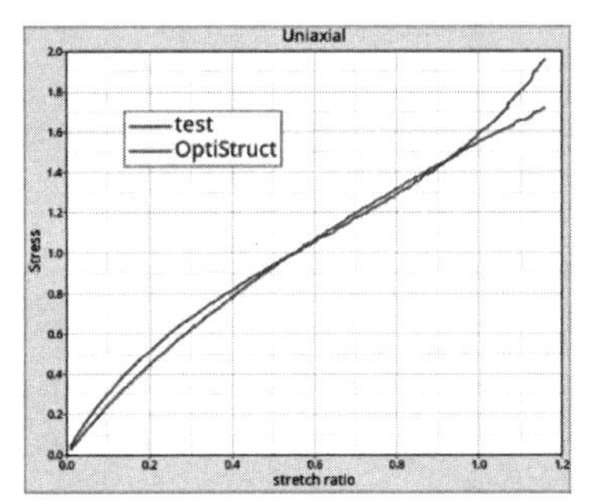

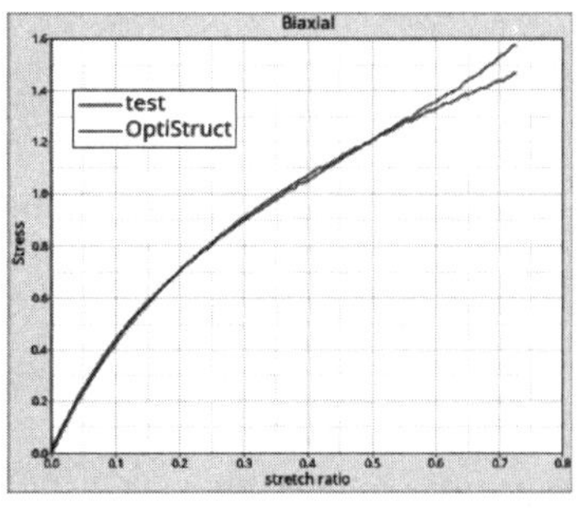

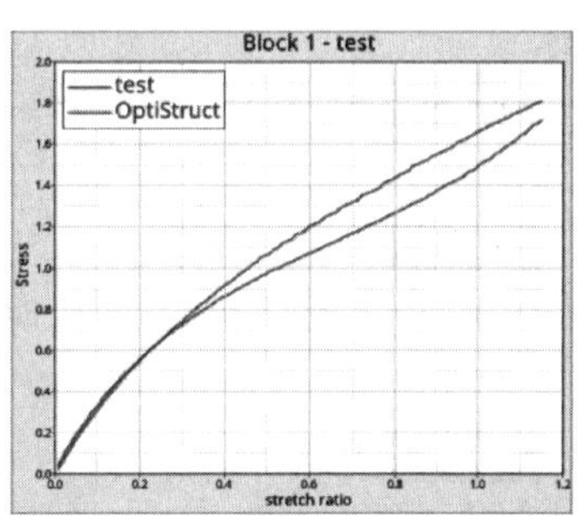

图 16-33　试验曲线与拟合曲线比较

在 HyperView 中打开 . h3d 文件，如图 16-35 所示，可以看到密封圈发生了大的变形，已经发生了自接触。

```
Hyperelastic Material Drucker Stability Check Results (MATHE #      30):

Uni-axial tension:         Stable for all nominal strains
Uni-axial compression:     Stable for all nominal strains
Bi-axial tension:          Stable for all nominal strains
Bi-axial compression:      Stable for all nominal strains
Planar tension:            Stable for all nominal strains
Planar compression:        Stable for all nominal strains
```

图 16-34　Drucker 稳定性检查

图 16-35　应力云图

16.7.3　实例：管道蠕变分析

在核设施中，金属管道常常处于高温环境中，金属在高温下容易发生蠕变。本例通过管道在压力作用下的蠕变分析，展示黏弹性材料的分析过程。模型如图 16-36 所示，取管道的 1/4 进行分析，在对称面上施加对称约束，在管道内部施加水压，管道侧面受到截去的管道的拉力。基础模型已经设置好载荷及边界条件，材料为 MAT1。这里需要扩展 MAT1 的黏弹性材料属性，创建即时弹性分析工况及蠕变分析工况。

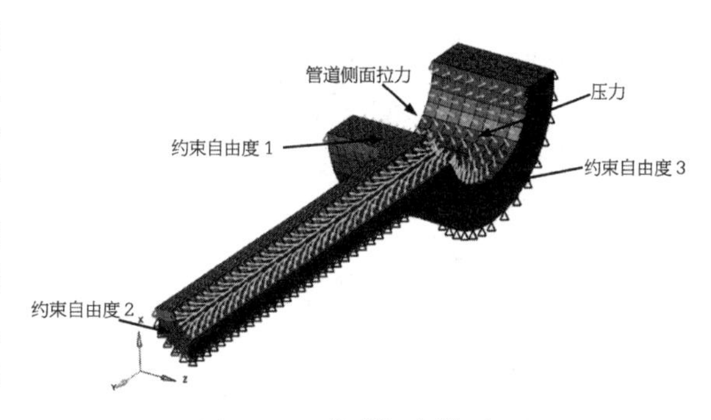

图 16-36　管道蠕变模型

模型设置

Step 01 在 HyperMesh 中导入 creep_base. fem 模型，查看其中已经建立的边界条件及载荷。

Step 02 选择 MAT1_1 材料，激活 MATVP，设置 CTYPE 为 STRAIN，A 为 2. 5e-59，n 为 6. 62，如图 16-37 所示。

Step 03 创建第一个即时弹性分析工况。在 Analysis-> loadsteps 面板创建非线性分析工况，命名为 Pressure，SPC 选择名为 SPCADD 的载荷集，LOAD 选择 LOAD_Pressure 载荷集，NLPARM 选

NLPARM_1 载荷集，NLOUT 选择 NLOUT17，如图 16-38 所示。

Step 04 创建 VISCO 卡片，不需要做任何设置，如图 16-39所示。

Step 05 创建 NLPARM 卡片。命名为 NLPARM_2，设置初始时间步 DT = 1.0，蠕变时间 TTERM = 438000，如图 16-40所示。

Step 06 创建蠕变分析工况。在 Analysis-> loadsteps 面板创建非线性分析工况，命名为 Creep，SPC 选择名为 SPCADD 的载荷集，LOAD 选择 LOAD_Pressure 载荷集，NLPARM 选择 NLPARM_2 载荷集，NLOUT 选 NLOUT18，VISCO 选择 Step 04 创建的 VISCO 卡片。为了得到光滑的蠕变曲线，在 NLOUT 卡片中可以将输出的频率提高一些。蠕变工况需要继承第一个工况分析，需要设置 CNTNLSUB 为 YES，如图 16-41 所示。

图 16-37 蠕变材料设置

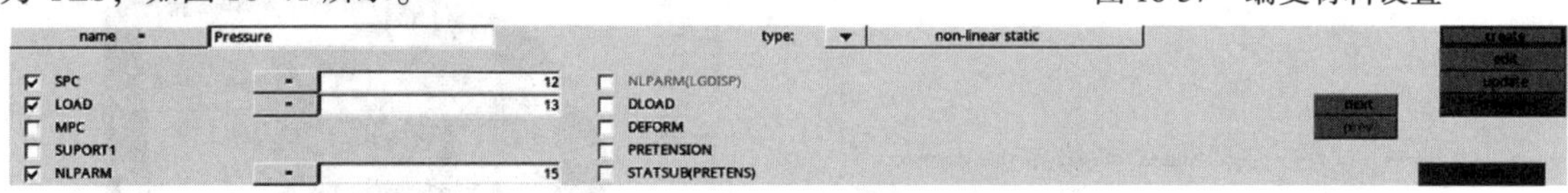

图 16-38 非线性工况创建

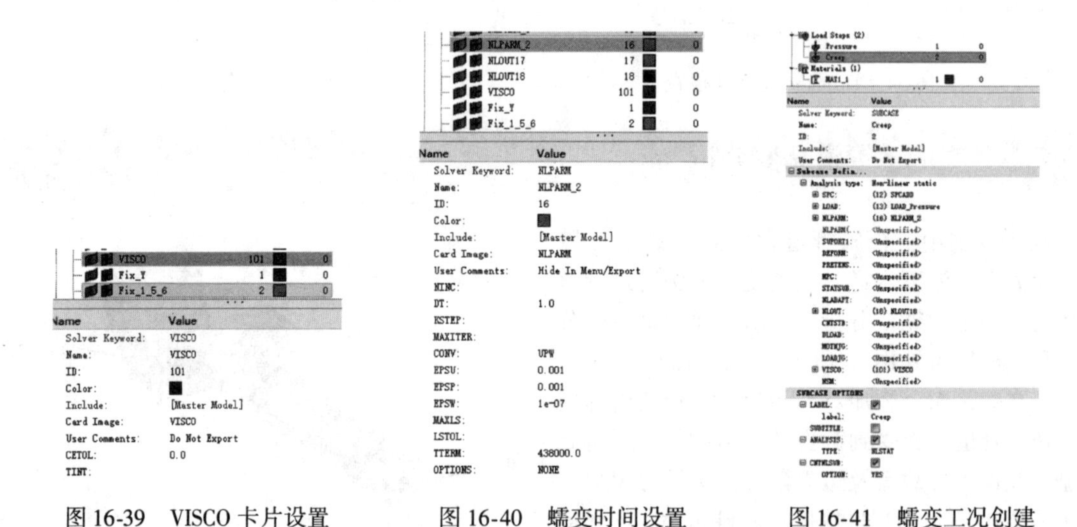

图 16-39 VISCO 卡片设置　　图 16-40 蠕变时间设置　　图 16-41 蠕变工况创建

Step 07 在 Analysis-> OptiStruct 面板提交计算。

结果查看

在 HyperView 中打开结果文件，分别查看 Step 01 及 Step 02 的应力结果及应变结果，如图 16-42 所示。在第一个载荷步只有即时弹性分析，应力较高，应变较低；第二个载荷步中材料发生蠕变，应力降低，应变增加。

在 HyperGraph 中打开 .h3d 文件，选择单元 677 查看第二个工况的等效蠕变及应力，可以看到蠕变应变快速增加，应力急剧下降，如图 16-43 所示。

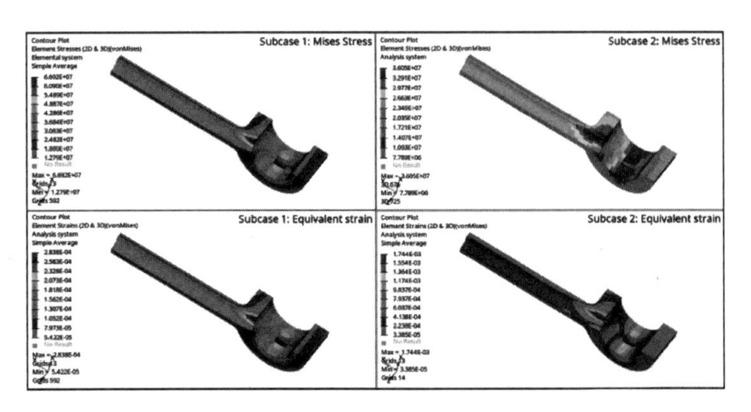

图 16-42　蠕变应力、应变云图

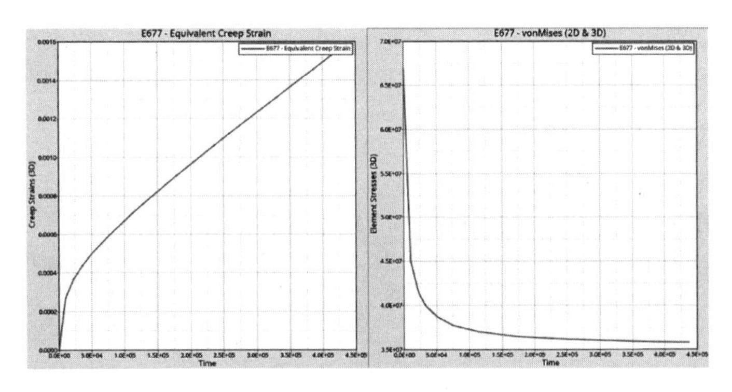

图 16-43　应力、蠕变应变曲线

16.7.4　实例：黏胶分析

本例对通过黏胶结合的两块板在外载作用下的开裂进行仿真，展示黏胶材料的使用方法。模型如图 16-44 所示，上下两块板在界面处通过黏胶接触连接在一起。约束下板底面的 2 向自由度，在底面的一端约束 1 向自由度，另外一端约束 1 向自由度。约束上下板结合处 2 向自由度。约束上板顶面 2 向自由度，在顶面的一端沿着 3 向施加 8 个单位的强制位移。基础模型中已经设置好边界条件和上下板材料，此处需要建立黏胶材料，在界面处建立黏胶接触，创建非线性工况。

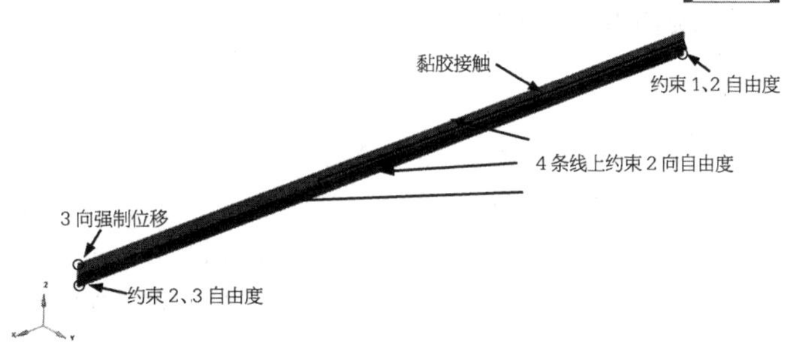

图 16-44　黏胶连接模型

模型设置

Step 01 在 HyperMesh 中打开 Cohesive_contact_damage_base. fem 文件，并查看模型。

Step 02 创建 DMGINI 卡片，选择损伤萌生标准为 QUADS，设置 v1 为 80，v2、v3 为 100。创建 DMGEVO 卡片，设置 TYPE 为 COHENRG，Shape 为 LIN，MMXFM 为 Benzeggagh-Kenane form（BK

模型)，Alpha 为 2.284，w1 为 0.969，w2 为 1.719，如图 16-45 所示。

Step 03 创建 MCOHED 卡片。设置初始刚度 kn = ks = kt = 1000000，VED = 0.0001，DMGINIID 为前一步创建的 DMGINI，DMGEVOID 为前一步创建的 DMGEVO，如图 16-46 所示。

Name	Value
Solver Keyword:	DMGINI
Name:	DMGINI
ID:	33
Color:	
Include:	[Master Model]
Config:	DMGINI
CRI:	QUADS
v1:	80.0
v2:	100.0
v3:	100.0

Name	Value
Solver Keyword:	DMGEVO
Name:	DMGEVO
ID:	32
Color:	
Include:	[Master Model]
Config:	DMGEVO
TYPE:	COHENRG
Shape:	LIN
MMXFM:	2: Benzeggagh-Kenane form
Alpha:	2.284
w1:	0.969
w2:	1.719
w3:	

图 16-45 损伤萌生及演化卡片创建

Name	Value
Solver Keyword:	MCOHED
Name:	MCOHED
ID:	21
Color:	
Include:	[Master Model]
Defined:	☑
Card Image:	MCOHED
User Comments:	Hide In Menu/Export
kn:	1000000.0
ks:	1000000.0
kt:	1000000.0
⊟ SFC_STR:	
SFC:	-1.0
VED:	0.0001
MXDMG:	
⊞ DMGINIID:	(33) DMGINI
⊞ DMGEVOID:	(32) DMGEVO
⊟ Library Data	
Revision:	
Library Name:	
Comment:	

图 16-46 MCOHED 卡片创建

Step 04 创建 CONTACT 卡片。模型中已经创建了名为 slave 和 master 的接触面，在 CONTACT 卡片的 SSID 字段引用 slave，MSID 字段引用 master。激活 COHE，并引用之前创建的 MCOHED 材料。创建好的接触卡片及接触如图 16-47 所示。

Name	Value
Solver Keyword:	CONTACT
Name:	contact
ID:	1
Color:	
Include:	[Master Model]
Card Image:	CONTACT
User Comments:	Hide In Menu/Export
⊟ Property Option:	Property Type
TYPE:	SLIDE
⊞ SSID:	(2) slave
⊞ MSID:	(1) master
MORIENT:	
SRCHDIS:	
⊟ Adjust Option:	String Value
ADJUST:	
CLEARANCE:	
DISCRET:	
TRACK:	
PSURF:	
⊟ COHE:	☑
⊞ MCOHED_ID:	(2) MCOHED
COHERED_NOD...	

图 16-47 黏胶接触创建

Step 05 添加 PARAM，IMPLOUT，YES 参数，在计算过程中输出中间结果。

Step 06 在 Analysis-> loadsteps 页面创建非线性工况，引用相应的 SPC、NLPARM、NLADAPT、NLOUT 载荷集，其中用 NLPARM（LGDISP）引用 NLPARM 载荷集，激活几何非线性。

Step 07 在 Analysis-> OptiStruct 页面提交计算。

结果查看

在 HyperView 中打开 .h3d 文件查看结果。如图 16-48a 所示，损伤云图显示，在黏胶开裂的地方损伤为 1.0，在裂纹尖端损伤大于 0 但是小于 1.0，表示裂纹尖端将要破坏。裂纹尖端后面的黏胶材料损伤为 0。如图 16-48b 所示，界面回复力显示，在黏胶开裂的地方，回复力为 0，材料已完全破坏；在裂纹尖端存在较大的回复力，负值表示界面间存在的是拉力。

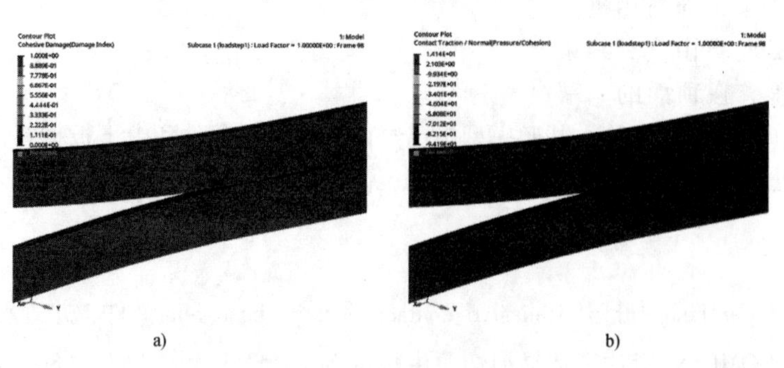

a)　　b)

图 16-48 黏胶分析结果

第 17 章

几何非线性分析

如果物体发生的变形远小于物体自身的几何尺寸，同时材料的应变远小于 1，在此条件下，物体的平衡方程可以不考虑物体的位置和形状变化，因此分析中不必区分变形前和变形后的状态，而且在加载和变形过程中的应变可用位移一次项的线性应变进行近似。这类分析称为“小变形分析”，如果不涉及材料非线性及接触非线性，这类分析为线性分析。

实际应用中会遇到很多不符合小变形假设的问题，例如，板和壳等薄壁结构在一定载荷作用下，尽管应变很小，甚至未超过弹性极限，但是位移较大，材料会有较大的位移和转动，这时的平衡方程需要建立在变形后的构形上，以考虑变形对平衡的影响，同时应变表达式也应包括位移的二次项。这样一来，平衡方程和几何方程都将是非线性方程。这种由于大位移和大转动引起的非线性问题即为几何非线性问题。几何非线性分析涉及的主要问题如下。

1）非线性屈曲分析。

2）跟随力。

本章主要介绍这两个方面的基本理论及 OptiStruct 中如何进行此类分析。

17.1 非线性屈曲分析

17.1.1 非线性屈曲基本理论

屈曲是指结构在外部载荷作用下突然发生大的变形，结构失去承载力的力学行为。屈曲分析分为线性屈曲及非线性屈曲。以扁壳为例，如图 17-1 所示，两端固定的扁壳在顶端受集中力。在线性屈曲分析中，基于小变形假设，通过特征值分析可得到屈曲载荷及屈曲形状，如图 17-2 所示的 A 点。在非线性屈曲分析中，当载荷比较小时，分析结果同线性结果一致。当载荷逐步增大、变形逐

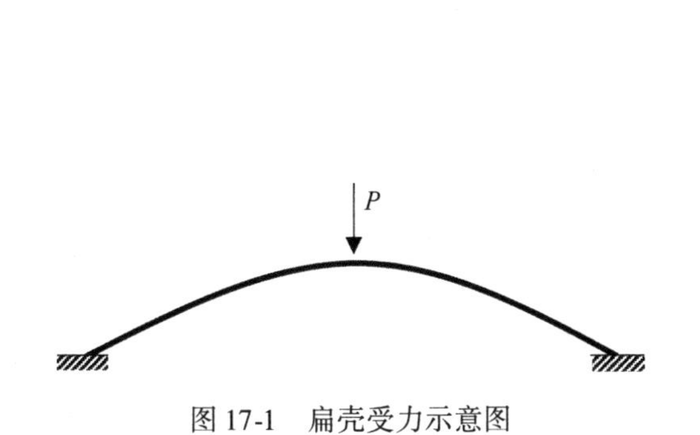

图 17-1　扁壳受力示意图

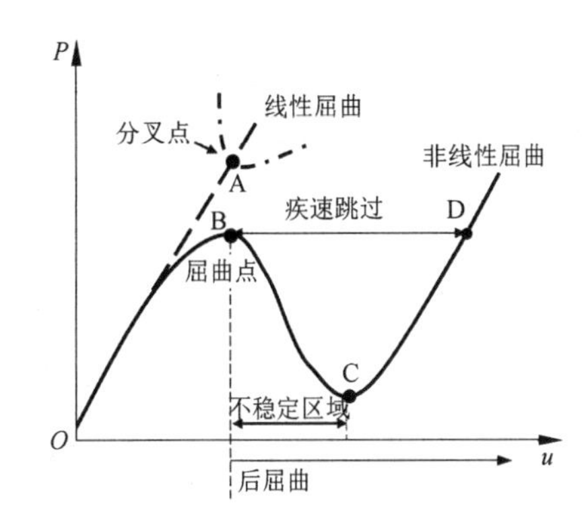

图 17-2　扁壳外载作用下的力位移曲线

步增加时，结构响应呈现出非线性，力位移曲线开始偏离线性结果。如图 17-2 所示，在 B 点外载达到最大，之后变形继续变大，但是结构承受的外载变小，结构发生屈曲。从 B 点到 C 点，变形继续变大，但是结构承受的载荷继续变小。过了 C 点以后位移增加，结构承受的载荷开始增加，直至 D 点达到之前载荷的极限点。从 B 点到 D 点的过程称为“疾速跳过（snap through）”。

屈曲分析与一般的非线性分析不同的是，力位移曲线不再是凸面，采用传统的牛顿法求解非线性方程时，只能求解 OB 段，过了 B 点牛顿法就会发散。在屈曲分析中，跟踪整个加载路径是非常有意义的，包括 BC 不稳定区域，因此需要引入新的方程求解方法。弧长法能很好地解决这个问题。在传统的牛顿法中，只有位移是未知数，弧长法与之不同的是，除了位移，载荷大小也是未知数。由于多了一个未知数，故需要添加一个方程。弧长法的基本方程由结构平衡方程及约束方程组成。

平衡方程：
$$\boldsymbol{R}_{n+1}=\boldsymbol{F}_{\text{int},n+1}(\boldsymbol{u}_{n+1})-\lambda_{n+1}\boldsymbol{P}=0 \tag{17-1}$$
约束方程：
$$f_{n+1}(\boldsymbol{u}_{n+1},\lambda_{n+1})=0 \tag{17-2}$$
式中，n 为最后一次收敛的增量步；$n+1$ 为下一个增量步；$\boldsymbol{R}_{n+1}$ 为不平衡力向量；$\boldsymbol{F}_{\text{int},n+1}$ 为内力向量；$\boldsymbol{u}_{n+1}$ 为 $n+1$ 次增量后的位移向量，为未知量；λ_{n+1} 为载荷因子，为未知量；$\boldsymbol{P}$ 为外力向量。

不同的约束方程构成了不同的弧长法，常用的方法有 Crisfield 方法、RIKS 方法及修正的 RIKS 方法。下面以 Crisfield 方法为例，简单阐述一下方程求解流程。

Crisfield 方法的约束方程为
$$(\boldsymbol{u}_{n+1}-\boldsymbol{u}_n)^{\mathrm{T}}(\boldsymbol{u}_{n+1}-\boldsymbol{u}_n)+\varphi^2(\lambda_{n+1}-\lambda_n)^2\boldsymbol{P}^{\mathrm{T}}\boldsymbol{P}-(\Delta s_{n+1})^2=0 \tag{17-3}$$
式中，Δs_{n+1} 为当前增量步的弧长；φ 为放缩因子，可通过 NLPCI 卡片上的 SCALE 字段设置。

当 φ 为无穷大时，该方法等效于传统的牛顿法，为载荷控制算法，该方法不能求解后屈曲问题；当 $\varphi=0$ 时，为圆柱法，是位移控制算法；当 $\varphi=1$ 时，为圆球法，表示每个增量步下，载荷增量及位移增量构成的向量模等于该增量步的弧长。圆球法可用图 17-3 所示方程在一个增量步内迭代求解的过程。

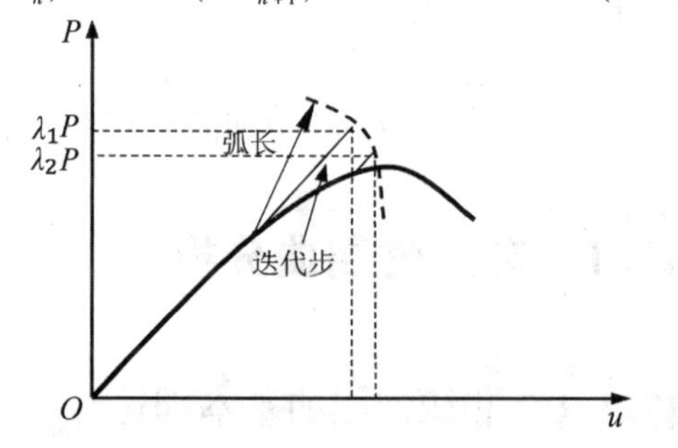

图 17-3　弧长法迭代求解示意图

17.1.2　OptiStruct 弧长法中的时间步

在弧长法中，载荷也是一个未知量，需通过弧长来间接控制载荷的大小。在 OptiStruct 中，弧长初始值由软件自动设置，后续计算根据收敛情况自动调整弧长的大小，用户可通过 NLPCI 卡片上的 MINALR、MAXALR、DESITER、MAXDLF 四个参数控制计算过程中的弧长，其中，MINALR 为最小弧长比例，MAXALR 为最大弧长比例，DESITER 为期望迭代次数。假定当前为第 n 次增量步，迭代次数为 I_n，当前的弧长为 Δs_n，在接下来的增量步中，弧长可表示为
$$\Delta s_{n+1}=\left(\frac{DESITER}{I_n}\right)^{\frac{1}{2}}\Delta s_n \tag{17-4}$$
MINALR、MAXALR 采用下式限制弧长比例的最大、最小值。
$$MINALR\leqslant\frac{\Delta s_{n+1}}{\Delta s_n}\leqslant MAXALR \tag{17-5}$$
如果 MINALR 和 MAXALR 都设置为 1.0，弧长将保持为常数。如果计算容易收敛，则 I_n 值较

小，弧长将在上一个迭代步的基础上增加；相反，如果不容易收敛，弧长将会减小。如果对精度要求不高，可以采用大的 DESITER 值；如果对精度要求高，可采用小的 DESITER 值，最终采用小的弧长。MAXDLF 为允许的最大载荷增量因子，由于载荷增量的大小与弧长相关，设置了最大载荷增量因子就相当于间接设置了弧长。

在弧长法分析中，. out 文件中的时间步与一般的非线性分析具有不同的意义。在一般的非线性分析中，载荷步是载荷的比例因子。以图 17-4 为例，假定模型中施加的是 100N 的集中力，在第 7 个增量步中增加的外载为 0. 15188 × 100N，在增加了这么多载荷后，载荷达到了 0. 43563 × 100N，在这个增量步中，载荷始终保持为 0. 43563 × 100N。第 7 个增量步收敛后，进入第 8 个增量步，第 8 个增量步的增量为 0. 22781，第 8 个增量步的载荷步为第 7 个载荷步加上第 8 个增量步，即 0. 43563 + 0. 22781 = 0. 66344。

```
Starting load increment 7 Current increment 1.5188E-01

 Subcase          4  Load step:  4.3563E-01
-------------------------------------------------------------------------------
               Nonlinear Err. Measures     Gap and Contact Element Status MaxEquiv
Iter Avg. U    EUI       EPI       EWI     Open Closed Stick Slip Frozen  PlasStrn
-------------------------------------------------------------------------------
 1  1.22E-04 3.36E-01 1.18E-01 7.41E-02    587   164      0     0      0  0.00E+00
 2  1.22E-04 7.38E-04 3.69E-05 9.50E-09    587   164      0     0      0  0.00E+00

Starting load increment 8 Current increment 2.2781E-01

 Subcase          4  Load step:  6.6344E-01
-------------------------------------------------------------------------------
               Nonlinear Err. Measures     Gap and Contact Element Status MaxEquiv
Iter Avg. U    EUI       EPI       EWI     Open Closed Stick Slip Frozen  PlasStrn
-------------------------------------------------------------------------------
 1  1.83E-04 3.35E-01 6.83E-02 1.12E-01    575   176      0     0      0  1.05E-04
 2  1.84E-04 6.19E-03 9.38E-03 1.11E-04    574   177      0     0      0  1.61E-04
 3  1.84E-04 3.64E-05 1.06E-07 4.17E-11    574   177      0     0      0  1.60E-04
```

图 17-4　一般非线性分析载荷步信息

在弧长法分析中，. out 文件中的载荷比例信息（比如图 17-5 中第 10 个增量步的载荷增量 0. 020246，载荷比例 0. 60952）不再是一个恒定值，而是第一个迭代步中的载荷增量。每一个迭代步中的载荷增量都在变化，. out 文件中给出的载荷步信息都只是迭代过程中的信息，并没有给出收敛后的载荷增量及载荷比例，因而也就不存在图 17-5 中第 11 步的载荷步 0. 52816 等于第 10 步的载荷步 0. 60952 加上第 11 步的载荷增量 – 0. 021351 的关系。还有一点需要指出的是，弧长法分析中的增量步可能是负值，如果出现负值，表示结构开始进入屈曲。

```
Starting load increment 10 Current increment 2.0246E-02

 Subcase        200  Load step:  6.0952E-01
-------------------------------------------------------------------------------
               Nonlinear Err. Measures     Gap and Contact Element Status MaxEquiv
Iter Avg. U    EUI       EPI       EWI     Open Closed Stick Slip Frozen  PlasStrn
-------------------------------------------------------------------------------
 1  1.36E-01 1.64E-01 8.39E-02 1.54E-02     0     0      0     0      0  0.00E+00
 2  1.35E-01 1.55E-02 3.50E-02 7.37E-04     0     0      0     0      0  0.00E+00
 3  1.35E-01 1.18E-03 9.56E-04 1.27E-06     0     0      0     0      0  0.00E+00
 4  1.35E-01 7.58E-06 1.75E-05 1.75E-10     0     0      0     0      0  0.00E+00

Starting load increment 11 Current increment -2.1351E-02

 Subcase        200  Load step:  5.2816E-01
-------------------------------------------------------------------------------
               Nonlinear Err. Measures     Gap and Contact Element Status MaxEquiv
Iter Avg. U    EUI       EPI       EWI     Open Closed Stick Slip Frozen  PlasStrn
-------------------------------------------------------------------------------
 1  1.54E-01 1.45E-01 9.14E-02 1.93E-02     0     0      0     0      0  0.00E+00
 2  1.53E-01 1.55E-02 3.71E-02 6.47E-04     0     0      0     0      0  0.00E+00
 3  1.53E-01 2.96E-03 1.53E-03 5.08E-06     0     0      0     0      0  0.00E+00
 4  1.53E-01 3.25E-05 7.82E-05 2.74E-09     0     0      0     0      0  0.00E+00
```

图 17-5　弧长法增量步信息

收敛后的增量步信息可在 . monitor 文件的 LOAD FACTOR 一栏看到，如图 17-6 所示。

SUBCASE SID	INCREMENT NUMBER	CUTBACK	CONVERGED	ITER CONT	EQUI	TOTL	INCR	SUBCASE TIME	TOTAL TIME	LOAD FACTOR	MONITOR DISP	GRID	DOF
200	1	-	Yes	0	4	4	0.100	-	-	0.100	-1.084	25	3
200	2	-	Yes	0	4	4	0.094	-	-	0.194	-2.298	25	3
200	3	-	Yes	0	4	4	0.086	-	-	0.280	-3.629	25	3
200	4	-	Yes	0	4	4	0.076	-	-	0.355	-5.043	25	3
200	5	-	Yes	0	3	3	0.065	-	-	0.421	-6.500	25	3
200	6	-	Yes	0	4	4	0.076	-	-	0.497	-8.564	25	3
200	7	-	Yes	0	4	4	0.057	-	-	0.554	-10.524	25	3
200	8	-	Yes	0	4	4	0.034	-	-	0.588	-12.317	25	3
200	9	-	Yes	0	4	4	0.001	-	-	0.589	-13.852	25	3
200	10	-	Yes	0	4	4	-0.040	-	-	0.550	-15.007	25	3
200	11	-	Yes	0	4	4	-0.078	-	-	0.472	-15.769	25	3
200	12	-	Yes	0	4	4	-0.103	-	-	0.368	-16.275	25	3
200	13	-	Yes	0	4	4	-0.118	-	-	0.250	-16.636	25	3
200	14	-	Yes	0	3	3	-0.127	-	-	0.123	-16.842	25	3
200	15	-	Yes	0	4	4	-0.182	-	-	-0.059	-16.550	25	3
200	16	-	Yes	0	4	4	-0.130	-	-	-0.189	-14.896	25	3
200	17	-	Yes	0	5	5	-0.145	-	-	-0.335	-14.078	25	3
200	18	-	Yes	0	5	5	-0.034	-	-	-0.369	-17.856	25	3
200	19	-	Yes	0	4	4	0.232	-	-	-0.136	-23.171	25	3
200	20	-	Yes	0	4	4	0.490	-	-	0.354	-27.581	25	3
200	21	-	Yes	0	3	3	0.289	-	-	0.643	-29.322	25	3
200	22	-	Yes	0	3	3	0.214	-	-	0.857	-30.419	25	3
200	23	-	Yes	0	3	3	0.143	-	-	1.000	-31.085	25	3

图 17-6 .monitor 文件中的增量步信息

17.2 初始缺陷的引入

上一节的示例中引用了扁壳结构，该结构可通过有限元分析得到后屈曲结果。但是还存在一类结构，在现实中结构受外载会发生屈曲，而有限元却无法仿真出屈曲行为。以压杆稳定为例，考虑图 17-7a 所示的弹性压杆。当 P 由 0 增大时，杆起初保持为直线，而当 P 增大到临界载荷 P_{cr} 时，杆的平衡状态出现不唯一性。如图 17-7b 所示，当 P 增大到 B 点后，杆的平衡状态曲线可以沿着三条曲线 BC、BD 和 BE 中任何一条随 P 上升，这种现象称为“分叉”，而 B 点称为“分叉点”。分叉问题往往不存在唯一解，这也导致了数值解的稳定性问题，为了解决这类问题，可引入初始缺陷，比如引入微小的一阶约束模态变形。除此之外，在有限元分析中，几何模型往往为完美模型，但是在实际制造过程中，可能存在一定的瑕疵，为了更加逼近现实解，也可引入初始缺陷。需要说明的是，初始缺陷仅仅是初始几何模型的改变，不会引入任何的初始应力。OptiStruct 支持两种形式的初始缺陷引入方法：一种为直接将之前的分析结果作为初始缺陷引入，如模态分析的振形结果；另一种为直接调整节点位置。详见 IMPERF 卡片说明。

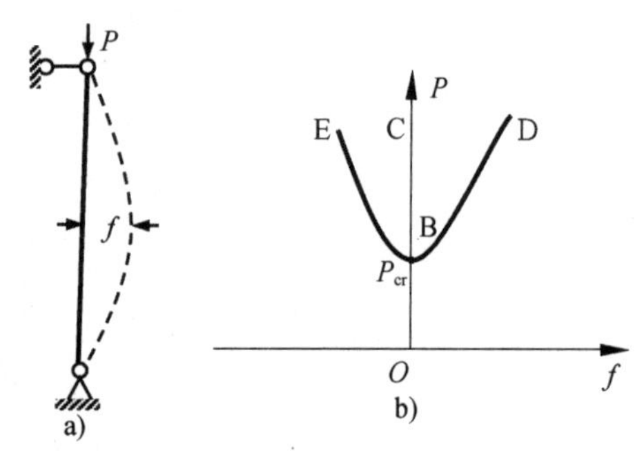

图 17-7 压杆失稳

17.3 依赖于变形的载荷

在之前的分析中，都假设载荷是不依赖于物体的变形状态的。但是在结构产生大位移或大变形的情况下，有时需要考虑外加载荷是依赖于变形状态的“跟随载荷”，在这种载荷形式中，最常见的是压力载荷，在变形过程中，单元的法向会发生变化，导致压力载荷方向发生变化。在发生较大变形时，单元的表面积也会发生变化，导致实际施加于结构的合力发生变化。OptiStruct 支持压力及集中力的跟随力，对所有压力及集中载荷的跟随力激活可采用 PARAM，FLLWER；对单个压力或集中力激活跟随力时可采用 FLLWER 卡片。详见以下卡片说明。

17.4 卡片说明

17.4.1 几何非线性的激活

1）对模型中的所有工况激活几何非线性：PARAM，LGDISP，0/1。

- 0：不打开几何非线性。
- 1：打开几何非线性。

2）对模型中的单个工况激活几何非线性：NLPARM（LGDISP）=OPTION。

当某个工况的 NLPARM 设置存在 LGDISP 字段时，该工况激活几何非线性。

17.4.2　跟随力的激活

OptiStruct 支持压力相关的跟随力，相关卡片为 PLOAD2、PLOAD4、PLOADX1，对于压力可分别考虑变形导致的单元法向的改变、单元表面积的改变；支持集中力相关的跟随力，相关卡片为 FORCE1、FORCE2，可考虑由于节点的移动导致的集中力方向的变化。

1）对模型中的所有相关载荷激活跟随力：PARAM，FLLWER，-1/0/1/2/3。

- -1/0：不激活跟随力。
- 1：激活跟随力，对于压力载荷，考虑单元的法向变化和表面积变化。
- 2：激活跟随力，对于压力载荷，只考虑单元面积的变化，对于集中载荷，同 FLLWER=1。
- 3：激活跟随力，对于压力载荷，只考虑单元的法向变化，对于集中载荷，同 FLLWER=1

2）对模型中的某个工况激活跟随力采用 FLLWER 卡片，FLLWER 卡片定义见表 17-1。

表 17-1　FLLWER 卡片定义

(1)	(2)	(3)	(4)	(5)	(6)	(7)	(8)	(9)	(10)
FLLWER	ID	OPT							
	LOADSET	OPT	LSID1	LSID2	LSID3	LSID4			
	DLOADSET	OPT	LSID5	LSID6	LSID7	LSID8			

其中，OPT=-1/0/1/2/3，意义同对 PARAM，FLLWER 的说明；LOADSET 为 PLOAD#/FORCE#/LOADADD 续行；DLOADSET 为 TLOAD#续行。需要指出的是，FLLWER 必须在 SUBCASE 中引用才会起作用。

17.4.3　弧长法控制卡片

弧长法控制卡片为 NLPCI。NLPCI 卡片是 NLPARM 卡片的扩展，应和 NLPARM 卡片有相同的 ID，其定义见表 17-2。

表 17-2　NLPIC 卡片

(1)	(2)	(3)	(4)	(5)	(6)	(7)	(8)	(9)
NLPCI	ID	TYPE	MINALR	MAXALR	SCALE		DESITER	MAXINC
	LFCTRL	MAXLF	MAXDLF					
	DISPCTRL	MAXDISP	G	C				
	ALCTRL	OPTION						

详细说明如下。

1）TYPE 为约束方程类型，可以为 CRIS、RIKS 和 MRIKS，分别表示 Crisfield 方法、RIKS 方法和修正的 RIKS 方法。

2）SCALE 为控制方程中载荷的贡献所占的比重，为大值时表示载荷控制，类似于传统的牛顿法，不适用于非线性屈曲分析；为小值时表示位移控制。一般取 1.0。

3）MINALR 为最小弧长比例，MAXALR 为最大弧长比例；DESITER 为期望迭代次数；MAX-DLF 为允许的最大载荷增量因子。这四个参数联合控制计算过程中的弧长。

4）MAXINC 为允许的增量步数，默认值为 100，当增量步达到 100 时，即使载荷没有完全施加，也会停止计算。

5）MAXLF 为最大载荷系数，比如模型中施加的载荷是 100，MAXLF = 2，实际计算中当载荷达到 200 或 -200 时就会停止计算。

6）DISPCTRL 续行中，当节点 G 的 C 向自由度位移达到 MAXDISP 时，停止计算。

7）ALCTRL 续行中的 OPTION 可以为 ON 或 AUTO，为 ON 时表示始终采用弧长法；为 AUTO 时 OptiStruct 根据需要打开或关闭弧长法。默认始终采用弧长法。

8）在弧长法分析中，NLADAPT 卡片上的相关字段有不同的意义。NLADAPT，DIRECT，YES 将关闭弧长法，DTMIN 和 DTMAX 表示最小、最大弧长比例，弧长比例定义为当前弧长除以初始弧长。如果定义了 DTMIN，当弧长比例小于 DTMIN 时，计算结束。如果定义了 DTMAX，弧长比例将不超过 DTMAX。

17.4.4 初始缺陷的引入

结构初始缺陷的引入通过 IMPERF 卡片定义，见表 17-3。

表 17-3 IMPERF 卡片定义

(1)	(2)	(3)	(4)	(5)	(6)	(7)	(8)	(9)
IMPERF	ID	TYPE						

TYPE = H3DRES 续行为 H3DRESID、SUBID、NRES、FACT、GSET。

TYPE = GRID 续行为 G、X、Y、Z。

详细说明如下。

1）TYPE 为初始缺陷引入方法，TYPE = H3DRES 表示通过 ASSIGN，H3DRES 卡片指定的 .h3d 结果文件引入初始缺陷，H3DRESID 为 .h3d 结果文件号，SUBID 为 .h3d 结果文件中的 SUBCASE 号。

2）NRES 为屈曲模态序号或增量步序号，NRES = LAST 表示最后一个增量步或模态。

3）FACT 为放缩因子，默认为 1.0。

4）GSET 为需要引入初始缺陷的节点集。当存在多个续行时，最终的初始缺陷形状为这些形状的叠加。

5）TYPE = GRID 表示通过给定节点坐标引入初始缺陷，该续行中的 G 表示节点编号，X、Y、Z 为节点坐标。

需要指出的是，IMPERF 需要在 SUBCASE 中引用才起作用。在带有初始缺陷的分析中，.h3d 结果的 0 时刻并不包含初始缺陷。带初始缺陷的分析支持连续载荷步分析，但是只能在第一个工况中引入初始缺陷。IMPERF 支持非线性静力学及隐式动力学分析。IMPERF 卡片设置示例如下：

```
ASSIGN, H3DRES, 11, ./buckling_modes.h3d $ $指定 buckling_modes.h3d 文件号为 11
SUBCASE 101
    Analysis = NLSTAT
    NLPARM (LGDISP) = 1
    IMPERF = 1
    …
BULK DATA
```

```
IMPERF, 1, H3DRES    $ $ 通过 . h3d 结果文件引入初始缺陷，最终形状为以下三种形状的线性叠加
11, 100, 1, 1.0       $ $ 文件号为 11 的 . h3d 结果文件，Subcase 100，模态 1，比例因子 1.0
11, 100, 2, 0.5       $ $ 文件号为 11 的 . h3d 结果文件，Subcase 100，模态 2，比例因子 0.5
11, 100, 3, 0.1      $ $ 文件号为 11 的 . h3d 结果文件，Subcase 100，模态 3，比例因子 0.1
```

17.5　实例：拱形结构屈曲分析

本例通过一个简单拱形结构来展示结构后屈曲分析过程。模型如图 17-8 所示，在中心线位置每个节点上施加 150N 的集中力载荷，拱形结构的两边约束 1、2、3 自由度，采用线弹性材料。首先不采用弧长法计算该模型，然后采用弧长法，并追踪加载的整个过程。

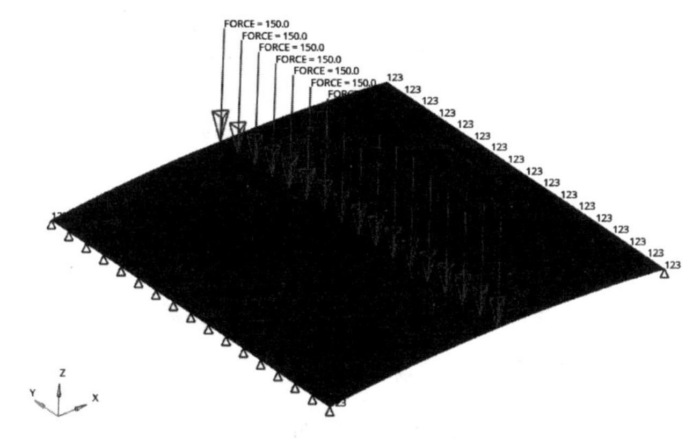

图 17-8　拱形结构屈曲分析

模型设置

1. 采用一般非线性分析

Step 01 在 HyperMesh 中打开模型 roof_NR. fem，该模型已经设置好载荷、边界条件、材料、属性、非线性参数等。模型中除了几何非线性外，不存在其他的非线性因素。在 HyperMesh 中直接提交计算。

Step 02 计算完成后，查看 . out 文件，可以看到模型计算到 0. 38372 时不收敛退出，如图 17-9 所示。

```
Adjusting load increment 26 (correction #5), Current increment 4.8994E-08

 Subcase       200  Load step:  3.8372E-01
-------------------------------------------------------------------------------
               Nonlinear Err. Measures     Gap and Contact Element Status MaxEquiv
Iter Avg. U    EUI       EPI       EWI     Open Closed Stick Slip Frozen  PlasStrn
-------------------------------------------------------------------------------
  1  8.52E-02 5.72E-03 3.21E-05 2.05E-07     0      0      0     0      0  0.00E+00
  2  8.58E-02 7.32E-03 6.43E-05 5.07E-07     0      0      0     0      0  0.00E+00
  3  8.53E-02 5.87E-03 5.90E-05 3.61E-07     0      0      0     0      0  0.00E+00
  4  8.67E-02 1.66E-02 3.19E-04 5.79E-06     0      0      0     0      0  0.00E+00
  5  8.59E-02 9.23E-03 1.60E-04 1.53E-06     0      0      0     0      0  0.00E+00

*** ERROR # 4965 ***
Maximum number of time increment cutbacks reached,
analysis aborted.
```

图 17-9　一般非线性分析无法收敛

2. 采用弧长法分析

Step 01 在 roof_NR. fem 模型中添加 NLPCI 卡片。打开 NLPARM 卡片，激活 NLPCI 选项，设置最大载荷增量步为 0. 02，最大增量步数为 200，如图 17-10 所示。

Step 02 添加 MONITOR 卡片，在计算过程中监测加载点的位移。激活载荷步的 MONITOR 选项，选择节点 25，监测 3 向位移，如图 17-11 所示。节点 25 的 3 向位移将在 . monitor 文件中输出。

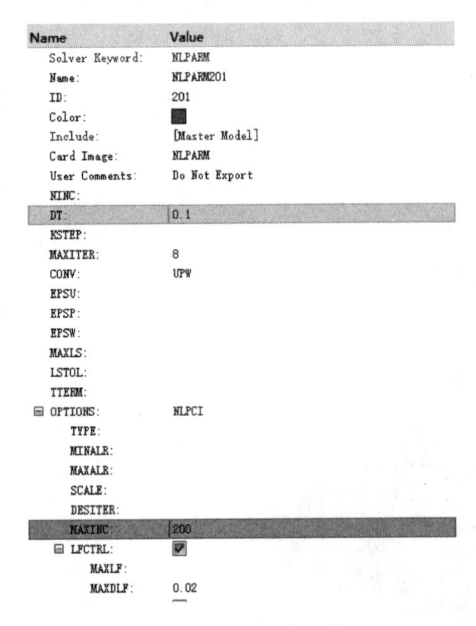

图 17-10　NLPCI 卡片设置

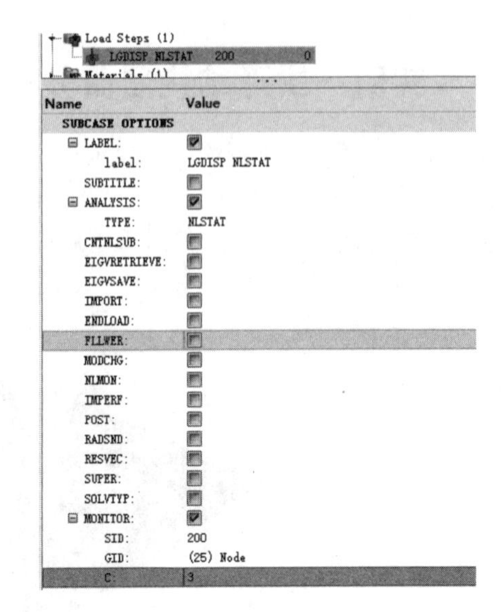

图 17-11　监测节点位移

Step 03 在 Analysis-> control cards-> GLOBAL_OUTPUT_REQUEST 面板勾选 OLOAD 复选框，输出加载节点 25 处的载荷，如图 17-12 所示。首先创建一个节点集（仅包含节点 25），然后在 OLOAD 中引用。

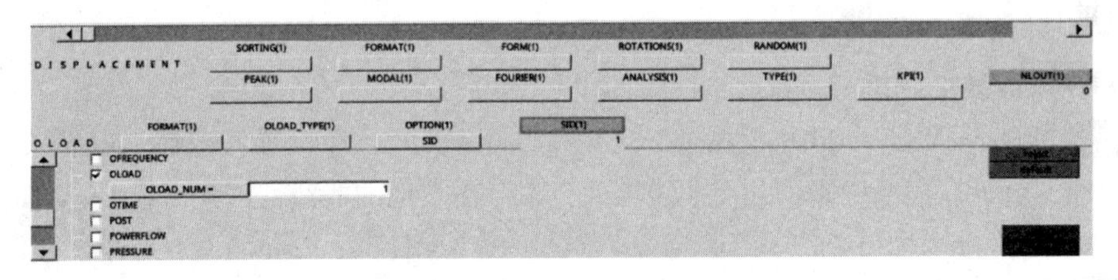

图 17-12　输出加载节点载荷

Step 04 在 Analysis-> OptiStruct 面板提交计算。

Step 05 计算完成后打开 . out 文件，确认增量步少于 200，且载荷步达到 1.0，如图 17-13 所示。在有些情况下，载荷步可能会因为达到 NLPCI 卡片上的 MAXINC 值而停止计算，此时载荷没有完全加载，需要进一步调整 MAXINC。

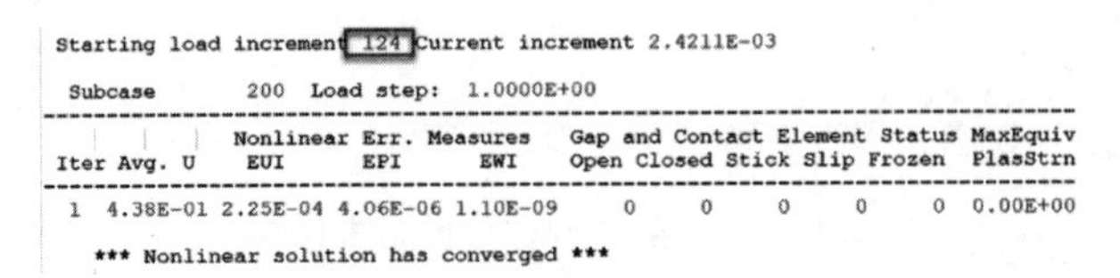

图 17-13　确认计算收敛

Step 06 查看 . monitor 文件，可以看到节点 25 的 3 向位移已输出，如图 17-14 所示。之前的一般非线性求解在 0. 383 处发散，而弧长法中，从 0. 383 开始增量步为负，意味着 0. 383 这个载荷点是屈曲点。

SUBCASE SID	INCREMENT NUMBER	CUTBACK	CONVERGED	ITER CONT	EQUI	TOTL	INCR	SUBCASE TIME	TOTAL TIME	LOAD FACTOR	MONITOR DISP	GRID	DOF
200	1	-	Yes	0	4	4	0.100	-	-	0.100	-0.714	25	3
200	2	-	Yes	0	3	3	0.019	-	-	0.119	-0.864	25	3
200	3	-	Yes	0	3	3	0.019	-	-	0.138	-1.025	25	3
200	4	-	Yes	0	3	3	0.019	-	-	0.157	-1.193	25	3
200	5	-	Yes	0	3	3	0.019	-	-	0.176	-1.369	25	3
200	6	-	Yes	0	3	3	0.019	-	-	0.195	-1.555	25	3
200	7	-	Yes	0	3	3	0.019	-	-	0.213	-1.751	25	3
200	8	-	Yes	0	3	3	0.019	-	-	0.232	-1.958	25	3
200	9	-	Yes	0	3	3	0.018	-	-	0.250	-2.179	25	3
200	10	-	Yes	0	3	3	0.018	-	-	0.268	-2.417	25	3
200	11	-	Yes	0	3	3	0.018	-	-	0.286	-2.673	25	3
200	12	-	Yes	0	3	3	0.017	-	-	0.303	-2.954	25	3
200	13	-	Yes	0	3	3	0.017	-	-	0.320	-3.264	25	3
200	14	-	Yes	0	3	3	0.016	-	-	0.336	-3.612	25	3
200	15	-	Yes	0	3	3	0.015	-	-	0.352	-4.014	25	3
200	16	-	Yes	0	3	3	0.014	-	-	0.365	-4.493	25	3
200	17	-	Yes	0	3	3	0.011	-	-	0.377	-5.098	25	3
200	18	-	Yes	0	3	3	0.007	-	-	0.383	-5.942	25	3
200	19	-	Yes	0	4	4	-0.006	-	-	0.377	-7.243	25	3
200	20	-	Yes	0	4	4	-0.023	-	-	0.354	-8.651	25	3
200	21	-	Yes	0	3	3	-0.035	-	-	0.319	-10.036	25	3
200	22	-	Yes	0	3	3	-0.030	-	-	0.289	-10.979	25	3

图 17-14　监测节点位移输出

Step 07 在 HyperGraph 中绘制载荷位移曲线。在 HyperGraph 中打开 . h3d 文件，横轴选 25 号节点的位移幅值，纵轴选 25 号节点施加的力载荷，绘制载荷位移曲线。可以看到结构经过两次屈曲后载荷稳定上升，如图 17-15 所示。

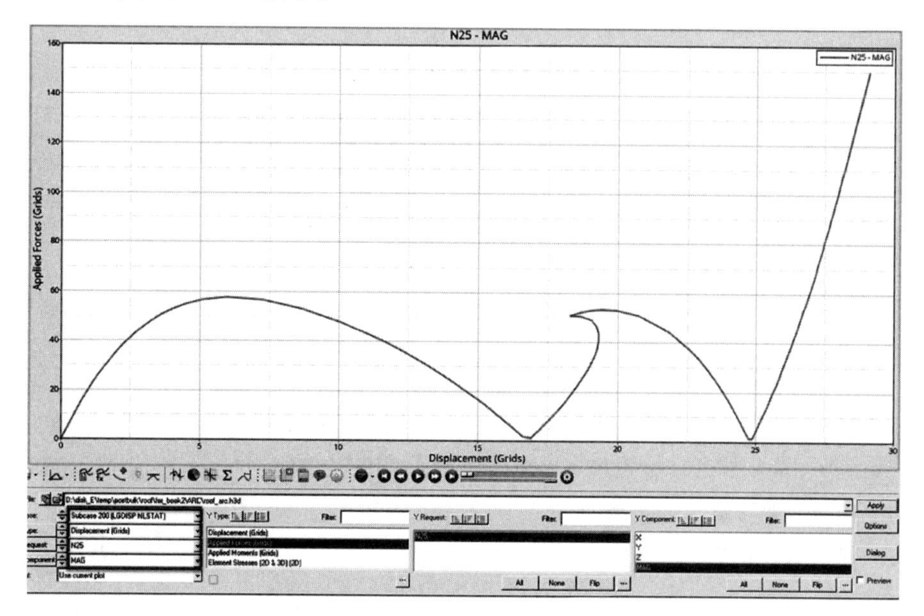

图 17-15　节点 25 的载荷位移曲线

第 18 章 接触非线性分析

物体在接触界面上的相互作用是复杂的力学现象，同时也是界面损伤直至失效和破坏的重要原因。接触过程往往同时涉及材料非线性及几何非线性，接触问题本身也是强烈非线性，其非线性主要来源于两个方面。

1）接触界面的区域大小和相互位置以及接触状态不仅事先未知，而且还随时间变化，需要在求解过程中确定。

2）接触条件的非线性。接触条件包括：接触物体不可相互侵入；接触力的法向分量只能是压力；切向接触的摩擦条件。这些条件区别于一般约束条件，其特点是单边性的不等式约束，具有强烈的非线性。

接触界面的事先未知性和接触条件的不等式约束决定了接触分析过程中需要经常插入接触界面的搜寻步骤，因此接触非线性问题比其他非线性问题更加复杂。本章主要介绍接触分析中的相关内容，及如何在 OptiStruct 中进行接触分析。

18.1 接触离散

接触界面往往由两个接触面组成，分别称为“主接触面”（简称主面）和“从接触面”（简称从面）。将处于主接触面上的单元称为“主接触块”，位于从接触面上的单元称为“从接触块”。三维接触问题中，每一个从接触块可与多个主接触块接触，每一个主接触块也可与多个从接触块接触。接触离散的实质是接触块之间的离散，通过在接触块之间建立接触单元实现接触界面功能。根据接触单元建立方式的不同，接触离散可分为点面接触和面面接触。OptiStruct 中可在 CONTACT 卡片的 DISCRET 字段设置接触离散类型。

1. 点面接触

在点面接触中，将从接触块上的每个节点（从节点）沿着主接触块的法向投影，在主面上找到相应的投影点，该点不一定是主接触块上的节点，而可能是接触块上的任意一点，如果该点在接触的搜索间距内（用户指定），则在从节点和投影点间建立接触单元，如图 18-1 所示。

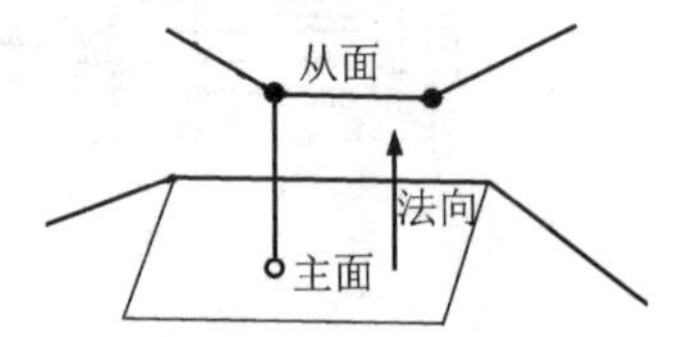

图 18-1　点面接触示意图

一般来说，一个从节点会建立一个接触单元，但是在某些拓扑结构下，需要一个从节点建立几个接触单元。以图 18-2 中的情况为例，从节点被包裹在主面内，在指定搜索间距内可以找到多个主面，从节点可能会和多个主面产生接触，这个时候就需要建立多个接触单元。这种情况也可以通过合理选择主从面来解决，在这个例子中，可以互换主从面，这样每个从节点只需建立一个接触单元即可。

2. 面面接触

面面接触通过在主接触块和从接触块间建立接触单元，而不是在一个从节点和一个主接触块间建立接触单元。在从面上选定某些特定点，比如积分点，为其在搜索间距内找到相应的主接触块，将这些点沿主接触块法向投影到主接触块上，这样在一个从节点附近，接触单元是由其周围的多个主接触块和从接触块建立的，如图 18-3 所示。

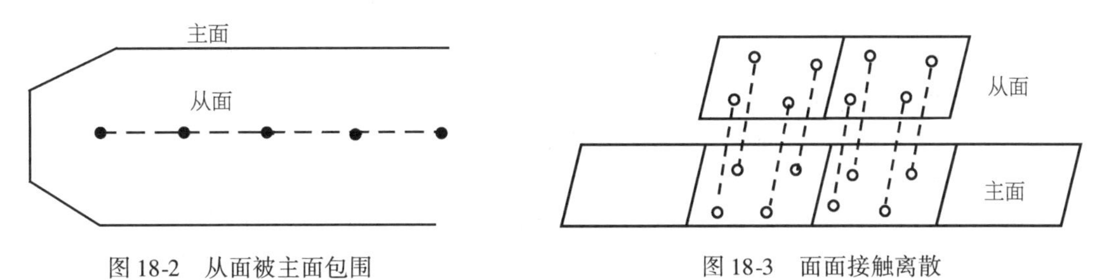

图 18-2　从面被主面包围　　　图 18-3　面面接触离散

3. 对比与选择

两种接触方式的选择与主从面的选择遵循一些基本原则。

- 对于点面接触，建议选择较细网格的接触面作为从面。相对于点面接触，面面接触对主从面的选择不是那么敏感。
- 面面接触的计算效率要低于点面接触，但是面面接触可得到更加光顺的接触压力。
- 如果从节点是通过节点集定义的，则必须采用点面接触。
- 如果从面为实体单元集（通过 SET 定义而不是 SURFACE 定义），建议采用点面接触。
- 如果主从面中存在角点，建议用点面接触，或者将接触面从角点处分开，建立多个面面接触。

18.2　接触约束的引入

建立接触单元后，就需要将接触约束施加到接触单元上。接触约束的引入有两种方法，即罚函数法和拉格朗日乘子法。OptiStruct 在默认情况下都是采用罚函数法。接触约束分为法向约束和切向约束。法向约束表现为接触物体法向不可侵入，在有限元分析中具体表现为法向接触刚度；切向约束表现为接触物体的切向摩擦滑移，在有限元分析中表现为切向接触刚度。

18.2.1　法向接触刚度

法向接触刚度的引入主要是为了满足接触面法向不可侵入条件，按其属性又可分为线性接触刚度和非线性接触刚度。

（1）线性接触刚度

接触单元在法向存在两种接触状态：一种为张开状态，即主从面之间没有产生接触；另一种为闭合状态，即主从面之间产生接触。理想情况下，在张开状态时，接触单元的刚度应该为零，接触状态时刚度为无穷大。但是在数值分析中，这样设置会导致数值振荡、结果不收敛。为了解决这个问题，会容忍一部分的精度损失，以保证结果的收敛，采取的策略是通过考虑主从面材料的刚度，计算出一个相对较大的刚度作为闭合状态的刚度。为了避免在张开转闭合状态过程中刚度的突变，往往并不将张开状态的接触刚度设为零，而是给一个相对很小的值，比如闭合接触状态刚度的 1e-14 倍，这样在损失很小精度的同时也保证了结果的收敛性。该过程也可以用图 18-4 简单示意，假定在初始时刻主从面之间存在 U_0 的间隙，此时主从面之间存在忽略不计的刚度 K_B，在外力作用下，主从面之间发生相向运动，接触状态变为闭合，接触刚度变为 K_A；在外力进一步的作用下，主从面之间发生穿透，接触力增加，直至接触力与外力平衡，得到收敛解。在 OptiStruct 中，默认都是采用线性接触刚度。

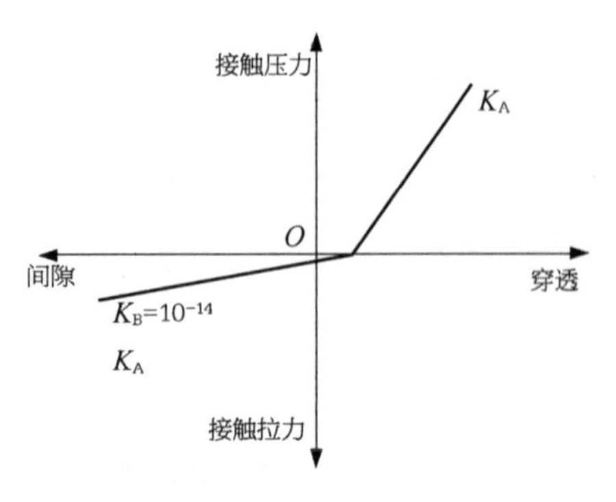

图 18-4 线性接触刚度

（2）非线性接触刚度

在上述的线性接触刚度中，当接触状态由张开转为闭合时，接触刚度发生了突变，从刚度曲线上可以看到存在不光滑点，在少数应用中，这种突变会导致计算结果不收敛，而非线性接触刚度的引入可以很好地避免这个问题。

OptiStruct 提供了两种非线性接触刚度，分别为指数型和二次型，这两种接触刚度仅适用于面面接触。

指数型接触刚度分为三段，其中，横轴表示接触间隙，纵轴为接触压力，用户需给出存在多大间隙（C_0）时即引入接触压力，在间隙为零时接触压力为多少（P_0），这样就很光顺地过渡了张开、闭合接触状态改变导致的接触刚度的突变，如图 18-5 所示。指数型接触刚度可在 PCONT 卡片的 STFEXP 续行定义，其中的 C_0、P_0 意义如上所述，OptiStruct 对这两个字段还提供了 AUTO 选项，软件可自动赋予一个合适的值。

二次型接触刚度需要用户指定接触间隙为多少（C_0）时开始引入初始接触刚度 $K_{initial}$，在接触间隙为多少（C_2）时开始采用二次型接触刚度，在接触穿透为多少（C_1）时开始使用 K_{final}。二次型非线性接触刚度如图 18-6 所示。二次型非线性接触刚度可在 PCONT 卡片的 STFQDR 续行定义，其中 C_0 如上所述，ALPHA1 = C_1/特征长度，ALPHA2 = (C_2 + C_0)/(C_1 + C_0)，ALPHA3 = $K_{initial}$/K_{final}。如果用户不知道如何设置这些值，OptiStruct 提供了默认参数，可以直接采用。

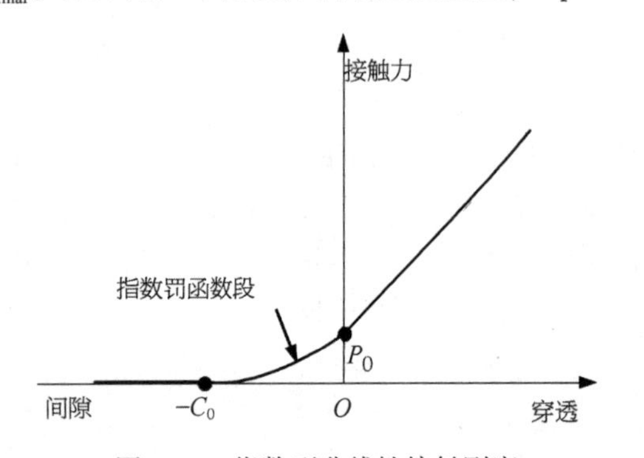

图 18-5 指数型非线性接触刚度

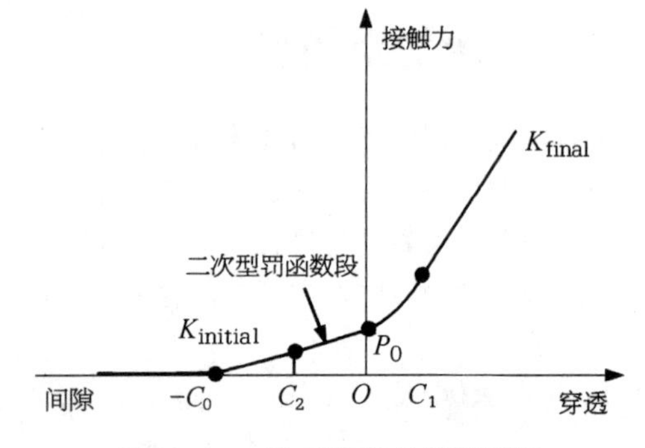

图 18-6 二次型非线性接触刚度

18.2.2 切向接触刚度

库仑摩擦因其简单性和适用性而被广泛应用，它认为当切向力小于摩擦系数乘以压力（μF_n）时，接触界面不会发生变化；当切向力等于该临界值时，接触界面发生相对滑移，且切向接触力等于该临界值。如图 18-7 所示，可以看到切向刚度曲线为高度非线性，在静止转滑移时，切向刚度为无穷大，这种突然变化将造成数值计算中迭代的收敛困难。为了解决这个问题，需要对接触刚度曲线进行改进，使其光滑化。

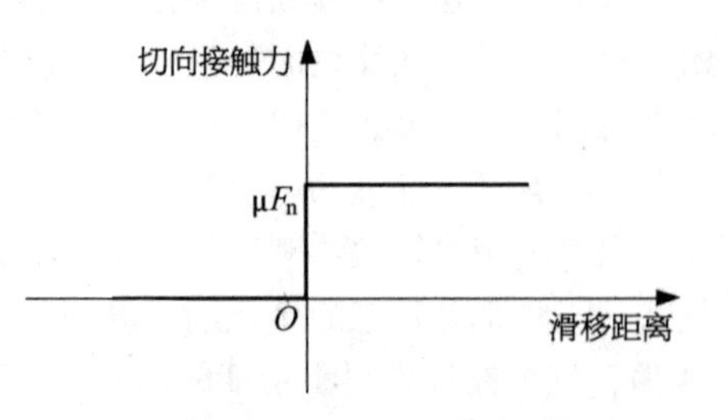

图 18-7 库仑摩擦模型

一种方法为引入有限的静止转滑移的接触刚度，在切向力小于μF_n时，允许界面间发生较小的相对位移。这种方法存在的问题是，同样的模型、不同的正压力下，接触面间静止转滑移过程中发生的相对滑移是不一样的，如图 18-8a 所示。为了改善这一问题，引入了第二种方法，即限制静止转滑移过程中的相对滑移量，这样同一个模型、不同的接触压力下，切向接触刚度不同，但是接触转滑移过程中发生的相对滑移量一致，结果更合理，如图 18-8b 所示。OptiStruct 默认采用第二种方法。不同切向接触刚度模型的切换可以通过 PCONT 卡片上的 FRICESL 来设置。需要指出的是，摩擦的引入导致了非对称刚度，这将使计算收敛变慢。

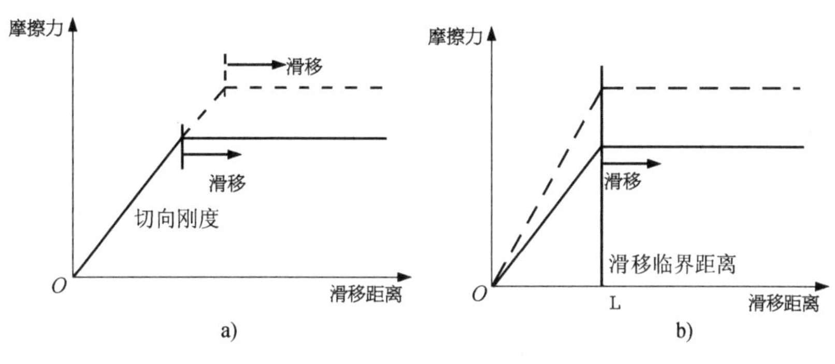

图 18-8　OptiStruct 切向接触刚度模型

18.3　接触类型

建立接触单元、引入接触约束之后，需要根据实际模型选定接触类型。接触类型有以下几种。

1）绑定接触。绑定接触将使主从面之间不发生相对位移，即使主从面之间存在一定的间距，只要在搜索范围内建立了接触单元，这些接触块就都会被绑定，主从面之间的间距保持不变，主从面不发生任何相对位移。绑定接触不涉及接触非线性，在 NVH 分析中也广泛应用。绑定接触可通过 TIE 卡片定义，也可通过将 CONTACT 卡片上的 TYPE 设置为 FREEZE 来定义。

2）滑移接触。主从面之间可以发生切向相对滑移，法向可以分离和接触，根据实际情况可在切向设置摩擦系数。滑移接触可通过将 CONTACT 卡片上的 TYPE 设置为 SLIDE 来建立无摩擦接触，也可设置 MU1 来建立带摩擦接触。

3）黏结接触。当主从面之间法向发生接触时，切向接触将呈黏结状态，不发生相对位移。需要注意的是，该类接触只有在法向为接触状态时才生效，如果法向接触为开口状态，主从面之间是可以发生相对切向位移的。黏结接触通过将 CONTACT 卡片上的 TYPE 设置为 STICK 来实现。

18.4　其他接触控制参数

18.4.1　法向接触力方向

在接触分析中，当主面为实体单元时，接触力总是将侵入的物体推出实体内部，从拓扑几何的角度来说，是很容易识别实体单元的内部与外部的，因而在接触分析中无须为实体单元指定接触力方向。当主面为壳单元时，由于采取抽中面，用二维网格代替三维网格，壳单元不存在体内与体外的概念，所以需要指定接触力的方向。OptiStruct 中提供了四种指定接触力方向的方法，通过 CONTACT 卡片上的 MORIENT 字段设置，选项定义如下。

1）OPENGAP。该参数表明主从面之间没有初始穿透，法向接触力将始终推离主从面，如图 18-9 所示。

2）OVERLAP。该参数表明主从面之间存在初始穿透，法向接触力将推动从节点从主面初始侧移动到另外一侧，如图 18-10 所示。

图 18-9　OPENGAP 类型接触力方向示意图　　图 18-10　OVERLAP 类型接触力方向示意图

3）NORM。接触力将沿着壳单元的法向，如图 18-11 所示。

4）REVNORM。接触力将沿着壳单元法向的反方向，如图 18-12 所示。

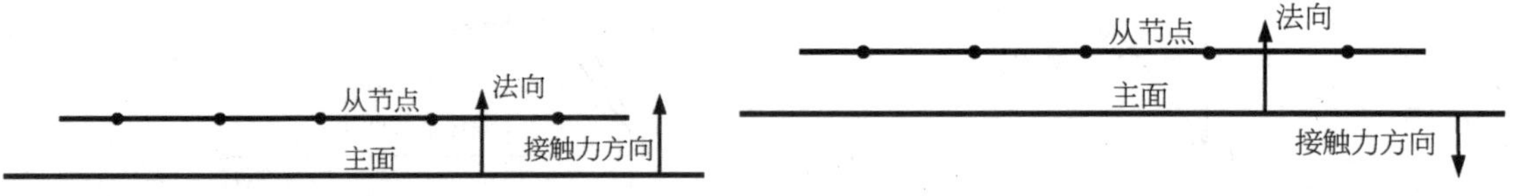

图 18-11　NORM 类型接触力方向示意图　　图 18-12　REVNORM 类型接触力方向示意图

18.4.2　搜索间距

在接触单元的建立中，从节点或从面会在用户指定的搜索间距内搜寻相应的主面，只有在搜索间距内的主从面才会建立接触单元。在 OptiStruct 中，默认的搜索间距为主面单元长度平均值的 2 倍，对于绑定接触为主面单元长度平均值的一半。对于壳单元，接触搜索间距会自动考虑板的厚度。以两块厚度为 2mm 的板为例，两块板的中面距离为 5mm，这两块板的表面距离为 3mm，那么可设置搜索间距为 3.1mm，即可建立接触单元。

18.4.3　接触调整

在有限元分析中，需要对几何面进行离散，CAD 中完美配合的接触面在经过有限元离散后，由于精度损失会存在微小的几何穿透，如果不调整这些小的穿透，软件会认为这些地方是过盈配合，会产生较大的接触力。但是如果手动调整这些穿透工作量会很大。OptiStruct 在 CONTACT 卡片提供了 ADJUST 字段，可自动调整这些小的穿透，选项如下。

- NO：不做调整。
- 大于 0 的实数：调整与主面间距小于或等于 ADJUST 的从节点至主面上，如图 18-13b 所示。
- 等于 0：将存在穿透的节点调整至主面上，如图 18-13c 所示。

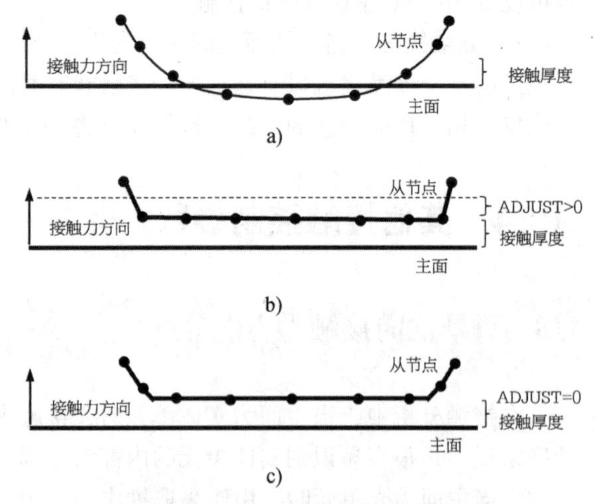

图 18-13　ADJUST 节点调整示意图

a）初始位置　b）ADJUST >0 时调整后位置

c）ADJUST =0 时调整后位置

- AUTO：等效于 ADJUST 等于5%的主面单元平均尺寸。

需要指出的是，当不考虑接触厚度时，节点会被调整到中面上；当考虑接触厚度时，节点会被调整到中面的上表面（中面偏移 T/2），图 18-13 所示为考虑接触厚度影响的结果。

18.4.4 接触间隙

接触间隙为接触单元主从节点之间的几何间距，由主从面之间的几何位置决定。在产品设计中有时需要参数化调整接触间隙，而不是调整几何外形，这样做的好处是可以加快产品设计。OptiStruct 中可通过 CONTACT 或 PCONT 卡片上的 CLEARANCE 来参数化设置接触间隙。设置 CLEARANCE 后，接触间隙直接由该参数决定，与主从面之间的几何位置无关。CLEARANCE 为正值时，表示主从面之间的初始间隙。比如初始主从面之间的间隙是 8，当 CLEARANCE = 5 时，主从面之间发生五个单位的相向运动就可以产生接触。CLEARANCE 为负值时，表示过盈配合，在初始时刻主从面之间产生推力，主从面朝着相反的方向运动。

18.4.5 接触面相对滑移

接触面的相对滑移分为小滑移和大滑移。对于小滑移，主从节点之间的相对滑移量小于一个单元的尺寸，主从面之间的搜索不需要频繁进行，计算速度较快。OptiStruct 中 CONTACT 卡片上的 TRACK = SMALL 即为小滑移，在整个计算过程中，只是在第一个增量步建立接触对，在后续的计算中不再更新接触对。对于大滑移，主从面之间的相对滑移量大于一个单元的尺寸，主从面的建立需要不断更新。TRACK = FINITE/CONSLI 时都可仿真大滑移，其中，TRACK = FINITE （有限滑移）时在每个增量步中更新接触对，TRACK = CONSLI （连续滑移）时在每个迭代步中更新接触对。两者比较而言，CONSLI 收敛性更好，计算结果更准确，但是由于频繁搜索、更新接触对，计算效率相对要低。需要注意的是，大滑移分析必须打开几何非线性。接触分析中默认选项为小滑移，实际相对运动为大滑移，但采用小滑移计算时，会得到奇怪的结果，比如结果显示主从面已经脱离接触，但是计算结果显示还存在接触力。

18.4.6 接触厚度

在有限元分析中，薄板往往采用抽中面，用壳单元模拟，但是实际发生接触的往往是板的上下表面，此时需要考虑板的厚度。在计算中采用的方法为，通过主从面的几何位置计算初始间隙，然后减去主、从面厚度和的一半。接触厚度只适用于壳单元，实体单元没有接触厚度的概念。OptiStruct 中通过 PCONT 卡片上的 GPAD 来设置接触厚度，可以为接触主、从面的厚度，也可以是任意的一个厚度值。一般来说默认设置为主、从面的厚度，即 GPAD = THICK。需要注意的是，接触厚度和接触间隙不能同时使用。

18.4.7 接触稳定

在多零件模型中，往往有中间的个别零件完全依靠与周边零件之间的接触来约束。CAD 模型经过网格离散后，存在一定的几何误差，导致零件与零件之间存在很小的几何间隙，这些几何间隙会导致结构分析中的刚体位移，最终导致非线性分析难收敛或不收敛。为了解决这类问题，OptiStruct 引入了接触稳定。接触稳定的基本思想是，当接触间隙小于某个临界值 d_c 时，在接触单元中引入切向及法向阻尼力，法向力F_n可近似表示为

$$F_n = K_n \cdot v_n = S_n \cdot f(t^*) \cdot K_{ref} \cdot v_n \tag{18-1}$$

式中，K_n为法向接触稳定刚度；S_n为刚度放缩系数；K_{ref}为参考刚度，OptiStruct 内置其为当前接触刚度的 10^{-5}倍；v_n为接触对法向相对运动速度；$f(t^*)$为与当前时间步相关的函数，可表示为

$$f(t^*) = S_0 \cdot (1 - t^*) + S_1 \cdot t^* \tag{18-2}$$

$$t^* = (t - t_0)/(t_1 - t_0) \tag{18-3}$$

式中，t_0 为当前 SUBCASE 的起始时间；t_1 为当前 SUBCASE 的终止时间；t 为当前增量步时间，S_0、S_1 分别为放缩因子。

同样的，切向力F_t可表示为

$$F_t = K_t \cdot v_t \tag{18-4}$$

$$K_t = S_t \cdot K_n \tag{18-5}$$

式中，K_t为切向接触稳定刚度；S_t为切向刚度放缩系数；v_t为接触对切向相对运动速度。

接触稳定可通过 CNTSTB 卡片设置，以上介绍的临界间隙 d_c 通过 CNTSTB 卡片上的 LMTGAP 字段设置，S_0、S_1 通过 S0、S1 字段设置，S_n通过 SCALE 设置，S_t通过 TFRAC 设置。

18.4.8 接触友好单元

一般的二阶实体单元在接触分析中存在接触力不真实的问题，通过改善接触形函数，可改进二阶单元的接触压力计算。OptiStruct 中通过 PARAM，CONTFEL，YES 激活二阶接触友好单元，适用于 TETRA10、HEXA20、PENTA15 等单元类型。

18.4.9 不分离接触

在工程中存在一些特殊的接触，比如在接触面存在黏胶时，一旦主从面发生接触，主从面之间就不能再分离。OptiStruct 提供了此类接触，通过设置 PCONT 卡片上的 SEPARATION = NO，主从面在接触后就不能再分开，但是在切向可以发生相对位移。

18.4.10 自接触

结构在发生较大变形时可能会发生结构件自己和自己接触，这种情况下往往很难确定具体的接触区域，比如大的屈曲变形。在模型中也可能存在较多的零件，这些零件都存在接触的可能；以上两种情况通过常规的接触设置都很难解决，可以通过设置自接触的方法来解决。在 OptiStruct 中设置自接触的方式有两种：①只设置从面单元或接触面，保持主面为空；②主面和从面设置相同的单元集或接触面。

当前只有 TRACK = CONSLI（连续滑移）时才能使用自接触，点面接触离散和面面接触离散都支持自接触。

18.5 接触分析结果

OptiStruct 接触分析中可输出接触压力、法向接触状态、切向接触状态、法向接触力、切向接

触力、穿透及滑移距离，可通过 CONTF 卡片输出所有结果。其中，法向接触状态结果中，0 表示张开，1 表示闭合；切向接触状态结果中，0 表示张开，1 表示滑移，2 表示黏结。接触分析中的滑移距离为累积距离，以图 18-14 为例，节点由初始位置 1 经过位置 2 移动到位置 3，最终的滑移距离为 $d_1+d_2+d_2$，而不是初始和最终位置的间距 d_1。

接触结果在 HyperView 中的显示选项如图 18-15 所示，分别说明如下。

- Contact Force (v)：向量形式的接触力合力（总体坐标）。
- Contact Force/Normal (v)：向量形式的法向接触力（总体坐标）。
- Contact Force/Tangent (v)：向量形式的切向接触力（总体坐标）。
- Contact Traction/Tangent Vector (v)：向量形式的切向接触应力（总体坐标）。
- Contact Deformation/Normal (s)：法向间隙、穿透（接触局部坐标）。
- Contact Deformation/Tangent (s)：切向相对滑移量（接触局部坐标 ）。
- Contact Status/Normal (s)：法向接触状态。
- Contact Status/Tangent (s)：切向接触状态。
- Contact Traction/Normal (s)：法向接触压力（Pressure）。
- Contact Traction/Tangent (s)：切向接触应力（接触局部坐标系）。

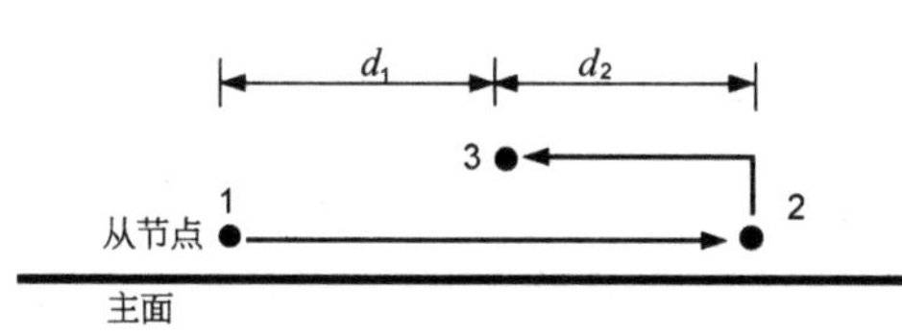

图 18-14　滑移距离示意图

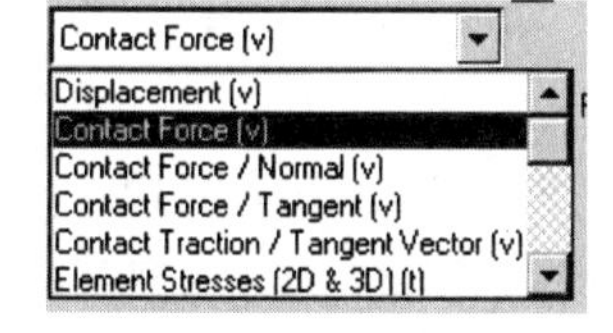

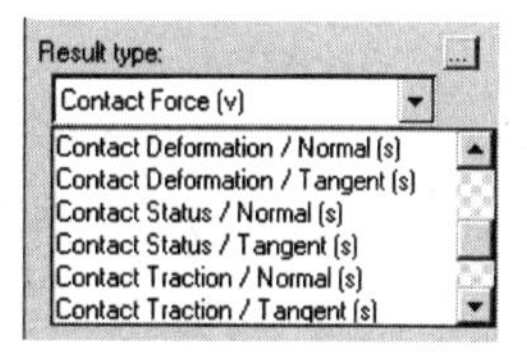

图 18-15　HyperView 中接触结果的显示选项

18.6　接触卡片

OptiStruct 中简单的接触分析可通过 CONTACT 卡片设置完成，复杂的接触分析可通过 CONTACT 卡片引用 PCONT 卡片完成。接触结果的输出可通过 CONTF 完成。现将这三个卡片一一介绍如下。

CONTACT 卡片定义见表 18-1。

表 18-1　CONTACT 卡片定义

(1)	(2)	(3)	(4)	(5)	(6)	(7)	(8)	(9)
CONTACT	CTID	PID/TYPE/MU1	SSID	MSID	MORIENT	SRCHDIS	ADJUST	CLEARANCE
	DISCRET	TRACK	CORNER		ROT	SORIENT		

详细说明如下。

1）第（3）个字段可以引用 PCONT 卡片，也可以指定接触类型 TYPE = SLIDE/FREEZE/STICK（详见 18.3 节），也可以设置摩擦系数，表示带摩擦的接触。

2）SSID 指定从面，可以为节点集、接触面；MSID 定义主面，可以为接触面、单元集。当 SSID 与 MSID 相同，或只定义 SSID 时，为自接触。

3）MORIENT 为接触力方向，详见 18.4.1 节；SRCHDIS 为搜索间距，见 18.4.2 节；ADJUST 为初始穿透调整，详见 18.4.3 节；CLEARANCE 为接触间隙，详见 18.4.4 节；DISCRET 为接触离散类型，见 18.1 节；TRACK 为滑移类型，见 18.4.5 节。

4）CORNER 为不连续从面调整控制参数：NO 表示不处理角点；AUTO 表示面面夹角大于 30°时大面会被拆分为多个小面；（0，180）之间的实数表示面面夹角大于该值时，接触面会被拆分为多个小面。

5）ROT = YES/NO，表示是否约束大变形分析中 FREEZE 接触类型的转动自由度。

6）SORIENT = NORM/REVNORM，仅适用于面面接触类型的连续滑移接触，同 MORIENT，其他类型的接触力方向由 MORIENT 决定。

接触属性 PCONT 卡片定义见表 18-2。

表 18-2　PCONT 卡片定义

(1)	(2)	(3)	(4)	(5)	(6)	(7)	(8)	(9)
PCONT	PID	GPAD	STIFF	MU1	MU2	CLEARANCE	SEPARATION	
	FRICESL							
	STFEXP	C0	P0					
	STFQDR	C0	ALPHA1	ALPHA2	ALPHA3			

详细说明如下。

1）GPAD 为接触厚度，仅对壳单元有效。GPAD = THICK 时表示考虑壳单元的实际厚度；GPAD = NONE 表示不考虑壳的厚度；GPAD 为实数时表示用户自定义接触厚度。

2）STIFF 为接触刚度，STIFF = AUTO/SOFT/HARD，分别表示内部自动算出的接触刚度、较小的接触刚度、较大的接触刚度。STIFF 为正实数时，是用户自定义的接触刚度；STIFF 为负整数时，是 STIFF = AUTO 计算得到的刚度的放缩因子 | STIFF | 。需要指出的是，较小的接触刚度容易收敛，但是容易导致大的穿透；较大的接触刚度得到的结果更准确，但是容易导致不收敛。

3）MU1、MU2 分别为静摩擦系数、动摩擦系数；CLEARANCE 为接触间隙，详见 18.4.4 节；SEPERATION 为不可分离接触，详见 18.4.9 节；FRICESL 为切向摩擦系数模型，见 18.2.2 节。

4）STFEXP 续行为指数型非线性接触刚度；STFQDR 续行为二次型非线性接触刚度，详见 18.2.1 节。

接触稳定卡片 CNTSTB 卡片定义见表 18-3。

表 18-3　CNTSTB 卡片定义

(1)	(2)	(3)	(4)	(5)	(6)	(7)	(8)	(9)
CNTSTB	ID		APSTB	LMTGAP		S0	S1	
	SCALE	TFRAC						

详细说明如下，也可参考 18.4.7 节。

1）APSTB = YES/NO 表示是否激活接触稳定；LMTGAP 为临界接触间隙，当接触间隙小于该值时才引入接触稳定。

2）S0、S1 为一个 SUBCASE 中初始时刻及终了时刻的接触稳定刚度放缩系数。

3）SCALE 为法向接触稳定刚度放缩系数；TFRAC 为切向接触稳定刚度放缩系数。

4）CNTSTB 卡片需要在 SUBCASE 中被引用才起作用。除了 CNTSTB 卡片以外，还可以通过 PARAM，EXPERTNL，CNTSTB 参数激活接触稳定，该参数等效于 CNTSTB 卡片上采用默认值。

接触分析结果输出通过 CONTF 卡片设置，方法如下：

```
CONTF(FORMAT,TYPE,NLOUT = NLOUTID) = OPTION
```

其中，FORMAT = H3D/OPTI/OP2/BLANK，分别将接触结果输出到 . h3d 文件、. cntf 文件、op2

文件及输出到所有激活的文件类型；TYPE = ALL/FORCE/PCONT/FRICT，分别表示输出所有接触结果，输出接触力，输出接触压力、接触状态、接触间隙、接触穿透，输出摩擦力、滑移距离、滑移黏结状态；NLOUT 字段设置接触结果的输出频率，可以和 SUBCASE 中的 NLOUT 不同；OPTION = NO/YES/ALL/SID，可输出指定节点集的接触结果，或全部相关节点的结果。

18.7 接触分析实例

18.7.1 实例：卡扣的插拔

电子产品中卡扣应用广泛，卡扣设计中需要考虑卡扣的咬合力，同时也需要考虑卡扣的强度和刚度，本例通过卡扣插拔演示如何进行卡扣的接触分析。

模型如图 18-16 所示，卡扣分为上下两个件，相对于 zx 面对称，为了节省计算量，取模型的一半，在对称面上施加对称边界条件，即约束 y 向位移。约束上部零件的顶面，在下部零件的下表面建立一个 RBE2 单元，在 RBE2 单元的主节点上约束 1、2、4、5、6 自由度，在 3 向施加 25mm 强制位移。上下零件接触处建立连续滑移接触。卡扣为塑料件，采用弹塑性材料模型。基础模型已设置好边界条件、强制位移、材料及属性，需要建立接触，设置非线性分析相关参数。

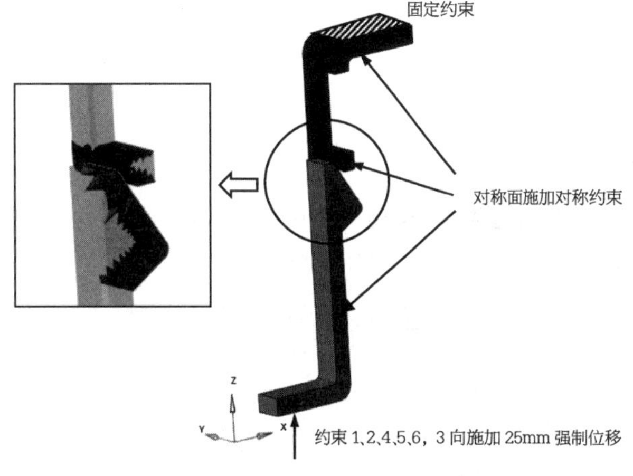

图 18-16 卡扣示意图

模型设置

Step 01 导入初始模型 snap-fit_base. fem。

Step 02 在 Analysis-> set segments 面板，创建主从面，如图 18-17 所示。

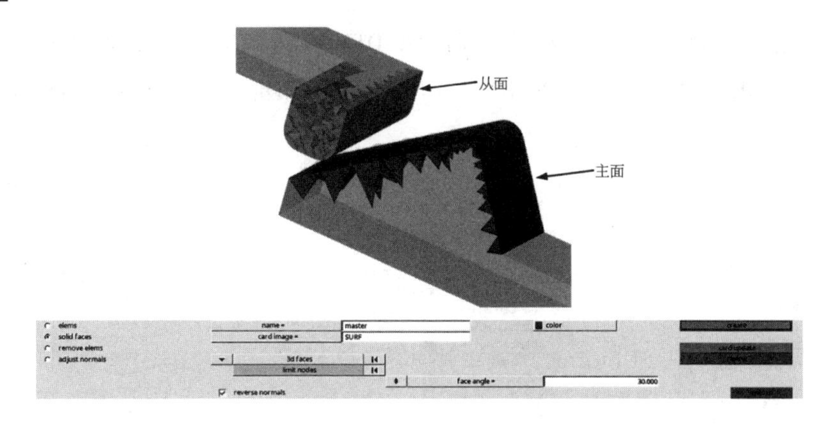

图 18-17 创建主从面

Step 03 创建 PCONT 卡片，设置接触刚度为 SOFT，摩擦系数为 0.2，如图 18-18 所示。

Step 04 创建 CONTACT 卡片，属性卡片选择 Step 03 创建的 pcont，接触面选择 Step 02 中创建的主从面，接触离散选择 S2S，滑移类型选择 CONSLI，为连续滑移，如图 18-19 所示。

Step 05 创建 CNTSTB 卡片，设置 SCALE = 0. 01，如图 18-20 所示，该卡片引入接触稳定。

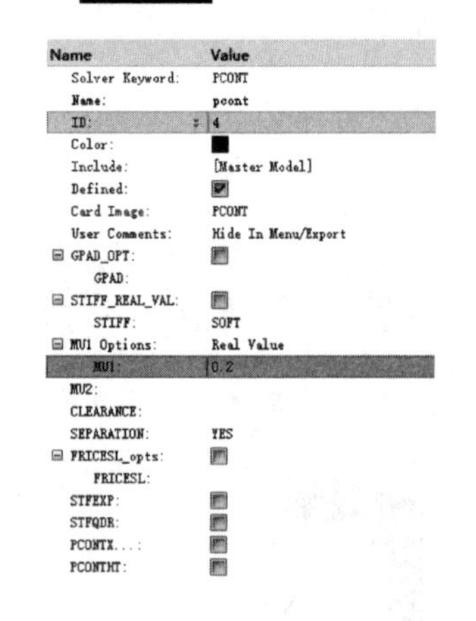

图 18-18　创建 PCONT 卡片

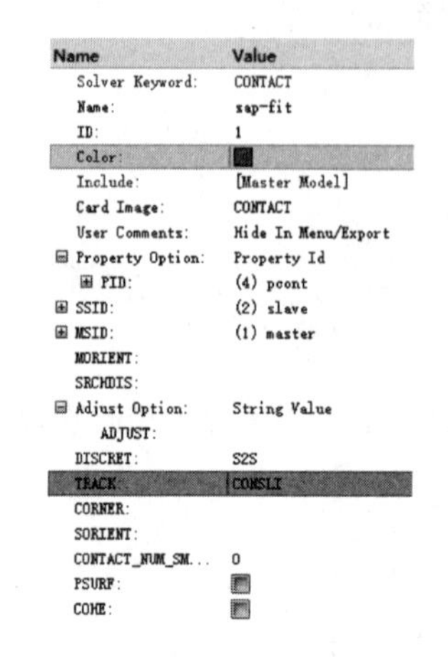

图 18-19　创建 CONTACT 卡片

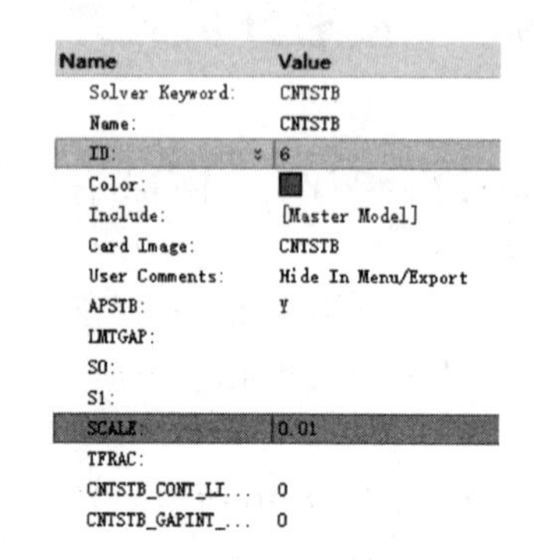

图 18-20　创建 CNTSTB 卡片

Step 06 在 Analysis-> control cards-> GLOBAL_OUTPUT_REQUEST 面板中设置 CONTF 及 SPC-FORCE 输出，如图 18-21 所示。

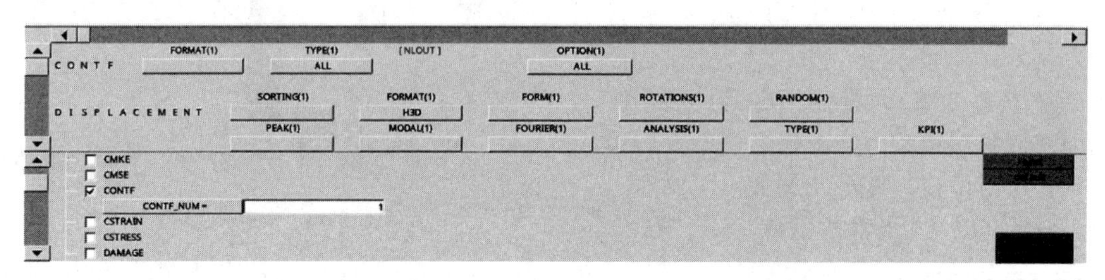

图 18-21　设置 CONTF 及 SPCFORCE 输出

Step 07 创建 NLOUT 卡片，设置输出次数 NINT 为 100，表示每隔 0. 01 输出一个结果，如图 18-22 所示。

Step 08 创建 NLADAPT 卡片，设置最大时间步 DTMAX 为 0. 01，如图 18-23 所示。

Step 09 创建 NLPARM 卡片，设置 NINC 为 10，表示初始步长为 0. 1，如图 18-24 所示。

Name	Value
Solver Keyword:	NLOUT
Name:	NLOUT
ID:	7
Color:	
Include:	[Master Model]
Card Image:	NLOUT
User Comments:	Do Not Export
Nonlinear Incr...	NINT
VALUE:	100
SVNONCNV:	

图 18-22　创建 NLOUT 卡片

Name	Value
Solver Keyword:	NLADAPT
Name:	NPADAPT
ID:	6
Color:	
Include:	[Master Model]
Card Image:	NLADAPT
User Comments:	Do Not Export
NCUTS:	
DTMAX:	
VALUE:	0.01
DTMIN:	
NOPCL:	
NSTSL:	
EXTRA:	
DIRECT:	
STABILIZ:	

图 18-23　创建 NLADAPT 卡片

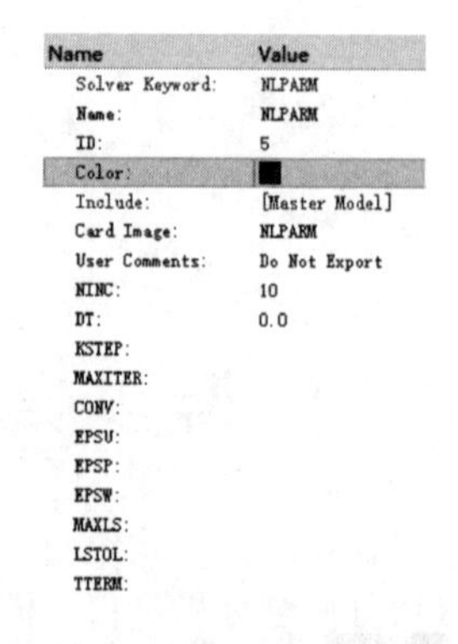

图 18-24　创建 NLPARM 卡片

Step 10 创建非线性准静态分析步，并引用之前创建的 SPC、NLPARM、NLOUT、NLADAPT，如图 18-25 所示。需要注意的是，采用 NLPARM（LGDISP）选项引用 NLPARM，表示打开几何非线性。

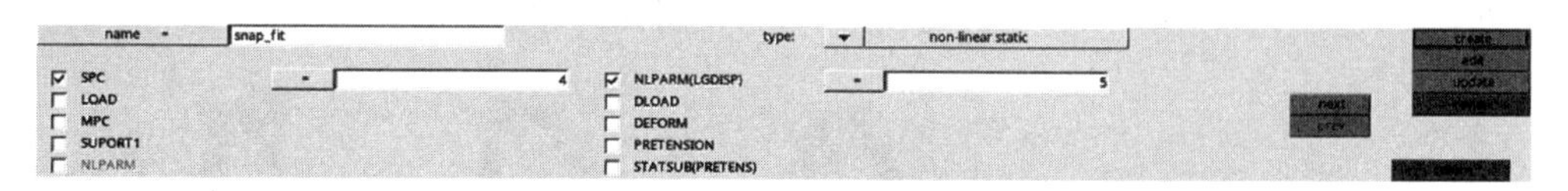

图 18-25　创建非线性准静态工况

Step 11 在 Analysis-> OptiStruct 面板保存模型文件，提交计算。

结果查看

1）用 HyperView 打开 . h3d 结果文件，可以播放动画，查看卡扣插入的整个过程。当卡扣滑行到顶点时，卡扣部件的两端受弯达到最大值，此时的应力结果如图 18-26 所示。

2）用 HyperGraph 打开 . h3d 结果文件，选择加载点 20061 查看 z 向反力，可以看到卡扣在上行的过程中反力为正，表示必须施加 z 向载荷才能将卡扣推上去，在下滑的过程中反力为负，表示只有施加 - z 向载荷才能将卡扣压在一起。整个过程如图 18-27 所示。

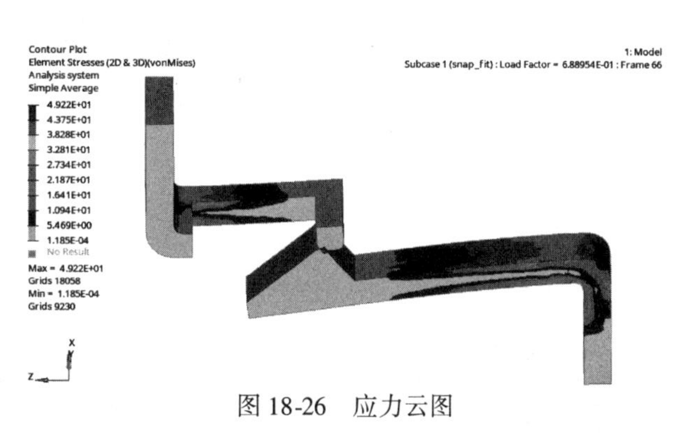

图 18-26　应力云图

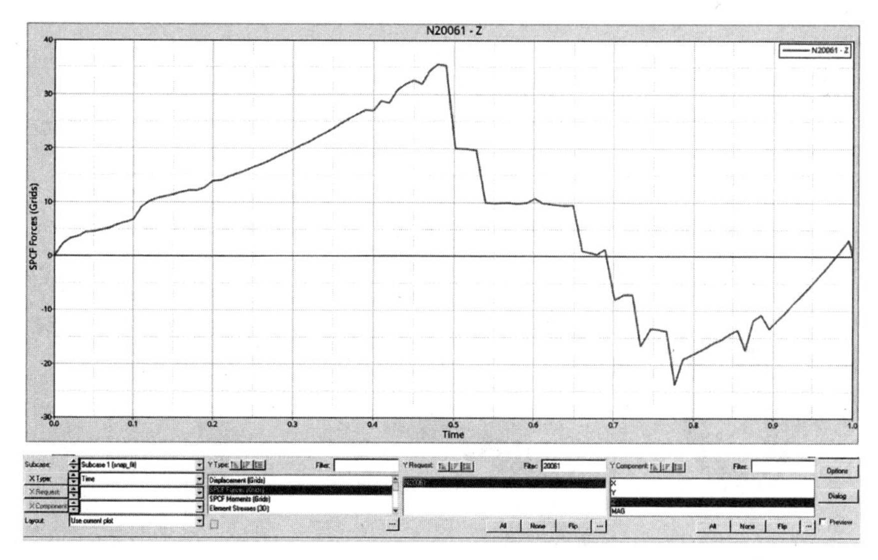

图 18-27　SPCFORCE 曲线

18.7.2　实例：橡胶圈自接触

橡胶产品在外载作用下会发生大的变形，容易产生自接触。下面以橡胶圈受刚性圆筒下压为例来展示自接触分析过程。模型如图 18-28 所示，橡胶圈采用超弹性材料，筒两侧采用对称约束，约束 3 向自由度。刚性圆筒采用 RBE2 抓圆筒结构，约束 RBE2 主节点 1、3、4、5、6 自由度，在 2

向施加 -6.44 的强制位移。刚性平面采用 RBE2 抓平板结构，约束 RBE2 主节点 1、2、3、4、5、6 自由度。在刚性圆筒与橡胶圈外侧建立接触，橡胶圈内侧建立自接触，橡胶圈外侧同刚性平面建立接触。基础模型已设置好边界条件、强制位移、材料及属性，需添加接触及非线性设置。

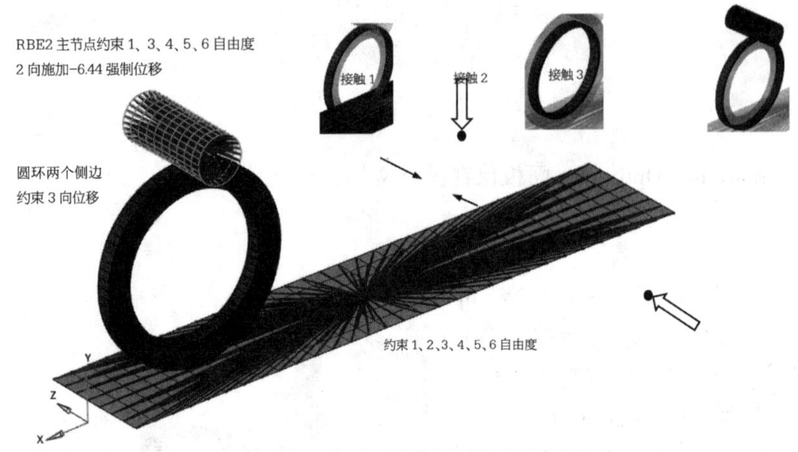

图 18-28　橡胶圈自接触模型示意图

模型设置

Step 01 导入初始模型 rubber_ring_base. fem。

Step 02 在 Analysis-> set segments 面板创建以下四个接触面，分别命名为 cylinder、ring_inner、ring_outer、plate，如图 18-29 所示。

Step 03 创建橡胶圈自接触属性，设置接触刚度为 SOFT，摩擦系数为 0.3，如图 18-30 所示。

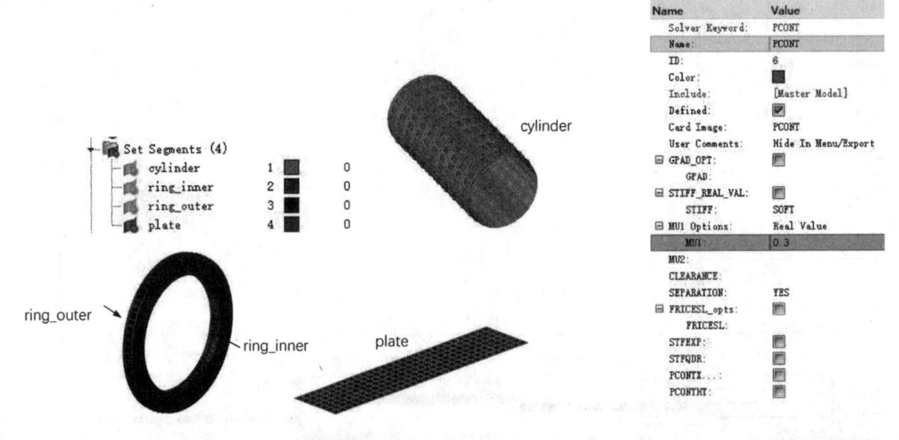

图 18-29　接触面创建　　　　图 18-30　自接触属性设置

Step 04 创建圆筒与橡胶外圈的接触、橡胶外圈与平板的接触、橡胶圈的自接触，相关设置如图 18-31 所示。

Step 05 创建 NLPARM 卡片，设置初始步长为 0.001，如图 18-32 所示。

Step 06 创建 NLADAPT 卡片，设置最大载荷步增量为 0.05，如图 18-33 所示。

Step 07 在 Analysis-> loadsteps 面板创建非线性准静态工况，引用已有的 SPCADD 卡片以及上面创建的 NLPARM、NLADAT 卡片，如图 18-34 所示。

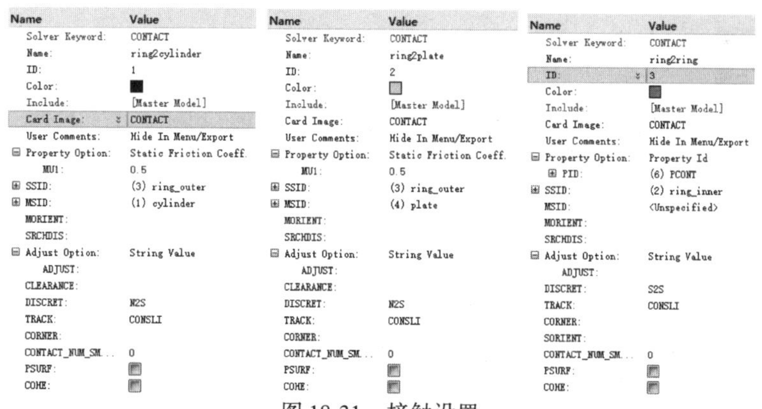

Name	Value
Solver Keyword:	CONTACT
Name:	ring2cylinder
ID:	1
Color:	
Include:	[Master Model]
Card Image:	CONTACT
User Comments:	Hide In Menu/Export
Property Option:	Static Friction Coeff.
MU1:	0.5
SSID:	(3) ring_outer
MSID:	(1) cylinder
MORIENT:	
SRCHDIS:	
Adjust Option:	String Value
ADJUST:	
CLEARANCE:	
DISCRET:	N2S
TRACK:	CONSLI
CORNER:	
CONTACT_NUM_SM...	0
PSURF:	
COHE:	

Name	Value
Solver Keyword:	CONTACT
Name:	ring2plate
ID:	2
Color:	
Include:	[Master Model]
Card Image:	CONTACT
User Comments:	Hide In Menu/Export
Property Option:	Static Friction Coeff.
MU1:	0.5
SSID:	(3) ring_outer
MSID:	(4) plate
MORIENT:	
SRCHDIS:	
Adjust Option:	String Value
ADJUST:	
CLEARANCE:	
DISCRET:	N2S
TRACK:	CONSLI
CORNER:	
CONTACT_NUM_SM...	0
PSURF:	
COHE:	

Name	Value
Solver Keyword:	CONTACT
Name:	ring2ring
ID:	3
Color:	
Include:	[Master Model]
Card Image:	CONTACT
User Comments:	Hide In Menu/Export
Property Option:	Property Id
PID:	(6) PCONT
SSID:	(2) ring_inner
MSID:	<Unspecified>
MORIENT:	
SRCHDIS:	
Adjust Option:	String Value
ADJUST:	
DISCRET:	S2S
TRACK:	CONSLI
CORNER:	
SORIENT:	
CONTACT_NUM_SM...	0
PSURF:	
COHE:	

图 18-31　接触设置

Name	Value
Solver Keyword:	NLPARM
Name:	NLPARM
ID:	62
Color:	
Include:	[Master Model]
Card Image:	NLPARM
User Comments:	Hide In Menu/Export
NINC:	
DT:	0.001
KSTEP:	
MAXITER:	
CONV:	
EPSU:	
EPSP:	
EPSW:	
MAXLS:	
LSTOL:	
TTERM:	
OPTIONS:	NONE

图 18-32　NLPARM 卡片设置

Name	Value
Solver Keyword:	NLADAPT
Name:	NLADAPT
ID:	63
Color:	
Include:	[Master Model]
Card Image:	NLADAPT
User Comments:	Hide In Menu/Export
NCUTS:	
DTMAX:	
VALUE:	0.05
DTMIN:	
NOPCL:	
NSTSL:	
EXTRA:	
DIRECT:	
STABILIZ:	

图 18-33　NLADAPT 卡片设置

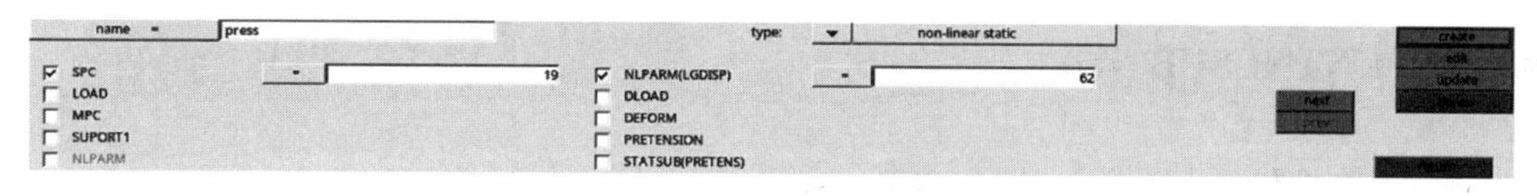

图 18-34　非线性工况创建

Step 08 在 Analysis -> OptiStruct 面板保存已创建好的模型，并提交计算。

结果查看

在 HyperView 中打开 . h3d 结果文件，可以看到橡胶圈在刚性圆筒的下压作用下，内表面产生了自接触，在接触位置产生了较高的接触应力，如图 18-35 所示。

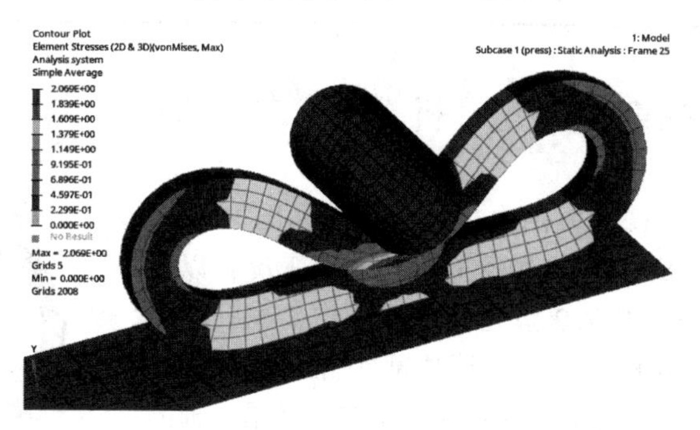

图 18-35　应力云图

第19章 高级结构非线性分析

前面章节介绍了材料非线性、几何非线性及接触非线性的基础分析，这一章介绍高级结构非线性分析，包括如下几个方面。

1）连续工况分析。

2）螺栓预紧分析。

3）接触及单元的激活与抑制。

4）重启动分析。

5）非线性分析问题诊断及对策。

19.1 连续工况分析

连续工况分析在工程中应用广泛，其典型用途之一为残余变形的计算：在第一个载荷步中施加工作载荷，在第二个工况中卸去载荷，查看残余变形。OptiStruct 支持连续工况分析，可通过 CNTNLSUB 控制卡片实现。

19.1.1 CNTNLSUB 卡片

CNTNLSUB 控制卡片格式为 CNTNLSUB = option。

卡片说明见表 19-1。

表 19-1 CNTNLSUB 卡片说明

参　数	选　型	说　明
option	<YES，NO，SID>。如果 CNTNLSUB 不出现，则该工况为独立工况。如果 CNTNLSUB 出现，但是没有指定 SUBCASE ID，则默认值为 YES	YES：当前 SUBCASE 继承前面紧邻的 SUBCASE。如果 CNTNLSUB = YES 出现在所有 SUBCASE 之前，则所有的 SUBCASE 按顺序存在继承关系。NO：当前 SUBCASE 为独立工况 SID：SUBCASE ID，当前 SUBCASE 继承 SUBCASE SID 继续分析

19.1.2 实例：橡胶圈连续工况分析

18.7.2 节的示例展示了橡胶圈的自接触分析，如图 19-1 所示，本小节在 18.7.2 节完成模型的基础上添加一个工况，以展示连续载荷步分析流程。在 18.7.2 节完成的模型中，橡胶圈受压产生自接触，在后续的分析步中，保持顶部刚性圆筒的下压强制位移，同时对圆筒施加沿着 x 轴负向的强制位移及沿 z 轴的强制转动。这样刚性圆筒沿 x 轴负向平动加转动，橡胶圈在摩擦

图 19-1　橡胶圈自接触模型示意图

力作用下跟着刚性圆筒发生转动。

模型设置

Step 01 导入模型 rubber_ring_base.fem，查看模型设置。

- 在 SPC_base_wheel 中约束了底板的 1、2、3、4、5、6 自由度及橡胶圈两侧的 3 向自由度，如图 19-2 所示。
- 在 SPC_TOP2 中，约束刚性圆筒中心点的 3、4、5 自由度，施加 y 向强制位移 -6.44，x 向强制位移 -13，z 向强制转动 -10.4 弧度。
- SPC2 为 SPCADD 卡片，综合了 SPC_base_wheel 及 SPC_TOP2。

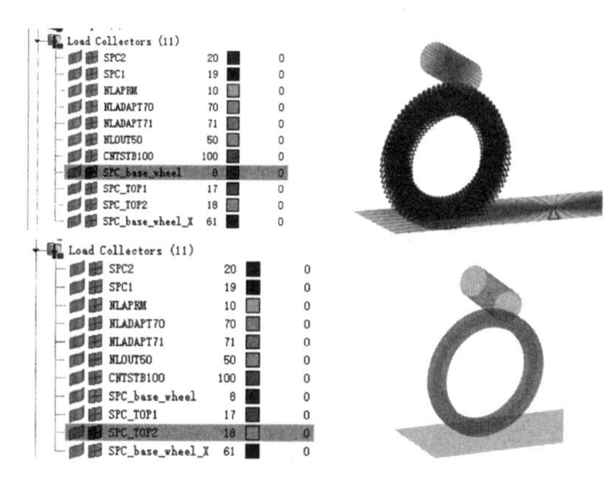

图 19-2　边界条件设置

Step 02 创建名为 roll over 的工况，选择 ID 为 20 的 SPC、ID 为 10 的 NLPARM、ID 为 71 的 NLADAPT、ID 为 50 的 NLOUT、ID 为 100 的 CNTSTB，如图 19-3 所示。

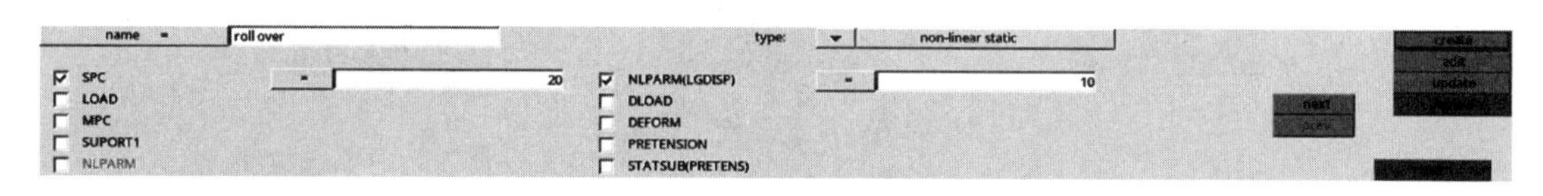

图 19-3　roll over 工况创建

Step 03 在 roll over 工况中关联第一个工况，进行连续载荷步分析。激活 CNTNLSUB，设置 OPTION 为 YES，表示 roll over 工况接着 RING-DOWN 工况继续分析，如图 19-4 所示。

Step 04 在 Analysis-> OptiStruct 面板提交计算。

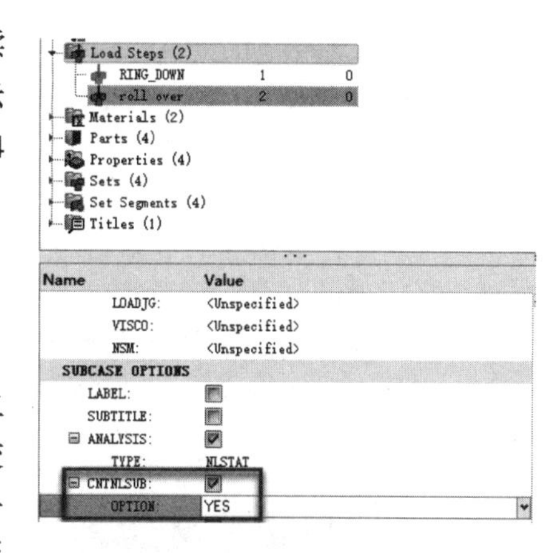

图 19-4　连续工况设置

结果查看

计算完成后，在 HyperView 中打开 .h3d 文件，查看第二个载荷步初始时刻（1.0 时刻）的变形图，可以看到，橡胶圈已经下压产生自接触，表明第二个载荷步成功继承了第一个载荷步。在第二个载荷步计算完成后，橡胶圈已经从平板的一端移动到了另外一端，如图 19-5 所示。

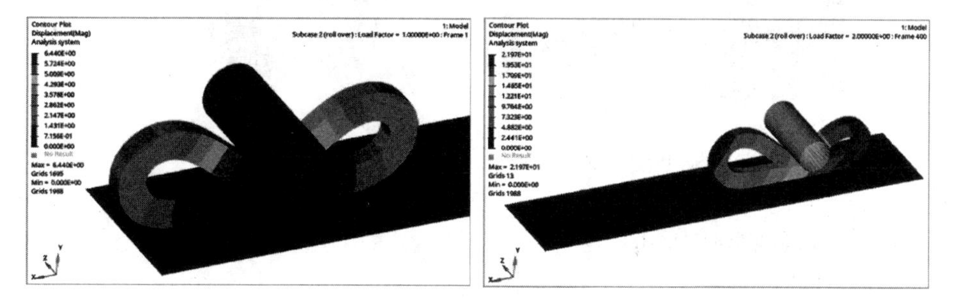

图 19-5　第二个载荷步 1.0 及 2.0 时刻的位移云图

19.2 螺栓预紧分析

19.2.1 螺栓预紧工作原理

预紧螺栓在工程中应用广泛，螺栓实际应用中分为两步；第一步为螺栓预紧；第二步为施加工作载荷。在第一步中，通过在螺母上施加扭矩让螺母旋转，缩短螺杆的工作段，在螺杆中引入拉力，从而压紧被连接件；在第二步中，施加实际工况，螺杆中的实际工作段不变。图 19-6 简单示意该过程。

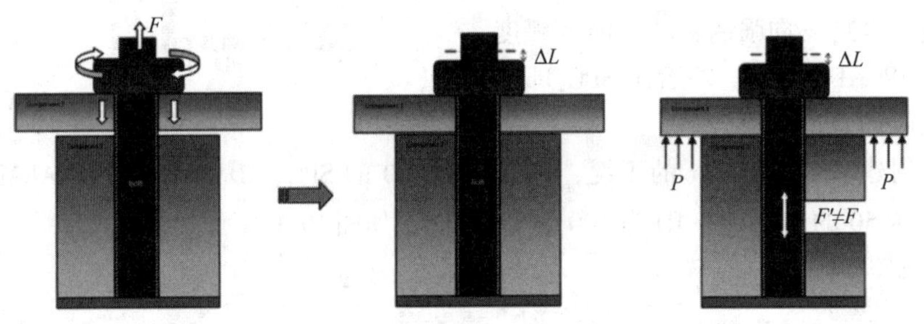

图 19-6 预紧螺栓工作流程

可通过 1D 梁单元或 3D 单元模拟螺栓。在采用 1D 单元模拟螺栓时，两端可通过 RBE2 与被连接件连接。当采用 3D 单元模时，螺母应和被连接件建立接触，如图 19-7 所示。

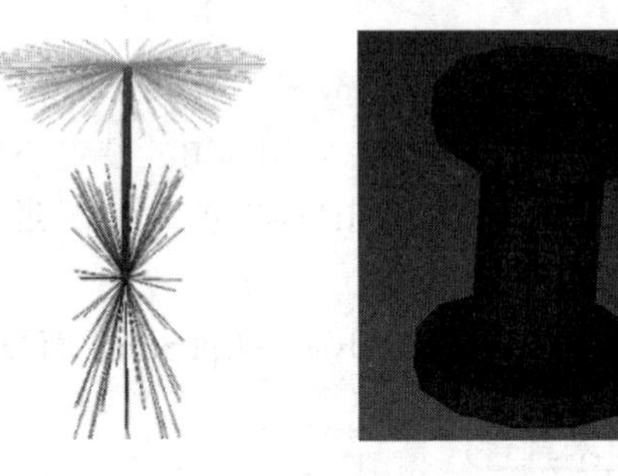

图 19-7 OptiStruct 螺栓建模

OptiStruct 的内部实现如下：螺栓会在中间的一个截面截断，然后在两个断面上分别施加一对大小相等、方向相反的平衡力，在该力的作用下，螺杆部分变形导致局部重叠，该重叠区域即为螺栓预紧导致的螺杆工作区域减少的部分。在后续的载荷工况分析中，重叠部分的刚度将不再考虑，螺栓的工作区域为去除重叠区域后剩下的部分。整个工作流程如图 19-8 所示。

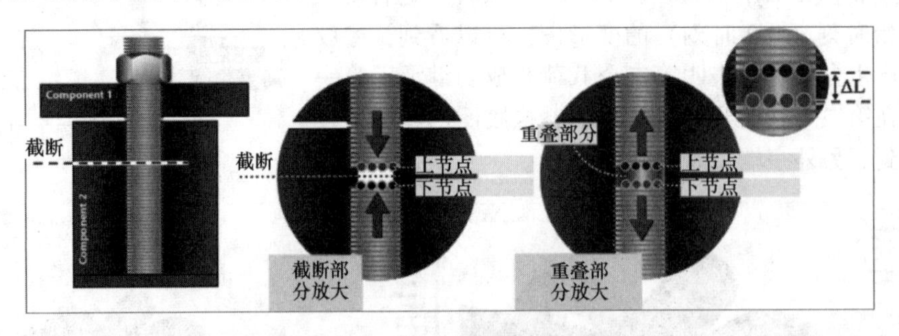

图 19-8 OptiStruct 预紧螺栓工作原理

19.2.2 螺栓预紧卡片

在 OptiStruct 中，通过 PRETENS 卡片定义预紧截面，通过 PTFORCE/PTFORC1 引入预紧力，

PTADJST/PTADJS1 引入预紧位移，通过 SUBCASE 中的控制卡片 PRETENSION 引用 PTFORCE、PTFORC1、PTADJST、PTADJS1。当螺栓预紧工况后是一个线性分析，如模态分析、频响分析时，在线性分析工况中通过 STATSUB（PRELOAD）=SID 引用螺栓预紧工况，考虑几何刚度的改变导致的频率及响应变化。当螺栓预紧工况后是一个非线性分析时，通过 STATSUB（PRETENS）=SID 引用螺栓预紧工况来锁定螺栓工作段，同时通过 CNTNLSUB 引用该工况，继承上一步计算的非线性结果，如塑性应变、接触等。

PRETENS 卡片定义见表 19-2。

表 19-2　PRETENS 卡片定义

(1)	(2)	(3)	(4)	(5)	(6)	(7)	(8)	(9)
PRETENS	SID	EID	SURFID	NTYP	G1/X1/CID	G2/X2	G3/X3	

详细说明如下。

1）如果螺栓采用 1D 单元建模，则 EID 字段引用 1D 单元即可；如果螺栓采用 3D 单元建模，则在 3D 螺栓中定义一个截面，由 SURFID 引用该面。

2）NTYP 为螺栓预紧力方向的定义。

- NTYP = AUTO 表示自动确定螺栓预紧力方向。如果螺栓为 1D 单元，则自动确定的预紧力方向沿 1D 单元的 x 向；如果螺栓为 3D 单元，则自动确定的预紧力方向沿着 SURFID 面的法向。
- NTYP = GRIDS 表示预紧力方向由 G1/G2/G3 字段定义的节点决定。
- NTYP = VECTOR 表示螺栓预紧力沿着 X1/X2/X3 字段定义的向量方向。
- 如果 NTYP = CID，则预紧力沿着 CID 坐标轴的某个方向。如果 CID 为直角坐标系，则预紧力方向沿 x 轴；如果 CID 为柱坐标或球坐标，则预紧力沿着 z 轴方向。

PTFORCE 卡片定义见表 19-3。PTFORC1 卡片定义类似 PTFORCE，此处不再赘述。

表 19-3　PTFORCE 卡片定义

(1)	(2)	(3)	(4)	(5)	(6)	(7)	(8)	(9)
PTFORCE	PSID	SID	F					

其中，SID 为 PRETENS 卡片 ID；F 为螺栓预紧力。

PTADJST 卡片定义见表 19-4。

表 19-4　PTADJST 卡片定义

(1)	(2)	(3)	(4)	(5)	(6)	(7)	(8)	(9)
PTADJST	PSID	SID	ADJ					

其中，SID 为 PRETENS 卡片 ID；ADJ 为预紧位移。

19.2.3　实例：轴承支座螺栓预紧分析

本节通过螺栓预紧的轴承支座演示螺栓预紧功能，及如何对预紧后的结构进行后续分析。模型如图 19-9 所示。模型中的螺栓采用了两种建模方式，其中一个螺栓为 BEAM 单元，通过 RBE2 与实体单元连接，另外两个为全实体单元建模。在前两个载荷步中约束轴承支座及螺栓下半部分。在第一个载荷工况中对三个螺栓施加预紧力；第二个载荷步继承第一个载荷步，在轴承上表面及轴承翼面上施加压力载荷，进行准静态分析；第三个载荷步引用第二个载荷步的刚度，在轴承的上表面施

加随频率变化的载荷，约束螺栓下半部分，进行频响分析。基础模型中已经提供相应的边界条件定义、载荷、材料及属性，此处需要定义螺栓预紧及非线性工况。

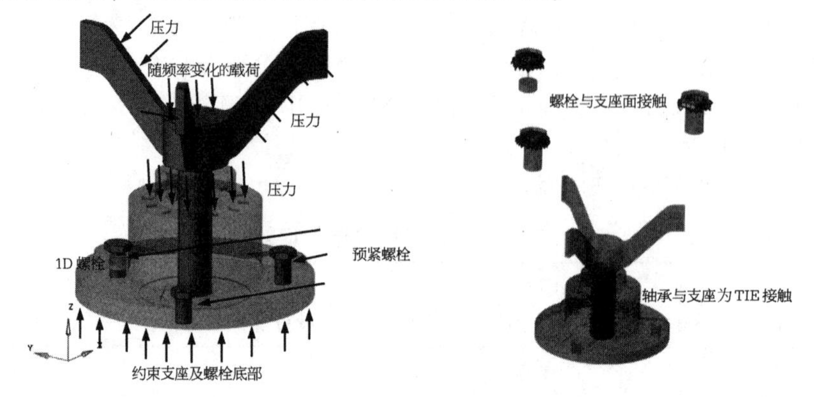

图 19-9　轴承支座模型示意图

模型设置

Step 01 在 HyperMesh 中导入 PRELOAD_NLSTAT_MFRF_base. fem 模型。

Step 02 在 tool 菜单中打开 Pretension Manager 对话框，以创建螺栓预紧。单击 Add 1D Bolts 按钮，选择 BEAM 单元，设置载荷类型为 Force，创建新的载荷集，设置预紧力为 3500，单击 Apply 按钮，如图 19-10 所示。1D 螺栓预紧创建完成。

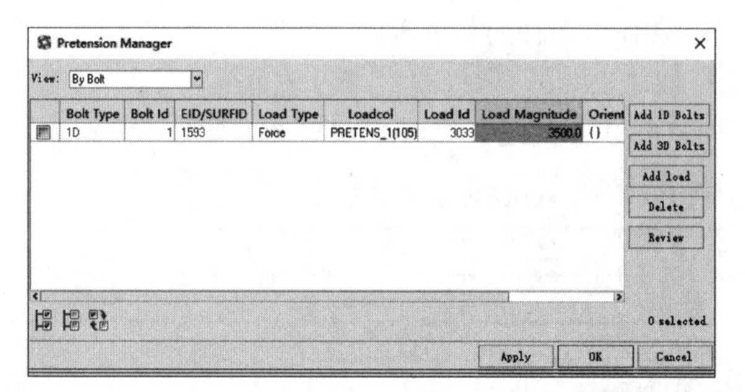

图 19-10　1D 单元预紧螺栓创建

Step 03 继续单击 Add 3D Bolts 按钮，选择已经创建好的螺栓中间位置截面 PT_SURF_1，设置载荷类型为 Force，选择上一步已经创建的载荷集，设置预紧力为 3500，如图 19-11 所示，单击 Apply 按钮，完成 3D 螺栓预紧力施加。用同样的操作完成对截面为 PT_SURF_2 的另一个螺栓的预紧力施加。

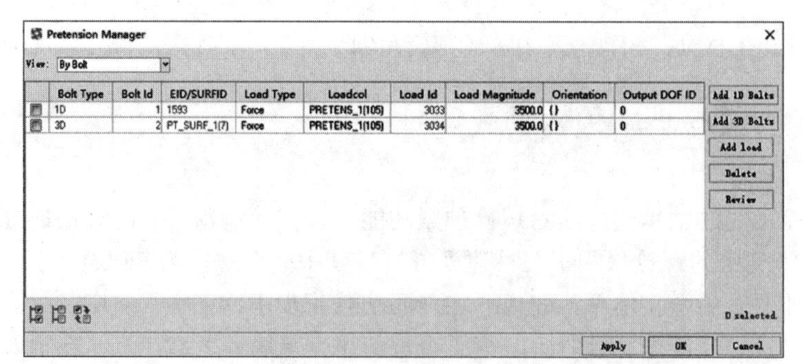

图 19-11　3D 单元预紧螺栓创建

Step 04 在 Analysis-> loadsteps 面板创建螺栓预紧工况，用 PRETENSION 字段引用之前创建的螺栓预紧载荷集，如图 19-12 所示。

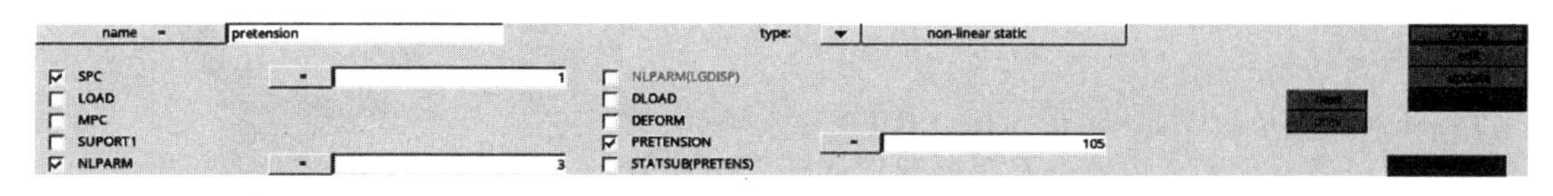

图 19-12　预紧工况创建

Step 05 继续创建施加压力的工况，该工况继承第一个载荷工况。SPC 选择载荷集 1，LOAD 选择载荷集 2，NLPARM 选择载荷集 3，STATSUB(PRETENS) 选择第一个工况，同时激活连续载荷步分析，如图 19-13 所示。

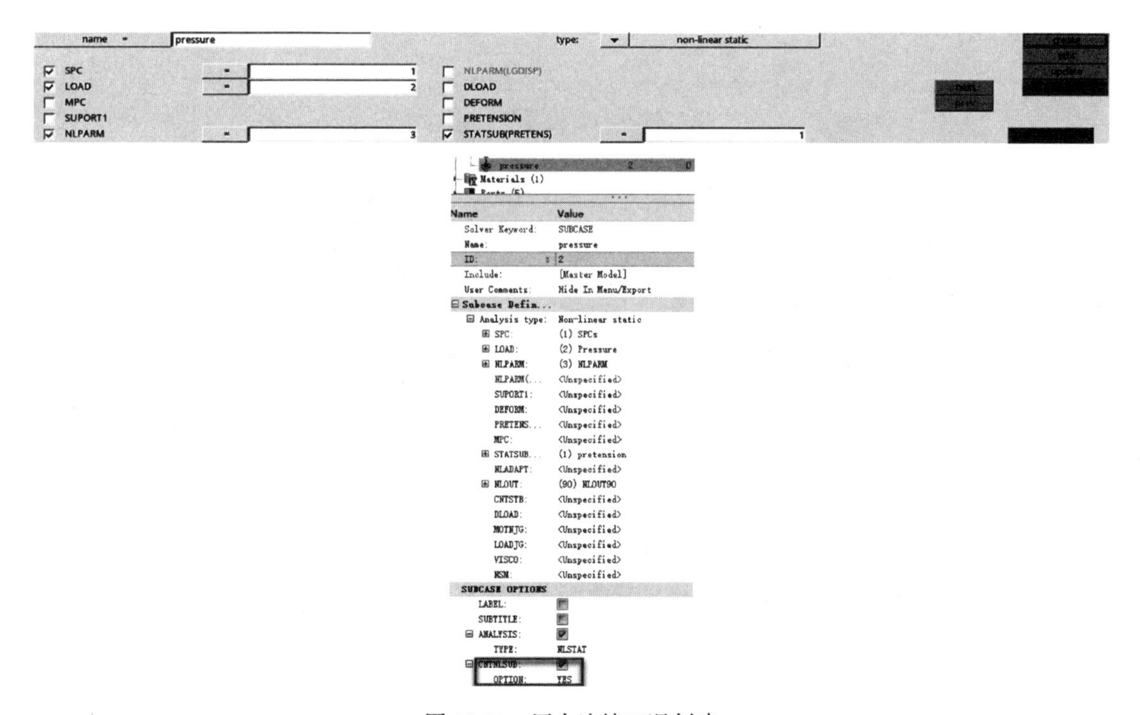

图 19-13　压力连续工况创建

Step 06 继续创建基于模态法的频响分析步。选择约束集合 103，约束螺栓下半部分；选择 FREQi 卡片相关载荷集 98，该卡片包含频响分析的频率范围；选择 EIGRA 卡片相关载荷集 99，该卡片包含固有频率提取范围；选择频率相关载荷集 104。通过 STATSUB(PRELOAD) 引用第二个工况，采用第二个工况的刚度进行频响分析，如图 19-14 所示。

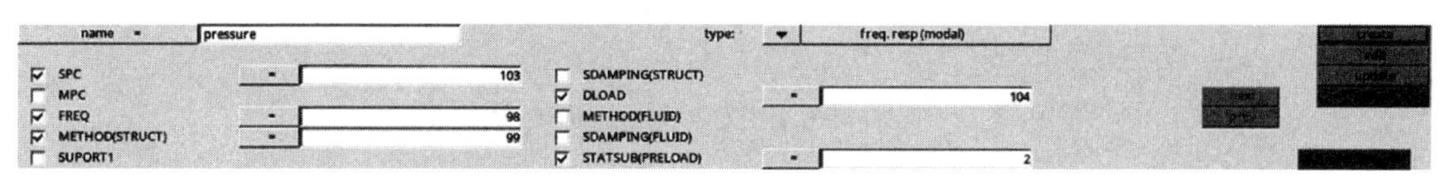

图 19-14　频响分析工况创建

Step 07 在 Analysis-> OptiStruct 面板保存模型并提交计算。

Step 08 删除前两个载荷步，只保留第三个载荷步，重新提交计算。

结果查看

1）在 HyperView 中打开结果文件，查看第一步螺栓预紧结果，可以看到预紧后螺栓上及螺栓附近支座上出现较大应力，如图 19-15 所示，螺栓预紧成功。

图 19-15　螺栓预紧应力云图

2）查看第二个载荷步的初始时刻应力，同第一个载荷步终了时刻相比，螺栓预紧力保持不变，表明螺栓预紧已成功继承。在第二个载荷步的终了时刻可以看到，施加载荷的相关区域应力较大，支座底部在外载作用下也产生了较大的应力，如图 19-16 所示。

图 19-16　第二个工况 1.0 及 2.0 时刻的应力云图

3）查看第三个载荷步结果，显示未变形时刻的特征线，比较考虑预紧力作用与不考虑预紧力作用两种情况下结构在 300Hz 的响应。没有预紧力作用时，螺栓与支座之间脱离；有预紧力作用时，螺栓与支座结合紧密，螺栓预紧已经显著改变了频响分析的结构响应，如图 19-17 所示。

图 19-17　考虑预紧与不考虑预紧的频响分析结果比较

19.3　接触及单元的激活与去除

在零部件的装配过程中，装配的先后顺序可能影响最终的应力结果。以汽车换轮毂为例，在螺栓拧紧时，并不是顺序拧紧螺栓，而是逐步拧紧对角螺栓。如果想仿真螺栓的拧紧顺序对结果的影响，就可以采用单元的激活与去除功能。OptiStruct 通过 MODCHG 卡片来激活或去除单元及接触。

19.3.1 接触及单元的激活与去除卡片

MODCHG 卡片定义见表 19-5，卡片说明见表 19-6。

表 19-5 MODCHG 卡片定义

(1)	(2)	(3)	(4)	(5)	(6)	(7)	(8)	(9)
MODCHG	ID	TYPE	CHANGE	OPT				
	CTID1/SID1	CTID2/SID2	CTID3/SID3	CTID4/SID4				

表 19-6 MODCHG 卡片说明

字　段	说　明
TYPE	CONTACT：激活/去除接触；ELMST：激活/去除单元
CHANGE	REMOV：去除单元或接触；ADD：激活单元或接触
OPT	WOSTRN：激活单元时不引入由于前面分析步中的变形而导致的应力；WISTRN：激活单元时引入由于前面分析步中的变形而导致的应力
CTIDi	激活或去除的接触 ID
SIDi	激活或去除的单元集合 ID

详细说明如下。

1）MODCHG 卡片需要被 SUBCASE 引用。

2）关于接触的激活与去除说明以下几点。

- 如果前一个分析步中存在接触，当前分析步中要去除接触，则前一个分析步中的接触节点力会线性地卸载为 0。
- 在大变形分析中，接触激活时，接触对会基于当前构型建立接触单元；在小变形分析中，接触对基于初始时刻的构型建立接触单元。

3）关于单元的激活与去除说明以下几点。

- 支持实体、壳、弹簧、质量单元、梁单元、铰单元、GASKET 单元。
- 不支持非线性瞬态分析。
- 当节点相关的所有单元去除时，该节点也会被去除，刚性单元和 MPC 单元不能定义在这些去除的节点上。
- 去除单元时，首先计算出该单元对相关节点的节点力，然后在该分析步中将该节点力逐步减小为 0。
- 激活单元时，如果 TYPE = WOSTRN，则单元内部不会产生应力、应变，当前构形会被设置为初始构型。
- 激活单元时，如果 TYPE = WISTRN，则单元会基于初始构形计算应力、应变。

19.3.2 实例：多个螺栓的激活与去除

本节通过采用预紧螺栓将支架安装到平板上这个案例，考虑螺栓预紧的先后顺序，演示单元的

激活与抑制。模型如图 19-18 所示，约束 8 个预紧螺栓的底部节点，同时约束平板上一个节点的自由度。在第一个工况中仅施加 4 个预紧螺栓，为了防止其他 4 个螺栓内部产生压力，需删除另外 4 个螺栓。在第二个工况中激活另外 4 个螺栓，施加螺栓预紧力。基础模型中已建立边界条件、材料、属性及预紧螺栓，还需创建 MODCHG 卡片，添加非线性工况。

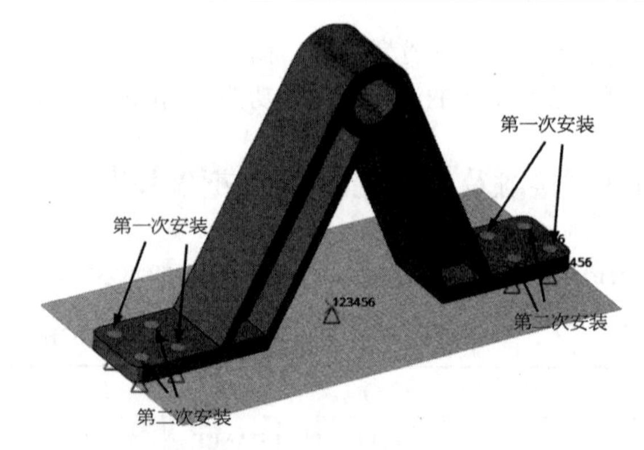

图 19-18　支架安装模型示意图

模型设置

Step 01 在 HyperMesh 中导入模型 press_fit_MODCHG_base. fem。

- 查看单元集 CHG_ELEM，可以看到该集合包含 4 个螺栓孔的 BEAM 单元。
- 查看 PRETENS_1 及 PRETENS_2 载荷集，可以看到每个载荷集定义了 4 个螺栓的预紧载荷。
- 查看 CHG_ELEM 单元集，可以看到该单元集包含 4 个螺栓孔位置的 BEAM 单元。该单元需要在第一个载荷步中删除，在第二个载荷步中激活，如图 19-19 所示。

Step 02 创建 MODCHG 卡片。

- 按〈CTRL + F〉键，输入 MODCHG 即可创建该卡片，设置 TYPE 为 ELMSET，CHANGE 为 ADD，OPT 为 WOSTRN（表示激活时不考虑之前的变形导致的应力），选择单元集为 CHG_ELEM。
- 用同样的方式创建另一个 MODCHG，设置 CHANGE 为 REMOVE，如图 19-20 所示。

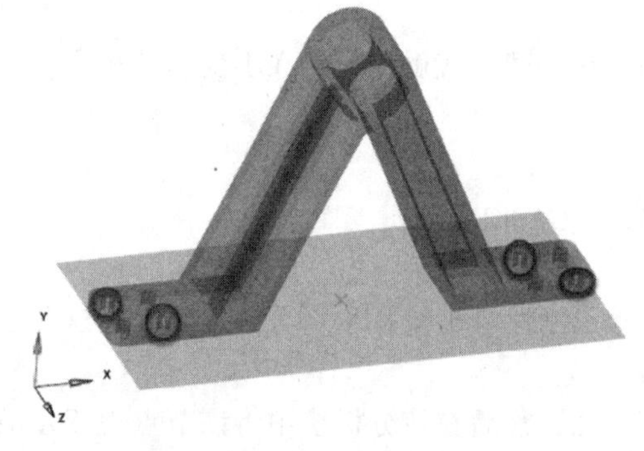

图 19-19　需删除与激活的单元集

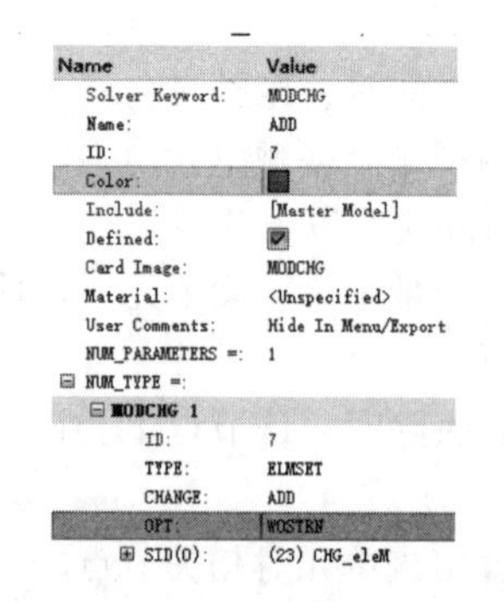

Name	Value
Solver Keyword:	MODCHG
Name:	ADD
ID:	7
Color:	
Include:	[Master Model]
Defined:	
Card Image:	MODCHG
Material:	<Unspecified>
User Comments:	Hide In Menu/Export
NUM_PARAMETERS =:	1
NUM_TYPE =:	
MODCHG 1	
ID:	7
TYPE:	ELMSET
CHANGE:	ADD
OPT:	WOSTRN
SID(0):	(23) CHG_eleM

Name	Value
Solver Keyword:	MODCHG
Name:	REMOVE
ID:	8
Color:	
Include:	[Master Model]
Defined:	
Card Image:	MODCHG
Material:	<Unspecified>
User Comments:	Hide In Menu/Export
NUM_PARAMETERS =:	1
NUM_TYPE =:	
MODCHG 1	
ID:	8
TYPE:	ELMSET
CHANGE:	REMOVE
SID(0):	(23) CHG_eleM

图 19-20　MODCHG 卡片创建

Step 03 创建第一个工况，对其中 4 个螺栓施加预紧载荷，引用 PRETENS_1，MODCHG 引用名为 Remove 的 MODCHG，具体设置如图 19-21 所示。

Step 04 创建第二个工况，对另外 4 个螺栓施加预紧载荷，引用 PRETENS_2，同时 STATSUB (PRETENS) 引用第一个工况，激活 CNTNLSUB 选项，设置为 YES，MODCHG 引用名为 Add 的 MODCHG，具体设置如图 19-22 所示。

Step 05 在 Analysis -> OptiStruct 面板保存模型，提交计算。

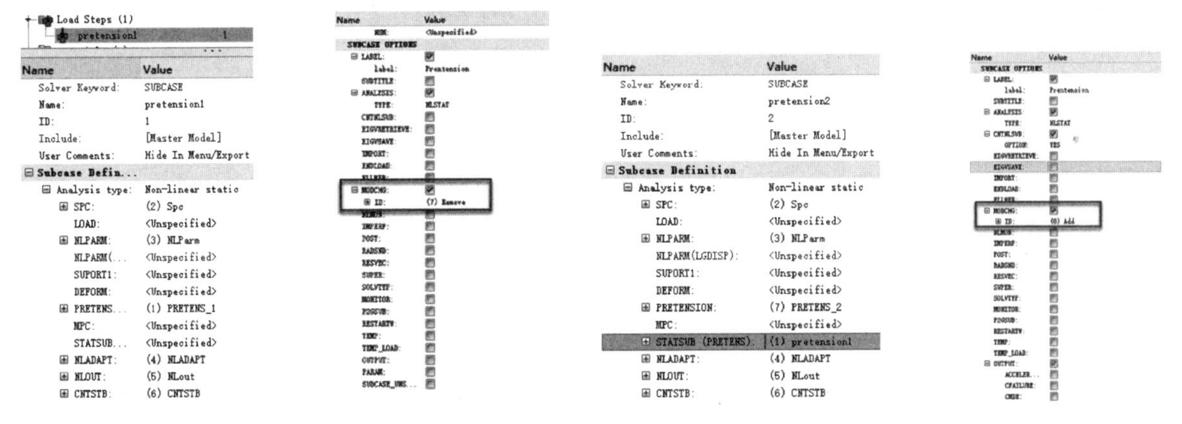

图 19-21　预紧工况 1 创建　　　　图 19-22　预紧工况 2 创建

结果查看

在 HyperView 中打开结果文件，在第二个载荷步的初始时刻 1.0，可以看到有 4 个螺栓已经成功预紧。在第二个载荷步的终了时刻 2.0，可以看到另外 4 个螺栓也成功预紧，如图 19-23 所示。

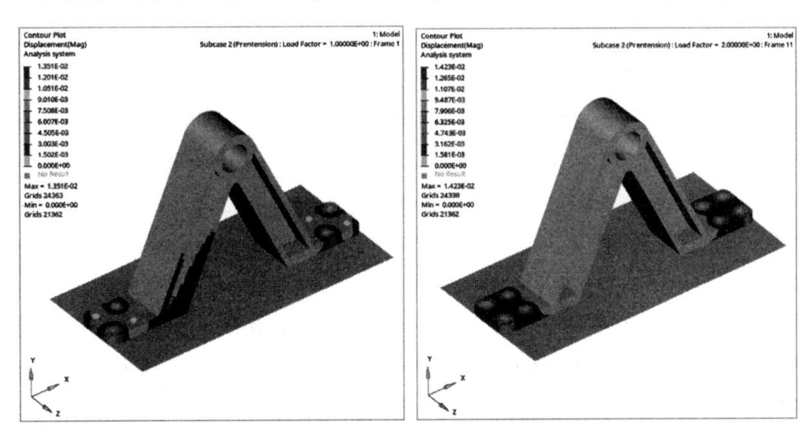

图 19-23　第二个工况 1.0 及 2.0 时刻的位移云图

19.4　重启动分析

在实际分析中，有时候需要根据前一步的结果判断是否继续后续分析，通过重启动分析可以很方便地实现该目的。OptiStruct 可以从上一个工况的终了时刻重启动计算，也可以从上一个工况的任意增量步重启动计算。OptiStruct 通过 RESTARTW 卡片设置重启动文件的写出，通过 RESTARTR 卡片设置重启动文件的读入。如果没有写出重启动文件，模型是不能进行重启动分析的。

19.4.1　重启动卡片

RESTARTW 控制重启动文件的写出，其卡片格式如下：

```
RESTARTW = n, option, path
```

卡片说明见表 19-7。

表 19-7 RESTARTW 卡片说明

参数	选项	说明
n	大于0的整数	重启动文件.rnl 的写入频率，每 n 个增量步写一次重启动文件，在计算完成后写一次重启动文件
option	COVER COVE2 NOCOV	COVER：默认值，当前重启动文件覆盖前一个重启动文件 COVE2：当前重启动文件覆盖前一个重启动文件，最后两次重启动文件除外 NOCOV：不覆盖前面的重启动文件
path	默认为临时文件夹	设置重启动文件写入位置

设置 RESTARTW 卡片后，OptiStruct 会创建模型信息文件.rmd 及重启动分析文件.rnl。

RESTARTR 控制重启动文件的读入，卡片格式如下：

```
RESTARTR = <option> file_prefix
```

卡片说明见表 19-8。

表 19-8 RESTARTR 卡片说明

参数	选项	说明
option	TERMI	TERMI 表示终止当前载荷步计算，开始新的载荷步计算。比如第一个工况总共有 20 个增量步，如果从第 10 个增量步开始继承，当不采用 TERMI 时，计算会从第 10 个增量步开始计算，直至第 20 个增量步，然后开始第二个工况的计算。如果采用 TERMI，则不再计算 11～20 个增量步，直接跳转到第二个工况计算
file_prefix	.rnl 文件前缀	<filename>_sub<i>_inc<j>.rnl，其中 filename 为.fem 文件名，i 为 SUBCASE ID，j 为增量步

19.4.2 实例：重启动分析

本节同样以 18.7.2 节中的例子演示重启动分析。首先在第一个模型中仅包含第一个分析步，即橡胶圈的下压自接触分析，在该模型中写出重启动文件；然后在第二个模型中加入第二个工况，添加重启动读操作，这样第二个工况接着第一个工况继续分析。

模型设置

Step 01 在 HyperMesh 中导入 rubber_ring_restart_base.fem 模型。

Step 02 创建重启动写关键字 RESTARTW。设置 n = 1；表示每一个增量步输出一个重启动文件，设置 option = COVER，表示覆盖之前的重启动文件，始终保留最后一个重启动文件，如图 19-24 所示。

Step 03 在 Analysis-> OptiStruct 面板保存模型文件为 rubber_ring_one_subcase_restartw.fem，并提交计算。

Step 04 计算完成，查看生成的模型文件及重启动文件，如图 19-25 所示，.rmd 为模型文件，.rnl 为重启动文件。

Step 05 重新导入 rubber_ring_base.fem 文件，按照 19.1.2 节中的操作创建第二个工况。

Step 06 创建重启动读卡片 RESTARTR，设置 prefix 为 rubber_ring_one_subcase_restartw_sub1_inc0028，表示从 SUBCASE 1 中的第 28 个增量步重启动分析，如图 19-26 所示。

Step 07 在 Analysis-> OptiStruct 面板保存模型并提交计算。

图 19-24　RESTARTW 卡片创建

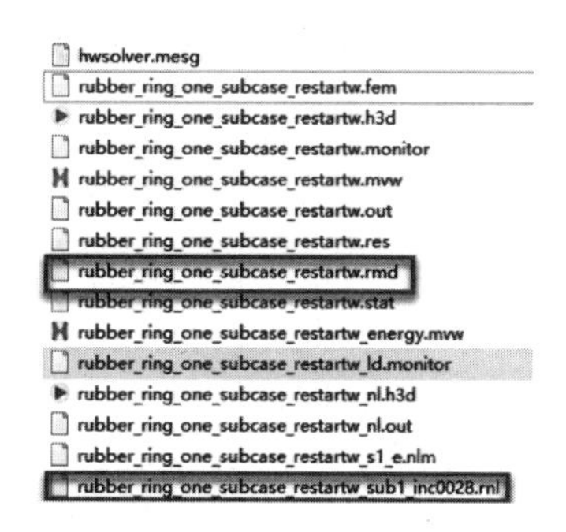

图 19-25　模型文件及重启动文件生成

结果查看

1）查看 .out 文件，可以看到图 19-27 所示的提示信息：从第一个工况的第 28 个增量步开始重启动分析。因为第 28 个增量步是最后一个增量步，所以接下来的信息显示转入第二个工况分析。

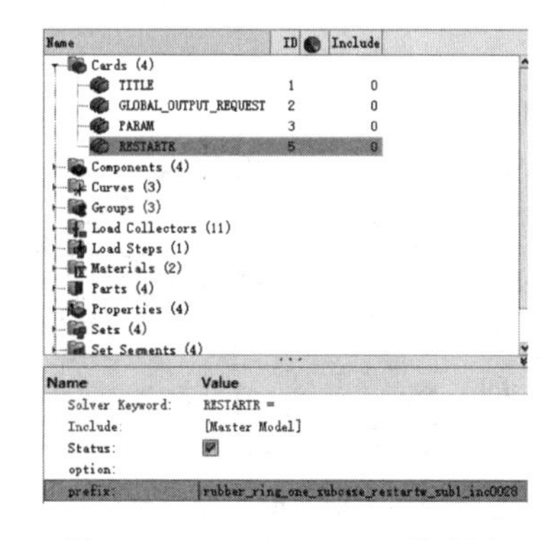

图 19-26　RESTARTR 卡片创建

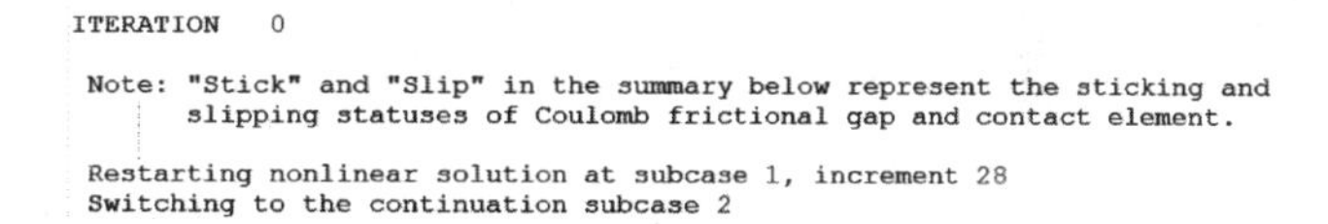

```
ITERATION   0

Note: "Stick" and "Slip" in the summary below represent the sticking and
      slipping statuses of Coulomb frictional gap and contact element.

Restarting nonlinear solution at subcase 1, increment 28
Switching to the continuation subcase 2
```

图 19-27　重启动分析成功信息

2）在 HyperView 中分别打开重启动分析完成的第二个载荷步的结果和一次完成所有分析的第二个载荷步结果，可以看到，两次的分析结果完全一致，如图 19-28 所示。

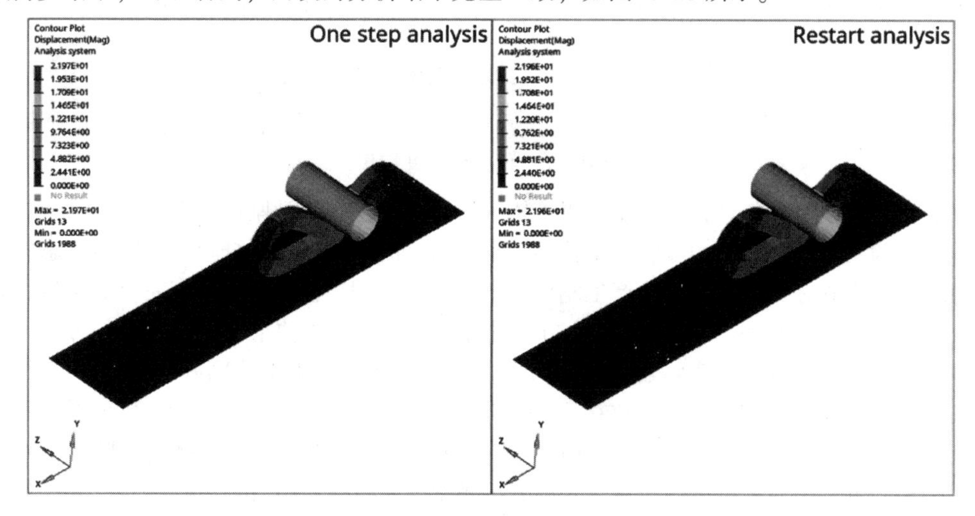

图 19-28　重启动分析结果比较

19.5 非线性分析问题诊断及对策

非线性问题不同于线性问题，常常收敛困难，甚至不收敛。不收敛的原因也有很多，有物理问题本身就很复杂的原因，也有可能是模型设置错误，这些因素都会导致模型不收敛。此时，软件本身并不能指出问题所在，只能给出直接的错误信息。其中最常见的两条信息如图 19-29 所示。

```
*** ERROR # 4966 ***
Minimum time increment reached,
analysis aborted.
```

```
*** ERROR # 4965 ***
Maximum number of time increment cutbacks reached,
analysis aborted.
```

图 19-29　典型错误信息

这两条错误信息提示并不表示设置更小的允许时间步和更多的时间步折减次数就能通过计算，而是需要找到错误信息背后的原因。而且对于非线性分析，模型计算完成也并不表示结果就是正确的，而是需要进一步查看结果。下面总结了一些非线性分析中经常出现的问题。

19.5.1 模型中存在刚体位移

在准静态分析中，如果存在刚体位移，就会导致方程奇异，无法求解，因此在准静态分析中，务必消除刚体转动。下面列举了几种典型案例。

在静力学分析中往往约束平移自由度，但是忽略了转动自由度。以缆绳吊装集装箱分析为例，在结构静力学分析中，在集装箱上施加重力载荷，缆绳通过非线性弹簧单元或非线性铰建立连接，甚至用 RBE2 建立连接。简单起见，以 RBE2 为例约束 RBE2 主节点的平移自由度。在实际建模过程中，往往存在一定的几何误差，RBE2 的主节点并不落在重力载荷的作用线上，这时集装箱会发生偏转，即发生刚体位移，导致计算在第一个增量就不收敛。即使 RBE2 主节点通过重力作用线，但由于在转动方向没有约束，小的数值扰动也可能导致计算结果的不收敛，如图 19-30 所示。

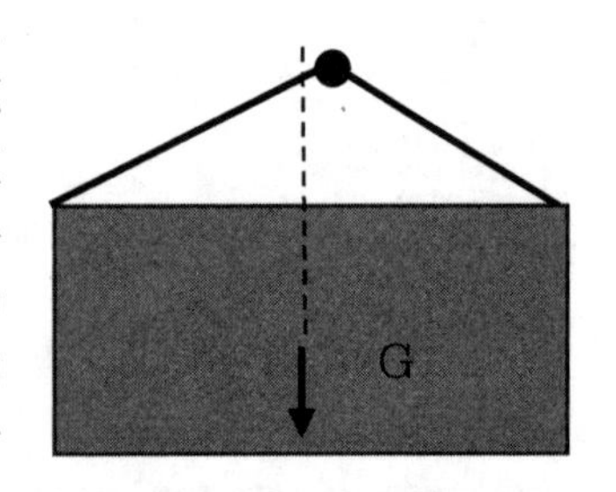

图 19-30　偏心导致刚体转动

要解决此类问题，可首先进行一个约束模态分析，如果模型存在 0 附近的频率点，则通过查看振型就可以知道模型发生了怎样的刚体移动，需要约束什么自由度才可以去除这种刚体位移。需要注意的是，在做模态分析时应输出转动位移，在 HyperMesh 中的设置如图 19-31 所示。

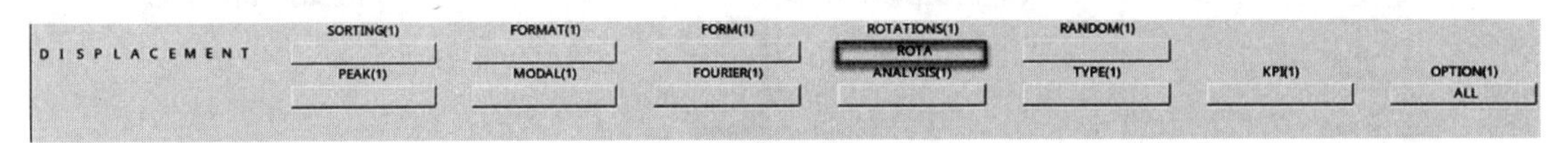

图 19-31　转动自由度输出

默认情况下是不输出转动位移的。如果不输出转动位移，则转动刚体模态并不容易察觉，如一个杆单元如果没有约束转动自由度，在不输出转动自由度时是查看不到杆单元的刚体模态的。

除此之外，还存在另外一种容易产生刚体位移的情况，即结构内部的约束完全靠接触实现。以图 19-32 中的两个方块压到一起为例，一个方块叠加在另外一个方块上面，在上面的方块上施加载荷，将两个方块压在一起。在实际建模中，两个方块之间的间距不可能刚好为 0，在外力作用下，上面的方块将发生刚体位移，最终导致在第一个增量步时计算不收敛。解决此类问题的方法有几种：①可通过激活 CONTACT 卡片上的 ADJUST 来自动去除接触界面上小的初始间隙；②可激活接触稳定 CNTSTB 卡片，通过在接触间隙引入小的接触刚度来改善初始时刻的收敛性。第二种方法在 19.5.2 节详细讲解。

对于以上两种由于存在刚体位移导致的计算不收敛，. out 文件中的相关信息会显示出第一个增量步就不收敛，增量步不断减小，最后在 cut back 数达到设定值时，计算退出，在增量步中的收敛信息表现为力收敛准则和能量收敛准则很容易满足，但是位移收敛准则始终无法满足，如图 19-33 所示。

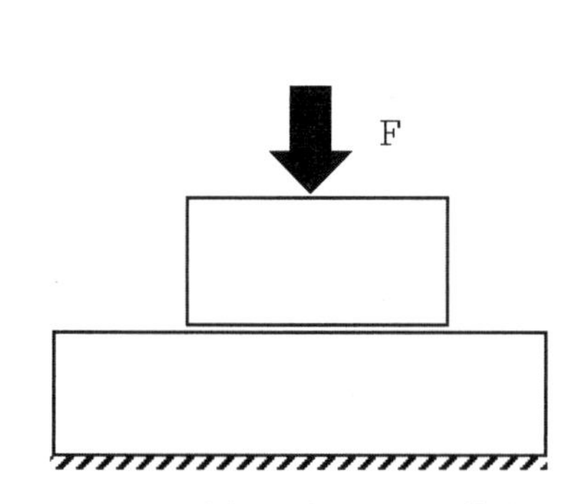

图 19-32　接触间隙导致的刚体位移

Iter	Avg. U	Nonlinear Err. Measures EUI	EPI	EWI	Gap and Contact Element Status Open	Closed	Stick	Slip	Frozen	Maximum Plststrn
1	1.67E+09	9.90E+01	1.63E-13	1.63E-13	0	0	0	0	0	2.33E-02
2	1.68E+09	2.88E-02	1.07E-13	3.31E-15	0	0	0	0	0	5.87E-02
3	2.11E+09	2.80E+01	9.89E-14	2.33E-14	0	0	0	0	0	6.34E-02
4	2.01E+09	9.78E-01	1.28E-13	2.34E-14	0	0	0	0	0	1.22E-01
5	1.97E+09	3.60E-02	1.45E-13	5.62E-15	0	0	0	0	0	1.22E-01
6	1.95E+09	2.02E+01	1.52E-13	2.31E-14	0	0	0	0	0	1.11E-01
7	4.33E+10	1.00E+02	1.04E-13	1.05E-13	0	0	0	0	0	5.04E+00
8	4.33E+10	1.40E-03	2.08E-14	5.58E-17	0	0	0	0	0	5.04E+00
9	4.34E+10	5.38E-01	2.02E-14	1.01E-16	0	0	0	0	0	9.15E-02
10	4.33E+10	6.65E-02	1.96E-14	8.83E-17	0	0	0	0	0	8.31E-02
11	4.34E+10	2.55E-03	1.94E-14	3.43E-17	0	0	0	0	0	8.31E-02
12	4.31E+10	1.34E+00	1.92E-14	2.41E-16	0	0	0	0	0	8.19E-02
13	4.29E+10	5.60E-02	1.93E-14	1.87E-16	0	0	0	0	0	9.39E-02
14	4.29E+10	7.96E-03	1.92E-14	9.45E-17	0	0	0	0	0	9.39E-02
15	4.22E+10	1.98E+00	1.98E-14	3.67E-16	0	0	0	0	0	8.11E-02
16	4.03E+10	8.57E+00	2.22E-14	2.04E-15	0	0	0	0	0	2.78E-01
17	4.05E+10	3.36E-03	2.01E-14	1.13E-16	0	0	0	0	0	2.78E-01
18	4.02E+10	1.87E+00	2.00E-14	3.52E-16	0	0	0	0	0	8.96E-02
19	3.98E+10	4.88E-02	2.01E-14	2.37E-16	0	0	0	0	0	9.03E-02

图 19-33　刚体位移导致的不收敛信息

19. 5. 2　接触稳定

上一小节曾提到，如果结构全部靠接触来约束，在初始时刻需要引入接触稳定来消除刚体位移、稳定计算。接触稳定的卡片为 CNTSTB，但接触稳定在改善收敛的同时，也带来了一定的负面影响，比如在一些接触面上，实际没有接触，但是已经产生了接触力，将导致接触力的分布发生大的改变、接触力不真实的情况。接触稳定带来的负面影响可通过接触稳定能来衡量：当接触稳定能相对于内能很小时，则认为接触稳定能对结果的影响很小，否则需要重新衡量接触稳定能。在 OptiStruct 中，如果激活了接触稳定，接触稳定能会自动输出到 . nlm 文件中，同时模型的内能也会输出到该文件中。该文件可直接由 HyperGraph 读入，将模型内能及接触能在一张图中绘出，如果接触稳定能相对于内能可忽略不计，则结果是合理的，如果接触稳定能相对于内能很大，则需要调整接触稳定设置，降低接触能的影响，如图 19-34 所示。如果接触稳定能过大，可调整 CNTSTB 卡片上的 LMTGAP 字段，通过减小该值来减小接触稳定能的影响区域，也可以通过减小 SCALE 值来减小接触稳定刚度，从而降低接触稳定能。

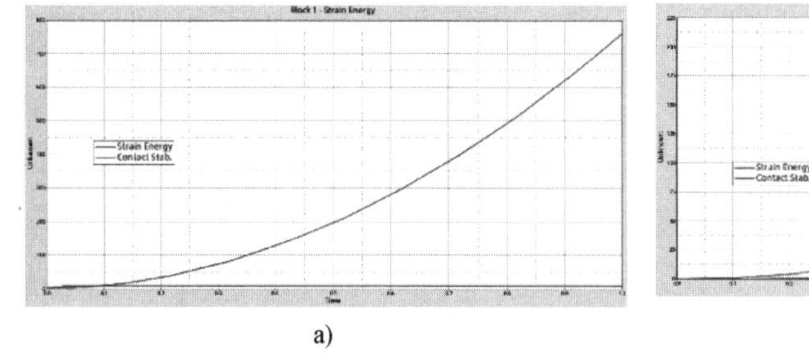

a)

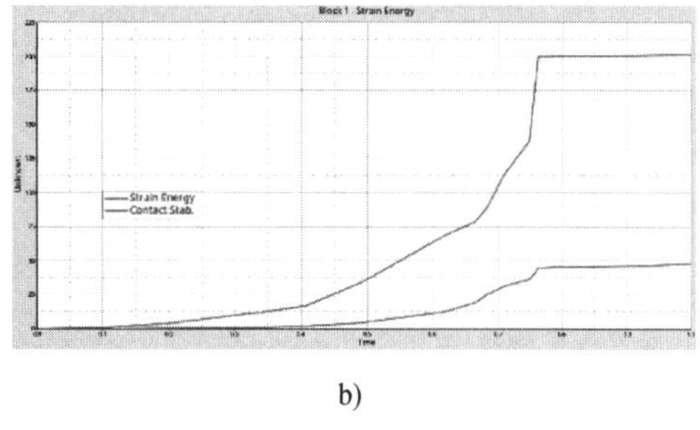

b)

图 19-34　接触稳定能曲线

a）可忽略的接触能　b）不可忽略的接触能

19. 5. 3　最后一个增量步不收敛

有时候在非线性分析中总时间步为 1. 0，但是计算到大约 0. 99 时，收敛变得非常缓慢，比如增量步变为1E-7，如图19-35所示，这样计算下去已经没有意义。这种情况多出现在存在接触的分析中。这个问题可通过将CNTSTB卡片上的 S_1 设置为一个小值（如0.1）来解决，最后一个增量步可顺利完成。

```
Adjusting load increment 50 (correction #5), Current increment 1.0152E-08

 Subcase         1  Load step:  1.0000E+00
---------------------------------------------------------------------------------
           Nonlinear Error Measures  Gap and Contact Element Status  Maximum
Iter Avg. U    EUI      EPI      EWI   Open Closed Stick Slip Frozen  Plststrn
---------------------------------------------------------------------------------
 1  6.94E+04 1.00E+00 8.88E+02 8.88E+02    0   258     0     0     0  0.00E+00
 2  4.44E+00 1.06E+00 2.72E-04 2.19E-01  125   133     0     0     0  0.00E+00

*** ERROR # 4965 ***
Maximum number of time increment cutbacks reached,
analysis aborted.
```

图19-35 最后时刻不收敛

19.5.4 接触没有完全收敛

OptiStruct在其非线性分析中提供了通用的收敛准则，即位移、力及能量准则（NLPARM卡片上CONV=UPW），一般来说，默认的收敛残差即可保证非线性分析有足够的精度。但是有些时候，特别是接触分析中，并不能保证接触完全收敛，即在满足UPW收敛准则的条件下，接触对中的接触状态还在发生大的变化。以图19-36中的情况为例，在经过三个迭代步后，UPW准则已经满足，但是还有46个接触单元的接触状态发生了变化，这说明接触没有完全收敛。

```
 Subcase         1  Load step:  1.3633E-02
---------------------------------------------------------------------------------
           Nonlinear Err. Measures     Gap and Contact Element Status  Maximum
Iter Avg. U    EUI      EPI      EWI    Open Closed Stick Slip Frozen  Plststrn
---------------------------------------------------------------------------------
 1  6.84E-05 8.36E-02 1.22E-04 9.63E-06  1343  2596     0  2596     0  0.00E+00
 2  6.84E-05 1.03E-03 6.11E-06 1.65E-09  1346  2593     0  2593     0  0.00E+00
 3  6.84E-05 5.87E-04 6.86E-06 3.93E-10  1392  2547     0  2547     0  0.00E+00
```

图19-36 接触不完全收敛

当接触计算没有完全收敛时，往往会导致接触力的振荡。鉴于此，OptiStruct引入了针对接触状态的收敛准则，可通过设置NLADAPT卡片上的NOPCL和NSTSL字段来实现，比如设置NOPCL=0，此时只有当法向接触状态不发生改变时才认为当前增量步完全收敛，进入下一个增量步，而NSTSL=0表示只有当切向接触状态不发生改变时才认为当前增量步收敛，进入下一个增量步。一般来说，只需设置NOPCL和NSTSL中的一个即可。在接触完全收敛后，接触力变得光滑，如图19-37所示。

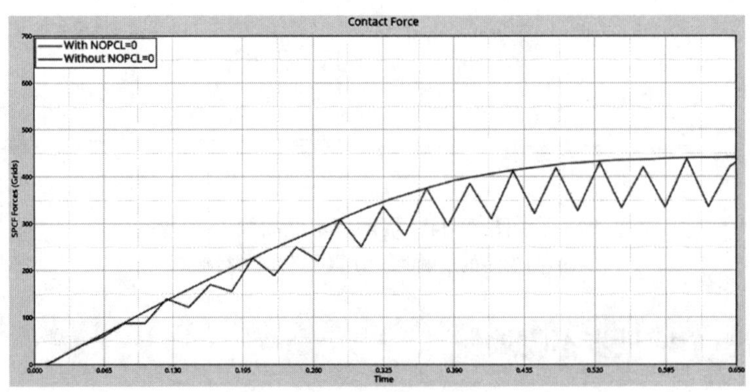

图19-37 接触力比较

19.5.5 塑性变形过大

在弹塑性分析中，等效塑性应变是衡量变形状态的一个重要标志，OptiStruct 在 . out 文件中提供了最大等效塑性应变信息。材料在进入塑性后，由于模量降低、变形加剧而容易导致单元过度变形，最终导致不收敛。遇到这种情况时，首先需要检查材料的初始屈服点是否正确，然后检查材料的屈服曲线是否正确、模型的单位与屈服曲线的单位是否一致、外载是否过大而导致材料的断裂等。图 19-38 中的塑性应变已超过 0. 15，对于金属材料来说已经产生破坏、单元畸变严重，需要查看模型结果来分析具体问题。

```
Starting load increment 3 Current increment 0.1

 Subcase         2  Load step: 1.3000
----------------------------------------------------------------------------------
               Nonlinear Error Measures  Gap and Contact Element Status  Maximum
Iter Avg. U    EUI      EPI      EWI     Open Closed Stick Slip Frozen  Plststrn
----------------------------------------------------------------------------------
  1  3.62E-02 2.79E-02 6.57E-04 2.02E-05    0     0     0     0     0  2.53E-02
  2  4.72E-02 2.38E-01 3.83E-02 8.97E-03    0     0     0     0     0  3.24E-02
  3  4.72E-02 4.21E-03 7.76E-05 4.30E-07    0     0     0     0     0  3.19E-02
  4  4.76E-02 8.48E-03 6.02E-05 4.95E-07    0     0     0     0     0  3.20E-02
  5  4.76E-02 7.11E-05 1.31E-08 6.40E-13    0     0     0     0     0  3.20E-02

Starting load increment 4 Current increment 0.1

 Subcase         2  Load step: 1.4000
----------------------------------------------------------------------------------
               Nonlinear Error Measures  Gap and Contact Element Status  Maximum
Iter Avg. U    EUI      EPI      EWI     Open Closed Stick Slip Frozen  Plststrn
----------------------------------------------------------------------------------
  1  7.31E-02 8.16E-02 1.41E-01 6.08E-03    0     0     0     0     0  5.12E-02
  2  4.09E-02 1.61E+00 2.40E+00 3.83E+00    0     0     0     0     0  1.57E-01

*** FATAL ERROR # 3205 ***
Nonlinear analysis cannot proceed due to excessive mesh distortion.
Selecting more stringent U and P error tolerances on NLPARM card
in conjunction with either:
   (1) larger number of load increments NINC; or,
   (2) automatic load incrementation,
may enable the nonlinear analysis to complete.
```

图 19-38　过大的塑性应变

第 20 章 非线性隐式动力学分析

动力学分析根据其刚度矩阵是否为位移的函数、阻尼矩阵是否为速度的函数可分为线性动力学及非线性动力学。线性动力学在前面章节已经介绍，由于系统是线性的，可使用叠加原理，所以多采用模态叠加法对方程进行求解。也可以采用直接积分法进行求解，但是计算效率不如直接积分法。对于非线性动力学问题，模态叠加法就不再适用，只能采用直接积分法。根据对时间积分采用的插值算法的不同，又分为显式积分方法和隐式积分方法。其中，显式积分方法以中心差分法为代表，其特点是条件稳定、时间步长小，适用于高速碰撞，Altair 产品中的 Radioss 就是一款专业的显式动力学求解软件。隐式积分方法无条件稳定，时间步长根据精度要求决定，求解过程需要对方程组进行迭代，适用于低速碰撞。OptiStruct 提供了隐式动力学求解方法。本章主要介绍 OptiStruct 隐式动力学求解的相关内容。

20.1 隐式动力学理论基础

OptiStruct 隐式动力学采用的积分方法为广义 α 方法及后退的欧拉方法，其理论简单介绍如下。

20.1.1 广义 α 方法

广义 α 方法的平衡方程离散如下：

$$\boldsymbol{f}_{\text{ext}}^{t+\alpha h} = \boldsymbol{M}((1-\alpha_m)\boldsymbol{a}^{t+h} + \alpha_m \boldsymbol{a}^t) + \boldsymbol{C}\boldsymbol{v}^{t+h} + \boldsymbol{K}\boldsymbol{u}^{t+\alpha h} \tag{20-1}$$

$$\boldsymbol{f}_{\text{int}}^{t+\alpha h} = \boldsymbol{K}\boldsymbol{u}^{t+\alpha h} \tag{20-2}$$

$$\boldsymbol{v}^{t+h} = \boldsymbol{v}^t + h((1-\gamma)\boldsymbol{a}^t + \gamma \boldsymbol{a}^{t+h}) \tag{20-3}$$

$$\boldsymbol{u}^{t+h} = \boldsymbol{u}^t + h\boldsymbol{v}^t + \frac{1}{2}h^2((1-2\beta)\boldsymbol{a}^t + 2\beta \boldsymbol{a}^{t+h}) \tag{20-4}$$

式中，$\boldsymbol{M}$ 为质量矩阵；$\boldsymbol{C}$ 为阻尼矩阵；$\boldsymbol{K}$ 为刚度矩阵；$\boldsymbol{f}_{\text{ext}}^{t+\alpha h}$ 为外载；$\boldsymbol{f}_{\text{int}}^{t+\alpha h}$ 为由于结构刚度产生的内力；$\boldsymbol{u}$ 为位移；$\boldsymbol{v}$ 为速度；$\boldsymbol{a}$ 为加速度；t 为前一个时间步；$t+h$ 为当前时间步；$t+\alpha h$ 表示对于任意量 z，$t+\alpha h$ 时刻的值由 t 及 $t+h$ 时刻的值线性插值得到。

$$z^{t+\alpha h} = (1+\alpha)z^{t+h} - \alpha z^t \tag{20-5}$$

从上面的方程可以看到，广义 α 方法有四个归一化的参数：α、β、γ 及 α_m。当 $\alpha_m=0.0$ 时，该方法退化为 HHT-α 方法；当 $\alpha=\alpha_m=0.0$ 时，退化为 Newmark-β 方法。α、α_m、β 的取值范围为

$$-\frac{1}{3} < \alpha \leqslant 0; -1 \leqslant \alpha_m < \frac{1}{2}; \beta \geqslant \frac{1}{4} - \frac{1}{2}(\alpha_m + \alpha) \tag{20-6}$$

式（20-3）和式（20-4）中，γ、β 可由 α 及 α_m 得到，OptiStruct 中默认值为 $\alpha_m=0.0$，$\alpha=-0.05$，即默认采用 HHT-α 方法。

$$\gamma = \frac{1}{2} - (\alpha_m + \alpha);\beta = \frac{1}{4}(1 - \alpha_m - \alpha)^2 \tag{20-7}$$

广义 α 方法采用牛顿下山法求解非线性方程，对每个增量步通过迭代（j 为迭代数）得到位移增量 $\Delta \boldsymbol{u}^{t+h} = \boldsymbol{u}^{t+h} - \boldsymbol{u}^h$，从而推导出速度及加速度，其中的下标为迭代数。

$$\boldsymbol{K}^* \Delta \boldsymbol{u}_{j+1}^{t+h} = \boldsymbol{f}_{\text{ext}}^{t+h} - \boldsymbol{f}_{\text{int}}^{t+\alpha h} - \boldsymbol{M}\boldsymbol{a}_j^{t-\alpha_m h} - \boldsymbol{C}\boldsymbol{v}_j^{t+h} \tag{20-8}$$

$$\boldsymbol{K}^* = \frac{1-\alpha_m}{\beta h^2}\boldsymbol{M} + (1+\alpha)\frac{\gamma}{h\beta}\boldsymbol{C} + (1+\alpha)\boldsymbol{K}_j \tag{20-9}$$

$$\boldsymbol{a}_j^{t-\alpha_m h} = \alpha_m \boldsymbol{a}^t + (1-\alpha_m)\boldsymbol{a}_j^{t+h} = \alpha_m \boldsymbol{a}^t + (1-\alpha_m)\left(\frac{1}{\beta h^2}\Delta \boldsymbol{u}_j^{t+h} - \frac{1}{\beta h}\boldsymbol{v}^t - \frac{1-2\beta}{2\beta}\boldsymbol{a}^t\right) \tag{20-10}$$

$$\boldsymbol{v}_j^{t+h} = \boldsymbol{v}^t + h((1-\gamma)\boldsymbol{a}^t + \gamma \boldsymbol{a}_j^{t+h}) \tag{20-11}$$

大多数的非线性瞬态分析可采用广义 α 方法，通过 α、β、γ 及 α_m 调整数值阻尼，当 α 及 α_m 为非零值时，可滤去高频响应。

20.1.2 后退的欧拉方法

在后退的欧拉方法中，平衡方程的离散如下：

$$\boldsymbol{f}_{\text{ext}}^{t+\alpha h} = \boldsymbol{M}\boldsymbol{a}^{t+h} + \boldsymbol{C}\boldsymbol{v}^{t+h} + \boldsymbol{f}_{\text{int}}^{t+\alpha h} \tag{20-12}$$

$$\boldsymbol{v}^{t+h} = \frac{\boldsymbol{u}^{t+h} - \boldsymbol{u}^t}{h} \tag{20-13}$$

$$\boldsymbol{a}^{t+h} = \frac{\boldsymbol{v}^{t+h} - \boldsymbol{v}^t}{h} \tag{20-14}$$

后退的欧拉方法同样采用牛顿下山法求解非线性方程，对于每个迭代步的位移增量 $\Delta u^{t+h} = u^{t+h} - u^h$，可通过下面的表达式得到。

$$\boldsymbol{K}^* \Delta \boldsymbol{u}_{j+1}^{t+h} = \boldsymbol{f}_{\text{ext}}^{t+h} - \boldsymbol{f}_{\text{int}}^{t+h} - \boldsymbol{M}\boldsymbol{a}_j^{t+h} - \boldsymbol{C}\boldsymbol{v}_j^{t+h} \tag{20-15}$$

$$\boldsymbol{K}^* = \frac{1}{h^2}\boldsymbol{M} + \frac{1}{h}\boldsymbol{C} + \boldsymbol{K}_j \tag{20-16}$$

$$\boldsymbol{a}_j^{t+h} = \frac{1}{h^2}\Delta \boldsymbol{u}_j^{t+h} - \frac{1}{h}\boldsymbol{v}^t \tag{20-17}$$

后退的欧拉方法适用于准静态分析，比如后屈曲分析。

20.2 非线性瞬态分析中的阻尼

OptiStruct 非线性瞬态分析中只支持瑞利阻尼，可通过两种形式来定义：一种是通过 PARAM，ALPHA1/ALPHA2 定义全局瑞利阻尼；另一种是通过 TSTEP 卡片设置瑞利阻尼，当该卡片被引用时，瑞利阻尼才起作用。

20.3 连续工况分析

OptiStruct 非线性瞬态分析支持两种类型的连续工况分析。

1）非线性瞬态分析后面接着一个非线性瞬态分析。

2）非线性准静态分析后面接着一个非线性瞬态分析。

对于第一类连续工况，如果工况 1、2 都存在初始条件卡片 IC，工况 2 的初始条件卡片将被忽略，工况 2 的初始条件由工况 1 的终了时刻决定；对于第二类连续工况，工况 2 可通过 IC 定义初始条件。第二类连续工况中，准静态工况 1 的载荷定义有两种方法：一种通过 LOAD 引用，一种通过 DLOAD 引用。当通过 LOAD 引用时，工况 1 中的载荷在工况 2 中将逐步卸除，即在工况 2 的终了时刻工况 1 的载荷才完全卸除；当通过 DLOAD 引用时，工况 1 中的载荷在工况 2 的初始时刻即完全卸除。连续工况分析不支持小变形（LGDISP = 0）和大变形（LGDISP = 1）之间的切换，即连续工况只能全部是大变形分析，或全部是小变形分析。

20.4 隐式动力学卡片设置

非线性动力学分析中，约束可通过 SPC 施加，载荷需通过 TLOADi 创建，通过 SUBCASE 中的 DLOAD 引用。动力学分析的控制卡片通过 NLPARM、TSTEP 卡片设置，这两个卡片必须设置并在 SUBCASE 中加以引用，NLADAPT 卡片不是必须设置的，可根据需要设置并引用。输出控制可通过 NLOUT 卡片设置。非线性动力学分析卡片设置示例如下。

```
SUBCASE 10
  ANALYSIS = DTRAN
  SPC = 1
  DLOAD = 2
  NLPARM = 99
  TSTEP = 2
  NLOUT = 23
  IC = 12
```

TSTEP 卡片定义见表 20-1。

表 20-1　TSTEP 卡片定义

(1)	(2)	(3)	(4)	(5)	(6)	(7)	(8)	(9)	(10)
TSTEP	SID	N1	DT1						
	TMTD	TC1	TC2	TC3	TC4	ALPHA	BETA		

其中，N1 × DT1 定义仿真时间；TMTD 定义积分方法，1、2 分别对应广义 α 法及后退的欧拉方法；TC1 ~ TC4 分别对应广义 α 法中的 α、β、γ、α_m，其取值范围及默认值见 20.1.1 节；ALPHA、BETA 用来定义瑞利阻尼。

20.5 实例：撞击车身隐式动力学分析

本例通过一个质量块以一定的初速度撞击车身前部蒙皮的案例来演示在 OptiStruct 中如何进行隐式动力学分析。碰撞模型如图 20-1 所示，约束蒙皮安装点的 1、2、3、4、5、6 自由度，碰撞块通过一个 RBE2 单元进行刚化，约束 RBE2 主节点的 2、3、4、5、6 自由度，在 1 自由度上施加初始速度。蒙皮与碰撞块之间建立接触。蒙皮及碰撞块均采用弹性材料。基础模型已设置好约束、材料、属性及接触，此处需要设置初始速度及非线性瞬态分析相关卡片。

模型设置

Step 01 在 HyperMesh 中导入模型 bump_impact_base. fem。

Step 02 创建初速度。创建 Load Collector 并命名为“TIC”，在 Analysis-> constraints 面板中，将

初速度施加在撞击块 RBE2 的主节点上，沿 x 向，大小为 694.44mm/s，load types 为 TIC（V），如图 20-2 所示。

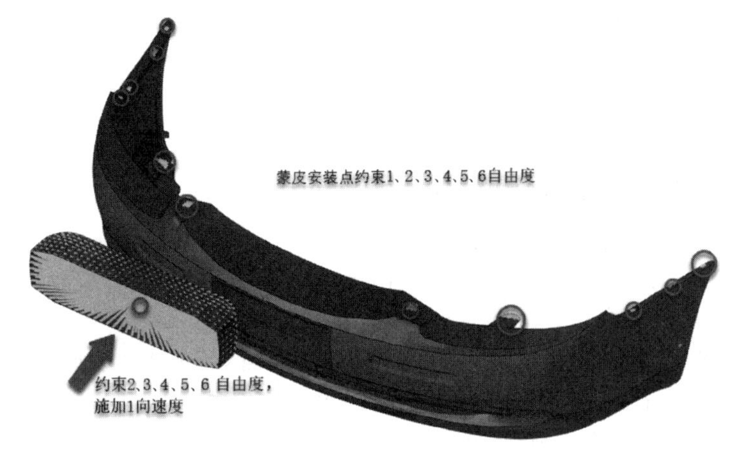

图 20-1　蒙皮碰撞模型

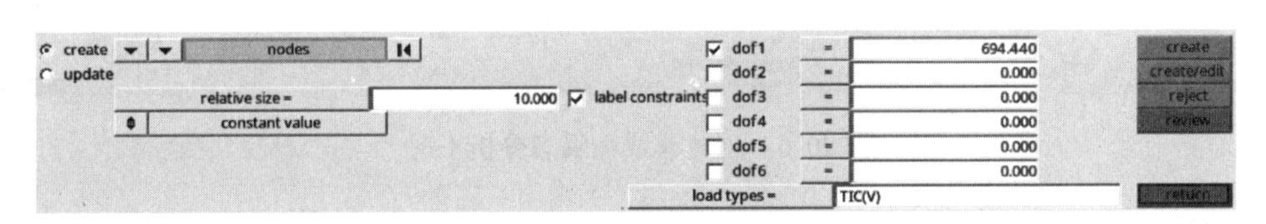

图 20-2　施加初速度

Step 03 创建 Load Collector 并命名为“TSTEP”。创建 TSTEP 卡片，在 TSTEP 中设置 N = 100，DT = 0.001，表示仿真时间为 100 × 0.001 = 0.1。其余采用默认值，表示采用广义 α 方法和自动时间步，如图 20-3 所示。

Step 04 创建 Load Collector，并命名为“NLPARM”。创建 NLPARM 卡片，在 NLPARM 卡片中设置初始时间步为 0.001，其余采用默认值，如图 20-4 所示。

Name	Value
Solver Keyword:	TSTEP
Name:	tstep
ID:	3
Color:	
Include:	[Master Model]
Card Image:	TSTEP
User Comments:	Do Not Export
⊟ TSTEP_NUM =:	1
N:	200
DT:	0.001
NO:	
W3:	
W4:	
TMTD:	
TC1:	
TC2:	
TC3:	
TC4:	
ALPHA:	
BETA:	
MREF:	
TOL:	
TN1:	
TN2:	

图 20-3　创建 TSTEP 卡片

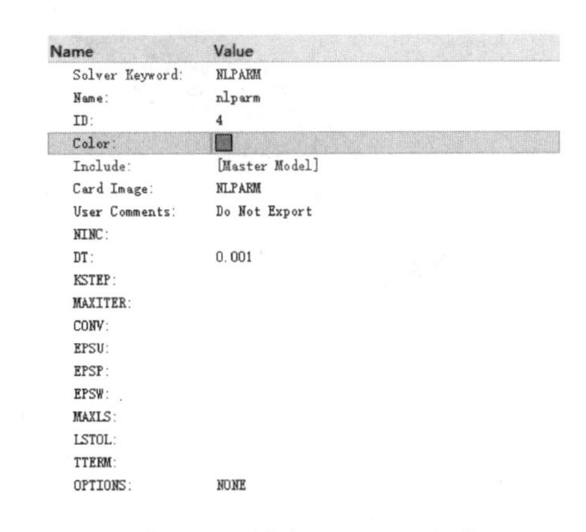

Name	Value
Solver Keyword:	NLPARM
Name:	nlparm
ID:	4
Color:	
Include:	[Master Model]
Card Image:	NLPARM
User Comments:	Do Not Export
NINC:	
DT:	0.001
KSTEP:	
MAXITER:	
CONV:	
EPSU:	
EPSP:	
EPSW:	
MAXLS:	
LSTOL:	
TTERM:	
OPTIONS:	NONE

图 20-4　创建 NLPARM 卡片

Step 05 创建 Load Collector，并命名为“NLOUT”。创建 NLOUT 卡片，并设置结果输出次数为 20，如图 20-5 所示。

Step 06 设置位移、应力输出。在 Analysis-> control cards-> GLOBAL OUTPUT REQUEST 中添加

位移及应力结果输出。

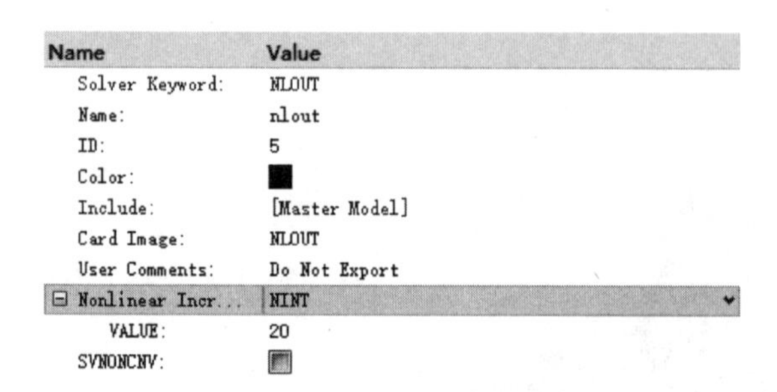

图 20-5　创建 NLOUT 卡片

Step 07 创建非线性瞬态分析工况。在 Analysis-> loadsteps 面板中，选择分析类型为 nonlinear_transient，选择相应的 SPC、TSTEP、IC、NLPARM、NLOUT，这里通过 NLPARM（LGDISP）引用 NLPARM，表示打开几何非线性，如图 20-6 所示。

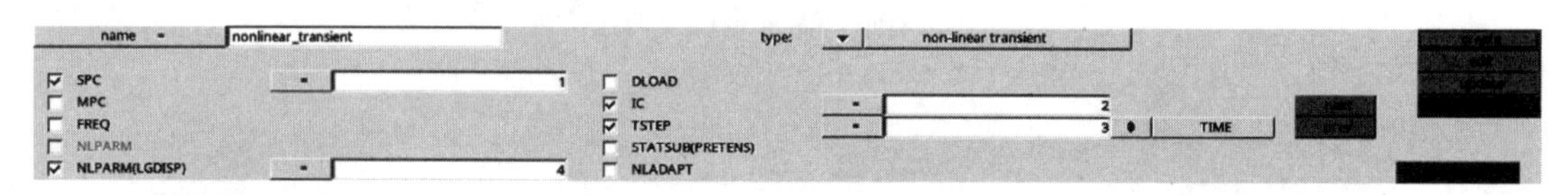

图 20-6　创建非线性瞬态分析工况

Step 08 通过 Analysis-> OptiStruct 面板提交计算。

结果查看

在 HyperView 中打开 . h3d 结果文件，查看计算结果，最后时刻位移及应力云图如图 20-7 所示。

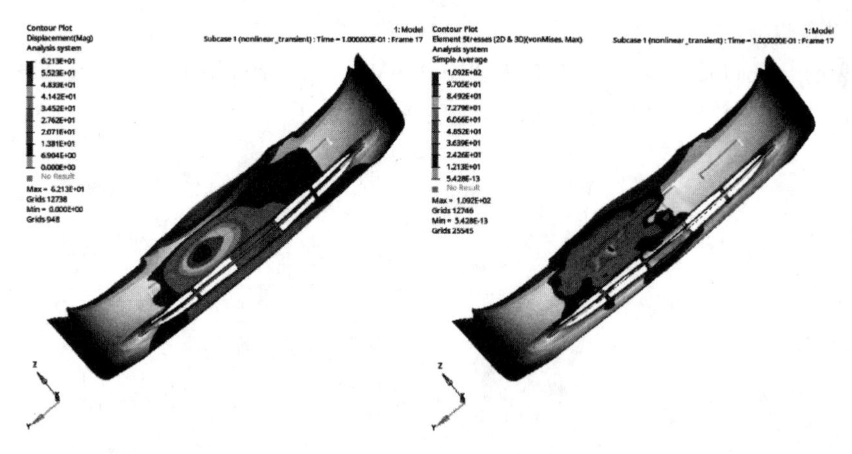

图 20-7　位移及应力云图

第21章 疲劳分析理论基础

据统计，因交变载荷引起的疲劳断裂事故占机械结构失效总数的80%～90%。疲劳破坏的特点是：在交变应力远小于静强度极限的情况下，破坏也可能发生；疲劳破坏不是立刻发生的，而是要经历一定的时间，甚至是很长时间的；疲劳破坏的危险性表现在结构到达疲劳寿命时无明显先兆就会突然断裂解体。为了保证产品安全工作，理解疲劳破坏的机理并对疲劳寿命进行预测是非常必要的。本章主要介绍疲劳分析的基础理论。

21.1 疲劳破坏机理

材料的疲劳破坏大致分为三个阶段，即疲劳裂纹的萌生、疲劳裂纹扩展和材料的最终破坏。其具体表现形式如下。

1）在循环载荷作用下，材料表面发生滑移带“挤出”和“凹入”，进一步形成应力集中，导致微裂纹产生。

2）在循环载荷作用下，由持久滑移带形成的微裂纹沿45°最大剪应力作用面继续扩展或相互连接。此后，有少数几条微裂纹达到几十微米的长度，逐步汇聚成一条主裂纹，并由沿最大剪应力面扩展逐步转向沿垂直于载荷作用线的最大拉应力面扩展。

3）在拉应力的循环作用下，裂纹沿着垂直于表面的方向扩展，直至应力强度因子大于断裂韧性，结构突然断裂。

疲劳裂纹扩展如图21-1所示。

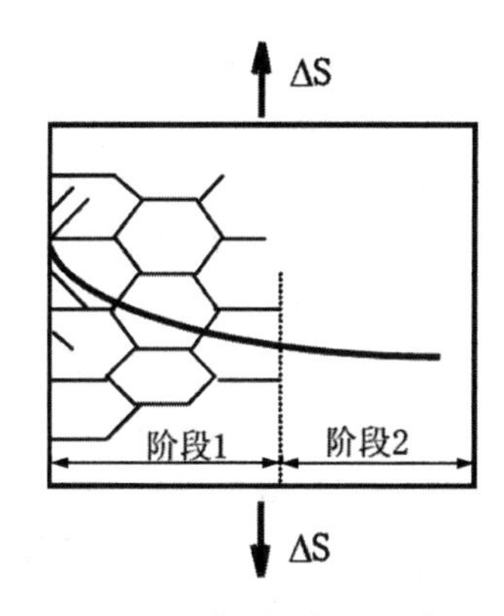

图21-1 疲劳裂纹扩展示意图

在一般的通用有限元疲劳分析软件中，疲劳寿命包含了结构从裂纹的萌生、裂纹的扩展直至破坏的全部过程。

21.2 疲劳分析基本术语

恒定幅值的交变应力如图21-2所示，应力的每一个周期性变化称作一个应力循环。在应力循环中，两个极值中绝对值较大者称为“最大应力”（S_{max}），较小者称为“最小应力”（S_{min}）。

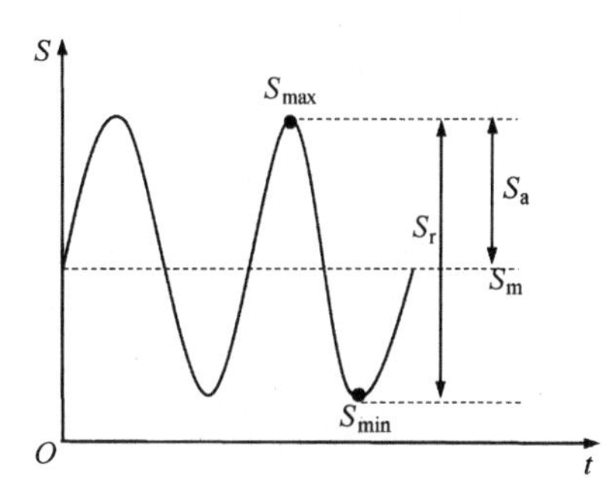

图21-2 恒定幅值交变应力

最大应力和最小应力的代数平均值称为“平均应力”，计算公式为

$$S_m = \frac{S_{max} + S_{min}}{2} \tag{21-1}$$

最大、最小应力值差的一半称为“应力幅值”（S_a），它的两倍称为“应力范围”（S_r）。应力幅值计算公式为

$$S_a = \frac{S_{max} - S_{min}}{2} \tag{21-2}$$

最小应力与最大应力的比值称为“应力比”（R），计算公式为

$$R = \frac{S_{min}}{S_{max}} \tag{21-3}$$

$R = -1$ 为平均应力为 0 的交变载荷，SN 曲线（S：应力幅值；N：疲劳寿命）的获取通常采用这种载荷。

21.3 疲劳破坏影响因素

疲劳破坏的控制因素是应力幅、应变幅，除此之外还有一些因素也显著影响结构的疲劳寿命，分别介绍如下。

（1）平均应力的影响

从疲劳破坏机理来看，当结构件在受拉平均应力作用下时，裂纹张开，容易导致裂纹扩展；在受压平均应力作用下时，裂纹闭合，对结构不会产生不利影响。所以一般来说，受拉平均应力不利于疲劳寿命，受压平均应力有利于疲劳寿命，或不影响疲劳寿命。一般疲劳分析软件都会考虑平均应力的影响。

（2）尺寸的影响

对处于均匀应力场的试件，大尺寸试件比小尺寸试件含有更多的疲劳损伤源；对处于非均匀应力场中的试件，大尺寸试件疲劳损伤区的应力比小尺寸试件更加严重。这两个原因导致了试件尺寸越大疲劳强度越低，越不利于疲劳寿命。

（3）载荷形式的影响

载荷形式对疲劳寿命也有显著的影响。以标准试件的拉压和弯曲加载为例，在两种加载形式下，当应力最大值相同时，拉压加载中高应力区体积为整个试验段；弯曲情形下的高应力区则小得多。因为拉压循环时高应力区的材料体积大，存在缺陷并由此引发裂纹萌生的可能性也大，所以同样的应力水平下，拉压循环载荷作用时的寿命比弯曲时短。

（4）表面粗糙度的影响

若试件表面粗糙，将使局部应力集中的程度加大，裂纹萌生寿命缩短。材料强度越高，粗糙度的影响越大。表面加工时的划痕、碰伤都可能是潜在的裂纹源。

（5）表面处理的影响

一般来说，疲劳裂纹总是起源于表面。为了提高疲劳性能，除需要改善粗糙度外，常常采用各种方法在构件的高应力表面引入压缩残余应力，以达到提高疲劳寿命的目的。表面渗碳或渗氮处理可以提高表面材料的强度并在材料表面引入压缩残余应力，实验表明，渗碳或渗氮处理可使钢材疲劳极限提高一倍。反之，热轧或锻造会使材料表面脱碳，强度下降并在材料表面引入拉伸残余应力。这两种不利的作用可使材料的疲劳极限降低 50%，甚至更多。

（6）温度的影响

金属材料的疲劳极限一般会随温度的降低而增加，但随着温度下降，材料的断裂韧性也会下降，表现出低温脆性，一旦出现裂纹，就容易发生失稳断裂。高温降低材料的强度可能引起蠕变，对疲劳也是不利的。同时还要注意，为改善疲劳性能而引入的残余压应力也会因温度升高而消失。

21.4 疲劳分析方法

疲劳分析方法有很多种，其中，使构件在一定设计寿命内不发生疲劳破坏的设计，称为安全寿

命设计或有限寿命设计。民用飞机、容器、管道、汽车等大都采用安全寿命设计。一般通用有限元疲劳分析软件也采用安全寿命法。其流程如图21-3所示，主要步骤如下。

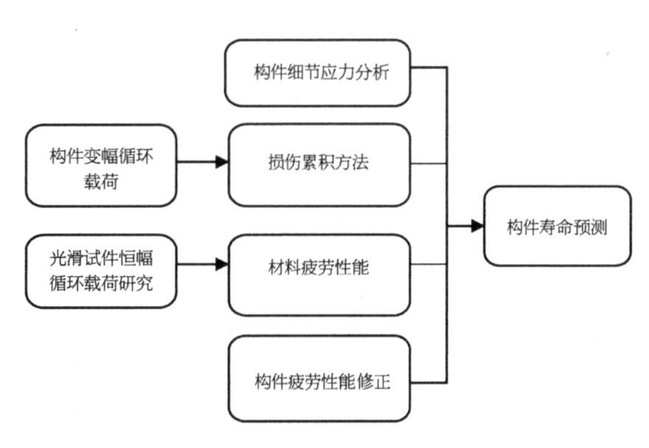

图21-3　安全寿命设计方法

1）对工程构件进行有限元分析。

2）将变幅值循环载荷通过雨流计数转换为恒幅载荷。

3）通过试验方法得到材料的疲劳性能，如SN曲线。

4）将试验曲线根据构件的实际情况（如表面粗糙度、温度等）进行修正。

5）根据修正的材料曲线，采用损伤累积方法评估构件疲劳寿命。

21.5　SN疲劳曲线的获得

材料疲劳性能试验所采用的标准试件一般为小尺寸（3～10mm）光滑圆柱试件。材料的SN曲线给出的是光滑试件在恒幅对称循环应力作用下的寿命。

理论上，用一组标准试件在给定的应力比下施加不同的应力幅来进行疲劳试验，并记录相应的寿命，即可得到图21-4所示的SN曲线。

但是实际试验中疲劳寿命存在一定的分散性，在同一应力水平作用下，疲劳寿命最高值与最低值相差可达数10倍以上，这是由于试验材料的不均匀性、试验加工过程的不一致性等导致的。在同一应力水平下，疲劳寿命呈正态分布。在不同的应力水平取相同概率的寿命点，比如50%，由这些点连成的曲线称为50%存活率SN曲线，如图21-5所示。

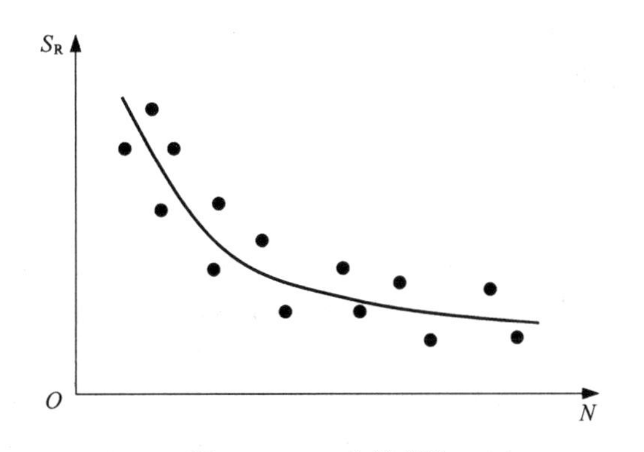

图21-4　SN曲线获取

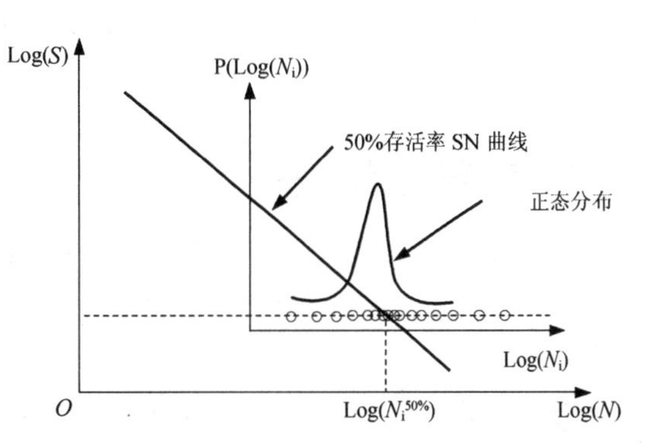

图21-5　50%存活率SN曲线

由SN曲线确定的对应于寿命N的应力称为疲劳寿命N的“疲劳强度”。由图21-5可知，在给定的应力比下，应力幅越小，寿命越长。当应力幅小于某极限值时，试件不发生破坏，寿命趋于无限长。N趋于无穷大时所对应的应力幅的极限值称为材料的“疲劳极限”。特别的，$R=-1$时对称循环下的疲劳极限记作$S_f(R=-1)$，简记为S_{-1}。

由于疲劳极限是由试验确定的，试验不可能一直做下去，故在许多试验研究的基础上，将所谓的“无穷大”定义为钢材10^7次循环、焊接件2×10^6次循环、有色金属10^8次循环。满足$S_a<S_f$的设计，即无限寿命设计。

SN曲线的表达式为

$$S_a = S_1\ (N_f)^{b_1} \tag{21-4}$$

式中，S_1 和 b_1 为材料常数。

两边取对数，式（21-4）可重写为

$$\log(S_a) = \log(S_1) + b_1\log(N_f) \tag{21-5}$$

可以看到 log（S_a）相对于 log（N_f）线性变化，即 SN 曲线在双对数坐标下为直线。

21.6 雨流计数

工程实际中往往是变幅值的循环载荷，将不规则的随机载荷历程转化为一系列恒幅值循环的方法称为“循环计数法”。计数法有很多种，本节以三点法为例，展示如何从变幅值载荷中提取出恒幅值载荷。

三点法的关键步骤为：取载荷历程中的三个连续点，计算由 1、2 两点构成的应力差 $\Delta S_1 = |S_1 - S_2|$ 及 2、3 两点构成的应力差 $\Delta S_2 = |S_2 - S_3|$，如果 $\Delta S_1 < \Delta S_2$，则 1、2 两点构成一个应力循环，将这两个点从应力历史中去除，将这两个点前后的点连接起来，继续进行计数，直至所有的点都构成循环。其流程如图 21-6 所示。

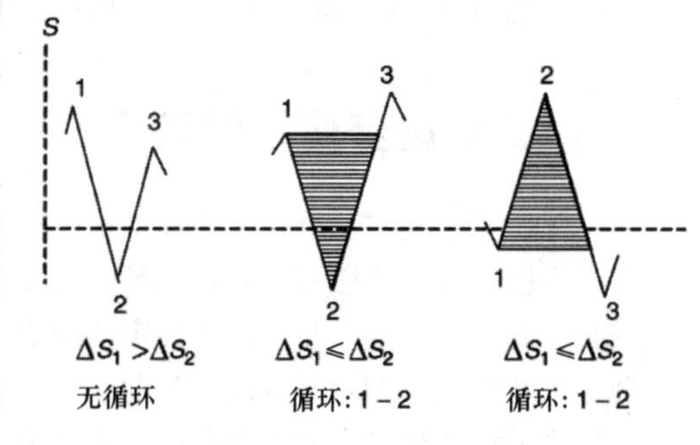

图 21-6　三点法雨流计数

需要注意的是，在使用三点计数法前，需要对载荷序列进行处理，包含数据处理的雨流计数步骤如下。

1）找到载荷序列中的绝对值最大点，将该点前面所有的数据移动到数据末尾，并连接起来，这样处理后的数据第一个点和最后一个点相同，且为载荷历史中的最大点。

2）去除载荷序列中的中间点，只保留载荷历史中的峰值与谷值。

3）进行三点法雨流计数，直至所有的数据点都构成循环。

21.7 疲劳损伤累积

疲劳损伤累积规律可大致归纳为以下三类：线性疲劳损伤累积理论、修正的线性疲劳损伤累积理论和非线性疲劳损伤累积理论。通用疲劳有限元分析中一般采用线性疲劳损伤累积理论，相关内容介绍如下。

线性疲劳损伤累积理论是指在循环载荷作用下，疲劳损伤是可以线性累加的，各个应力之间相互独立、互不相关，当累加的损伤达到某一数值时，试件或构件就发生疲劳破坏。线性损伤累积理论中的典型是 Palmgren-Miner 理论，简称为 Miner 理论。在 Miner 理论中，对于某一个应力幅值的循环，通过查找 SN 曲线可得到该应力幅值下可经历的寿命 N，则在该应力幅值作用下，经过一个循环产生的损伤为

$$D = \frac{1}{N} \tag{21-6}$$

如果有 n 个该应力幅值下的循环，则这 n 个循环产生的损伤为

$$D = \frac{n}{N} \tag{21-7}$$

在变幅循环载荷作用下，经过雨流计数得到 m 个不同应力幅值的循环，则这 m 个不同应力幅

值的循环产生的损伤为

$$D = \sum_{i=1}^{m} \frac{n_i}{N_i} \tag{21-8}$$

21.8 比例加载与非比例加载

结构在受到多个外力作用时，外载在施加过程中始终保持线性关系，则认为该结构受到的载荷为比例载荷。以两个外载作用下的结构为例，分别以载荷1和载荷2为横轴和纵轴，两者在施加过程中保持线性关系，如图21-7所示。结构在比例加载作用下，应力主轴不会发生变化。在疲劳分析过程中，可以认为材料沿着固定面发生疲劳破坏，比如沿最大主应力面。

外载施加过程中结构载荷之间不再保持线性关系称为非比例加载。试验中常用的方形加载和圆形加载即为非比例加载，如图21-8所示。非比例加载时，应力主轴在加载历史过程中将发生变化，比如最大主应力面在整个加载过程中会发生翻转，非比例加载下疲劳的破坏面不再容易确定，一般采用临界平面法评估所有可能破坏面的损伤，其中损伤最大的面为最终的疲劳破坏面。

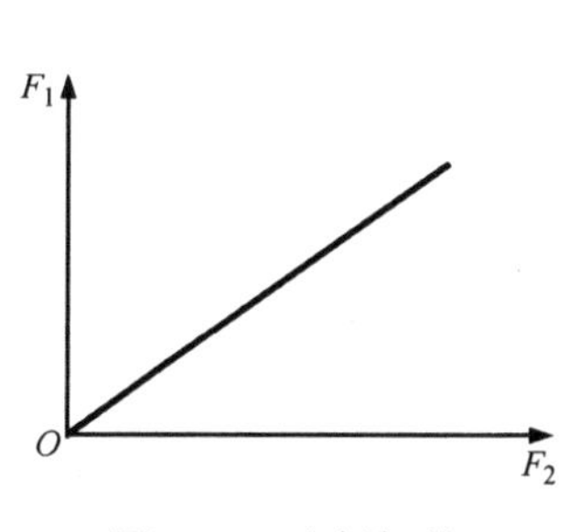

图21-7　比例加载

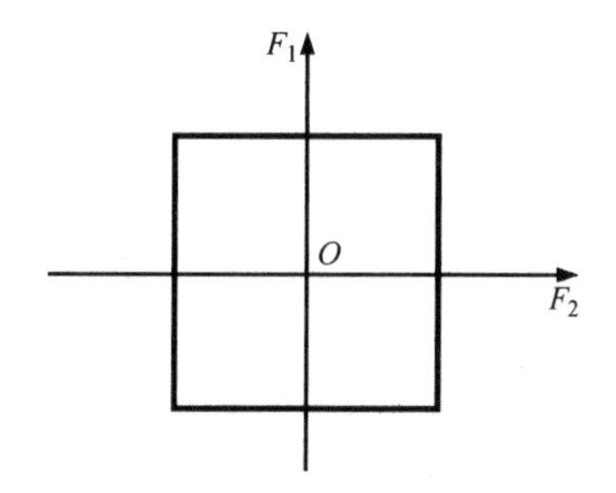

图21-8　非比例加载

第22章 高周疲劳分析

疲劳分析按疲劳寿命可大致分为高周疲劳、低周疲劳及无限寿命疲劳。当疲劳寿命小于10^4次循环时，称为“低周疲劳”；大于10^4次小于10^8次循环时，称为“高周疲劳”；大于10^8次循环时，称为“无限寿命疲劳”。本章详细介绍高周疲劳的分析流程，以及在OptiStruct中进行高周疲劳分析的相关设置。

22.1 SN曲线

SN曲线的表达式为

$$S_r = SR1(N_f)^b \tag{22-1}$$

式中，S_r为应力范围；$SR1$为疲劳强度系数；N_f为循环数；b为疲劳强度指数。在双对数坐标中SN曲线为直线。

在疲劳试验中，当应力范围小于某一个值时，疲劳试件将不会破坏（$>10^8$），该临界值称为“疲劳极限”。在考虑疲劳极限后，SN曲线如图22-1a所示。定义该SN曲线时，只需给定SR_1、b及疲劳极限即可。

在疲劳试验中，有时候一段直线并不能完全逼近试验曲线，这时可采用两段曲线来逼近，如图22-1b所示。在定义两段SN曲线时，需给定SR_1、b_1、b_2、转折点疲劳寿命及疲劳极限。OptiStruct通过MATFAT卡片设置SN曲线。

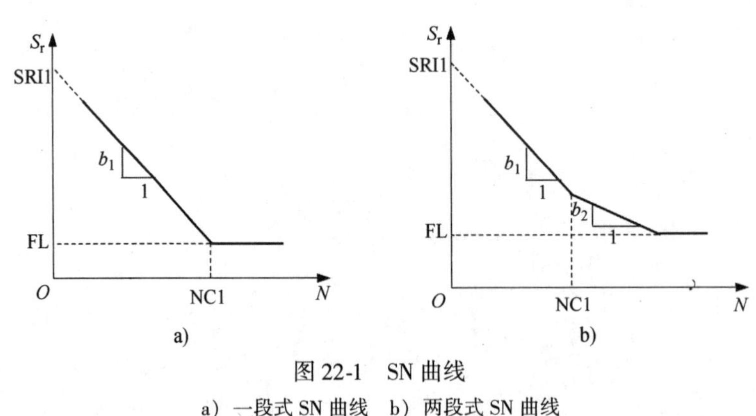

图22-1 SN曲线
a）一段式SN曲线 b）两段式SN曲线

22.2 疲劳载荷历程

疲劳分析中有两种载荷类型，一种为载荷叠加，另一种为载荷序列。以图22-2所示的悬臂梁为例，展示这两种载荷。

1）载荷叠加。在某工况下，载荷 F_1 与 F_2 同时作用于悬臂梁，其中，F_1 的载荷历程为 $f_1(t)$，F_2 的载荷历程为 $f_2(t)$，则称 F_1 与 F_2 为叠加载荷。载荷叠加在疲劳分析中的实现方式为：创建 SUBCASE 1，施加 1 个单位力的竖向载荷，得到应力 σ_{ij}^1；创建 SUBCASE2，施加 1 个单位力的水平载荷，得到应力 σ_{ij}^2；将这两个载荷历史叠加，得到最终用于疲劳计算的载荷历史，即 $\sigma_{ij}^1 f_1(t) + \sigma_{ij}^2 f_2(t)$。在 OptiStruct 中，通过 FATEVNT 引用两个 FATLOAD，每个 FATLOAD 引用一个 SUBCASE 来实现这个叠加载荷。卡片逻辑关系如图 22-3a 所示。

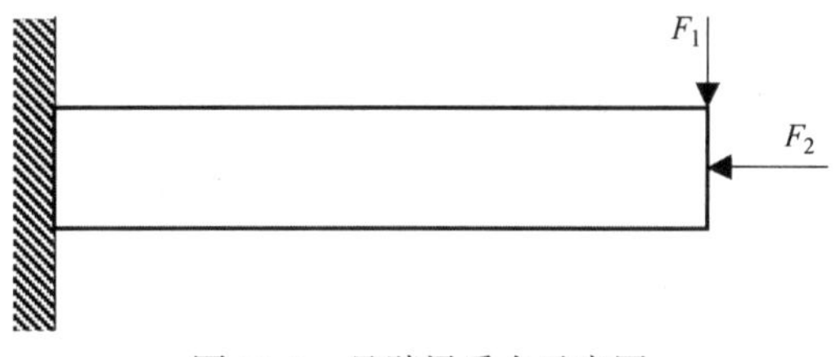

图 22-2 悬臂梁受力示意图

2）载荷序列。当在 $0 \sim t_1$ 时间间隔内施加 F_1，在 $t_1 \sim t_2$ 时间间隔内施加 F_2 时，称 F_1 和 F_2 为“载荷序列”。最终用于疲劳分析的载荷历史为 $\{\sigma_{ij}^1 f_1(t_1), \sigma_{ij}^2 f_2(t_2)\}$，即将两段应力历史首尾相连。在 OptiStruct 中创建两个 FATEVNT，每一个 FATEVNT 引用一个 FATLOAD，每一个 FATLOAD 引用一个 SUBCASE，最后创建一个 FATSEQ 引用这两个 FATEVNT 即可。卡片逻辑关系如图 22-3b 所示。

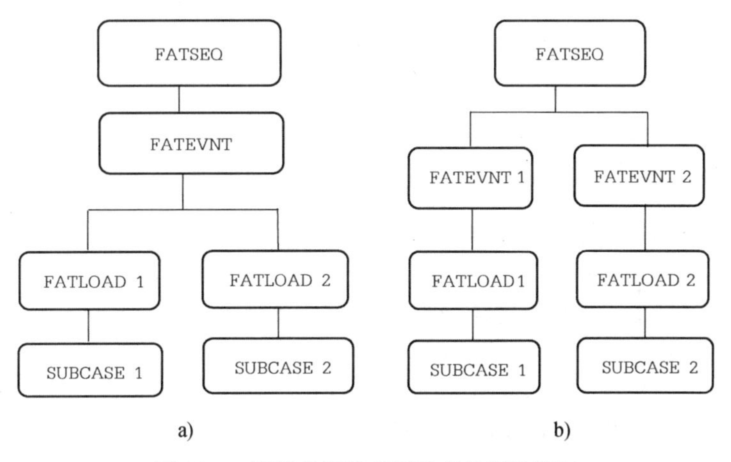

图 22-3 疲劳分析载荷历程卡片逻辑关系

22.3 单轴疲劳

22.3.1 单轴疲劳评估方法

在疲劳试验中，试验件一般处于简单应力状态，可以很容易地选择应力来评估疲劳寿命，但是对于复杂结构，在简单载荷作用下结构也可能处于复杂应力状态，为了评估结构件的疲劳寿命，通常采用等效应力法进行疲劳评估。对于脆性材料，一般选择绝对值最大的主应力；对于延性材料，一般选用带符号的 Mises 应力。所谓带符号的 Mises 应力，是指取最大主应力的符号：如果最大主应力为正，则 Mises 应力为正；如果最大主应力为负，则 Mises 应力为负。OptiStruct 提供了多种评估应力，包括绝对值最大的主应力、带符号的 Mises 应力、最大主应力、最小主应力、Mises 应力、各应力分量等。

22.3.2 平均应力修正

一般来说 SN 疲劳曲线是通过 $R=-1$，平均应力为 0 的循环载荷得到的，但是实际工况中平均应力并不等于0。上一章曾讲到，平均应力对疲劳寿命有很大的影响，受拉平均应力导致疲劳裂纹张开，不利于疲劳寿命；受压平均应力导致疲劳裂纹闭合，有利于疲劳寿命。所以需要根据平均应力对应力范围进行修正。OptiStruct 提供了 Goodman、Soderbe、Gerber、FKM 平均应力修正，分别介绍如下。

Goodman 平均应力修正表达式为

$$S_e = \frac{S_r}{1 - \dfrac{S_m}{S_u}} \tag{22-2}$$

式中，S_r为平均应力不为0的应力范围；S_m为平均应力；S_u为材料的抗拉强度；S_e为修正后的应力范围。

Soderbe 平均应力修正表达式为

$$S_e = \frac{S_r}{1 - \dfrac{S_m}{S_y}} \tag{22-3}$$

式中，S_y为屈服应力，其他参数同 Goodman 表达式。

Gerber 平均应力修正表达式为

$$S_e = \frac{S_r}{1 - \left(\dfrac{S_m}{S_u}\right)^2} \tag{22-4}$$

其中的符号含义同上。Goodman 和 Gerber 方法可用图 22-4 示意，从图中可以看到，Gerber 平均应力修正不管是受拉平均应力还是受压平均应力，都认为对结构是有害的，因而在评估受压平均应力时结果偏保守。Goodman 方法忽略了受压平均应力的影响。Goodman 方法适用于脆性材料，Gerber 方法适用于延性材料。

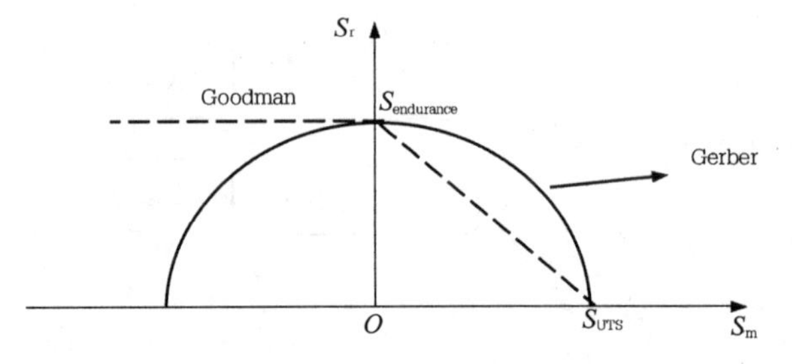

图 22-4　Goodman 及 Gerber 平均应力修正

如图 22-5 所示，FKM 平均应力修正采用应力比将平均应力及应力幅值空间分割为多个区域，不同的区域采用不同的平均应力修正方法。在 OptiStruct 中提供了两种 FKM 方法，可通过设置 FATPARM 上的 MCORRECT = FKM/FKM2 来实现。对于这两种方法，又有单参数法应力修正和四参数法应力修正，见表 22-1。

表 22-1　FKM 平均应力修正

FKM	单参数法	只定义 MATFAT 上的 MSS2 字段
	四参数法	定义 MATFAT 上的 MSS1、MSS2、MSS3、MSS4 字段
FKM2	单参数法	只定义 MATFAT 上的 MSS2 字段
	四参数法	定义 MATFAT 上的 MSS1、MSS2、MSS3、MSS4 字段

这四种方法的平均应力修正如下。

(1) FKM 单参数法

- 在 $R>1.0$ 区域内，$S_e^A = S_a(1-M)$。
- 在 $-\infty \leqslant R \leqslant 0.0$ 区域内，$S_e^A = S_a + MS_m$。
- 在 $0.0<R<0.5$ 区域内，$S_e^A = (1+M)\dfrac{S_a+(M/3)S_m}{1+M/3}$。

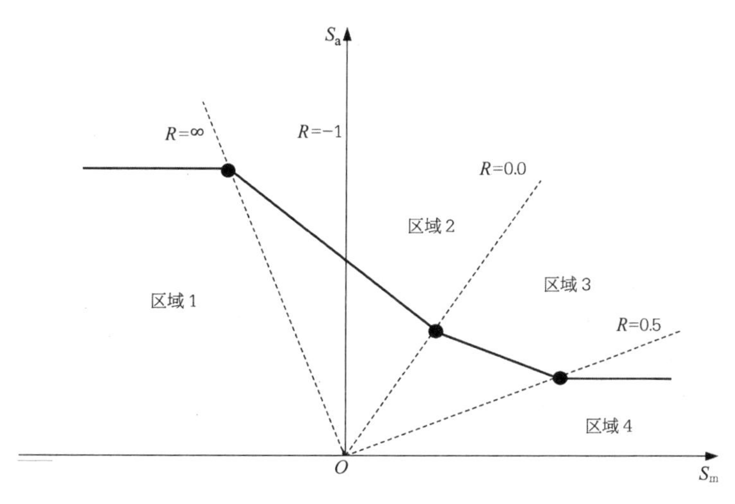

图 22-5　FKM 平均应力修正

- 在 $R \geqslant 0.5$ 区域内，$VS_e^A = \dfrac{3S_a(1+M)^2}{3+M}$。

其中，S_e^A为经过平均应力修正后的应力幅值；S_m为平均应力；S_a为修正前的应力幅值；M 为应力敏感系数，通过 MATFAT 卡片上的 MSS2 定义。

（2）FKM 四参数法

- 在 $R>1.0$ 区域内，$S_e^A = (S_a + M_1 S_m)(1-M_2)/(1-M_1)$。
- 在 $-\infty \leqslant R \leqslant 0.0$ 区域内，$S_e^A = S_a + M_2 S_m$。
- 在 $0.0<R<0.5$ 区域内，$S_e^A = (1+M_2)\dfrac{S_a + M_3 S_m}{1+M_3}$。
- 在 $R \geqslant 0.5$ 区域内，$S_e^A = (S_a + M_4 S_m)(1+3M_3)(1+M_2)/(1+3M_4)/(1+M_3)$。

其中，M_1、M_2、M_3、M_4为四个应力敏感系数，通过 MATFAT 卡片上的 MSS1、MSS2、MSS3、MSS4 定义，其他参数同上。

（3）FKM2 单参数法

- 在 $R>1.0$ 区域内，不进行平均应力修正。
- 在 $-\infty \leqslant R \leqslant 0.0$ 区域内，$S_e^A = S_a + MS_m$。
- 在 $0.0<R<0.5$ 区域内，$S_e^A = (1+M)\dfrac{S_a + (M/3)S_m}{1+M/3}$。
- 在 $R \geqslant 0.5$ 区域内，不进行平均应力修正。

（4）FKM2 四参数法

- 在 $R>1.0$ 区域内，不进行平均应力修正。
- 在 $-\infty \leqslant R \leqslant 0.0$ 区域内，$S_e^A = S_a + M_2 S_m$。
- 在 $0.0<R<0.5$ 区域内，$S_e^A = (1+M_2)\dfrac{S_a + M_3 S_m}{1+M_3}$。
- 在 $R \geqslant 0.5$ 区域内，不进行平均应力修正。

22.3.3　单轴疲劳分析流程

单轴疲劳分析流程大致分为以下几个步骤。

1）对结构施加单位载荷，计算单位载荷作用下的结构应力。
2）通过载荷历史对单位载荷下的应力进行放缩，得到应力分量历史。
3）如果有必要对载荷进行叠加，则获取叠加后的应力分量历史。
4）由应力分量历史计算等效应力历史。
5）对等效应力历史进行雨流计数，得到平均应力、应力幅值。
6）对应力幅值进行平均应力修正。
7）用修正后的应力幅值查询 SN 曲线，得到单个应力幅值的疲劳寿命。
8）采用 Miner 线性损伤累积，计算所有循环下的累积损伤。
9）计算累积损伤的倒数，即为疲劳寿命。

22.4 多轴疲劳

在多轴应力状态下，应力主轴在加载历史中不断发生偏转，疲劳破坏面难以确定。为了确定破坏面，假定所有面都有可能是最终的破坏面，在所有可能的面上计算损伤，其中损伤最大的面为最终破坏面。该评估方法称为“临界平面法”。疲劳破坏往往存在两种模式：一种为受拉破坏，在这种模式下，破坏面与表面成 90°，采用临界平面法时，需要遍历所有与外表面成 90°的平面，理论上这种平面有无穷多，OptiStruct 采用每隔 10°检查一个临界面的方法，故一点只需检查 18 个临界面，另一种为受剪破坏，在这种模式下，破坏面与表面成 45°，采用临界平面法时，需要遍历所有与外表面成 45°的平面，同样 OptiStruct 只需检查 18 个临界面。这两种破坏面如图 22-6 所示。

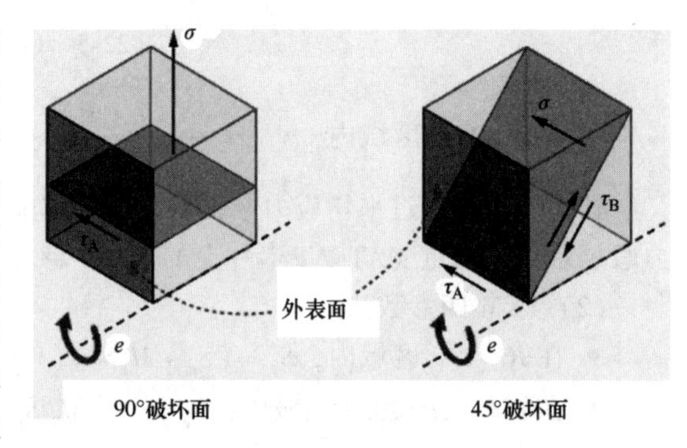

图 22-6　受拉及受剪破坏面

22.4.1 多轴疲劳评估方法

OptiStruct 提供了基于张开裂纹破坏的评估准则和基于剪切裂纹破坏的评估准则，其中，Goodman 方法为张开型裂纹破坏评估方法，Findley 为剪切型裂纹破坏评估方法。

Goodman 方法采用下面的表达式计算评估应力。

$$S_e = \frac{S_r}{\left(1 - \frac{S_m}{S_u}\right)} \tag{22-5}$$

与之前的表达式不同的是，S_r是临界平面上的应力范围，S_m是临界平面上的平均应力。

Findley 采用下面的表达式计算评估应力。

$$\frac{\Delta\tau}{2} + \kappa\sigma_n = \tau_f^*\ (N_f)^b \tag{22-6}$$

$$\tau_f^* = \tau_f' \sqrt{1 + \kappa^2} \tag{22-7}$$

式中，τ_f'剪切疲劳强度系数；κ 为材料参数；$\Delta\tau$ 为临界面上的剪应力范围；σ_n 为临界面上的正应力。

FKM 评估方法同单轴疲劳评估中的表达式，唯一不同的是相应的应力为临界平面上的应力。

22.4.2 多轴疲劳分析流程

多轴疲劳分析流程大致分为以下几个步骤。

1）对结构施加单位载荷，计算单位载荷下的结构应力。

2）通过载荷历史对单位载荷下的应力进行放缩，得到应力分量历史。

3）如果有必要对载荷进行叠加，则获取叠加后的应力分量历史。

4）对某个临界面计算等效应力。

5）对等效应力历史进行雨流计数，得到平均应力、应力幅值。

6）对应力幅值进行平均应力修正。

7）用修正后的应力幅值查询 SN 曲线，得到单个应力幅值的疲劳寿命。

8）采用 Miner 线性损伤累积，计算所有循环下的疲劳损伤。

9）对所有临界面重复步骤 4）～步骤 8），得到所有临界面的疲劳损伤。

10）比较所有临界面上的损伤，取最大损伤为该点处的损伤。

11）计算累积损伤的倒数，即为疲劳寿命。

22.5 高周疲劳卡片

疲劳卡片相对较多，其逻辑关系如图 22-7 所示，明白其逻辑关系后，设置起来就容易了。

各个卡片的主要功能介绍如下。

- FATDEF：定义需要进行疲劳分析的单元。
- PFAT：定义表面处理等参数。
- MATFAT：定义材料的 SN 曲线。
- FATPARM：定义分析类型及控制参数。
- TABFAT：定义载荷历史。
- FATLOAD：将单位载荷分析工况同载荷历史组合起来。
- FATEVNT：将工况叠加起来。
- FATSEQ：将不同工况顺序连接起来。

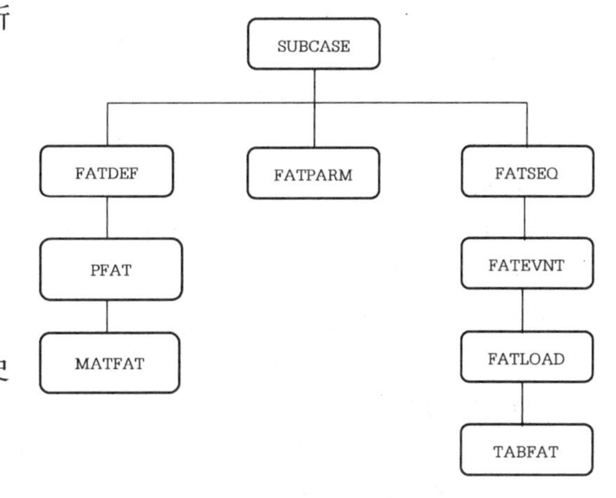

图 22-7 疲劳卡片逻辑图

FATDEF 定义疲劳分析相关单元，卡片定义见表 22-2。

表 22-2 FATDEF 卡片定义

(1)	(2)	(3)	(4)	(5)	(6)	(7)	(8)	(9)
FATDEF	ID	TOPSTR						
	ELSET/PTYPE	ID	PFATID					

详细说明如下。

1）TOPSTR 为 0～1 之间的比例系数，OptiStruct 自动根据评估应力挑选出高应力单元进行分析，比如 TOPSTR = 0.5 为只对选中单元的 50% 进行分析，即 100 万个单元里只选 50 万个进行分析。

2）ELSET/PTYPE 字段通过单元集或属性来选择需要进行疲劳分析的单元。需要注意的是，OptiStruct 高周疲劳分析只能在单元上分析，而不能基于节点分析。对于每一个单元集，需要设置一个相应的 PFAT 卡片。PFAT 卡片定义见表 22-3。

表 22-3　PFAT 卡片定义

(1)	(2)	(3)	(4)	(5)	(6)	(7)	(8)	(9)
PFAT	ID	LAYER	FINISH	TREATMENT				

详细说明如下。

1）LAYER 适用于壳单元，表示疲劳分析基于壳单元的上表面应力、下表面应力或上下表面应力的最大值。LAY = 1/2/0 分别表示上表面、下表面、上下表面最大值。

2）FINISH 为材料抛光处理类型，可以为 NONE、POLISH、GROUND、MACHINE、HOTROLL FORGE，或用户自定义 0 ~ 1 之间的值。该值用来调整疲劳极限。

3）TREATMENT 为表面处理类型，同样，该值用来调整疲劳极限，可以为 NONE、POLISH、GROUND、MACHINE、HOTROLL FORGE。

MATFAT 定义 SN 曲线，卡片定义见表 22-4。

表 22-4　MATFAT 卡片定义

(1)	(2)	(3)	(4)	(5)	(6)	(7)	(8)	(9)
MATFAT	MID	UNIT						
	STATIC	YS	UTS					
	SN	SRI1	B1	NC1	B2	FL	SE	
		FINDLEY	TFP	MSS1	MSS2	MSS3	MSS4	A/R

详细说明如下。

1）UNIT 为 SN 曲线中应力的单位。疲劳分析中结构应力的单位可能和 SN 曲线中不一致。FATPARM 卡片上同样有一个结构应力的单位字段 STRESSU，在知道了 SN 曲线应力单位及结构应力单位后，通过 SN 曲线计算寿命时就可以进行应力转换了。

2）YS 为屈服应力，在平均应力修正中使用；UTS 为抗拉极限，在平均应力修正中使用。这两个参数的使用可以参考 22. 3. 2 节的平均应力修正。

3）SRI1 为疲劳强度系数；B1、B2 分别为 SN 曲线的第一段、第二段斜率；NC1 为 SN 曲线第一段与第二段转折点的循环数；FL 为疲劳极限。

4）SE 为 SN 曲线的标准方差，是由试验结果决定的。在同一应力范围下做 N 次重复试验，N 次试验结果满足正态分布，由这 N 个值可以得到相应的寿命均值及方差。SN 曲线即为不同应力范围下寿命均值的连线，一般为 50% 存活率的 SN 曲线。

5）FINDLEY 为式（22-6）中的 κ，一般该值介于 0. 2 和 0. 3 之间。

6）TFP 为 Findley 方法中的剪切疲劳强度系数 τ_f'，见式（22-7）。如果 TFP 没有定义，则 OptiStruct 通过下式计算默认值。

$$\tau_f' = 0.5 \cdot \frac{2}{1+\frac{\kappa}{\sqrt{1+\kappa^2}}} \cdot SRI1 \tag{22-8}$$

式中，MSSi 为 FKM 疲劳敏感系数。

7）A/R 表示 SN 曲线是通过应力幅值定义还是通过应力范围定义。

FATPARM 设置疲劳分析控制字段，卡片定义见表 22-5。

表 22-5　FATPARM 卡片定义

(1)	(2)	(3)	(4)	(5)	(6)	(7)	(8)	(9)
FATPARM	ID	TYPE	MAXLFAT					
	STRESS	COMBINE	UCORRECT	STRESSU		SURFSTS		
	RAINFLOW	RTYPE	GATEREL					
	PRPLD	CHK						
	MCORRECT	MC1	MC2	MC3	MC4			
	CERTNTY	SURVCERT						

详细说明如下。

1）TYPE 为分析类型，TYPE = SN 为高周疲劳分析。

2）MAXLFAT = YES/NO，用来控制是否进行多轴疲劳分析。

3）COMBINE 设置等效应力，对于脆性材料，建议采用绝对值最大的主应力；对于延性材料，建议采用带符号的 Mises 应力。

4）UCORRECT 为平均应力修正，SN 分析支持 NONE、GOODMAN、GERBER 、GERBER2、SODERBE、FKM、FKM2。

5）STRESSU 为结构应力单位，结合 MATFAT 卡片上的应力单位进行应力转换，支持 MPA、PA、PSI、KSI；SURFSTS = YES/NO，设置是否在实体单元外表面自动生成膜单元。如果生成膜单元，疲劳分析将只在膜单元上进行。这是基于疲劳破坏都是从材料的表面开始、之后慢慢发展到材料内部的事实。内部自动生成的膜单元集合名称为 AUTO_SKIN。

6）RTYPE = LOAD/STRESS，设置雨流计数方法：LOAD 表示雨流计数基于载荷历史，在没有载荷叠加时，该方法计算速度较快；STRESS 表示雨流计数基于应力历史，一般采用该方法。

7）GATEREL 为 0 ~ 1 之间的比例系数，当应力范围小于最大应力范围乘以 GATEREL 值时，该应力范围将被去除，这样做的目的是去除应力历史中的噪音，减小计算量。

8）CHK = YES/NO，表示是否检查比例加载。CHK = YES 时，如果是比例加载，则不采用多轴疲劳；CHK = NO 时，则始终采用多轴疲劳计算方法。

9）MCi 为多轴疲劳评估方法，对于高周疲劳，可采用 GOODMAN、FINDLEY 和 FKM。需要指出的是，一次计算中可以设置多个评估方法，所有评估方法中最大的损伤值为最终的损伤值。

10）SURVCERT 为 SN 曲线存活率。MATFAT 卡片上提供的 SN 曲线一般都是 50% 存活率曲线，但是实际分析中不可能采用 50% 存活率曲线——如果采用 50% 存活率曲线，则表示设计出来的 10 个产品中，有 5 个可能在设计寿命中安全运行，另外 5 个在设计寿命中发生破坏。根据产品种类的不同，存活率可能为 95% 及以上。如果 SURVCERT 为 95%，MATFAT 卡片上的曲线会根据存活率及方差进行一定的平移。

TABFAT 给定载荷历程，卡片定义见表 22-6。

表 22-6　TABFAT 卡片定义

(1)	(2)	(3)	(4)	(5)	(6)	(7)	(8)	(9)	10
TABFAT	ID	Y1	Y2	Y3	Y4	Y5	…		

其中，Yi 为载荷点。疲劳分析中的载荷点不需要有时间横轴，只需顺序给出载荷点即可。试验中的载荷历史可能会存为 .dac 及 .rpc 格式，OptiStruct 可通过 ASSIGN 卡片直接为这两种文件创

建载荷历史，格式如下：

```
ASSIGN,DAC/RPC,TID,FILE
```

比如在 D 盘有一个 loadhis. dac 文件，可通过 ASSIGN 为该文件指定一个 TID，具体如下：

```
ASSIGN,DAC,100,D:\loadhis.dac
```

在 FATLOAD 卡片上将 LHFORMAT 设置为 DAC，设置 TID = 100，选择相应的 CHANNEL 即可。

FATLOAD 定义应力历史，卡片定义见表 22-7。

表 22-7　FATLOAD 卡片定义

(1)	(2)	(3)	(4)	(5)	(6)	(7)	(8)	(9)	10
FATLOAD	ID	TID	LCID	LDM	SCALE	OFFSET	LHFORMAT	CHANNEL	

详细说明如下。

1）TID 为 TABFAT ID 或 ASSIGN，DAC/RPC，TID。

2）LCID 为 SUBCASE ID，对于高周疲劳，SUBCASE 可以为线性准静态分析或瞬态分析，如果 SUBCASE 为瞬态分析，则 TID 必须为空。

3）LDM、SCALE、OFFSET 用来对应力历史进行放缩及偏移，其具体意义可表示为

$$(\sigma_{ij}(t))_t = \frac{(\sigma_{ij})_l}{LDM}(P(t) \cdot SCALE + OFFSET) \tag{22-9}$$

4）LHFORMAT 通过外来文件直接指定载荷历史，可以为 . dac 或 . rpc 类型文件，与 ASSIGN，DAC/RPC，TID，FILE 卡片联合使用。

5）CHANNEL 为 . dac 或 . rpc 载荷历史文件中的通道。

FATEVNT 定义一个疲劳事件，卡片定义见表 22-8。

表 22-8　FATEVNT 卡片定义

(1)	(2)	(3)	(4)	(5)	(6)	(7)	(8)	(9)	10
FATEVNT	ID	FATLOAD1	FATLOAD2	FATLOAD3	…	SQNTL			

当 SQNTL 为空时，表示将 FATLOADi 中的应力历史叠加起来。如果 SQNTL 不为空，则 FATLOADi 上的 TID 必须为空，FATLOADi 不再表示载荷历史，而是表示一个载荷点，FATEVNT 表示将这些载荷点串联起来作为一个载荷历史，即 {FATLOAD1，FATLOAD2，…，FATLOADn}。

FATSEQ 将载荷历史串联起来，卡片定义见表 22-9。

表 22-9　FATSEQ 卡片定义

(1)	(2)	(3)	(4)	(5)	(6)	(7)	(8)	(9)
FATSEQ	ID							
	FID1	N1	FID2	N2	…			

其中，FIDi 为 FATEVNT/FATSEQ 卡片 ID；Ni 为疲劳事件 FATEVNT 的重复次数。

22.6　高周疲劳分析实例

疲劳分析在 HyperMesh 中的设置有两种方法：一种为逐个建立前文中提到的疲劳相关卡片，并将它们关联起来（同一般的结构分析类似），然后提交计算、查看结果；另一种方法为流程自动化。针对疲劳分析中卡片多、设置复杂的问题，Altair 专门开发了一个流程自动化工具，可在 Tools

菜单中找到 Fatigue Process 工具。流程自动化一步一步地引导用户完成疲劳设置，用起来更方便。下面的案例中以疲劳分析的流程自动化工具为基础介绍疲劳分析流程。

22.6.1 实例：副车架单轴疲劳分析

副车架通过铰连接到车身上，为了进行副车架的疲劳分析，首先需要通过多体动力学分析得到安装点的载荷历史。每一个安装点根据铰连接方式的不同有 3 ~ 6 个载荷。在有限元分析中，对所有的载荷方向依次施加单位载荷，分别进行惯性释放分析。比如有 6 个安装点，每个安装点有 6 个自由度，则需要准备 6 × 6 = 36 个工况，在每一个工况中对其中一个载荷方向施加单位载荷，进行惯性释放分析。在疲劳分析中，将单位载荷应力结果结合载荷历史进行疲劳分析。副车架模型如图 22-8 所示，该模型只是演示副车架疲劳分析流程，所以只选其中一个安装点，分别施加 x、y、z 三个方向的单位载荷，结合载荷历史对前围板进行疲劳分析。基础模型中已提供了三个惯性释放工况，需要创建疲劳分析工况。

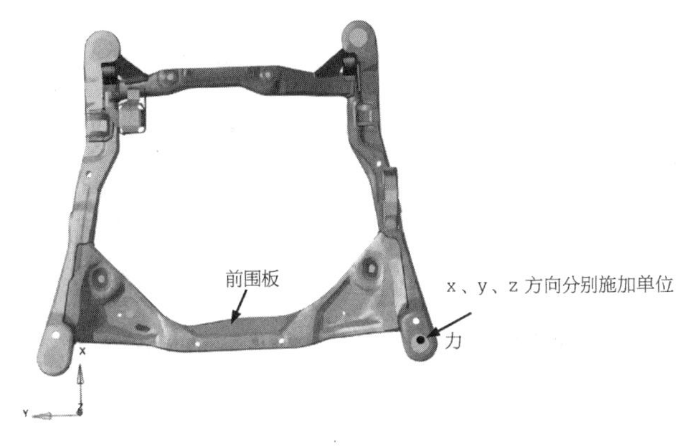

图 22-8　有限元分析模型

模型设置

Step 01 首先通过 Tools-> Fatigue Process-> Create New 选项新建一个疲劳分析流程，设置流程自动化名称及工作目录，创建流程自动化模块，如图 22-9 所示。

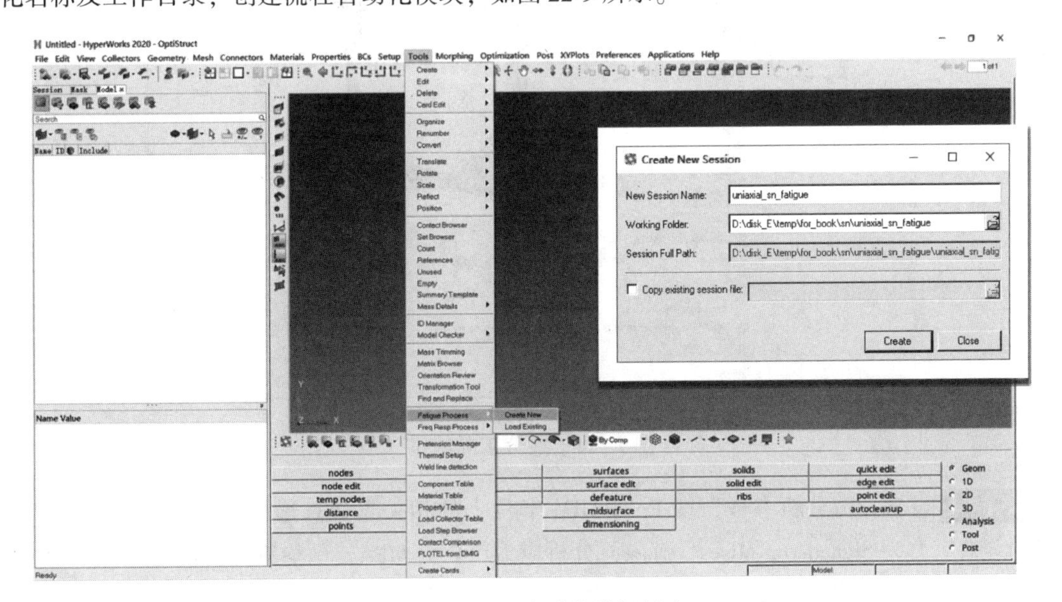

图 22-9　流程自动化模板创建

Step 02 创建好流程自动化模板以后，在 HyperMesh 界面左边出现流程树，第一步为 Import File（导入基础模型）。选择 uniaxial_SN_fatigue_base. fem，单击 Import 按钮导入模型，然后进入下一步，如图 22-10 所示。

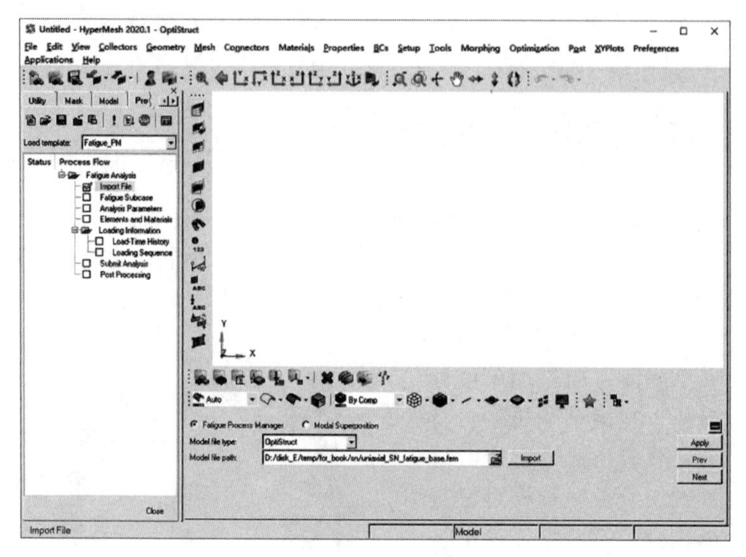

图 22-10　模型导入

Step 03 创建疲劳工况。输入疲劳工况名称 uniaxial_fatigue，单击 Create 按钮，然后进入下一步，如图 22-11 所示。

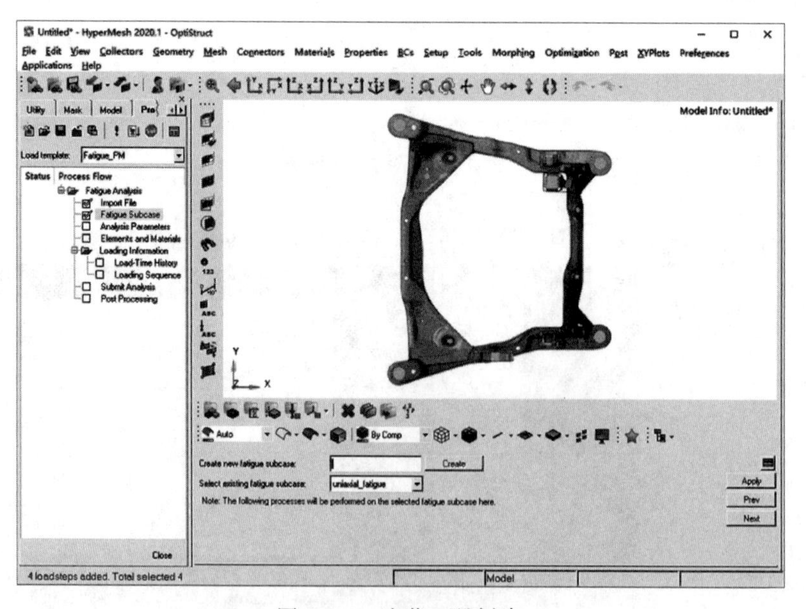

图 22-11　疲劳工况创建

Step 04 设置疲劳分析参数，即 FATPARM 卡片上的相关参数。选择 SN Fatigue，方法为 Uni Axial，等效应力为 Signed von Mises，有限元分析应力单位为 MPA，平均应力修正为 GOODMAN，存活率为 95%，雨流计数方法为 STRESS。单击 Next 按钮进入下一步，如图 22-12 所示。

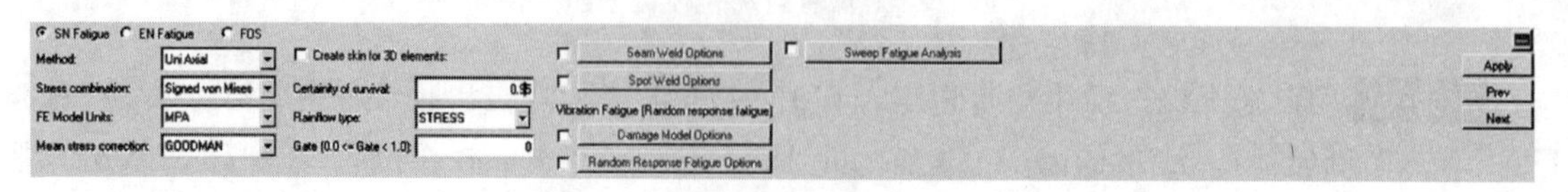

图 22-12　疲劳分析参数设置

Step 05 设置 SN 曲线，即设置 MATFAT 卡片。

- MATFAT 卡片是 MAT1 卡片的扩展，需要选择一个 MAT1 材料，然后设置其相应的 MATFAT 卡片。
- 零件 f-mech-subframe-front 相关的材料为 Steel_Base_material_410Mpa_SAE960X，选择该材料设置 SN 曲线。
- 通过 Add Material 按钮打开 Material Data 对话框，设置 UTS 为 600MPa。
- 通过 SN Curve Material Properties 按钮打开相应对话框，设置 SN 曲线。SRI1 = 2557. 8，b1 = -0. 125，NC1 = 1e6，b2 = -0. 1，FL = 20，SE = 0. 3，其他设置如图 22-13 所示。

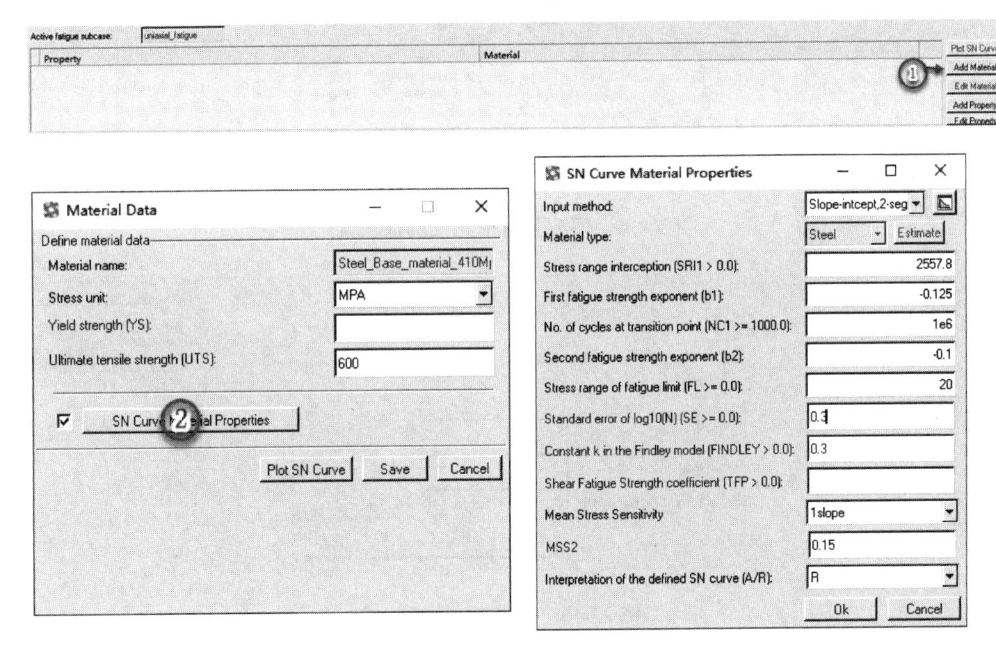

图 22-13　SN 曲线设置

Step 06 设置疲劳分析相关单元，即定义 FATDEF 及 PFAT 相关参数。

- 零件 f-mech-subframe-front 相关的 Property 为 f-mech-subframe-front-lower，通过截面属性选择相关单元。
- 通过 Add Property 按钮打开 Property Data 对话框，选择名为 f-mech-subframe-front-lower 的属性，创建 PFAT 卡片，关联相应的单元及 PFAT 卡片，完成属性设置。之后在主界面单击 Next 按钮进入下一步，如图 22-14 所示。

Step 07 导入载荷曲线，即创建 TABFAT 卡片。通过 Add by File 按钮打开 Load Time History 对话框，设置载荷历史名称、文件类型，指定文件路径，导入曲线并保存。重复三次，分别导入 Fx. csv、Fy. csv、Fz. csv 文件，创建 Fx、Fy、Fz 三条曲线。单击 Next 按钮进入下一步，如图 22-15 所示。

Step 08 关联载荷历史及工况，即创建 FATLOAD、FATEVNT 及 FATSEQ 卡片。单击 Add 按钮，打开 Load Mapping 对话框，在通道栏选中 Fx、Fy、Fz，在工况栏选中 Fx、Fy、Fz，选择 Auto、Single Event 选项，单击加号，生成一个疲劳事件 EVENT_0，该事件表示三种工况的叠加，如图 22-16 所示。单击 Save 按钮回到主界面，进入下一步。

Step 09 设置模型文件名称并提交计算，如图 22-17 所示。

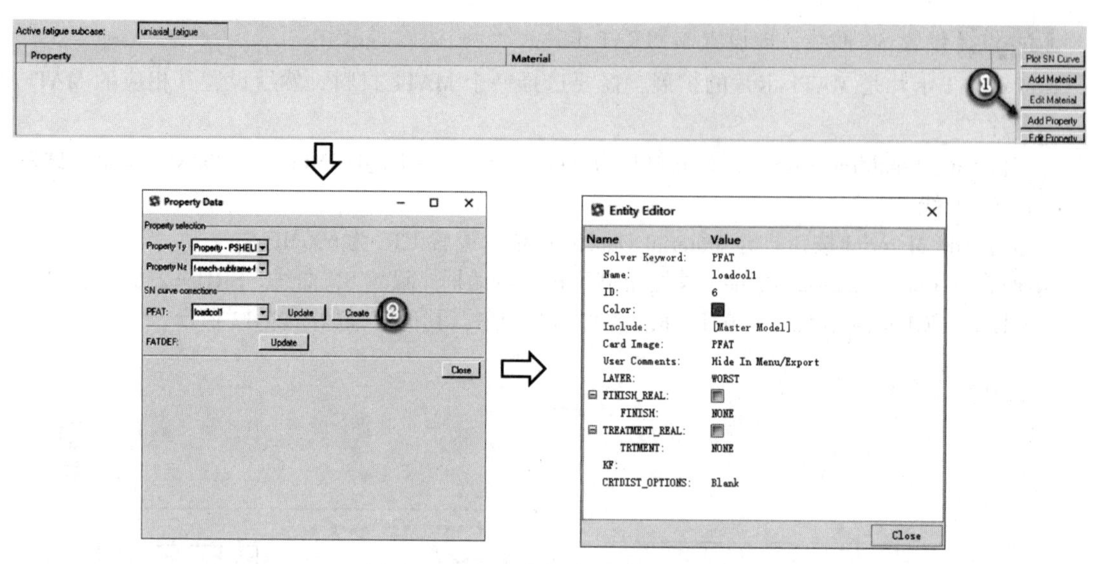

图 22-14　疲劳分析单元及属性设置

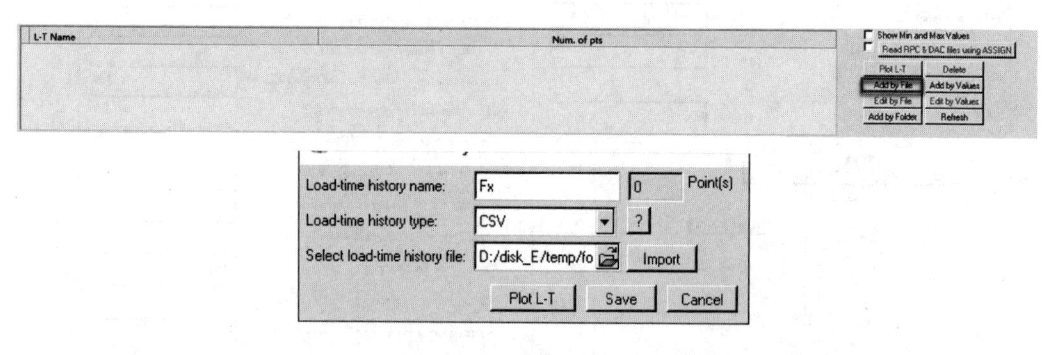

图 22-15　载荷历史设置

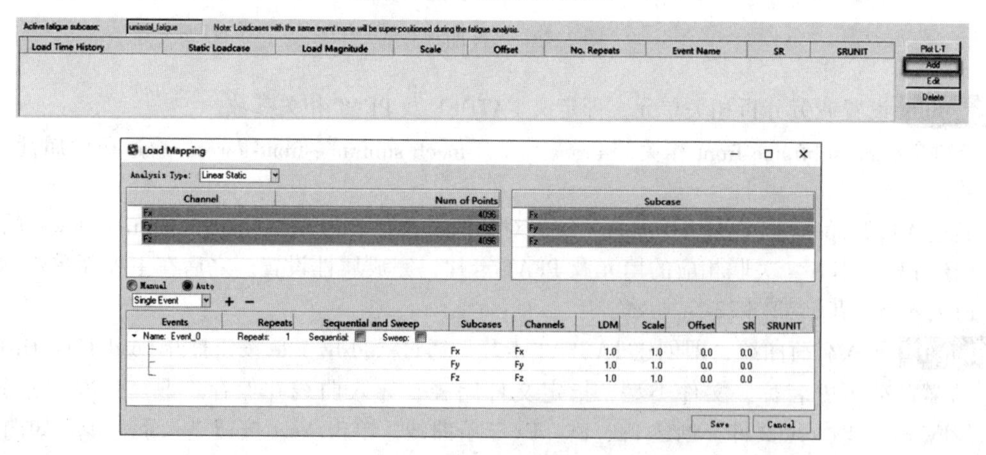

图 22-16　疲劳事件定义

图 22-17　提交计算

结果查看

在 HyperView 中打开 . h3d 文件，查看疲劳相关的 SUBCASE 结果。疲劳分析结果为损伤及寿命，损伤与寿命互为倒数关系。疲劳结果数值范围较大，为了更好地理解疲劳分析结果，一般都将云图的插值类型设置为 Log，如图 22-18 所示。疲劳分析结果的损伤及寿命云图如图 22-19 所示，最大寿命为 4. 822E + 10。需要说明的是，其寿命结果表示疲劳分析中的疲劳事件可以重复的次数。假定该例中给定的曲线是汽车跑 1 公里的载荷历史，这个疲劳结果表明，该副车架可以安全运行 4. 822E + 10 公里。

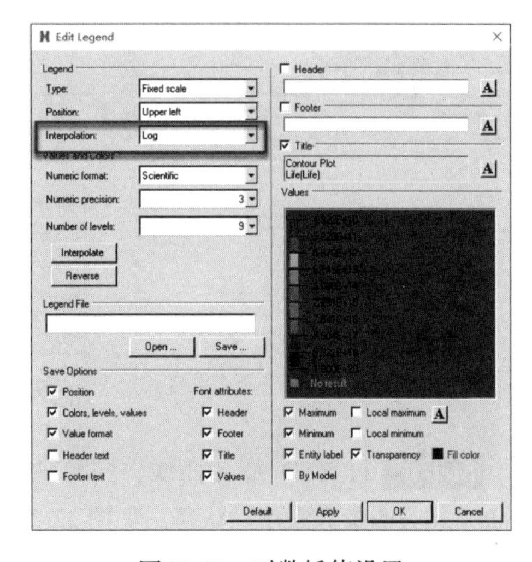

图 22-18　对数插值设置

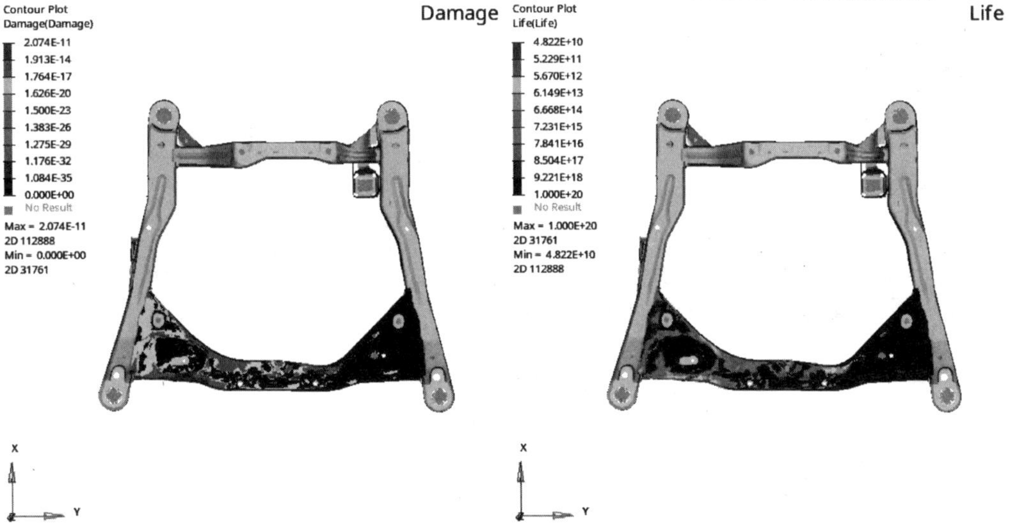

图 22-19　单轴疲劳分析损伤及寿命云图

22. 6. 2　实例：副车架多轴疲劳分析

取上一小节中同样的模型，唯一不同的是采用多轴疲劳分析，整个分析流程简单介绍如下。

操作步骤

Step 01 创建新的疲劳分析流程，设置流程自动化名称为 multiaxial_sn_fatigue。

Step 02 导入基础模型。

Step 03 创建疲劳工况 Multiaxial_sn_fatigue。

Step 04 设置疲劳分析参数。选择方法为 Multi Axial，应力单位为 MPA，存活率为 95%，雨流计数方法为 STRESS。激活多轴疲劳方法，选择 DM1 为 GOODMAN（Tension Damage），DM2 为 FINDLEY（Shear Damage），如图 22-20 所示。

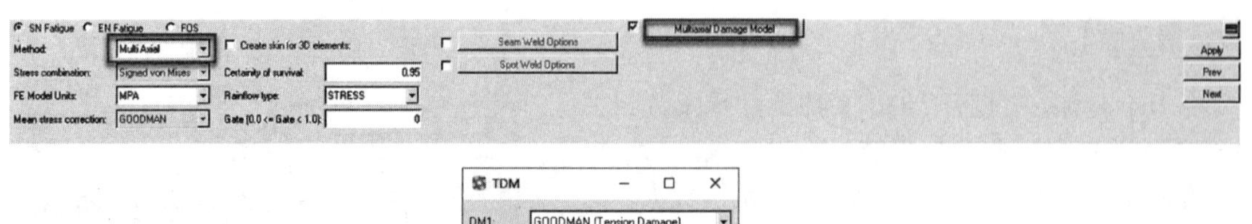

图 22-20　多轴疲劳分析参数

Step 05 设置 SN 疲劳曲线，同单轴疲劳，其中 Findley 相关的参数采用默认值，如图 22-21 所示。

Step 06 设置疲劳分析单元，同单轴疲劳。

Step 07 关联载荷及工况，同单轴疲劳。

Step 08 设置模型文件名，提交计算，同单轴疲劳。

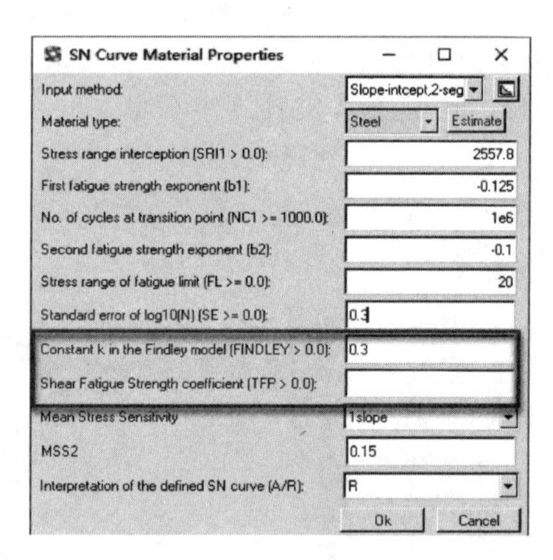

图 22-21　SN 曲线设置

结果查看

在 HyperView 中打开 . h3d 结果，同样采用对数插值，损伤及寿命云图如图 22-22 所示。比较单轴疲劳分析结果可知，该例的多轴疲劳分析结果更保守。

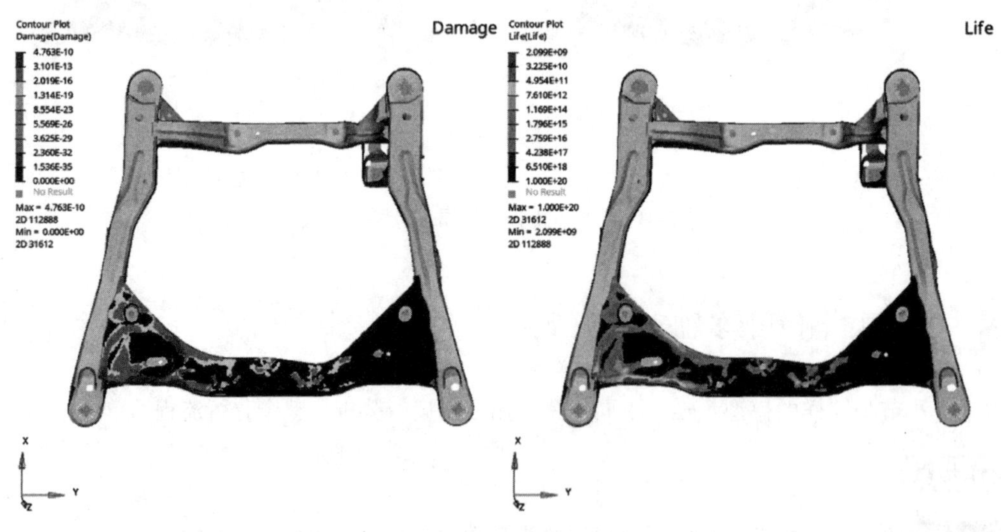

图 22-22　多轴疲劳分析损伤及寿命云图

第23章

低周疲劳分析

本章详细介绍低周疲劳的分析流程，以及在 OptiStruct 中进行低周疲劳分析的相关设置。

23.1 单调载荷下的应力应变曲线

弹塑性材料在单调载荷作用下的真实应力应变如图 23-1 所示，OA 阶段为弹性段，A 点为屈服极限，超过 A 点以后材料进入塑性段，继续加载至 C 点，材料破坏。

在进入塑性段以后，材料的应变包含两部分：

$$\varepsilon = \varepsilon_e + \varepsilon_p \tag{23-1}$$

式中，ε 为全应变；ε_e为弹性应变；ε_p为塑性应变。

其中的弹性应变可用应力 σ 及模量 E 表示为

$$\varepsilon_e = \frac{\sigma}{E} \tag{23-2}$$

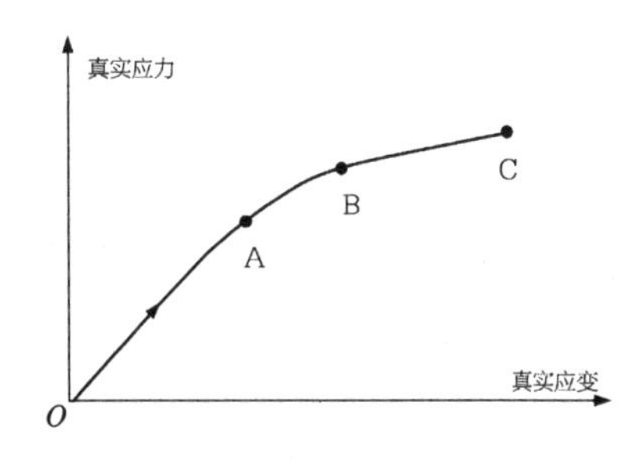

图 23-1　弹塑性材料真实应力应变曲线

对于塑性应变，可采用指数形式的表达式拟合得到：

$$\varepsilon_p = \left(\frac{\sigma}{K}\right)^{1/n} \tag{23-3}$$

式中，n 为硬化指数；K 为强度系数。

从而总应变可表示为

$$\varepsilon = \frac{\sigma}{E} + \left(\frac{\sigma}{K}\right)^{1/n} \tag{23-4}$$

23.2 循环载荷下的应力应变曲线

在循环载荷作用下，材料可表现出四种状态。

1）稳定响应。

2）循环硬化。

3）循环软化。

4）取决于应变幅值，可能是循环硬化，也可能是循环软化。

循环硬化和循环软化现象如图 23-2 所示。在循环硬化过程中，应变幅值保持不变，应力幅值不断变大；在循环软化过程中，应变幅值保持不变，应力幅值不断减小。一般来说，这种循环硬化、循环软化不会一直持续下去，一般会经过不多的循环达到稳定状态。将应力、应变绘制在一张图中，在材料响应稳定后，可得到一个闭合曲线。将不同应变幅值下稳定后的闭合曲线绘制在一张图中，将峰值点用一条曲线连接起来，就可以得到循环载荷下的应力应变曲线，如图 23-3 所示，

这条曲线和单调拉伸的曲线形状类似，可表示为

$$\varepsilon = \frac{\sigma}{E} + \left(\frac{\sigma}{K'}\right)^{1/n'} \tag{23-5}$$

式中，K'为循环强度系数；n'为循环应变硬化指数。

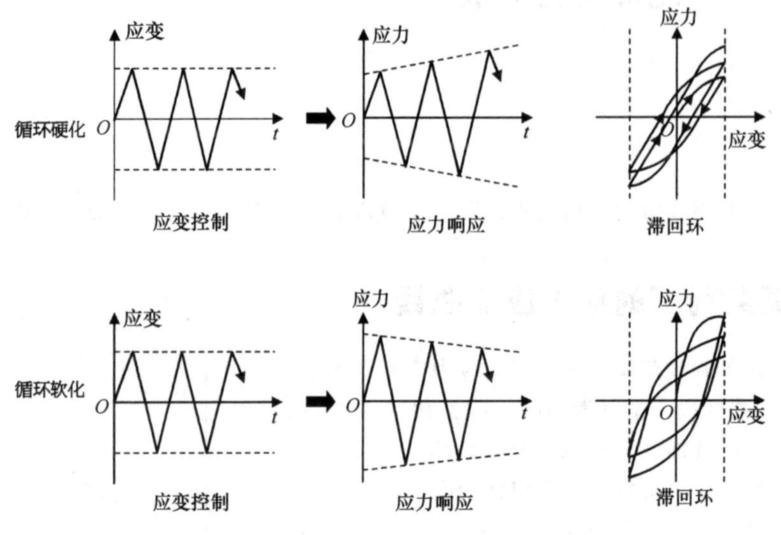

图 23-2　循环硬化及循环软化

23.3　滞回曲线

循环应力应变曲线并不是真实的加卸载曲线，材料的加载、卸载并不沿着循环应力应变曲线，而是沿着图 23-3 中的闭环变化，图 23-3 中的闭环称为“滞回环”。Massing 理论提出滞回环的半支和循环应力应变曲线的上半支形式是一样的，只不过是用（$\Delta\sigma,\Delta\varepsilon$）替代了（$\sigma,\varepsilon$），其中，$\Delta\sigma=2\sigma$，$\Delta\varepsilon=2\varepsilon$。替换后滞回曲线的表达式为

$$\Delta\varepsilon = \frac{\Delta\sigma}{E} + 2\left(\frac{\Delta\sigma}{2K'}\right)^{1/n'} \tag{23-6}$$

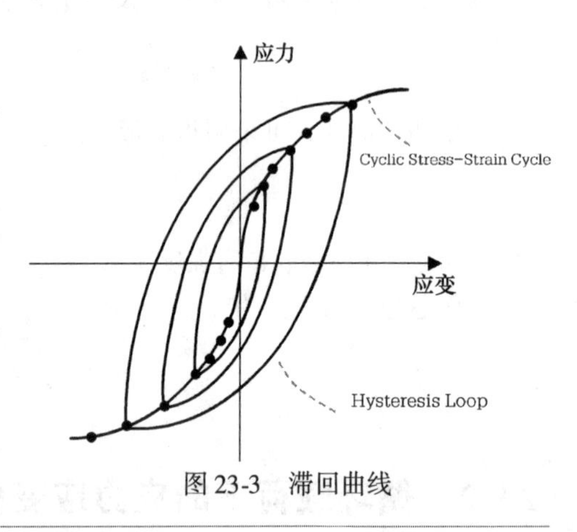

图 23-3　滞回曲线

23.4　应变疲劳 EN 曲线

大约一个世纪前，Basquin 观测到在应力幅值不大的情况下，应力幅值与寿命近似遵循

$$\sigma_a = \sigma_f'(2N_f)^b \tag{23-7}$$

式中，σ_a为应力幅值；σ_f'为疲劳强度系数；b 是疲劳强度指数。

19 世纪 50 年代，Coffin 和 Manson 分别独立地提出塑性应变幅和疲劳寿命遵循以下指数关系：

$$\varepsilon_a^p = \varepsilon_f'(2N_f)^c \tag{23-8}$$

式中，ε_a^p为塑性应变幅值；ε_f'为疲劳延性系数；c 为疲劳延性指数。

Morrow 综合了以上两种方法，通过将 Basquin 表达式转换为弹性应变得到弹性应变幅值为

$$\varepsilon_a^e = \frac{\sigma_a}{E} = \frac{\sigma_f'}{E}(2N_f)^b \tag{23-9}$$

将其和 Coffin-Manson 表达式合并，得到

$$\varepsilon_a = \varepsilon_a^e + \varepsilon_a^p = \frac{\sigma_f'}{E}(2N_f)^b + \varepsilon_f'(2N_f)^c \tag{23-10}$$

式中，ε_a为应变幅值。该式用来评估低周疲劳。

EN 曲线如图 23-4 所示。EN 曲线可通过 MATFAT 卡片上的 EN 续行定义，其中，σ_f'通过 Sf 定义，ε_f'通过 Ef 定义，指数 b、c 通过卡片上的字段 B、C 定义。

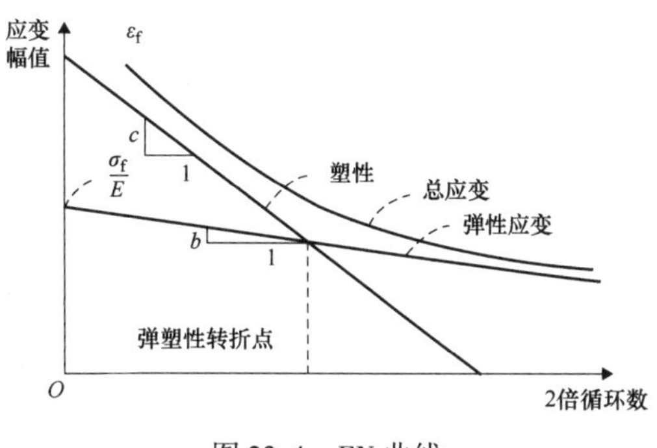

图 23-4　EN 曲线

23.5　单轴疲劳分析

23.5.1　Neuber 应力修正

Neuber 应力修正是广泛应用的一种从弹性应力应变修正到弹塑性应力应变的方法。在工程实际中，通常结构整体上处于弹性，在缺口根部由于应力集中，存在局部塑性。局部应力可由名义应力乘以应力集中系数得到，同样的局部应变也可以由名义应变乘以应变集中系数得到：

$$K_\sigma = \frac{\sigma}{S} \tag{23-11}$$

$$K_\varepsilon = \frac{\varepsilon}{e} \tag{23-12}$$

式中，σ 为局部应力；ε 为局部应变；K_σ为应力集中系数；S 为名义应力；e 为名义应变；K_ε为应变集中系数。

将式（23-11）和式（23-12）相乘，可重写为

$$\sigma\varepsilon = K_\sigma K_\varepsilon Se \tag{23-13}$$

在采用有限元进行疲劳分析时，弹性应力通过线弹性分析得到，而线弹性分析已经考虑了几何因素的影响，即应力、应变集中系数的影响已考虑在 S、e 中，故$K_\sigma K_\varepsilon = 1$，从而式（23-13）可重写为

$$\sigma\varepsilon = \sigma_e \varepsilon_e \tag{23-14}$$

式中，σ_e为弹性应力；ε_e为弹性应变；σ 为修正后的弹塑性应力；ε 为修正后的弹塑性应变。这就是 *Neuber* 修正表达式，可进一步采用应力幅值、应变幅值重写为

$$\Delta\sigma\Delta\varepsilon = \Delta\sigma_e \Delta\varepsilon_e \tag{23-15}$$

该表达式结合滞回曲线表达式可从弹性应力应变幅值修正到弹塑性应力应变幅值。

23.5.2　平均应力修正

受压平均应力使疲劳裂纹闭合，受拉平均应力使疲劳裂纹张开，平均应力显著影响疲劳寿命。

低周疲劳分析中较常用的有 *Morrow* 平均应力修正及 *SWT* 平均应力修正，分别介绍如下。

（1）*Morrow* 平均应力修正

Morrow 首次针对应变疲劳提出了平均应力修正。结合试验观察，在塑性应变较小时，平均应力的影响较显著，在塑性应变较大时，平均应力的影响较小，从而可将平均应力 σ_m 的影响添加到弹性应变项。*Morrow* 平均应力修正公式为

$$\varepsilon_a = \frac{(\sigma_f' - \sigma_m)}{E}(2N_f)^b + \varepsilon_f'(2N_f)^c \tag{23-16}$$

Morrow 平均应力修正在受压平均应力疲劳评估中的预测结果与试验结果吻合较好。

（2）*SWT* 平均应力修正

Smith、*Watson* 和 *Topper* 通过将一个循环中的最大应力加到疲劳评估项来考虑平均应力的影响，该平均应力修正可表示为

$$\sigma_{max}\varepsilon_a^{SWT} = \sigma_a\left(\frac{\sigma_f'}{E}(2N_f)^b + \varepsilon_f'(2N_f)^c\right), \quad \sigma_{max} > 0 \tag{23-17}$$

式中，ε_a^{SWT}为考虑平均应力修正后的应变幅值；σ_{max}是一个循环中的最大应力；σ_a可通过 *Neuber* 应力修正及循环应力应变曲线联合求解得到。

当一个循环中的最大应力小于或等于 0 时，即为受压平均应力，在该循环导致的损伤为 0，这一点和实际情况有一定的出入。在受拉平均应力疲劳评估中，*SWT* 方法偏保守。

23.6 多轴疲劳分析

23.6.1 非比例硬化

在比例加载过程中，应力主轴不发生变化，最大剪应力面固定在一个平面，晶格滑移带在这个平面萌生并扩展。在非比例加载过程中，最大剪应力面在加载过程中不断发生变化，导致在一点产生了多个晶格滑移面，这些晶格滑移面相互交错、相互作用，犹如在晶格滑移处打了一个结，晶格滑移相对来说变得困难，如图 23-5*a* 所示。相对于比例硬化，非比例硬化引入了额外的硬化效果，在相同的塑性应变下应力更高，其中相位相差 90°的非比例加载硬化效果尤为突出，如图 23-5*b* 所示。

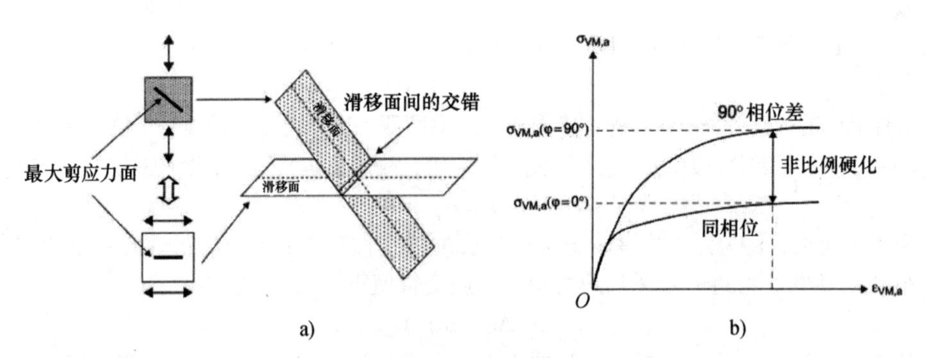

图 23-5　非比例硬化

a）非比例加载晶格滑移　*b*）比例加载及非比例加载硬化曲线

在比例加载下可以得到材料的循环应力应变曲线，非比例加载下材料的循环应力应变曲线可以通过对比例加载的循环应力应变曲线修正得到：

$$K'_{90} = K' \cdot \text{coefkp90} \tag{23-18a}$$

$$n'_{90} = n' \cdot \text{coefnp90} \tag{23-18b}$$

式中，coefkp90 及 coefnp90 可通过 *MATFAT* 卡片 *EN* 续行的 *Coefkp*90、*Coefnp*90 定义，coefkp90 的默认值为 1.2，coefnp90 的默认值为 1.0。

23.6.2 弹塑性应力修正

在低周疲劳分析中，结构分析得到的是线弹性应力结果，需要根据弹性应力结果修正到弹塑性应力结果。

(1) 非比例加载下的弹塑性应力修正

在非比例载荷下，*OptiStruct* 采用 *Jiang-Sehitoglu* 弹塑性模型结合滞回曲线及 *Neuber* 修正，将弹性应力修正到弹塑性应力。由于 *Jiang-Sehitoglu* 非常复杂，感兴趣的读者可参考相关文献，这里不再详述。

(2) 比例加载下的弹塑性应力修正

在比例加载作用下，应力主轴不发生翻转，此时就不需要采用复杂的 *Jiang-Sehitoglu* 模型，而是采用 *Hoffmann-Seeger* 方法进行修正。当 *FATPARM* 卡片上 *MAXLFAT* = *YES*，*CHK* = *YES* 且 *FAT-EVNT* 卡片上只引用了一个静力工况时，将采用 *Hoffmann-Seeger* 应力修正。*Hoffmann-Seeger* 应力修正有以下几个假设。

1）平面应力假设，面外主应力为 0。

2）主应力及主应变轴不变。

3）面内主应力比不变。

Hoffmann-Seeger 应力修正的主要步骤如下。

1）通过弹性应力计算带符号的 *Mises* 应力、应变。

$$\sigma_{eq}^{e} = \frac{\sigma_1^e}{|\sigma_1^e|}\sqrt{(\sigma_1^e)^2 + (\sigma_2^e)^2 - \sigma_1^e\sigma_2^e} \tag{23-19a}$$

$$\varepsilon_{eq}^{e} = \frac{\sigma_{eq}^{e}}{E} \tag{23-19b}$$

式中，σ_1^e、σ_2^e 为弹性第 1、2 主应力；σ_{eq}^e 为带符号的 *Mises* 应力；E 为杨氏模量。

2）通过 *Neuber* 修正及循环应力应变曲线得到弹塑性应力应变。

$$\sigma_{eq}\varepsilon_{eq} = \sigma_{eq}^{e}\varepsilon_{eq}^{e} = \frac{\sigma_{eq}^{e}}{E} \tag{23-20a}$$

$$\varepsilon_{eq} = \frac{\sigma_{eq}}{E} + \left(\frac{\sigma_{eq}}{K'}\right)^{1/n'} \tag{23-20b}$$

式中，σ_{eq}、ε_{eq} 为弹塑性等效应力应变。

3）计算塑性模量 H。

$$\varepsilon_{peq} = \left(\frac{\sigma_{eq}}{K'}\right)^{\frac{1}{n'}} \tag{23-21a}$$

$$H = \frac{\sigma_{eq}}{\varepsilon_{peq}} \tag{23-21b}$$

式中，ε_{peq} 为等效塑性应变。

4）计算主应力。

$$a=\frac{\sigma_2^e}{\sigma_1^e}=\frac{\sigma_2}{\sigma_1} \tag{23-22a}$$

$$\sigma_1=\frac{\sigma_{eq}}{\sqrt{1-a+a^2}} \tag{23-22b}$$

$$\sigma_2=a\sigma_1 \tag{23-22c}$$

式中，σ_1、σ_2 为修正后的第 1、2 主应力。

5）计算主应变。

$$\begin{pmatrix}\varepsilon_1\\ \varepsilon_2\end{pmatrix}=\begin{bmatrix}\frac{1}{E}+\frac{1}{H} & -\frac{\nu}{E}-\frac{1}{2H}\\ -\frac{\nu}{E}-\frac{1}{2H} & \frac{1}{E}+\frac{1}{H}\end{bmatrix}\begin{pmatrix}\sigma_1\\ \sigma_2\end{pmatrix} \tag{23-23a}$$

$$\varepsilon_3=-\left(\frac{\nu}{E}+\frac{1}{2H}\right)(\sigma_1+\sigma_2) \tag{23-23b}$$

式中，ε_1、ε_2、ε_3 为修正后的第 1、2、3 主应变；ν 为泊松比；H 见式（23-21）；E 为杨氏模量。

23.6.3 多轴疲劳评估方法

疲劳破坏有两种形式，一种为受拉疲劳裂纹破坏，另一种为受剪疲劳裂纹破坏。结构中的疲劳破坏形式往往和材料、应力状态、环境、应变幅值相关。多轴疲劳评估一般采用临界平面法，一种疲劳评估参数也只能考虑一种破坏形式，迄今为止还没有评估参数能同时考虑上述两种破坏形式，且与试验结果吻合良好。基于此，在对结构进行疲劳分析时，有必要采用多种疲劳评估参数，并取其中最危险的结果。*OptiStruct* 提供了基于受拉裂纹破坏和受剪裂纹破坏的疲劳评估参数，对同一个模型可同时采用多个疲劳评估参数进行评估。

（1）*Smith-Watson-Topper* 模型

Smith-Watson-Topper（*SWT*）模型为张开型裂纹评估方法。在高强度钢及 304 不锈钢中，裂纹在剪切应力作用下萌生，但是大部分的疲劳寿命消耗在与最大主应力垂直的裂纹扩展上，应变幅值及最大应力控制着疲劳寿命。该方法适用于单轴加载、比例加载、非比例加载。*SWT* 多轴疲劳评估方法同单轴评估方法：

$$\sigma_{max}\varepsilon_a^{SWT}=\sigma_a\left(\frac{\sigma V_f}{E}(2N_f)^b+\varepsilon_f'(2N_f)^c\right) \tag{23-24}$$

唯一不同的是，应变幅值和应力幅值为临界平面上的值。

（2）*Fatemi-Socie* 模型

Fatemi-Socie（*FS*）模型为剪切裂纹评估方法。在剪切裂纹中，由于裂纹表面的不规则性，在裂纹闭合时裂纹表面存在摩擦力，该摩擦力阻止了疲劳裂纹扩展。为了研究法向力对剪切疲劳裂纹的影响，通过拉扭试验，在保证剪切应变幅值相同的情况下，采用不同的拉力，试验结果表明，较大的拉力导致了较快的裂纹扩展及较低的疲劳寿命。综合考虑这些试验现象，得到 *FS* 疲劳评估模型：

$$\frac{\Delta\gamma}{2}\left(1+\kappa\frac{\sigma_{n,max}}{\sigma_y}\right)=\frac{\tau_f'}{G}(2N_f)^{b_\gamma}+\gamma_f'(2N_f)^{c_\gamma} \tag{23-25}$$

式中，τ_f'为剪切疲劳强度系数；γ_f'为剪切疲劳延性系数；b_γ为剪切疲劳强度指数；c_γ为剪切疲劳延性指数；κ 为 *FS* 模型常数；$\Delta\gamma$ 为临界面剪切应变范围；$\sigma_{n,max}$ 为临界面法向最大应力；σ_y 为屈服应力。

这些参数可在 *OptiStruct* 的 *MATFAT* 卡片上设置，κ 通过 *FSParm* 定义，σ_y 为应变为0.002时的应力，τ_f'通过 *tfp* 定义，γ_f'通过 *gfp* 定义，b_γ通过 *bg* 定义，c_γ通过 *cg* 定义。

（3）*Brown-Miller* 模型

Brown-Miller（*BM*）模型为剪切裂纹评估方法。*Brown* 及 *Miller* 观察到剪应变幅值及正应变幅值会同时影响疲劳寿命，认为疲劳寿命评估需要同时考虑这两个因素，因而提出了 *BM* 评估模型：

$$\frac{\Delta\gamma_{max}}{2}+S\Delta\varepsilon_n=A\frac{\sigma_f'}{E}(2N_f)^b+B\varepsilon_f'(2N_f)^c \tag{23-26a}$$

$$A=1.3+0.7S \tag{23-26b}$$

$$B=1.5+0.5S \tag{23-26c}$$

式中，$\Delta\gamma_{max}$为最大剪应变范围；$\Delta\varepsilon_n$为相应最大剪应变平面上的正应变范围；S 为正应变影响系数，该值可通过 *MATFAT* 卡片上的 *BMParm* 字段设置，其他参数同 *EN* 曲线表达式。

（4）*Morrow* 模型

Morrow 模型同单轴疲劳评估方法，它考虑了平均应力的影响。平均应力在低塑性应变时影响显著，在高塑性应变时影响不明显，与单轴疲劳不同的是，应变幅值为临界面上的幅值。模型表达式为

$$\varepsilon_a=\frac{(\sigma_f'-\sigma_m)}{E}(2N_f)^b+\varepsilon_f'(2N_f)^c \tag{23-27}$$

23.7 低周疲劳卡片

低周疲劳分析卡片设置的整个逻辑与高周疲劳分析卡片设置基本相同，这里就不再重复。两者主要区别体现在疲劳分析控制卡片 *FATPARM* 及材料设置卡片 *MATFAT* 卡片上，下面只对这两个卡片中低周疲劳相关的字段进行说明。

MATFAT 定义 *EN* 曲线，卡片定义见表23-1。

表23-1 MATFAT 卡片定义

(1)	(2)	(3)	(4)	(5)	(6)	(7)	(8)	(9)
MATFAT	MID	UNIT						
	EN	Sf	B	C	Ef	Np	Kp	Nc
		SEe	SEp					A/R
		Tfp	Gfp	Bg	Cg	Coefkp90	Coefnp90	
		FSParm	BMParm					

详细说明如下。

1）Sf 为疲劳强度系数；B 为疲劳强度指数；C 为疲劳延性指数；Ef 为疲劳延性系数。这几个参数在23.4节有详细介绍。

2）Np 为循环应变硬化指数；Kp 为循环应变强化系数。这两个参数在23.2节有详细介绍。

3）Nc 为疲劳极限，如果某个应变幅值下的疲劳寿命超过该值，则该循环不会产生损伤。

4）SEe、SEp 分别为弹性应变及塑性应变的标准方差，由试验决定。

5）A/R 定义 EN 曲线采用应变幅值还是应变范围。

6）Tfp 为剪切疲劳强度系数；Gfp 为剪切疲劳延性系数；Bg 为剪切疲劳强度指数；Cg 为剪切疲劳延性指数。这四个参数用于多轴疲劳分析中的剪切疲劳破坏评估方法，详见 Fatemi-Socie 模型。

7）在定义了 EN 曲线的 Sf、B、C、Ef 后，Tfp、Gfp 的默认值可通过 Sf、Ef 转换得到，Bg、Cg 的默认值等于 B、C。

8）FSParm 为 Fatemi-Socie 模型中的 κ 值；BMParm 为 Brown-Miller 模型中的 S 值。Coefkp90、Coefnp90 为循环应力、应变曲线修正系数，详见 23.6.1 节。

FATPARM 定义疲劳分析控制参数，卡片定义见表 23-2。

表 23-2　FATPARM 卡片定义

(1)	(2)	(3)	(4)	(5)	(6)	(7)	(8)	(9)
FATPARM	ID	TYPE	MAXLFAT					
	STRESS	COMBINE	UCORRECT	STRESSU		SURFSTS		
	RAINFLOW	RTYPE	GATEREL					
	PRPLD	CHK						
	MCORRECT	MC1	MC2	MC3	MC4			
	CERTNTY	SURVCERT						

详细说明如下。

1）TYPE 为分析类型，TYPE = EN 时进行低周疲劳分析。

2）MAXLFAT = YES/NO，用于控制是否采用多轴疲劳分析。

3）COMBINE 为单轴低周疲劳分析中的等效应变，对于脆性材料建议采用绝对值最大的主应变，对于延性材料建议采用带符号的 Mises 应变。

4）UCORRECT 为单轴低周疲劳分析中的平均应力修正方法，提供的选项有 SWT、MORROW、MORROW2。

5）STRESSU 为结构有限元分析的应力单位，提供的选项有 MPA、PA、PSI、KSI。

6）SURFSTS = YES/NO，用于控制是否在实体外表面自动生成薄膜单元，然后基于膜单元应力进行疲劳分析。自动生成的膜单元保存在名为 AUTO_SKIN 的集合中。

7）RTYPE 为雨流计数方法，RTYPE = LOAD 时基于载荷历史进行雨流计数，RTYPE = STRESS 时基于应力历史进行雨流计数。当有工况叠加时，LOAD 自动切换为 STRESS；没有工况叠加时，RTYPE = LOAD 的效率较高。

8）GATEREL 为比例系数，用来去除应力历史中的小循环，即噪声，通过该比例系数乘以最大应变范围来得到阈值，小于该值则舍弃这个循环。

9）CHK = YES/NO，用于控制是否检查比例加载。CHK = YES 时，若检查到比例加载，则不采用多轴疲劳分析；CHK = NO 时始终采用多轴疲劳分析。

10）MCi 为多轴疲劳评估方法，可取 SWT、FS、BM、MORROW。

11）SURVCERT 为 EN 曲线存活率，为大于 0、小于 1.0 的数，实际分析中根据产品的重要程度设置不同的值，一般为 95% 甚至更高。

23.8　低周疲劳分析实例

23.8.1　实例：转向节单轴低周疲劳分析

转向节通过铰连接在车身上，为了对转向节进行疲劳分析，首先需要将其放入系统，采用多体动力学分析得到连接点上的载荷历史，然后单独取转向节，在铰链的位置分别施加单位载荷，计算单位载荷下的结构应力。比如有 3 个铰链，每个铰链有 3 个作用力，则需要创建 9 个工况，在每个工况中施加一个单位力，进行惯性释放分析，然后将惯性释放得到的应力与载荷历史结合起来进行疲劳分析。转向节模型如图 23-6 所示，为了简单起见，只取一个铰链的两个方向来演示分析的整个流程。基础模型中已经包含了两个惯性释放分析工况，需要添加疲劳分析相关卡片，创建疲劳分析工况。

模型设置

Step 01 通过菜单栏中的 Tools-> Fatigue Process-> Create New 选项来创建一个疲劳分析流程，如图 23-7 所示。

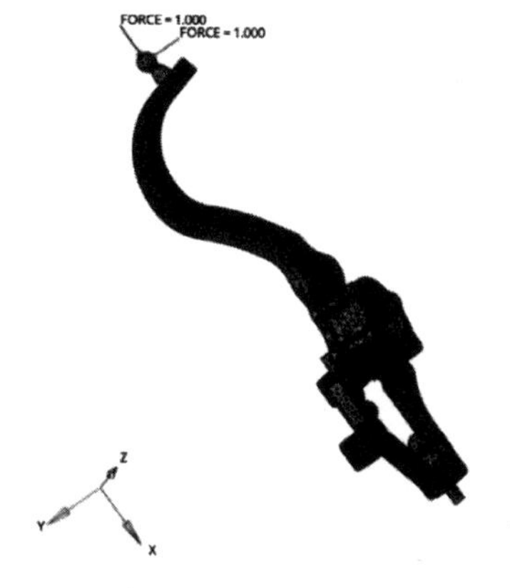

图 23-6　转向节模型

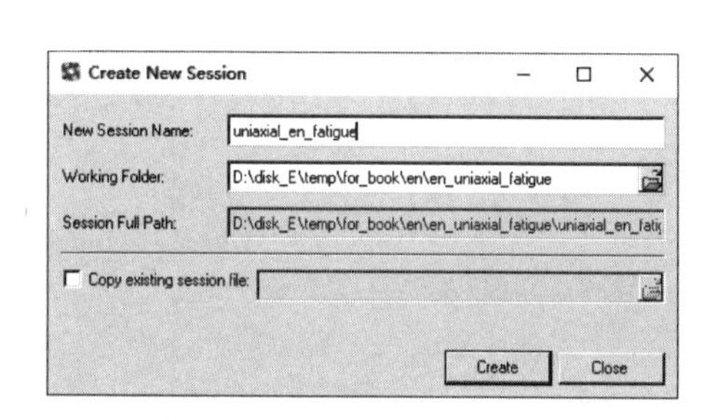

图 23-7　创建疲劳分析流程

Step 02 导入分析模型 en_fatigue_base. fem，单击 Next 按钮进入下一步，如图 23-8 所示。

图 23-8　导入分析模型

Step 03 创建疲劳分析工况 uniaxial_en_fatigue，然后进入下一步，如图 23-9 所示。

图 23-9　创建疲劳分析工况

Step 04 设置疲劳分析控制参数，即设置 FATPARM 卡片上的相关参数。选择疲劳分析类型为 EN Fatigue，方法为 Uni Axial，等效应力为 Signed von Mises，结构分析应力单位为 MPA，平均应力修正为 SWT，塑性修正为 NEUBER，存活率为 0. 98，雨流计数为 STRESS。单击 Next 按钮进入下一步，如图 23-10 所示。

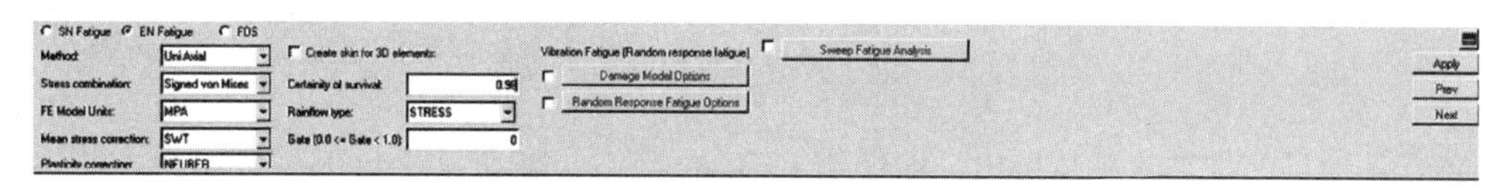

图 23-10　设置疲劳分析控制参数

Step 05 定义 EN 曲线，即设置 MATFAT 卡片上的相关参数。单击 Add Material 按钮进入材料属性设置界面。MATFAT 卡片是 MAT 卡片的扩展，选择一种材料，然后再设置 MATFAT 卡片的相关值。设置 UTS 为 450，EN 曲线定义方法为 Estimate from UTS，材料类型为 Aluminum a，单击 Estimate 按钮即可生成 EN 曲线的相关参数。单击 Save 按钮回到主界面，如图 23-11 所示。

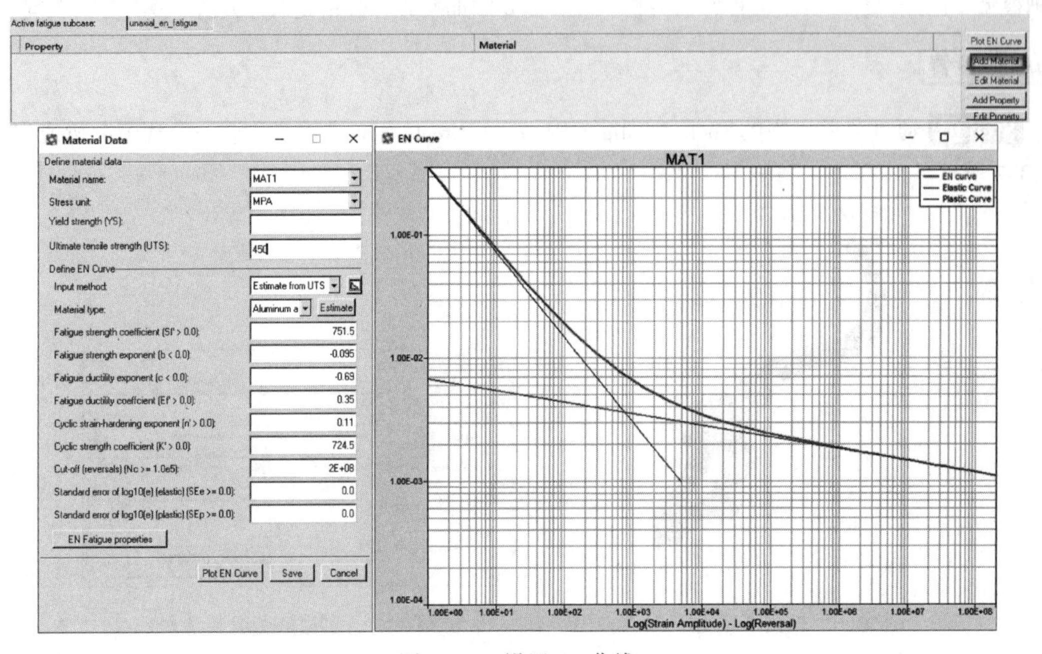

图 23-11　设置 SN 曲线

Step 06 定义疲劳分析单元，并为其设置表面属性。单击 Add Property 按钮进入属性设置界面，选择 knuckle，为其创建 PFAT 卡片。单击 Close 按钮回到主界面，单击 Next 按钮进入下一步，如图 23-12所示。

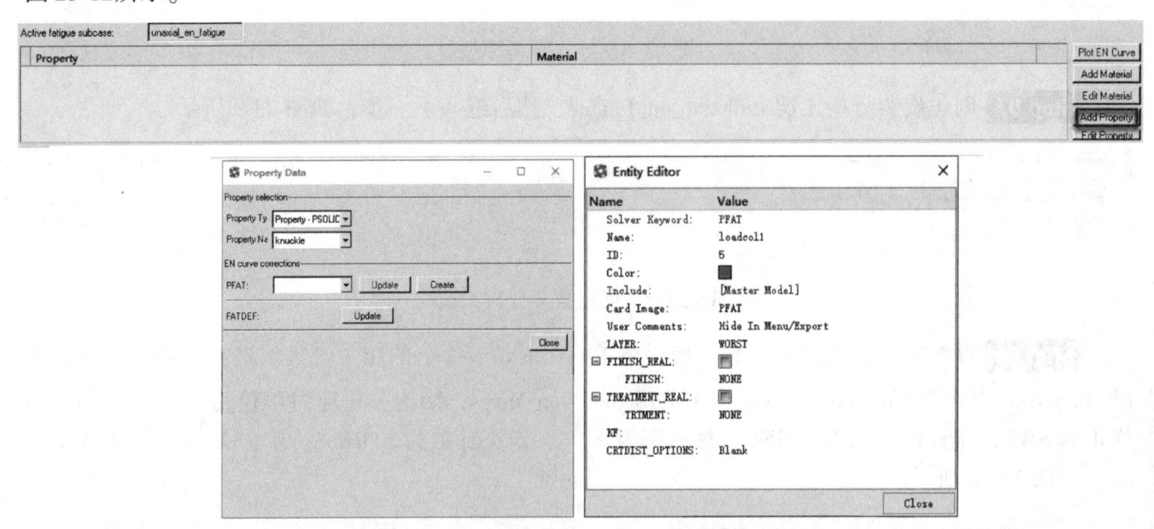

图 23-12　定义疲劳分析单元及表面属性

Step 07 通过文件导入载荷历史，即创建 TABFAT 卡片。单击 Add by File 按钮，设置载荷历史名为 Fx，选择文件 Fx. csv，创建载荷历史 Fx。用同样的方法选择文件 Fy. csv，创建载荷历史 Fy。

回到主界面，单击 Next 按钮进入下一步，如图 23-13 所示。

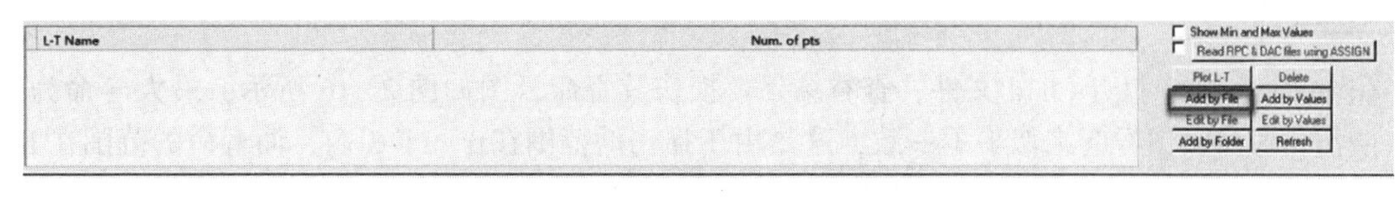

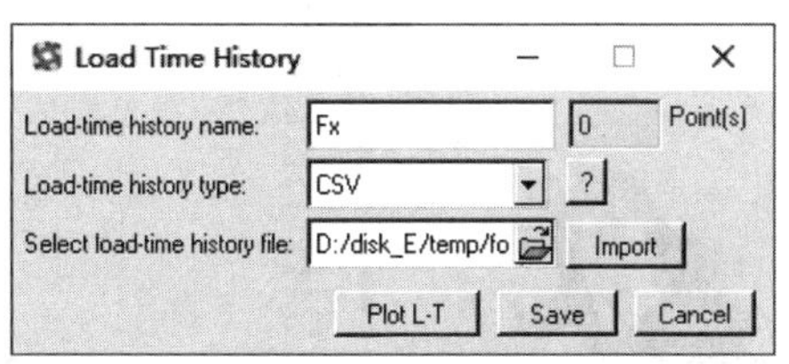

图 23-13　导入载荷历史

Step 08 关联载荷历史及结构分析工况，即创建 FATLOAD、FATEVNT、FATSEQ 卡片。单击 Add 按钮，打开 Load Mapping 对话框，在 Channel 栏选择 Fx、Fy，Subcase 栏选择 Fx、Fy，再选择 Auto 和 Single Event，然后单击加号，自动创建一个疲劳事件。该疲劳事件是 Fx 作用下的应力历史与 Fy 作用下的应力历史的叠加。单击 Save 按钮回到主界面并进入下一步，如图 23-14 所示。

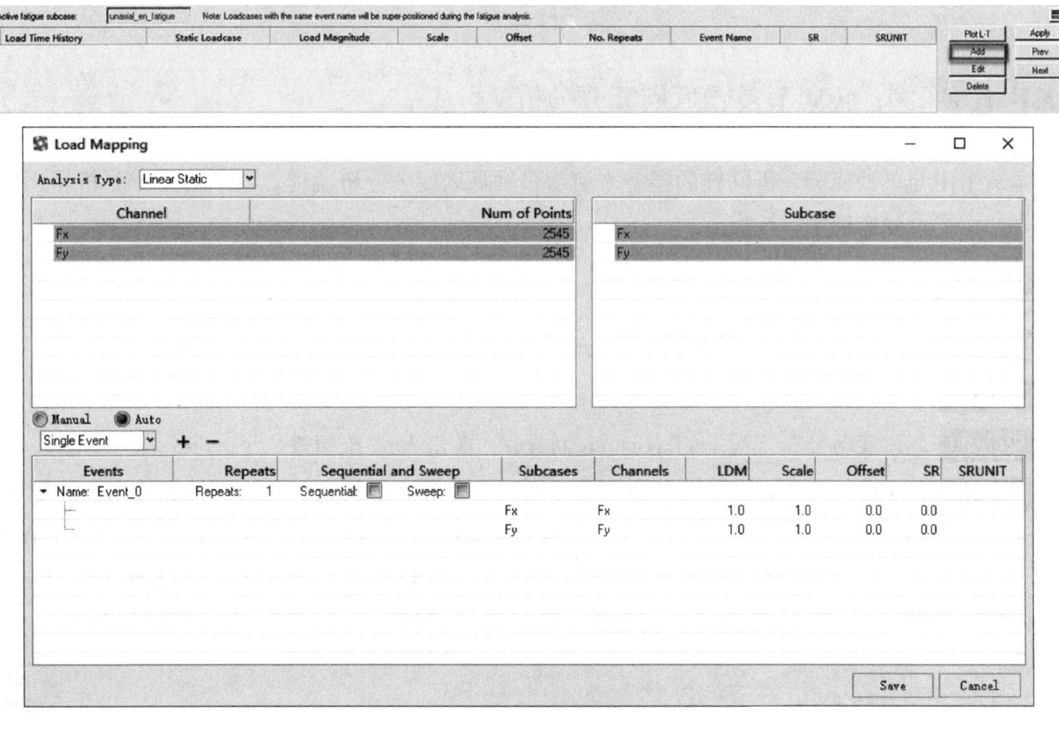

图 23-14　创建疲劳事件

Step 09 设置模型文件名，提交计算，如图 23-15 所示。

图 23-15　保存模型

结果查看

在 HyperView 中打开 . h3d 文件，查看结果。损伤及寿命云图如图 23-16 所示，最大寿命为 822 次。损伤和寿命云图看起来似乎不一致，这是由于损伤的范围在 0 ~ 1E-3 内，而寿命的范围在 1E + 2 ~ 1E + 20 内。需要指出的是，预测寿命为 822 次表示疲劳事件可以重复 822 次。

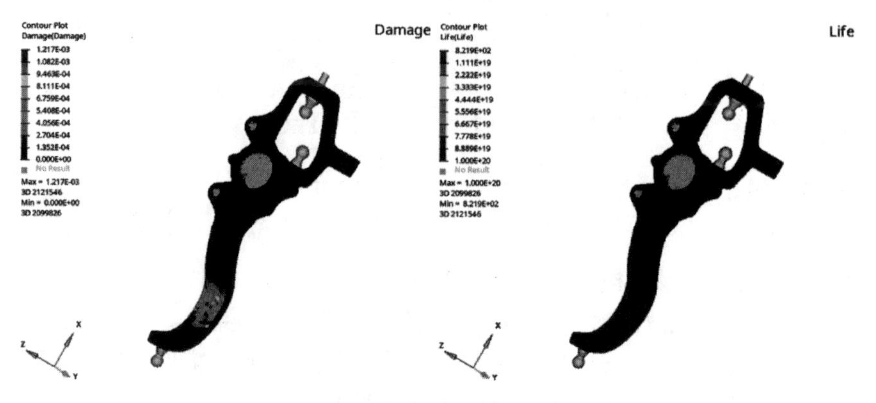

图 23-16　损伤与寿命云图

23. 8. 2　实例：转向节多轴低周疲劳分析

本节采用与单轴疲劳分析同样的模型来演示多轴低周疲劳分析流程。与单轴疲劳分析相比，主要差别在于疲劳分析控制卡片设置。

操作步骤

Step 01 通过菜单栏的 Tools-> Fatigue Process-> Create New 选项来创建一个疲劳分析流程。

Step 02 导入结构分析模型 en_fatigue_base. fem，单击 Next 按钮进入下一步。

Step 03 创建疲劳分析工况 multiaxial_en_fatigue，单击 Next 按钮进入下一步。

Step 04 设置疲劳分析控制参数，即设置 FATPARM 卡片上的相关参数。选择疲劳分析类型为 EN Fatigue，方法为 Multi Axial，结构分析应力单位为 MPA，塑性修正为 NEUBER，存活率为 0. 98，雨流计数为 STRESS。勾选 Multiaxial Damage Model，设置多轴疲劳分析方法为 SWT 和 FS。单击 Ok 按钮回到主菜单，单击 Next 按钮进入下一步，如图 23-17 所示。

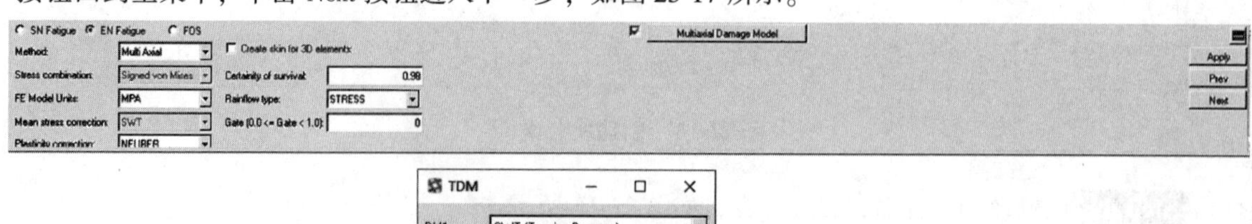

图 23-17　多轴疲劳分析控制参数

Step 05 设置 EN 曲线，方法同单轴疲劳，单击 EN Fatigue properties 按钮，设置多轴疲劳参数。为了和单轴疲劳结果进行比较，这里保持默认值，如图 23-18 所示。剪切疲劳参数将从拉伸疲劳参数转换得到，即 tfp 值将从 Sf 值换算得到，gfp 值将从 Ef 值换算得到，bg = b，cg = c。

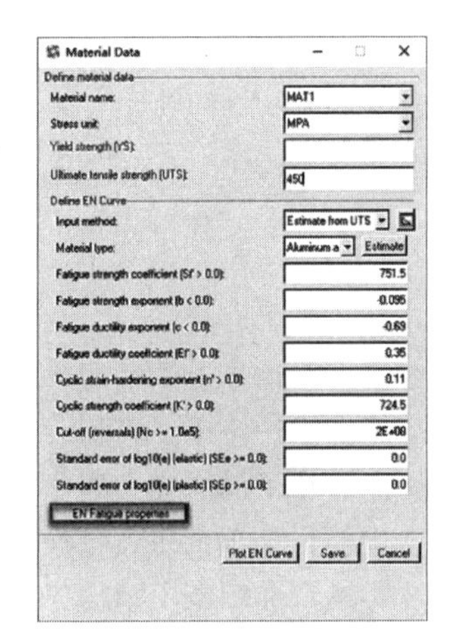

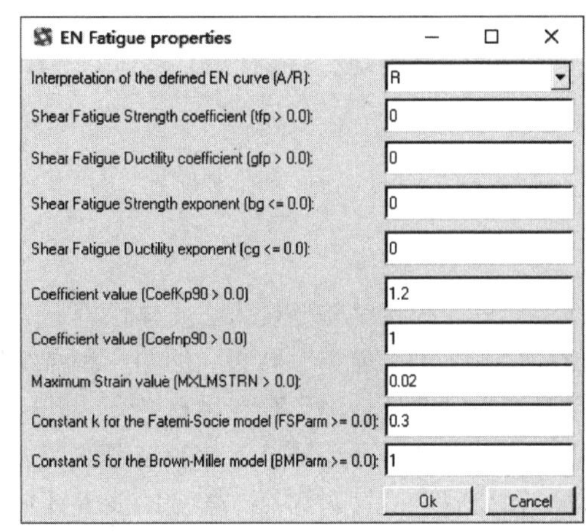

图 23-18　多轴疲劳分析材料参数

Step 06 定义疲劳分析相关单元，并为其设置表面属性，同单轴疲劳。

Step 07 通过文件导入载荷历史，同单轴疲劳设置。

Step 08 关联载荷历史及结构分析工况，同单轴疲劳设置。

Step 09 设置模型文件名，提交计算。

结果查看

在 HyperView 中打开 . h3d 文件，如图 23-19 所示，可以看到最大损伤为 4.543E-03，就本例而言，多轴疲劳分析结果比单轴疲劳分析结果保守。

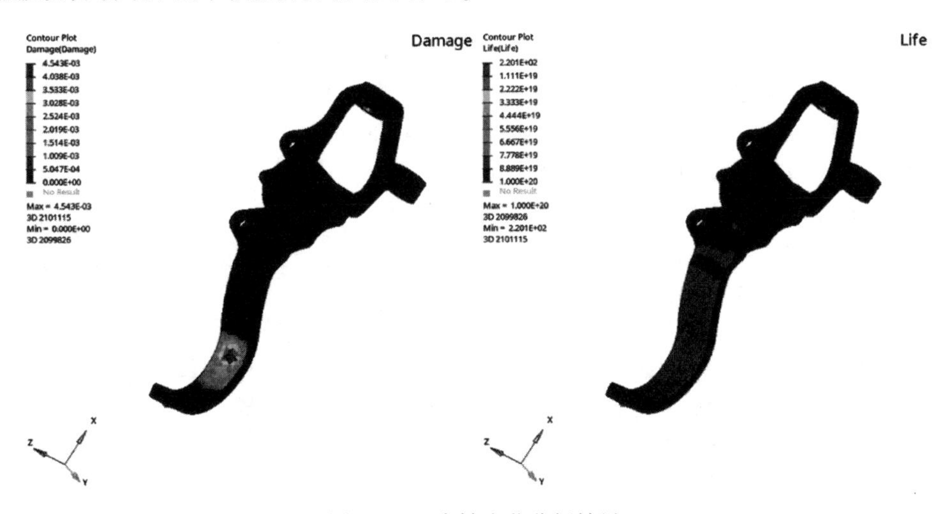

图 23-19　多轴疲劳分析结果

第 24 章 焊接疲劳分析

焊接因连接性能好、焊接结构刚度大、整体性好、焊接方法多、焊接工艺适应性广等特点，在现代工业中广泛应用于车辆、航空、航天、船舶、海洋结构、压力锅炉、化工容器、机械制造等方面的建造。但是在焊接结合处，由于存在异材结合、几何突变而导致了局部应力集中，这也使得焊接处往往成为结构疲劳破坏的薄弱环节。焊接位置的应力集中也使得一般的 SN、EN 分析不再适用于焊接疲劳评估，需要有专门针对焊点、焊缝的疲劳评估方法。本章介绍基于结构应力法的焊点疲劳及焊缝疲劳评估方法。

24.1 焊点疲劳分析

24.1.1 焊点疲劳建模方法

在 OptiStruct 焊点疲劳分析中，支持采用 CBAR、CBEAM、CWELD 及 CHEXA + RBE3 的方式建立焊点模型。在焊点疲劳分析中，需要用到焊点单元内部的弯矩、力及焊点直径，对于 CBAR、CBEAM、CWELD 一维单元，这些值很容易获得，而对于 CHEXA + RBE3 建模，内部需要对节点力进行转换，同时需要得到一个等效的焊点直径。

当采用 CWELD 单元建模时，PWELD 卡片上的 TYPE 需要设置为 SPOT。当 CWELD 卡片上 TYPE = PARTPAT/ELPAT/ELEMID 时，CWELD 单元的几何长度将被忽略，实际计算的有效长度为 $l = 1/2(t_A + t_B)$，其中 t_A、t_B 为被连接的两块板的板厚。当 CWELD 卡片上的 TYPE 为其他类型，且 CWELD 单元的几何长度与其直径比率满足 $0.2 \leqslant L/D \leqslant 5.0$ 时，CWELD 单元将采用实际几何长度进行计算；当 $L/D \leqslant 0.2$ 时，OptiStruct 内部采用 $0.2D$ 计算；当 $L/D \geqslant 5.0$ 时，OptiStruct 内部采用 $5.0D$ 计算。

当采用 CHEXA 单元建模时，可以通过 HyperMesh 建立 ACM 焊点，通过该方法建立的 CHEXA 单元如图 24-1 所示，单元的 1、2、3、4 号节点定义的面与其中一个被连接的壳面通过多个 RBE3 连接，5、6、7、8 号节点定义的面与另一个被连接的壳面通过多个 RBE3 连接。1、2、3、4 号节点的节点力及弯矩会等效到这个面的中心点位置，4、5、6、7 号节点采用同样的方法将力及弯矩等效到这个面的中心位置。焊点直径为上、下面的最小内切圆直径。

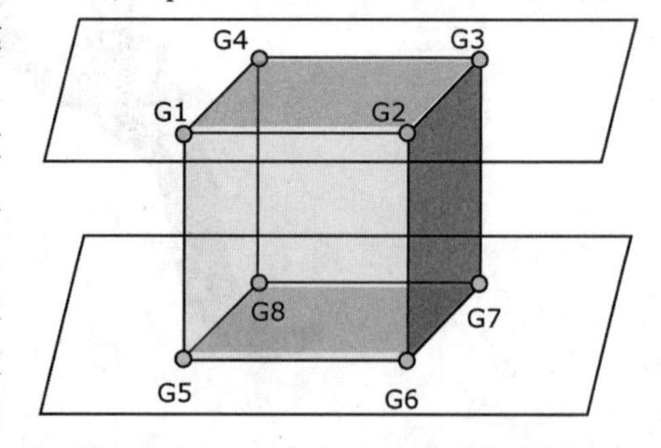

图 24-1 CHEXA 焊点单元建模示意图

24.1.2 焊点疲劳评估方法

焊点疲劳评估需要评估三个位置的损伤，即焊点与母板连接处的损伤及焊核本身的损伤，如

图 24-2 所示。

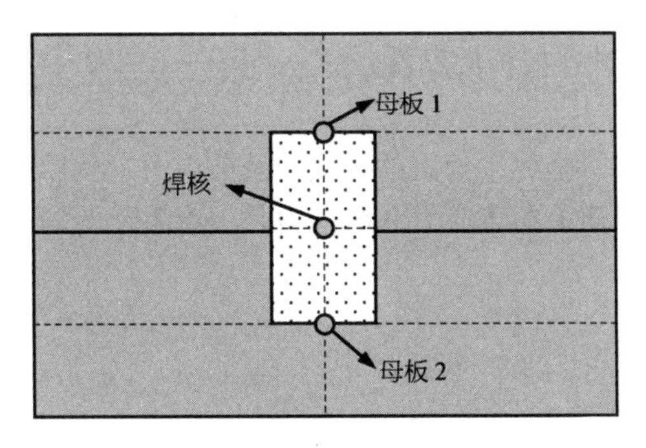

图 24-2　焊点疲劳评估位置

在焊点疲劳分析中，需要对三个位置分别赋予 SN 曲线，故有必要对上、下两个位置进行区分。以 CBEAM 为例，两块板通过 CBEAM 相连，与 CBEAM 单元 GA 点相连的壳为母板 1，与 GB 点相连的壳为母板 2，如图 24-3 所示。

(1)	(2)	(3)	(4)	(5)	(6)	(7)	(8)	(9)	(10)
CBEAM	EID	PID	GA	GB	X1/G0	X2	X3	OFFT	
	PA	PB	W1A	W2A	W3A	W1B	W2B	W3B	

图 24-3　CBEAM 卡片

（1）焊点与母板连接处的损伤评估

如图 24-4 所示，焊点与母板连接处的损伤评估采用径向应力法，沿焊点一周取 n 个临界平面（临界平面的个数可通过 FATPARM 卡片上的 NANGLE 设置，默认为 20 个），在每个平面上计算径向应力，由径向应力采用 SN 疲劳评估方法计算每个临界平面上的损伤，所有临界面上的最大损伤代表该位置的损伤。

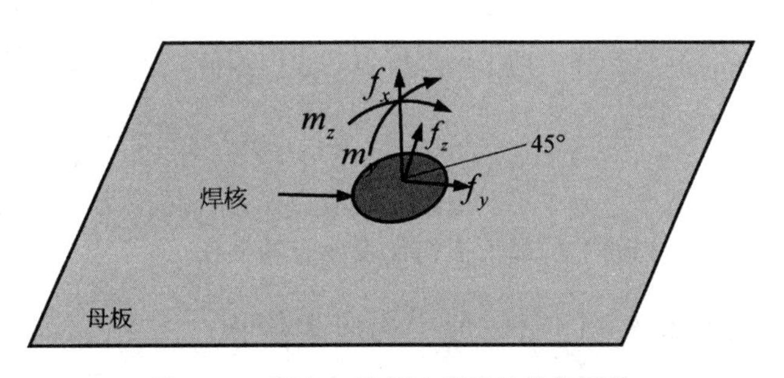

图 24-4　焊点与母板连接处的损伤评估

径向应力可通过一维单元的轴力 f_x、f_y、f_z 和弯矩 m_y、m_z 得到，如图 24-4 所示，对于 CHEXA 单元可通过等效方法转换得到相应的轴力及弯矩，不同临界面上的径向应力与临界面的角度 θ 有关。径向应力的表达式为

$$\sigma(\theta) = -\sigma_{\max}(f_y)\cos\theta - \sigma_{\max}(f_z)\sin\theta + \sigma(f_x) - \sigma_{\max}(m_y)\sin\theta - \sigma_{\max}(m_z)\cos\theta \tag{24-1a}$$

$$\sigma_{\max}(f_y) = \frac{f_y}{\pi DT} \tag{24-1b}$$

$$\sigma_{\max}(f_z) = \frac{f_z}{\pi DT} \tag{24-1c}$$

$$\sigma(f_x) = \kappa\left(\frac{1.744 f_x}{T^2}\right), \quad \kappa = 0.6\sqrt{T}, \quad f_x > 0.0 \tag{24-1d}$$

$$\sigma(f_x) = 0.0 \qquad f_x \leqslant 0.0 \tag{24-1e}$$

$$\sigma_{\max}(m_y) = \kappa\left(\frac{1.872\, m_y}{DT^2}\right) \tag{24-1f}$$

$$\sigma_{\max}(m_z)=\kappa\left(\frac{1.872\ m_z}{DT^2}\right) \tag{24-1g}$$

式中，D 为焊点的直径；T 为被连接板的厚度。

（2）焊核位置损伤评估

焊核位置损伤评估首先计算临界平面上的正应力及剪应力，然后通过正应力及剪应力计算该平面上的最大主应力。其中临界面上的正应力和剪应力是一维单元的轴力、弯矩及临界平面角度的函数，其表达式为

$$\tau(\theta)=\tau_{\max}(f_y)\sin\theta+\tau_{\max}(f_z)\cos\theta \tag{24-2a}$$

$$\sigma(\theta)=\sigma(f_x)-\sigma_{\max}(m_y)\sin\theta-\sigma_{\max}(m_z)\cos\theta \tag{24-2b}$$

其中

$$\tau_{\max}(f_y)=\frac{16f_y}{3\pi D^2} \tag{24-2c}$$

$$\tau_{\max}(f_z)=\frac{16f_z}{3\pi D^2} \tag{24-2d}$$

$$\sigma(f_x)=\frac{4f_x}{\pi D^2}f_x>0.0 \tag{24-2e}$$

$$\sigma(f_x)=0.0f_x\leqslant 0.0 \tag{24-2f}$$

$$\sigma_{\max}(m_y)=\frac{32m_y}{\pi D^3} \tag{24-2g}$$

$$\sigma_{\max}(m_z)=\frac{32m_z}{\pi D^3} \tag{24-2h}$$

在得到临界面上的剪应力和正应力后，可通过下面的表达式得到临界面上的最大主应力。

$$\sigma_{1,3}=\frac{\sigma}{2}\mp\sqrt{\left(\frac{\sigma}{2}\right)^2+\tau^2} \tag{24-3}$$

取σ_1、σ_3中绝对值较大的应力作为评估应力，采用 SN 应力评估方法评估该临界面上的损伤。所有临界面上的最大损伤代表该点的损伤。

24.1.3 焊点疲劳平均应力修正

焊点疲劳评估的实质是采用 SN 方法进行疲劳损伤评估，平均应力对疲劳寿命的影响同一般的 SN 疲劳分析。OptiStruct 焊点疲劳平均应力修正支持 FKM 方法，详见第 22 章高周疲劳分析。

24.1.4 焊点疲劳厚度修正

焊点疲劳 SN 曲线是通过指定厚度的试验件得到的，在实际应用中，被连接件的厚度并不总是等于试验件厚度，在应用标准的 SN 曲线时，需要对厚度进行修正。OptiStruct 采用的修正方法为

$$\sigma_{ij'}=\sigma_{ij}\left(\frac{T}{T_{\text{ref}}}\right)^n \tag{24-4}$$

式中，σ_{ij}为修正前应力；$\sigma_{ij'}$为修正后应力；T 为实际板厚；T_{ref}为参考板厚，可通过 PFATSPW 卡片上的 TREF 字段设置；n 为厚度修正指数，可通过 PFATSPW 卡片上的 TREF_N 字段设置。

24.1.5 焊点疲劳卡片

焊点疲劳卡片逻辑同高周疲劳，主要的设置区别体现在 PFATSPW、FATPARM 及 MATFAT 卡片

上，分别介绍如下。

PFATSPW 卡片定义见表 24-1。

表 24-1 PFATSPW 卡片定义

(1)	(2)	(3)	(4)	(5)	(6)	(7)	(8)	(9)
PFATSPW	ID	SPTFAIL	ALPHA	HEXA_D	TREF	TREF_N	SF	

详细说明如下。

1）SPTFAIL 指定疲劳评估位置。SPTFAIL = SHEET 表示只评估焊点与母板连接处；SPTFAIL = NUGGET 表示只评估焊核；SPTFAIL = ALL 表示评估所有三个点的损伤；SPTFAIL = AUTO 表示由 OptiStruct 自动决定评估位置。

- 当焊点直径小于 $\alpha\sqrt{T}$时，只评估焊核位置的损伤，其中 α 由该卡片中的 ALPHA 字段设置，T 为母板厚度。
- 当焊点直径大于 $\alpha\sqrt{T}$时，评估母板连接处的损伤。

2）HEXA_D 为 CHEXA 单元建立焊点模型时的等效直径，默认采用 CHEXA 单元上、下表面的最小内切圆直径。如果设置了该值，则采用该值作为焊点直径。

3）TREF 为参考厚度，TREF_N 为厚度修正指数，这两个值用来进行厚度修正，见式（24-4）。SF 为应力修正系数，修正后的应力为 $SF \cdot \sigma_{ij}$。

FATPARM 卡片定义见表 24-2。

表 24-2 FATPARM 卡片定义

(1)	(2)	(3)	(4)	(5)	(6)	(7)	(8)	(9)
FATPARM	ID							
	SPWLD	METHOD	UCORRECT	SURVCERT	THCKCORR	NANGLE		

详细说明如下。

1）METHOD = RUPP 表示采用 RUPP 方法进行焊点疲劳分析。

2）UCORRECT 为平均应力修正，焊点疲劳支持 FKM 平均应力修正，详见 22.3.2 节的高周疲劳平均应力修正。

3）SURVCERT 为 SN 曲线存活率。MATFAT 卡片上提供的 SN 曲线一般为 50% 存活率曲线，不同的存活率曲线可根据 50% 存活率曲线平移得到。

4）THCKCORR = YES/NO，为厚度修正开关；NANGLE 为临界面个数，默认为 20。

MATFAT 卡片定义见表 24-3。

表 24-3 MATFAT 卡片定义

(1)	(2)	(3)	(4)	(5)	(6)	(7)	(8)	(9)
MATFAT	MID	UNIT						
	STATIC	YS	UTS					
	SPWLD		MSS1	MSS2	MSS3	MSS4	R	A/R
		SR1_SP1	B1_SP1	NC1_SP1	B2_SP1	FL_SP1	SE_SP1	
		SR1_SP2	B1_SP2	NC1_SP2	B2_SP2	FL_SP2	SE_SP2	
		SR1_SP3	B1_SP3	NC1_SP3	B2_SP3	FL_SP3	SE_SP3	

详细说明如下。

1）MSSi 为 FKM 平均应力修正系数，详见 22.3.2 节。

2）R 为焊点疲劳试验载荷的应力比，介于 0 和 -1.0 之间。

3）A/R 决定 SN 曲线纵轴值是应力幅值还是应力范围。

4）SR1_SPi、B1_SPi、NC1_SPi、B2_SPi、FL_SPi、SE_SPi 为三处评估位置的 SN 曲线参数，同高周疲劳，其中，i=1、2 时为焊缝与母板连接处的 SN 曲线，i=3 时为焊核位置的 SN 曲线。

24.2 焊缝疲劳分析

焊缝连接处由于异材结合、几何突变而存在应力集中，焊接热导致了焊缝附近的材料性能变化，准确模拟焊缝处的应力非常困难。考虑到这些因素，焊缝疲劳的评估方法大致分为两种。

1）名义应力法。焊缝附近存在应力集中，但是该应力集中仅存在于很小的区域内，可通过设定一个临界尺寸来避开应力集中区域，选取不敏感区域的应力来评估焊缝疲劳。代表方法有 BS7608。

2）结构应力法。在有限元分析中，焊缝位置的应力会随网格尺寸发生大的变化，通常不直接采用有限元分析得到的焊缝位置应力进行疲劳评估。结构应力对于单元网格尺寸不太敏感，通过单元力考虑板的厚度得到结构应力，采用结构应力来评估焊缝疲劳，结果会更稳定。这类方法的代表是 VOLVO 方法，主要适用于车身薄板结构。

OptiStruct 支持这两种方法，本节主要讲述 VOLVO 方法。

24.2.1 焊缝基本术语

为了更好地描述焊缝，首先解释焊缝相关的几个术语。

- 焊根（Weld Root）：焊缝背面与母板的交界处。
- 焊趾（Weld Toe）：焊缝表面与母板的交界处。
- 焊脚（Weld Leg）：焊根至焊趾之间的区域。
- 焊喉（Weld Throat）：焊料区域。

这几个位置如图 24-5 所示。

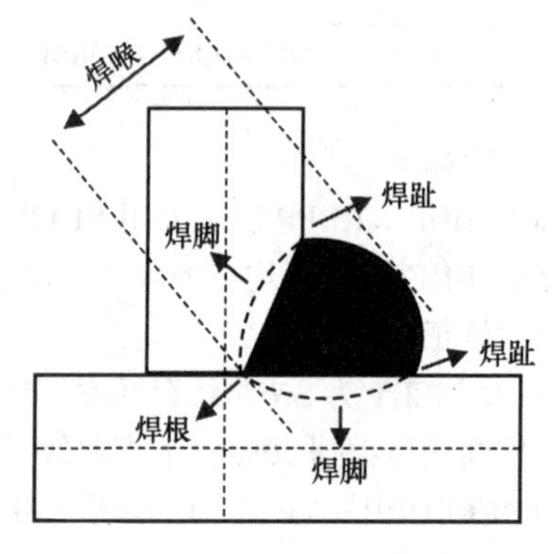

图 24-5　焊缝术语说明

24.2.2 焊缝疲劳建模方法

OptiStruct 支持两种形式的焊缝分析，一种为角焊缝（FILLET），另一种为搭接焊缝（OVERLAP）。焊缝单元采用四边形或三角形建模，为了保证精度，推荐使用四边形建模，在转角位置采用三角形过渡。母板必须采用壳单元建模。下面分别介绍角焊缝及搭接焊缝建模方法。

角焊缝根据熔深的不同，可采用下面四种建模方式。

1）单边单排网格，如图 24-6a 所示。当熔深不超过母板厚度的一半时，采用单边单排网格建立焊缝单元，焊缝单元的法向指向焊趾，焊缝单元节点所在的位置即为焊趾位置，一般取焊脚尺寸

$L = T_1 + T_2$。焊缝单元的厚度为焊喉的有效厚度，一般取为0.7L。

2）单边双排网格，如图24-6b所示。当熔深超过母板厚度的一半时，采用单边双排网格建立焊缝单元，焊缝单元的法向指向焊趾，焊脚尺寸$L = T_1 + T_2$，焊缝单元厚度取0.35L。

3）双边双排网格，如图24-6c所示。角焊缝如果为双边焊，且左右两边没有完全焊透时，采用双边双排网格，焊缝单元的法向指向焊趾，焊脚尺寸$L = T_1 + T_2$，焊缝单元厚度取0.7L。

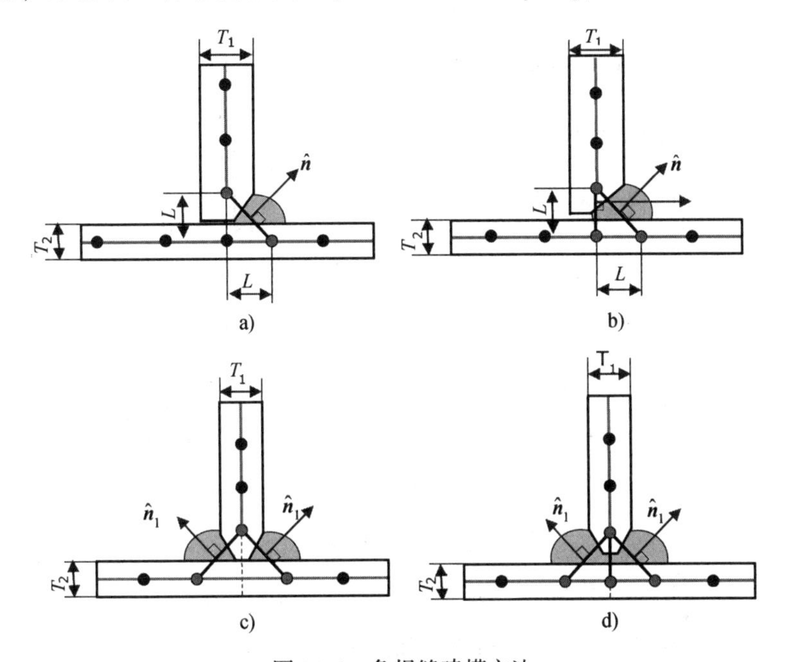

图24-6 角焊缝建模方法

a）单边单排网格 b）单边双排网格 c）双边双排网格 d）双边三排网格

4）双边三排网格，如图24-6d所示。角焊缝为双边焊，且左右两边完全焊透时，采用双边三排网格。

搭接焊按熔深可分为以下三种建模形式。

1）双排网格，如图24-7a所示。当熔深较深时，采用双排单元建模，焊缝单元法向指向焊趾，焊脚尺寸$L = T_1 + T_2$，焊缝单元厚度为0.27L。

2）单排网格，如图24-7b、c所示。当熔深较浅时，采用单排单元建模，可采用垂直于母板的单元建模，也可采用斜搭单元建模。焊接单元厚度为较小板厚的两倍，但不小于3mm。如果是激光

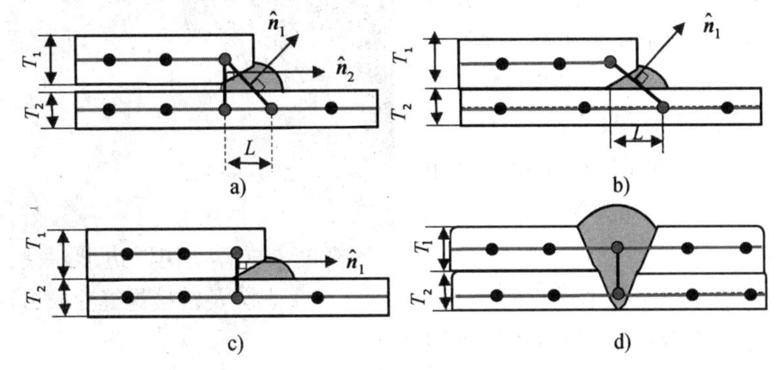

图24-7 搭接焊建模方法

a）双排网格 b）斜边单排网格 c）直边单排网格 d）激光焊单排网格

焊，则焊接单元的厚度为上板厚度的0.7倍。

3）板中激光搭接焊，采用垂直于母板的单排单元，如图24-7d所示。该类焊接适用于厚度大于1mm的薄板结构，焊缝单元的厚度为被连接母板的最小厚度的90%，且不小于1mm。

24.2.3 焊缝疲劳评估位置

角焊的焊缝评估位置为焊趾及焊根，不同建模方式下的评估位置如图24-8所示。

图24-8 角焊缝疲劳评估位置示意图

搭接焊的评估位置为焊趾及焊根，不同建模方式下的评估位置如图24-9所示。

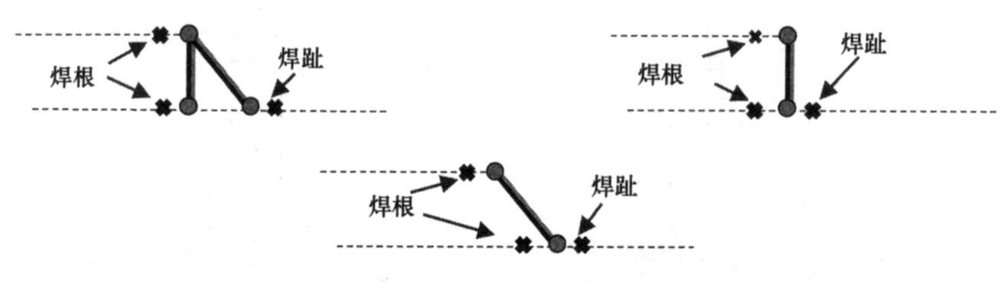

图24-9 搭接焊缝疲劳评估位置示意图

激光板中搭接焊的评估位置为焊根及焊喉，如图24-10所示。

激光边缘搭接焊的评估位置为焊趾、焊根及焊喉，评估位置如图24-11所示。

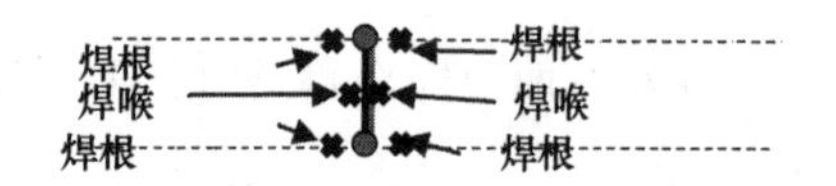

图24-10 激光直边焊疲劳评估位置示意图

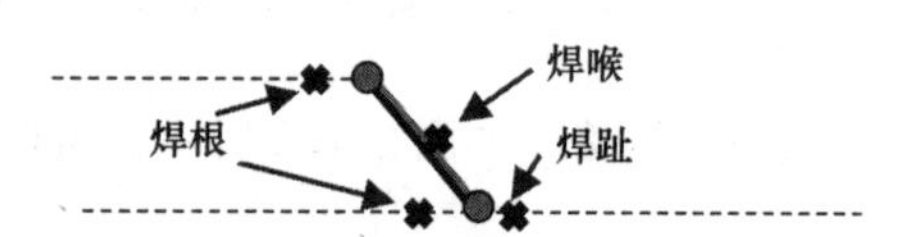

图24-11 激光斜边焊疲劳评估位置示意图

24.2.4 焊缝疲劳评估方法

在采用VOLVO方法进行疲劳评估时，建模方法如前所述，建立相应的焊缝单元，并给定正确的单元法向。OptiStruct通过FATSEAM卡片选定焊缝单元，并给定该焊缝的类型。OptiStruct自动通过拓扑结构识别焊根单元及焊趾单元。下面以角焊缝的焊趾单元为例，介绍焊缝疲劳分析的整个流程。

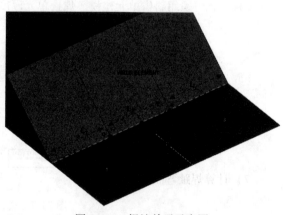

图24-12 焊缝单元示意图

1）图24-12中，单元1、2、3为焊趾单元，QR为焊线。对于焊趾单元2，在焊线QR的中点位置L创建局部坐标系，其中，x在单元2平面内并垂直于QR，z向沿单元法向，由z向及x

向采用右手准则确定 y 向。

2）由单元1 得到节点 Q 的节点力f_{Q1}，由单元2 得到节点 Q 的节点力f_{Q2}，焊趾单元对 Q 点的节点力为两者之和。用同样的方法可得到焊趾单元对节点 R 的节点力。同理可得到相应的节点弯矩。

$$f_Q = f_{Q1} + f_{Q2} \tag{24-5a}$$

$$f_R = f_{R2} + f_{R3} \tag{24-5b}$$

$$m_Q = m_{Q1} + m_{Q2} \tag{24-5c}$$

$$m_R = m_{R2} + m_{R3} \tag{24-5d}$$

式中，f_Q、f_R分别为焊趾单元对 Q 节点、R 节点的节点力；m_Q、m_R分别为焊趾单元对 Q 节点、R 节点的弯矩。

3）将节点力及弯矩通过长度权重分配到相邻单元。

$$f_Q^{RIGHT} = \frac{L_2}{L_1 + L_2} f_Q \tag{24-6a}$$

$$f_R^{LEFT} = \frac{L_2}{L_2 + L_3} f_R \tag{24-6b}$$

$$m_Q^{RIGHT} = \frac{L_2}{L_1 + L_2} m_Q \tag{24-6c}$$

$$m_R^{LEFT} = \frac{L_2}{L_2 + L_3} m_R \tag{24-6d}$$

4）通过节点力计算线载荷，包括 Q 点单元 2 的线载荷 f_{LQ}^{RIGHT}、m_{LQ}^{RIGHT}，R 点单元 2 的线载荷 f_{LR}^{LEFT}、m_{LR}^{LEFT}。

$$f_{LQ}^{RIGHT} = \frac{2}{L_2}(2f_Q^{RIGHT} - f_R^{LEFT}) \tag{24-7a}$$

$$f_{LR}^{LEFT} = \frac{2}{L_2}(2f_R^{LEFT} - f_Q^{RIGHT}) \tag{24-7b}$$

$$m_{LQ}^{RIGHT} = \frac{2}{L_2}(2\,m_Q^{RIGHT} - m_R^{LEFT}) \tag{24-7c}$$

$$m_{LR}^{LEFT} = \frac{2}{L_2}(2\,m_R^{LEFT} - m_Q^{RIGHT}) \tag{24-7d}$$

5）由 Q、R 位置的线载荷插值得到 QR 中点 L 处的线载荷f_2、m_2。

$$f_2 = \frac{f_{LQ}^{RIGHT} + f_{LR}^{LEFT}}{2} \tag{24-8a}$$

$$m_2 = \frac{m_{LQ}^{RIGHT} + m_{LR}^{LEFT}}{2} \tag{24-8b}$$

将f_2、m_2 沿步骤 1）中的局部坐标系分解，得到f_{2x}、m_{2y}。

6）通过分解的力计算壳单元上、下表面的结构应力σ_{TOP}、σ_{BOTTOM}。

$$\sigma_{TOP} = \frac{f_{2x}}{T} + 6\frac{m_{2y}}{T^2} \tag{24-9a}$$

$$\sigma_{BOTTOM} = \frac{f_{2x}}{T} - 6\frac{m_{2y}}{T^2} \tag{24-9b}$$

7）计算焊趾弯曲应力率 r。

$$r = \frac{|\sigma_B|}{|\sigma_B| + |\sigma_M|} \tag{24-10a}$$

$$\sigma_{B}=\frac{f_{2x}}{T} \tag{24-10b}$$

$$\sigma_{M}=6\frac{m_{2y}}{T^{2}} \tag{24-10c}$$

采用同样的方法计算焊根、焊喉位置的弯曲应力率，并加权取平均，得到平均弯曲应力率。

$$r_{B}^{AVG}=\frac{\sum_{i=1}^{n}(r_i[\sigma_{TOP}^{2}]_i)}{\sum_{i=1}^{n}[\sigma_{TOP}^{2}]_i} \tag{24-11}$$

式中，下标 i 表示评估点的位置。

8）内插 SN 曲线。在焊缝疲劳分析中，需要提供两条 SN 曲线，一条为薄膜应力作用下的 SN 曲线（SN_1），另一条为纯弯曲应力作用下的 SN 曲线（SN_2）。PFATSMW 卡片上可设置临界弯曲应力率 r_{B}^{CRIT}，如果 $0.0 \leqslant r_{B}^{AVG} \leqslant r_{B}^{CRIT}$，则通过 SN_1 曲线评估焊缝疲劳寿命；如果 $r_{B}^{CRIT} < r_{B}^{AVG} \leqslant 1.0$，则通过下式计算内插因子 IF：

$$IF=\frac{r_{B}^{AVG}-r_{B}^{CRIT}}{1-r_{B}^{CRIT}} \tag{24-12}$$

通过内插因子 IF 及 SN_1、SN_2 曲线内插产生 SN_3，通过 SN_3 评估焊缝疲劳寿命，如图 24-13 所示。

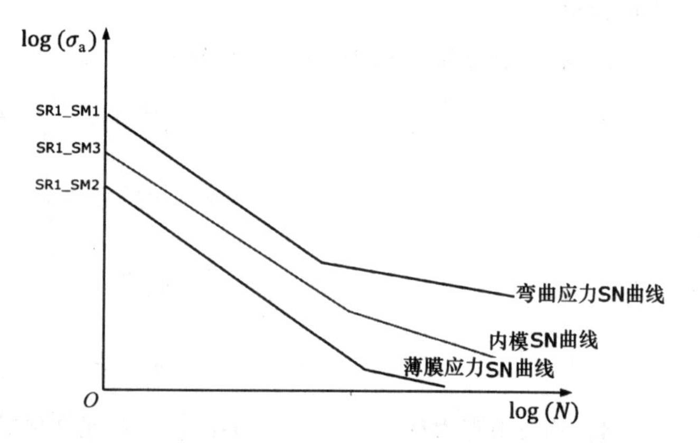

图 24-13　SN 曲线内插示意图

24.2.5　焊缝疲劳厚度修正

在疲劳分析中，SN 曲线来源于标准厚度，但是在实际分析中，母板的厚度不同于标准厚度，需要对厚度进行修正。当 $T < TREF$ 时，不需要厚度修正；当 $T > TREF$ 时，采用下式对应力进行厚度修正：

$$\sigma'_{TOP/BOTTOM}=\sigma_{TOP/BOTTOM}\left(\frac{T}{TREF}\right)^{TREF\_N} \tag{24-13}$$

式中，$\sigma_{TOP/BOTTOM}$ 为修正前壳单元的上、下表面应力；$\sigma'_{TOP/BOTTOM}$ 为修正后应力；T 为实际分析中的板厚；$TREF$ 为参考厚度；$TREF\_N$ 为厚度修正指数，可在 PFATSMW 卡片上设置。

24.2.6　焊缝疲劳平均应力修正

焊缝疲劳可考虑平均应力的影响，OptiStruct 采用 FKM 模型考虑焊缝疲劳平均应力的影响，应力敏感系数可在 MATFAT 卡片上设置。关于 FKM 平均应力修正，可参见高周疲劳相关章节。

24.2.7　焊缝疲劳卡片

焊缝疲劳分析卡片设置与之前介绍的疲劳分析稍有不同，主要体现在多出了一个 FATSEAM 卡片，卡片逻辑关系如图 24-14 所示。下面仅介绍焊缝疲劳相关卡片，其他卡片同高周疲劳分析。

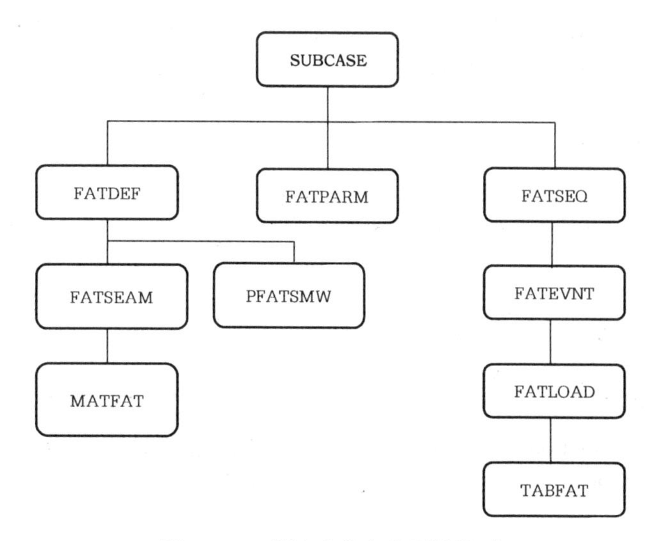

图 24-14　焊缝疲劳卡片逻辑关系

PFATSMW 卡片定义见表 24-4。

表 24-4　PFATSMW 卡片定义

(1)	(2)	(3)	(4)	(5)	(6)	(7)	(8)	(9)
PFATSMW	ID	BRATIO	TREF	TREF_N				

其中，BRATIO 为临界弯曲应力比，默认值为 0.5，详见式（24-12）；TREF 为参考厚度，TREF_N 为厚度修正指数，这两个参数用来进行厚度修正，详见式（24-13）。

FATPARM 卡片定义见表 24-5。

表 24-5　FATPARM 卡片定义

(1)	(2)	(3)	(4)	(5)	(6)	(7)	(8)	(9)
FATPARM	ID	TYPE						
	SMWLD	METHOD	UCORRECT	SURVCERT	THCKCORR			

其中，METHOD = VOLVO 表示采用 VOLVO 结构应力法评估焊缝疲劳；UCORRECT = NONE/FKM/FKM2，定义平均应力修正方法，FKM 平均应力修正详见 22.3.2 节；SURVCERT 为 SN 曲线存活率，根据产品要求进行设置，MATFAT 卡片上的 SN 曲线一般为 50% 存活率曲线，OptiStruct 会根据 SURVCERT 值对该曲线进行平移；THCKCORR = YES/NO，控制厚度修正。

MATFAT 卡片定义见表 24-6。

表 24-6　MATFAT 卡片定义

(1)	(2)	(3)	(4)	(5)	(6)	(7)	(8)	(9)
MATFAT	MID	UNIT						
	STATIC	YS	UTS					
	SMWLD		MSS1	MSS2	MSS3	MSS4		A/R
		SR1_SP1	B1_SP1	NC1_SP1	B2_SP1	FL_SP1	SE_SP1	
		SR1_SP2	B1_SP2	NC1_SP2	B2_SP2	FL_SP2	SE_SP2	

其中，MSSi 为 FKM 平均应力修正应力敏感系数，详见 22.3.2 节；A/R 决定 SN 曲线的纵轴是应力幅值还是应力范围；SR1_SPi、B1_SPi、NC1_SPi、B2_SPi、FL_SPi、SE_SPi 为弯曲应力 SN 曲线及薄膜应力 SN 曲线。

FATSEAM 卡片定义见表 24-7。

表 24-7　FATSEAM 卡片定义

(1)	(2)	(3)	(4)	(5)	(6)	(7)	(8)	(9)
FATSEAM	MID	WTYPE						
	PSHELL	PID1	PID2	…				
	ELSET	SETID1	SETID2	…				

其中，WTYPE = FILLET/OVLAP/LOVLAP/LEOVLAP，定义焊缝类型；PIDi 为 PSHELL 卡片 ID，通过壳单元属性定义焊缝单元；SETIDi 为焊缝单元集合。

24.3 焊接疲劳分析实例

24.3.1 实例：某零件焊点疲劳分析

如图 24-15 所示，某零件通过焊点将上、下两块板连接起来。该零件存在两种工作状况：第一种工况为两个安装点位置同时受到向下的载荷；第二种工况为安装点受到方向相反的两个载荷。两种工况交替产生，每一种工况对应一个载荷历史，需要分析该零件中的焊点疲劳寿命。基础模型中已包含两个工况的结构分析，需要设置疲劳分析相关参数、添加疲劳分析工况、评估焊点疲劳寿命。

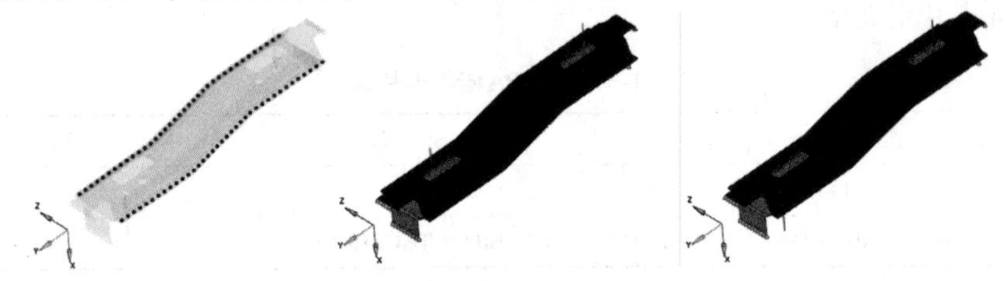

图 24-15　焊点疲劳有限元模型

操作步骤

Step 01 通过菜单栏的 Tools-> Fatigue Process-> Create New 选项创建焊点疲劳分析流程，如图 24-16 所示。

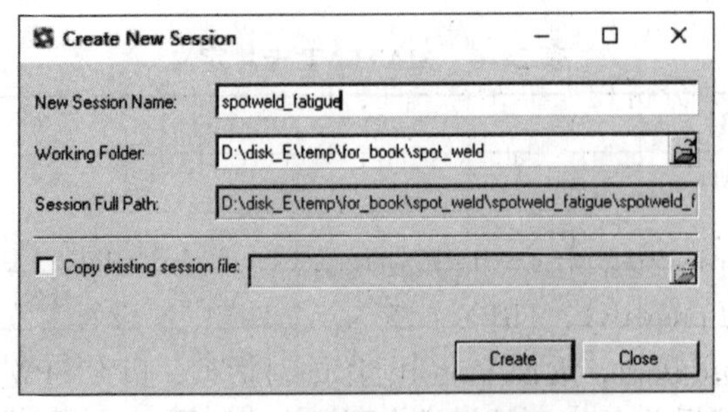

图 24-16　创建疲劳分析流程

Step 02 导入基础模型 spotweld_fatigue_base. fem，然后进入下一步，如图 24-17 所示。

图 24-17　导入基础模型

Step 03 创建疲劳分析工况。设置疲劳分析工况名为 spotweld_fatigue，单击 Create 按钮，然后单击 Next 按钮进入下一步，如图 24-18 所示。

图 24-18　创建疲劳分析工况

Step 04 设置焊点疲劳分析控制参数，即 FATPARM 相关参数。勾选 Spot Weld Options 复选框，进入焊点疲劳参数设置菜单。选择 Rupp 方法和 FKM 平均应力修正，SN 曲线存活率为 0. 99，厚度修正为 YES，临界平面个数取默认值 20。单击 OK 按钮退回主界面，进入下一步，如图 24-19 所示。

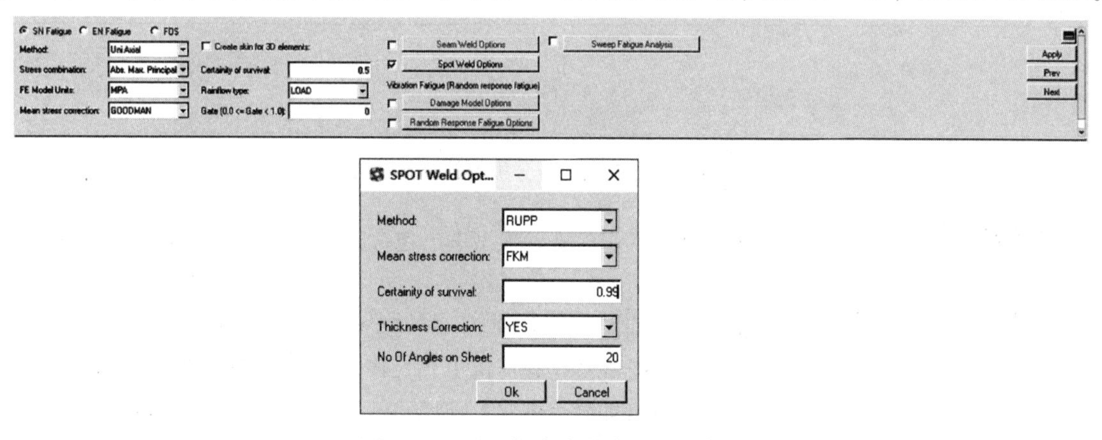

图 24-19　设置焊点疲劳分析控制参数

Step 05 创建焊点疲劳 SN 曲线，即设置 MATFAT 卡片。

- 单击 Add Material 按钮添加疲劳分析材料参数，Stress unit 选择 MPA，在 Ultimate tensile strength （UTS）中输入 600。
- 勾选 Spot Weld Material Properties 复选框，在弹出的相应对话框中输入焊点疲劳分析材料属性，在 Sheet1、Sheet2 和 Nugget 行分别设置 SR1_SP 为 1203，B1_SP 为 –0. 123，NC1_SP 为 1E6，设置完成后单击 OK 按钮，然后单击 Save 按钮保存参数，如图 24-20 所示。

Step 06 定义焊点疲劳分析相关单元及属性，即定义 FATDEF 及 PFATSPW。

- 单击 Add Property 打开 Property Data 对话框，Property Type 选择 Property-PBARL，Property Name 选择 PBARL_4。
- 在 SPOT Weld Properties 中单击 Create 按钮设置焊点疲劳分析相关影响参数，在弹出的对话框中，将 Name 定义为 property1，TREF 设置为 5，TREF_N 设置为 0. 2。
- 设置完成后单击 Close 按钮，返回 Property Data 对话框，PFATSPW 选择 property1，单击 Close 按钮返回主界面，然后单击 Next 按钮进入下一步，如图 24-21 所示。

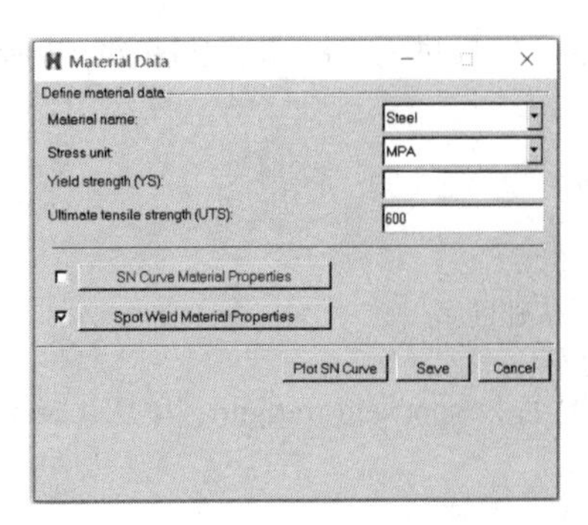

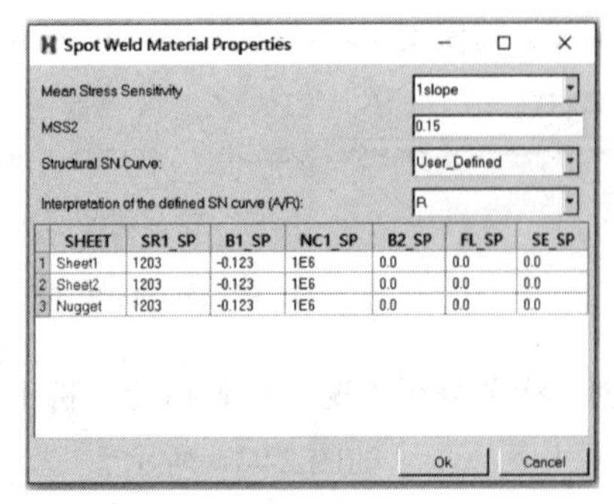

图 24-20　设置焊点疲劳分析材料参数

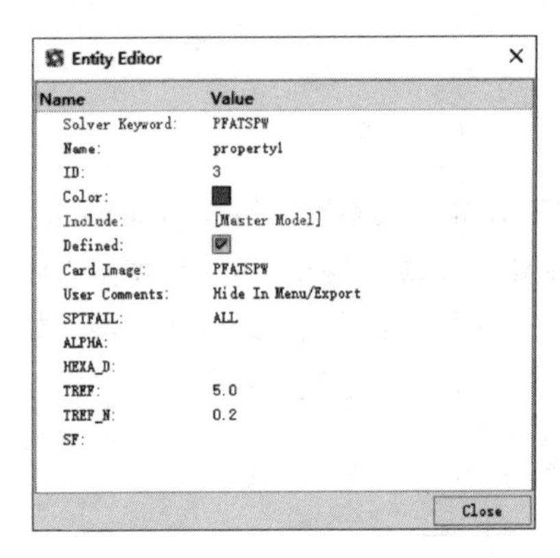

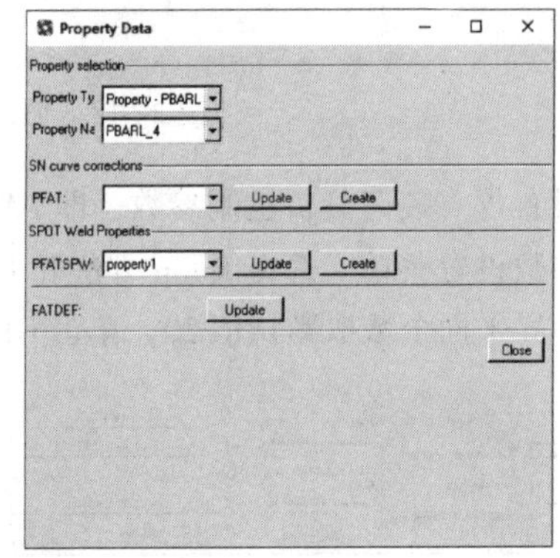

图 24-21　设置焊点疲劳分析相关单元及属性

Step 07 添加载荷历史，即定义 FATTAB。基础模型中已包含载荷历史，单击 Next 按钮进入下一步。

Step 08 关联载荷历史与载荷工况，即定义 FATSEQ、FATEVNT、FATLOAD。

- 单击 Add 按钮打开相应对话框，在通道栏（载荷历史）选择 LH_1，工况栏选择 bending_Stiffness，选择 Auto 和 Single Event，单击加号，创建 EVENT_0，设置 Scale = 5.0，第一个疲劳事件设置完成。
- 用同样的方法创建第二个疲劳事件，通道选择 LH_2，工况选择 torsion_Stiffness，设置 Scale = 5.0。单击 Save 按钮回到主界面，单击 Next 按钮进入下一步，如图 24-22 所示。

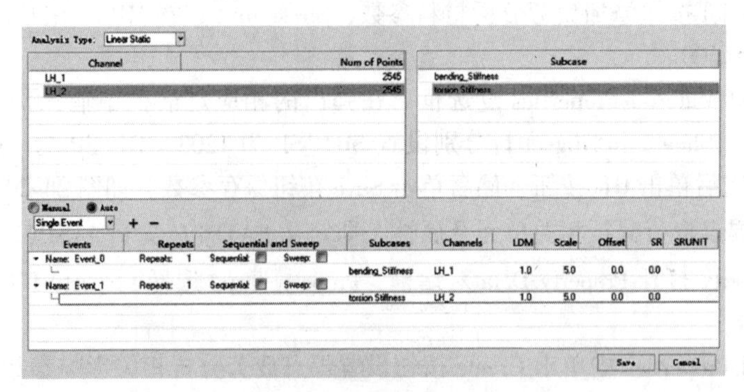

图 24-22　创建疲劳事件

Step 09 设置模型文件名，保存模型并提交计算。

结果查看

在 HyperView 中打开 . h3d 文件。在本模型中，焊点通过 CBAR 单元建模，结果查看时一维单元的云图很不明显，为了更好地查看焊点疲劳结果，可通过菜单栏的 Preference-> Options 选项打开 Options 对话框，设置焊点的显示模式，如图 24-23 所示。在本例中，焊点通过小圆球显示，可以看到这个零件两端位置的焊点损伤比较大，最大损伤为 1. 439E-5。

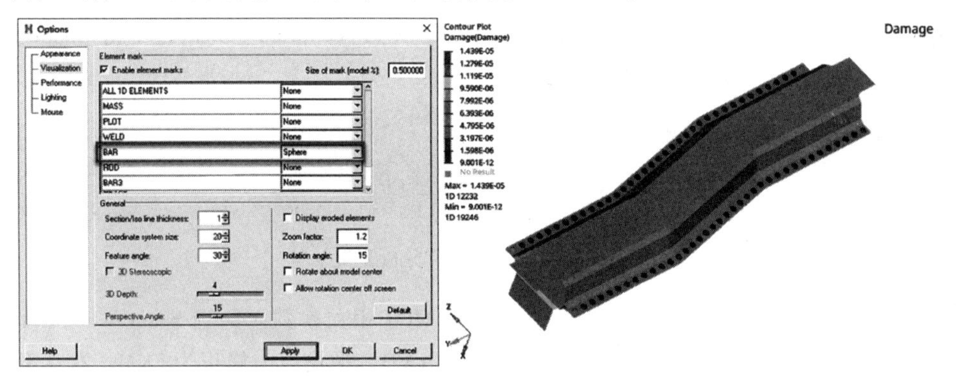

图 24-23　疲劳分析结果

24. 3. 2　实例：车架焊接疲劳分析

某车架零件通过缝焊连接在一起，车架有三种载荷工况：第一种为前部扭转；第二种为后部扭转，第三种为弯曲载荷。其中，第一、二种工况共享一个载荷历程，第三种工况采用另外一个载荷历程。这三种工况交替进行。基础模型中已提供三种分析工况，需要创建疲劳相关卡片及工况，分析在这三种载荷工况下的疲劳寿命。模型如图 24-24 所示。

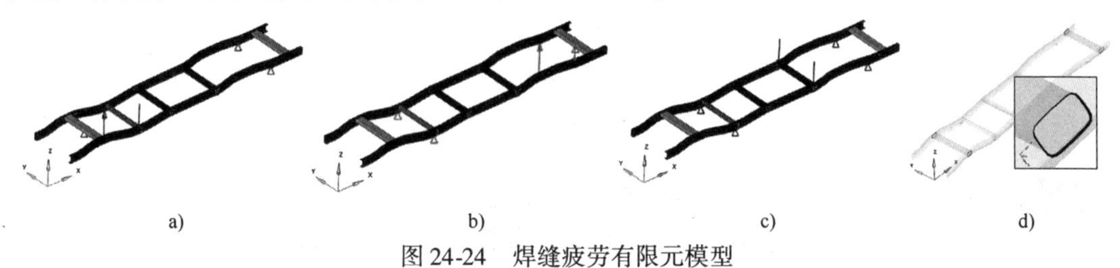

a)　b)　c)　d)

图 24-24　焊缝疲劳有限元模型

a）前扭工况　b）后扭工况　c）弯曲工况　d）焊缝单元

模型设置

Step 01 通过菜单栏的 Tools-> Fatigue Process-> Create New 选项创建焊缝疲劳分析流程，如图 24-25 所示。

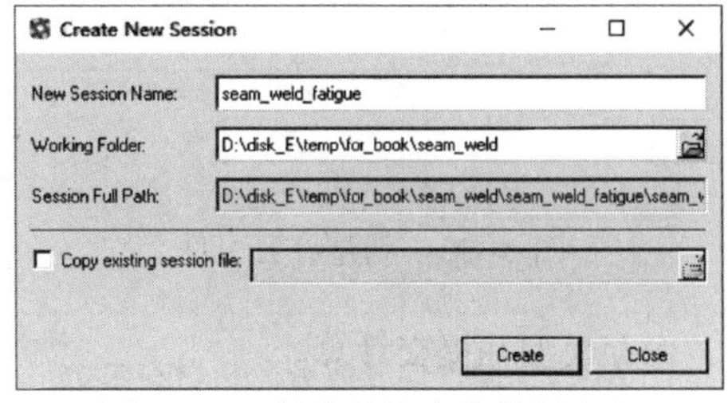

图 24-25　创建焊缝疲劳分析流程

Step 02 导入基础模型 seam_weld_fatigue_base. fem 文件，进入下一步，如图 24-26 所示。

图 24-26　导入基础模型

Step 03 创建疲劳分析工况。设置疲劳分析工况名称为 seamweld_fatigue，单击 Create 按钮，然后单击 Next 按钮进入下一步，如图 24-27 所示。

图 24-27　创建疲劳分析工况

Step 04 设置焊缝疲劳分析控制参数，即 FATPARM 相关参数。勾选 Seam Weld Options 复选框，进入焊缝疲劳参数设置菜单。设置分析方法为 VOLVO，平均应力修正为 FKM，存活率为98%，厚度修正为 YES。单击 OK 按钮回到主界面，单击 Next 按钮进入下一步，如图 24-28 所示。

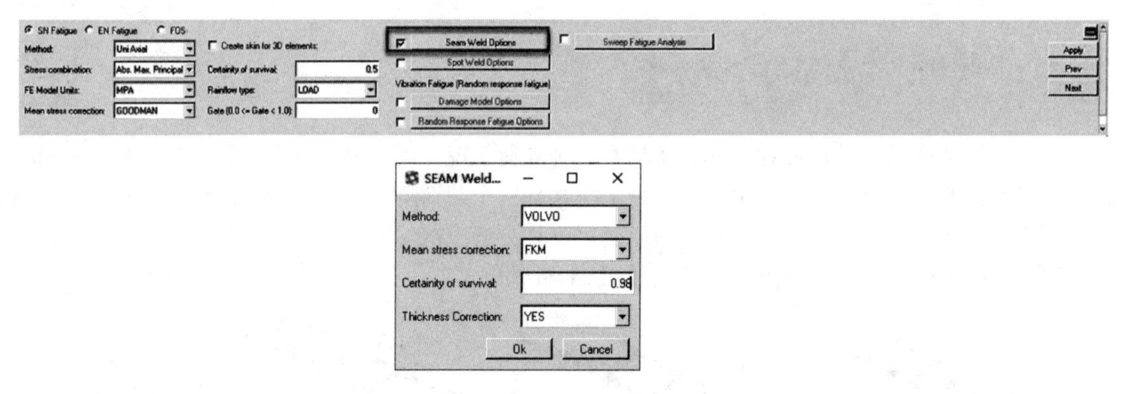

图 24-28　设置焊缝疲劳分析控制参数

Step 05 创建焊缝疲劳 SN 曲线，即设置 MATFAT 卡片。

- 单击 Add Material 按钮添加疲劳分析材料参数，选择 Steel_Weld_Material。
- 勾选 Seam Weld Material Properties 复选框，设置 Structural SN Curve 为 Default，表示采用 OptiStruct 内部自带的弯曲应力 SN 曲线、薄膜应力 SN 曲线。单击 Ok-> Save 按钮，回到主界面，如图 24-29 所示。

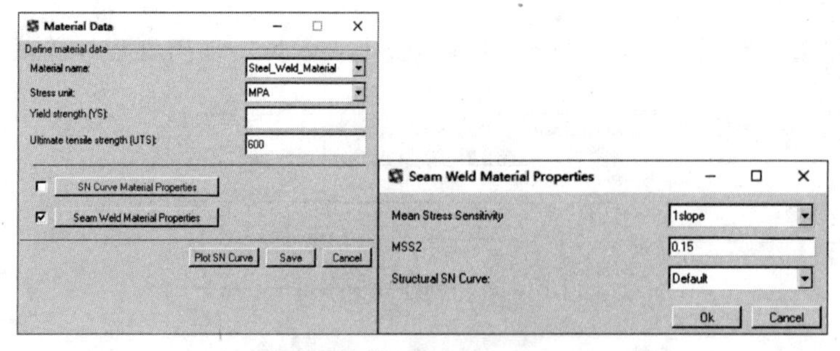

图 24-29　设置焊缝疲劳分析材料参数

Step 06 定义焊点疲劳分析相关单元及属性，即定义 FATDEF 及 PFATSPW。

- 单击 Add Property 按钮，打开 Droperty Data 对话框，在 Property Type 中选择 Property-PSHELL 并在 Property Name 中选择 Property_Seamweld。
- 创建 FATSEAM 卡片，设置焊缝类型为 FILLET。
- 创建 PFATSMW 卡片，设置 TREF 为 5.0，TREF_N 为 0.2。回到主界面，单击 Next 按钮进入下一步，如图 24-30 所示。

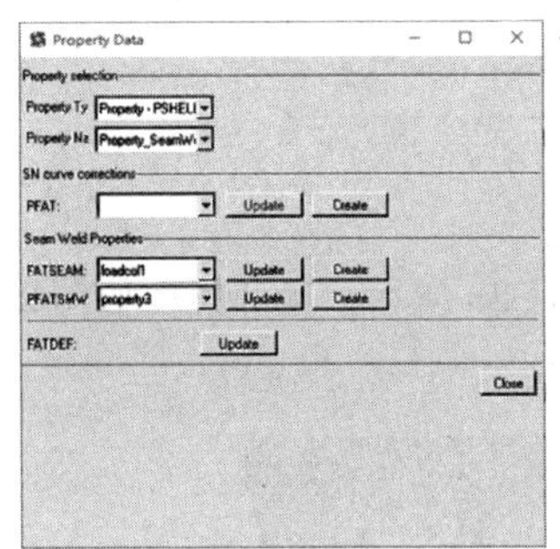

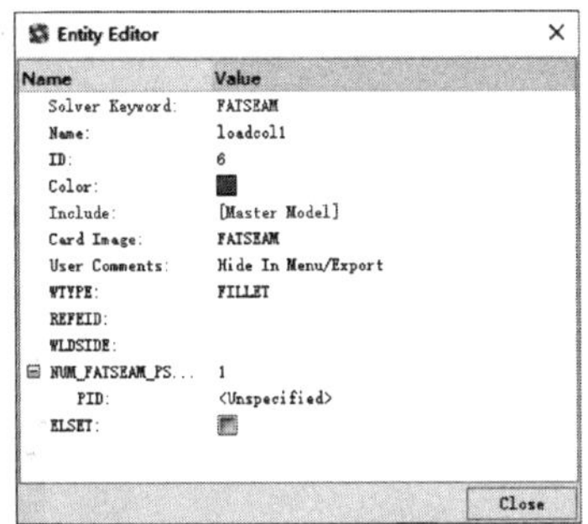

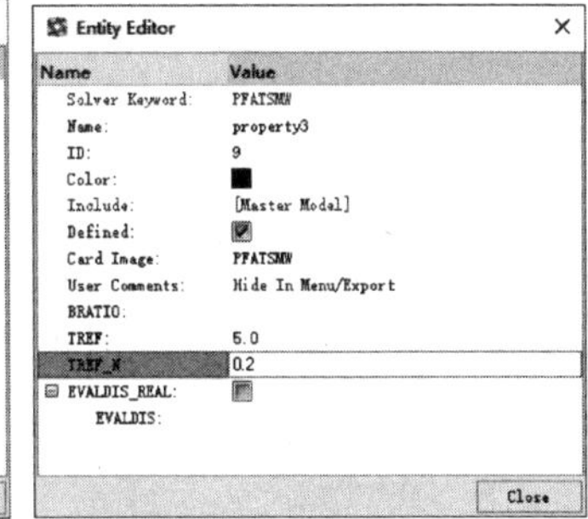

图 24-30　设置焊缝单元及属性

Step 07 创建载荷历史，即创建 FATTAB 卡片。基础模型中已经包含两个载荷历史，不需要再创建，单击 Next 按钮进入下一步。

Step 08 关联载荷历史与载荷工况，即定义 FATSEQ、FATEVNT、FATLOAD。

- 单击 Add 按钮打开相应对话框，在通道栏选择 LH_1，工况栏选择 Front Torsional Stiffness，选择 Auto 和 Single Event，单击加号，创建 EVENT_0，设置 Scale = 2.0，完成第一个疲劳事件的创建。
- 采用同样的方法创建第二个疲劳事件，选择 LH_1、Rear Torsional Stiffness，设置 Scale = 2.0。
- 选择 LH_2，Vertical Bending Stiffness，设置 Scale = 2.0，完成第三个疲劳事件的创建。单击 Save 按钮回到主界面，单击 Next 按钮进入下一步，如图 24-31 所示。

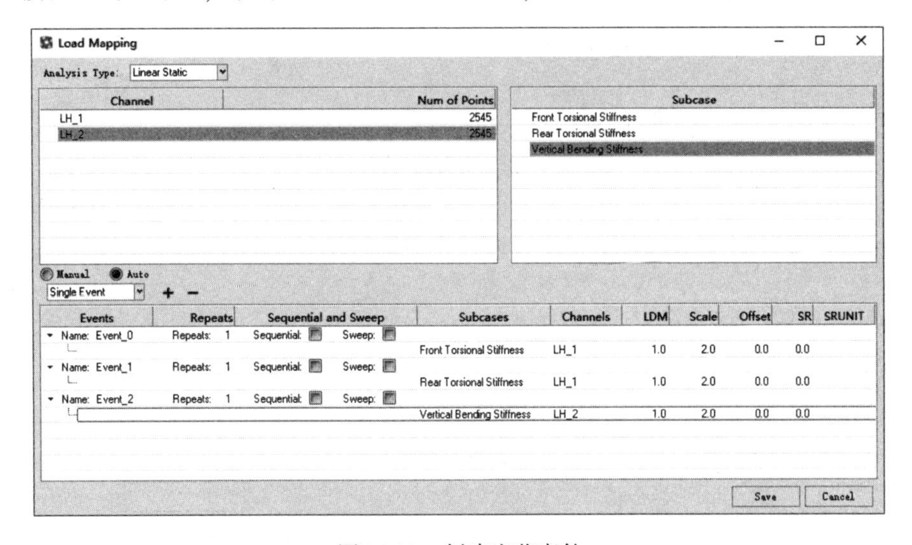

图 24-31　创建疲劳事件

Step 09 设置模型文件名，保存模型并提交计算。

结果查看

1）打开 . out 文件，可以看到图 24-32 中的警告信息，这是由于在分析中没有设置焊缝疲劳的 SN 曲线，OptiStruct 采用内部提供的 SN 曲线，SN 的具体参数也一并给出了。

```
*** WARNING # 6872
Default structural SN curves will be used for seam weld fatigue
analysis.
  MATFAT/MATx ID = 1
   Bending SN  : SRI1 = 3254.00MPa, b1 = -0.1429, Nc1 = 2000000.00
  Membrane SN  : SRI1 = 6094.00MPa, b1 = -0.2270, Nc1 = 2000000.00
  Stress ratio (R) that the SN curves are based on = -1.0.
```

图 24-32　焊点疲劳默认 SN 曲线信息

2）在 HyperView 中打开 . h3d 文件查看结果，总体损伤如图 24-33a 所示，局部损伤如图 24-33b 所示，角焊计算了焊趾及焊根处的损伤。

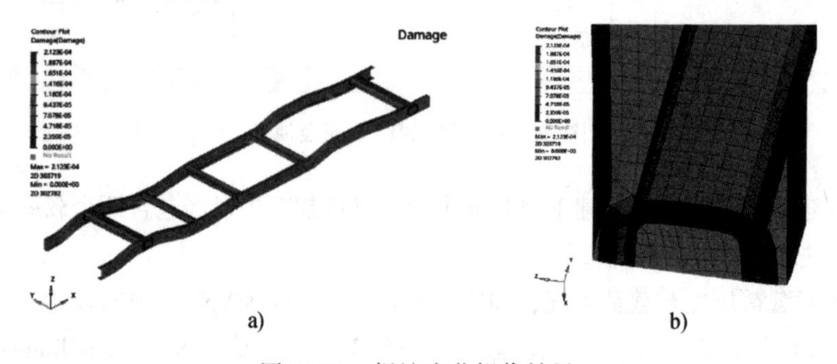

图 24-33　焊缝疲劳损伤结果

第25章 振动疲劳分析

振动按其性质可分为确定性振动及随机振动。所谓确定性振动，是指在相同条件下振动过程是完全相同的，比如偏心轮引起的振动。所谓随机振动，是指系统的振动是不可预知的，比如风力、风向的变化。振动是多数工程结构服役中必须承受的载荷，当激励频率与结构的固有频率接近时，结构发生共振，工程实际表明，共振是引起工程结构失效的重要原因，且多数表现为疲劳形式。振动疲劳的特点是无明显的塑性变形，常出现突然断裂。对于确定性振动引起的疲劳问题，可通过动力学分析得到应力、应变的响应历史，采用通用的高周、低周疲劳方法评估即可。对于随机振动疲劳，首先需要采用随机振动分析得到应力、应变的功率谱，然后进行随机振动疲劳分析。本章详细介绍瞬态疲劳、扫频疲劳及随机振动疲劳。

25.1 瞬态疲劳

在一般的SN、EN疲劳分析中，将单位载荷下的静力分析结果通过载荷历史进行放缩，可得到最终用于疲劳分析的应力、应变历史。在瞬态疲劳分析中，通过直接积分法或模态叠加法可直接得到应力、应变历史。相对于一般的SN、EN疲劳分析，瞬态疲劳分析在模型设置上的区别主要体现在FATLOAD卡片上，其LCID字段需要引用瞬态分析工况，同时保持TID字段为空，其余与一般的SN、EN疲劳分析设置相同，这里不再赘述。

25.2 扫频疲劳

正弦振动试验是试验室中经常采用的试验方法，是人们认识最早、了解最多的一种振动。例如，凡是旋转、脉动、振荡所产生的振动均是正弦振动。要模拟这些振动环境，无疑须用正弦振动试验。当振动环境是随机的、但又无条件做随机振动试验时，某些情况下可以用正弦振动试验来代替。在正弦振动试验方法中又规定了“扫频试验”和“定频试验”两种试验方法。定频试验是指在某个固定频率点上进行各种振动参数不同量级的试验。扫频试验是指在试验过程中维持一个或两个振动参数（位移、速度或加速度）量级不变，而振动频率在一定范围内连续往复变化的试验。试验中振动频率变化的快慢又称为“扫频速度”，分为“线性扫频”和“对数扫频”。线性扫频是指单位时间内扫过的频率范围是相同的，或者说扫频速度是恒定的，单位是Hz/s或Hz/min。对数扫频是指相同的时间内扫过的频率倍频程数是相同的，单位是oct/min，表示每分钟扫多少个倍频程，其中oct是倍频程。所谓倍频程是指使用频率f与基准频率f_0之比等于2的n次方，即$f/f_0=2^n$，则称f为f_0的n次倍频程，例如，从5Hz到20Hz是两个倍频程，从500Hz到2000Hz也是两个倍频程，在对数扫描的情况下，扫过这两段的时间是相同的，从这个例子可以看出，对数扫描时低频扫得慢而高频扫得快。

OptiStruct扫频疲劳目前仅支持基于Mise应力、应变的高周、低周单轴疲劳及焊缝疲劳。扫频速度可通过 FATLOAD 卡片上的 SWEEP 续行定义，SRUNIT 定义扫频速率单位，SR 定义扫频速度。

25.2.1 线性扫频疲劳评估

当扫频速度单位为 Hz/s 时，已知扫频速度，从初始频率 f_L 经过时间 t 后到达的频率可表示为

$$f = f_L + vt \tag{25-1}$$

式中，f_L 为初始频率（上限频率为 f_H）；v 为扫频速度；t 为扫频时间。

当前频率 f 单位时间内扫频经历的循环数 n_f 可表示为

$$n_f = \frac{dn}{df} = f\frac{dt}{df} = f\frac{1}{v} \tag{25-2}$$

在扫频疲劳分析中，首先需要进行频响分析，通过频响分析得到感兴趣频率点的应力响应。频响分析的应力结果实质就是 $R=-1$ 时的循环应力，可直接得到应力幅值，并通过该应力幅值查询 SN 曲线，得到该应力幅值下一次循环的损伤 $D_1(f)$。在该频率下，单位时间内扫描产生的循环数为 n_f，单位时间产生的损伤可表示为

$$D(f) = D_1(f) \cdot n_f \tag{25-3}$$

将所有频率点的损伤叠加起来即为一次扫描所产生的总的损伤，如果重复扫描，则再乘以扫描重复数 n_p，可得到总的疲劳损伤 D，表达式为

$$D = n_p \cdot \sum_{f=f_L}^{f_H} D(f) \tag{25-4}$$

25.2.2 对数扫频疲劳评估

当扫频速度单位为 oct/min 时，已知扫频速度 v，从初始频率 f_L 经过时间 t 后到达的频率可表示为

$$f = f_L \cdot 2^{vt} \tag{25-5}$$

在当前频率 f 下单位时间内扫描经历的循环数 n_f 为

$$n_f = \frac{dn}{df} = f\frac{dt}{df} = f \cdot \frac{1}{\ln 2} \cdot \frac{1}{v} \cdot \frac{1}{f} = \frac{1}{v\ln 2} \tag{25-6}$$

其余分析过程同线性扫频分析。

25.2.3 定频疲劳评估

定频疲劳就是在一个频率点施加激励，计算结构在该频率点激励作用下的损伤。定频疲劳是扫频疲劳分析中扫频速度等于 0 的一个特例，当扫频速度等于 0 时，就只剩下 f_L 一个频率点，即只计算在该频率点的损伤即可，计算过程同 25.2.1 节。在 OptiStruct 中，当 FATLOAD 卡片上的 SR = 0.0 时，即为定频疲劳。

25.2.4 扫频疲劳卡片

扫频疲劳分析同一般的 SN、EN 疲劳分析相比，仅在 FATLOAD、FATPARM、FATSEQ 卡片上有几个字段设置不同。分别介绍如下。

FATLOAD 卡片上的扫频疲劳相关设置见表 25-1。

表 25-1 FATLOAD 卡片定义

(1)	(2)	(3)	(4)	(5)	(6)	(7)	(8)	(9)
FATLOAD	ID	TID	LCID	LDM	SCALE	OFFSET	LHFORMAT	CHANNEL
	SWEEP	SR	SRUNIT					

其中，LCID 需要引用频响分析工况；SRUNIT 定义扫频速度单位；SR 定义扫频速度，当 SR =0 时表示定频疲劳。

FATPARM 卡片上的扫频疲劳相关设置见表 25-2。

表 25-2 FATPARM 卡片定义

(1)	(2)	(3)	(4)	(5)	(6)	(7)	(8)	(9)
FATPARM	ID	TYPE						
	SWEEP	NE	DF	STSUBID				

其中，NE 与 DF 定义疲劳分析的频率点，两者只需定义一个。NE 表示从频响分析工况的频率范围内选取 NE 个频率点；DF 表示在频响分析工况的频率范围内每隔 DF 个频率段选取一个频率点。如果频响分析中没有该频率点的分析结果，可通过插值得到。STSUBID 可引用静力学分析工况，以便考虑平均应力的影响。

FATSEQ 卡片上的扫频疲劳相关设置见表 25-3。

表 25-3 FATSEQ 卡片定义

(1)	(2)	(3)	(4)	(5)	(6)	(7)	(8)	(9)
FATSEQ	ID							
	FID1	T1						

其中，T1 表示扫频经历的时间，单位为 s。

25.3 随机振动疲劳

随机振动疲劳的分析流程可大致分为以下几个步骤。

1）进行随机振动分析，得到应力的 PSD 功率谱密度曲线。

2）通过应力的 PSD 曲线构造应力幅值的概率密度函数。

3）通过峰值穿越数或零点穿越数计算总循环数。

4）对每一个应力幅值，由概率密度函数乘以总循环数来得到它的循环数。已知应力幅值及循环数，可采用一般的 SN/EN 疲劳评估方法计算该应力幅值下的疲劳损伤。

5）采用 Miner 线性损伤累积方法得到总的损伤。

25.3.1 功率谱惯性矩

在随机振动疲劳分析中，构造概率密度函数及计算峰值穿越数、零点穿越数时，都需要用到功率谱惯性矩。功率谱 n 阶惯性矩m_n可表示为

$$m_n = \sum_{k=1}^{N} f_k^n G(f_k)\delta f \tag{25-7}$$

式中，f_k 为频率值；$G(f_k)$为频率 f_k处的 PSD 响应值；$G(f_k)\delta f$ 可理解为 PSD 曲线下 f_k处频率段 δf 的面积，如图 25-1 所示。将不同频率点对应的面积对纵轴取矩并求和，即为功率谱惯性矩。当 $n=0$、1、2、3、4 时，分别表示 0 阶矩m_0、1 阶矩m_1、2 阶矩m_2、3 阶矩m_3、4 阶矩m_4。

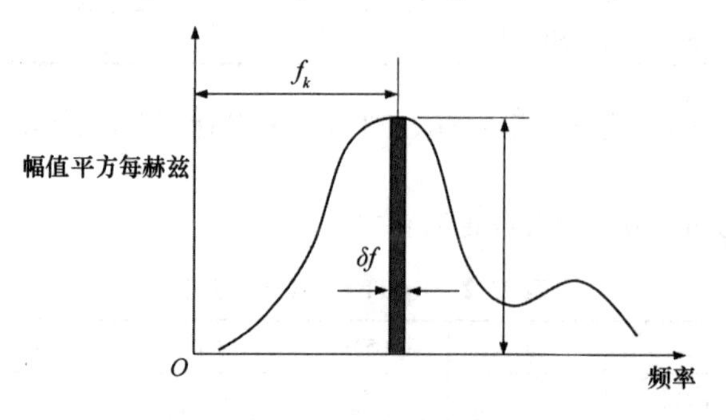

图 25-1　功率谱密度

25.3.2　应力幅值概率密度函数

在随机振动中，应力幅值往往服从某种概率分布，不同振动疲劳分析方法定义了不同的应力幅值概率密度函数或概率，常用的有 DIRLIK 方法、LALANNE 方法、窄带法、三段法，分别介绍如下。

1）DIRLIK 法。该方法的概率密度函数为

$$p(\sigma_a)=\frac{\frac{D_1}{Q}\mathrm{e}^{\frac{-Z}{Q}}+\frac{D_2 Z}{R^2}\mathrm{e}^{\frac{-Z^2}{2R^2}}+D_3 Z\mathrm{e}^{\frac{-Z^2}{2}}}{2\sqrt{m_0}} \tag{25-8a}$$

式中，σ_a为应力幅值，D_1、D_2、D_3、Q、R、Z 分别为

$$D_1=\frac{2(x_m-\gamma^2)}{1+\gamma^2} \tag{25-8b}$$

$$D_2=\frac{1-\gamma-D_1+D_1^2}{1-R} \tag{25-8c}$$

$$D_3=1-D_1-D_2 \tag{25-8d}$$

$$Z=\frac{\sigma_a}{2\sqrt{m_0}} \tag{25-8e}$$

$$x_m=\frac{m_1}{m_0}\sqrt{\frac{m_2}{m_4}} \tag{25-8f}$$

$$Q=\frac{1.25(\gamma-D_3-D_2 R)}{D_1} \tag{25-8g}$$

$$R=\frac{\gamma-x_m-D_1^2}{1-\gamma-D_1+D_1^2} \tag{25-8h}$$

$$\gamma=\frac{m_2}{\sqrt{m_0 m_4}} \tag{25-8i}$$

2）LALANNE 法。该方法的概率密度函数为

$$p(\sigma_a)=\frac{1}{2\sqrt{1-\gamma^2}}\left(\frac{\sqrt{1-\gamma^2}}{\sqrt{2\pi}}\mathrm{e}^{\frac{-\sigma_a^2}{8m_0(1-\gamma^2)}}+\frac{\sigma_a\gamma}{4\sqrt{m_0}}\mathrm{e}^{\frac{-\sigma_a^2}{8m_0}}\left(1+erf\left(\frac{\sigma_a\gamma}{2\sqrt{2m_0(1-\gamma^2)}}\right)\right)\right) \tag{25-9a}$$

式中，$erf(x)$为误差函数，公式为

$$erf(x) = \frac{2}{\sqrt{\pi}}\int_0^x e^{-t^2}dt \tag{25-9b}$$

3）窄带法。该方法的概率密度函数为

$$p(\sigma_a) = \left(\frac{\sigma_a}{4m_0}e^{-\frac{\sigma_a^2}{8m_0}}\right) \tag{25-10}$$

4）三段法。该方法给出的是概率，而不是概率密度函数。

$$P(\sigma_a) = \begin{cases} 0.683, \sigma_a = 2\sqrt{m_0} \\ 0.271, \sigma_a = 4\sqrt{m_0} \\ 0.043, \sigma_a = 6\sqrt{m_0} \end{cases} \tag{25-11}$$

以上四种概率密度函数/概率中，DIRLIK 及 LALANNE 方法适用于应力幅值分布在很宽的频率范围内的情况；窄带法适用于应力幅值分布在某个值附近的情况；三段法适用于应力幅值大部分分布在 1RMS 范围内的情况，其次是 2RMS，再其次是 3RMS。

对于 DIRLIK、LALANNE 和窄带法，已知概率密度函数，需要求解不同应力幅值下的概率，通常采用近似的矩形法，以图 25-2 中的应力幅值S_i为例，其相应的概率为

$$P(S_i) = S_i \cdot \delta S \tag{25-12}$$

式中，δS 为矩形的宽度，δS 越小，结果越准确。

$\sum_{i=1}^{n} S_i \cdot \delta S$ 构成了概率密度函数曲线下面所包含的面积。理论上沿着应力幅值的横坐标需要取到一个非常大的值，但是由概率密度函数的特性知道，当应力幅值非常大时，其概率将非常小，对最终的结果影响并不大，故只需在一个合理的应力幅值处截断即可。

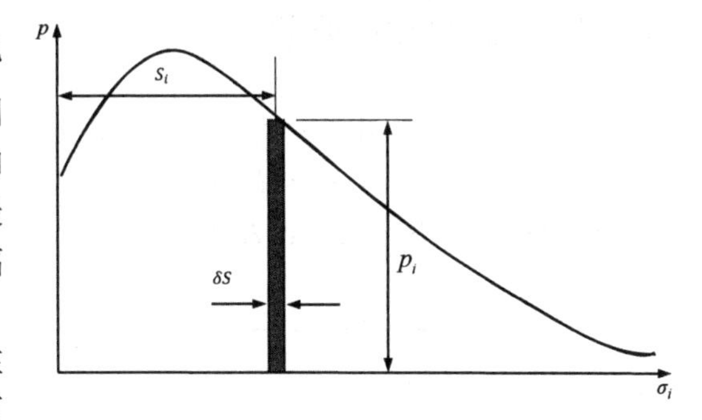

图 25-2　应力幅值概率密度函数

OptiStruct 支持以上四种概率密度函数，可在 FATPARM 卡片上的 RNDPDF 续行定义，且一次可定义多个概率密度函数，最终的结果为多个分析方法中损伤最大的一个。通过 FATPARM 上的 FACSREND 及 SREND 字段定义应力幅值的上限值，其中，FACSREND 定义的应力幅值上限为 2 · RMS · FACSREND，SREND 可直接设置一个应力幅值为其上限，两者只需定义一个即可。图 25-2 中的矩形宽度可通过 FATPARM 上的 NBIN 或 DS 定义，NBIN 为矩形个数，在已知应力幅值上限 SH 时，每个矩形的宽度为 SH/NBIN。DS 可直接指定矩形宽度。两者只需定义一个即可。

25.3.3　总循环数

对于窄带法及三段法，采用零点穿越数计算总循环数，其中，单位时间零点穿越数为

$$n_{zcross} = \sqrt{\frac{m_2}{m_0}} \tag{25-13}$$

在时间 T 内总的循环数为

$$N_T = n_{zcross}T \tag{25-14}$$

对于 DIRLIK 及 LALANNE 方法，采用峰值穿越数计算总循环数，其单位时间峰值穿越数为

$$n_{\text{peaks}} = \sqrt{\frac{m_4}{m_2}} \tag{25-15}$$

在时间 T 内总循环数为

$$N_T = n_{\text{peaks}} T \tag{25-16}$$

式中，时间 T 通过 FATSEQ 卡片上的 Ti 定义。

25.3.4 损伤及寿命的计算

对于某个应力幅值$\sigma_a{}^i$，在时间 T 内的循环数N_i 为

$$N_i = P(\sigma_a{}^i) N_T \tag{25-17}$$

对于该应力幅值，由给定的 SN 曲线可得到相应的寿命为n_i，则在该应力幅值下 T 时间内产生的损伤为

$$D_i = \frac{N_i}{n_i} \tag{25-18}$$

所有的应力幅值在 T 时间内产生的总的损伤为

$$D = \sum D_i \tag{25-19}$$

25.3.5 随机振动疲劳卡片

随机振动疲劳卡片设置同高周、低周疲劳，只是在 FATLOAD、FATPARM、FATSEQ 卡片上几个字段的设置不同，相关设置介绍如下。

FATLOAD 卡片定义见表 25-4。

表 25-4 FATLOAD 卡片定义

(1)	(2)	(3)	(4)	(5)	(6)	(7)	(8)	(9)
FATLOAD	ID	TID	LCID	LDM	SCALE	OFFSET	LHFORMAT	CHANNEL

其中，LCID 字段必须引用随机振动分析工况。

FATPARM 卡片定义见表 25-5。

表 25-5 FATPARM 卡片定义

(1)	(2)	(3)	(4)	(5)	(6)	(7)	(8)	(9)
FATPARM	ID	TYPE						
	RNDPDF	PDF1	PDF2	PDF3				
	RANDOM	FACSREND	SREND	NBIN	DS		STSUBID	

其中，PDFi 为随机振动疲劳分析方法，即应力幅值概率密度函数类型；FACSREND 及 SREND 定义应力幅值上限，默认值为 8.0，表示 8×2RMS；NBIN 及 DS 定义应力幅值积分宽度（这几个参数的详细解释见 25.3.2 节）；STSUBID 引用静力学分析工况，考虑平均应力的影响。

FATSEQ 卡片定义见表 25-6。

表 25-6 FATSEQ 卡片定义

(1)	(2)	(3)	(4)	(5)	(6)	(7)	(8)	(9)
FATSEQ	ID							
	FID1	T1						

其中，Ti 表示随机振动的持续时间，单位为 s。

25.4 振动疲劳分析实例

本节在 HyperMesh 中通过手动创建疲劳卡片来展示随机振动疲劳及扫频疲劳的分析流程。

25.4.1 实例：电池包随机振动疲劳分析

本例通过电池包的随机振动疲劳分析来展示 OptiStruct 随机振动疲劳分析流程。根据标准 GB/T 31467.3，电池包需要安装在振动台上，振动测试在三个方向进行，测试从 z 轴开始，z 轴加速度 PSD 曲线见表 25-7，RMS 为 $14.13\mathrm{m/s^2}$。本例仅考虑 z 向的随机振动疲劳。

表 25-7 z 向加速度 PSD 激励

频率/Hz	加速度 PSD/$(\mathrm{m/s^2})^2\cdot\mathrm{Hz}^{-1}$
5	4.81
10	5.77
20	5.77
200	0.08

电池包模型如图 25-3 所示，保留电池包外壳，电芯简化为集中质量，通过 RBE3 单元连接到结构承力件上。将电池包的八个安装点用一个 RBE2 连接起来，在该 RBE2 的主节点上施加表 25-7 中的随机载荷。基础模型中已包含一个频响分析及基于此频响分析的随机振动分析，还需要设置疲劳相关参数、创建疲劳分析工况、进行随机振动疲劳分析。

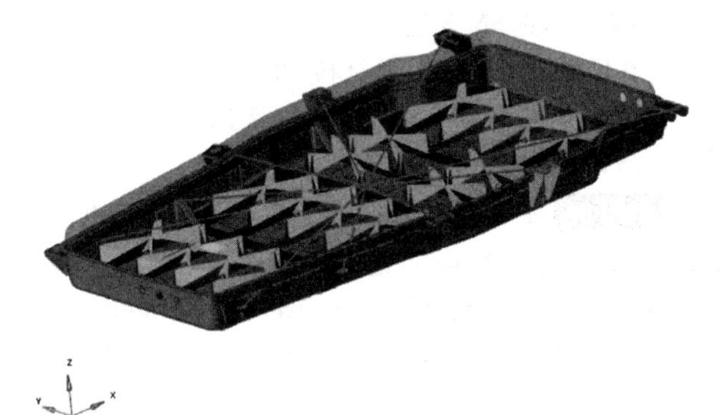

图 25-3 电池包模型

模型设置

Step 01 导入有限元分析模型。通过菜单栏的 File-> Import -> Solver Deck 导入基础模型 random_response_fatigue_base.fem。

Step 02 创建 FATPARM 卡片，设置疲劳分析控制参数。

- 通过〈CTRL + F〉键激活 HyperMesh 右上角的小窗口，输入 FATPARM 并按 <Enter> 键。该操作创建一个新的载荷集，将其命名为 FATPARM。
- 设置 TYPE 为 SN，COMBIE（等效应力）为 VONMISES。勾选 RNDPDF 复选框，设置 DM1 为 DIRLIK，其他为空。
- 勾选 RANDOM 复选框，保持 FACSREND 的默认值 8.0，NBIN 的默认值 100，如图 25-4 所示。

Step 03 通过同样的方法创建 PFAT，并重命名相应的载荷集为 PFAT。保持该卡片的默认设置，如图 25-5 所示。

Step 04 通过同样的方法创建 FATDEF 卡片，并重命名相应的载荷集为 FATDEF。勾选 ELSET

复选框，通过单元集定义疲劳分析对象。选择单元集 FATDEF 及属性卡片 PFAT，如图 25-6 所示。

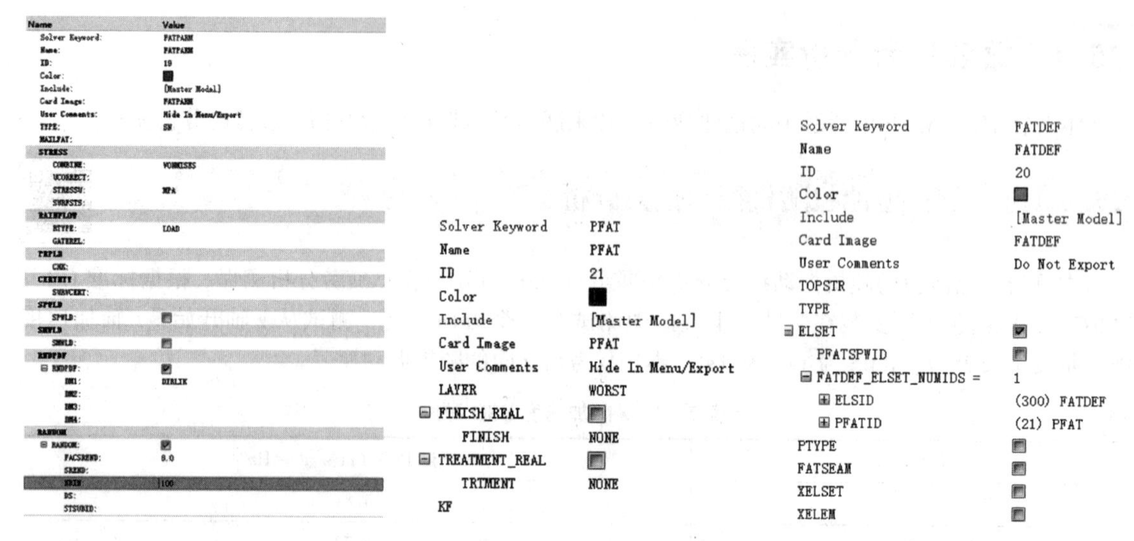

图 25-4　FATPARM 卡片设置　　图 25-5　PFAT 卡片设置　　图 25-6　FATDEF 卡片设置

Step 05 创建 MATFAT 卡片，定义疲劳分析材料参数。

- 在模型浏览器中选择材料 Aluminium_example，激活 MATFAT 卡片，设置 YS 为 450，UTS 为 600；勾选 SN 复选框，设置 SRI1 为 2088. 87，B1 为 -0. 076，NC1 为 5E8，如图 25-7 所示。
- 在模型浏览器中选择材料 DP980_ODG2_MED-5-ref，激活 MATFAT 卡片，设置 YS 为 916. 3，UTS 为 1466. 08，勾选 SN 复选框，设置 SRI1 为 2088. 87，B1 为 -0. 125，NC1 为 1E7，如图 25-8所示。

Step 06 定义 FATLOAD 卡片。通过〈CTRL + F〉键激活 HyperMesh 右上角的小窗口，输入 FATLOAD 并按〈Enter〉键，创建一个新的载荷集，并重命名为 FATLOAD。在 LCID 字段引用 RANDOM_Z 随机振动分析工况，如图 25-9 所示。

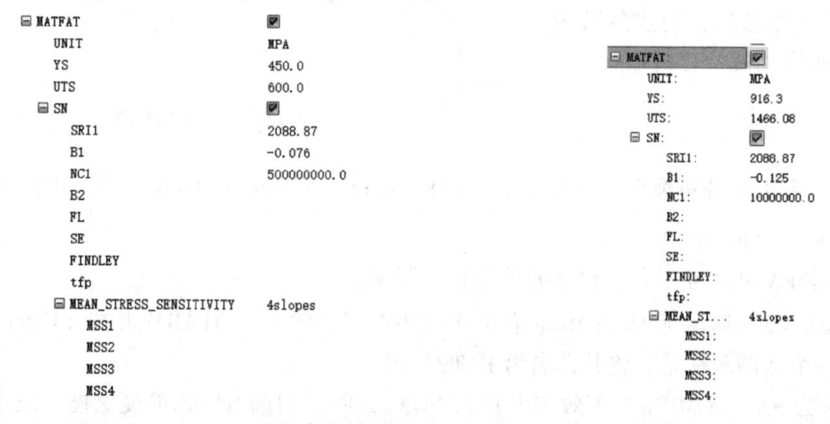

图 25-7　Aluminium_example 材料参数设置　　图 25-8　DP980_ODG2_MED-5-ref 材料参数设置

Step 07 通过同样的方法创建 FATEVNT 卡片，并命名相应的载荷集为 FATEVNT。在 FLOAD 字段引用 FATLOAD 载荷集，如图 25-10 所示。

Step 08 通过同样的方法创建 FATSEQ 卡片，命名相应的载荷集为 FATSEQ_Z。在 FID 字段选择 FATEVNT，设置 N 为 75600，表示 21 个小时，如图 25-11 所示。

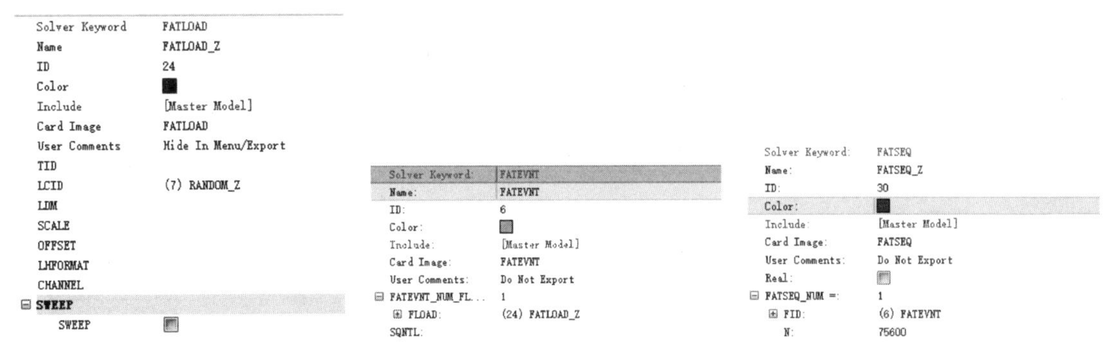

图 25-9　FATLOAD 卡片设置　　图 25-10　FATEVNT 卡片设置　　图 25-11　FATSEQ 卡片设置

Step 09 在 Analysis-> loadsteps 面板创建随机振动疲劳分析工况，选择之前创建的 FATPARM、FATDEF、FATSEQ 卡片，如图 25-12 所示。

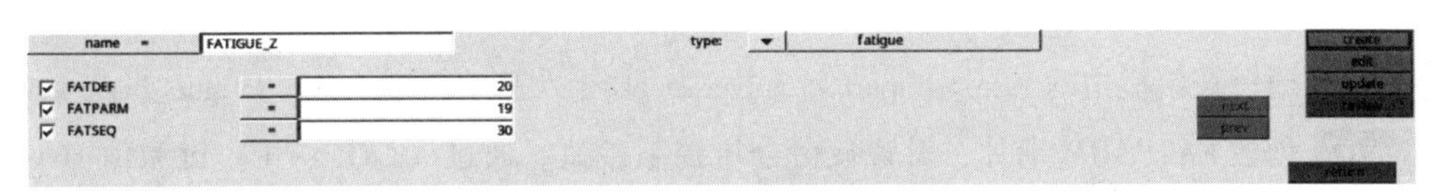

图 25-12　创建疲劳分析工况

Step 10 在 Analysis-> OptiStruct 面板保存模型并提交计算。

结果查看

在 HyperView 中打开 . h3d 文件查看疲劳分析结果，修改 Legend 中的插值方式为 Log 类型，如图 25-13a 所示，疲劳损伤结果如图 25-13b 所示，在支架附近存在较高的损伤，最大损伤约为 0. 14。

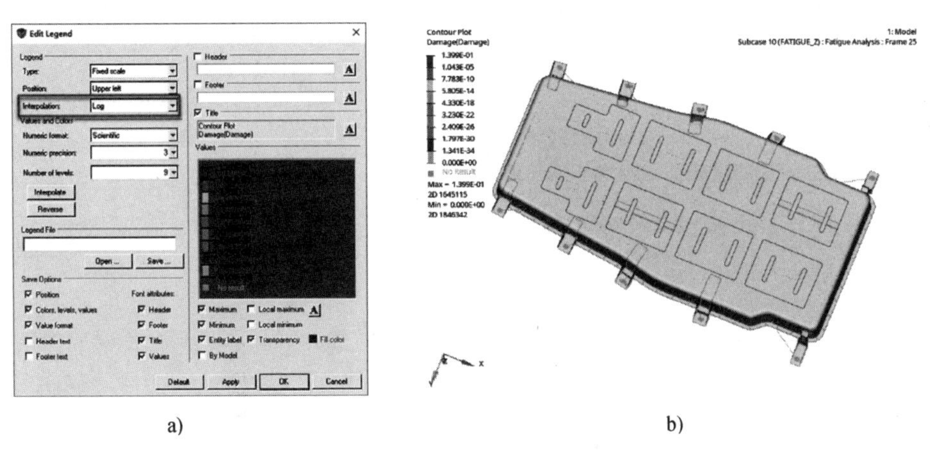

a)　　b)

图 25-13　疲劳损伤分析结果

25. 4. 2　实例：电池包扫频疲劳分析

本例通过电池包扫频疲劳分析来展示 OptiStruct 中的扫频疲劳分析流程。GB/T 31467. 3 的修订版中规定，需要对电池包进行扫频疲劳分析。电池包应安装在振动台上进行 15 分钟的正弦波振动，振动频率从 7Hz 增加到 50Hz 再回至 7Hz。7 ~ 50Hz 的加速度激励见表 25-8。此循环应在系统安装位

置的垂直方向 3 小时内重复 12 次。本例中只进行一次 15 分钟的扫频疲劳分析，12 次疲劳分析结果为单次疲劳分析结果的 12 倍。如果采用规范给定的原始加速度激励，本模型的损伤为 0，为了更好地展示扫频疲劳的结果，模型设置中将激励放大了 3 倍。

表 25-8　z 向加速度激励

频率/Hz	加速度/(m/s^2)
7 ~ 18	10
18 ~ 30	10 逐步降至 2
30 ~ 50	2

基础模型中已经包含了表 25-8 中加速度激励的频响分析工况，还需要设置疲劳分析卡片、创建疲劳分析工况、进行疲劳分析。

模型设置

Step 01 通过菜单栏中的 File-> Import -> Solver Deck 导入基础模型 sweep_fatigue_base. fem

Step 02 创建 FATPARM 卡片，设置疲劳分析控制参数。通过〈CTRL + F〉键激活 HyperMesh 右上角的小窗口，输入 FATPARM 并按〈Enter〉键，创建一个新的载荷集，将其命名为 fatparm。设置 TYPE 为 SN，COMBIE（等效应力）为 VONMISES。勾选 SWEEP 复选框，设置 DF = 0. 5，如图 25-14 所示。

Step 03 通过同样的方法创建 PFAT 卡片，并重命名相应的载荷集为 pfat。保持该卡片的默认设置，如图 25-15 所示。

Name	Value
Solver Keyword:	FATPARM
Name:	fatparm
ID:	13
Color:	
Include:	[Master Model]
Card Image:	FATPARM
User Comments:	Do Not Export
TYPE:	SN
MAXLFAT:	
STRESS	
COMBINE:	VONMISES
UCORRECT:	
STRESSU:	MPA
SURFSTS:	
RAINFLOW	
RTYPE:	LOAD
GATEREL:	
PRPLD	
CHK:	
CERTNTY	
SURVCERT:	
SPWLD	
SPWLD:	
SMWLD	
SMWLD:	
RNDPDF	
RNDPDF:	
RANDOM	
RANDOM:	
SWEEP	
SWEEP:	
NF_OPTION:	
NF:	
DF:	0.5
STSUBID:	

图 25-14　FATPARM 卡片设置

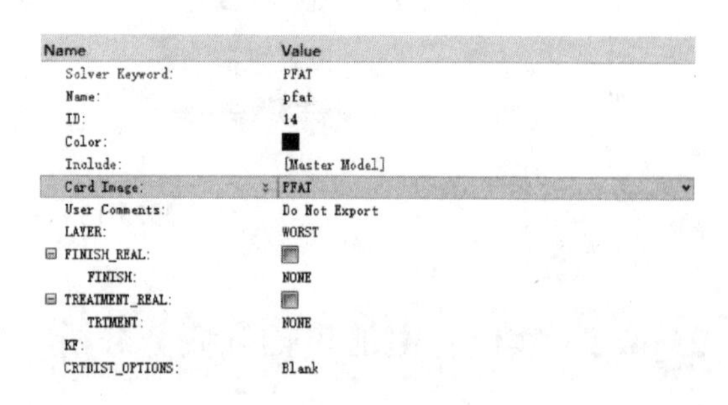

Name	Value
Solver Keyword:	PFAT
Name:	pfat
ID:	14
Color:	
Include:	[Master Model]
Card Image:	PFAT
User Comments:	Do Not Export
LAYER:	WORST
FINISH_REAL:	
FINISH:	NONE
TREATMENT_REAL:	
TRTMENT:	NONE
KF:	
CERTDIST_OPTIONS:	Blank

图 25-15　PFAT 卡片设置

Step 04 通过同样的方法创建 FATDEF 卡片，并重命名相应的载荷集为 fatdef。激活 ELSET 选项，通过单元集定义疲劳分析对象。选择单元集 fatigue_elem 及属性卡片 pfat，如图 25-16 所示。

Step 05 创建 MATFAT 卡片，定义疲劳分析材料参数。

- 在模型浏览器中选择材料 Aluminium_example，激活 MATFAT 卡片，设置 YS 为 450，UTS 为 600，勾选 SN 复选框，设置 SRI1 为 2088.87，B1 为 −0.076，NC1 为 5E8，如图 25-17 所示。
- 在模型浏览器中选择材料 DP980_ODG2_MED-5-ref，激活 MATFAT 卡片，设置 YS 为 916.3，UTS 为 1466.08，勾选 SN 复选框，设置 SRI1 为 2088.87，B1 为 −0.125，NC1 为 1E7，如图 25-18 所示。

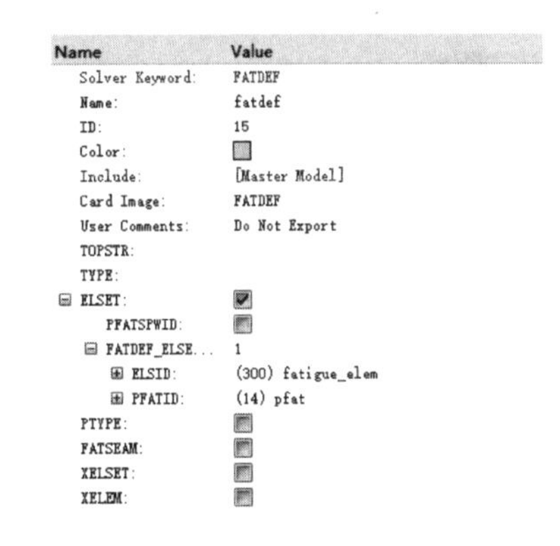

图 25-16　FATDEF 卡片设置

图 25-17　Aluminium_example 材料参数设置

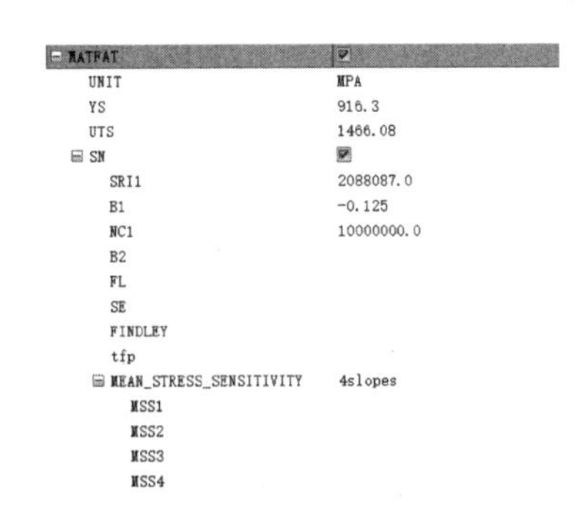

图 25-18　DP980_ODG2_MED-5-ref 材料参数设置

Step 06 创建放缩比例曲线。在模型浏览器中右击并选择 Create-> Curve，创建曲线，Card Image 为 TABLED1。在弹出的对话框中单击 New 按钮，输入 scale_factor 作为曲线的名字，输入曲线参数为（1，3）（200，3），如图 25-19 所示。

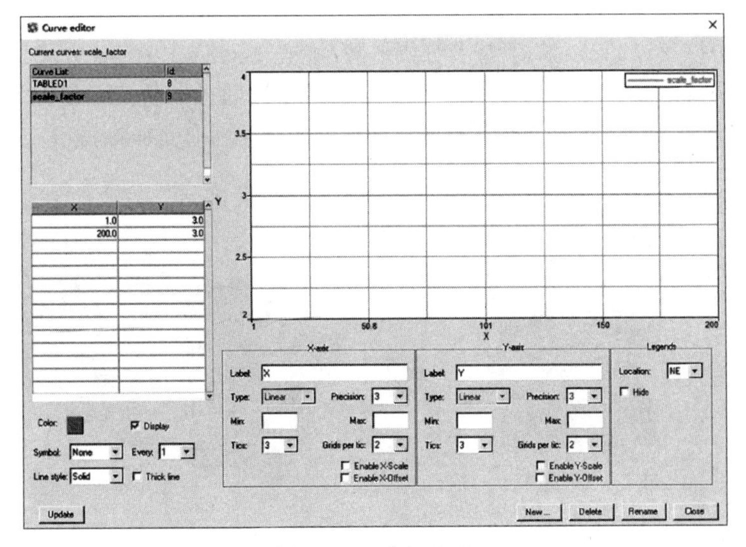

图 25-19　曲线定义

Step 07 定义 FATLOAD 卡片。通过〈CTRL + F〉键激活 HyperMesh 右上角的小窗口，输入 FATLOAD 并按〈Enter〉键，创建一个新的载荷集，重命名为 fatload。在 LCID 字段引用频响分析工况 FRF_Z，勾选 SWEEP 复选框，设置扫频类型为 OCTPM，扫频速度为 1.0，如图 25-20 所示。

Step 08 通过同样的方法创建 FATEVNT 卡片，并命名相应的载荷集为 fatevnt。在 FLOAD 字段引用 fatload 载荷集，如图 25-21 所示。

Step 09 通过同样的方法创建 FATSEQ 卡片，命名相应的载荷集为 fatseq。在 FID 字段选择 fatevnt，设置 N 为 900，表示 15 分钟，如图 25-22 所示。

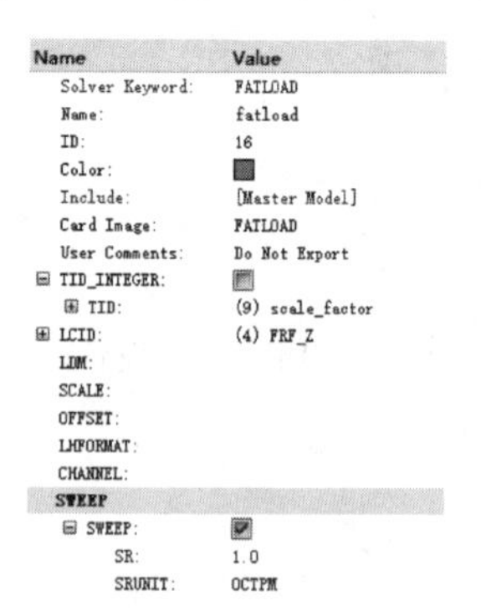

图 25-20 FATLOAD 卡片设置

Name	Value
Solver Keyword:	FATEVNT
Name:	fatevnt
ID:	17
Color:	
Include:	[Master Model]
Card Image:	FATEVNT
User Comments:	Do Not Export
FATEVNT_NUM_FL...	1
FLOAD:	(16) fatload
SQNTL:	

图 25-21 FATEVNT 卡片设置

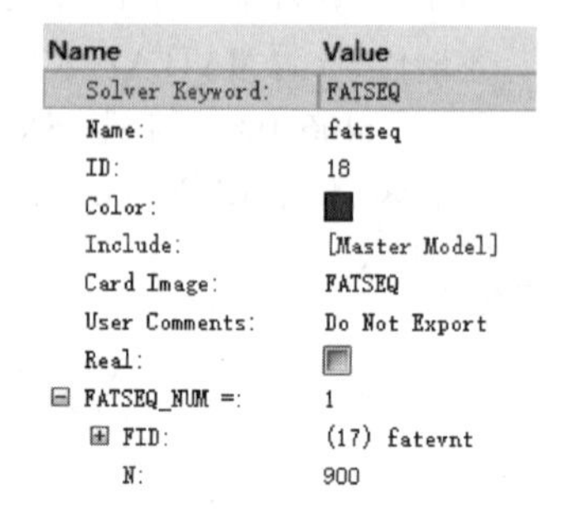

图 25-22 FATSEQ 卡片设置

Step 10 在 Analysis-> loadsteps 面板创建随机振动疲劳分析工况，选择之前创建的 FATPARM、FATDEF、FATSEQ 卡片，如图 25-23 所示。

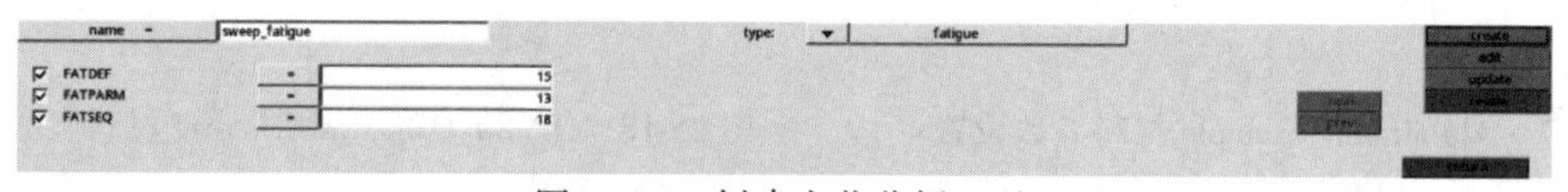

图 25-23 创建疲劳分析工况

Step 11 在 Analysis-> OptiStruct 面板保存模型并提交计算。

结果查看

在 HyperView 中打开 .h3d 文件查看疲劳分析结果，修改 Legend 中的插值方式为 Log，如图 25-24a 所示，疲劳损伤结果如图 25-24b 所示。扫频疲劳分析结果同随机振动疲劳分析结果的最大损伤出现在不同位置，这是由于随机振动与扫频疲劳分析中的激励不同而导致的。

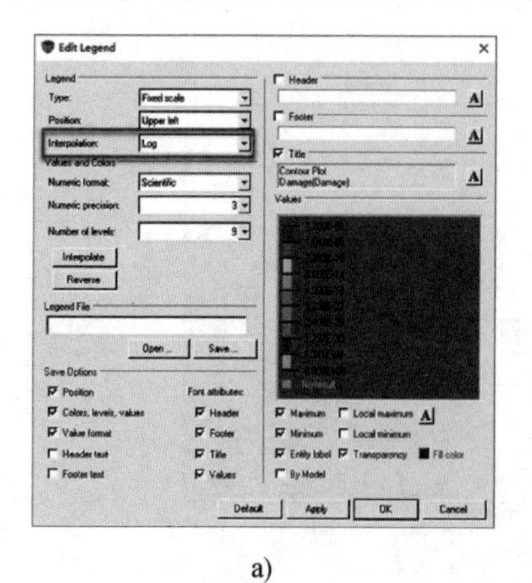

a)

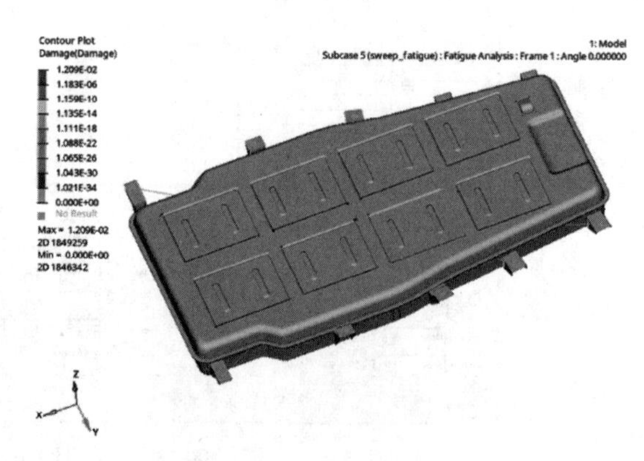

b)

图 25-24 疲劳分析结果

第26章

高性能计算

近年来有限元仿真得到了迅猛的发展，逐渐应用于各行各业，有限元模型规模也越来越大，以汽车行业为例，网格尺寸已经由开始的10mm逐渐减小到5mm，单元网格也从百万级上升到了千万级。在模型规模变大的同时，产品的研发周期并没有变长，相反，为了产品能更快地占领市场，研发周期需要尽可能缩短，这就要求提升有限元分析效率。高性能计算在这个产品竞争日益激烈的年代显得越来越重要，计算机硬件性能的提高和并行计算程序的深入开发，使得高精度快速分析逐步成为可能。本章将介绍OptiStruct中的并行计算功能，以及如何在分析求解中合理利用软硬件资源实现高性能计算（High Performance Computing，HPC）。

26.1 高性能计算相关术语

高性能计算涉及多个并行计算的硬件及软件术语，如图26-1所示，分别介绍如下。

- Node：节点。这里的Node指的是计算节点，而非有限元中的空间节点。通常Node代表单台或者计算网络中的一台计算机。OptiStruct支持多节点并行计算。
- Socket：插槽，即计算机硬件中的处理器插槽。1个计算节点中可能有1个或多个处理器插槽，每个插槽仅允许安装1个处理器。通常个人便携式计算机或家用台式计算机的主板中仅有一个插槽，而服务器节点中可以存在多个插槽。

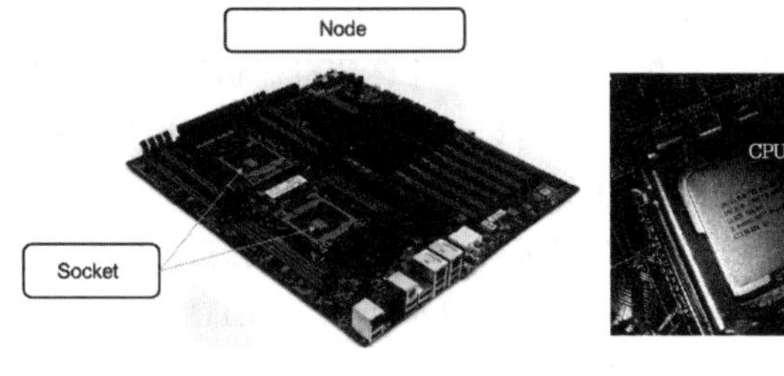

图26-1　Node、Socket及CPU

- CPU：中央处理器。计算机中执行通用计算及任务调度的单元，包含运算单元（ALU）、控制单元（CU）、高速寄存器（Register）和多级缓存（Cache），以及动态内存（DRAM）。CPU架构如图26-2a所示。OptiStruct并行计算的核心任务之一就是让CPU同时执行多个任务。

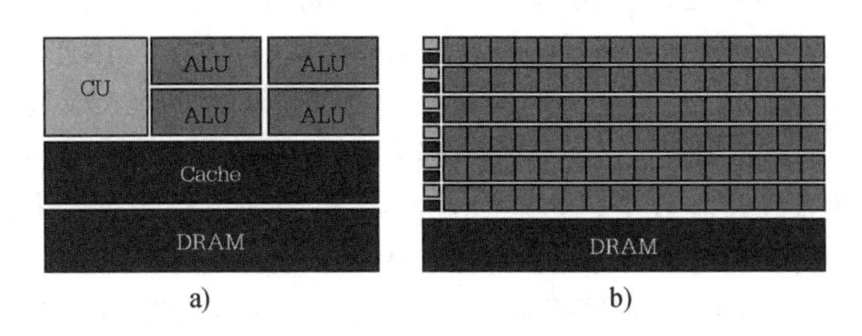

图26-2　CPU及GPU架构

- GPU：图形处理器。GPU 是特殊的计算单元，通常进行图像和图形的运算工作，不具备任务调度能力。通常 1 个 GPU 中包含大量的运算单元，特别适合处理大量类型高度统一的计算任务，具备极高的并行效率。GPU 架构如图 26-2b 所示。OptiStruct 支持 GPU 与 CPU 协同并行计算。
- Cores：核数，也称为“物理核数”。通常 1 个 CPU 有若干个核，每个核都可以独立执行不同的计算任务。例如，Intel Core 系列的处理器一般有 2 ~ 8 个核，用于服务器的 Intel Xeon 系列处理器有 8 ~ 28 个核。
- Thread：线程数，也称为“逻辑核数”。线程是 CPU 任务调度和执行计算的基本单位。操作系统的每个进程（Process）在运行时需要临时占用线程，并在执行完毕后退出线程。在超线程技术问世之前，CPU 的每个内核对应一个线程，采用超线程技术以后，一个内核可以对应两个线程，例如，4 核 CPU 对应 8 线程，20 核 CPU 对应 40 线程。OptiStruct 运行中，识别与使用到的核数为“逻辑核数”，即线程数。
- Disk Driver：硬盘。硬盘是操作系统的数据文件存放设备，并参与内存的数据交换。典型的机械式硬盘读写速度为 50 ~ 150MB/s，固态硬盘为 300 ~ 2000MB/s。OptiStruct 高性能计算产生的大量结果文件需要硬盘存储，同时计算过程中的临时文件也需要存放于硬盘，并随时与内存进行数据交换，因此硬盘的读写速度对计算效率有很大的影响，是高性能计算的瓶颈之一。
- Memory/RAM：内存。内存是在计算架构中负责数据存储和交换的单元，在数据存储的层级上介于 CPU 内部缓存与外部硬盘之间。典型的 DDR3 内存读写速度为 10GB/s，DDR4 内存为 20GB/s，读写速度显著高于硬盘。OptiStruct 在进行高性能计算时，需要保证足够大的内存，否则硬盘与内存之间频繁的数据交换将显著影响计算效率。
- Cluster：集群，即多个计算节点通过网络互相连接形成的计算机群。每个计算节点都是一台独立的计算机，可以拥有各自独立的硬件构成和操作系统。而对于用户和应用来说，使用集群进行高性能计算时，集群可以看成单一的系统。OptiStruct 的高性能计算支持集群通过专用或商用网络进行通信，采用消息传递和分布式存储进行大规模并行计算。
- MPI（Message Passing Interface）：消息传递函数库的标准规范，独立于硬件和操作系统，可以运行于各种并行平台上。OptiStruct 支持并内置了 Intel MPI、MS-MPI，以及 pl/pl8 MPI（IBM/HP-MPI），通过使用-np 参数提交的方式来实现基于 MPI 的分布式并行计算。
- Infinband 网络：用于高性能计算的计算机网络通信标准，它具有极高的吞吐量和极低的延迟，用于计算机与计算机之间的数据互联。

影响 OptiStruct 高性能计算的主要因素有硬盘、CPU、内存及并行算法。

26.2 硬件资源

OptiStruct 分析是典型的大规模矩阵运算，在 OptiStruct 计算过程中会产生大量存于磁盘的临时文件，具有高 I/O（写入/写出）、大临时文件（Scratch File）的特点，因此 OptiStruct 推荐使用高速机械磁盘，固态硬盘作为计算用磁盘是更好的选择。对于整车级别的大模型 NVH 计算，磁盘可用容量建议为 1TB 以上，同时推荐使用本地硬盘。虽然 OptiStruct 计算支持远程网络磁盘，但这会大大降低 I/O 效率，最终降低计算效率。如果 OptiStruct 检测到远程磁盘，将会在 . out 文件中给出 9113 号警告信息，提示用户使用远程磁盘会降低求解效率，如图 26-3 所示。

此外，多磁盘阵列（RAID）不仅能提高磁盘容量，同时还能有效提高 I/O 效率，从而提高 OptiStruct 的分析效率。实际算例表明，RAID 的配置能明显提高 OptiStruct 的计算效率。存储设备通信协议方面，NVMe 接口的效率高于 SAS。

CPU 主频的高低在很大程度上反映了 CPU 速度的快慢，因此 CPU 主频的高低对于 OptiStruct 的计算效率具有很大的影响。OptiStruct 推荐优先选用高主频 CPU。

```
*** WARNING # 9113
It appears that the directory used for scratch files:

is located on remote filesystem.
This could result in very slow solver performance.
```

图 26-3　远程磁盘警告信息

26.3　软件算法

26.3.1　模态快速算法

在 5.2 节中已经介绍了特征值算法，包括 Lanczos 特征值算法和 AMSES 模态求解加速算法。Lanczos 求解器的精度非常高，对于中等规模的模型计算效率也比较高，因此在 20 世纪 90 年代以后成为标准的模态求解器之一。然而随着车身 NVH 分析需求的增加以及车身网格数量的增加，人们发现 Lanczos 对于存在内声场的声固耦合分析效率较低，对于整车 NTF 等分析效率很低。21 世纪初开始，多层子结构特征值算法（Multi-level Sub-structuring Eigensolver Solution）成为模态求解的主流算法，特别是对于大型模型和声固耦合分析，多层子结构特征值算法体现出很大的求解效率优势。

OptiStruct AMSES 是自动多层子结构特征值求解器的简称。相比 Lanczos 算法，AMSES 在需要计算大量模态或者处理大规模自由度模型时计算效率更高，而且可确保得到与 Lanczos 算法近乎一致的结果。AMSES 的加速效果与待求解的特征向量自由度有关，在仅需要得到部分自由度响应的计算中（如大部分 NVH 应用），加速效率将得到极大的提高，部分情况下可达到 Lanczos 方法的 10 ~ 100 倍。

26.3.2　并行算法

Altair OptiStruct 高性能计算包含以下几种并行架构和算法。

- SMP：Shared Memory Parallelization，共享内存并行。
- DMP：Distributed Memory Parallelization，分布式内存并行。
- GPU：采用图形处理器执行并行计算。
- Hybrid：以上方式的混合并行模式，分为 SMP + DMP 和 SMP + GPU。

除了分析计算任务的并行之外，OptiStruct 针对多模型优化（MMO）和失效安全拓扑优化（FSO）这两种优化类型还推出了相应的特殊并行算法，关于优化的并行计算可参阅《OptiStruct 及 HyperStudy 优化与工程应用》，这里不再赘述。

1. SMP

SMP 指的是在单一计算节点上使用共享内存进行多线程并行计算，在 I/O 存储上具有单一的内存地址空间，在计算上通过多核并行方式进行，如图 26-4 所示。通常在仅有一个计算节点的情况下使用该方式。OptiStruct SMP 支持所有的仿真分析及优化类型。

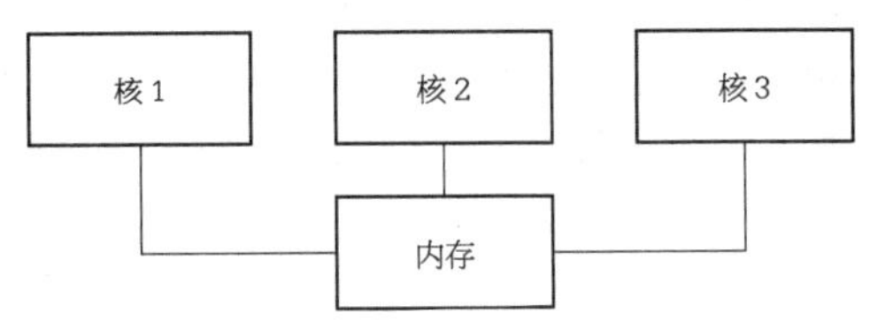

图 26-4　SMP 架构

使用 SMP 时，需要添加参数-nt（或-ncpu/-nthread），相应任务提交命令如下。

1）在 Windows 系统中使用命令：

```
$ ALTAIR _ HOME/hwsolvers/scripts/OptiStruct.bat
```

```
file.fem -nt 4
```

2）在 Linux 系统中使用命令：

```
$ ALTAIR_HOME/scripts/OptiStruct file.fem -nt 4
```

3）使用 HyperWorks Solver Run Manager 对话框，在 Options 文本框中填写-nt 参数，如图 26-5 所示。

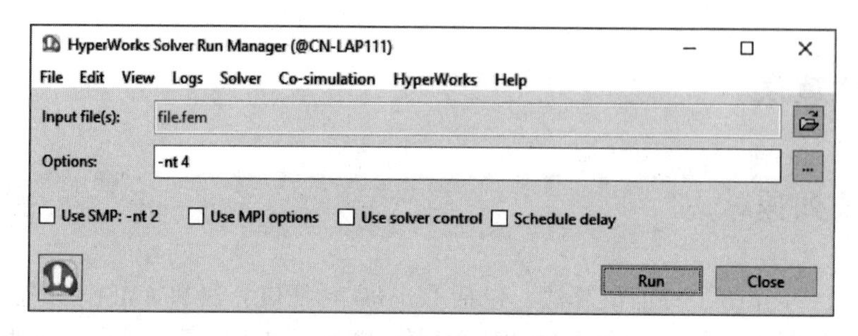

图 26-5　在 HyperWorks Solver Run Manager 对话框中提交 OptiStruct SMP 计算

OptiStruct 在 4～32 核之间的 SMP 计算能获得较高的加速比，多于 32 核的 SMP 计算可以看到加速效果，但加速比有所下降。

2. DMP

DMP 指的是在一个或多个计算节点上运行若干个基于 MPI 的 OptiStruct 进程（简称 MPI 进程）。如图 26-6 所示，每个 MPI 进程都有各自的内存空间，并通过 MPI 进行通信。高效的 DMP 计算要求每个 MPI 进程都必须具备充足的内存空间来执行计算任务，同时还需具备稳定高效的通信方式。OptiStruct DMP 支持静力学、屈曲分析、优化、疲劳和非线性分析等大多数工况。

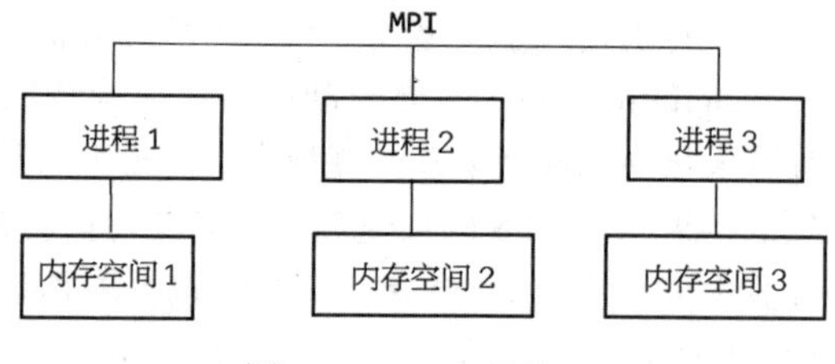

图 26-6　DMP 架构

使用 DMP 时，只需要添加-np 参数，相应任务提交命令如下。

1）在 Windows 系统中使用命令：

```
$ ALTAIR_HOME/hwsolvers/scripts/OptiStruct.bat file.fem -np 4
```

2）在 Linux 系统中使用命令：

```
$ ALTAIR_HOME/scripts/OptiStruct file.fem -np 4
```

3）使用 HyperWorks Solver Run Manager 对话框，在 Options 中填写-np 参数。

需要注意的是，由于是分布式内存，每个 MPI 都会有一个独立的内存空间，作业整体的内存空间是所有 MPI 所占内存空间的总和，因此有效的 MPI 并行计算必须以足够的内存空间为前提。当物理内存较少时，推荐采用 SMP 计算方式。

使用-np 参数提交计算时，OptiStruct 默认使用 Intel MPI。如果需要自定义 MPI 类型，可以添加参数-mpi。其中，-mpi i 表示 Intel MPI，-mpi ms 表示 MS-MPI，-mpi pl 表示 IBM/HP MPI，-mpi pl8 表示 ver8 及更新的 IBM-MPI。

计算任务启动后，可以在相应的 .out 文件中看到各 MPI 进程的分配情况。其中 HOSTNAME 为 MPI 进程所在计算节点的名称，可以指向相同或不同的计算节点。同时用户还会看到关于 MPI 类型和 DMP 具体模式的相关信息，如 Intel MPI、DDM MODE 等字样。这些信息表明 DMP 计算已经正常启动，如图 26-7 所示。

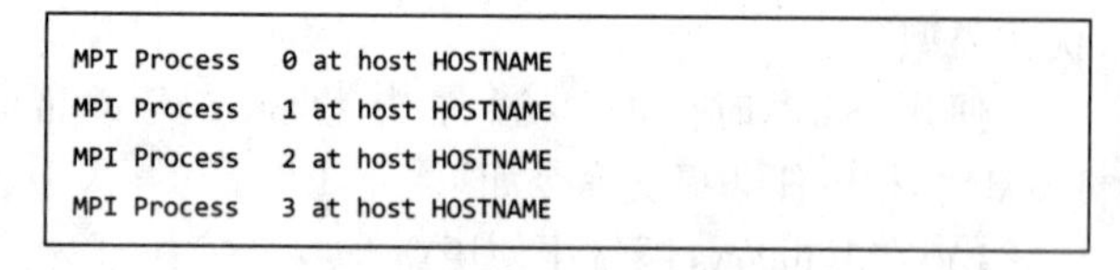

```
MPI Process   0 at host HOSTNAME
MPI Process   1 at host HOSTNAME
MPI Process   2 at host HOSTNAME
MPI Process   3 at host HOSTNAME
```

图 26-7　DMP 计算的 MPI 进程

使用-np 参数提交计算时，OptiStruct 默认同时启用域分解方法参数-ddm，即 DMP 计算默认采用 DDM（Domain Decomposition Method）方式。DDM 是基于 MPI 的并行算法，支持广泛的分析和优化类型。DDM 计算中，MPI 有两个层次的数据交换。

- Level 1：域分解第一层级，基于任务、载荷或工况的分解。
- Level 2：域分解第二层级，基于几何的分解，更确切地说，是基于自由度的分解，如图 26-8 所示。

通常情况下，用户指定-np 的值之后，OptiStruct会根据模型和工况等信息自动进行 Level 1 和 Level 2 的划分，不需要用户来干预。OptiStruct 也引入了 MPI 分组的参数 DDMNGRPS，用户可以使用 PARAM、DDMNGRPS 来控制 DDM 运行的层级。当设置 DDMNGRPS 为 MIN 时，将完全采用 Level 2 方式运行；当设置 DDMNGRPS 为 MAX 时，将优先采用 Level 1 方式运行；也可以设定一个数值来自定义 Level 1 的分组数目。默认情况下，DDMNGRPS 参数的值为 AUTO，即由 OptiStruct 根据模型信息来自动分组。

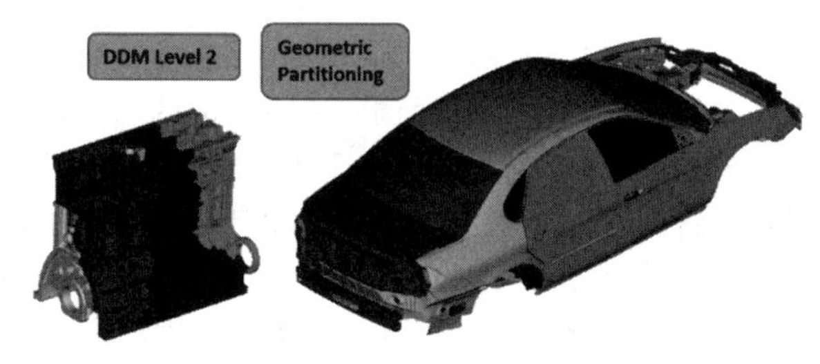

图 26-8　几何分块 DDM Level 2

MPI 进程通过必要的通信保证了计算结果的准确性，不管采用何种 DDM 运行方式，求解完成后都将生成统一的 . out 及 . h3d 等结果文件。对于用户来说，不论是否采用及如何使用 DDM，都将得到相同的结果。

3. GPU

当一台计算节点上具有适用于高性能计算的 GPU 时，强大的 GPU 计算能力将有助于大规模稀疏矩阵的求解，如图 26-9 所示。OptiStruct 支持使用 GPU 进行并行计算，可以采用 1 个或同时采用多个 GPU 进行计算以提高计算性能。

OptiStruct GPU 支持线性静力学分析及对应的优化分析，支持采用 AMSES 或 Lanczos 算法的模态及屈曲分析。GPU 在求解大模型的万阶以上的模态数量时可以获得较高的加速比。在以体单元为主的模型的静力学分析中，也能获得一定的加速比。

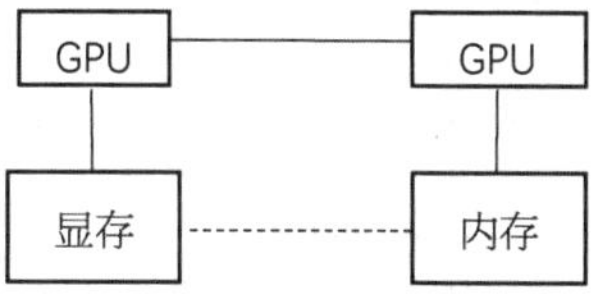

GPU　GPU
显存　内存

图 26-9　GPU 架构

使用 GPU 方式时，只需要添加-gpu 及-ngpu 参数即可。

1）在 Windows 系统中使用命令：

```
$ ALTAIR_HOME/hwsolvers/scripts/OptiStruct.bat file.fem -gpu -ngpu 2
```

2）在 Linux 系统中使用命令：

```
$ ALTAIR_HOME/scripts/OptiStruct file.fem -gpu -ngpu 2
```

3）使用 HyperWorks Solver Run Manager 对话框，在 Options 中填写-gpu、-ngpu 参数。

其中，-gpu 参数是必需的，-ngpu 为可选参数，对于多 GPU 的计算节点，可以指定参与计算的 GPU 个数。示例命令中的参数表示同时调用了两个 GPU 执行计算，而每个 GPU 中通常包含上千个计算单元。目前，OptiStruct 支持的用于高性能计算的 GPU 包括基于 Kepler、Maxwell、Pascal、Volta 架构的 Tesla 及 Quadro 系列显卡。

4. Hybrid

在实际工程应用中，综合使用 SMP、DMP 和 GPU 的混合并行方式能实现比单一并行方式更高的加速比。下面介绍 OptiStruct 最常用的 SMP + DMP 混合并行方式。

SMP + DMP 混合并行在 OptiStruct 中称为 SPMD（Single Program Multiple Data），是一种混合共享/分布式内存并行（Hybrid Shared/Distributed Memory Parallelization）。它是一种适用面广且高效的

并行方式，在稀疏矩阵求解过程中以 SMP 方式并行计算，而在任务分解与派发上以 DMP 方式并行。OptiStruct 可在一个计算节点或在集群机的多个计算节点上使用这种并行方式。使用 SMP + DMP 混合并行时，只需要同时输入-nt 及-np 参数即可。

1）在 Windows 系统中使用命令：

```
$ ALTAIR_HOME/hwsolvers/scripts/OptiStruct.bat file.fem -np 4 -nt 8
```

2）在 Linux 系统中使用命令：

```
$ ALTAIR_HOME/scripts/OptiStruct file.fem -np 4 -nt 8
```

3）使用 HyperWorks Solver Run Manager 对话框，在 Options 中填写-np 4 -nt 8。

通过以上方式便同时调用了 np × nt 的总核数（线程数）。例如，示例命令中的参数将创建 4 个 OptiStruct 的 MPI 并行进程，且每个 MPI 进程以 8 核 SMP 方式计算，共 32 核进行混合并行计算。在混合并行计算时，每个 MPI 会分配自己独立的内存，整个计算所需的内存为所有 MPI 内存之和。因此混合并行时，对于-np 值，推荐由小到大地进行设置和试算，而不建议第一次试算就设置一个较大的-np 值，较大的-np 值可能会导致物理内存不够而使用虚拟内存，从而降低计算效率。

26.4 内存管理

除硬盘和 CPU 之外，内存是影响 OptiStruct 计算效率的另一个重要因素，并行算法的选择需要满足内存需求，否则计算效率将会受到很大的影响。OptiStruct 运行时间根据求解类型的不同主要花费在稀疏矩阵分解、特征值求解、频响计算、结果恢复及输出上，这些过程都需要占用相应的内存。例如，采用 DMP 进行计算可有效提高计算效率，但通常也需要更大的内存。当出现内存不足的情况时，可能导致求解器报错，直接退出，也有可能出现硬盘长时间满速读写，而 CPU 占用率为零的情况，此时整个计算过程运行卡顿、效率低下。在求解大规模有限元模型时应当尽量避免这些情况。

从 2020 版本开始，OptiStruct 是全 64 位版本，其内存使用量只存在理论上的上限值 256T，而工程应用中的硬件资源要远小于该值，因此内存管理主要是处理模型对内存的需求和有限的物理内存之间的关系。

OptiStruct 提供了多个与内存使用及调整相关的选项，分别介绍如下。

1. 内存选项-core in

采用该选项时，OptiStruct 将分配最大的计算内存，以获得最佳的计算效率。

1）这是推荐的内存设置方式，所有的求解在初次尝试计算时都应该使用-core in 参数。在求解计算的初始阶段，OptiStruct 会自动评估 in-core 计算所需要的内存，如果物理内存足够，OptiStruct 即以 in-core 模式进行后续的计算。

2）在某些情况下，比如计算节点贡献量时，OptiStruct 自动评估的内存可能会比实际需要的少，这时内存会根据实际需求进行动态扩展以满足 in-core 模式。

3）虽然 OptiStruct 有-core（out/min）选项，但从求解效率考虑，不推荐使用这些模式进行求解。如果内存不够，推荐增加物理内存以保证 in-core 计算模式。在 DDM 并行求解模式下，如果-np 的值太大，可能导致物理内存不够而使用虚拟内存的情况，这个时候可以尝试减小-np 值以保证 in core 计算模式。

4）虚拟内存（OptiStruct 称之为 SWAP 或者 Page File）严格来讲并不是内存。OptiStruct 能识别虚拟内存，因此 OptiStruct 认为所有的可用“内存”是物理内存及虚拟内存的总和。不加说明时，本书所说的内存指的物理内存（OptiStruct 称之为 RAM）。虚拟内存会明显降低 OptiStruct 的计算效率，应避免使用。

5）可以通过 .out 文件查看自动评估的内存需求情况。这些信息在任何一次计算的 .out 文件中都可以看到。图26-10所示为一段典型的自动评估计算所需资源的结果，可以看到，OptiStruct 对于提交的模型自动评估之后认为 in-core 模式需要 11827MB 内存。

```
************************************************************************

MEMORY ESTIMATION INFORMATION :
-------------------------------

Solver Type is:  Sparse-Matrix Solver
Direct Method

Memory (RAM) Allocated in Preprocessor               :    1449 MB    预分配内存
Estimated Memory (RAM) for Minimum Core Solution      :    1558 MB    min-core 模式内存需求
Estimated Memory (RAM) for Out of Core Solution       :    2723 MB    out-core 模式内存需求
Estimated Memory (RAM) for In-Core Solution          :   11827 MB    in-core 模式内存需求
Recommended # of Processes (-np) for Load Decomposition    :    6
(Note: Minimum Core Solution Process is Activated.)
(Note: The Minimum Memory Requirement is limited by Assembly Module.)

DISK SPACE ESTIMATION INFORMATION :
-----------------------------------

Estimated Disk Space for Output Data Files             :    475 MB    输出结果文件的硬盘需求
Estimated Scratch Disk Space for In-Core Solution      :   2421 MB    in-core 模式硬盘需求
Estimated Scratch Disk Space for Out of Core Solution  :  15222 MB    out-core 模式硬盘需求
Estimated Scratch Disk Space for Minimum Core Solution :  16387 MB    min-core 模式硬盘需求

************************************************************************
```

图 26-10　检查 out 文件：计算资源需求

使用 in-core 模式进行高性能计算可以全力发挥 CPU 的计算性能，同时也需要充足的内存。倘若内存不足以支撑 in-core 模式计算，则需要采用 out-core 或 min-core 模式。在 .out 文件的开头，会提供当前计算节点的可用内存及 SWAP 资源情况。用户应当依据硬件资源情况选择合适的内存和运行设置。如图26-11所示，.out 文件显示当前系统可用 RAM 为 11912MB，SWAP 为 28269MB。将其与图26-10进行对比，可知此时 RAM 满足 in-core 模式的内存需求，可以使用-core in 参数进行计算。

```
**            Windows 10  (Build 9200)  CN-LAP111              **
**      8 CPU:  Intel(R) Core(TM) i7-7700HQ CPU @ 2.80GHz       **
**              11912 MB RAM,  28269 MB swap                   **
```

图 26-11　检查 .out 文件：计算节点的当前资源

in-core 模式所需的内存可以通过 check run 来查询，在正式计算时也会在 .out 文件中显示。模型本身规模、算法等都会影响计算内存需求，因此建议在正式计算前添加-check 的运行选项，执行一次模型检查，并查看 .out 文件。下面分别给出了 SMP 及 DMP 并行模式下的模型检查命令。

采用 SMP 模式提交 check run 的方法如下。

1）在 Windows 系统中使用的命令如下，-nt 后的数字根据实际情况而定。

```
$ ALTAIR_HOME/hwsolvers/scripts/OptiStruct.bat file.fem -nt 4 -check
```

2）在 Linux 系统中使用的命令如下，-nt 后的数字根据实际情况而定。

```
$ ALTAIR_HOME/scripts/OptiStruct file.fem -nt 4 -check
```

check 模式得到的 .out 文件包含求解器版本、计算机硬件配置、模型单元与节点信息，以及计算所需的内存与硬盘等信息，并推荐了采用 DMP 模式时的-np 值，如图26-10所示。

采用 DMP 模式提交 check run 的方法如下。

1）在 Windows 系统中使用的命令如下，-np/-nt 后的数字根据实际情况而定。

```
$ ALTAIR_HOME/hwsolvers/scripts/OptiStruct.bat file.fem -np 2 -check
```

2）在 Linux 系统中使用的命令如下，-np/-nt 后的数字根据实际情况而定。

```
$ ALTAIR_HOME/scripts/OptiStruct file.fem -np 2 -check
```

check 模式得到的 . out 文件包含了当前 MPI 中 in-core、out-core 模式下所需的内存，及所有 MPI 在一台计算机上运行时所需的内存，并推荐了-np 值，如图 26-12 所示。

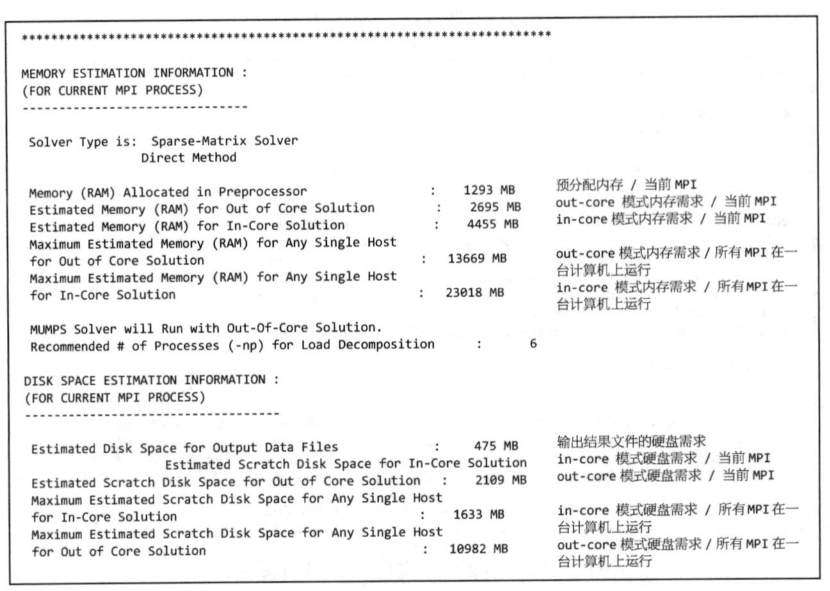

```
**************************************************************************

MEMORY ESTIMATION INFORMATION :
(FOR CURRENT MPI PROCESS)
------------------------------

 Solver Type is:  Sparse-Matrix Solver
                  Direct Method

 Memory (RAM) Allocated in Preprocessor                  :    1293 MB     预分配内存 / 当前 MPI
 Estimated Memory (RAM) for Out of Core Solution          :    2695 MB     out-core 模式内存需求 / 当前 MPI
 Estimated Memory (RAM) for In-Core Solution              :    4455 MB     in-core 模式内存需求 / 当前 MPI
 Maximum Estimated Memory (RAM) for Any Single Host
 for Out of Core Solution                               :   13669 MB     out-core 模式内存需求 / 所有 MPI 在一台计算机上运行
 Maximum Estimated Memory (RAM) for Any Single Host
 for In-Core Solution                                   :   23018 MB     in-core 模式内存需求 / 所有 MPI 在一台计算机上运行

 MUMPS Solver will Run with Out-Of-Core Solution.
 Recommended # of Processes (-np) for Load Decomposition      :      6

DISK SPACE ESTIMATION INFORMATION :
(FOR CURRENT MPI PROCESS)
----------------------------------

 Estimated Disk Space for Output Data Files              :     475 MB     输出结果文件的硬盘需求
                  Estimated Scratch Disk Space for In-Core Solution         in-core 模式硬盘需求 / 当前 MPI
 Estimated Scratch Disk Space for Out of Core Solution   :    2109 MB     out-core 模式硬盘需求 / 当前 MPI
 Maximum Estimated Scratch Disk Space for Any Single Host
 for In-Core Solution                                   :    1633 MB     in-core 模式硬盘需求 / 所有 MPI 在一台计算机上运行
 Maximum Estimated Scratch Disk Space for Any Single Host
 for Out of Core Solution                               :   10982 MB     out-core 模式硬盘需求 / 所有 MPI 在一台计算机上运行
```

图 26-12　SPMD 模式下的 . out 文件信息

2. 内存选项-len

该参数用于定义动态内存扩展上限。

1）-len 是 OptiStruct 最基础的内存参数。当用户未设置任何内存选项时，OptiStruct 自动采用-len选项，其默认值为 8000，即 8GB。

2）-len 与-core 同时使用时，-core 具有更高的优先级，-len 将不发挥作用。

3）仅设置了-len，而没有设置-core 时，若 in-core 模式所需内存小于-len 的值，将采用 in-core 模式执行，否则将采用 out-core 或 min-core 模式执行。

4）一般情况下，推荐用户直接优先设置-core in 选项。对于大中型的模型，不推荐使用-len 选项，也不推荐不设置任何内存选项。

3. 内存选项-minlen

该选项定义动态内存分配的最小值，单位是 MB。默认情况下-minlen 取值为 10% 的-len 值。

1）-minlen 可以用于预分配一定数量的内存，避免动态内存扩展导致的计算效率降低或其他应用程序抢占资源的问题。

2）可与-core in 并存。

3）OptiStruct 在某些特定情况下（如在进行 NVH 的节点贡献量计算时），自动内存估算存在比实际需求少的现象，有时候会导致计算失败而报错退出。这时候的解决办法就是设置-minle"，预分配一定数量的内存。比如对于常见的整车 NVH 节点贡献量计算，可以设置-minlen 100000，即预分配 100GB 内存。当用户遇到-core in 内存出错而又无法确切获知计算所需的内存数时，可以将-minlen 的值设置为物理内存的 90% ~95%，只留少量内存供系统正常运行即可。

4）该参数的另一个优势是设置灵活。常规的内存选项通过命令行参数的形式来实现，这对于某些应用场景会非常不方便。比如用户通过企业统一作业调度系统（如 PBS PRO）进行作业提交时，如果作业调度系统在提交页面没有集成内存参数，使用者就没有办法进行内存设置。这时必须寻求 HPC 管理员的帮助，才能在后台通过命令行提交作业，或者必须寻求作业调度系统集成商的帮助。-minlen 的好处是该参数既可以通过命令行参数使用，也可以通过 SYSSETTING（MINLEN =

#）卡片在 . fem 模型文件中直接指定，这对用户调试计算作业是非常方便的。

4. 内存选项-fixlen

用户使用该选项可取消动态内存分配，由用户直接设定内存数量，单位是 MB。

1）以-fixlen 参数提交求解时，采用的是静态内存设置方式，此时整个求解过程仅进行一次内存预分配，不进行动态扩展。

2）求解器算法将依据固定内存来尽可能选择最快的运行模式。

3）若固定分配的内存不足以支撑算法运行，OptiStruct 将报错退出。

4）使用-fixlen 时，不再需要设置-core in、-len 和-minlen。

5）该参数使用不当会造成内存浪费或者软件报错退出，因此推荐仅当物理内存足够时作为用户调试作业使用。

以上 4 种最常见的内存选项中，-len 和-fixlen 主要作为 OptiStruct 的内存默认选项和计算作业调试使用。对于大多数的中大型模型，推荐仅使用-core in 内存选项。-minlen 选项是物理内存足够，而-core in 却报告内存不足时才使用的。

26.5 HPC 最佳实践

内存/存储相关选项汇总见表 26-1，更详细的说明可进一步查看帮助文档。

表 26-1　内存/存储相关选项

参　　数	运行选项	说　　明
检查	– check	检查模型，并预估运算所需的内存和硬盘
算法模式	– core in/out/min	– core in 强制采用最大内存模式（推荐设置）；-core out 强制采用小内存模式；-core min 强制采用极小内存模式
内存设置	-fixlen #	固定内存方式，预分配指定的内存。超过该值直接报错并退出计算
	-len #	动态内存方式，动态扩展的上限
	-minlen #	动态内存方式，预分配内存，分配下限
并行设置	-nt #	定义 SMP，即每个 MPI 进程的线程数
	-np #	定义 DMP，即 MPI 进程总数
	-ddmngrps #	定义 MPI 分组数量，影响 DDM 的运行方式。用户不设置时，软件可自动分配
临时存储	– scr 〈path〉	临时文件存放的位置，首选 SSD 硬盘

其中，内存设置参数指定的数值为每个 MPI 进程的内存设置。内存数值#的单位为 MB。

对于大多数的大中型工程实际问题，为了获得较高的求解效率，应遵循以下原则。

1）选择合适的硬件。OptiStruct 需要高主频 CPU 和高读写磁盘，磁盘容量不低于 1TB，避免使用远程网络磁盘。

2）在模态求解及基于模态的其他分析中，优先使用 AMSES 模态算法。

3）在 NVH 的 ODS（Operating Deformed Shape）计算中，除了采用 AMSES 算法外，还推荐使用 PARAM，ODS，YES 参数。

4）不管是模态、动力学响应、非线性分析还是优化，优先使用-core in 内存选项。

5）并行计算的算法设置应以优先满足 in-core 模式的内存需求为前提。内存不足时，应减小 np 值，或采用 SMP 模式。

6）并行计算时，SMP 模式通常总是有加速效果的，OptiStruct 在 4 ~ 32 核之间进行 SMP 计算时，加速效果会比较明显。常规的 NVH 计算一般采用 8 核或 16 核的 SMP 计算。

OptiStruct 并行计算中经常遇到的大型计算有 NVH 分析、非线性分析、多工况线性静力学分析，针对这些场景，推荐设置如下。

（1）NVH 分析

NVH 分析主要包括模态分析和模态频响分析，以及基于模态频响分析的各种贡献量分析。这些分析类型的推荐设置如下。

1）采用 AMSES 模态分析方法，即 EIGRA 卡片。

2）在 . fem 文件中设置 PARAM，ODS，YES 参数。

3）采用 SMP 模式：-nt 8 或者-nt 16，整车模型较大时可采用-nt 32。

4）选用-core in 模式。

当进行节点贡献量分析（PFGRID 卡片）时，OptiStruct 需要远比其他 NVH 分析更大的内存量，并且此种工况下 OptiStruct 较难准确评估所需的内存，因此对于节点贡献量分析，建议除了以上设置外，在 . fem 文件中设置-minlen。

对于常见的整车节点贡献量计算，该选项的一般推荐值为 100000，即 100GB，用户可根据物理内存和模型大小适当调整。大量的 NVH 分析实践表明，有效的加速比主要来源于 AMSES 模态算法和 SMP，DMP 通常对 NVH 计算效率的提升并不明显。

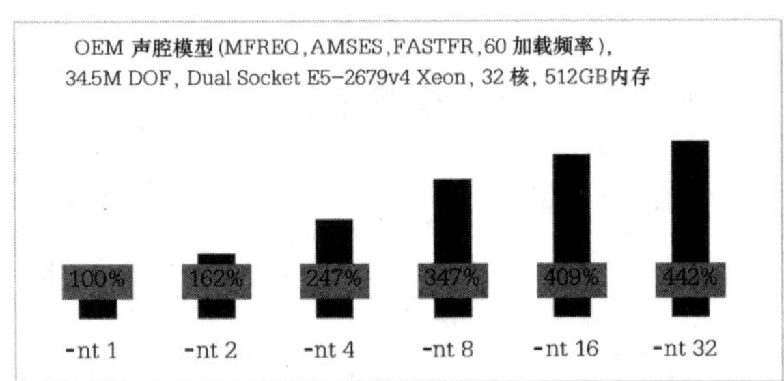

图 26-13　模态法频响加速比（SMP）

图 26-13 所示算例为含 3450 万自由度的整车含声腔模型，采用 AMSES 方法进行模态频响分析。可以看到采用 SMP 时在-nt 8 以内都获得了不错的加速比，直至-nt 32 依然有加速效果，其中，-nt 1 的运算时间为 13 小时 20 分钟。

（2）非线性分析

非线性分析通常在混合并行中能获得比较好的加速比。从一些计算案例来看，非线性计算的混合并行加速比随着-np 值的增加而增加。在满足单进程（每个 MPI）in-core 模式计算所需硬件资源的前提下，提高-np 值对于求解效率是有好处的。

图 26-14 所示算例为含 460 万自由度的非线性连续工况，包含 3 个非线性分析步。采用 SMP（-nt 16）的计算时间为 1 小时 47 分钟。采用混合并行模式（-np 4 -nt 4）使用 16 核时加速比达到了 1.86。随着-np 分组数的增加，甚至在跨节点并行时，计算效率还在持续增长。需要再次指出的是，-np 值的增加会导致内存的持续增加，因此-np 值增加的前提是有足够的内存，保证每个 MPI 都能使用 in-core 模式进行计算。

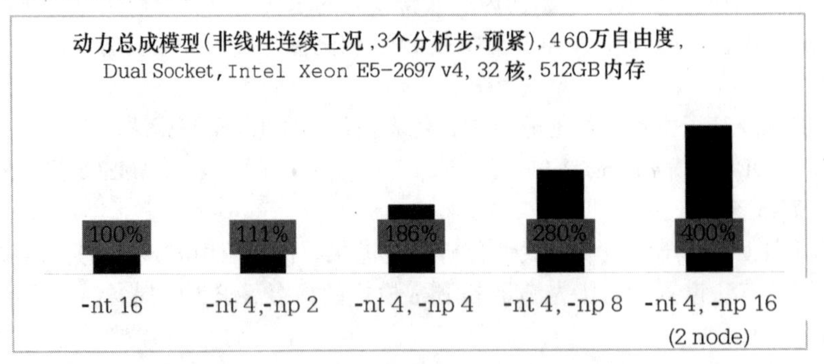

图 26-14　非线性静力学加速比（混合并行）

(3) 多工况线性静力学分析

在有些线性静力学分析中，一个模型文件可能包含几十种工况。当这些工况的边界条件相同，仅载荷不同时，有限元模型的刚度矩阵在这几十种工况中完全相同，刚度阵只需要一次分解，此时采用DDM Level 2的计算方式最高效，OptiStruct会自动采用Level 2并行方式，即使用户指定了Level 1并行方式，OptiStruct也会自动切换到Level 2，并在.out文件中给出切换信息。

当这些工况的边界条件不同时，有限元模型的刚度矩阵是不同的，这种情况下需要对所有的刚度矩阵逐个进行分解，Level 1及Level 2并行都可以使用，一般来说Level 1的加速效果要优于Level 2。

图26-15所示算例为含150万自由度，5种不同边界条件工况的线性静力学分析。采用-nt 4的计算时间为254s。可以看到，单纯提高SMP并行核数对于静力学求解效率的提升非常有限，而采用DDM的方式则有更好的加速效果，且使用Level 1的并行效率显著高于Level 2。表26-2统计了不同并行方式下的硬件资源需求，可以看出，采用Level 1的计算资源需求远大于Level 2以及SMP的硬件需求。

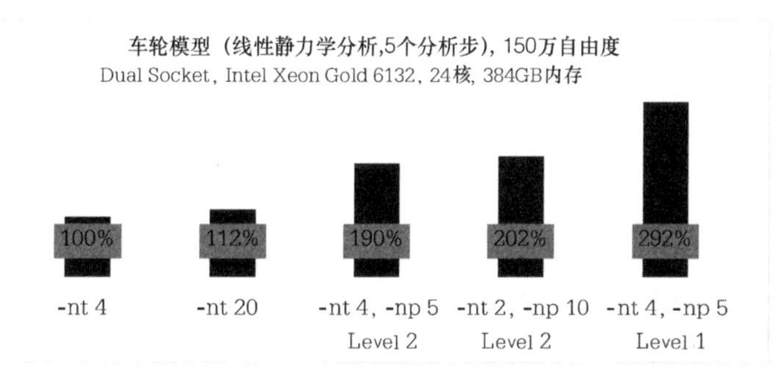

图26-15 多工况静力学加速比（DDM Level 1/Level 2）

表26-2 OptiStruct分析工况及并行选择

运行参数	时间	内存需求	硬盘需求
-nt 20	226s	12290MB	2213MB
-np 5 -nt 4 -ddmngrps 1 (DDM Level 2)	134s	所有MPI：29453MB 最大MPI：6288MB	所有MPI：4155MB 最大MPI：913MB
-np 5 -nt 4 -ddmngrps 5 (DDM Level 1)	87s	所有MPI：86830MB 最大MPI：17366MB	所有MPI：16648MB 最大MPI：3350MB

附录A

电子版资源

因篇幅所限，第 27 章和第 28 章作为电子版，可扫描二维码下载。本附录中给出其目录。

A.1　第 27 章结构热传导分析

27.1　结构热传导分析理论基础
　27.1.1　热传导边界条件
　27.1.2　热传导控制方程
27.2　OptiStruct 热传导相关材料
27.3　OptiStruct 结构热传导相关边界条件
27.4　OptiStruct 稳态热传导分析
　27.4.1　线性稳态热传导分析
　27.4.2　非线性稳态热传导分析
27.5　OptiStruct 瞬态热传导分析
　27.5.1　线性瞬态热传导分析
　27.5.2　非线性瞬态热传导分析
27.6　OptiStruct 结构热传导分析实例
　27.6.1　实例：散热器的稳态热传导分析
　27.6.2　实例：排气歧管的线性瞬态热传导分析

A.2　第 28 章多物理场耦合分析

28.1　多体分析中的柔性体生成技术
　28.1.1　刚柔耦合分析基本方法
　28.1.2　实例：控制臂柔性体生成
28.2　热结构耦合分析
　28.2.1　一步法瞬态热应力分析
　28.2.2　热接触分析
　28.2.3　实例：铝棒一步法非线性瞬态热应力分析
　28.2.4　实例：管支架的热力双向耦合分析
28.3　流固耦合分析
　28.3.1　模型的拆分
　28.3.2　OptiStruct 结构模型设置
　28.3.3　AcuSolve 流体模型设置
　28.3.4　OptiStruct 与 AcuSolve 作业提交
　28.3.5　流固耦合分析结果查看
　28.3.6　实例：阻尼筒流固耦合分析